面向新工科的电工电子信息基础课程系列教材

教育部高等学校电工电子基础课程教学指导分委员会推荐教材

数字信号处理
原理与应用

徐以涛 主 编

程云鹏 童晓兵 副主编

江 汉 杨炜伟 张玉明 编 著

清華大学出版社

北 京

内容简介

本书在系统讲述数字信号处理的基本概念、原理和实现方法基础上，将理论和工程实践有机结合，充分引入应用实例，增加 MATLAB 编程验证，拓展系统综合应用，加强对基本知识的理解。全书共 10 章，主要涉及三方面的内容：一是对离散时间信号与系统进行表示和分析所必需的基础知识，以及离散傅里叶变换和快速算法及其典型应用；二是数字滤波器的设计与实现，以及多采样率数字信号处理的基本理论和高效实现方法；三是数字信号处理的综合应用举例以及硬件开发环境介绍。本书内容全面丰富、系统性强、概念清晰。书中配有大量的精选例题、习题，并给出各种算法的 MATLAB 仿真实验。

本书可作为高等院校电子信息类、自动化类、计算机类等专业的本科生和研究生教材，也可供相关领域的科技工作者参考。

图书在版编目(CIP)数据

数字信号处理原理与应用/徐以涛主编. —北京：清华大学出版社，2023.1
面向新工科的电工电子信息基础课程系列教材
ISBN 978-7-302-61430-2

Ⅰ. ①数… Ⅱ. ①徐… Ⅲ. ①数字信号处理－高等学校－教材 Ⅳ. ①TN911.72

中国版本图书馆 CIP 数据核字(2022)第 136173 号

责任编辑：文　怡
封面设计：王昭红
责任校对：胡伟民
责任印制：丛怀宇

出版发行：清华大学出版社
网　　址：http://www.tup.com.cn，http://www.wqbook.com
地　　址：北京清华大学学研大厦 A 座　　**邮　　编**：100084
社 总 机：010-83470000　　**邮　　购**：010-62786544
投稿与读者服务：010-62776969，c-service@tup.tsinghua.edu.cn
质量反馈：010-62772015，zhiliang@tup.tsinghua.edu.cn
课件下载：http://www.tup.com.cn，010-83470236
印 装 者：定州启航印刷有限公司
经　　销：全国新华书店
开　　本：185mm×260mm　　**印　　张**：29.75　　**字　　数**：743 千字
版　　次：2023 年 1 月第 1 版　　**印　　次**：2023 年 1 月第1次印刷
印　　数：1～2000
定　　价：89.00 元

产品编号：089226-01

前言

第四次工业革命的到来，促使高等工程教育领域进行全方位的变革，“新工科”改革正是我国工程教育面对新的工业革命所做出的积极回应。新工科建设对我国高等工程教育提出了新要求，将更加注重学生创新思维、工程实践等多方面能力的塑造。以“数字信号处理”课程为例，其相关理论，特别是技术应用在近 30 年来取得了飞跃性发展，已经渗透到生产和生活的各个领域；“数字信号处理”不仅是电子工程、通信工程、语音处理、图像处理等传统本科专业的核心课程，同样也成为大数据、人工智能、物联网工程等新工科专业重要的基础课程。因此，开展面向新工科的“数字信号处理”课程教学改革与实践，适应新工科的发展变化需求，具有重要意义。

本书编写团队多年从事“数字信号处理”教学和科研工作，对引导学生如何学习数字信号处理的基本理论和工程应用等方面有深刻体会。围绕新工科人才培养对工程应用能力、创新思维能力、自主学习能力等方面提出的新要求，在全书内容取舍、章节安排、问题描述、例题选用以及综合应用等方面都精心考虑并付诸实施。本书在系统讲解数字信号处理基本原理基础上，将经典的信号处理理论寓于工程实践，突出频域分析、时域滤波等知识点的工程应用，更有利于学生对概念的理解；同时专门设置一章介绍数字信号处理的综合应用，培养学生的知识综合运用和系统设计能力。本书详细介绍数字信号处理的软件、硬件实现方法，在每章最后一节增加 MATLAB 编程实例，方便学生理解所学内容，增强分析问题和解决问题的能力。

全书共 10 章，第 1～4 章讲述数字信号处理的变换域理论，包括离散时间信号与系统的时域分析、Z 变换、离散时间傅里叶变换、离散傅里叶变换、快速傅里叶变换等；第 5～8 章讲述数字信号处理的时域滤波理论，包括数字滤波器设计基础、IIR 数字滤波器、FIR 数字滤波器、多采样率变换等；第 9、10 章讲述数字信号处理的综合应用和硬件实现等。本书内容全面丰富、系统性强，突出理论和应用相结合。为了帮助读者深刻理解基本理论和分析方法，书中列举大量的精选例题，在各章的最后还附有习题，以帮助读者进一步巩固所学知识。

本书绪论、第 8、10 章由徐以涛编写，第 1、5 章由杨炜伟编写，第 2 章由童晓兵编写，第 3、4 章由程云鹏编写，第 6 章由江汉编写、第 7 章由张玉明编写，第 9 章由编写团队共同完成。徐以涛校阅了全书初稿，并对全书进行了统稿。陆军工程大学周雷副校长对本书的成稿提出了建设性的意见。本书在编写过程中，得到了陆军工程大学通信工程学院的大力支持和帮助，学院杨旸、田乔宇、李京华、刘畅、纪存孝等教师协助做

前言

了许多工作，清华大学出版社的编校人员对本书的出版提出了很多宝贵的建议，在此表示感谢。

由于编者水平有限，错误和疏漏之处在所难免，敬请广大读者批评指正。

编　者

2022年12月

资源下载

目录

目录

目录

目录

绪论

数字信号处理(Digital Signal Processing, DSP)是一门广泛应用于现代科学和工程领域的新兴学科。20 世纪 60 年代以来,随着计算机和信息技术的飞速发展,有力地推动和促进了数字信号处理的发展进程。进入 21 世纪后,随着新一代移动通信、物联网、大数据以及人工智能等新兴技术的蓬勃发展,数字信号处理技术在众多领域得到了更为广泛的应用。

1. 数字信号处理的基本概念与系统组成

1) 信号

信号是数字信号处理的基本对象。一般地,将信号定义为随着时间、频率、相位或其他自变量而变化的物理量。信号携带着信息,它是信息的表现形式,而信息则是信号包含的内容。在实际应用中,需要采集、分析、处理和应用各种各样的信号,例如,在广播、电视、通信、雷达、声呐、遥感和遥测、计算机、天文、气象、地质勘探以及生物医学等领域中,都有需要处理、传输、存储和利用的大量信号,可以说,大千世界各种信号无处不在、无时不在。

数学上,把一个信号描述为一个或几个自变量的函数,分别称为一维或多维信号。例如:

$$\begin{cases} s_1(t) = 5\cos(2000\pi \times t) \\ s_2(x, y) = 3x + 2xy + 10y^2 \end{cases} \tag{0.1}$$

式(0.1)描述了两个不同信号,一个是随着自变量 t(时间)变化的一维余弦波信号,另一个是具有两个自变量 x 和 y 的二维信号。式(0.1)描述的信号属于一类准确定义的信号,指定了信号和自变量的依赖关系。然而,有些情况下这种函数关系是未知的,或者信号过于复杂而无法用准确的公式进行描述。

在大多数的应用中,一维信号的自变量是时间,也可以是其他物理量,如位移或距离等。在以时间为自变量的信号中,根据时间自变量是连续的或是离散的,可以把信号分成连续时间信号和离散时间信号两大类。若信号的自变量和函数值均取离散值,则称此类信号为数字信号。数字信号也可以说是信号幅度离散化的离散时间信号。

2) 信号处理

信号处理的含义较广,涉及信号及其携带信息的表示、处理和传输等。例如,减少噪声和干扰以增强有用信号,通过编码和调制进行远距离通信,通过人脸图像识别进行个人账户登录,将雷达回波信号中的目标信号进行分类等,这些都属于信号处理的内容。

数字信号处理是指用数字序列或符号序列表示信号,并用数值计算的方法对这些序列进行加工处理的理论、技术和方法。例如,通过采集、变换、滤波、估值与识别等处理,达到提取有用信息和方便应用的目的。此外,数字信号处理也涉及信号传输,以及数字信号处理的软件和硬件实现等。

3) 数字信号处理系统的基本组成

这里的系统是指处理(或变换)信号的物理设备,或者进一步说,凡是能将信号加以变换以达到人们要求的各种设备都称为系统。系统有大小之分,一个大系统中又可细分为若干个小系统。实际上,因为系统是完成某种运算和操作的,因而还可以把软件编程也看成一种系统的实现方法。

按处理的信号种类不同可将系统分为模拟系统、离散时间系统和数字系统等。实际应用中遇到最多的是模拟信号,为了对模拟信号进行数字处理,首先需用模/数(A/D)转换器将模拟信号转换成数字信号,经过数字处理后,有时又需要用数/模(D/A)转换器将处理结果还原成模拟信号。这一数字处理过程可以用图 0.1 来说明。图中,前置预滤波的主要作用是防止 A/D 采样可能带来的频谱混叠失真,后置滤波器的主要作用是平滑 D/A 转换器输出信号的阶梯效应,因此又称为平滑滤波器。

A/D 转换过程包括对模拟信号的采样和量化,以及转换成为二进制数这三个步骤。采样速率应当满足不失真重建信号的条件(采样定理);量化限幅电平必须与输入模拟信号的动态范围相适应,量化字长(用于表示量化电平的二进制数的位数或比特数)应该满足量化信噪比要求。

从 A/D 转换器输出的数字信号进入数字信号处理系统的核心部分,即数字信号处理器,按照预定的要求进行加工处理,得到满足性能要求的新的数字信号。在 D/A 转换过程中,二进制序列首先转换为连续时间脉冲序列,脉冲之间的空隙则利用"重构滤波器"的采样保持电路填充起来,把脉冲振幅在相邻脉冲之间保持下来。这样,在采样保持的情况下,其波形是一个阶梯信号。后置平滑滤波器是一个低通模拟滤波器,滤去阶梯信号的高频跳变,最终得到平滑的输出模拟信号。

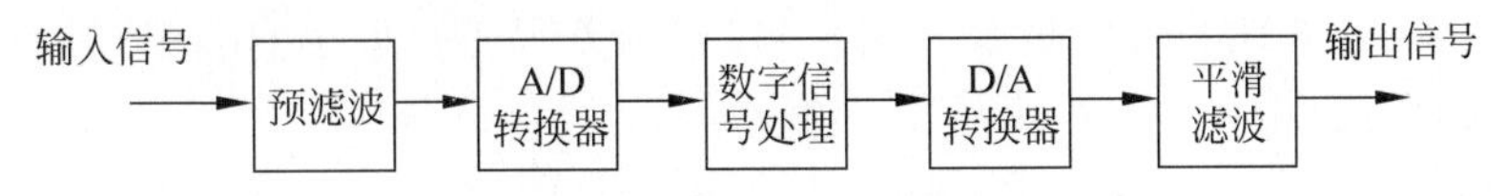

图 0.1　对模拟信号进行数字处理的原理框图

如图 0.1 所示的数字信号处理系统,是假设被处理信号和处理结果都要求是模拟信号的情况。实际上,有的数字信号处理系统的输入已经是数字信号,如 CD 唱机中的输入信号本身就是数字信号,这种情况下就无须 A/D 转换器和前置预滤波器;有的数字信号处理系统不要求输出模拟信号,处理后的数字信号可以直接加以利用,这种情况下就不需要 D/A 转换器和后置平滑滤波器。

2. 数字信号处理的主要内容与特点

1) 数字信号处理的主要内容

数字信号处理在理论上所涉及的范围极其广泛。数学领域的微积分、概率统计、随机过程、高等代数、数值分析、近世代数、复变函数等都是它的基本工具,而网络理论、信号与系统等均是它的理论基础。在学科发展上,数字信号处理又与电子科学与技术、信息与通信工程、测绘科学与技术、仪器科学与技术等紧密相连,近年来又成为人工智能、物联网、大数据科学与技术等新兴学科的理论基础之一,其算法的实现又和计算机学科及微电子技术密不可分。因此可以说,数字信号处理是把经典的理论体系作为自己的基础，同时又使自己成为一系列新兴学科的重要工具。

从20世纪60年代开始，数字信号处理学科进入飞速发展阶段，在60多年的发展中，数字信号处理自身已基本上形成一套较为完整的理论体系。这些理论主要包括：

(1) 信号的采集：包括A/D(D/A)技术、采样定理、量化噪声分析、多采样率变换、压缩感知等。

(2) 离散时间信号分析：包括时域及频域分析、各种变换技术、信号特征的描述等。

(3) 离散时间系统分析：包括系统的描述、系统的单位脉冲响应、转移函数及频率特性等。

(4) 信号处理中的快速算法：包括快速傅里叶变换(FFT)、快速卷积与相关运算等。

(5) 数字滤波技术：包括各种滤波器的设计与实现。

(6) 信号的估值：包括各种估值理论、相关函数与功率谱估计等。

(7) 信号的建模：包括常用的自回归模型、滑动平均模型、自回归滑动平均模型等。

(8) 时频信号分析：包括短时傅里叶变换、小波变换等。

(9) 线性预测与自适应滤波：包括维纳滤波、卡尔曼滤波、自适应滤波等。

“数字信号处理”作为本科生的一门重要专业基础课，应当把数字信号处理学科的基础理论、基本概念和基本方法作为重点内容。这些内容主要包括离散时间信号与离散时间系统的时域和频域分析方法，离散傅里叶变换及其快速算法，以及数字滤波器设计与实现等理论，这些正是本书的主要内容。

2）数字信号处理的特点

由于数字信号处理的对象是数字信号，处理的方式是数值运算，使它相对于模拟信号处理具有许多优点：

(1) 灵活性强。在数字信号处理中，无论声音信号、图像信号或视频信号，还是其他任何信号，都统一由二进制数0和1表示成数字序列，数字序列可以很方便地进行保存、复制、裁剪、融合、加密、传输和处理。数字信号处理归结为对数字序列进行一系列运算，这些运算构成了各种数字信号处理算法。将数字信号处理算法编写成程序，可以在计算机或数字信号处理芯片上运行，从而完成各种不同的数字信号处理功能。因此，只需要改变程序就能改变功能，通过调整程序中设置的参数就能改变系统的技术指标。这种灵活性为具有可编程特性系统（如截止频率可调的滤波器）的实现提供了很大方便。相比之下，改变模拟系统的设计要困难得多。

(2) 精度高。模拟信号处理的精度常受模拟系统精度的限制，因为模拟元器件的参数值不可能完全按照设计要求来实现，往往达不到设计的精度要求。因此，实际中建立一个精确的模拟信号处理系统一般是很困难的。在数字信号处理系统中不存在这个困难，因为以二进制码表示数字信号的精度完全由码字长度决定，在实现数字信号处理系统时，只要采样率足够高，并用足够多的位数来表示采样值，就能够达到所要求的高精度。

(3) 可靠性好。模拟系统的元器件都有一定的温度系数，而且电信号是连续变化的，容易受周围环境的温度、噪声及干扰等影响。数字信号用二进制数0或1的码字序列表示，而0和1又是用脉冲的有无或脉冲的正负表示的，即使在有噪声或干扰存在的情况下，只要能够判别出脉冲的有无或正负，就能够准确传输和处理0和1表示的数字序列，因此，数字系统受环境、温度及噪声的影响较小。此外，采用检错和纠错技术，在信息码中附加一定的冗余检错或纠错比特，还能够进一步提高数字信号处理的可靠性。

(4) 便于大规模集成。模拟系统采用电感器、电容器等模拟元器件，其选用非常困难，性能也难以达到要求。数字信号处理系统采用的数字器件本身具有高度规范性，便于大规模集成和生产，产品成品率高。用于数字信号处理的DSP芯片和现场可编程门阵列(FPGA)芯片一般采用大规模或超大规模集成电路技术制造，因此具有体积小、重量轻、性能稳定和可靠性高等优点。

(5) 时分复用。在数字信号相邻采样值之间存在着一定的空闲间隔，在这段时间内可以利用同一个数字信号处理设备来处理其他通道的信号，这就是"时分复用"过程。时分复用是数字信号处理的独特优点之一，利用时分复用可以用一套数字设备处理多个通道的信号。例如，电话质量的语音信号的频带宽度通常是3.4kHz，典型的采样频率为8kHz，量化字长为8bit，因此数字化后的码率为64kb/s。假设数字处理设备至少能够处理1544kb/s的信号，那么用一套处理设备和一根电话线就可以处理和传送24路语音信号。

数字信号处理还具有模拟信号处理不具备的其他一些优点。例如，利用有限冲激响应(FIR)数字滤波器可以获得严格的线性相位；利用数字滤波器组可以实现多速率信号处理等。当然，数字信号处理也存在一些局限性，主要包括：

(1) 系统的复杂程度增加。对模拟信号进行数字处理，需要像图0.1那样先用A/D转换器将模拟信号数字化，在数字处理过程完成后又需要用D/A转换器还原成模拟信号；如果只是为了处理单个模拟信号，显然数字处理方法增加了系统的复杂程度，也是不经济的。

(2) 处理速度受到限制。在处理带宽和频率很高的信号时，处理速度受到限制：一方面受到A/D和D/A转换速度和精度的限制，另一方面受到数字信号处理算法本身计算速度的限制。

(3) 硬件系统功耗大。在用硬件实现数字信号处理时，需要采用DSP芯片或者FPGA等其他芯片，这些超大规模甚至极大规模集成电路芯片上集成了几千万甚至数十亿个晶体管，功率消耗很大。

3. 数字信号处理的实现方法

数字信号处理的实现是指将信号处理的理论、算法应用于某一具体的任务中。随着任务的不同，数字信号处理实现的途径也不相同。总的来说，可分为软件实现和硬件实现两大类。

1) 软件实现

软件实现是指在通用计算机上用软件编程来实现信号处理的一种方法。这种实现方式多用于教学及科学研究，如产品开发前期的算法研究与仿真等。软件实现方法的优点是功能灵活，开发周期短；缺点是处理速度较慢，一般难以满足实时性任务要求。实时处理的定义是系统对外部的输入信号，必须在有限时间内完成指定的处理，即信号处理的速度必须大于或等于信号更新的速度；另外，从信号输入到处理完成之间的延迟必须足够小。随着计算机性能的高速发展，一些以前不能用纯软件来实现实时处理的问题现在也能够实时处理了，如VCD/DVD的解码播放等。

数字信号处理的各种软件可由使用者自己编写，也可直接调用现成的库函数。自1979年电气与电子工程师协会(IEEE)推出第一个信号处理软件包以来，国内外的研究机构、大学等相继推出了各种信号处理软件包，为信号处理的学习和应用提供了方便。目前，关于信号处理的最强大的软件工具是MATLAB语言及相应的信号处理工具箱，它提供了数字信号处理各种理论、算法的软件实现和函数集，使用者可方便地直接调用以进行研究和仿真。在本书后续章节中将分别讨论数字信号处理相关理论的MATLAB仿真与实现。

2) 硬件实现

硬件实现是指采用通用或专用的DSP芯片以及FPGA等器件，配有适合芯片开发语言及任务要求的软件，加以软件编程来实现。DSP芯片较通用计算机和单片机有着更突出的优点，它结合了数字信号处理的特点，内部配有乘法器和累加器，结构上采用了流水线工作方式及多总线、并行结构，且配有适合数字信号处理的指令，是一类可实时实现复杂数字信号处理算法的微处理器。

DSP和FPGA等器件的飞速发展为信号处理的实时实现提供了有力支撑，同时也为数字信号处理在工作、生活、娱乐等方面的应用提供了无限可能。例如，4G/5G移动通信、数字电视、自动驾驶、导航、雷达、智能家居及智能医疗等领域，均离不开数字信号的实时处理。第10章将以通用DSP芯片和FPGA为例，详细介绍数字信号处理的硬件实现。

4. 数字信号处理的应用

数字信号处理系统一经问世，便吸引了众多研究人员和工程技术人员，纷纷把它应用于多种领域，有效推动了这些领域的学科发展和技术进步。数字信号处理的应用非常广泛，具体如下：

(1) 滤波和变换：包括FIR滤波、无限冲激响应(IIR)滤波、自适应滤波、抽取和插值滤波、快速傅里叶变换、希尔伯特变换等。

(2) 通信：包括自适应均衡、信道编译码、信道复用、调制解调、数字信号加密、扩频技术、分集技术、回波抵消、软件无线电等。

(3) 语音处理：包括语音编码、语音压缩、数字录音系统、语音识别、语音合成、语音增强、文本语音变换等。

(4) 图像处理：包括图像压缩、图像增强、图像复原、图像重建、图像变换、图像分割与描绘、图像识别、电子地图等。

(5) 消费电子：包括智能手机、智能穿戴设备、数字音/视频、数字高清电视、电子玩具和游戏、智能家居、汽车电子装置等。

(6) 仪器仪表：包括频谱分析仪、函数生成器、地震信号处理器、瞬态分析仪、信道模拟器等。

(7) 工业控制与自动化：包括机器人控制、激光打印机控制、伺服控制、电力线监视器、自动驾驶控制、传感器控制等。

(8) 医疗：包括健康助理、病人监视、超声仪器、诊断工具、CT 扫描、核磁共振、助听器等。

(9) 军事：包括雷达处理、声呐处理、导航、全球定位系统(GPS)、侦察卫星、航空航天测试、自适应波束形成、阵列信号处理等。

5. 数字信号处理的学科发展

不少人探索过数字信号处理学科的起源问题。阿基米德(公元前 287—前 212)提出了利用内接和外接多边形逼近圆面积的计算方法，后来我国的刘徽(约 225—295)完全独立地发展了精度更高的类似算法，他在《九章算术-圆田术》注中，用割圆术证明了圆面积的精确公式，并给出了计算圆周率的科学方法：首先从圆内接六边形开始割圆，每次边数倍增，算到 192 边形的面积，得到 $\pi=3.14$，又算到 3072 边形的面积，得到 $\pi=3.1416$，称为徽率。这些算法实际上已经包含了图 0.1 所示的对模拟信号进行数字处理的思想，特别是其中关于连续函数离散化和序列内插的思想。因此人们认为，他们的工作是数字信号处理学科的“根”。也有人认为数字信号处理起源于 17—18 世纪的数学，因为在某种意义上可以认为，数字信号处理的核心是数值计算，而数值计算方法主要是在牛顿和高斯时代发展起来的。无论持何种观点，一个基本事实是，数学特别是数值计算方法是数字信号处理的重要工具，因此可以说数字信号处理是从数学发展起来的一门古老学科。

数字信号处理又是一门新兴的学科，因为它的完整学科体系是在 20 世纪 40 年代末至 50 年代初才建立的，它的迅速发展是从 60 年代才开始的。

20 世纪四五十年代，人们将线性连续系统理论进行拓展，建立起了离散数据系统理论，但受计算工具的限制，在此期间只能进行离散时间采样数据的模拟处理。50 年代至 60 年代初，由于数字计算机在信号处理中的应用，才实现了真正意义上的数字处理。例如，用数字相关方法处理地震信号，用数字方法实现声码器，用数字计算机计算信号的功率谱等。这些工作都是在计算机上用软件方法实现的，由于当时的计算机速度很慢，因而这段时期的数字信号处理一般都无法做到实时处理。

20 世纪 60 年代开始，数字信号处理学科进入快速发展的阶段，主要标志是快速傅里叶变换算法的提出以及数字滤波器理论和技术的完善。人们普遍认为，它们是数字信号处理科学发展史上具有里程碑意义的两项成就。

离散傅里叶变换(DFT)是对离散时间信号和系统进行频域分析的最重要工具，但是，直接计算 DFT 需要非常大的运算量，效率很低，这限制了它的实际应用。Cooley 和 Tukey 于 1965 年在《计算数学》杂志上发表了著名的《机器计算傅里叶级数的一种算法》(又称为快速傅里叶算法)论文，使 DFT 的计算速度得到大幅提高，从而为数字信号处理从理论走向实用、从实验室走向工程实践提供了强有力的工具，开辟了真正意义上的数字信号处理的新时代。FFT的意义不仅在于它解决了DFT的计算速度问题，更重要的是，它的出现有助于将经典线性系统理论的许多概念，如卷积、相关、系统函数、功率谱等，在离散傅里叶变换的意义上重新加以定义和求解。

数字滤波器完整和规范的理论体系是在20世纪60年代中期建立的。期间，不断涌现各种滤波器结构、数字滤波器的设计方法，提出数字滤波器的各种逼近方法和实现方式。1965年，Blackman在《数据平滑和预测的信号处理》讲义中，介绍了数据平滑和预测这种新技术的发展动态，并把其中的某些技术称为“数值滤波”。1966年，Kaiser在《用数字计算机进行系统分析》一书中，首次使用了“数字滤波器”概念作为其中一章的标题，并介绍了可以用于动态系统和滤波器模拟的一组信号处理技术，这一贡献具有里程碑式的意义。

早期的数字滤波器曾经在语音、声呐、地震和医学等信号处理中发挥过巨大作用。但是，大多数数字滤波器局限于用软件在计算机上实现，而且当时的计算机价格昂贵，因此严重阻碍了数字滤波器的推广应用和快速发展。直到20世纪70年代，大规模集成电路技术、高速CPU、高速大容量存储器件出现后，这一不利局面才有了根本的改观。经过长期蓬勃发展，数字滤波器现已成为数字信号处理学科中内容最丰富、应用最广泛的一个分支学科，涌现出了具有不同功能和特点的各种各样的数字滤波器，其中包括FIR滤波器、IIR滤波器、自适应滤波器、多速率滤波器等。

回顾数字信号处理学科发展的历史，不能不提到美国东海岸三个著名的实验室——Bell实验室、IBM公司的Watson实验室，以及麻省理工学院(MIT)的Lincoln实验室，他们把数字信号处理作为一项长期持续的课题进行研究，分别做出了开创性的工作成就。Bell实验室的Kaiser提出了数字滤波器的早期设计方法。IBM公司的Cooley和普林斯顿大学的Tukey提出了FFT算法。Gold和Rader领导下的Lincoln实验室，融合数字滤波器设计、FFT算法、语音压缩与实时数字信号处理系统等研究于一体，成功开发出世界上第一台用于实时信号处理的快速数字处理器FDP，为现代真正意义上的数字信号处理器的出现奠定了坚实的基础。

进入21世纪，伴随着信息技术、电子技术及计算机技术的飞速发展，数字信号处理学科也在不断地丰富和完善，各种新算法、新理论正在不断地推出。例如，平稳信号的高阶统计量分析、非平稳信号的联合时频分析、压缩感知、模式识别、博弈论、强化学习等新的信号处理理论都取得了长足的进展。可以预计，在未来数字信号处理理论依然会不断取得突破和发展，并将更好地为人类社会进步发挥更大作用。

第1章 离散时间信号和系统的时域分析

离散时间信号与系统是学习数字信号处理的基础，其内容已在“信号与系统”课程中做了初步介绍。本章主要学习离散时间信号的表示方法和典型信号、线性时不变系统的时域分析以及模拟信号数字化方法。

本章是“信号与系统”“数字信号处理”课程之间承上启下的内容，是后续章节中信号频谱分析和系统设计的理论基础。

1.1 离散时间信号

1.1.1 信号分类

信号是信息的物理表现形式，它以某种函数的形式传递信息。例如，交通红绿灯是信号，它传递的信息是红—停止，绿—通行。根据载体的不同，信号可以是电、磁、声、光、热、机械等各种信号。

不同类型的信号，其处理方法会有所不同，因此有必要对信号进行分类。信号的变量可以是时间，也可以是频率、空间或其他物理量。信号的分类方法很多，同一种信号可以从不同角度进行分类，下面介绍常见的几种分类方法。

1. 连续时间信号、模拟信号、离散时间信号和数字信号

信号变量的取值方式有连续与离散两种。若变量是时间且是连续的，则称为连续时间信号；若变量是离散时间数值，则称为离散时间信号。同样，信号幅值的取值也可分为连续与离散两种方式。因此，组合起来有以下四种情况：

(1) 连续时间信号：时间是连续的信号。

(2) 模拟信号：时间是连续的，幅值也是连续的。现实世界中大多数信号属于此类信号，如语音信号、温度信号等。

(3) 离散时间信号(或称序列)：时间是离散的，幅值可以是连续的也可以是离散(量化)的。离散时间信号通常由模拟信号采样得到，在采样时刻，离散信号的值严格等于原模拟信号的值，但也有一些离散信号是固有的，如每天计算一次利息等。

(4) 数字信号：时间和幅值都是离散的。由于是离散化的，故数字信号可用序列表示，而每个值又可表示为二进制的形式。数字信号可由采样信号进行量化和编码得到，同样也可从实际应用中得到，例如每日股票的市场价格、人口的统计数和仓库的存量等。

图 1.1.1 给出了一个连续时间信号经过转换得到对应数字信号的示意图，说明了连续时间信号、离散时间信号和数字信号之间的区别与联系。

数字信号处理最终要处理的是数字信号，但在理论分析研究中，不考虑量化的影响，一般主要研究离散时间信号和系统。本书主要讨论离散时间信号的分析与处理。

2. 周期信号和非周期信号

若信号满足 $x(t)=x(t+kT)$，k 为整数，或 $x(n)=x(n+kN)$，N 为正整数，则

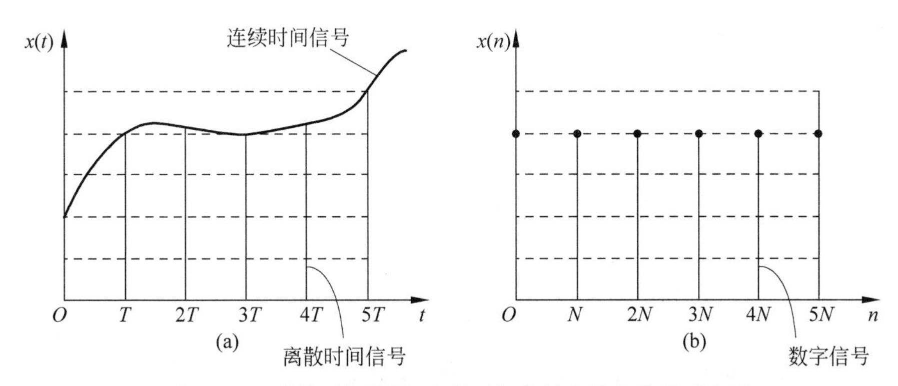

图 1.1.1　连续时间信号、离散时间信号和数字信号示意图

$x(t)$和$x(n)$都是周期信号，周期分别为T和N；否则，就是非周期信号。

3. 确定信号和随机信号

若信号在任意时刻的取值能精确确定，则称它为确定信号；若信号在任意时刻的取值不能精确确定，或者取值是随机的，则称它为随机信号。例如，设φ是在$(-\pi,\pi)$之间服从均匀分布的随机数值，那么信号$x(t)=\sin(2\pi ft+\varphi)$就是随机信号，称为随机相位正弦波。对$x(t)$的每次观测，它的相位是不同的，可得到不同的正弦曲线，这些正弦信号的集合构成了随机信号。

4. 能量信号和功率信号

信号$x(t)$和$x(n)$的能量分别定义为

$$E=\int_{-\infty}^{\infty}|x(t)|^2\mathrm{d}t$$

$$E=\sum_{n=-\infty}^{\infty}|x(n)|^2$$

若E有限，则$x(t)$或$x(n)$称为能量有限信号，简称能量信号；若E无限，则$x(t)$或$x(n)$称为能量无限信号。

当$x(t)$或$x(n)$的能量E无限时，往往研究它们的功率。信号$x(t)$和$x(n)$的功率分别定义为

$$P=\lim_{T\to\infty}\frac{1}{T}\int_{-\infty}^{\infty}|x(t)|^2\mathrm{d}t$$

$$P=\lim_{N\to\infty}\frac{1}{2N+1}\sum_{n=-N}^{N}|x(n)|^2$$

若P有限，则$x(t)$或$x(n)$称为有限功率信号，简称功率信号。周期信号及随机信号一定是功率信号，而非周期的绝对可积(可和)信号一定是能量信号。

1.1.2 离散时间信号的定义与表示

离散时间信号最基本的形式是定义在等间隔的时间离散值（自变量）上，且在这些离散时间上的信号幅度值是连续的。若设均匀的时间间隔为 T，则以 $x(nT)$表示该离散时间信号，这里 $n=0,\pm1,\pm2,\cdots$。在离散时间信号传输与处理中，有时将信号寄存在存储器中，以便随时取用。因此，离散时间信号的处理也可能是先记录后分析，即“非实时的”。考虑到这些因素，对于离散时间信号来说，人们主要关心的是该信号随 n 的变化情况，所以往往不必要以 nT 为变量，而直接以 n 为变量。这里，n 表示各函数值出现的序号。可以说，一个离散时间信号就是一组序列值的集合，这也是将离散时间信号称为序列的原因。

离散时间信号有以下三种表示方法：

(1) 图形表示：图形表示比较直观，在分析问题中经常用到。以离散时间信号 $x(n)=\sin(\pi n/4)$为例，其图形表示为图 1.1.2。其中，横轴只在为整数时才有意义，对于非整数，$x(n)$是没有定义的；纵轴线段的长短表示各序列值的大小。

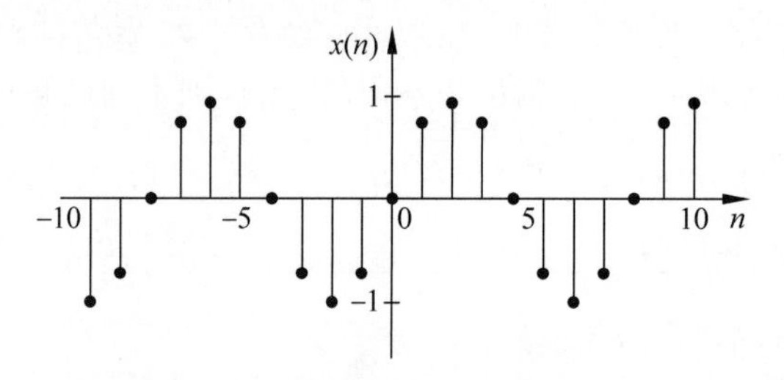

图 1.1.2 离散时间信号 $x(n)$的图形表示

(2) 集合符号表示：离散时间信号可以表示为一组有序的数值的集合。采用集合符号$\{\cdot\}$表示，图 1.1.2 表示的离散时间信号 $x(n)$，其集合表示为 $x(n)=\{\cdots,-1,-0.707,0,0.707,1,\cdots;\ n=\cdots,-2,-1,0,1,2,\cdots\}$。

(3) 公式表示：若离散时间信号有解析表达式，则可以用公式表示。以图 1.1.2 图形表示的离散时间信号为例，其公式表示为 $x(n)=\sin(\pi n/4)$，n 为整数。

1.1.3 典型离散时间信号

下面介绍几种典型离散时间信号，这些信号通常是不同领域中物理现象的抽象，能够表征许多物理现象的变化过程，而且这些信号也是一些基本信号，可以用来表示或者组合出许多其他信号。

1. 单位脉冲序列 $\delta(n)$

单位脉冲序列也称为单位采样序列，其定义是

$$\delta(n)=\begin{cases}1, & n=0\\ 0, & n\neq 0\end{cases} \tag{1.1.1}$$

单位脉冲序列 $\delta(n)$ 的特点是仅在 $n=0$ 时取值为 1，在其他时刻取值均为 0。单位脉冲序列是最简单、最基本的离散时间信号，在离散时间信号与系统的分析与综合中有重要的作用，其地位类似于模拟信号和系统中的单位冲激信号 $\delta(t)$，但不同的是 $\delta(t)$ 在 $t=0$ 时取值无穷大，在 $t\neq 0$ 时取值为零，对时间 t 的积分为 1。单位脉冲序列和单位冲激信号的波形如图 1.1.3 所示。

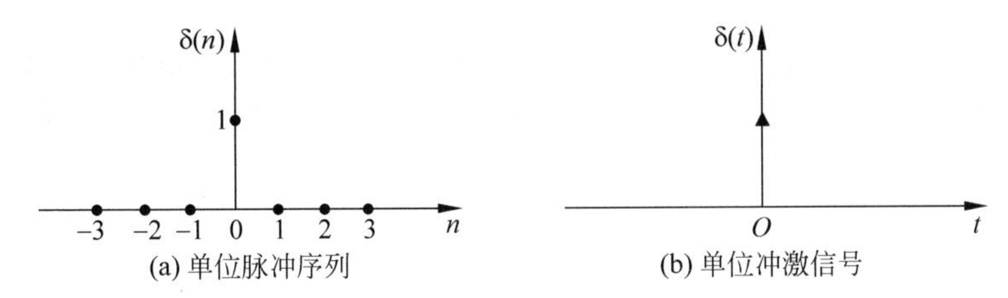

图 1.1.3　单位脉冲序列和单位冲激信号

2. 单位阶跃序列 $u(n)$

单位阶跃序列定义为

$$u(n)=\begin{cases}1, & n\geqslant 0\\ 0, & n<0\end{cases} \tag{1.1.2}$$

其波形如图 1.1.4 所示。单位阶跃序列等效的物理模型是开关的闭合。单位阶跃序列的基本特性是单边性，即在 $n<0$ 时 $u(n)$ 全为 0，在 $n\geqslant 0$ 时 $u(n)$ 全为 1，类似于模拟信号中的单位阶跃信号 $u(t)$。

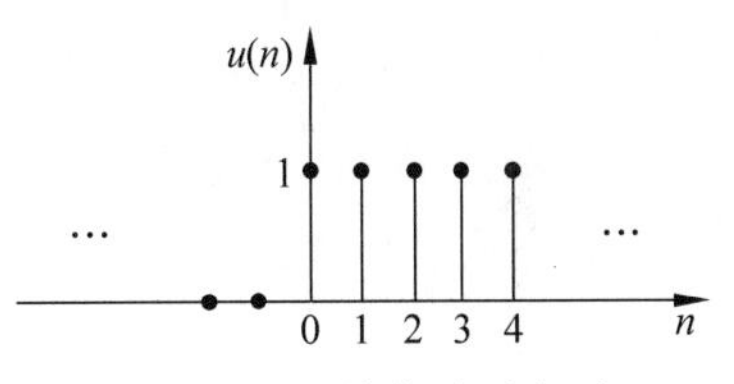

图 1.1.4　单位阶跃序列

对比式(1.1.1)和式(1.1.2)可知，单位脉冲序列 $\delta(n)$ 是单位阶跃序列 $u(n)$ 的一次差分，即

$$\delta(n)=u(n)-u(n-1) \tag{1.1.3}$$

而单位阶跃序列 $u(n)$ 是单位脉冲序列 $\delta(n)$ 的求和，即

$$u(n)=\sum_{k=0}^{\infty}\delta(n-k) \tag{1.1.4}$$

3. 矩形序列 $R_N(n)$

长度为 N 的矩形序列定义为

$$R_N(n)=\begin{cases}1, & 0\leqslant n\leqslant N-1\\ 0, & \text{其他}\end{cases} \tag{1.1.5}$$

矩形序列在雷达、通信等系统中有非常广泛的应用，而且矩形序列作为一种最基本的窗函数，几乎应用于任何的信号处理过程中。例如，在第 7 章将用矩形序列作为窗函

数设计数字滤波器。当 $N=4$ 时，矩形序列的波形如图 1.1.5 所示。

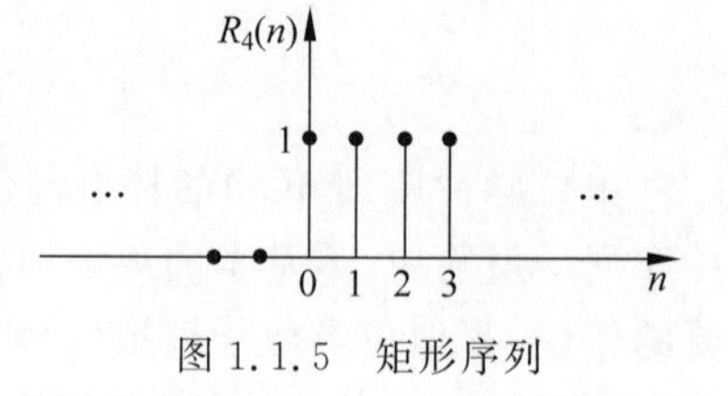

图 1.1.5 矩形序列

矩形序列可以用单位阶跃序列表示为

$$R_N(n)=u(n)-u(n-N)$$

4. 实指数序列

实指数序列定义为

$$x(n)=a^n u(n),\quad a\text{ 为实数} \tag{1.1.6}$$

$|a|$的大小直接影响序列变化规律：若$|a|<1$，则 $x(n)$的幅度随 n 的增大而减小，此时的 $x(n)$是收敛序列；若$|a|>1$，则 $x(n)$的幅度随 n 的增大而增大，此时的 $x(n)$是发散序列。两种情况的波形如图 1.1.6 所示。

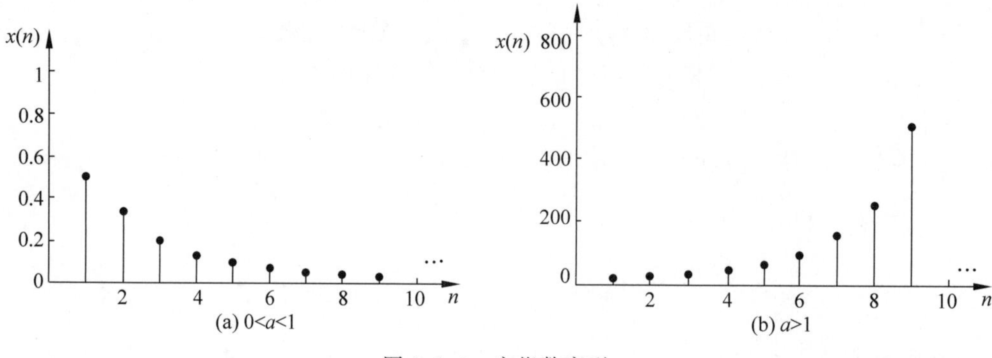

图 1.1.6 实指数序列

实指数序列可以描述许多物理现象，如生物的自然繁衍、原子核的裂变等具有指数增长特性($a>1$)，而声音在大气中传播、受到污染的生态环境质量等则具有指数衰减特性($0<a<1$)。

5. 正弦型序列

现实生活中许多物理现象，如交流电信号、通信载波信号、音频信号等，都可以用正弦型信号来描述。正弦型序列是包络为正弦、余弦变化的序列，其定义为

$$x(n)=\sin(\omega n+\theta) \tag{1.1.7}$$

式中，θ 为初始相位；ω 为正弦型序列的数字频率(数字域频率)，单位为 rad，它表示序列变化的速度，或者说表示相邻两个信号值之间相位变化的弧度数。数字频率 ω 是一个非常重要的概念，在后续章节中会反复出现，它和模拟频率 f、模拟角频率 Ω 既有联系又有区别。

例如，初始相位为 θ 的模拟正弦信号为

$$x_{\mathrm{a}}(t)=\sin(2\pi ft+\theta)=\sin(\Omega t+\theta)$$

式中，f 为该信号的模拟频率，单位为 Hz；$\Omega=2\pi f$ 为该信号的模拟角频率，单位为 rad/s。

正弦序列可以通过对模拟正弦信号进行等间隔采样得到。若采样间隔为 T，单位

为 s，则经采样后得到的序列为

$$x(n)=x_{a}(t)\big|_{t=nT}=\sin(2\pi fnT+\theta)=\sin(\Omega nT+\theta) \tag{1.1.8}$$

对比式(1.1.7)和式(1.1.8)，可以得到模拟频率 f、模拟角频率 Ω 和数字频率 ω 三者的关系为

$$\omega=\Omega T=2\pi fT \tag{1.1.9}$$

式(1.1.9)具有普遍意义，它表明凡是由模拟信号采样得到的序列，模拟角频率与序列的数字频率呈线性关系。由于采样频率 f_{s} 与采样间隔 T 互为倒数，所以数字频率 ω 相当于模拟角频率 Ω 对采样频率 f_{s} 的归一化值，即

$$\omega=\frac{\Omega}{f_{s}}=2\pi\frac{f}{f_{s}} \tag{1.1.10}$$

式(1.1.9)和式(1.1.10)是非常重要的关系式，是用数字信号处理理解很多物理现象的关键，以后的章节将会陆续用到。例如，若采样频率为 f_{s}，则模拟信号的模拟频率 $f=f_{s}/2$，即该信号的模拟角频率 $\Omega=2\pi f=\pi f_{s}$，由该模拟信号采样得到的序列，其数字频率 $\omega=\pi$。

6. 周期序列

如果对所有 n 存在一个最小的正整数 N，使得下面等式成立：

$$x(n)=x(n+N),\quad -\infty<n<\infty \tag{1.1.11}$$

则称序列 $x(n)$ 为周期序列，其中 N 为周期。

图 1.1.7 中的 $x(n)$ 是一个周期序列，满足式(1.1.11)的最小正整数 N 是 7，因此该序列的周期是 7。

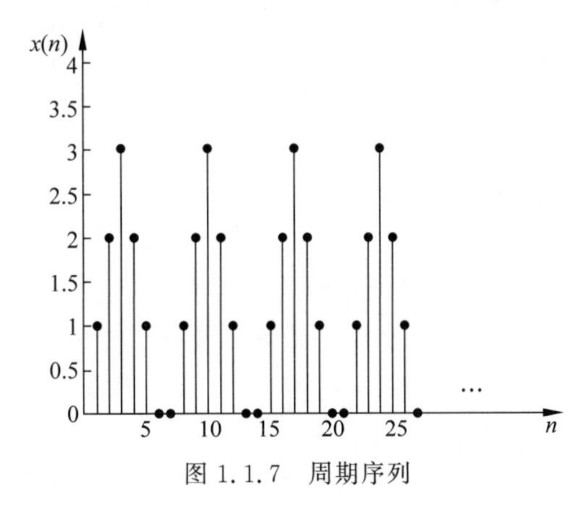

图 1.1.7 周期序列

下面以正弦序列为例，进一步讨论序列周期性。设

$$x(n)=\sin(\omega n+\theta)$$

则有

$$x(n+N)=\sin(\omega n+\omega N+\theta)$$

要满足周期性条件式(1.1.11)，根据 sin 函数的特性，要求 $\omega N=2\pi k$，其中，k 和 N

都是整数，而且 k 的取值要保证 N 是满足周期性条件的最小正整数。满足这些条件，则该正弦序列是周期为 N 的周期序列。

令 $N=(2\pi/\omega)k$，根据 $2\pi/\omega$ 的不同情况，正弦序列的周期性可以分为三种不同的情况：

(1) 当 $2\pi/\omega$ 是整数时，取 $k=1$ 即可满足周期性条件，正弦序列是以 $2\pi/\omega$ 为周期的周期序列。例如，$x(n)=\sin\left(\frac{\pi}{2}n+\theta\right)$，此时 $2\pi/\omega=4$，则该正弦序列的周期为 4。

(2) 当 $2\pi/\omega$ 不是整数而是一个有理数时，即 $2\pi/\omega=P/Q$，其中 P 和 Q 是互为素数的整数，取 $k=Q$ 即可满足周期性条件，则正弦序列是以 P 为周期的周期序列。例如，$x(n)=\sin\left(\frac{3}{7}\pi n+\theta\right)$，此时 $2\pi/\omega=14/3$，则该正弦序列的周期为 14。

(3) 当 $2\pi/\omega$ 是无理数时，任何整数 k 都不能使得 N 为正整数，此时该正弦序列不是周期序列。例如，$x(n)=\sin\left(\frac{n}{2}\right)$就不是周期序列，此时 $2\pi/\omega=4\pi$ 是一个无理数。

7. *复指数序列*

复指数序列的定义为

$$x(n)=\mathrm{e}^{(\alpha+\mathrm{j}\omega)n} \tag{1.1.12}$$

式中，ω 为数字频率。

当 $\alpha=0$ 时，有

$$x(n)=\mathrm{e}^{\mathrm{j}\omega n}=\cos(\omega n)+\mathrm{j}\sin(\omega n) \tag{1.1.13}$$

式中，$x(n)$也称为复正弦序列。

复正弦序列在数字信号处理中有着重要应用，它不但是离散时间信号做傅里叶变换时的基函数，同时可作为离散时间系统的特征函数，在以后的讨论中会经常用到它。

1.1.4 离散时间信号的基本运算

在信号处理中，对离散时间信号所做的基本运算包括移位、相加、相乘、翻转及尺度变换等，将这些基本运算组合起来可使系统处理信号的能力更强，下面分别加以介绍。

1. *乘法和加法*

离散时间信号之间的乘法和加法，是指它们同序号的序列值逐项对应相乘和相加，如图 1.1.8 所示。

2. *移位*

设某一离散时间信号 $x(n)$，k 为正整数，则 $x(n-k)$表示序列右移(延时)，$x(n+k)$表示序列左移，如图 1.1.9 所示。在数字信号处理的硬件设备中，移位(延时)实际上是由一系列的移位寄存器来实现的。

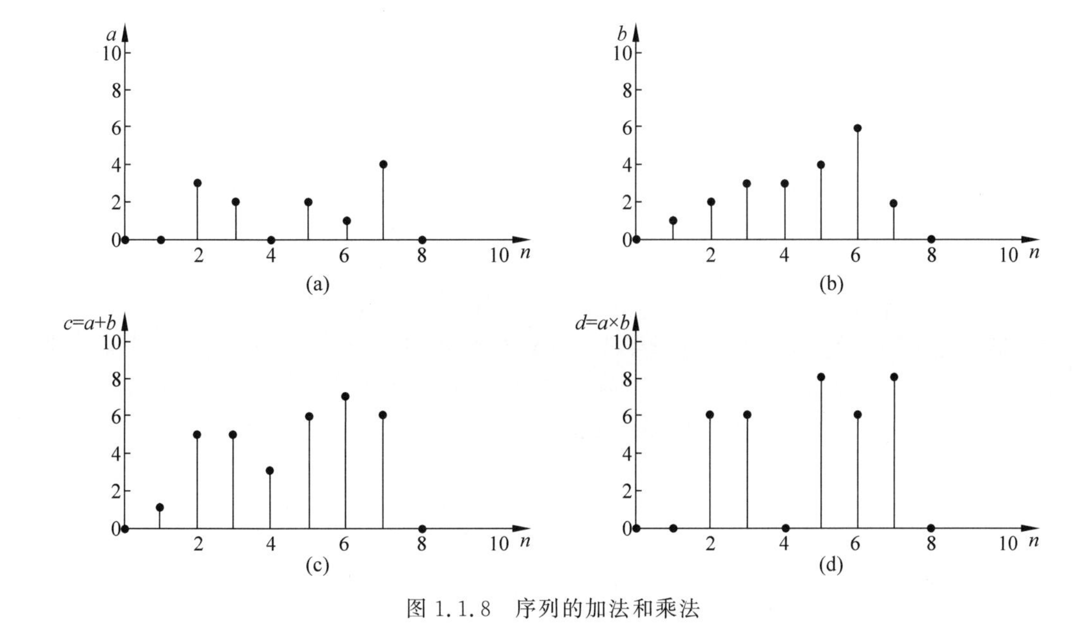

图 1.1.8 序列的加法和乘法

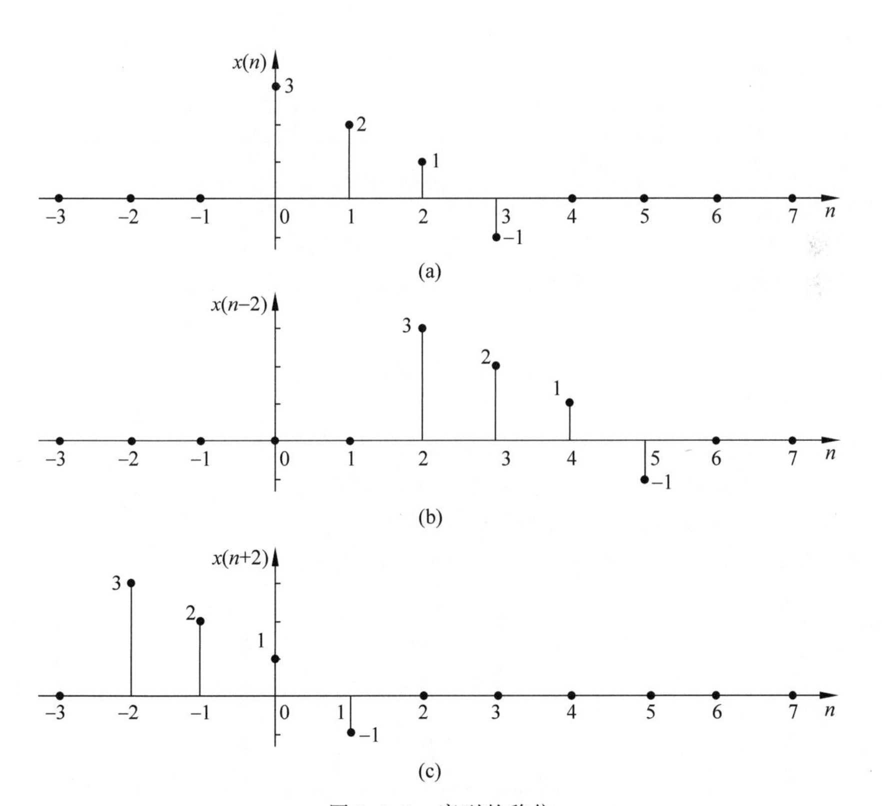

图 1.1.9 序列的移位

序列 $x(n)$在某一时刻 k 时的值 $x(k)$可用 $\delta(n)$的延时来表示，即

$$x(k)=x(n)\delta(n-k)$$

类似地，$x(n)$在 n 的所有时刻的值可表示为

$$x(n)=\sum_{k=-\infty}^{\infty}x(k)\delta(n-k) \tag{1.1.14}$$

3. 时间尺度的变化

给定离散时间信号 $x(n)$，令 $y(n)=x(Mn)$，M 为正整数，称 $y(n)$是由 $x(n)$做 M 倍的抽取产生的。若 $x(n)$的采样频率为 f_s，$y(n)$表示序列每隔 M 点取一点，其抽样频率降为 f_s/M。令 $y(n)=x(n/L)$，L 为正整数，称 $y(n)$是由 $x(n)$做 L 倍的插值产生的。此时，$y(n)$表示在原序列两相邻点之间插入 $L-1$ 个零值。抽取和插值是信号处理中的常用算法，将在第 8 章详细讨论。当 $M=2$，$L=2$ 时，序列的抽取和插值如图 1.1.10 所示。

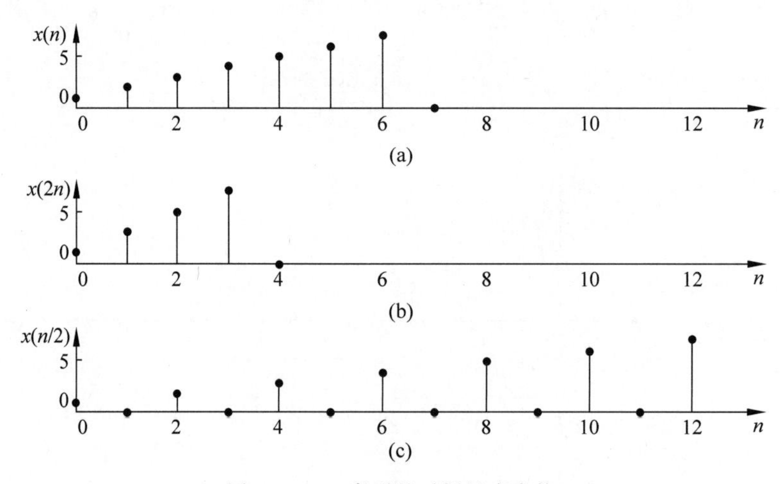

图 1.1.10　序列的时间尺度变换

4. 翻转

当 $y(n)=x(-n)$时，此运算称为“时间翻转”，即 $y(n)$是由 $x(n)$依纵轴做左右翻转而得到的。图 1.1.11 给出了对应图 1.1.9 中 $x(n)$的翻转图。

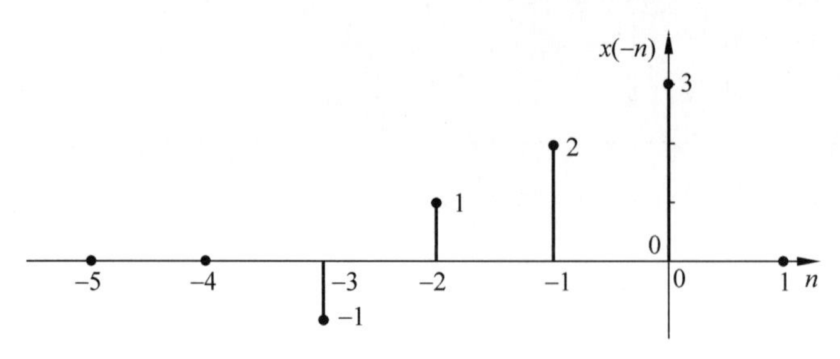

图 1.1.11　序列的翻转

1.2 离散时间系统

一个离散时间系统可以认为是将输入序列变换成输出序列的一种运算。若用 $T[\cdot]$表示这种运算,系统的输入为 $x(n)$,输出为 $y(n)$,则该离散时间系统的输入与输出关系可以表示为

$$y(n)=T[x(n)] \tag{1.2.1}$$

其框图如图1.2.1所示。

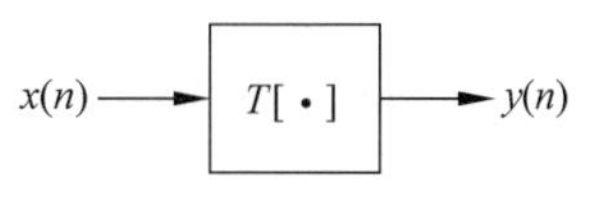

图1.2.1 离散时间系统

对变换加上各种约束条件就可以定义出各类离散时间系统,其中线性时不变系统是最重要和最常用的,这是因为很多物理过程都可以用线性时不变系统来表征,在一定条件下某些非线性时变系统也可以用线性时不变系统来近似。本书主要讨论线性时不变系统。

1.2.1 线性系统

满足线性叠加原理的系统称为线性系统。设 $x_1(n)$和 $x_2(n)$分别表示系统的输入序列,其输出分别用 $y_1(n)$和 $y_2(n)$表示,即

$$y_1(n)=T[x_1(n)],\quad y_2(n)=T[x_2(n)]$$

可加性和齐次性是线性叠加原理的具体描述。

(1) 若系统的输入为 $x_1(n)$和 $x_2(n)$之和,其输出也为 $y_1(n)$和 $y_2(n)$之和,则称该系统具有可加性,即

$$y_1(n)+y_2(n)=T[x_1(n)]+T[x_2(n)]=T[x_1(n)+x_2(n)]$$

(2) 设 a_1 为常系数,若系统的输入增大 a_1 倍,其输出也增大 a_1 倍,则称该系统具有齐次性,即

$$a_1y_1(n)=a_1T[x_1(n)]=T[a_1x_1(n)]$$

对于线性系统,若写成 N 个输入的一般表达式,则为

$$\sum_{i=1}^{N}a_iy_i(n)=T\left[\sum_{i=1}^{N}a_ix_i(n)\right] \tag{1.2.2}$$

式(1.2.2)是线性叠加原理的一般表达式。

在证明一个系统是否是线性系统时,必须证明此系统同时满足可加性和齐次性,且输入信号可以是包括复序列在内的任何序列,常系数 a_i 可以是复数;而要说明系统是非线性的,则只需说明它不满足上述两者之一即可。下面举例加以说明。

例1.2.1 试判断 $y(n)=T[x(n)]=5x(n)+3$ 是否为线性系统。

解:因为

$$y_1(n)=T[x_1(n)]=5x_1(n)+3,\quad y_2(n)=T[x_2(n)]=5x_2(n)+3$$

$$ay_1(n)+by_2(n)=5ax_1(n)+5bx_2(n)+3(a+b)$$

而

$$T[ax_1(n)+bx_2(n)]=5ax_1(n)+5bx_2(n)+3$$

可见

$$T[ax_1(n)+bx_2(n)]\neq ay_1(n)+by_2(n)$$

故此系统不是线性系统。

$y(n)=5x(n)+3$ 是线性方程，但所表征的系统不是线性系统，原因是输出中的常数项与输入无关。

1.2.2 时不变系统

若系统对输入信号的运算关系在整个运算过程中不随时间变化，或者说系统对于输入信号的响应与信号输入系统的时刻无关，则这种系统称为时不变系统。

对于时不变系统，若 $y(n)=T[x(n)]$，则有

$$y(n-k)=T[x(n-k)] \tag{1.2.3}$$

式(1.2.3)说明，若一个离散时间系统对 $x(n)$ 的响应是 $y(n)$，则将 $x(n)$ 延迟 k 个单元，输出也将相应延迟 k 个单元，则称该系统具有时不变性。

例 1.2.2 试证明 $y(n)=\sum_{m=-\infty}^{n}x(m)$ 是时不变系统。

解：因为

$$y(n-k)=\sum_{m=-\infty}^{n-k}x(m)$$

$$T[x(n-k)]=\sum_{m=-\infty}^{n}x(m-k)=\sum_{l=-\infty}^{n-k}x(l)=\sum_{m=-\infty}^{n-k}x(m)$$

可见

$$y(n-k)=T[x(n-k)]$$

因此该系统是时不变系统。

例 1.2.3 试判断 $y(n)=nx(n)$ 所代表的系统是否为时不变系统。

解：因为

$$y(n-k)=(n-k)x(n-k)$$
$$T[x(n-k)]=nx(n-k)$$

可见

$$y(n-k)\neq T[x(n-k)]$$

因此该系统是时变系统。

1.2.3 线性时不变离散系统

同时满足线性和时不变的离散系统称为线性时不变离散系统。这种系统是应用最

为广泛的系统，可用其单位脉冲响应来表征，这样系统的处理过程可统一用卷积运算表示。除非特别说明，本书都是讨论线性时不变系统。

单位脉冲响应是指输入为单位脉冲序列时的系统输出，一般记为 $h(n)$，即

$$h(n)=T[\delta(n)] \tag{1.2.4}$$

由此可以确定任意输入时的系统输出，进而推出线性时不变离散时间系统一个非常重要的输入与输出关系式。设系统的输入序列为 $x(n)$，输出序列为 $y(n)$，则由式(1.1.14)可知，任一序列 $x(n)$可以写成 $\delta(n)$的移位加权和，即

$$x(n)=\sum_{m=-\infty}^{\infty}x(m)\delta(n-m)$$

相应地，系统的输出为

$$y(n)=T\left[\sum_{m=-\infty}^{\infty}x(m)\delta(n-m)\right]$$

由于系统是线性的，所以

$$T\left[\sum_{m=-\infty}^{\infty}x(m)\delta(n-m)\right]=\sum_{m=-\infty}^{\infty}T[x(m)\delta(n-m)]$$

$$=\sum_{m=-\infty}^{\infty}x(m)T[\delta(n-m)]$$

因为系统是时不变的，有 $T[\delta(n-m)]=h(n-m)$，因此可得

$$y(n)=\sum_{m=-\infty}^{\infty}x(m)h(n-m)=x(n)*h(n) \tag{1.2.5}$$

式中，符号“$*$”表示线性卷积运算。

式(1.2.5)就是线性时不变离散系统的卷积表达式。该式表明，线性时不变系统的输出序列等于输入序列和系统单位脉冲响应的线性卷积，如图 1.2.2 所示。

图 1.2.2 线性时不变系统

1.2.4 线性卷积的计算

线性卷积是一种非常重要的计算，它在数字信号处理过程中起着十分重要的作用，在已知系统的单位脉冲响应时，常用它来计算相应输入序列下的输出序列。

卷积的计算过程包括折叠(翻转)、移位、相乘、相加四个步骤。

按照式(1.2.5)，具体过程如下：

(1) 将 $x(n)$和 $h(n)$用 $x(m)$和 $h(m)$表示，并将 $h(m)$进行翻转，得到 $h(-m)$。

(2) 将 $h(-m)$移位 n，得到 $h(n-m)$。当 $n>0$ 时，序列右移；当 $n<0$ 时，序列左移。

(3) 将 $x(m)$和 $h(n-m)$相乘。

(4) 将相乘结果再相加。

按以上步骤即可得到卷积结果。

线性卷积计算有图解法、列表法和解析法,下面结合例题分别予以介绍。

例 1.2.4 设 $x(n)=R_4(n)$,$h(n)=R_4(n)$,求 $y(n)=x(n)*h(n)$。

解:采用图解法。

由式(1.2.5)得

$$y(n)=\sum_{m=-\infty}^{\infty}x(m)h(n-m)=\sum_{m=-\infty}^{\infty}R_4(m)R_4(n-m)$$

按照以上所述线性卷积具体的四个步骤,首先分别画出 $N=4$ 的矩形序列 $x(m)$ 和 $h(m)$,如图 1.2.3(a)、(b)所示;随后将 $h(m)$ 翻转 180°,得到 $h(-m)$ 的波形($n=0$),如图 1.2.3(c)所示;接着将 $h(-m)$ 和 $x(m)$ 对应项相乘,再相加,得到 $y(0)=1$;将 $h(-m)$ 右移一位,得到 $h(1-m)$ 波形($n=1$),如图 1.2.3(d)所示,再将 $h(1-m)$ 和 $x(m)$ 对应项相乘,再相加,得到 $y(1)=2$。以此类推,得到 $y(n)$ 的波形,如图 1.2.3(f)所示。

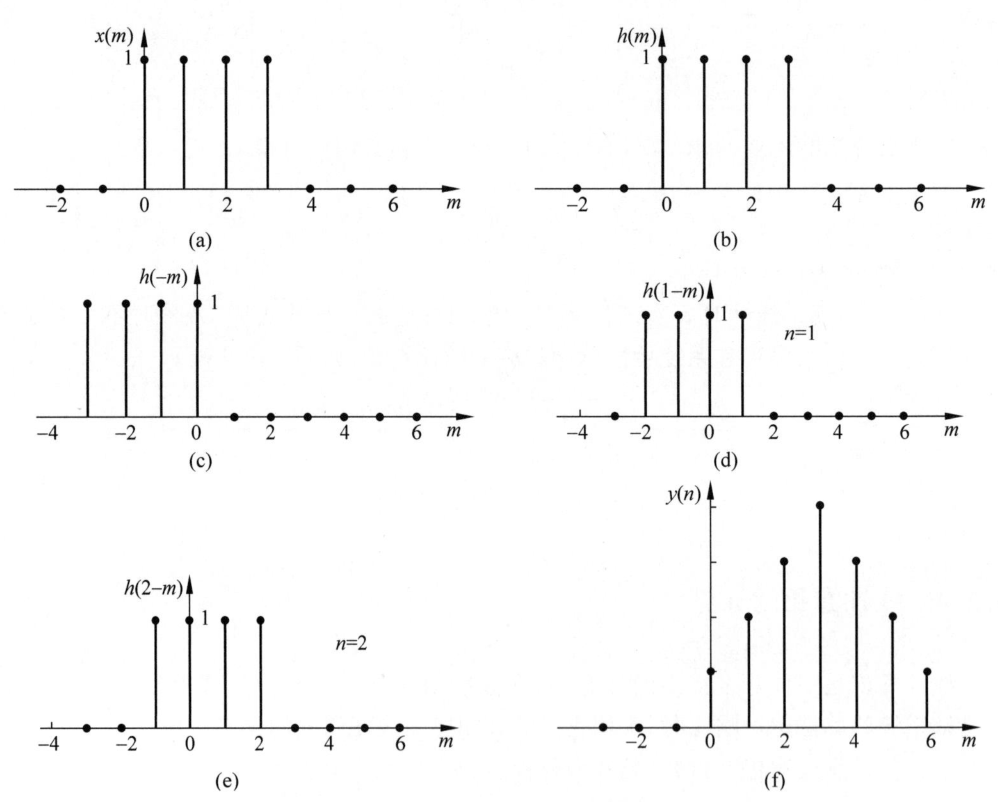

图 1.2.3 例 1.2.4 线性卷积的图解法计算过程

例 1.2.5 设 $x(n)=2\delta(n)+\delta(n-1)-2\delta(n-2)$,$h(n)=\delta(n)+2\delta(n-1)-\delta(n-2)$,求 $y(n)=x(n)*h(n)$。

解：采用列表法。

如表1.2.1所示，$x(m)$和$h(m)$用第二行和第三行表示。令$n=0$，$h(n-m)=h(-m)$，将$h(m)$以$m=0$为中心进行翻转，得到$h(-m)$，即表中的第四行；将第四行和第二行对应值相乘再相加，得到$y(0)=2$；将第四行右移一位，得到第五行，即$h(1-m)$；将第五行和第二行上下对应值相乘再相加，得到$y(1)=5$。以此类推，得到全部的$y(n)$。

该例题也可用图解法进行求解，请读者自己练习。

表1.2.1 例1.2.5的列表法计算过程

m	-2	-1	0	1	2	3	4	5	6	$y(n)$
$x(m)$			2	1	-2					
$h(m)$			1	2	-1					
$h(-m)$	-1	2	1							$y(0)=2\times1=2$
$h(1-m)$		-1	2	1						$y(1)=2\times2+1\times1=5$
$h(2-m)$			-1	2	1					$y(2)=2\times(-1)+1\times2+(-2)\times1=-2$
$h(3-m)$				-1	2	1				$y(3)=1\times(-1)+(-2)\times2=-5$
$h(4-m)$					-1	2	1			$y(4)=(-2)\times(-1)=2$
$h(5-m)$						-1	2	1		$y(5)=0$

注：未写数值的$h(m)$和$x(m)$为零。

例1.2.6 设$x(n)=a^nu(n)$，$h(n)=R_4(n)$，求$y(n)=x(n)*h(n)$。

解：采用解析法。

已知两个信号的闭式表达式时，可采用解析法直接计算卷积，即

$$y(n)=h(n)*x(n)=\sum_{m=-\infty}^{\infty}R_4(m)a^{n-m}u(n-m)$$

计算上式关键是根据求和号内两个信号的非零区间，确定求和的上下限。根据$u(n-m)$，得到$n\geqslant m$，才能取非零值；根据$R_4(m)$，得到$0\leqslant m\leqslant 3$时，取非零值。这样m要同时满足

$$m\leqslant n,\quad 0\leqslant m\leqslant 3$$

才能取非零值。可见，n的取值范围与m有关，必须将其进行分段然后计算。

(1) $n<0$，$y(n)=0$。

(2) $0\leqslant n\leqslant 3$，非零值区间为$0\leqslant m\leqslant n$，所以

$$y(n)=\sum_{m=0}^{n}a^{n-m}=a^n\frac{1-a^{-n-1}}{1-a^{-1}}$$

(3) $n\geqslant 4$，非零值区间为$0\leqslant m\leqslant 3$，所以

$$y(n)=\sum_{m=0}^{3}a^{n-m}=a^n\frac{1-a^{-4}}{1-a^{-1}}$$

写成统一的表达式

$$y(n)=\begin{cases}0, & n<0\\ a^n\dfrac{1-a^{-n-1}}{1-a^{-1}}, & 0\leqslant n\leqslant 3\\ a^n\dfrac{1-a^{-4}}{1-a^{-1}}, & n\geqslant 4\end{cases}$$

线性卷积服从交换律、结合律和分配律，下面分别介绍。

(1) 交换律。在式(1.2.5)中进行变量代换，令 $k=n-m$，则式(1.2.5)可以改写为

$$y(n)=\sum_{k=-\infty}^{\infty}x(n-k)h(k)=h(n)*x(n)$$

将上式与式(1.2.5)对比，可以看出卷积运算与两个序列的次序无关，即

$$y(n)=x(n)*h(n)=h(n)*x(n) \tag{1.2.6}$$

也就是说，如果把单位脉冲响应改作输入，而把输入改作为系统的单位脉冲响应，其输出不变。

(2) 结合律。卷积运算服从结合律，即

$$x(n)*h_1(n)*h_2(n)=[x(n)*h_1(n)]*h_2(n)=x(n)*[h_1(n)*h_2(n)] \tag{1.2.7}$$

也就是说，两个线性时不变系统级联后仍构成一个线性时不变系统，其单位脉冲响应为两个系统单位脉冲响应的卷积。

(3) 分配律。卷积运算服从分配律，即

$$x(n)*[h_1(n)+h_2(n)]=x(n)*h_1(n)+x(n)*h_2(n) \tag{1.2.8}$$

也就是说，两个线性时不变系统的并联等效于一个系统，此系统的单位脉冲响应为两个系统各自单位脉冲响应之和。

线性卷积的结合律和分配律分别如图 1.2.4(a)和(b)所示。

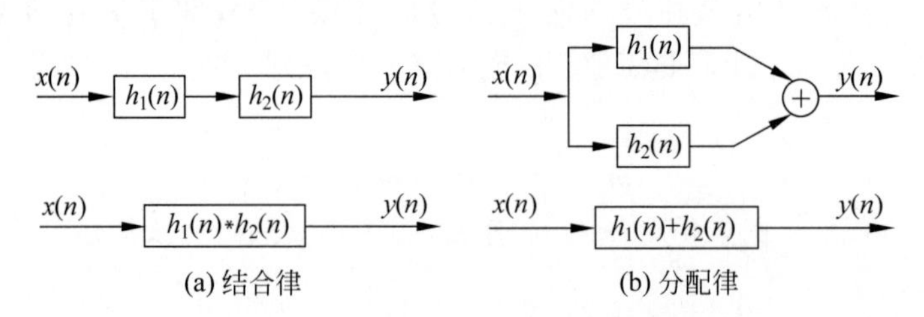

图 1.2.4 线性卷积的结合律和分配律

此外，线性卷积还具有以下两个重要性质：

(1) 与 $\delta(n)$卷积的不变性：

$$x(n)*\delta(n)=x(n)$$

其物理意义为输入信号通过一个零相位的全通系统。

(2) 与 $\delta(n-m)$卷积的移位性：

$$x(n)*\delta(n-m)=x(n-m)$$

其物理意义为输入信号通过一个线性相位的全通系统。

1.2.5 系统的因果性和稳定性

1. 系统的因果性

系统的因果性是指系统物理上的可实现性。若系统 n 时刻的输出取决于 n 时刻及 n 时刻以前的输入信号,而与 n 时刻以后的输入信号无关,则该系统是物理可实现的,称为因果系统。若系统 n 时刻的输出还与 n 时刻以后的输入信号有关,则该系统在时间上违背了因果关系,无法物理实现,称为非因果系统。

线性时不变系统具有因果性的充分必要条件是

$$h(n)=0, \quad n<0 \tag{1.2.9}$$

下面予以证明。

证明:(1) 充分条件。

若 $n<0$ 时 $h(n)=0$,则有

$$y(n)=\sum_{m=-\infty}^{n} x(m)h(n-m)$$

所以

$$y(n_0)=\sum_{m=-\infty}^{n_0} x(m)h(n_0-m)$$

可见,$y(n_0)$只与 $m\leqslant n_0$ 时的 $x(m)$值有关,因此系统是因果系统。

(2) 必要条件。

利用反证法来证明。已知为因果系统,若假设 $n<0$ 时,$h(n)\neq 0$,则有

$$y(n)=\sum_{m=-\infty}^{n} x(m)h(n-m)+\sum_{m=n+1}^{\infty} x(m)h(n-m)$$

在所设条件下,第二个 $\sum$ 式中至少有一项不为零,$y(n)$将至少与 $m>n$ 时的一个 $x(m)$值有关,这不符合因果性条件,所以假设不成立。因而 $n<0$ 时,$h(n)=0$ 是必要条件。

可见,式(1.2.9)是判定线性时不变系统是否是因果系统的充要判据。事实上,单位脉冲响应是系统输入为 $\delta(n)$时的系统零状态输出响应。$\delta(n)$只有在 $n=0$ 时才取非零值 1; 当 $n<0$ 时,$\delta(n)=0$。因此在 $n<0$ 时,系统没有非零输出,这必然是因果系统。一般将满足式(1.2.9)的序列称为因果序列,因果系统的单位脉冲响应必然是因果序列。

理想低通滤波器、理想微分器以及理想的 90°移相器等,都是非因果的不可实现的系统。但是,如果不是实时处理,或虽实时但允许有一定的延迟,则可把“将来”的输入值存储起来以备调用,用具有延迟的因果系统去逼近非因果系统。这个概念在后续讲解 FIR 滤波器设计时要用到,这也是数字系统优于模拟系统的特点之一。

2. 系统的稳定性

系统的稳定性是指系统对任意有界的输入都能得到有界的输出。如果系统不稳定,

尽管输入很小，系统的输出会无限制地增长，使系统发生饱和、溢出。因此，设计系统时一定要避免系统的不稳定性。

线性时不变系统稳定的充分必要条件是系统的单位脉冲响应绝对可和，用公式表示为

$$\sum_{n=-\infty}^{\infty} |h(n)| < \infty \tag{1.2.10}$$

证明：(1) 充分条件。

利用卷积公式，有

$$|y(n)| = \left|\sum_{m=-\infty}^{\infty} h(m)x(n-k)\right| \leqslant \sum_{m=-\infty}^{\infty} |h(m)||x(n-k)|$$

因为输入序列 $x(n)$ 有界，即

$$|x(n)| \leqslant B < \infty, \quad -\infty < n < \infty, \quad B\text{ 为任意常数}$$

因此

$$|y(n)| \leqslant B\sum_{m=-\infty}^{\infty} |h(m)|$$

可见，若系统的单位脉冲响应 $h(n)$ 满足式(1.2.10)，则输出 $y(n)$ 一定也是有界的，即

$$|y(n)| < \infty$$

(2) 必要条件。

利用反证法来证明。如果系统单位脉冲响应不服从绝对可和的条件，将证明系统不稳定。假定

$$\sum_{m=-\infty}^{\infty} |h(n)| = \infty$$

可以找到一个有界的输入为

$$x(n) = \begin{cases} 1, & h(-m) \geqslant 0 \\ -1, & h(-m) < 0 \end{cases}$$

则有

$$y(0) = \sum_{m=-\infty}^{\infty} x(m)h(0-m) = \sum_{m=-\infty}^{\infty} |h(-m)| = \sum_{m=-\infty}^{\infty} |h(m)| = \infty$$

即在 $n=0$ 输出无界。这不符合稳定的条件，因而假定不成立。必要条件得证。

注意，线性时不变系统因果性、稳定性的充分必要条件仅适用于线性时不变系统，所以利用式(1.2.9)和式(1.2.10)判定系统是否是因果稳定时，首先必须确定系统是线性时不变的。而因果稳定系统的定义适用于判定任何系统。

例 1.2.7 设线性时不变系统的单位脉冲响应 $h(n)=a^n u(n)$，式中 a 是实常数，试分析该系统的因果稳定性。

解：由于 $n<0$ 时，$h(0)=0$，所以该系统是因果的。

$$\sum_{n=-\infty}^{\infty} |h(n)| = \sum_{n=0}^{\infty} |a|^n = \lim_{N \to \infty} \sum_{n=0}^{N-1} |a|^n$$

只有当$|a|<1$时，有

$$\sum_{n=-\infty}^{\infty} |h(n)| = \frac{1}{1-|a|}$$

因此，该系统稳定的条件是$|a|<1$。否则，$|a| \geqslant 1$时，系统不稳定。

例 1.2.8 试判断 $y(n)=T[x(n)]=x(n)\cos(\omega n+\varphi)$系统的因果稳定性。

解：因为 $y(n)$只是与 $x(n)$的当前值有关，而与将来值 $x(n+1)$，$x(n+2)$，…无关，故系统是因果的。

当$|x(n)|<M$时，有

$$|T[x(n)]| = |x(n)\cos(\omega n+\varphi)| \leqslant |x(n)| |\cos(\omega n+\varphi)| < M |\cos(\omega n+\varphi)|$$

由于$|\cos(\omega n+\varphi)| \leqslant 1$是有界的，所以 $y(n)$也是有界的，故系统是稳定的。

1.3 离散时间系统的时域描述

连续时间系统的输入与输出关系常用微分方程描述，而在离散时间系统中，由于它的变量 n 是离散的整数型变量，则常采用差分方程来描述。对于线性时不变系统，常用的是线性常系数差分方程，因此主要讨论这类差分方程及解法。

1.3.1 线性常系数差分方程表示离散时间系统

N 阶线性常系数差分方程一般形式为

$$y(n) = \sum_{k=0}^{M} b_k x(n-k) - \sum_{k=1}^{N} a_k y(n-k) \tag{1.3.1}$$

或

$$\sum_{k=0}^{N} a_k y(n-k) = \sum_{k=0}^{M} b_k x(n-k), \quad a_0 = 1 \tag{1.3.2}$$

式中，$x(n)$和 $y(n)$分别为系统的输入序列和输出序列，a_k、b_k 均为常数。$y(n-k)$项和 $x(n-k)$项只有一次幂，也没有交叉项，故称为线性常系数差分方程。

差分方程的阶数等于方程中 $y(n-k)$变量序号 k 的最大值与最小值之差。例如，式(1.3.2)中，变量 k 的最大值为 N，最小值为 0，故称为 N 阶差分方程。

差分方程具有以下特点：

(1) 采用差分方程描述系统简便、直观，易于计算机实现；

(2) 容易得到系统的运算结构；

(3) 便于求解系统的瞬态响应。

但差分方程不能直接反映系统的频率特性和稳定性。实际上，描述系统的频率特性多采用系统函数，系统函数的相关内容将在后续章节中进行介绍。

1.3.2 线性常系数差分方程的求解

已知系统的输入序列，通过求解差分方程可以求出输出序列。线性常系数差分方程的求解方法有时域经典法、递推法、卷积法和变换域法等。

时域经典法类似解微分方程，求齐次解和特解。一般是将特解代入差分方程求得它的待定系数，然后将特解和齐次解相加后代入差分方程，利用给定的边界条件求齐次解的待定系数，从而得到完全解，即完全响应。这种方法过程烦琐，应用很少，这里不做介绍。

递推法又称迭代法，比较简单且适合计算机求解，但一般只能得到数值解，对于阶次较高的线性常系数差分方程不容易得到一个完整的解析式（也称为闭式解）。

卷积法适用于系统初始状态为零时的求解，得到的是零状态解。

变换域法类似于连续时间系统的拉普拉斯变换，在离散域中则采用Z变换法来求解差分方程，这在实际使用中是最简单有效的方法。Z变换法将在第2章讨论，本章仅介绍递推法。

观察式(1.3.1)，求n时刻的输出，需要知道n时刻及n时刻以前的$M+1$个输入序列$x(n),x(n-1),x(n-2),\cdots,x(n-M)$，以及$n$时刻以前的$N$个输出信号值：$y(n-1),y(n-2),\cdots,y(n-N)$。这$N$个输出信号值称为初始条件，说明解$N$阶方程需要$N$个初始条件。

式(1.3.1)是一个递推方程，如果已知输入信号和N个初始条件，可以先求出n时刻的输出，再将该式中的n用$n+1$代替，求出$n+1$时刻的输出。以此类推，求出各时刻的输出。这就是递推法解差分方程的原理。

例1.3.1 已知系统的差分方程：

$$y(n)=ay(n-1)+x(n)$$

式中，$x(n)=\delta(n)$，初始条件$y(-1)=1$，用递推法求系统$n\geqslant 0$的输出。

解：由$y(n)=ay(n-1)+x(n)$，可得

$$\begin{aligned}
n=0 \quad & y(0)=ay(-1)+\delta(0)=1+a \\
n=1 \quad & y(1)=ay(0)+\delta(1)=(1+a)a \\
n=2 \quad & y(2)=ay(1)+\delta(2)=(1+a)a^2 \\
\vdots \quad & \quad \vdots \\
n=k \quad & y(k)=(1+a)a^k u(k)
\end{aligned}$$

如果已知系统的差分方程，用递推法求解系统的脉冲响应，应该设初始条件为零，输入信号为$x(n)=\delta(n)$，此时系统的单位脉冲响应等于输出，即$h(n)=y(n)$。例1.3.1中，令$y(-1)=0$，得到$h(n)=y(n)=a^n u(n)$。这也表明，对于同一个差分方程和同一个输入信号，因为初始条件不同，得到的输出信号是不相同的。

1.4 模拟信号的采样和重构

前面指出了离散时间信号与连续时间信号在一些重要理论概念上的相似性，但回避了它们之间的联系。然而离散时间信号常常是从连续时间信号经过等间隔采样得到的。因此，弄清采样得到的信号与原始信号有何关系是必要的。模拟信号的采样和重构分为三个阶段：

(1) 模拟信号数字化，换句话说，信号被采样，然后量化编码，这个过程称为 A/D 转换；

(2) 采用数字信号处理方法处理数字化的样本；

(3) 用模拟重构器(D/A 转换)把处理结果转换回模拟形式。

1.4.1 时域采样定理

将模拟信号 $x_a(t)$转换为离散时间信号 $\hat{x}_a(t)$常采用等间隔采样，即每隔一个固定时间 T 取一个信号值。T 称为采样周期，T 的倒数称为采样频率 f_s，而其对应的角频率 $\Omega_s=2\pi f_s$。采样器一般由电子开关 S 组成，假设让模拟信号 $x_a(t)$通过电子开关 S，电子开关 S 每隔时间 T 合上一次，合上时间为 τ，则电子开关 S 的输出 $\hat{x}'_a(t)$如图 1.4.1(a)中所示，它相当于用模拟信号对一串周期为 T、宽度为 τ 的矩形脉冲串信号 $p_\tau(t)$相乘，这样 $\hat{x}'_a(t)=x_a(t)p_\tau(t)$。若 $\tau\to 0$，则形成理想采样，此时上面的脉冲串用单位冲激串信号 $p_\delta(t)$代替，输出为 $\hat{x}_a(t)=x_a(t)p_\delta(t)$，其中 $\hat{x}_a(t)$称为理想采样信号。$x_a(t)$、$p_\delta(t)$和 $\hat{x}_a(t)$的波形如图 1.4.1(b)所示。下面分析理想采样信号的频谱与模拟信号频谱的关系。

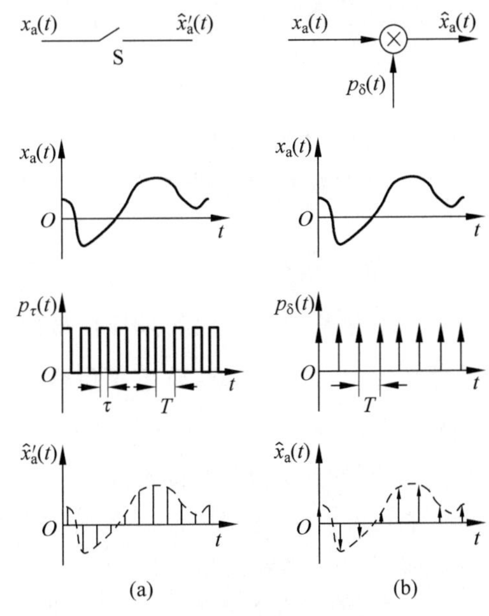

图 1.4.1 对模拟信号进行采样的示意图

单位冲激串 $p_\delta(t)$ 和理想采样信号 $\hat{x}_a(t)$ 的表达式分别为

$$p_\delta(t) = \sum_{n=-\infty}^{\infty} \delta(t-nT) \tag{1.4.1}$$

$$\hat{x}_a(t) = x_a(t) p_\delta(t) = \sum_{n=-\infty}^{\infty} x_a(t)\delta(t-nT) \tag{1.4.2}$$

因为 $p_\delta(t)$ 是周期为 T 的周期信号，则 $p_\delta(t)$ 的傅里叶级数展开式为

$$p_\delta(t) = \sum_{n=-\infty}^{\infty} A_n \mathrm{e}^{\mathrm{j}n\Omega_s t} \tag{1.4.3}$$

式中

$$A_n = \frac{1}{T}\int_{-T/2}^{T/2} p_\delta(t)\mathrm{e}^{-\mathrm{j}n\Omega_s t}\mathrm{d}t = \frac{1}{T}\int_{-T/2}^{T/2} \delta(t)\mathrm{e}^{-\mathrm{j}n\Omega_s t}\mathrm{d}t = \frac{1}{T}$$

将式(1.4.2)代入式(1.4.1)可得

$$\hat{x}_a(t) = x_a(t)\frac{1}{T}\sum_{n=-\infty}^{\infty} \mathrm{e}^{\mathrm{j}n\Omega_s t}$$

对上式做傅里叶变换可得

$$\begin{aligned}
\hat{X}_a(\mathrm{j}\Omega) &= \int_{-\infty}^{\infty} \hat{x}_a(t)\mathrm{e}^{-\mathrm{j}\Omega t}\mathrm{d}t \\
&= \int_{-\infty}^{\infty} x_a(t)\frac{1}{T}\sum_{n=-\infty}^{\infty} \mathrm{e}^{\mathrm{j}n\Omega_s t}\mathrm{e}^{-\mathrm{j}\Omega t}\mathrm{d}t \\
&= \frac{1}{T}\sum_{n=-\infty}^{\infty}\int_{-\infty}^{\infty} x_a(t)\mathrm{e}^{-\mathrm{j}(\Omega-n\Omega_s)t}\mathrm{d}t \\
&= \frac{1}{T}\sum_{n=-\infty}^{\infty} X_a(\mathrm{j}\Omega-\mathrm{j}n\Omega_s)
\end{aligned} \tag{1.4.4}$$

式中，$\hat{X}_a(\mathrm{j}\Omega)$ 为采样信号的频谱，$X_a(\mathrm{j}\Omega)$ 为原信号 $x_a(t)$ 的频谱。

式(1.4.4)表明，理想采样信号的频谱是原模拟信号的频谱沿频率轴每隔 Ω_s 出现一次，或者说理想采样信号的频谱是原模拟信号的频谱以 Ω_s 为周期进行周期性延拓形成的。

假设 $x_a(t)$ 是带限信号，即它的频谱集中在 $0\sim\Omega_c$ 之间，最高角频率为 Ω_c，以采样角频率 Ω_s 对它进行理想采样。理想采样以后得到的采样信号的频谱用 $\hat{X}_a(\mathrm{j}\Omega)$ 表示，按式(1.4.4)，$\hat{X}_a(\mathrm{j}\Omega)$ 是以采样角频率 Ω_s 为周期，将模拟信号的频谱进行周期延拓形成的。若 $\Omega_s \geqslant 2\Omega_c$，则 $X_a(\mathrm{j}\Omega)$、$P_\delta(\mathrm{j}\Omega)$ 和 $\hat{X}_a(\mathrm{j}\Omega)$ 的示意图如图 1.4.2 所示。

一般称 $\Omega_s/2$ 为折叠角频率，它的意义是信号的最高频率不能超过该频率，超过该频率的频谱部分会以 $\Omega_s/2$ 为中心折叠回去，造成频谱混叠现象，如图 1.4.3 所示。值得注意的是，频谱混叠应是复量叠加，图中未考虑，仅是示意图。

一般称式(1.4.4)中 $n=0$ 时的频谱为基带谱，它与原模拟信号的频谱是一样的。此时用一个低通滤波器对理想采样信号进行低通滤波，如果该低通滤波器的传输函数为

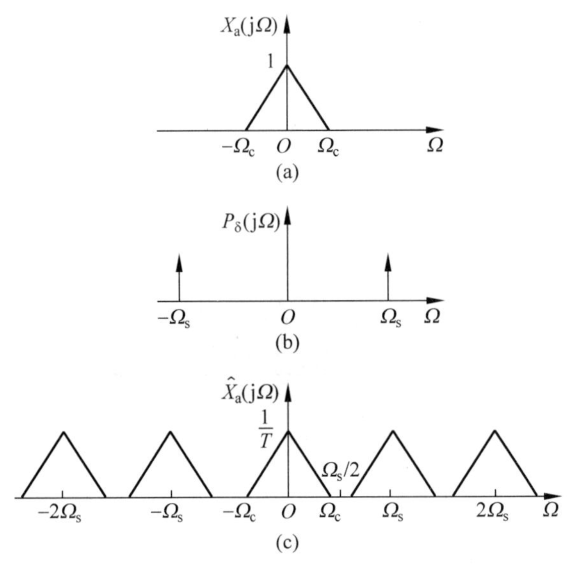

图 1.4.2 采样信号的频谱

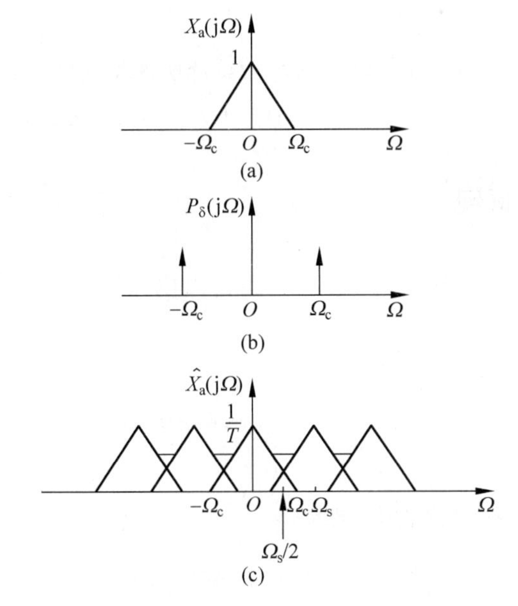

图 1.4.3 采样信号频谱中的频谱混叠现象

$$G(j\Omega)=\begin{cases}T, & |\Omega|<\Omega_s/2\\ 0, & |\Omega|\geqslant\Omega_s/2\end{cases} \tag{1.4.5}$$

便可无失真地把模拟信号恢复出来,如图 1.4.4 所示。因此条件 $\Omega_s\geqslant 2\Omega_c$ 是选择采样频率的重要依据。

可见,为使采样后能不失真地还原出原信号,采样频率必须大于或等于信号最高频

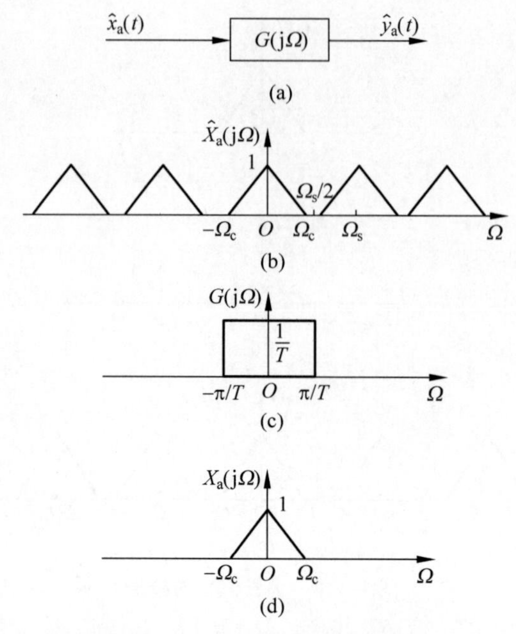

图 1.4.4　理想采样信号的恢复

率的 2 倍,即 $f_s \geqslant 2f_c$。这就是时域采样定理,也称为奈奎斯特采样定理。对应的最低采样频率称为奈奎斯特采样频率。工程上,采样频率一般为信号最高频率的 3～5 倍。

1.4.2　模拟信号的重构

下面讨论如何从理想采样信号 $\hat{x}_a(t)$ 中重构出模拟信号 $x_a(t)$。由式(1.4.5)得到理想低通滤波器的冲激响应为

$$g(t)=\frac{1}{2\pi}\int_{-\infty}^{\infty}G(j\Omega)e^{j\Omega t}\,d\Omega=\frac{\sin\frac{\pi t}{T}}{\frac{\pi t}{T}} \tag{1.4.6}$$

根据卷积公式,低通滤波器的输出为

$$\begin{aligned}y_a(t)&=\int_{-\infty}^{\infty}x_a(\tau)g(t-\tau)d\tau\\&=\int_{-\infty}^{\infty}\left[\sum_{n=-\infty}^{\infty}x_a(\tau)\delta(t-nT)\right]g(t-\tau)d\tau\\&=\sum_{n=-\infty}^{\infty}\int_{-\infty}^{\infty}x_a(\tau)g(t-\tau)\delta(\tau-nT)d\tau\\&=\sum_{n=-\infty}^{\infty}x_a(nT)\frac{\sin[\pi(t-nT)/T]}{\pi(t-nT)/T}\end{aligned} \tag{1.4.7}$$

因为满足采样定理,所以得到

$$x_a(t)=y_a(t)=\sum_{n=-\infty}^{\infty}x_a(nT)\frac{\sin[\pi(t-nT)/T]}{\pi(t-nT)/T} \tag{1.4.8}$$

式(1.4.8)为时域内插公式，$\frac{\sin[\pi(t-nT)/T]}{\pi(t-nT)/T}$为时域内插函数。

由式(1.4.8)可见，当 n 变化时，$x_a(nT)$是一串离散的采样值，而 $x_a(t)$是 t 取连续值的模拟信号，它是 $x_a(nT)$乘上对应的时域内插函数的总和。时域内插函数的波形如图 1.4.5 所示，其特点是在采样点 nT 上函数值为 1，其余采样点上函数值为 0。内插结果使得被恢复的信号在采样点的值等于 $x_a(nT)$，采样点之间的信号则是由各采样值内插函数的波形延伸叠加而成的，这种采用内插恢复的过程如图 1.4.6 所示。这也正是在连续低通滤波器 $G(\mathrm{j}\Omega)$中的响应过程。

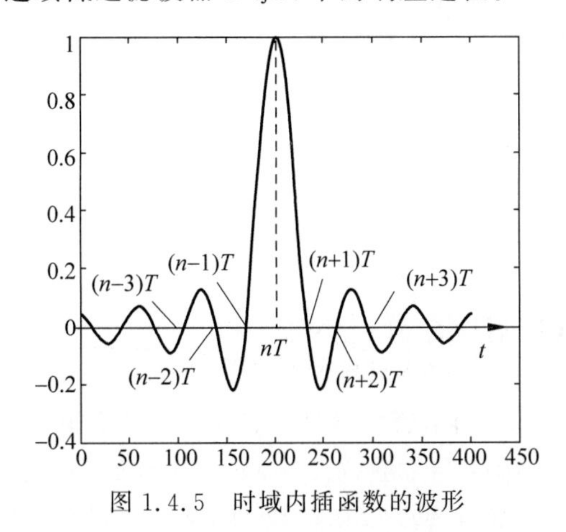

图 1.4.5 时域内插函数的波形

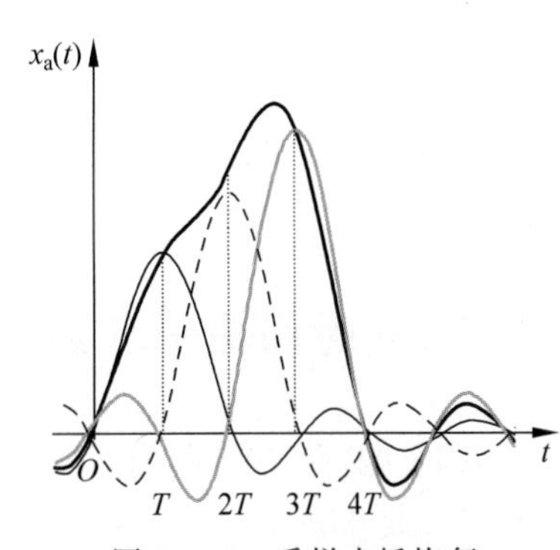

图 1.4.6 采样内插恢复

采样内插公式表明，只要采样频率高于信号最高频率的 2 倍，整个连续信号就可以完全用它的采样值代表，而不会失去任何信息。这就是奈奎斯特采样定理的物理意义。值得注意的是，这里的采样信号并未经过量化，幅值大小是连续的。

1.4.3 模拟信号的数字化

模拟信号的数字化是通过 A/D 转换器完成的，A/D 转换器的原理框图如图 1.4.7 所示。图中模拟信号首先被等间隔采样，得到采样信号，然后对采样信号进行量化编码。设 A/D 转换器有 M 位，则 A/D 转换器的输出就是 M 位的二进制数字信号。

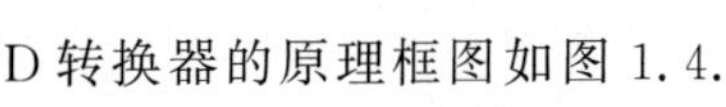

$x_a(t)$ → 采样 → 量化编码 → $\hat{x}_a(t)$

图 1.4.7 A/D 转换器原理框图

假设模拟信号 $x_a(t)=\sin(2\pi ft+\pi/8)$，式中 $f=50\mathrm{Hz}$，选采样频率 $f_s=200\mathrm{Hz}$，将 $t=nT=n/f_s$ 代入 $x_a(t)$中，得到

$$x_a(nT)=\sin(2\pi fnT+\pi/8)=\sin\left(\frac{1}{2}n\pi+\frac{\pi}{8}\right)$$

当 $n=\cdots,0,1,2,3,\cdots$时，得到采样序列(保持小数点后 6 位)为

$$x(n)=\{\cdots,0.382683,0.923879,-0.382663,-0.923879,\cdots\}$$

若 A/D 转换器按 6 位进行量化编码，即上面的采样序列均用 6 位二进制码表示，其中第 1 位表示符号，则形成的数字信号为

$$x(n)=\{\cdots,001100,011101,101100,111101,\cdots\}$$

若将上面的数字信号再用十进制数表示，则

$$x(n)=\{\cdots,0.37500,0.90625,-0.37500,-0.90625,\cdots\}$$

可见，量化编码后的采样序列和原序列不同，它们之间的误差称为量化误差。A/D 转换器中量化编码产生的量化误差及其量化效应的内容可参见相关文献。

1.4.4 数字信号的模拟化

当需要将数字信号转换成模拟信号时，首先需要将编码的数字信号转换成采样信号，然后经过插值与平滑滤波器。具体是用 D/A 转换器和一个低通滤波器完成的。

D/A 转换器完成解码并将采样序列转换成时域连续信号，其中解码是将二进制编码变成具体的信号值。

1.5 离散时间信号和系统的 MATLAB 仿真

MATLAB 是由美国 MathWorks 公司推出的一种高性能的数值计算和可视化软件。MATLAB 是 Matrix Laboratory 的缩写，它以矩阵为基本数据结构，交互式地处理计算数据，具有强大的计算、仿真及绘图等功能，是目前世界上应用广泛的工程计算软件之一，具有编程效率高、使用方便、运算高效、绘图方便等优点。这里对离散时间信号和系统的 MATLAB 表示和仿真进行简要介绍，详细的 MATLAB 使用可参见相关书籍。

1.5.1 离散时间信号的 MATLAB 表示

在 MATLAB 中可以用一个行向量来表示有限长的离散时间信号。然而，这样一个向量无法给出有关样本时间刻度 n 的信息，因此，$x(n)$ 的准确表示需要有两个向量：一个表示 x 数值，另一个表示 n。例如，如图 1.5.1 所示的有限长序列，其集合表示为 $x(n)=\{-1,-0.707,0,0.707,1;\ n=-2,-1,0,1,2\}$，在 MATLAB 中可以表示为

```
n = [ - 2, - 1,0,1,2];
x = [ - 1, - 0.707,0,0.707,1];
```

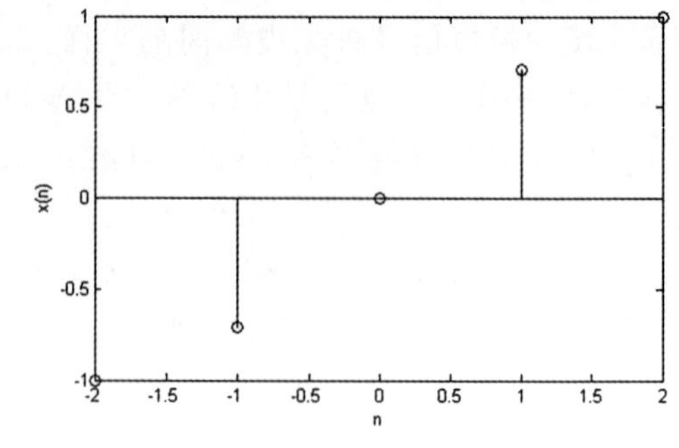

图 1.5.1 有限长序列 $x(n)$

注意，由于有限的存储空间约束，无限长序列不能用 MATLAB 表示。

MATLAB 信号处理工具箱提供了许多

有用的函数,可以用于离散时间序列的产生和表示。一些比较常用的函数,如 zeros、ones、exp、cos、sin 等。

例 1.5.1 利用 MATLAB 函数 cos 产生 $x(n)=3\cos(0.1\pi n+\pi/3)$,$0\leqslant n\leqslant 40$。

解:MATLAB 程序如下:

```
% Ch1_5_1.m
% 例 1.5.1 的 MATLAB 程序
clc; clear all;
n = [0:40];
x = 3 * cos(0.1 * pi * n + pi/3);
figure();
stem(n,x,'k.');
xlabel('n')
ylabel('x(n)')
```

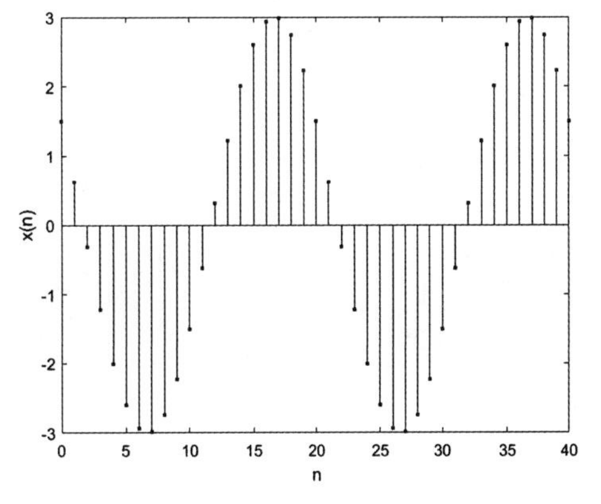

图 1.5.2 例 1.5.1 的 MATLAB 程序运行结果

程序运行结果如图 1.5.2 所示,该图显示了序列 $x(n)=3\cos(0.1\pi n+\pi/3)$ 在 $0\leqslant n\leqslant 40$ 之间的值。

1.5.2 离散时间信号基本运算的 MATLAB 实现

下面简要介绍离散时间信号的几种基本运算在 MATLAB 中的实现。

1. 四则运算

两个离散时间信号的四则运算是指它们同序号的序列值逐项对应相乘(除)和相加(减),因此这两个序列的长度必须相同。在 MATLAB 中,序列的相加和相减由算术运算符“+”和“-”来实现,序列的相乘和相除由算术运算符“. *”和“./”来实现,又称为“点”乘和“点”除。特别地,将序列的所有序列值同时乘以一个标量 α,则称为序列的数乘,可以视为对序列的加权运算。序列的数乘在 MATLAB 中用算术运算符“*”来实现。同理,序列值同时除以一个标量 α,可以看成乘以 $1/\alpha$,在 MATLAB 中用算术运算符“/”来实现。

例 1.5.2 利用 MATLAB 完成:$y_1(n)=x_1(n)+x_2(n)$,$y_2(n)=x_1(n)*x_2(n)$,$y_3(n)=3x_2(n)$,其中,$x_1(n)=3\cos(0.1\pi n+\pi/3)$,$x_2(n)=\sin(0.1\pi n+\pi/3)$,$0\leqslant n\leqslant 10$。

解:MATLAB 程序如下:

```
% Ch1_5_2.m
% 例 1.5.2 的 MATLAB 程序
clc; clear all;
n = [0:10];
x1 = 3 * cos(0.1 * pi * n + pi/3);
x2 = sin(0.1 * pi * n + pi/3);
y1 = x1 + x2;
```

```
y2 = x1 .* x2;
y3 = 3 * x2;
figure(1);stem(n,x1,'k.');xlabel('n');ylabel('x_1(n)');
figure(2);stem(n,x2,'k.');xlabel('n');ylabel('x_2(n)');
figure(3);stem(n,y1,'k.');xlabel('n');ylabel('x_1(n) + x_2(n)');
figure(4);stem(n,y2,'k.');xlabel('n');ylabel('x_1(n) * x_2(n)');
figure(5);stem(n,y3,'k.');xlabel('n');ylabel('3 * x_2(n)');
```

程序运行结果如图 1.5.3 所示。

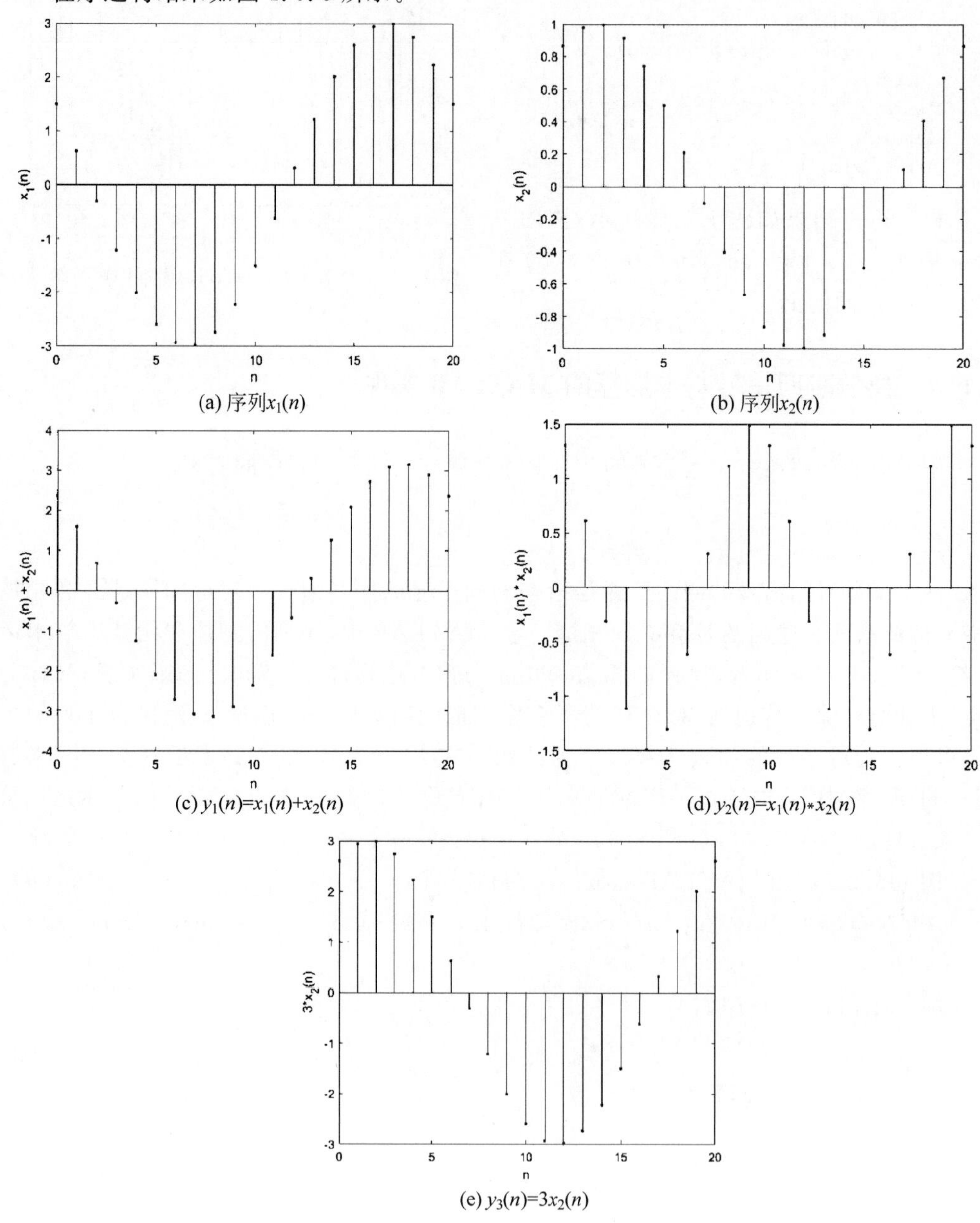

(a) 序列$x_1(n)$　(b) 序列$x_2(n)$

(c) $y_1(n)=x_1(n)+x_2(n)$　(d) $y_2(n)=x_1(n)*x_2(n)$

(e) $y_3(n)=3x_2(n)$

图 1.5.3　例 1.5.2 的 MATLAB 程序运行结果

2. 移位

在 MATLAB 中，对序列 $x(n)$移位 k，若 $y(n)=x(n-k)$，则保持向量 x 的值不变，并对向量 n 中每个元素添加 k 的变化。

例 1.5.3 将例 1.5.1 中产生的序列右移 3 个单位，即 $y(n)=x(n-3)$。

解：MATLAB 程序如下：

```
% Ch1_5_3.m
% 例 1.5.3 的 MATLAB 程序
clc; clear all;
n = [0:10];
x = 3 * cos(0.1 * pi * n + pi/3);
m = n + 3;
y = x;
figure();
subplot(2,1,1);stem(n,x,'k.');title('x(n)');axis([0,14, - 3,3]);
subplot(2,1,2);stem(m,y,'k.');title('y(n) = x(n - 3)');axis([0,14, - 3,3]);
```

程序运行结果如图 1.5.4 所示。

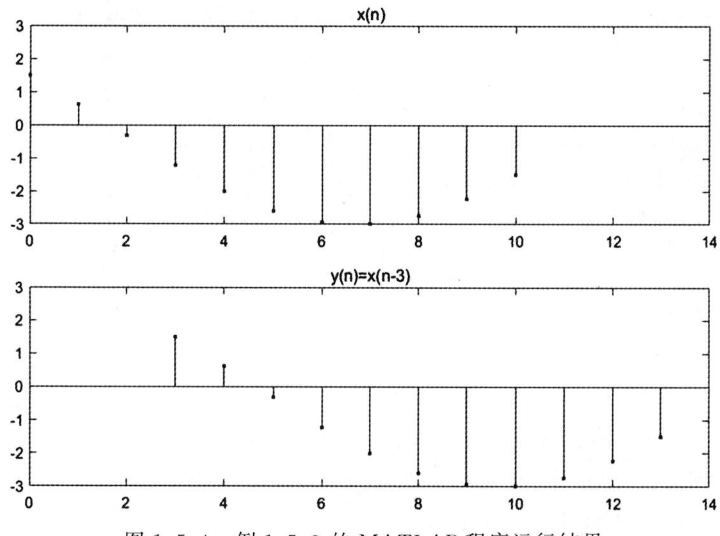

图 1.5.4 例 1.5.3 的 MATLAB 程序运行结果

1.5.3 线性时不变系统的 MATLAB 仿真

线性时不变系统的输出序列等于输入序列和系统单位脉冲响应的线性卷积。MATLAB 提供了一个内部函数 conv 来计算两个有限长序列的线性卷积。因此，在 MATLAB 中可以用函数 conv 来实现线性时不变系统的输出。值得指出的是，若序列是无限长的，则无法直接用 MATLAB 计算线性卷积。而且 conv 函数默认这两个序列都是

从 $n=0$ 开始的。

例 1.5.4 设线性时不变因果稳定系统的单位脉冲响应 $h(n)=0.8^n u(n)$，输入序列为 $x(n)=R_8(n)$，求系统的输出 $y(n)$。

解：MATLAB 程序如下：

```
% Ch1_5_4.m
% 例 1.5.4 的 MATLAB 程序
clc; clear all;
x = [1 1 1 1 1 1 1 1];
nx = [0 1 2 3 4 5 6 7];
nh = [ - 5:50];
h = 0.8.^nh. * stepseq(0, - 5,50);
[y,ny] = conv_m(x,nx,h,nh);
figure();
subplot(3,1,1);stem(nx,x,'k.');title('R_8(n)');
subplot(3,1,2);stem(nh,h,'k.');title('h(n) = 0.8^n');
subplot(3,1,3);stem(ny,y,'k.');title('y(n)');

function[x,n] = stepseq(n0,ns,nf)
    % 产生单位阶跃序列
    % ns:序列的起点,nf:序列的终点,n0:从 n0 处开始生成单位阶跃序列
    n = [ns:nf];
    x = [(n - n0)> = 0];
end
function[y,ny] = conv_m(x,nx,h,nh)
    % 序列 x 与 h 的线性卷积运算
    ny1 = nx(1) + nh(1);
    ny2 = nx(end) + nh(end);
    ny = ny1:ny2;
    y = conv(x,h)
end
```

程序运行结果如图 1.5.5 所示。注意，$h(n)=0.8^n u(n)$ 是无限长的，严格意义上是无法直接用 MATLAB 来表示的。但随着 n 的增大，$h(n)$ 迅速减小，趋近于零。因此，本例中仅考虑了 n 的取值范围为$[-5,50]$，从图中也可看出，当 $n>20$ 以后 $h(n)$ 的值已经非常小，忽略 $n>50$ 时进行仿真基本不会影响仿真结果。可以看出，实际上 MATLAB 中是对两个有限长序列进行卷积运算。

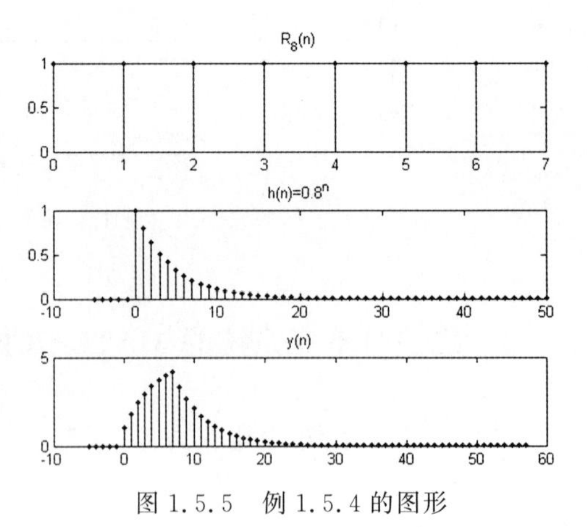

图 1.5.5　例 1.5.4 的图形

1.5.4 模拟信号采样与重构的 MATLAB 仿真

在 MATLAB 中,除非使用符号工具箱(Symbolic toolbox),严格来说是无法表示和分析模拟信号的。然而,如果有足够小的时间增量在足够细的栅格上对连续时间信号 $x_a(t)$采样而产生一种平滑的图,则可以对模拟信号做近似分析。

例 1.5.5 利用 MATLAB 仿真模拟信号采样与重构过程,假设 $x_a(t)=\sin(2000\pi t+\pi/3)$。

(1) 画出 $x_a(t)$的波形;

(2) 分别以 1000Hz、2000Hz、8000Hz 的采样频率 f_s 对 $x_a(t)$进行采样得到离散时间信号 $x(n)$;

(3) 利用 $x(n)$重构模拟信号,并对结果进行讨论。

解:MATLAB 程序如下:

```
% Ch1_5_5.m
% 例 1.5.5 的 MATLAB 程序(采样频率 fs = 2000Hz)
clc; clear all;
% (1)模拟信号仿真
Fs = 2000;                              % 采样频率(Hz)
Ts = 1/Fs;
Tp = 0.002;                             % 模拟信号长度
Dt = 0.00002;
t = 0:Dt:Tp;
x_a = sin(2000 * pi * t + pi/3);
figure();
plot(t * 1000,x_a);
xlabel('t(ms)');
ylabel('x_a(t)');
title('模拟信号');

% (2)采样仿真
n = 0:1:( Tp /Ts);
x = sin(2000 * pi * n * Ts + pi/3);
figure();
stem(n * Ts * 1000, x);
xlabel('n');
ylabel('x(n)');
title('采样信号');

%(3)重构仿真
x_a_re = x * sinc(Fs * ( ones( length(n), 1) * t - Ts * n' * ones( 1, length(t))));
figure();
```

```
plot(t * 1000, x_a_re);axis([0,2, - 1,1]);
xlabel('t(ms)');
ylabel('x_are (t)');
title('重构的模拟信号');
```

在内插重构中，利用 MATLAB 函数 sinc(x)。该函数实现时域内插函数功能，即 $\text{sinc}(x)=(\sin\pi x)/\pi x$。程序运行结果如图 1.5.6 所示。图 1.5.6(a)展示了模拟信号 $x_a(t)=\sin(2000\pi t+\pi/3)$的仿真波形；图 1.5.6(b)展示了以采样频率 $f_s=2000\text{Hz}$ 对 $x_a(t)$进行采样，得到离散时间信号 $x(n)$的波形；图 1.5.6(c)展示了进行时域内插重构后的模拟信号仿真波形。对比图 1.5.6(a)和(c)可以看出，经过时域内插重构后的模拟信号与原模拟信号基本一致，这实际上也可以从 1.4 节中所述的时域采样定理中得到解释。

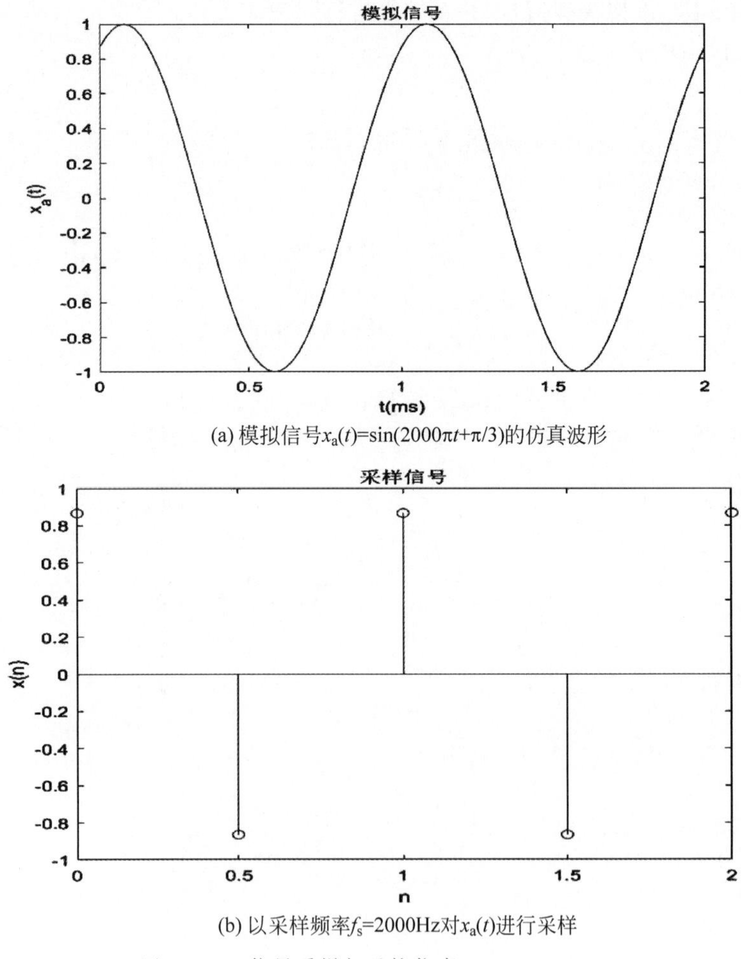

(a) 模拟信号$x_a(t)=\sin(2000\pi t+\pi/3)$的仿真波形

(b) 以采样频率f_s=2000Hz对$x_a(t)$进行采样

图 1.5.6　信号采样与重构仿真($f_s=2000\text{Hz}$)

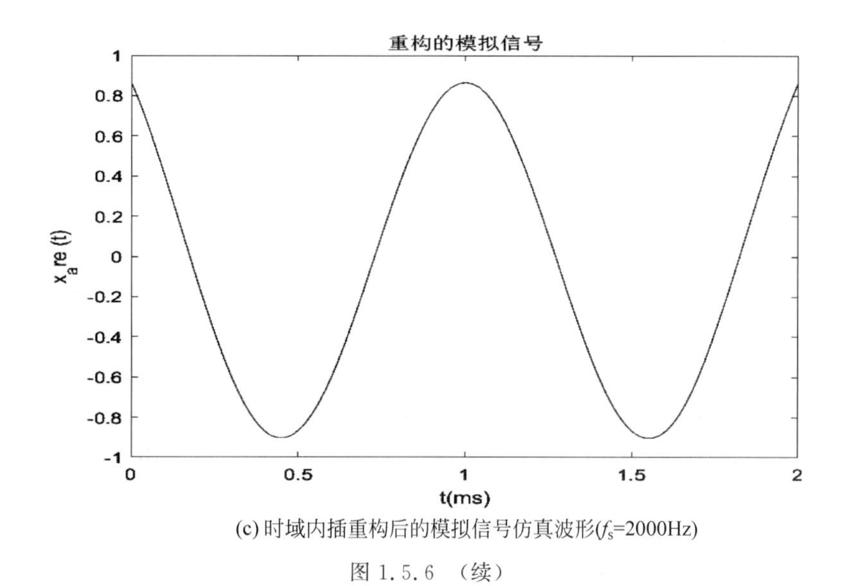

(c) 时域内插重构后的模拟信号仿真波形(f_s=2000Hz)

图 1.5.6 （续）

以采样频率 f_s 分别为 1000Hz、8000Hz 对信号进行采样和重构时，只需修改 MATLAB 程序中采样频率为 Fs = 1000 或 Fs = 8000，重新运行程序即可。程序运行结果如图 1.5.7 所示。由于改变采样频率不会影响模拟信号的产生，因此图 1.5.7 中只给出了采样频率 f_s 分别为 1000Hz、8000Hz 时信号的采样结果和重构信号。从图 1.5.7(a)和(b)可以看出，由于原模拟信号 $x_a(t)=\sin(2000\pi t+\pi/3)$ 的频率为 1000Hz，当采样频率 f_s=1000Hz 时不满足时域采样定理，因此图 1.5.7(a)中时域采样结果不能完全表征原模拟信号，也无法通过内插重构原信号，如图 1.5.7(b)所示。而采样频率 f_s=8000Hz 时满足时域采样定理，因此图 1.5.7(c)中时域采样结果能完全表征原模拟信号，通过内插可以重构出原信号，如图 1.5.7(d)所示。

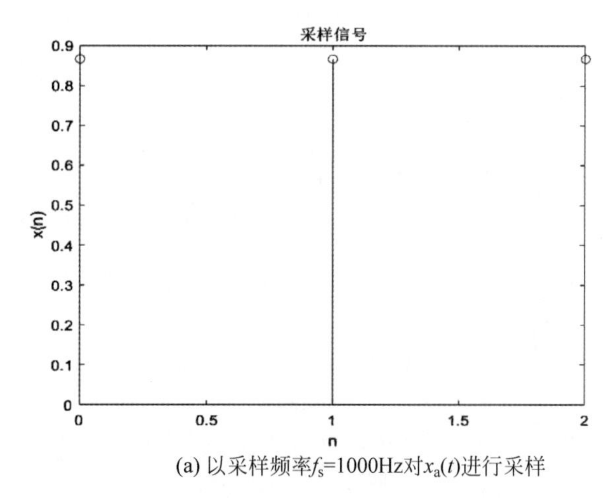

(a) 以采样频率f_s=1000Hz对$x_a(t)$进行采样

图 1.5.7 信号采样与重构仿真(f_s 分别为 1000Hz 和 8000Hz)

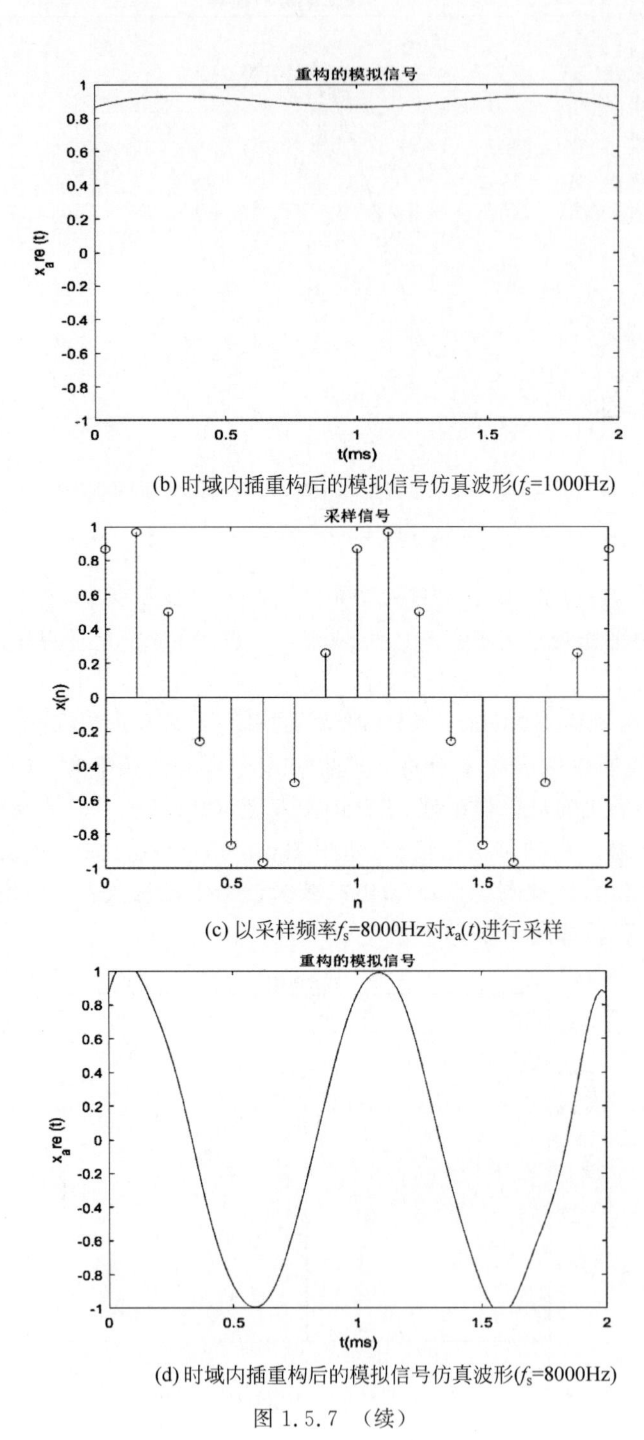

(b) 时域内插重构后的模拟信号仿真波形(f_s=1000Hz)

(c) 以采样频率f_s=8000Hz对$x_a(t)$进行采样

(d) 时域内插重构后的模拟信号仿真波形(f_s=8000Hz)

图 1.5.7 （续）

习题

1.1 用单位脉冲序列及其加权和形式写出如图 P1.1 所示的序列。

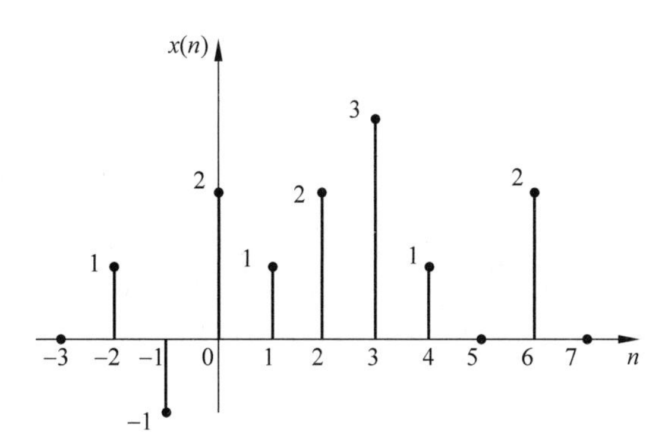

图 P1.1

1.2 给定信号 $x(n)=\begin{cases}2n+4, & -4\leqslant n\leqslant -1\\ 4, & 0\leqslant n\leqslant 4\\ 0, & 其他\end{cases}$

(1) 画出 $x(n)$的波形,标出序列值;

(2) 试用单位脉冲序列及其加权和表示 $x(n)$序列;

(3) 令 $x_1(n)=2x(n-2)$,画出 $x_1(n)$的波形;

(4) 令 $x_2(n)=x(2-n)$,画出 $x_2(n)$的波形。

1.3 判断下列序列是否是周期序列,若是周期序列,则确定其周期。

(1) $\sin(1.2n)$　　(2) $\sin(9.7\pi n)$

(3) $e^{j1.6\pi n}$　　(4) $\cos(3\pi n/7)$

(5) $\cos\left(\frac{3}{7}\pi n-\frac{\pi}{8}\right)$　　(6) $e^{j\left(\frac{1}{8}n-\pi\right)}$

1.4 对图 P1.1 给出的 $x(n)$,要求:

(1) 画出 $x(-n)$的波形;

(2) 计算 $x_e(n)=\frac{1}{2}[x(n)+x(-n)]$,并画出 $x_e(n)$的波形;

(3) 计算 $x_o(n)=\frac{1}{2}[x(n)-x(-n)]$,并画出 $x_o(n)$的波形;

(4) 令 $x_1(n)=[x_e(n)+x_o(n)]$,将 $x_1(n)$和 $x(n)$进行比较,能得出何结论?

1.5 以下序列是系统的单位脉冲响应 $h(n)$,试说明系统是否是因果的或稳定的。

(1) $\frac{u(n-1)}{n^2}$　　(2) $\frac{u(n-1)}{n!}$

(3) $3^n u(n)$　　(4) $3^n u(-n)$

(5) $0.3^n u(n)$　　　　(6) $0.3^n u(-n-1)$

(7) $\delta(n+4)$

1.6 假设系统的输入和输出之间的关系分别如下所示，试分析系统是否是线性时不变系统。

(1) $y(n)=3x(n)+8$　　　　(2) $y(n)=x(n-1)+1$

(3) $y(n)=x(n)+0.5x(n-1)$　　　　(4) $y(n)=nx(n)$

1.7 如图 P1.7 所示，试求：

(1) 根据串、并联系统的原理直接写出总的系统单位脉冲响应 $h(n)$；

(2) 设 $h_1(n)=4\times 0.5^n[u(n)-u(n-3)]$

$h_2(n)=h_3(n)=(n+1)u(n)$

$h_4(n)=\delta(n-1)$

$h_5(n)=\delta(n)-4\delta(n-3)$

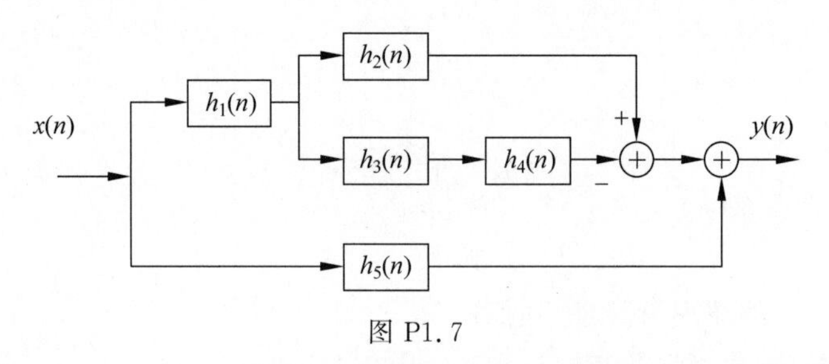

图 P1.7

试求总的系统单位脉冲响应 $h(n)$，并推出输出 $y(n)$ 和输入 $x(n)$ 之间的关系。

1.8 由三个因果线性时不变系统串联而成的系统如图 P1.8(a)所示。已知分系统 $h_2(n)=u(n)-u(n-2)$，整个系统的单位脉冲响应如图 P1.8(b)所示。

(1) 求分系统单位脉冲响应 $h_1(n)$；

(2) 如果输入 $x(n)=\delta(n)-\delta(n-1)$，求该系统的输出 $y(n)$。

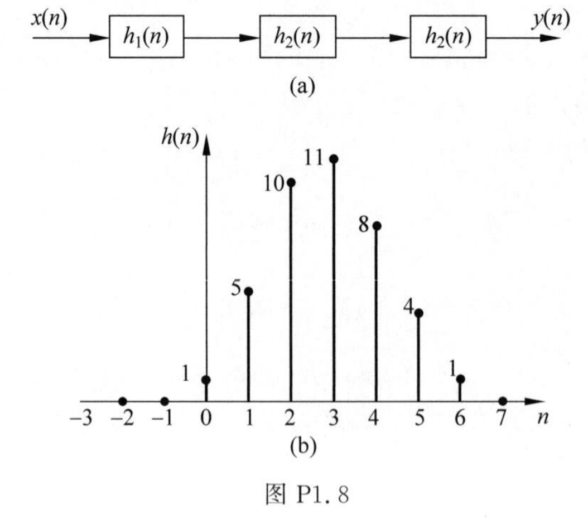

图 P1.8

1.9 计算并画出图 P1.9 所示信号的卷积 $x(n) * h(n)$的波形。

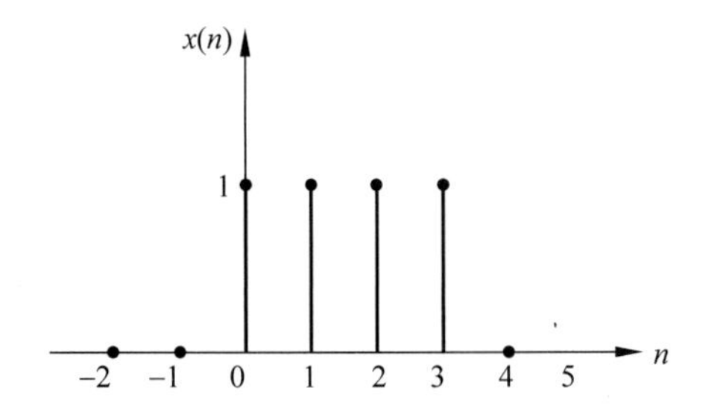

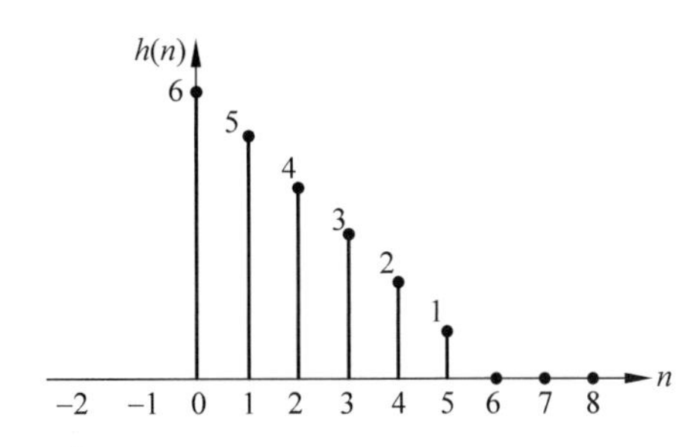

(a)

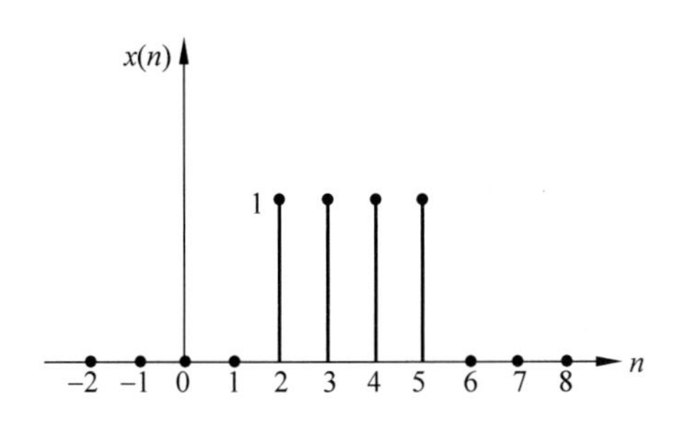

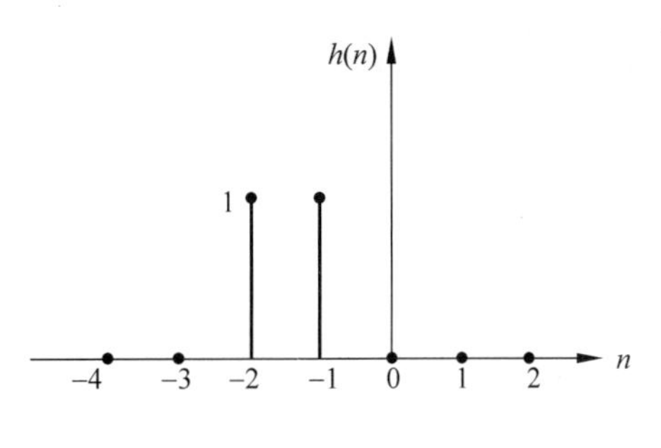

(b)

图 P1.9

1.10 证明线性卷积服从交换律、结合律和分配律：

(1) $x(n) * h(n) = h(n) * x(n)$

(2) $x(n) * [h_1(n) * h_2(n)] = [x(n) * h_1(n)] * h_2(n)$

(3) $x(n) * [h_1(n) + h_2(n)] = x(n) * h_1(n) + x(n) * h_2(n)$

1.11 已知系统的输入信号 $x(n)$和单位脉冲响应 $h(n)$，试求系统的输出信号 $y(n)$。

(1) $x(n) = R_5(n), h(n) = R_4(n)$

(2) $x(n) = \delta(n) - \delta(n-2), h(n) = 2R_4(n)$

(3) $x(n) = \delta(n-2), h(n) = 0.5^n R_3(n)$

(4) $x(n) = R_5(n), h(n) = 0.5^n u(n)$

(5) $x(n) = \begin{cases} \frac{1}{3}n, & 0 \leqslant n \leqslant 6 \\ 0, & \text{其他} \end{cases}, h(n) = \begin{cases} 1, & -2 \leqslant n \leqslant 2 \\ 0, & \text{其他} \end{cases}$

(6) $x(n) = \begin{cases} a^n, & -3 \leqslant n \leqslant 5 \\ 0, & \text{其他} \end{cases}, h(n) = \begin{cases} 1, & 0 \leqslant n \leqslant 4 \\ 0, & \text{其他} \end{cases}$

1.12 如果线性时不变系统的输入和输出分别为

(1) $x_1(n) = \begin{cases} 0,0,3, & n = 0,1,2 \\ 0, & \text{其他} \end{cases}, y_1(n) = \begin{cases} 0,1,0,2, & n = 0,1,2,3 \\ 0, & \text{其他} \end{cases}$

(2) $x_2(n)=\begin{cases}0,0,0,1, & n=0,1,2,3\\0, & \text{其他}\end{cases}$，$y_1(n)=\begin{cases}1,2,1, & n=-1,0,1\\0, & \text{其他}\end{cases}$

求相应的系统单位脉冲响应 $h(n)$。

1.13　已知因果系统的差分方程为

$$y(n)=0.5y(n-1)+x(n)+0.5x(n-1)$$

求系统的单位脉冲响应 $h(n)$。

1.14　设系统的差分方程为

$$y(n)=ay(n-1)+x(n),\quad 0<a<1,\quad y(-1)=0$$

试分析系统是否是线性时不变系统。

1.15　已知系统的单位脉冲响应 $h(n)$ 和输入信号 $x(n)$ 分别为

$$h(n)=a^n u(n),\quad x(n)=u(n)-u(n-10)$$

求系统的输出。

1.16　有一模拟信号

$$x_a(t)=\sin(40\pi t)$$

(1) 求出 $x_a(t)$ 的周期；

(2) 用采样间隔 $T=0.02\text{s}$ 对 $x_a(t)$ 进行采样，试写出采样信号 $\hat{x}_a(t)$ 的表达式；

(3) 画出对应 $\hat{x}_a(t)$ 的时域离散信号 $x(n)$ 的波形，并求出 $x(n)$ 的周期。

1.17　对三个余弦信号 $x_1(t)=\cos(2\pi t)$，$x_2(t)=-\cos(6\pi t)$，$x_3(t)=-\cos(10\pi t)$ 进行理想采样，采样频率 $\Omega_s=8\pi\text{rad/s}$，求所对应的三个采样输出序列，并比较这些结果，画出波形及采样点位置，在此基础上解释频谱混叠现象。

第2章 离散时间信号与系统的频域分析

信号与系统的分析方法包括时域分析和频域分析。对于连续时间信号与系统，时域上常用的描述方式是微分方程，频域上则采用傅里叶变换和拉普拉斯变换。拉普拉斯变换作为复频域上的变换，是傅里叶变换的拓展和推广。对于离散时间信号与系统，时域上常采用差分方程进行描述，而频域分析方法则包括Z变换(ZT)、离散时间傅里叶变换(DTFT)和离散傅里叶变换(DFT)等。

本章将学习离散时间信号的Z变换和离散时间傅里叶变换两种重要的变换，还将探讨如何利用ZT和DTFT来分析离散时间系统的频域特性。离散傅里叶变换和快速傅里叶变换等内容将在第3章和第4章中讲解。

2.1 序列的Z变换

Z变换是离散时间信号与系统频域分析法中十分重要的一种变换，它在离散时间信号与系统中的作用如同拉普拉斯变换在连续时间信号与系统中的作用，可以在复频域对离散时间信号进行谱分析，能够将离散时间系统的差分方程转换成代数方程，使其求解过程得到简化。

2.1.1 Z变换

1. Z变换的定义

序列$x(n)$的Z变换定义为

$$X(z)=\mathrm{ZT}[x(n)]=\sum_{n=-\infty}^{\infty}x(n)z^{-n} \tag{2.1.1}$$

式中，z是一个复变量，若采用极坐标形式，可表示为$z=r\mathrm{e}^{\mathrm{j}\varphi}$，其中$r$为半径，$r\geqslant 0$，$\varphi$为辐角，范围为$-\pi\sim\pi$或者$0\sim 2\pi$。也就是说Z变换是在复频域内对离散时间信号和系统进行分析，所在的复平面称为z平面，如图2.1.1所示。Z变换表征了$x(n)$的复频域特性。

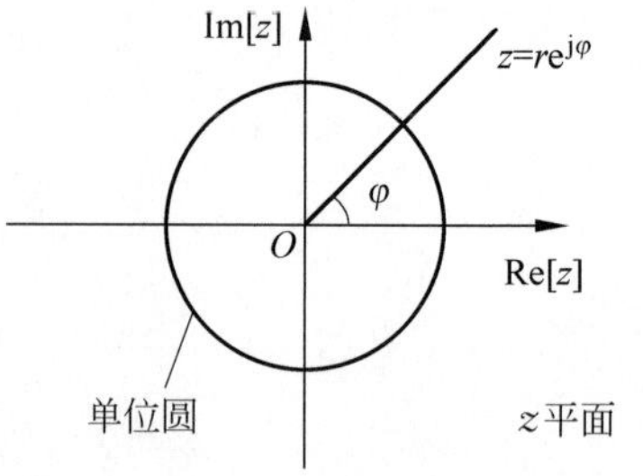

图2.1.1　z平面

需要说明的是：式(2.1.1)中，是从$-\infty$到∞对n求和，故称双边Z变换。类似地，可定义单边Z变换为

$$X(z)=\sum_{n=0}^{\infty}x(n)z^{-n} \tag{2.1.2}$$

单边Z变换中是在$0\sim\infty$对n求和，单边Z变换在差分方程的求解中会用到。对于因果序列，当$n<0$时，有$x(n)=0$，因此双边Z变换与单边Z变换计算结果相同。本书中如无特殊说明，Z变换是指双边Z变换。

2. Z 变换的收敛域

由 Z 变换的定义可知，$X(z)$是以复数 z 为自变量的函数，对于所有的 z 值，$X(z)$并不一定总是收敛(有限值)，这就涉及 Z 变换的收敛问题。

$X(z)$收敛的条件是级数绝对可和，即

$$\sum_{n=-\infty}^{\infty} |x(n)z^{-n}| = \sum_{n=-\infty}^{\infty} |x(n)| \cdot |z|^{-n} < \infty \tag{2.1.3}$$

这是一个正项级数的和，对于任意给定的序列 $x(n)$，使级数之和为有限值的所有 z 值的集合称为 $X(z)$的收敛域(ROC)。对于正项级数，其收敛域的确定一般有以下两种方法。

(1) 比值判定法：如果正项级数 $\sum_{n=1}^{\infty} a^n$ 的前后项比值的极限等于 q，即 $\lim_{n\to\infty} \frac{a_{n+1}}{a_n} = q$。当 $q<1$ 时，级数收敛；当 $q>1$ 时，级数发散；当 $q=1$ 时，不能确定。

(2) 根值判定法：如果正项级数 $\sum_{n=1}^{\infty} a^n$ 的一般项 a_n 的 n 次方根的极限等于 q，即 $\lim_{n\to\infty} \sqrt[n]{a_n} = q$。当 $q<1$ 时，级数收敛；当 $q>1$ 时，级数发散；当 $q=1$ 时，不能确定。

由于 $X(z)$的一般项中含有$|z|^{-n}$，所以一般用根值判定法来确定其收敛域。不失一般性，假设序列 $x(n)$在 $n\in(-\infty,\infty)$处都有值，则其 Z 变换可以表示为

$$X(z) = \sum_{n=-\infty}^{\infty} |x(n)z^{-n}| = \sum_{n=-\infty}^{-1} |x(n)| \cdot |z|^{-n} + \sum_{n=0}^{\infty} |x(n)| \cdot |z|^{-n} \tag{2.1.4}$$

$X(z)$是两个正项级数的和，其收敛域应该是这两个正项级数收敛域的公共区域。首先分析右边第一项这个级数的收敛域。通过换元，可得 $\sum_{n=1}^{\infty} |x(-n)| \cdot |z|^{n}$，根据根值判定法，若级数一般项 n 次方根的极限满足

$$\lim_{n\to\infty} \sqrt[n]{|x(-n)|} \cdot |z| < 1 \tag{2.1.5}$$

即当$|z| < \dfrac{1}{\lim_{n\to\infty} \sqrt[n]{|x(-n)|}} = R_{x+}$时，级数收敛。

再分析第二项级数的收敛域。可直接利用根值判定法，若级数一般项 n 次方根的极限满足

$$\lim_{n\to\infty} \sqrt[n]{|x(n)|} \cdot |z^{-1}| < 1 \tag{2.1.6}$$

即当$|z| > \lim_{n\to\infty} \sqrt[n]{|x(n)|} = R_{x-}$时，级数收敛。

通过上面的分析可知，$X(z)$的收敛域应该是上述两个级数收敛域交集，即

$$R_{x-} < |z| < R_{x+} \tag{2.1.7}$$

可以看出，该收敛域为一个圆环状区域，其中，R_{x+} 和 R_{x-} 称为收敛半径，R_{x-} 可以小到 0，R_{x+} 可以大到∞，即 $0 \leqslant R_{x-}$，$R_{x+} \leqslant \infty$。考虑到 $z = re^{j\varphi}$，则有 $R_{x-} < r < R_{x+}$。

因此，收敛域是以圆点为中心，分别以 R_{x+} 和 R_{x-} 为半径的两个圆所构成的环状区域，如图 2.1.2 所示，图中阴影部分表示收敛域。

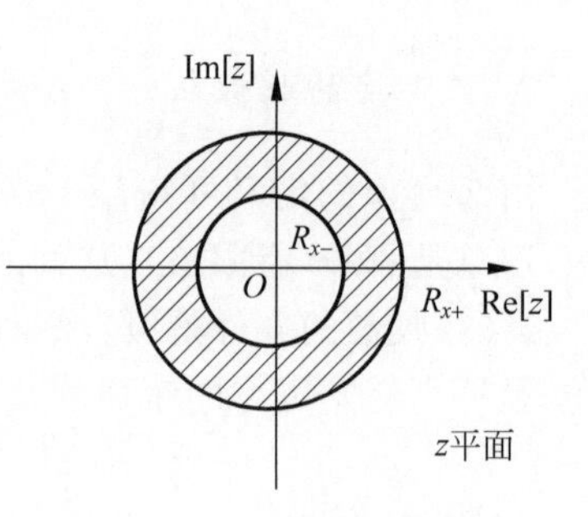

图 2.1.2　Z 变换的收敛域

通常情况下，Z 变换 $X(z)$ 是一个有理函数，可以用两个多项式之比表示：

$$X(z)=\frac{P(z)}{Q(z)} \tag{2.1.8}$$

使 Z 变换 $X(z)$ 为零的 z 值称为零点，使 $X(z)$ 的值为 ∞ 的 z 值称为极点。在极点处，Z 变换不存在，故收敛域中没有极点，或者说，收敛域总是以极点为边界的。

3. 收敛域与序列特性的关系

从前面的分析可知，序列 $x(n)$ 的特性决定了 $X(z)$ 的收敛域。下面根据序列的长短和取值情况，将序列分为四种情况并分析其收敛域的特性。

1) 有限长序列

有限长序列是指在某个有限区间 $n_1 \leqslant n \leqslant n_2$ 内具有非零有限值 a_n，区间外均为零值的序列，表达式为

$$x(n)=\begin{cases} a_n, & n_1 \leqslant n \leqslant n_2 \\ 0, & \text{其他} \end{cases} \tag{2.1.9}$$

那么，Z 变换为

$$X(z)=\sum_{n=n_1}^{n_2} x(n) z^{-n} \tag{2.1.10}$$

由于 $X(z)$ 是有限项级数之和，故只要级数的每一项有界，则级数就收敛，即要求

$$|x(n) z^{-n}|<\infty, \quad n_1 \leqslant n \leqslant n_2$$

由于 $x(n)$ 有界，故要求

$$|z^{-n}|<\infty, \quad n_1 \leqslant n \leqslant n_2$$

显然，不论 n_1、n_2 的值是多少，当 $0<|z|<\infty$ 时都满足此条件，即有限长序列的收敛域至少包含 $0<|z|<\infty$。如果考虑 n_1、n_2 与 0 的关系，收敛域具体可以分为三种情况：

(1) 当 $n_1<0, n_2 \leqslant 0$ 时，$0 \leqslant |z|<\infty$。

(2) 当 $n_1<0, n_2>0$ 时，$0<|z|<\infty$。

(3) 当 $n_1 \geqslant 0, n_2>0$ 时，$0<|z| \leqslant \infty$。

其实不管什么样的序列(包括后面将要讨论的三种序列)，只要在 $n>0$ 时序列有值，则在 $z=0$ 处不收敛；在 $n<0$ 时序列有值，则在 $z=\infty$ 处不收敛。

例 2.1.1　求序列 $x(n)=\delta(n+1)+\delta(n-1)$ 的 Z 变换及收敛域。

解：

$$X(z)=\sum_{n=-\infty}^{\infty} x(n) z^{-n}=z+z^{-1}$$

下面判断收敛域的范围：由于 $x(n)$ 是有限长序列，收敛域最起码都是 $0<|z|<\infty$，又因为 $x(n)$ 在 $n=-1$ 和 $n=1$ 处都有值，所以收敛域不能包括 ∞ 和 0，因此最后的收敛域为 $0<|z|<\infty$。

2）右边序列

右边序列是指在区间 $n\geqslant n_1$ 上具有非零的有限值 a_n，在区间 $n<n_1$ 上均为零值的序列，是一个有始无终的序列。其表达式为

$$x(n)=\begin{cases}a_n, & n\geqslant n_1\\ 0, & n<n_1\end{cases} \tag{2.1.11}$$

右边序列的 Z 变换为

$$X(z)=\sum_{n=n_1}^{\infty}x(n)z^{-n} \tag{2.1.12}$$

根据 n_1 与 0 的关系，序列 $x(n)$ 可以分为因果序列和非因果序列两种情况进行讨论：

(1) 当 $n_1\geqslant 0$ 时，右边序列为因果序列。此时，$|z|$ 能取 ∞，不能取 0，即收敛域中 $|z|$ 无上界，一定具有非零下界。因此，收敛域包含 ∞，即为 $R_{x-}<|z|\leqslant\infty$。收敛域示意图如图 2.1.3 所示。

(2) 当 $n_1<0$ 时，右边序列为非因果序列。此时，以 $n=0$ 为分界点，序列可以分解为有限长序列和因果序列之和的形式，相应 Z 变换为

$$\begin{aligned}X(z)&=\sum_{n=n_1}^{\infty}x(n)z^{-n}\\&=\sum_{n=n_1}^{-1}x(n)z^{-n}+\sum_{n=0}^{\infty}x(n)z^{-n}\end{aligned} \tag{2.1.13}$$

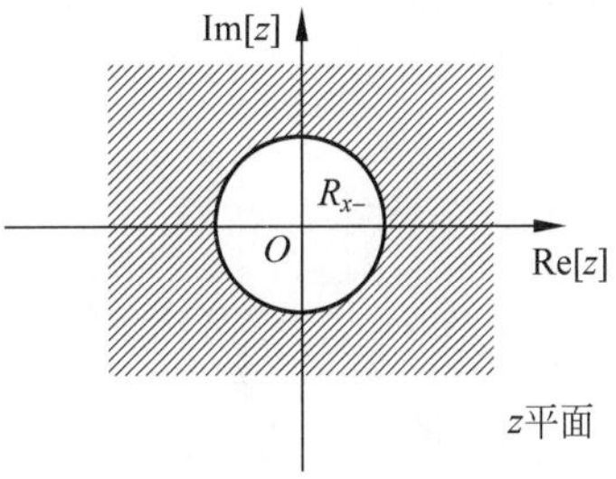

图 2.1.3　右边序列 Z 变换的收敛域

式中，右边第一项为有限长序列的 Z 变换，且在 $n>0$ 时没有值，因此收敛域为 $0\leqslant|z|<\infty$；第二项为因果序列的 Z 变换，由前面的分析可知，收敛域为 $R_{x-}<|z|\leqslant\infty$。取两个收敛域的交集，可得公共收敛域为 $R_{x-}<|z|<\infty$。

例 2.1.2　求序列 $x(n)=a^n u(n)$ 的 Z 变换及收敛域。

解：

$$X(z)=\sum_{n=-\infty}^{\infty}a^n u(n)z^{-n}=\sum_{n=0}^{\infty}a^n z^{-n}=\sum_{n=0}^{\infty}(az^{-1})^n$$

式中，右边是无穷项等比数列的求和，当公比的模值小于 1 时，数列之和收敛。即当 $|az^{-1}|<1$ 时，$X(z)=\dfrac{1}{1-az^{-1}}$，此时收敛域为 $|z|>|a|$。

3）左边序列

左边序列是指在区间 $n\leqslant n_2$ 上具有非零的有限值 a_n，在区间 $n>n_2$ 上均为零值的序列，是一个无始有终的序列。其表达式为

$$x(n)=\begin{cases}a_n, & n\leqslant n_2\\ 0, & n>n_2\end{cases} \tag{2.1.14}$$

左边序列的 Z 变换为

$$X(z)=\sum_{n=-\infty}^{n_2}x(n)z^{-n} \tag{2.1.15}$$

根据 n_2 与 0 的关系，序列 $x(n)$ 同样可以分为两种情况进行讨论：

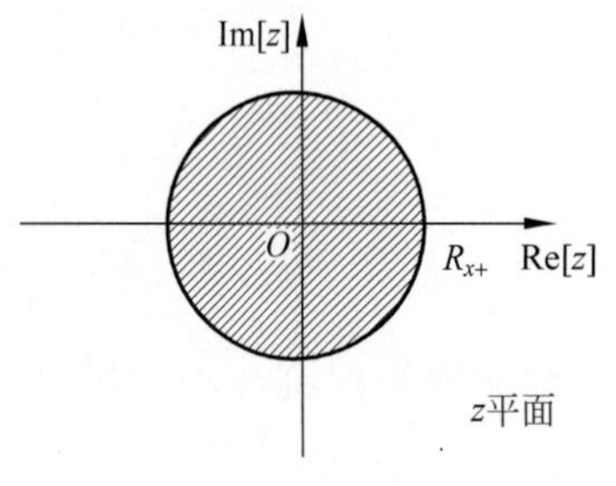

图 2.1.4　左边序列 Z 变换的收敛域

(1) 当 $n_2\leqslant 0$ 时，为保证 $X(z)$ 绝对可和，$|z|$ 能取 0，不能取 ∞。因此，收敛域的范围是某一个圆内的区域，即 $0\leqslant|z|<R_{x+}$。收敛域示意图如图 2.1.4 所示。

(2) 当 $n_2>0$ 时，以 $n=0$ 为分界点，序列可以分解为两部分之和的形式，相应的 Z 变换为

$$X(z)=\sum_{n=-\infty}^{n_2}x(n)z^{-n}=\sum_{n=-\infty}^{-1}x(n)z^{-n}+\sum_{n=0}^{n_2}x(n)z^{-n} \tag{2.1.16}$$

式中，右边第一项的收敛域为 $0\leqslant|z|<R_{x+}$，第二项的收敛域为 $0<|z|\leqslant\infty$。取两个收敛域的交集，可得公共收敛域为 $0<|z|<R_{x+}$。

例 2.1.3　求序列 $x(n)=-a^nu(-n-1)$ 的 Z 变换及收敛域。

解：

$$X(z)=\sum_{n=-\infty}^{\infty}-a^nu(-n-1)z^{-n}=\sum_{n=-\infty}^{-1}-a^nz^{-n}=\sum_{n=1}^{\infty}-(a^{-1}z)^n$$

式中，右边是无穷项等比数列的求和，当公比的模值小于 1 时，数列之和收敛。即当 $|a^{-1}z|<1$ 时，$X(z)=\dfrac{1}{1-az^{-1}}$，此时收敛域为 $|z|<|a|$。

4) 双边序列

双边序列是指在区间 $(-\infty,\infty)$ 上具有非零有限值的序列，是一个无始无终的序列，可以看作一个右边序列和一个左边序列之和。其 Z 变换为

$$X(z)=\sum_{n=-\infty}^{\infty}x(n)z^{-n}=\sum_{n=-\infty}^{-1}x(n)z^{-n}+\sum_{n=0}^{\infty}x(n)z^{-n} \tag{2.1.17}$$

式中，右边第一项为左边序列的 Z 变换，其收敛域为 $0\leqslant|z|<R_{x+}$；第二项为右边序列的 Z 变换，其收敛域为 $R_{x-}<|z|\leqslant\infty$。而由两个收敛域交集所构成的公共收敛域则是双边序列的 Z 变换。此时，分为两种情况：

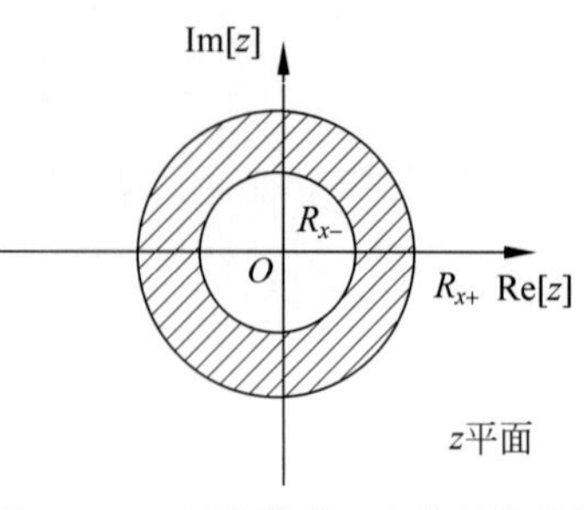

图 2.1.5　双边序列 Z 变换的收敛域

(1) 当 $R_{x-}<R_{x+}$ 时，收敛域为 $R_{x-}<|z|<R_{x+}$，是一个环状区域，如图 2.1.5 所示。

(2) 当 $R_{x-}>R_{x+}$ 时，无公共收敛域，即 $X(z)$ 不

存在。

例 2.1.4 求序列 $x(n)=a^{|n|}$ 的 Z 变换及收敛域。

解：

$$X(z)=\sum_{n=-\infty}^{\infty}a^{|n|}z^{-n}=\sum_{n=-\infty}^{-1}a^{-n}z^{-n}+\sum_{n=0}^{\infty}a^{n}z^{-n}$$

$$=\sum_{n=1}^{\infty}a^{n}z^{n}+\sum_{n=0}^{\infty}a^{n}z^{-n}$$

式中，第一项的收敛域为 $|az|<1$，即 $|z|<|a|^{-1}$；第二项的收敛域为 $|az^{-1}|<1$，即 $|a|<|z|$。此时分两种情况讨论：

(1) 若 $|a|\geqslant 1$，则 $|a|^{-1}\leqslant|a|$，第一项和第二项的收敛域的交集为空集，$X(z)$ 不存在；

(2) 若 $|a|<1$，则 $|a|<|a|^{-1}$，第一项和第二项的收敛域的交集为 $|a|<|z|<|a|^{-1}$，相应 Z 变换为

$$X(z)=\frac{az}{1-az}+\frac{1}{1-az^{-1}}=\frac{1-a^{2}}{(1-az)(1-az^{-1})}$$

当 a 为实数，且 $0<a<1$ 时，$x(n)$ 的波形及 $X(z)$ 的收敛域如图 2.1.6 所示。

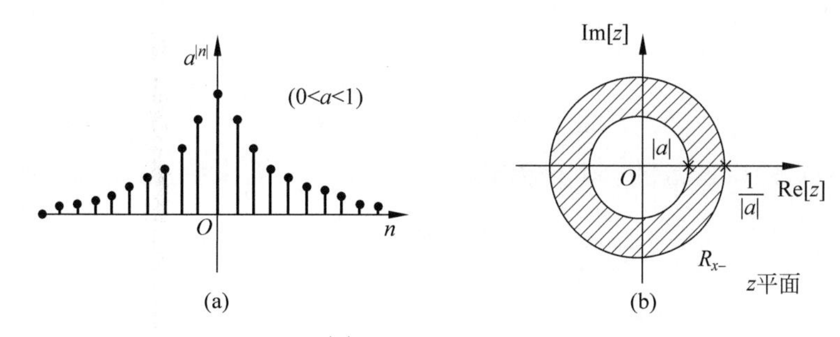

图 2.1.6 双边序列 $a^{|n|}$ $(0<a<1)$ 的波形及其 Z 变换的收敛域

通过对上述几类序列及其收敛域的讨论，序列 Z 变换及收敛域的特点可归纳如下：

(1) 左边序列 Z 变换收敛域的基本形式为 $|z|<R_{x+}$，是否包含 0 取决于 n_2 的值。若 $n_2>0$，收敛域为 $0<|z|<R_{x+}$；否则，收敛域为 $|z|<R_{x+}$。

右边序列 Z 变换收敛域的基本形式为 $|z|>R_{x-}$，是否包含 ∞ 取决于 n_1 的值。若 $n_1<0$，收敛域为 $R_{x-}<|z|<\infty$；否则，收敛域为 $|z|>R_{x-}$。

双边序列收敛域的基本形式为 $R_{x-}<|z|<R_{x+}$，如果 $R_{x-}>R_{x+}$，则无收敛域。

(2) 不同序列可能有相同的 Z 变换，但是收敛域不同；或者说，同一个 Z 变换，收敛域不同，对应的时域序列是不相同的。例 2.1.2 和例 2.1.3 就属于这类情况。

(3) 收敛域总是以极点为界，如果求出序列的 Z 变换，找出其极点，再根据序列的特性就可以确定其收敛域。

2.1.2 逆Z变换

本节介绍Z变换的反变换，即逆Z变换(IZT)。逆Z变换的求法有留数定理法、部分分式法和幂级数法(长除法)，下面分别进行介绍。

1. 留数定理法

根据复变函数理论，$X(z)$的逆Z变换可以表示成围线积分的形式：

$$x(n)=\frac{1}{2\pi \mathrm{j}}\oint_{c} X(z) z^{n-1} \mathrm{d}z,\quad c\in(R_{x-},R_{x+}) \tag{2.1.18}$$

式中，c表示$X(z)$环状收敛域(R_{x-},R_{x+})中一条逆时针的闭合曲线，如图2.1.7所示。直接根据式(2.1.18)计算围线积分比较困难，可以通过留数定理来求逆Z变换，故称为留数定理法。

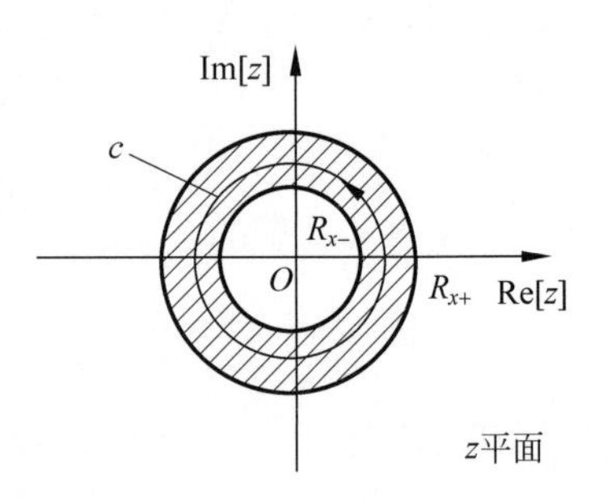

图2.1.7 围线积分路径

设在z平面上，$X(z)z^{n-1}$在围线c内的极点用z_k表示。根据柯西留数定理，有

$$x(n)=\frac{1}{2\pi \mathrm{j}}\oint_{c} X(z) z^{n-1} \mathrm{d}z=\sum_{k}\operatorname{Res}[X(z)z^{n-1},z_k] \tag{2.1.19}$$

式中，$\operatorname{Res}[X(z)z^{n-1},z_k]$表示被积函数$X(z)z^{n-1}$在极点$z_k$的留数，逆Z变换则是围线$c$内所有极点的留数之和。对于$\operatorname{Res}[X(z)z^{n-1},z_k]$的求解，与$z_k$为单阶或多阶极点有关。

若z_k为单阶极点，根据留数定理，极点留数的求解为

$$\operatorname{Res}[X(z)z^{n-1},z_k]=(z-z_k)X(z)z^{n-1}\big|_{z=z_k} \tag{2.1.20}$$

由式(2.1.20)可知，只需将被积函数$X(z)z^{n-1}$乘以$z-z_k$，代入$z=z_k$即可。

若z_k为N阶极点，根据留数定理，多阶极点留数的求解为

$$\operatorname{Res}[X(z)z^{n-1},z_k]=\frac{1}{(N-1)!}\frac{\mathrm{d}^{N-1}}{\mathrm{d}z^{N-1}}[(z-z_k)^N X(z)z^{n-1}]\big|_{z=z_k} \tag{2.1.21}$$

可以看出，式(2.1.21)需要求$N-1$阶导数，比较麻烦，此时可以利用留数辅助定理求解。

假设$X(z)z^{n-1}$在z平面上有M个极点，收敛域内的围线c将极点分成两部分：围线c内部极点共有N_1个，用$z_{1,k}$表示；围线c外部极点共有N_2个，用$z_{2,k}$表示。根据留数辅助定理可得

$$x(n)=\sum_{k=1}^{N_1}\operatorname{Res}[X(z)z^{n-1},z_{1,k}]=-\sum_{k=1}^{N_2}\operatorname{Res}[X(z)z^{n-1},z_{2,k}]-\operatorname{Res}[X(z)z^{n-1},\infty] \tag{2.1.22}$$

需要说明的是：采用留数定理法(式(2.1.19))或留数辅助定理法(式(2.1.22))求逆

Z变换 $x(n)$时，需视具体情况而定。当 $X(z)z^{n-1}$ 在 $z=0$ 处不是极点或者是一阶极点时，采用留数定理法计算围线内所有极点的留数。当 $X(z)z^{n-1}$ 在 $z=0$ 处是二阶及多阶极点时，采用留数辅助定理法，即计算围线外所有极点的留数，此时 $\mathrm{Res}[X(z)z^{n-1},\infty]=0$，因此，留数辅助定理可以简化为

$$x(n)=\sum_{k=1}^{N_1}\mathrm{Res}[X(z)z^{n-1},z_{1,k}]=-\sum_{k=1}^{N_2}\mathrm{Res}[X(z)z^{n-1},z_{2,k}] \tag{2.1.23}$$

例 2.1.5 已知 $X(z)=\dfrac{z^{-1}}{1-5z^{-1}+6z^{-2}}$，用留数定理法求逆Z变换 $x(n)$。

解：本题中没有指明收敛域，为求出 $x(n)$，必须首先确定收敛域。由于收敛域总是以极点为边界的，且

$$X(z)=\frac{z^{-1}}{1-5z^{-1}+6z^{-2}}=\frac{z^{-1}}{(1-3z^{-1})(1-2z^{-1})}$$

故 $X(z)$有 $z=2$ 和 $z=3$ 两个极点，如图2.1.8所示。因此，收敛域可分为三种情况：

(1) 当收敛域为$|z|>3$ 时，对应的 $x(n)$为右边序列；

(2) 当收敛域为$|z|<2$ 时，对应的 $x(n)$为左边序列；

(3) 当收敛域为 $2<|z|<3$ 时，对应的 $x(n)$为双边序列。

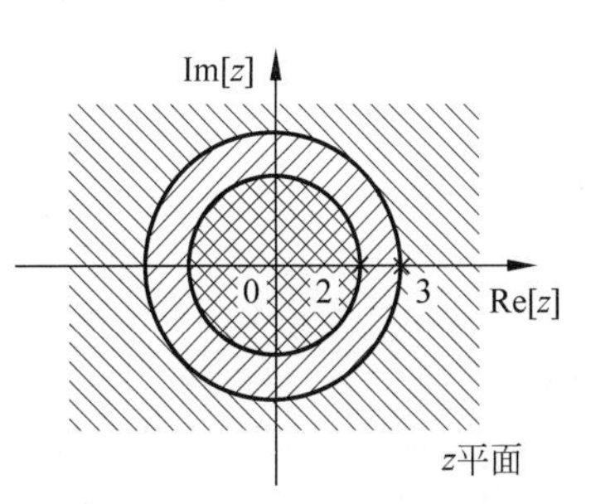

图2.1.8 $X(z)$的极点分布图

下面根据收敛域的不同，分别利用留数定理法和留数辅助定理法求解 $x(n)$。

(1) 当收敛域为$|z|>3$ 时，有

$$X(z)z^{n-1}=\frac{z^{-1}}{1-5z^{-1}+6z^{-2}}z^{n-1}=\frac{z^n}{(z-3)(z-2)}$$

由于 $x(n)$为右边序列，无须考虑 $n<0$ 的情况。实际上，当 $n<0$ 时，被积函数 $X(z)z^{n-1}$ 在围线 c 内包含单阶极点 $z=2$、$z=3$ 和多阶极点 $z=0$，但是围线 c 外部无极点，利用留数辅助定理可得 $x(n)=0$。

当 $n\geqslant 0$ 时，围线 c 内有两个单阶极点 $z=2$ 和 $z=3$，利用留数定理可得

$$\begin{aligned}x(n)&=\mathrm{Res}[X(z)z^{n-1},3]+\mathrm{Res}[X(z)z^{n-1},2]\\&=(z-3)\left.\frac{z^n}{(z-3)(z-2)}\right|_{z=3}+(z-2)\left.\frac{z^n}{(z-3)(z-2)}\right|_{z=2}=3^n-2^n\end{aligned}$$

综合 $n<0$ 情况，$x(n)$表示为

$$x(n)=(3^n-2^n)u(n)$$

(2) 当收敛域为$|z|<2$ 时，由于 $x(n)$为左边序列，无须考虑 $n\geqslant 0$ 的情况。实际上，当 $n\geqslant 0$ 时，被积函数 $X(z)z^{n-1}$ 在围线 c 内无极点，因此 $x(n)=0$。当 $n<0$ 时，围线 c 有 n 阶极点 $z=0$，此时，根据留数辅助定理，改求围线 c 外极点留数之和，可得

$$x(n)=-\text{Res}[X(z)z^{n-1},3]-\text{Res}[X(z)z^{n-1},2]$$

$$=-(z-3)\frac{z^n}{(z-3)(z-2)}\bigg|_{z=3}-(z-2)\frac{z^n}{(z-3)(z-2)}\bigg|_{z=2}=2^n-3^n$$

综合 $n\geqslant 0$ 情况，$x(n)$表示为

$$x(n)=(2^n-3^n)u(-n-1)$$

(3) 当收敛域为 $2<|z|<3$ 时，$x(n)$为双边序列，按照 $n<0$ 和 $n\geqslant 0$ 两种情况分别计算。

当 $n<0$ 时，$X(z)z^{n-1}$ 在围线 c 内包含单阶极点 $z=2$ 和多阶极点 $z=0$，围线 c 外只包含内单阶极点 $z=3$。利用留数辅助定理，改求围线 c 外的极点留数可得

$$x(n)=-\text{Res}[X(z)z^{n-1},3]=-(z-3)\frac{z^n}{(z-3)(z-2)}\bigg|_{z=3}=-3^n$$

当 $n\geqslant 0$ 时，$X(z)z^{n-1}$ 在围线 c 内只包含单阶极点 $z=2$，利用留数定理可得

$$x(n)=\text{Res}[X(z)z^{n-1},2]=(z-2)\frac{z^n}{(z-3)(z-2)}\bigg|_{z=2}=-2^n$$

综合两种情况，$x(n)$表示为

$$x(n)=-3^n u(-n-1)-2^n u(n)$$

2. *部分分式法*

序列的 Z 变换通常是有理函数，可将 $X(z)$展开成多个部分分式之和的形式，再由每个部分分式的逆 Z 变换相加即可得到 $x(n)$，这就是部分分式法的基本思想。各个部分分式通常具有单阶极点，容易直接获得逆 Z 变换表达式；若具有多阶极点，则可以根据表 2.1.1 或留数定理法进行求解。

设 $X(z)$具有 N 个单阶极点，展开如下：

$$X(z)=A_0+\sum_{m=1}^{N}\frac{A_m z}{z-z_m} \tag{2.1.24}$$

对于 A_0、A_m 的求法，将上式两侧同除以 z 可得

$$\frac{X(z)}{z}=\frac{A_0}{z}+\sum_{m=1}^{N}\frac{A_m}{z-z_m} \tag{2.1.25}$$

上式表明，$X(z)/z$ 在极点 $z=0$ 的留数就是 A_0，在极点 $z=z_m$ 的留数就是 A_m，且有

$$A_0=\text{Res}[\frac{X(z)}{z},0] \tag{2.1.26}$$

$$A_m=\text{Res}[\frac{X(z)}{z},z_m] \tag{2.1.27}$$

求出系数 A_0、A_m 后，就很容易得到序列 $x(n)$。

例 2.1.6 已知 $X(z)=\frac{z^{-1}}{1-5z^{-1}+6z^{-2}}$，$2<|z|<3$，试用部分分式法求逆 Z 变换 $x(n)$。

解：将 $X(z)/z$ 进行因式分解，可得

$$\frac{X(z)}{z}=\frac{z^{-2}}{1-5z^{-1}+6z^{-2}}=\frac{1}{(z-2)(z-3)}=\frac{A_1}{z-2}+\frac{A_2}{z-3}$$

式中，系数 A_1、A_2 求解有

$$A_1=\text{Res}\left[\frac{X(z)}{z},2\right]=\frac{X(z)}{z}(z-2)\Big|_{z=2}=-1$$

$$A_2=\text{Res}\left[\frac{X(z)}{z},3\right]=\frac{X(z)}{z}(z-3)\Big|_{z=3}=1$$

那么

$$\frac{X(z)}{z}=\frac{1}{z-3}-\frac{1}{z-2},\quad X(z)=\frac{1}{1-3z^{-1}}-\frac{1}{1-2z^{-1}}$$

考虑到收敛域为 $2<|z|<3$，上式中第一项极点是 $z=3$，收敛域为 $|z|<3$；第二项极点是 $z=2$，收敛域为 $|z|>2$。利用例 2.1.2 和例 2.1.3，$x(n)$ 可表示为

$$x(n)=-3^n u(-n-1)-2^n u(n)$$

表 2.1.1 给出了常用序列的 Z 变换及其收敛域。从表中可以看出，不同序列 Z 变换结果可能是相同的，但是收敛域有所不同；对于同一 Z 变换表达式，如果收敛域不同，逆 Z 变换得到的序列是不同的。

表 2.1.1 常用序列的 Z 变换及其收敛域

序号	序列	Z 变换	收敛域
1	$\delta(n)$	1	z 平面
2	$u(n)$	$\frac{1}{1-z^{-1}}=\frac{z}{z-1}$	$\|z\|>1$
3	$-u(n-1)$	$\frac{1}{1-z^{-1}}=\frac{z}{z-1}$	$\|z\|<1$
4	$a^n u(n)$	$\frac{1}{1-az^{-1}}=\frac{z}{z-a}$	$\|z\|>a$
5	$-a^n u(-n-1)$	$\frac{1}{1-az^{-1}}=\frac{z}{z-a}$	$\|z\|<a$
6	$nu(n)$	$\frac{z^{-1}}{(1-z^{-1})^2}=\frac{z}{(z-1)^2}$	$\|z\|>1$
7	$na^n u(n)$	$\frac{az^{-1}}{(1-az^{-1})^2}=\frac{az}{(z-a)^2}$	$\|z\|>a$
8	$-na^n u(-n-1)$	$\frac{az^{-1}}{(1-az^{-1})^2}=\frac{az}{(z-a)^2}$	$\|z\|<a$
9	$(n+1)a^n u(n)$	$\frac{1}{(1-az^{-1})^2}=\frac{z^2}{(z-a)^2}$	$\|z\|>a$
10	$\frac{(n+1)(n+2)}{2!}a^n u(n)$	$\frac{1}{(1-az^{-1})^3}=\frac{z^3}{(z-a)^3}$	$\|z\|>a$
11	$\frac{(n+1)(n+2)\cdots(n+m)}{m!}a^n u(n)$	$\frac{1}{(1-az^{-1})^m}=\frac{z^m}{(z-a)^m}$	$\|z\|>a$

续表

序号	序列	Z 变换	收敛域
12	$\frac{n(n-1)}{2!}u(n)$	$\frac{z^{-2}}{(1-z^{-1})^3}=\frac{z}{(z-1)^3}$	$\|z\|>1$
13	$e^{j\omega_0 n}u(n)$	$\frac{1}{1-e^{j\omega_0}z^{-1}}=\frac{z}{z-e^{j\omega_0}}$	$\|z\|>1$
14	$\sin(\omega_0 n)u(n)$	$\frac{1}{2j}\left(\frac{1}{1-e^{j\omega_0}z^{-1}}-\frac{1}{1-e^{-j\omega_0}z^{-1}}\right)$	$\|z\|>1$
15	$\cos(\omega_0 n)u(n)$	$\frac{1}{2}\left(\frac{1}{1-e^{j\omega_0}z^{-1}}+\frac{1}{1-e^{-j\omega_0}z^{-1}}\right)$	$\|z\|>1$

3. 幂级数法

根据 Z 变换定义式(2.1.1)可知，$X(z)$可以视为 z^{-1} 的幂级数，即

$$X(z)=\sum_{n=-\infty}^{\infty}x(n)z^{-n}$$
$$=\cdots+x(-1)z+x(0)z^{0}+x(1)z^{-1}+x(2)z^{-2}+\cdots \quad (2.1.28)$$

在给定收敛域内，若将 $X(z)$展开为幂级数形式，级数的系数就是序列 $x(n)$，这正是幂级数法的基本思想。通常情况下 $X(z)$是一个有理函数，其分子分母都是 z 的多项式，直接用分子多项式除以分母多项式，就可以得到幂级数展开式，从而得到 $x(n)$。因此，幂级数法也称为长除法。

由于幂级数展开式有正幂和负幂之分，必须根据收敛域情况确定展开为左边序列还是右边序列。若 $x(n)$为右边序列，则 $X(z)$展开为负幂级数；若 $x(n)$为左边序列，则 $X(z)$展开为正幂级数。

例 2.1.7 已知 $X(z)=\frac{1}{1-az^{-1}}$，$|z|>|a|$，试用幂级数法求逆 Z 变换 $x(n)$。

解：由于收敛域位于圆的外部区域，$x(n)$为右边序列，且为因果序列，$X(z)$展开为负幂级数形式，利用长除法可得

$$\begin{array}{r|l} & 1+az^{-1}+a^2z^{-2}+\cdots \\ 1-az^{-1} & 1 \\ & \underline{1-az^{-1}} \\ & az^{-1} \\ & \underline{az^{-1}-a^2z^{-2}} \\ & a^2z^{-2} \\ & \cdots \end{array}$$

即

$$X(z)=1+az^{-1}+a^2z^{-2}+\cdots=\sum_{n=0}^{\infty}a^nz^{-n}$$

因此

$$x(n)=a^n u(n)$$

例 2.1.8 已知 $X(z)=\dfrac{1}{1-az^{-1}}$，$|z|<|a|$，试用幂级数法求逆 Z 变换 $x(n)$。

解：由于收敛域位于圆的内部区域，$x(n)$为左边序列，$X(z)$展开为正幂级数形式，利用长除法可得

$$\begin{array}{r|l} & -a^{-1}z-a^{-2}z^2-a^{-3}z^3-\cdots \\ 1-az^{-1} & 1 \\ & \underline{1-a^{-1}z} \\ & \quad a^{-1}z \\ & \quad \underline{a^{-1}z-a^{-2}z^2} \\ & \qquad a^{-2}z^2 \\ & \qquad \cdots \end{array}$$

即

$$X(z)=-(a^{-1}z+a^{-2}z^2+\cdots)=-\sum_{n=-\infty}^{-1}a^n z^{-n}$$

因此

$$x(n)=-a^n u(-n-1)$$

2.1.3 Z 变换的性质和定理

Z 变换有许多重要的性质和定理，在离散时间信号和系统的频域分析中有广泛的应用，下面分别进行介绍。

1. 线性

Z 变换是一种线性变换，满足累加和数乘特性。若 $w(n)=ax(n)+by(n)$，且

$$X(z)=\mathrm{ZT}[x(n)],\quad R_{x-}<|z|<R_{x+}$$

$$Y(z)=\mathrm{ZT}[y(n)],\quad R_{y-}<|z|<R_{y+}$$

则有

$$W(z)=\mathrm{ZT}[ax(n)+by(n)]=aX(z)+bY(z),\quad R_{w-}<|z|<R_{w+} \tag{2.1.29}$$

式中，a、b 为常数。

注意：相加后 Z 变换的收敛域一般是 $X(z)$和 $Y(z)$的公共收敛域，即

$$R_{w-}=\max[R_{x-},R_{y-}],\quad R_{w+}=\min[R_{x+},R_{y+}]$$

通常收敛域范围会变小。但是，若线性组合中出现零点抵消极点的情况，则收敛域范围可能扩大。

例 2.1.9 求序列 $x(n)=u(n)-u(n-N)$的 Z 变换，$N\geqslant 1$。

解：查表 2.1.1 可知

$$\mathrm{ZT}[u(n)]=\frac{1}{1-z^{-1}},\quad |z|>1$$

又

$$\mathrm{ZT}[u(n-N)]=\sum_{n=-\infty}^{\infty}u(n-N)z^{-n}=\sum_{n=N}^{\infty}z^{-n}=\frac{z^{-N}}{1-z^{-1}},\quad |z|>1$$

故

$$\mathrm{ZT}[x(n)]=\sum_{n=0}^{N-1}z^{-n}=1+z^{-1}+\cdots+z^{-(N-1)}=\begin{cases}N, & z=1\\ \dfrac{1-z^{-N}}{1-z^{-1}}, & z\neq 1\end{cases},\quad |z|>0$$

可以看出：组合后的新序列 $R_N(n)$的收敛域为$|z|>0$，比原来两个序列的收敛域都要大。原因是：原来两个右边序列在 $z=1$ 处有极点，因此收敛域是$|z|>1$；而新序列在 $z=1$ 处的极点被零点抵消，因此新序列的收敛域是除$|z|=0$ 之外的全部 z 平面，即$|z|>0$。

2. 序列的移位

若 $X(z)=\mathrm{ZT}[x(n)]$，$R_{x-}<|z|<R_{x+}$，则有

$$\mathrm{ZT}[x(n-n_0)]=z^{-n_0}X(z),\quad R_{x-}<|z|<R_{x+} \tag{2.1.30}$$

证明：按照 Z 变换定义

$$\mathrm{ZT}[x(n-n_0)]=\sum_{n=-\infty}^{\infty}x(n-n_0)z^{-n}=z^{-n_0}\sum_{m=-\infty}^{\infty}x(m)z^{-m}=z^{-n_0}X(z)$$

当 $n_0>0$ 时，原始序列 $x(n)$右移，这一平移在 $z=0$ 处产生一个极点，此时如果原序列的收敛域包括 $z=0$，那么移位后的新序列的收敛域要将 $z=0$ 排除；同理，当 $n_0<0$ 时，如果原序列的收敛域包括 $z=\infty$，那么移位后的新序列的收敛域要将 $z=\infty$ 排除。举例来说，$\delta(n)$的 Z 变换 $\mathrm{ZT}[\delta(n)]=1$，它的收敛域为全部 z 平面；$\mathrm{ZT}[\delta(n-1)]=z^{-1}$，但是它的收敛域为$|z|>0$，在 $z=0$ 处不收敛；$\mathrm{ZT}[\delta(n+1)]=z$，它的收敛域为$|z|<\infty$，在 $z=\infty$处不收敛。但是，有时也会出现收敛域增大的情况。

3. 乘以指数序列

若 $X(z)=\mathrm{ZT}[x(n)]$，$R_{x-}<|z|<R_{x+}$，则有

$$\mathrm{ZT}[a^n x(n)]=X(a^{-1}z),\quad |a|R_{x-}<|z|<|a|R_{x+} \tag{2.1.31}$$

式中，a 为常数，可为实数或者复数。

证明：根据 Z 变换定义可得

$$\mathrm{ZT}[a^n x(n)]=\sum_{n=-\infty}^{\infty}a^n x(n)z^{-n}=\sum_{n=-\infty}^{\infty}x(n)(a^{-1}z)^{-n}=X(a^{-1}z)$$

相应的收敛域为 $R_{x-}<|a^{-1}z|<R_{x+}$，即$|a|R_{x-}<|z|<|a|R_{x+}$。

序列乘以指数序列 a^n 也称为指数加权，体现了 z 域尺度变换特性，使 Z 变换的零极

点位置发生移动。若 $X(z)$ 在 $z=z_1$ 处为零(极点),则 $X(a^{-1}z)$ 对应的零(极点)为 $z=a^{-1}z_1$。根据 a 的取值,极(零点)位置将会产生相应的幅度伸缩和角度旋转。

4. 乘以 n

若 $X(z)=\mathrm{ZT}[x(n)]$,$R_{x-}<|z|<R_{x+}$,则有

$$\mathrm{ZT}[nx(n)]=-z\frac{\mathrm{d}X(z)}{\mathrm{d}z},\quad R_{x-}<|z|<R_{x+} \tag{2.1.32}$$

证明:观察Z变换定义式可知,将等式两侧对 z 求导,可以产生序列 $nx(n)$,即

$$\frac{\mathrm{d}X(z)}{\mathrm{d}z}=\frac{\mathrm{d}}{\mathrm{d}z}\left[\sum_{n=-\infty}^{\infty}x(n)z^{-n}\right]=-\sum_{n=-\infty}^{\infty}nx(n)z^{-n-1}$$

$$=-z^{-1}\sum_{n=-\infty}^{\infty}nx(n)z^{-n}=-z^{-1}\mathrm{ZT}[nx(n)]$$

因此

$$\mathrm{ZT}[nx(n)]=-z\frac{\mathrm{d}X(z)}{\mathrm{d}z},\quad R_{x-}<|z|<R_{x+}$$

序列乘以 n 也称为线性加权,其Z变换与 z 域求导有关,因此也称为 z 域求导数。以此类推,通过多次求导,可以依次得到序列 $n^2x(n)$、$n^3x(n)$、…以及 $n^mx(n)$ 的Z变换。

$$\mathrm{ZT}[n^2x(n)]=\mathrm{ZT}[n\cdot nx(n)]=-z\frac{\mathrm{d}}{\mathrm{d}z}\mathrm{ZT}[nx(n)]$$

$$=-z\frac{\mathrm{d}}{\mathrm{d}z}\left[-z\frac{\mathrm{d}}{\mathrm{d}z}X(z)\right]=z^2\frac{\mathrm{d}^2}{\mathrm{d}z}X(z)+z\frac{\mathrm{d}}{\mathrm{d}z}X(z)$$

$$\mathrm{ZT}[n^mx(n)]=\mathrm{ZT}[n\cdot n^{m-1}x(n)]=-z\frac{\mathrm{d}}{\mathrm{d}z}\{\mathrm{ZT}[n^{m-1}x(n)]\}$$

$$=-z\frac{\mathrm{d}}{\mathrm{d}z}\left\{-z\frac{\mathrm{d}}{\mathrm{d}z}\mathrm{ZT}[n^{m-2}x(n)]\right\}=\cdots=\left(-z\frac{\mathrm{d}}{\mathrm{d}z}\right)^mX(z)$$

式中,$\left(-z\frac{\mathrm{d}}{\mathrm{d}z}\right)^m$ 表示对 $X(z)$ 进行 m 次 $-z\frac{\mathrm{d}}{\mathrm{d}z}$ 运算。

5. 序列的翻转

若 $X(z)=\mathrm{ZT}[x(n)]$,$R_{x-}<|z|<R_{x+}$,则有

$$\mathrm{ZT}[x(-n)]=X(z^{-1}),\quad R_{x+}^{-1}<|z|<R_{x-}^{-1} \tag{2.1.33}$$

证明:根据Z变换定义可得

$$\mathrm{ZT}[x(-n)]=\sum_{n=-\infty}^{\infty}x(-n)z^{-n}=\sum_{n=-\infty}^{\infty}x(n)(z^{-1})^{-n}=X(z^{-1})$$

相应的收敛域为 $R_{x-}<|z^{-1}|<R_{x+}$,即 $R_{x+}^{-1}<|z|<R_{x-}^{-1}$。

6. 序列的共轭

若复序列 $x(n)$ 的共轭序列为 $x^*(n)$,$X(z)=\mathrm{ZT}[x(n)]$,$R_{x-}<|z|<R_{x+}$,则有

$$\mathrm{ZT}[x^*(n)]=X^*(z^*),\quad R_{x-}<|z|<R_{x+} \tag{2.1.34}$$

$$\mathrm{ZT}[x^*(-n)]=X^*\left(\frac{1}{z^*}\right)\quad R_{x+}^{-1}<|z|<R_{x-}^{-1} \tag{2.1.35}$$

证明：根据Z变换定义可得

$$\begin{aligned}\mathrm{ZT}[x^*(n)]&=\sum_{n=-\infty}^{\infty}x^*(n)z^{-n}=\sum_{n=-\infty}^{\infty}[x(n)(z^*)^{-n}]^*\\&=\left[\sum_{n=-\infty}^{\infty}x(n)(z^*)^{-n}\right]^*=X^*(z^*),\quad R_{x-}<|z|<R_{x+}\end{aligned}$$

$$\mathrm{ZT}[x^*(-n)]=\sum_{n=-\infty}^{\infty}x^*(-n)z^{-n}=\sum_{n=-\infty}^{\infty}\left[x(n)\left(\frac{1}{z^*}\right)^{-n}\right]^*=X^*\left(\frac{1}{z^*}\right)$$

相应的收敛域为$R_{x-}<\left|\frac{1}{z^*}\right|<R_{x+}$，即$R_{x+}^{-1}<|z|<R_{x-}^{-1}$。

7. 初值定理

若$x(n)$为因果序列，$X(z)=\mathrm{ZT}[x(n)]$，则有

$$\lim_{z\to\infty}X(z)=x(0) \tag{2.1.36}$$

证明：由于$x(n)$为因果序列，当$n<0$时，$x(n)=0$，因此有

$$X(z)=\sum_{n=0}^{\infty}x(n)z^{-n}=x(0)+x(1)z^{-1}+x(2)z^{-2}+\cdots$$

将$z\to\infty$代入上式，可得$\lim\limits_{z\to\infty}X(z)=x(0)$。

根据初值定理，可直接用$X(z)$求解因果序列的初值$x(0)$或者利用它来检验所得到的$X(z)$的正确性。

8. 终值定理

若$x(n)$为因果序列，$X(z)=\mathrm{ZT}[x(n)]$，并且$X(z)$的全部极点除在$z=1$处可以有单阶极点外，其余极点都在单位圆内，则有

$$\lim_{n\to\infty}x(n)=\lim_{z\to1}(z-1)X(z) \tag{2.1.37}$$

证明：根据序列的移位特性可得

$$\mathrm{ZT}[x(n+1)-x(n)]=(z-1)X(z)=\sum_{n=-\infty}^{\infty}[x(n+1)-x(n)]z^{-n}$$

由于$x(n)$为因果序列，当$n<0$时，$x(n)=0$，当$n<-1$时，$x(n+1)=0$，代入上式可得

$$\begin{aligned}(z-1)X(z)&=\sum_{n=-1}^{\infty}x(n+1)z^{-n}-\sum_{n=0}^{\infty}x(n)z^{-n}\\&=\lim_{n\to\infty}\left[\sum_{m=-1}^{n}x(m+1)z^{-m}-\sum_{m=0}^{n}x(m)z^{-m}\right]\end{aligned}$$

由于已假设 $x(n)$ 为因果序列，且 $X(z)$ 在单位圆上至多只有单阶极点 $z=1$，因此 $(z-1)X(z)$ 在单位圆上无极点，则 $(z-1)X(z)$ 在 $1\leqslant|z|\leqslant\infty$ 上都收敛，所以可以取 $z\to1$ 的极限，有

$$\begin{aligned}\lim_{z\to1}(z-1)X(z)&=\lim_{n\to\infty}\left[\sum_{m=-1}^{n}x(m+1)-\sum_{m=0}^{n}x(m)\right]\\&=\lim_{n\to\infty}[x(0)+x(1)+\cdots+x(n+1)-x(0)-x(1)-\cdots-x(n)]\\&=\lim_{n\to\infty}x(n+1)=\lim_{n\to\infty}x(n)\end{aligned}$$

由于等式左侧可用 $X(z)$ 在 $z=1$ 点的留数表示，即 $\lim_{z\to1}(z-1)X(z)=\mathrm{Res}[X(z),1]$。因此，终值定理也可以用留数的形式表示：

$$x(\infty)=\mathrm{Res}[X(z),1] \tag{2.1.38}$$

若 $X(z)$ 在单位圆上无极点，则 $z=1$ 是 $(z-1)X(z)$ 的零点，即有 $x(\infty)=0$。

9. 时域卷积定理

若两个序列进行线性卷积，则卷积结果的 Z 变换等于两个序列 Z 变换的乘积，这就是时域卷积定理。若 $w(n)=x(n)*y(n)$，且

$$X(z)=\mathrm{ZT}[x(n)],\quad R_{x-}<|z|<R_{x+}$$

$$Y(z)=\mathrm{ZT}[y(n)],\quad R_{y-}<|z|<R_{y+}$$

则有

$$W(z)=\mathrm{ZT}[x(n)*y(n)]=X(z)\cdot Y(z),\quad R_{w-}<|z|<R_{w+} \tag{2.1.39}$$

式中

$$R_{w-}=\max[R_{x-},R_{y-}],\quad R_{w+}=\min[R_{x+},R_{y+}]$$

这里 $W(z)$ 的收敛域 (R_{w-},R_{w+}) 是 $X(z)$ 和 $Y(z)$ 的公共收敛域。与线性性质类似，如果一个序列的 Z 变换收敛域边界上的极点与另一个序列的 Z 变换的零点相互抵消，收敛域会扩大。

证明：

$$\begin{aligned}W(z)=\mathrm{ZT}[x(n)*y(n)]&=\sum_{n=-\infty}^{\infty}\left[\sum_{m=-\infty}^{\infty}x(m)y(n-m)\right]z^{-n}\\&=\sum_{m=-\infty}^{\infty}x(m)\left[\sum_{n=-\infty}^{\infty}y(n-m)z^{-n}\right]\end{aligned}$$

利用序列移位特性，移位序列 $y(n-m)$ 的 Z 变换为 $z^{-m}Y(z)$，代入上式可得

$$W(z)=\sum_{m=-\infty}^{\infty}x(m)z^{-m}Y(z)=X(z)\cdot Y(z)$$

在第 1 章中，如果线性时不变系统的单位冲激响应为 $h(n)$，输入为 $x(n)$，则输出 $y(n)$ 是 $x(n)$ 和 $h(n)$ 的线性卷积，即 $y(n)=x(n)*h(n)$。由 Z 变换的时域卷积定理可知，输入与输出 Z 变换之间的关系为 $Y(z)=X(z)\cdot H(z)$，通过求 $Y(z)$ 的逆 Z 变换也可以得到 $y(n)$。

例 2.1.10 已知线性时不变系统的单位冲激响应 $h(n)=u(n)$，输入序列 $x(n)=a^n u(n)$，$|a|<1$，求系统输出序列 $y(n)$。

解：求 $y(n)$有两种方法：一种是直接计算线性卷积，另一种是用 Z 变换法。

(1) 直接计算线性卷积：

$$y(n)=x(n)*h(n)=\sum_{m=-\infty}^{\infty}x(m)h(n-m)$$
$$=\sum_{m=0}^{\infty}a^m u(m)u(n-m)=\sum_{m=0}^{n}a^m$$
$$=\frac{1-a^{n+1}}{1-a},\quad n\geqslant 0$$

(2) Z 变换法：

$$X(z)=\mathrm{ZT}[a^n u(n)]=\frac{1}{1-az^{-1}},\quad |z|>|a|$$

$$H(z)=\mathrm{ZT}[u(n)]=\frac{1}{1-z^{-1}},\quad |z|>1$$

$$Y(z)=H(z)X(z)=\frac{1}{(1-z^{-1})(1-az^{-1})},\quad |z|>1$$

由收敛域可以判定，$y(n)$为因果序列，即当 $n<0$ 时，$y(n)=0$；当 $n\geqslant 0$ 时，利用留数定理法可得

$$y(n)=\mathrm{Res}[Y(z)z^{n-1},1]+\mathrm{Res}[Y(z)z^{n-1},a]$$
$$=(z-1)\frac{z^{n+1}}{(z-a)(z-1)}\bigg|_{z=1}+(z-a)\frac{z^{n+1}}{(z-a)(z-1)}\bigg|_{z=a}$$
$$=\frac{1}{1-a}+\frac{a^{n+1}}{a-1}=\frac{1-a^{n+1}}{1-a}$$

综合两种情况，输出 $y(n)$可表示为

$$y(n)=\frac{1-a^{n+1}}{1-a}u(n)$$

10. z 域复卷积定理

两个序列乘积的 Z 变换等于各自 Z 变换的复卷积，这就是 z 域复卷积定理。若 $w(n)=x(n)y(n)$，且 $X(z)=\mathrm{ZT}[x(n)]$，$R_{x-}<|z|<R_{x+}$，$Y(z)=\mathrm{ZT}[y(n)]$，$R_{y-}<|z|<R_{y+}$，则有

$$W(z)=\mathrm{ZT}[x(n)y(n)]=\frac{1}{2\pi \mathrm{j}}\oint_c X(v)Y\left(\frac{z}{v}\right)\frac{\mathrm{d}v}{v},\quad R_{x-}R_{y-}<|z|<R_{x+}R_{y+} \tag{2.1.40}$$

式中，c 是 v 平面上 $X(v)$与 $Y\left(\frac{z}{v}\right)$公共收敛域区内的一条逆时针的封闭曲线。

被积函数收敛域为

$$\max\left[R_{x-},\frac{|z|}{R_{y+}}\right]<|v|<\min\left[R_{x+},\frac{|z|}{R_{y-}}\right] \tag{2.1.41}$$

证明：$W(z)=\sum_{n=-\infty}^{\infty}x(n)y(n)z^{-n}=\sum_{n=-\infty}^{\infty}\left[\frac{1}{2\pi j}\oint_c X(v)v^{n-1}\mathrm{d}v\right]y(n)z^{-n}$

$$=\frac{1}{2\pi j}\oint_c X(v)\sum_{n=-\infty}^{\infty}y(n)\left(\frac{z}{v}\right)^{-n}\frac{\mathrm{d}v}{v}=\frac{1}{2\pi j}\oint_c X(v)Y\left(\frac{z}{v}\right)\frac{\mathrm{d}v}{v}$$

根据 $X(z)$、$Y(z)$的收敛域

$$R_{x-}<|v|<R_{x+},\quad R_{y-}<\left|\frac{z}{v}\right|<R_{y+}$$

可得到 $W(z)$的收敛域为

$$R_{x-}R_{y-}<|z|<R_{x+}R_{y+}$$

取变量 v 公共部分，得到 v 平面的收敛域为

$$\max\left[R_{x-},\frac{|z|}{R_{y+}}\right]<|v|<\min\left[R_{x+},\frac{|z|}{R_{y-}}\right]$$

式(2.1.40)的计算一般采用留数定理法而不是做复变函数积分，即

$$W(z)=\sum\mathrm{Res}\left[X(v)Y\left(\frac{z}{v}\right)v^{-1},v_k\right]$$

式中，v_k 是 v 平面上 $X(v)Y\left(\frac{z}{v}\right)v^{-1}$ 在围线 c 内的全部极点。

11. 帕塞瓦尔(Parseval)定理

若

$$X(z)=\mathrm{ZT}[x(n)],\quad R_{x-}<|z|<R_{x+}$$

$$Y(z)=\mathrm{ZT}[y(n)],\quad R_{y-}<|z|<R_{y+}$$

且满足 $R_{x-}R_{y-}<1<R_{x+}R_{y+}$，则有

$$\sum_{n=-\infty}^{\infty}x(n)y^*(n)=\frac{1}{2\pi j}\oint_c X(v)Y^*\left(\frac{1}{v^*}\right)\frac{\mathrm{d}v}{v} \tag{2.1.42}$$

式中，c 是 v 平面上 $X(v)$和 $Y^*\left(\frac{1}{v^*}\right)$收敛域内的一条逆时针的闭合曲线。

被积函数收敛域为

$$\max\left[R_{x-},\frac{1}{R_{y+}}\right]<|v|<\min\left[R_{x+},\frac{1}{R_{y-}}\right] \tag{2.1.43}$$

证明：令 $w(n)=x(n)y^*(n)$，由序列共轭性质可知 $\mathrm{ZT}[y^*(n)]=Y^*(z^*)$，利用 z 域复卷积定理可得

$$W(z)=\frac{1}{2\pi j}\oint_c X(v)Y^*\left(\frac{z^*}{v^*}\right)\frac{\mathrm{d}v}{v},\quad R_{x-}R_{y-}<|z|<R_{x+}R_{y+}$$

按照假设 $R_{x-}R_{y-}<1<R_{x+}R_{y+}$，$W(z)$在单位圆上收敛。将 $z=1$ 代入上式，可得

$$W(1)=\frac{1}{2\pi j}\oint_c X(v)Y^*\left(\frac{1}{v^*}\right)\frac{\mathrm{d}v}{v}$$

而

$$W(1)=\sum_{n=-\infty}^{\infty} x(n)y^*(n)z^{-n}=\sum_{n=-\infty}^{\infty} x(n)y^*(n)$$

故

$$\sum_{n=-\infty}^{\infty} x(n)y^*(n)=\frac{1}{2\pi j}\oint_c X(v)Y^*\left(\frac{1}{v^*}\right)\frac{dv}{v}$$

Z 变换的基本性质和定理如表 2.1.2 所示。

表 2.1.2　Z 变换的基本性质和定理

序　号	序　列	Z 变 换	收 敛 域
1	$x(n)$	$X(z)$	$R_{x-}<\|z\|<R_{x+}$
2	$y(n)$	$Y(z)$	$R_{y-}<\|z\|<R_{y+}$
3	$ax(n)+by(n)$	$aX(z)+bY(z)$	$\max[R_{x-},R_{y-}]<\|z\|<\min[R_{x+},R_{y+}]$
4	$x(n-n_0)$	$z^{-n_0}X(z)$	$R_{x-}<\|z\|<R_{x+}$
5	$a^n x(n)$	$X(a^{-1}z)$	$\|a\|R_{x-}<\|z\|<\|a\|R_{x+}$
6	$nx(n)$	$-z\dfrac{dX(z)}{dz}$	$R_{x-}<\|z\|<R_{x+}$
7	$x(-n)$	$X(z^{-1})$	$R_{x+}^{-1}<\|z\|<R_{x-}^{-1}$
8	$x^*(n)$	$X^*(z^*)$	$R_{x-}<\|z\|<R_{x+}$
9	$x^*(-n)$	$X^*\left(\dfrac{1}{z^*}\right)$	$R_{x+}^{-1}<\|z\|<R_{x-}^{-1}$
10	$\mathrm{Re}[x(n)]$	$\dfrac{1}{2}[X(z)+X^*(z^*)]$	$R_{x-}<\|z\|<R_{x+}$
11	$\mathrm{jIm}[x(n)]$	$\dfrac{1}{2}[X(z)-X^*(z^*)]$	$R_{x-}<\|z\|<R_{x+}$
12	$x(n)*y(n)$	$X(z)\cdot Y(z)$	$\max[R_{x-},R_{y-}]<\|z\|<\min[R_{x+},R_{y+}]$
13	$x(n)\cdot y(n)$	$\dfrac{1}{2\pi j}\oint_c X(v)Y\left(\dfrac{z}{v}\right)\dfrac{dv}{v}$	$R_{x-}R_{y-}<\|z\|<R_{x+}R_{y+}$
14	$x(0)=\lim\limits_{z\to\infty}X(z)$		$x(n)$为因果序列，$R_{x-}<\|z\|$
15	$x(\infty)=\lim\limits_{z\to 1}(z-1)X(z)$		$x(n)$为因果序列，$X(z)$极点在单位圆内，至多 $z=1$ 处有单阶极点
16	$\sum\limits_{n=-\infty}^{\infty}x(n)y^*(n)=\dfrac{1}{2\pi j}\oint_c X(v)Y^*\left(\dfrac{1}{v^*}\right)\dfrac{dv}{v}$		$R_{x-}R_{y-}<1<R_{x+}R_{y+}$

2.1.4　利用 Z 变换求解差分方程

在第 1 章中讨论了差分方程的时域解法，这里讨论差分方程的 z 域解法，利用 Z 变换可以把差分方程转换为代数方程，从而简化求解过程。需要指出的是，在求解系统的差分方程时，若系统的输出起始状态为0，且输入信号是因果信号，则可以用单边Z变换或者双边Z变换进行求解；若系统起始状态不为零，或者激励信号不是因果信号，则只能用单边Z变换进行求解。之所以如此，是因为双边Z变换和单边Z变换的移位性质有所不同，而只有利用单边Z变换，才能将系统的起始状态或者非因果序列中小于0的序列值包括在求解过程中。首先补充介绍单边Z变换的移位性质。

已知序列$x(n)$的单边Z变换定义如式(2.1.2)所示，若将序列$x(n)$右移n_0个单位，则新序列的单边Z变换为

$$\begin{aligned}\mathrm{ZT}[x(n-n_0)] &= \sum_{n=0}^{\infty} x(n-n_0) z^{-n} = \sum_{m=-n_0}^{\infty} x(m) z^{-m-n_0} \\ &= z^{-n_0}\left[X(z) + \sum_{m=-n_0}^{-1} x(m) z^{-m}\right] \end{aligned} \tag{2.1.44}$$

对比序列的双边Z变换移位特性式(2.1.30)，可以发现两者有较大的不同。

下面讨论如何利用单边Z变换来求解差分方程，这是单边Z变换的主要运用之一。

离散时间系统的常系数差分方程的一般形式为

$$\sum_{i=0}^{N} a_i y(n-i) = \sum_{m=0}^{M} b_m x(n-m) \tag{2.1.45}$$

按照系统输入序列$x(n)$以及起始状态$y(r)(-N\leqslant r\leqslant -1)$是否为0，可将系统的响应分为零输入响应和零状态响应。当系统的输入$x(n)=0$，但起始状态$y(r)\neq 0$时的响应称为零输入响应；当系统的输入$x(n)\neq 0$，$y(r)=0$时的响应称为零状态响应。一般情况下，系统的响应包括零输入响应和零状态响应两部分。首先利用Z变换来求解系统的零输入响应。

1. 零输入响应

在零输入的情况下，$x(n)=0$，但$y(r)\neq 0(-N\leqslant r\leqslant -1)$，此时系统的差分方程为

$$\sum_{i=0}^{N} a_i y(n-i) = 0$$

对差分方程的两边取单边Z变换，可得

$$\sum_{i=0}^{N} a_i z^{-i}\left[Y(z) + \sum_{r=-i}^{-1} y(r) z^{-r}\right] = 0 \tag{2.1.46}$$

故

$$Y(z) = \frac{-\sum_{i=1}^{N}\left[a_i z^{-i} \sum_{r=-i}^{-1} y(r) z^{-r}\right]}{\sum_{i=0}^{N} a_i z^{-i}} \tag{2.1.47}$$

再通过逆Z变换，就可得到系统的零输入响应，一般记为$y_{zi}(n)$

$$y_{zi}(n) = \mathcal{Z}^{-1}[Y(z)] \tag{2.1.48}$$

例 2.1.11 某离散时间系统的差分方程为 $y(n)-5y(n-1)+6y(n-2)=x(n)$，初始条件为 $y(-2)=1, y(-1)=4$，求解系统的零输入响应 $y_{zi}(n)$。

解：由于零输入，即 $x(n)=0$，则有

$$y(n)-5y(n-1)+6y(n-2)=0$$

对上式两边取单边 Z 变换，可得

$$Y(z)-5z^{-1}[Y(z)+y(-1)z]+6z^{-2}[Y(z)+y(-1)z+y(-2)z^2]=0$$

可得

$$Y(z)=\frac{5y(-1)-6z^{-1}y(-1)-6y(-2)}{1-5z^{-1}+6z^{-2}}=\frac{14z^2-24z}{z^2-5z+6}$$

利用部分分式展开，可得

$$Y(z)=\frac{-4z}{(z-2)}+\frac{18z}{(z-3)}$$

故再通过逆 Z 变换，可得到系统的零输入响应为

$$y_{zi}(n)=[18.3^n-4.2^n]u(n)$$

2. 零状态响应

在零状态情况下，系统的初始状态为 0，即 $y(r)=0(-N\leqslant r\leqslant -1)$，对式(2.1.45)两边取单边 Z 变换可得

$$\sum_{i=0}^{N}a_i z^{-i}Y(z)=\sum_{r=0}^{M}b_r z^{-r}X(z) \tag{2.1.49}$$

式中，假设激励信号 $x(n)$ 为因果序列，即当 $n<0$ 时，$x(n)=0$，此时序列移位特性的单边 Z 变换和双边 Z 变换一样。化简可得

$$Y(z)=X(z)\frac{\sum_{r=0}^{M}b_r z^{-r}}{\sum_{i=0}^{N}a_i z^{-i}} \tag{2.1.50}$$

再通过逆 Z 变换，就可得到系统的零状态响应，一般记为 $y_{zs}(n)$

$$y_{zs}(n)=\mathcal{Z}^{-1}[Y(z)] \tag{2.1.51}$$

例 2.1.12 某离散时间系统的差分方程为 $y(n)-5y(n-1)+6y(n-2)=x(n)$，系统的初始状态为 0，即 $y(-2)=0, y(-1)=0$，激励信号 $x(n)=4^n u(n)$，求解系统的零状态响应 $y_{zs}(n)$。

解：首先计算激励信号的 Z 变换，可得

$$X(z)=\mathrm{ZT}[x(n)]=\mathrm{ZT}[4^n u(n)]=\frac{z}{z-4},\quad |z|>4$$

对差分方程两边取单边 Z 变换，可得

$$Y(z)-5z^{-1}Y(z)+6z^{-2}Y(z)=X(z)$$

化简后可得

$$Y(z)=\frac{2z}{z-2}-\frac{9z}{z-3}+\frac{8z}{z-4}$$

故再通过逆 Z 变换,可得到系统的零状态响应为

$$y_{zs}(n)=z^{-1}[Y(z)]=[2.2^n-9.3^n+8.4^n]u(n)$$

3. 系统的全响应

前面分别讨论了系统的零输入响应和零状态响应,实际上,系统的激励信号和初始状态常常都不为零,此时对应的响应称为全响应。系统的全响应可以通过对时域差分方程两边取单边 Z 变换进行计算得到,即在激励 $x(n)$和初始状态 $y(r)(-N\leqslant r\leqslant -1)$都不为零的情况下,对式(2.1.45)两边取单边 Z 变换可得

$$\sum_{i=0}^{N}a_iz^{-i}\left[Y(z)+\sum_{r=-i}^{-1}y(r)z^{-r}\right]=\sum_{r=0}^{M}b_rz^{-r}X(z) \tag{2.1.52}$$

类似地,通过化简和求逆 Z 变换,就可以得到系统的全响应 $y(n)$。下面通过一个例题来说明。

例 2.1.13 某离散时间系统的差分方程为 $y(n)-5y(n-1)+6y(n-2)=x(n)$,系统的初始条件为 $y(-2)=1$,$y(-1)=4$,且激励信号 $x(n)=4^nu(n)$,求系统的全响应。

解:

$$X(z)=\mathrm{ZT}[x(n)]=\mathrm{ZT}[4^nu(n)]=\frac{z}{z-4},\quad |z|>4$$

对差分方程两边取单边 Z 变换,可得

$$Y(z)-5z^{-1}[Y(z)+y(-1)z]+6z^{-2}[Y(z)+y(-1)z+y(-2)z^2]=X(z)$$

化简后,可得

$$Y(z)=\frac{8z}{z-4}+\frac{9z}{z-3}-\frac{2z}{z-2}$$

再通过逆 Z 变换,可得到系统的全响应为

$$y(n)=\mathcal{Z}^{-1}[Y(z)]=[8.4^n+9.3^n-2.2^n]u(n)$$

这个结果和前面两个例子的结果之和相同。即系统的全响应可表示为

$$y(n)=y_{zi}(n)+y_{zs}(n)$$

2.2 序列的离散时间傅里叶变换

序列的离散时间傅里叶变换是一种重要的频域变换工具,利用它可以研究离散时间信号的频谱以及离散时间系统的频域特性。本节将介绍 DTFT 的定义、基本性质以及与 ZT 等变换的关系。

2.2.1 DTFT 的定义

序列 $x(n)$的离散时间傅里叶变换定义为

$$X(e^{j\omega})=\text{DTFT}[x(n)]=\sum_{n=-\infty}^{\infty}x(n)e^{-j\omega n} \tag{2.2.1}$$

式中,ω 为数字频率。

与连续时间信号的傅里叶变换类似,$X(e^{j\omega})$表示了序列 $x(n)$在频域上的分布规律。但由于 $e^{-j\omega n}$ 是ω 的以 2π 为周期的周期函数,因此可得

$$X(e^{j(\omega+2\pi M)})=\sum_{n=-\infty}^{\infty}x(n)e^{-j(\omega+2\pi M)n}=\sum_{n=-\infty}^{\infty}x(n)e^{-j\omega n}=X(e^{j\omega}) \tag{2.2.2}$$

式中,M 为整数。

根据周期函数的定义可知,$X(e^{j\omega})$是以 2π 为周期的周期函数,所以在分析序列的频谱时,通常只分析$-\pi\sim\pi$ 或者 $0\sim2\pi$ 之间的频谱特性,其中靠近零处的频率为低频,而靠近 π 处的频率是高频。

$X(e^{j\omega})$通常为 ω 的复函数,可表示为

$$X(e^{j\omega})=\text{Re}[X(e^{j\omega})]+j\text{Im}[X(e^{j\omega})]=|X(e^{j\omega})|e^{j\arg[X(e^{j\omega})]} \tag{2.2.3}$$

式中,Re[·]表示实部;Im[·]表示虚部;$|X(e^{j\omega})|$表示幅度的模;$\arg[X(e^{j\omega})]$表示相位,它们都是 ω 的连续周期函数,周期为 2π,通常把$|X(e^{j\omega})|$-ω 称为幅频特性,$\arg[X(e^{j\omega})]$-ω 称为相频特性。

从式(2.2.1)可知:$X(e^{j\omega})$展开为傅里叶级数形式,$x(n)$是系数,那么如何由 $X(e^{j\omega})$表示 $x(n)$?考虑 $X(e^{j\omega})$的一个周期$-\pi\sim\pi$,对式(2.2.1)两边同时乘以 $e^{j\omega m}$,并在$-\pi\sim\pi$内对 ω 积分,可得

$$\begin{aligned}\int_{-\pi}^{\pi}X(e^{j\omega})e^{j\omega m}\,d\omega&=\int_{-\pi}^{\pi}\left[\sum_{n=-\infty}^{\infty}x(n)e^{-j\omega n}\right]e^{j\omega m}\,d\omega\\&=\sum_{n=-\infty}^{\infty}x(n)\int_{-\pi}^{\pi}e^{j\omega(m-n)}\,d\omega\end{aligned} \tag{2.2.4}$$

由于

$$\int_{-\pi}^{\pi}e^{j\omega(m-n)}\,d\omega=2\pi\delta(n-m)=\begin{cases}2\pi, & n=m\\0, & n\neq m\end{cases}$$

因此

$$\int_{-\pi}^{\pi}X(e^{j\omega})e^{j\omega m}\,d\omega=\sum_{n=-\infty}^{\infty}x(n)2\pi\delta(n-m)=2\pi x(m) \tag{2.2.5}$$

将上式中 m 替换成 n,则有

$$x(n)=\text{IDTFT}[X(e^{j\omega})]=\frac{1}{2\pi}\int_{-\pi}^{\pi}X(e^{j\omega})e^{j\omega n}\,d\omega \tag{2.2.6}$$

式(2.2.6)称为离散时间傅里叶逆变换(IDTFT),与式(2.2.1)的 DTFT 构成离散时间傅里叶变换对。

下面讨论 DTFT 的存在条件。一般情况下,序列的离散时间傅里叶变换收敛,即满足$|X(e^{j\omega})|<\infty$,则认为 DTFT 是存在的。而

$$|x(e^{j\omega})| = \left|\sum_{n=-\infty}^{\infty} x(n)e^{-j\omega n}\right| \leqslant \sum_{n=-\infty}^{\infty} |x(n)||e^{-j\omega n}| = \sum_{n=-\infty}^{\infty} |x(n)| \tag{2.2.7}$$

若

$$\sum_{n=-\infty}^{\infty} |x(n)| < \infty \tag{2.2.8}$$

则有$|X(e^{j\omega})|<\infty$。式(2.2.8)称为绝对可和条件。上述分析说明：若序列$x(n)$满足绝对可和条件，其离散时间傅里叶变换就存在。

当然，式(2.2.8)只是离散时间傅里叶变换存在的充分条件。如果序列不满足绝对可和条件，如$u(n)$、$e^{j\omega n}$或者周期序列等，式(2.2.1)并不收敛，可以认为DTFT不存在。但是，如果引入ω的冲激函数$\delta(\omega)$，也可以表示出这些序列的离散时间傅里叶变换。

例2.2.1 设$x(n)=R_N(n)$，求$x(n)$的DTFT。

解：根据DTFT的定义，可得

$$X(e^{j\omega}) = \sum_{n=-\infty}^{\infty} R_N(n)e^{-j\omega n} = \sum_{n=0}^{N-1} e^{-j\omega n} = \frac{1-e^{j\omega N}}{1-e^{-j\omega}}$$

$$= \frac{e^{-j\omega N/2}(e^{j\omega N/2}-e^{-j\omega N/2})}{e^{-j\omega/2}(e^{j\omega/2}-e^{-j\omega/2})} = e^{-j(N-1)\omega/2}\frac{\sin(\omega N/2)}{\sin(\omega/2)}$$

其幅度和相位分别为

$$|X(e^{j\omega})| = \left|\frac{\sin(\omega N/2)}{\sin(\omega/2)}\right|$$

$$\arg[X(e^{j\omega})] = \begin{cases} \dfrac{-(N-1)\omega}{2}+2k\pi, & \dfrac{\sin(\omega N/2)}{\sin(\omega/2)} \geqslant 0 \\ \dfrac{-(N-1)\omega}{2}+(2k+1)\pi, & \dfrac{\sin(\omega N/2)}{\sin(\omega/2)} < 0 \end{cases}$$

图2.2.1给出了$N=8$时$R_N(n)$的$X(e^{j\omega})$的幅度的模和相位随ω的变化曲线。需

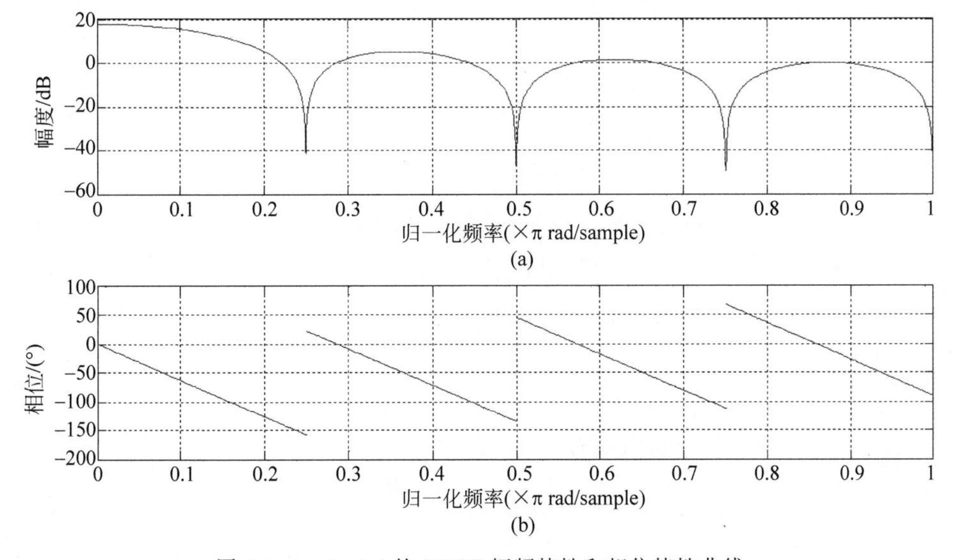

图2.2.1 $R_8(n)$的DTFT幅频特性和相位特性曲线

要补充说明的是，相频特性并不是想象中的一条直线，出现了相位跳变。这主要是因为$X(e^{j\omega})$由幅频特性和相频特性组合表示，$|X(e^{j\omega})|$只能取正值，当$X(e^{j\omega})$发生正负值改变时，相频特性部分需要乘以-1以保证结果不变，相当于在相频特性上依次增加了一个π相位，因此相频特性在幅频特性的极性翻转处产生了跳变。

2.2.2 DTFT的性质和定理

离散时间傅里叶变换和连续时间傅里叶变换一样，具有许多重要的性质，这些性质揭示了离散时间信号时域特性和频域特性之间的关系，在对序列和系统进行频域分析时，DTFT的这些性质是非常重要的，下面分别进行介绍。

1. 线性

设$X(e^{j\omega})=\text{DTFT}[x(n)]$，$Y(e^{j\omega})=\text{DTFT}[y(n)]$，$a$、$b$为常数，则有

$$\text{DTFT}[ax(n)+by(n)]=aX(e^{j\omega})+bY(e^{j\omega}) \tag{2.2.9}$$

2. 序列的移位

序列的移位特性也称为时移性。若序列延迟n_0，则其离散时间傅里叶变换在相位上变换ωn_0。设$X(e^{j\omega})=\text{DTFT}[x(n)]$，则有

$$\text{DTFT}[x(n-n_0)]=e^{-j\omega n_0}X(e^{j\omega}) \tag{2.2.10}$$

3. 乘以指数序列

若$X(e^{j\omega})=\text{DTFT}[x(n)]$，则有

$$\text{DTFT}[a^n x(n)]=X\left(\frac{1}{a}e^{j\omega}\right) \tag{2.2.11}$$

上式表明：时域乘以a^n，对应于频域用$\frac{1}{a}e^{j\omega}$代替$e^{j\omega}$。

4. 乘以复指数序列

序列乘以复指数序列后，其离散时间傅里叶变换将产生频率上的移位，因此也称为频移性。设$X(e^{j\omega})=\text{DTFT}[x(n)]$，则有

$$\text{DTFT}[e^{j\omega_0 n}x(n)]=X(e^{j(\omega-\omega_0)}) \tag{2.2.12}$$

5. 乘以n

若$X(e^{j\omega})=\text{DTFT}[x(n)]$，则有

$$\text{DTFT}[nx(n)]=j\frac{dX(e^{j\omega})}{d\omega} \tag{2.2.13}$$

证明：利用DTFT的定义式(2.2.1)，两边对ω求导，能够生成序列$nx(n)$。即有

$$\frac{\mathrm{d}X(\mathrm{e}^{\mathrm{j}\omega})}{\mathrm{d}\omega}=\frac{\mathrm{d}}{\mathrm{d}\omega}\left[\sum_{n=-\infty}^{\infty}x(n)\mathrm{e}^{-\mathrm{j}\omega n}\right]=-\mathrm{j}\sum_{n=-\infty}^{\infty}nx(n)\mathrm{e}^{-\mathrm{j}\omega n}=-\mathrm{j}\mathrm{DTFT}[nx(n)]$$

故

$$\mathrm{DTFT}[nx(n)]=\mathrm{j}\frac{\mathrm{d}X(\mathrm{e}^{\mathrm{j}\omega})}{\mathrm{d}\omega}$$

6. 序列的翻转

若 $X(\mathrm{e}^{\mathrm{j}\omega})=\mathrm{DTFT}[x(n)]$,则有

$$\mathrm{DTFT}[x(-n)]=X(\mathrm{e}^{-\mathrm{j}\omega}) \tag{2.2.14}$$

7. 序列的共轭

若复序列 $x(n)$的共轭序列为 $x^*(n)$,$X(\mathrm{e}^{\mathrm{j}\omega})=\mathrm{DTFT}[x(n)]$,则有

$$\mathrm{DTFT}[x^*(n)]=X^*(\mathrm{e}^{-\mathrm{j}\omega}) \tag{2.2.15}$$

$$\mathrm{DTFT}[x^*(-n)]=X^*(\mathrm{e}^{\mathrm{j}\omega}) \tag{2.2.16}$$

8. 时域卷积定理

两个序列线性卷积的 DTFT 等于两个序列 DTFT 的乘积,即时域卷积对应于频域乘积,也称时域卷积定理。该性质表明:可以通过 DTFT 和 IDTFT 求线性卷积。

设 $X(\mathrm{e}^{\mathrm{j}\omega})=\mathrm{DTFT}[x(n)]$,$Y(\mathrm{e}^{\mathrm{j}\omega})=\mathrm{DTFT}[y(n)]$,$w(n)=x(n)*y(n)$,则有

$$W(\mathrm{e}^{\mathrm{j}\omega})=\mathrm{DTFT}[x(n)*y(n)]=X(\mathrm{e}^{\mathrm{j}\omega})Y(\mathrm{e}^{\mathrm{j}\omega}) \tag{2.2.17}$$

证明:

$$W(\mathrm{e}^{\mathrm{j}\omega})=\mathrm{DTFT}[x(n)*y(n)]=\sum_{n=-\infty}^{\infty}[x(n)*y(n)]\mathrm{e}^{-\mathrm{j}\omega n}$$

$$=\sum_{n=-\infty}^{\infty}\left[\sum_{m=-\infty}^{\infty}x(m)y(n-m)\right]\mathrm{e}^{-\mathrm{j}\omega n}=\sum_{m=-\infty}^{\infty}x(m)\sum_{n=-\infty}^{\infty}y(n-m)\mathrm{e}^{-\mathrm{j}\omega n}$$

令 $k=n-m$,即 $n=m+k$,则有

$$W(\mathrm{e}^{\mathrm{j}\omega})=\sum_{m=-\infty}^{\infty}x(m)\sum_{k=-\infty}^{\infty}y(k)\mathrm{e}^{-\mathrm{j}\omega(m+k)}=\sum_{m=-\infty}^{\infty}x(m)\mathrm{e}^{-\mathrm{j}\omega m}\sum_{k=-\infty}^{\infty}y(k)\mathrm{e}^{-\mathrm{j}\omega k}$$

$$=X(\mathrm{e}^{\mathrm{j}\omega})Y(\mathrm{e}^{\mathrm{j}\omega})$$

9. 频域卷积定理

两个序列乘积的 DTFT 等于两个序列 DTFT 的卷积,即时域乘积对应于频域卷积,也称频域卷积定理。设 $X(\mathrm{e}^{\mathrm{j}\omega})=\mathrm{DTFT}[x(n)]$,$Y(\mathrm{e}^{\mathrm{j}\omega})=\mathrm{DTFT}[y(n)]$,$w(n)=x(n)\cdot y(n)$,则有

$$W(\mathrm{e}^{\mathrm{j}\omega})=\mathrm{DTFT}[x(n)\cdot y(n)]=\frac{1}{2\pi}X(\mathrm{e}^{\mathrm{j}\omega})*Y(\mathrm{e}^{\mathrm{j}\omega})$$

$$=\frac{1}{2\pi}\int_{-\pi}^{\pi}X(e^{j\theta})Y(e^{j(\omega-\theta)})d\theta \tag{2.2.18}$$

证明：

$$\begin{aligned}W(e^{j\omega})&=\text{DTFT}[x(n)y(n)]=\sum_{n=-\infty}^{\infty}[x(n)y(n)]e^{-j\omega n}\\&=\sum_{n=-\infty}^{\infty}\left[\frac{1}{2\pi}\int_{-\pi}^{\pi}X(e^{j\theta})e^{j\theta n}d\theta y(n)\right]e^{-j\omega n}\\&=\frac{1}{2\pi}\int_{-\pi}^{\pi}X(e^{j\theta})d\theta\sum_{n=-\infty}^{\infty}y(n)e^{-j(\omega-\theta)n}\\&=\frac{1}{2\pi}\int_{-\pi}^{\pi}X(e^{j\theta})Y(e^{j(\omega-\theta)})d\theta\\&=\frac{1}{2\pi}X(e^{j\omega})*Y(e^{j\omega})\end{aligned}$$

10. 帕塞瓦尔(Parseval)定理

设 $X(e^{j\omega})=\text{DTFT}[x(n)]$,则有

$$\sum_{n=-\infty}^{\infty}|x(n)|^2=\frac{1}{2\pi}\int_{-\pi}^{\pi}|X(e^{j\omega})|^2d\omega \tag{2.2.19}$$

证明：

$$\begin{aligned}\sum_{n=-\infty}^{\infty}|x(n)|^2&=\sum_{n=-\infty}^{\infty}x(n)x^*(n)\\&=\sum_{n=-\infty}^{\infty}x^*(n)\left[\frac{1}{2\pi}\int_{-\pi}^{\pi}X(e^{j\omega})e^{j\omega n}d\omega\right]\\&=\frac{1}{2\pi}\int_{-\pi}^{\pi}X(e^{j\omega})d\omega\sum_{n=-\infty}^{\infty}x^*(n)e^{j\omega n}\\&=\frac{1}{2\pi}\int_{-\pi}^{\pi}X(e^{j\omega})X^*(e^{j\omega})d\omega\\&=\frac{1}{2\pi}\int_{-\pi}^{\pi}|X(e^{j\omega})|^2d\omega\end{aligned}$$

式(2.2.19)表明：与连续时间信号的傅里叶变换一样,DTFT 具有时域总能量等于一个周期内频域总能量的特性。因此,帕塞瓦尔定理也称能量守恒定理,$|X(e^{j\omega})|^2$ 称为能量谱密度。

11. 对称性

下面讨论序列及其离散时间傅里叶变换的对称性,即序列 $x(n)$关于 $n=0$ 及 $X(e^{j\omega})$ 关于 $\omega=0$ 的对称性。

1）序列 $x(n)$ 的对称性

这里将学习两个对称概念，即共轭对称和共轭反对称。在此之前，首先回顾序列奇偶对称性的相关概念和表述。若 $x(-n)=x(n)$，则说明 $x(n)$ 是偶序列；若 $x(-n)=-x(n)$，则说明 $x(n)$ 是奇序列。在奇偶对称的基础上引入共轭，定义一种新的对称关系。

若

$$x^*(-n)=x(n) \tag{2.2.20}$$

则定义 $x(n)$ 为共轭对称序列，并记为 $x_e(n)$。

若

$$x^*(-n)=-x(n) \tag{2.2.21}$$

则定义 $x(n)$ 为共轭反对称序列，并记为 $x_o(n)$。

若 $x(n)$ 为实序列，则共轭对称与偶函数等价，共轭反对称与奇函数等价；若 $x(n)$ 为复序列，它们不等价。

类似于任何函数都可表示为奇函数和偶函数之和，任何序列 $x(n)$ 可以表示为一个共轭对称序列 $x_e(n)$ 和一个共轭反对称序列 $x_o(n)$ 之和，即

$$x(n)=x_e(n)+x_o(n) \tag{2.2.22}$$

式中

$$x_e(n)=\frac{1}{2}[x(n)+x^*(-n)],\quad x_o(n)=\frac{1}{2}[x(n)-x^*(-n)] \tag{2.2.23}$$

例 2.2.2 试分析序列 $x_1(n)=\mathrm{e}^{\mathrm{j}\omega n}$ 和 $x_2(n)=\mathrm{j}\mathrm{e}^{\mathrm{j}\omega n}$ 的共轭对称性。

解：由于 $x_1^*(-n)=(\mathrm{e}^{-\mathrm{j}\omega n})^*=\mathrm{e}^{\mathrm{j}\omega n}=x_1(n)$

所以 $x_1(n)$ 是共轭对称序列。

由于

$$x_2^*(-n)=(\mathrm{j}\mathrm{e}^{-\mathrm{j}\omega n})^*=(\mathrm{j}(\cos\omega n-\mathrm{j}\sin\omega n))^*=\sin\omega n-\mathrm{j}\cos\omega n=-x_2(n)$$

所以 $x_2(n)$ 是共轭反对称序列。

2）$X(\mathrm{e}^{\mathrm{j}\omega})$ 的对称性

序列的 $X(\mathrm{e}^{\mathrm{j}\omega})$ 与序列 $x(n)$ 一样，也具有类似的对称性，只是自变量从 n 变成了 ω。若

$$X^*(\mathrm{e}^{-\mathrm{j}\omega})=X(\mathrm{e}^{\mathrm{j}\omega}) \tag{2.2.24}$$

则称 $X(\mathrm{e}^{\mathrm{j}\omega})$ 为共轭对称部分，并记为 $X_e(\mathrm{e}^{\mathrm{j}\omega})$。

若

$$X^*(\mathrm{e}^{-\mathrm{j}\omega})=-X(\mathrm{e}^{\mathrm{j}\omega}) \tag{2.2.25}$$

则称 $X(\mathrm{e}^{\mathrm{j}\omega})$ 为共轭反对称部分，并记为 $X_o(\mathrm{e}^{\mathrm{j}\omega})$。

同样，任何一个序列的离散时间傅里叶变换 $X(\mathrm{e}^{\mathrm{j}\omega})$ 都可以表示为一个共轭对称部分和一个共轭反对称部分之和，即

$$X(\mathrm{e}^{\mathrm{j}\omega})=X_e(\mathrm{e}^{\mathrm{j}\omega})+X_o(\mathrm{e}^{\mathrm{j}\omega}) \tag{2.2.26}$$

式中

$$X_e(\mathrm{e}^{\mathrm{j}\omega})=\frac{1}{2}[X(\mathrm{e}^{\mathrm{j}\omega})+X^*(\mathrm{e}^{-\mathrm{j}\omega})],X_o(\mathrm{e}^{\mathrm{j}\omega})=\frac{1}{2}[X(\mathrm{e}^{\mathrm{j}\omega})-X^*(\mathrm{e}^{-\mathrm{j}\omega})]$$

3）序列 $x(n)$ 和 $X(\mathrm{e}^{\mathrm{j}\omega})$ 的对称性关系

前面分别介绍了序列 $x(n)$ 及 $X(\mathrm{e}^{\mathrm{j}\omega})$ 的共轭对称性的定义和分类，下面根据序列不同的分解形式来讨论两者之间的关系。

假设序列 $x(n)$ 的 DTFT 是 $X(\mathrm{e}^{\mathrm{j}\omega})$，如果将序列分解为实部和虚部的形式，即 $x(n)=x_{\mathrm{R}}(n)+\mathrm{j}x_{\mathrm{I}}(n)$，则序列的实部以及 j 乘虚部的 DTFT 分别为

$$\mathrm{DTFT}[x_{\mathrm{R}}(n)]=\mathrm{DTFT}\left[\frac{1}{2}[x(n)+x^{*}(n)]\right]=\frac{1}{2}[X(\mathrm{e}^{\mathrm{j}\omega})+X^{*}(\mathrm{e}^{-\mathrm{j}\omega})]=X_{\mathrm{e}}(\mathrm{e}^{\mathrm{j}\omega}) \tag{2.2.27}$$

$$\mathrm{DTFT}[\mathrm{j}x_{\mathrm{R}}(n)]=\mathrm{DTFT}\left[\frac{1}{2}[x(n)-x^{*}(n)]\right]=\frac{1}{2}[X(\mathrm{e}^{\mathrm{j}\omega})-X^{*}(\mathrm{e}^{-\mathrm{j}\omega})]=X_{\mathrm{o}}(\mathrm{e}^{\mathrm{j}\omega}) \tag{2.2.28}$$

上述两式表明：序列实部的 DTFT 对应于 $X(\mathrm{e}^{\mathrm{j}\omega})$ 的共轭对称部分，j 乘序列虚部的 DTFT 对应于 $X(\mathrm{e}^{\mathrm{j}\omega})$ 的共轭反对称部分。

假设序列 $x(n)$ 的 DTFT 为 $X(\mathrm{e}^{\mathrm{j}\omega})$，如果将序列分解为共轭对称和共轭反对称部分的形式，即 $x(n)=x_{\mathrm{e}}(n)+x_{\mathrm{o}}(n)$，则序列的共轭对称部分和共轭反对称部分的 DTFT 分别为

$$\mathrm{DTFT}[x_{\mathrm{e}}(n)]=\mathrm{DTFT}\left[\frac{1}{2}[x(n)+x^{*}(-n)]\right]=\frac{1}{2}[X(\mathrm{e}^{\mathrm{j}\omega})+X^{*}(\mathrm{e}^{\mathrm{j}\omega})]=X_{\mathrm{R}}(\mathrm{e}^{\mathrm{j}\omega}) \tag{2.2.29}$$

$$\mathrm{DTFT}[x_{\mathrm{o}}(n)]=\mathrm{DTFT}\left[\frac{1}{2}[x(n)-x^{*}(-n)]\right]=\frac{1}{2}[X(\mathrm{e}^{\mathrm{j}\omega})-X^{*}(\mathrm{e}^{\mathrm{j}\omega})]=\mathrm{j}X_{\mathrm{I}}(\mathrm{e}^{\mathrm{j}\omega}) \tag{2.2.30}$$

上述两式表明：序列共轭对称部分 $x_{\mathrm{e}}(n)$ 的 DTFT 对应于 $X(\mathrm{e}^{\mathrm{j}\omega})$ 的实部，序列共轭反对称部分 $x_{\mathrm{o}}(n)$ 的 DTFT 对应于 $X(\mathrm{e}^{\mathrm{j}\omega})$ 的虚部乘 j。

根据以上分析，可总结如下：对于序列 $x(n)$ 或者 DTFT，其实部、j 乘虚部，与另外一方的共轭对称、共轭反对称部分均存在对应关系。即序列（DTFT）实部对应于 DTFT（序列）的共轭对称部分，序列（DTFT）虚部乘 j 对应于 DTFT（序列）的共轭反对称部分。

例 2.2.3 假设 $x(n)$ 是共轭对称序列，其 DTFT 为 $X(\mathrm{e}^{\mathrm{j}\omega})$，试分析 $X(\mathrm{e}^{\mathrm{j}\omega})$ 的特点。

解：根据序列和 DTFT 之间共轭对称的关系可得 $\mathrm{DTFT}[x_{\mathrm{o}}(n)]=\mathrm{j}X_{\mathrm{I}}(\mathrm{e}^{\mathrm{j}\omega})$，由于 $x(n)$ 是共轭对称序列，因此其共轭反对称部分 $x_{\mathrm{o}}(n)=0$，有 $\mathrm{DTFT}[x_{\mathrm{o}}(n)]=\mathrm{j}X_{\mathrm{I}}(\mathrm{e}^{\mathrm{j}\omega})=0$，这说明 $X(\mathrm{e}^{\mathrm{j}\omega})$ 的虚部都是 0，即 $X(\mathrm{e}^{\mathrm{j}\omega})$ 是实数，因此共轭对称序列 $x(n)$ 的 DTFT$X(\mathrm{e}^{\mathrm{j}\omega})$ 具有实数的特点。

序列离散时间傅里叶变换的基本性质见表 2.2.1。

表 2.2.1 序列离散时间傅里叶变换的基本性质

序　号	序　列	序列的离散时间傅里叶变换
1	$x(n)$	$X(\mathrm{e}^{\mathrm{j}\omega})$
2	$y(n)$	$Y(\mathrm{e}^{\mathrm{j}\omega})$

续表

序　号	序　列	序列的离散时间傅里叶变换
3	$ax(n)+by(n)$	$aX(e^{j\omega})+bY(e^{j\omega})$
4	$x(n-n_0)$	$e^{-j\omega n_0}X(e^{j\omega})$
5	$a^n x(n)$	$X\left(\frac{1}{a}e^{j\omega}\right)$
6	$e^{j\omega_0 n}x(n)$	$X(e^{j(\omega-\omega_0)})$
7	$nx(n)$	$j\frac{dX(e^{j\omega})}{d\omega}$
8	$x(-n)$	$X(e^{-j\omega})$
9	$x^*(n)$	$X^*(e^{-j\omega})$
10	$x^*(-n)$	$X^*(e^{j\omega})$
11	$\mathrm{Re}[x(n)]$	$\frac{1}{2}[X(e^{j\omega})+X^*(e^{-j\omega})]=X_e(e^{j\omega})$
12	$j\mathrm{Im}[x(n)]$	$\frac{1}{2}[X(e^{j\omega})-X^*(e^{-j\omega})]=X_o(e^{j\omega})$
13	$\frac{1}{2}[x(n)+x^*(-n)]=x_e(n)$	$\mathrm{Re}[X(e^{j\omega})]$
14	$\frac{1}{2}[x(n)-x^*(-n)]=x_o(n)$	$j\mathrm{Im}[X(e^{j\omega})]$
15	$x(n)*y(n)$	$X(e^{j\omega})Y(e^{j\omega})$
16	$x(n)y(n)$	$\frac{1}{2\pi}\int_{-\pi}^{\pi}X(e^{j\theta})Y(e^{j(\omega-\theta)})d\theta$
17	$\sum_{n=-\infty}^{\infty}\lvert x(n)\rvert^2=\frac{1}{2\pi}\int_{-\pi}^{\pi}\lvert X(e^{j\omega})\rvert^2 d\omega$	

2.2.3 离散时间傅里叶变换、Z变换、傅里叶变换和拉普拉斯变换之间的关系

1. 序列的离散时间傅里叶变换和Z变换的关系

将序列Z变换的定义式(2.1.1)和DTFT的定义式(2.2.1)进行对比，可得

$$X(e^{j\omega})=X(z)\big|_{z=e^{j\omega}}=\sum_{n=-\infty}^{\infty}x(n)e^{-j\omega n} \tag{2.2.31}$$

式中，$z=e^{j\omega}$ 表示 z 平面上半径 $r=1$ 的圆，该圆称为单位圆。上式表明：序列的离散时间傅里叶变换就是序列在 z 平面单位圆上的Z变换。

若已知序列的Z变换为 $X(z)$，并且收敛域包含单位圆，则根据式(2.2.31)，可以方便求出序列的离散时间傅里叶变换 $X(e^{j\omega})$。若收敛域不包含单位圆，则序列的DTFT不存在。也就是说，若序列的Z变换存在，则DTFT不一定存在；若序列的DTFT存在，则Z变换一定存在。

例 2.2.4　设 $x(n)=a^n u(n)$，试讨论Z变换和DTFT是否存在，并求出相应结果。

解：序列 $x(n)$ 的Z变换计算如下：

$$X(z)=\sum_{n=0}^{\infty}a^n z^{-n}$$

上式右边是无穷项等比数列的之和，当$|z|>|a|$时，级数收敛，即序列的Z变换存在，且$X(z)=\dfrac{1}{1-az^{-1}}$。

关于DTFT是否存在，一方面可以从序列是否满足绝对可和条件来判断，另一方面可以观察收敛域$|z|>|a|$是否包含单位圆。显然，若$|a|\geqslant 1$，则DTFT不存在；若$|a|<1$，收敛域包含单位圆，则DTFT存在，即为

$$X(e^{j\omega})=X(z)\big|_{z=e^{j\omega}}=\frac{1}{1-ae^{-j\omega}} \tag{2.2.32}$$

2. 序列Z变换与连续时间信号拉普拉斯变换之间的关系

理想采样信号是连续时间信号和序列之间的纽带，本节将通过理想采样信号的拉普拉斯变换$\hat{X}_a(s)$来研究序列的Z变换$X(z)$和连续时间信号的拉普拉斯变换$X_a(s)$的关系。

假设连续时间信号、理想采样信号和序列分别为$x_a(t)$、$\hat{x}_a(t)$和$x(n)$，三者相互关系为

$$\hat{x}_a(t)=x_a(t)P_\delta(t)=\sum_{n=-\infty}^{\infty}x_a(nT)\delta(t-nT) \tag{2.2.33}$$

$$x(n)=x_a(nT)=x_a(t)\big|_{t=nT} \tag{2.2.34}$$

式中，$P_\delta(t)$为单位冲激串信号，即

$$P_\delta(t)=\sum_{n=-\infty}^{\infty}\delta(t-nT) \tag{2.2.35}$$

1) 序列Z变换与理想采样信号的拉普拉斯变换的关系

理想采样信号$\hat{x}_a(t)$的拉普拉斯变换为

$$\hat{X}_a(s)=\mathrm{LT}[\hat{x}_a(t)]=\int_{-\infty}^{\infty}\hat{x}_a(t)e^{-st}\,dt \tag{2.2.36}$$

将式(2.2.33)代入上式，可得

$$\begin{aligned}\hat{X}_a(s)&=\int_{-\infty}^{\infty}\left[\sum_{n=-\infty}^{\infty}x_a(nT)\delta(t-nT)\right]e^{-st}\,dt\\&=\sum_{n=-\infty}^{\infty}\int_{-\infty}^{\infty}x_a(nT)e^{-st}\delta(t-nT)\,dt\\&=\sum_{n=-\infty}^{\infty}x_a(nT)e^{-nsT}\end{aligned} \tag{2.2.37}$$

而序列$x(n)$的Z变换为

$$X(z)=\mathrm{ZT}[x(n)]=\sum_{n=-\infty}^{\infty}x(n)z^{-n} \tag{2.2.38}$$

对比式(2.2.37)和式(2.2.38)，可以看出

$$X(z)\big|_{z=\mathrm{e}^{sT}}=X(\mathrm{e}^{sT})=\hat{X}_{\mathrm{a}}(s) \tag{2.2.39}$$

上式表明：当 $z=\mathrm{e}^{sT}$ 时，序列的 Z 变换就等于理想采样信号的拉普拉斯变换。这两个变换之间的关系也体现了 s 平面和 z 平面这两个复平面的映射关系，即

$$z=\mathrm{e}^{sT} \tag{2.2.40}$$

下面讨论 s 平面和 z 平面的映射关系。将 s 平面用直角坐标系表示，z 平面用极坐标系表示，即有

$$s=\sigma+\mathrm{j}\Omega,\quad z=r\mathrm{e}^{\mathrm{j}\omega}$$

代入 $z=\mathrm{e}^{sT}$，可得

$$r\mathrm{e}^{\mathrm{j}\omega}=\mathrm{e}^{(\sigma+\mathrm{j}\Omega)T}=\mathrm{e}^{\sigma T}\mathrm{e}^{\mathrm{j}\Omega T}$$

因此

$$r=\mathrm{e}^{\sigma T} \tag{2.2.41}$$

$$\omega=\Omega T \tag{2.2.42}$$

由式(2.2.41)可以看出：当 $\sigma=0$ 时，$r=1$，s 平面的 $\mathrm{j}\Omega$ 虚轴映射为 z 平面上的单位圆；当 $\sigma<0$ 时，$r<1$，s 平面的左半平面映射为 z 平面上的单位圆内部；当 $\sigma>0$ 时，$r=1$，s 平面的右半平面映射为 z 平面上的单位圆外部。s 平面到 z 平面的映射关系如图 2.2.2 所示。

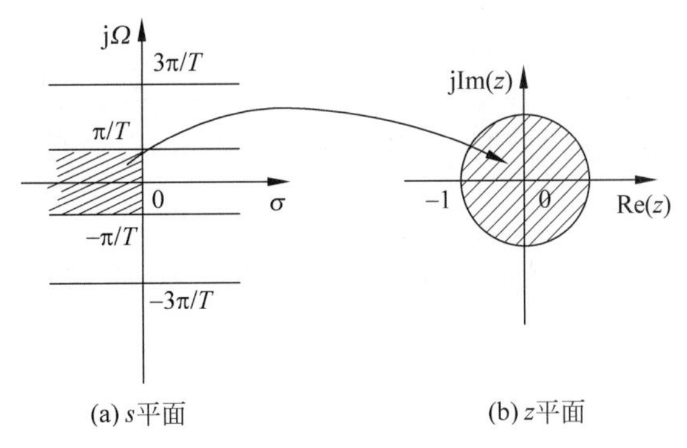

图 2.2.2　s 平面到 z 平面的映射关系

由式(2.2.42)可以看出：当 Ω 从 $-\pi/T$ 增加到 $+\pi/T$ 时，ω 由 $-\pi$ 增加到 $+\pi$，相角旋转一周，整个 z 平面映射一次。其实 s 平面上每一个宽度为 $2\pi/T$ 的水平带都映射为一次整个 z 平面，s 平面到 z 平面的映射关系其实是“多对一”的关系。

2) 序列 Z 变换与连续时间信号的拉普拉斯变换的关系

要得到 $X(z)$ 与 $X_{\mathrm{a}}(s)$ 之间的关系，在已经建立了 $X(z)$ 和 $\hat{X}_{\mathrm{a}}(s)$ 关系的基础上，只须再考虑 $X_{\mathrm{a}}(s)$ 和 $\hat{X}_{\mathrm{a}}(s)$ 的关系即可。下面来分析连续时间信号 $x_{\mathrm{a}}(t)$ 和采样信号 $\hat{x}_{\mathrm{a}}(t)$ 的拉普拉斯变换之间的关系。

由于单位冲激串信号 $P_{\delta}(t)$ 是周期信号，可以展开为傅里叶级数形式：

$$P_{\delta}(t)=\frac{1}{T}\sum_{k=-\infty}^{\infty}\mathrm{e}^{\mathrm{j}k\Omega_{\mathrm{s}}t} \tag{2.2.43}$$

式中，$\Omega_{\mathrm{s}}=2\pi/T$。

将式(2.2.43)依次代入 $\hat{x}_{\mathrm{a}}(t)$表达式(2.2.33)以及 $\hat{X}_{\mathrm{a}}(s)$定义式(2.2.36)中，并交换积分与求和次序，可得

$$\hat{X}_{\mathrm{a}}(s)=\frac{1}{T}\sum_{k=-\infty}^{\infty}\int_{-\infty}^{\infty}x_{\mathrm{a}}(t)\mathrm{e}^{-(s-\mathrm{j}k\Omega_{\mathrm{s}})t}\mathrm{d}t \tag{2.2.44}$$

而连续时间信号 $x_{\mathrm{a}}(t)$的拉普拉斯变换可表示为

$$X_{\mathrm{a}}(s)=\mathrm{LT}[x_{\mathrm{a}}(t)]=\int_{-\infty}^{\infty}x_{\mathrm{a}}(t)\mathrm{e}^{-st}\mathrm{d}t \tag{2.2.45}$$

对比式(2.2.44)和式(2.2.45)可得

$$\hat{X}_{\mathrm{a}}(s)=\frac{1}{T}\sum_{k=-\infty}^{\infty}X_{\mathrm{a}}(s-\mathrm{j}k\Omega_{\mathrm{s}}) \tag{2.2.46}$$

上式表明：连续时间信号 $x_{\mathrm{a}}(t)$经过等间隔采样后得到的理想采样信号 $\hat{x}_{\mathrm{a}}(t)$的拉普拉斯变换，是连续时间信号 $x_{\mathrm{a}}(t)$的拉普拉斯变换在 s 平面上沿 $\mathrm{j}\Omega$ 虚轴的周期延拓，延拓周期 $\Omega_{\mathrm{s}}=2\pi/T$。

将 $\hat{X}_{\mathrm{a}}(s)$和 $X_{\mathrm{a}}(s)$的关系式(2.2.46)代入式(2.2.39)，可以得到 $X(z)$与 $X_{\mathrm{a}}(s)$的关系为

$$X(z)\big|_{z=\mathrm{e}^{sT}}=\hat{X}_{\mathrm{a}}(s)=\frac{1}{T}\sum_{k=-\infty}^{\infty}X_{\mathrm{a}}(s-\mathrm{j}k\Omega_{\mathrm{s}})=\frac{1}{T}\sum_{k=-\infty}^{\infty}X_{\mathrm{a}}\left(s-\mathrm{j}k\,\frac{2\pi}{T}\right) \tag{2.2.47}$$

上式表明：由 $z=\mathrm{e}^{sT}$ 体现的“多对一”映射关系实质上是 $X_{\mathrm{a}}(s)$周期延拓与 $X(z)$的关系。

3. 序列离散时间傅里叶变换与连续时间信号傅里叶变换的关系

在得到了序列 Z 变换与连续时间信号拉普拉斯变换的关系之后，根据序列的 Z 变换和离散时间傅里叶变换之间的关系以及连续时间信号 LT 和傅里叶变换之间的关系，就可以得到序列的离散时间傅里叶变换与连续时间信号傅里叶变换之间的关系。

因为连续时间信号的傅里叶变换与拉普拉斯变换的关系为

$$X_{\mathrm{a}}(\mathrm{j}\Omega)=X_{\mathrm{a}}(s)\big|_{s=\mathrm{j}\Omega} \tag{2.2.48}$$

而序列的离散时间傅里叶变换和 Z 变换的关系为

$$X(\mathrm{e}^{\mathrm{j}\omega})=X(z)\big|_{z=\mathrm{e}^{\mathrm{j}\omega}}$$

再根据序列的 Z 变换与连续时间信号的拉普拉斯变换关系式(2.2.47)，化简后可得

$$X(\mathrm{e}^{\mathrm{j}\omega})=\frac{1}{T}\sum_{k=-\infty}^{\infty}X_{\mathrm{a}}\left(\mathrm{j}\Omega-\mathrm{j}k\,\frac{2\pi}{T}\right) \tag{2.2.49}$$

上式表明：序列的离散时间傅里叶变换是连续时间信号的傅里叶变换以周期 $\Omega_{\mathrm{s}}=\frac{2\pi}{T}$进行的周期延拓，频率轴上的对应关系为 $\omega=\Omega T$。

为了更清楚地表现周期延拓关系，可以通过数字频率 ω、模拟角频率 Ω 以及模拟频

率 f 的归一化形式来表示一个周期，这就形成了三个归一化频率：

$$f'=\frac{f}{f_s},\quad \Omega'=\frac{\Omega}{\Omega_s},\quad \omega'=\frac{\omega}{2\pi} \tag{2.2.50}$$

式中，$f_s=\frac{1}{T}$；$\Omega_s=\frac{2\pi}{T}$。

上述三个归一化频率均无量纲，刻度是一样的，它们和 ω、Ω 以及 f 的关系可以采用归一化度量来表示，如图 2.2.3 所示。

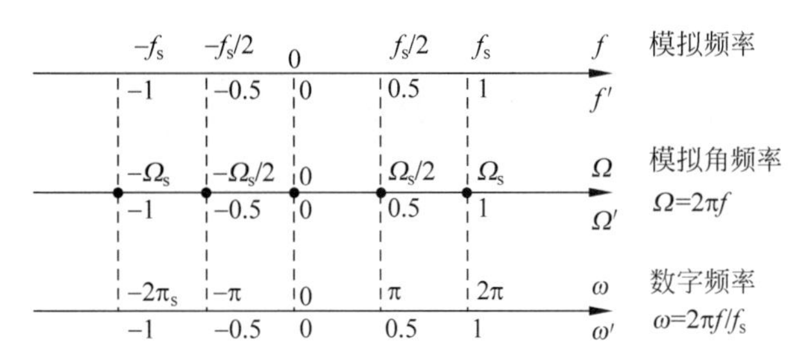

图 2.2.3　数字频率与模拟频率之间的对应关系

图 2.2.3 给出了数字频率和模拟频率之间的对应关系，可以看出：当模拟频率为 0 时，对应的数字频率也为 0，表示直流；当模拟频率为 $\frac{f_s}{2}$ 时，对应的数字频率为 π，这表示信号的最高频率，中间的频率按照比例进行对应。如果模拟信号在转换成数字信号时不满足采样定理，即采样频率不大于模拟信号最高频率的 2 倍时，得到的数字信号会在 $\omega=\pi$ 附近或 $f=\frac{f_s}{2}$ 附近引起频谱混叠。上述几个频率之间的对应关系很重要，尤其在模拟信号数字处理系统中，经常要用到这种对应关系。例如，若采样频率 $f_s=4f_c$，则数字频率 $\pi/2$ 对应着模拟最高频率 f_c。

2.3　离散时间系统的频域分析

在前面两节中介绍了 Z 变换和离散时间傅里叶变换，下面将探讨如何利用这些频域变换来分析离散时间系统的特性，包括系统的因果性、稳定性和频率响应。

2.3.1　系统函数与频率响应

对于一个线性时不变的离散时间系统，其时域特性可用单位脉冲响应序列 $h(n)$ 描述，即系统初始状态为零，输入为单位脉冲序列 $\delta(n)$ 时，系统的输出为单位脉冲响应序列 $h(n)$。

对于系统的频域特性，用 $h(n)$ 的离散时间傅里叶变换表示，即

$$H(e^{j\omega})=\sum_{n=-\infty}^{\infty}h(n)e^{-j\omega n}$$

$H(e^{j\omega})$称为系统的频率响应。当$h(n)$满足绝对可和条件时,$H(e^{j\omega})$存在且是ω的连续周期性函数。

对于系统的复频域特性,则用$h(n)$的Z变换表示,即

$$H(z)=\sum_{n=-\infty}^{\infty}h(n)z^{-n} \tag{2.3.1}$$

为了区别于系统的频率响应$H(e^{j\omega})$,把系统的复频域特性$H(z)$称为系统函数。可见,z平面单位圆($z=e^{j\omega}$)上的系统函数就是系统的频率响应$H(e^{j\omega})$,条件是$H(z)$收敛域中包含单位圆。

系统的频率响应$H(e^{j\omega})$反映了系统对输入序列频谱的处理作用。假设输入是频率为ω的复指数序列,即

$$x(n)=e^{j\omega n},\quad -\infty<n<\infty \tag{2.3.2}$$

通过线性时不变系统后,输出序列为

$$\begin{aligned}y(n)&=x(n)*h(n)=\sum_{m=-\infty}^{\infty}h(m)e^{j\omega(n-m)}\\&=e^{j\omega n}\sum_{m=-\infty}^{\infty}h(m)e^{-j\omega m}=e^{j\omega n}H(e^{j\omega})\end{aligned} \tag{2.3.3}$$

上式表明:当输入为复指数序列$e^{j\omega n}$时,输出为同频率的复指数序列乘以频率响应$H(e^{j\omega})$。可以说,$H(e^{j\omega})$反映了复指数序列通过系统后幅度和相位随ω的变化规律,与系统频域特性密切相关。

若输入序列$x(n)$的DTFT为$X(e^{j\omega})$,利用DTFT的时域卷积定理,输出序列$y(n)$的DTFT可以表示为

$$Y(e^{j\omega})=X(e^{j\omega})H(e^{j\omega}) \tag{2.3.4}$$

对于系统函数$H(z)$,若$X(z)=\mathrm{ZT}[x(n)]$,$Y(z)=\mathrm{ZT}[y(n)]$,利用Z变换时域卷积定理,系统输入、输出及系统函数三者的关系为

$$Y(z)=X(z)H(z) \tag{2.3.5}$$

即有

$$H(z)=\frac{Y(z)}{X(z)} \tag{2.3.6}$$

上式表明,系统函数可表示为输出序列Z变换和输入序列Z变换之比,因此,系统函数也称为传递函数。

离散时间系统时域上常用N阶线性常系数差分方程来表示,此时可以用差分方程的系数来表示系统函数。若N阶线性常系数差分方程为

$$\sum_{i=0}^{N}a_i y(n-i)=\sum_{m=0}^{M}b_m x(n-m)$$

则对应的系统函数可以表示为

$$H(z)=\frac{\sum_{k=0}^{M}b_k z^{-k}}{\sum_{k=0}^{N}a_k z^{-k}} \tag{2.3.7}$$

若 $H(z)$用零点和极点表示，则有

$$H(z)=A\frac{\prod_{r=1}^{M}(1-c_r z^{-1})}{\prod_{k=1}^{N}(1-d_k z^{-1})} \tag{2.3.8}$$

式中，A 为实数，$A=b_0/a_0$；c_r、d_k 分别为零点和极点。

当 $H(z)$收敛域中包含单位圆时，令 $z=\mathrm{e}^{\mathrm{j}\omega}$，则系统的频率响应为

$$H(\mathrm{e}^{\mathrm{j}\omega})=H(z)\big|_{z=\mathrm{e}^{\mathrm{j}\omega}}=A\frac{\prod_{r=1}^{M}(1-c_r \mathrm{e}^{-\mathrm{j}\omega})}{\prod_{k=1}^{N}(1-d_k \mathrm{e}^{-\mathrm{j}\omega})} \tag{2.3.9}$$

2.3.2 系统的因果性与稳定性分析

因果性和稳定性是离散时间系统重要的一类性质，是在实际应用中必须考虑的问题。第1章针对线性时不变系统，从单位脉冲响应序列 $h(n)$出发，讨论了系统因果性和稳定性的判断条件。由于单位脉冲响应序列 $h(n)$和系统函数 $H(z)$是一对Z变换，分别表征了系统的时域和复频域特性。下面将从系统函数 $H(z)$出发，探讨如何分析系统的因果性和稳定性。

基于系统函数 $H(z)$的分析是这样考虑的：由于 $h(n)$因果性与稳定性的判断条件决定了系统函数 $H(z)$的收敛域，而收敛域内不包含极点，因此可以利用系统函数 $H(z)$的极点分布规律来判断系统因果性和稳定性。

首先讨论因果性。在第1章中，对于一个线性时不变系统，若系统具有因果性，则单位脉冲响应序列 $h(n)$是因果序列，即

$$h(n)=0,\quad n<0 \tag{2.3.10}$$

对应的系统函数 $H(z)$收敛域中包含∞，即收敛域可表示为

$$R_{x-}<|z|\leqslant\infty \tag{2.3.11}$$

上式表明，因果系统的极点分布在半径为 R_{x-} 的圆上和圆内，收敛域位于圆的外部。也就是说，若极点分布在某个圆内，收敛域在该圆的圆外，包含∞，则该系统一定是因果系统。

对于稳定性，若系统稳定，单位脉冲响应序列 $h(n)$满足绝对可和，即

$$\sum_{n=-\infty}^{\infty}|h(n)|<\infty \tag{2.3.12}$$

对比系统函数 $H(z)$的收敛条件可知，该收敛域中一定包含单位圆($|z|=1$)，即稳定系统

的收敛域包含单位圆。同时，由于系统的频率响应 $H(\mathrm{e}^{\mathrm{j}\omega})$ 是 $H(z)$ 在 z 平面单位圆上的特例，因此系统的频率响应 $H(\mathrm{e}^{\mathrm{j}\omega})$ 也存在。也就是说，若系统函数收敛域中包含单位圆，或者说系统的频率响应存在，则系统一定也是稳定的。

对于因果稳定系统，综合考虑因果性和稳定性对应的系统函数极点分布规律，可以得出结论：系统因果稳定要求系统函数 $H(z)$ 收敛域位于某个圆的外部，并且必须包含单位圆，即

$$R_{x-}<|z|\leqslant\infty,\quad 0<R_{x-}<1 \tag{2.3.13}$$

也就是说，系统函数 $H(z)$ 的所有极点都在单位圆内部。

例 2.3.1 已知系统函数

$$H(z)=\frac{z^{-1}}{1-5z^{-1}+6z^{-2}}$$

试确定系统的收敛域，并分析系统因果性和稳定性。

解：本题与例 2.1.5 中 Z 变换表达式相同，极点和收敛域划分也一样。将 $H(z)$ 分母进行因式分解，有

$$H(z)=\frac{z^{-1}}{(1-3z^{-1})(1-2z^{-1})}$$

可见，$H(z)$ 有两个极点 $z=2$ 和 $z=3$。由于收敛域以极点为边界，因此收敛域分三种情况讨论如下：

(1) $|z|>3$：收敛域包含∞，不包含单位圆 $|z|=1$，系统因果、不稳定。

(2) $|z|<2$：收敛域不包含∞，包含单位圆 $|z|=1$，系统非因果、稳定。

(3) $2<|z|<3$：收敛域不包含∞，不包含单位圆 $|z|=1$，系统非因果、不稳定。

例 2.3.2 已知系统函数

$$H(z)=\frac{1-a^2}{(1-az^{-1})(1-az)},\quad 0<a<1$$

试确定系统的收敛域，分析系统的因果性和稳定性，并求出系统单位脉冲响应序列 $h(n)$。

解：$H(z)$ 有两个极点 $z=a$，$z=a^{-1}$；由于 $0<a<1$，因此，$a^{-1}>1$，$a<a^{-1}$。$H(z)$ 极点分布如图 2.3.1 所示。

利用 2.1.2 节中的部分分式法，$H(z)$ 可展开成如下形式：

$$H(z)=\frac{1}{1-az^{-1}}-\frac{1}{1-a^{-1}z^{-1}}$$

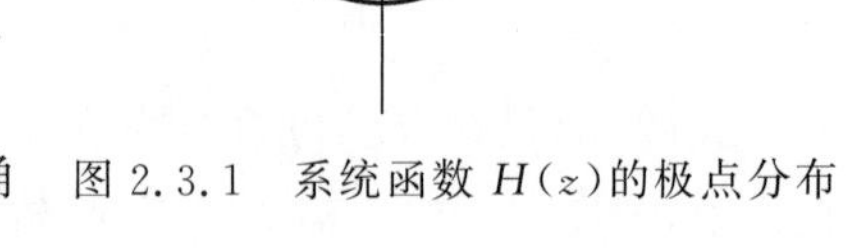

图 2.3.1 系统函数 $H(z)$ 的极点分布

考虑到收敛域总以极点为边界，两个极点可以确定三个收敛域，需要分情况进行讨论。

(1) 收敛域 $a^{-1}<|z|\leqslant\infty$：收敛域中包含∞，不包含单位圆 $|z|=1$，系统因果、不稳定。通过查表 2.1.1，系统单位脉冲响应序列 $h(n)$ 为

$$h(n)=(a^n-a^{-n})u(n)$$

(2) 收敛域 $0\leqslant|z|<a$：收敛域中不包含∞，也不包含单位圆 $|z|=1$，系统非因果、不稳定，$h(n)=(a^{-n}-a^{n})u(-n-1)$。

(3) 收敛域 $a<|z|<a^{-1}$：收敛域中不包含∞，但包含单位圆 $|z|=1$，系统非因果、稳定，$h(n)=a^{n}u(n)+a^{-n}u(-n-1)=a^{|n|}$。

为了方便和直观，图 2.3.2 给出了当 $a=\frac{4}{5}$ 时系统在不同收敛域情况下对应的单位脉冲响应。

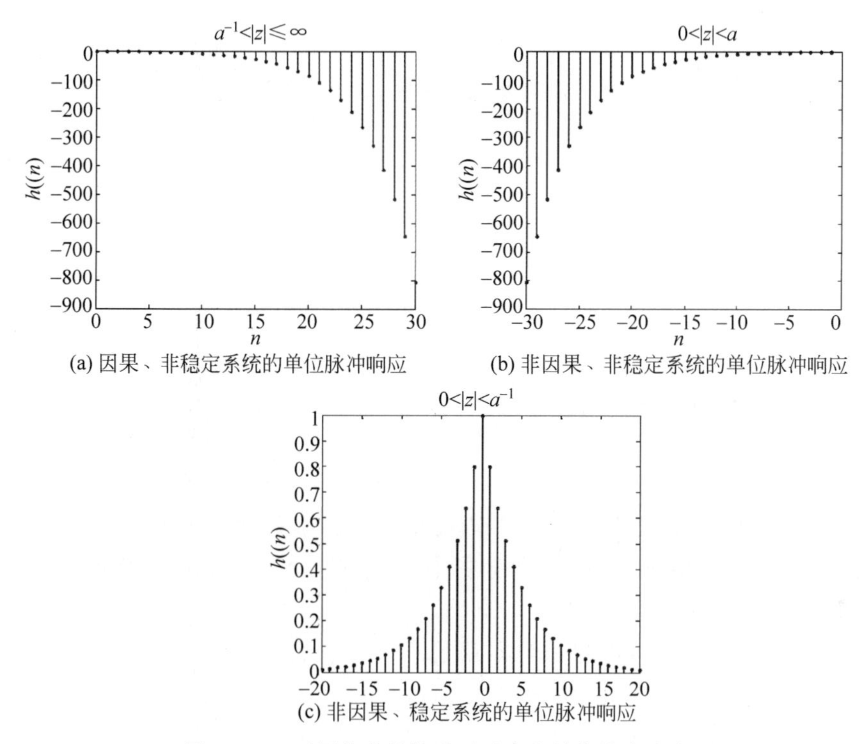

(a) 因果、非稳定系统的单位脉冲响应　(b) 非因果、非稳定系统的单位脉冲响应

(c) 非因果、稳定系统的单位脉冲响应

图 2.3.2　不同收敛域情况下对应的单位脉冲响应

2.3.3　系统的频率响应分析

由式(2.3.9)可知，系统的频率响应完全由 $H(z)$ 的零极点确定。系统频率响应分析可以利用 $H(z)$ 在 z 平面上的零极点分布，通过几何方法来直观地近似确定系统的频率响应，因此该方法称为几何分析法。

将式(2.3.9)进行重新表述，可得

$$H(\mathrm{e}^{\mathrm{j}\omega})=A\mathrm{e}^{\mathrm{j}\omega(N-M)}\frac{\prod_{r=1}^{M}(\mathrm{e}^{\mathrm{j}\omega}-c_{r})}{\prod_{k=1}^{N}(\mathrm{e}^{\mathrm{j}\omega}-d_{k})} \tag{2.3.14}$$

在 z 平面上，$e^{j\omega}-c_r$ 可用由零点 c_r 指向单位圆上点 $e^{j\omega}$ 的矢量 $\boldsymbol{C}_r$ 表示，$e^{j\omega}-d_k$ 用由极点 d_k 指向单位圆上点 $e^{j\omega}$ 的矢量 $\boldsymbol{D}_k$ 表示，即

$$e^{j\omega}-c_r=\boldsymbol{C}_r=C_r e^{j\alpha_r} \tag{2.3.15}$$

$$e^{j\omega}-d_k=\boldsymbol{D}_k=D_k e^{j\beta_k} \tag{2.3.16}$$

式中，$\boldsymbol{C}_r$、$\boldsymbol{D}_k$ 分别为零点矢量和极点矢量；C_r、D_k 为矢量的模值，即矢量长度；α_r、β_k 为矢量的相位，即相应矢量与坐标横轴的夹角，如图 2.3.3 所示。

那么，式(2.3.14)可以表示为

$$H(e^{j\omega})=Ae^{j\omega(N-M)}\frac{\prod\limits_{r=1}^{M}C_r e^{j\alpha_r}}{\prod\limits_{k=1}^{N}D_k e^{j\beta_k}}=|H(e^{j\omega})|e^{j\varphi(\omega)} \tag{2.3.17}$$

式中，$|H(e^{j\omega})|$、$\varphi(\omega)$分别为频率响应的幅度和相位，且有

$$|H(e^{j\omega})|=|A|\frac{\prod\limits_{r=1}^{M}C_r}{\prod\limits_{k=1}^{N}D_k} \tag{2.3.18}$$

$$\varphi(\omega)=\omega(N-M)+\sum_{r=1}^{M}\alpha_r-\sum_{k=1}^{N}\beta_k \tag{2.3.19}$$

由此可见：频率响应的幅度等于各个零点矢量长度的乘积除以各个极点矢量长度的乘积，再乘以常数 A；频率响应的相位等于各个零点矢量相位之和减去各个极点矢量相位之和，再加上线性相位 $\omega(N-M)$。

图 2.3.3 给出了两个极点和一个零点情况下频率响应的几何解释以及幅度和相位特性曲线。当频率 ω 从 0 变化到 2π 时，单位圆上点 $e^{j\omega}$ 逆时针旋转一周，零点矢量长度和极点矢量长度随着 ω 的变化相应增加或者减小，这样逐步得到频率响应的幅度特性 $|H(e^{j\omega})|$-ω 和相位特性 $\varphi(\omega)$-ω。

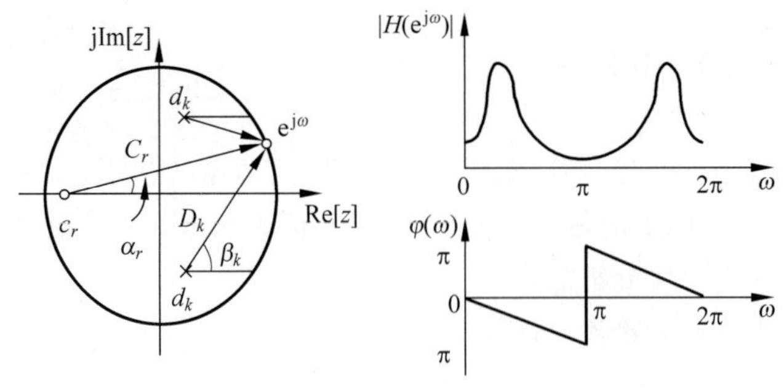

图 2.3.3 频率响应的几何分析法

零点的位置主要影响幅度特性的谷点和形状。当 $e^{j\omega}$ 旋转到零点 c_r 的附近，并且 ω 与 c_r 相位相同时，此时由 $e^{j\omega}$ 和 c_r 确定的零点矢量长度 C_r 最短，幅度在 ω 处可能出现

谷点。零点 c_r 越靠近单位圆，C_r 越短，谷点越接近于零。零点 c_r 可在单位圆内、圆上或者圆外，若零点 c_r 位于单位圆上，$e^{j\omega}$ 与 c_r 重合，C_r 为零，谷点也为零。

极点的位置主要影响幅度特性的峰值和形状。同理，当 $e^{j\omega}$ 旋转到极点 d_k 的附近，并且 ω 与 d_k 相位相同时，此时由 $e^{j\omega}-d_k$ 确定的极点矢量长度 D_k 最短，幅度在 ω 处可能出现峰值。极点 d_k 越靠近单位圆，D_k 越短，峰值附近形状越尖锐。若极点 d_k 位于单位圆上，$e^{j\omega}$ 与 d_k 重合，D_k 为零，幅度的峰值趋于无穷大，系统不稳定。

综上所述，单位圆附近零点对幅度特性的谷点及对应频率有着明显的影响，单位圆附近极点对幅度特性的峰值大小及对应频率也有着明显的影响。利用这种直观的几何分析方法，通过适当地控制零点和极点分布，就可以改变系统频率响应的特性，达到预期目的。

例 2.3.3 已知系统函数 $H(z)=1-z^{-N}$，试用几何分析法定性画出系统的幅频特性曲线。

解：

$$H(z)=1-z^{-N}=\frac{z^N-1}{z^N}$$

观察可知，$H(z)$有一个 N 阶极点 $z=0$，极点矢量长度为 1，不影响系统的幅频特性。$H(z)$有 N 个零点，是分子 $z^N-1=0$ 的根，分别为

$$z_k=e^{j\frac{2\pi}{N}k},\quad k=0,1,\cdots,N-1$$

可见，N 个零点等间隔地分布在单位圆上。若 $N=8$，零极点分布如图 2.3.4(a)所示。令 $z=e^{j\omega}$，则系统频率响应及其幅度为

$$H(e^{j\omega})=\frac{e^{j\omega N}-1}{e^{j\omega N}},\quad |H(e^{j\omega})|=|e^{j\omega N}-1|$$

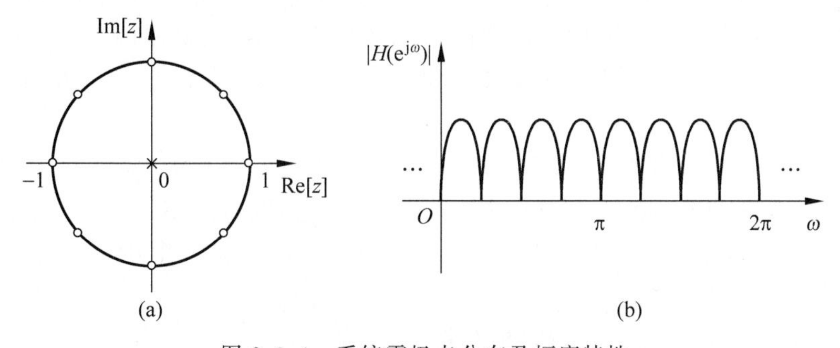

图 2.3.4 系统零极点分布及幅度特性

当频率 ω 从 0 变化到 2π 时，单位圆上点 $e^{j\omega}$ 每遇到一个零点，零点矢量长度为零，那么幅度出现零谷点，谷点频率 $\omega_k=2\pi k/N, k=0,1,\cdots,N-1$。当 $e^{j\omega}$ 位于两个零点的中间时，从 $e^{j\omega}$ 左右两侧的对称零点依次开始，每两个对称零点贡献的零点矢量长度乘积最大，因此，幅度呈现峰值，然后随着 $e^{j\omega}$ 向零点靠拢，峰值逐渐减小至零。系统的幅频特性曲线 $|H(e^{j\omega})|$-ω 如图 2.3.4(b)所示，通常称具有类似幅频特性的系统为梳状滤波器。

例 2.3.4 试用几何分析法来分析矩形序列 $R_N(n)$的幅频特性。

解：令 $x(n)=R_N(n)$，则矩形序列的 Z 变换为

$$X(z)=\mathrm{ZT}[R_N(n)]=\sum_{n=-\infty}^{\infty}R_N(n)z^{-n}=\sum_{n=0}^{N-1}z^{-n}=\frac{1-z^{-N}}{1-z^{-1}}=\frac{z^N-1}{z^{N-1}(z-1)}$$

可以看出,$X(z)$有 N 个零点,分别为 $z_k=\mathrm{e}^{\mathrm{j}\frac{2\pi}{N}k}$,$k=0,1,\cdots,N-1$;$X(z)$有两个极点,一个是 $N-1$ 阶极点 $z=0$,另一个是单阶极点 $z=1$。当 $k=0$ 时,$z=1$ 也是零点,出现了零极点相互抵消的情况。由于 $N-1$ 阶极点 $z=0$ 对应的极点矢量长度为 1,不影响系统的幅频特性,因此,只有 $X(z)$除 $z=1$ 外的 $N-1$ 个零点影响幅度特性。

若 $N=8$,$X(z)$的零极点分布如图 2.3.5(a)所示。令 $z=\mathrm{e}^{\mathrm{j}\omega}$,则系统的频率响应及其幅度为

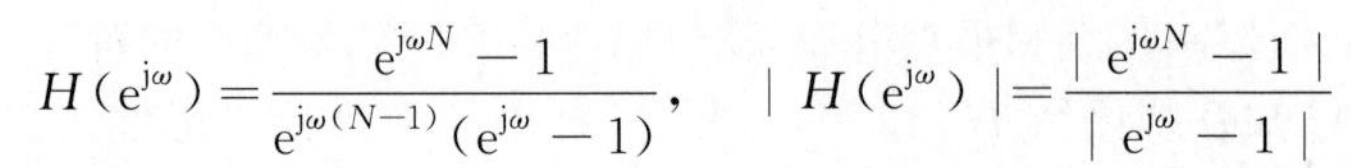

$$H(\mathrm{e}^{\mathrm{j}\omega})=\frac{\mathrm{e}^{\mathrm{j}\omega N}-1}{\mathrm{e}^{\mathrm{j}\omega(N-1)}(\mathrm{e}^{\mathrm{j}\omega}-1)},\quad |H(\mathrm{e}^{\mathrm{j}\omega})|=\frac{|\mathrm{e}^{\mathrm{j}\omega N}-1|}{|\mathrm{e}^{\mathrm{j}\omega}-1|}$$

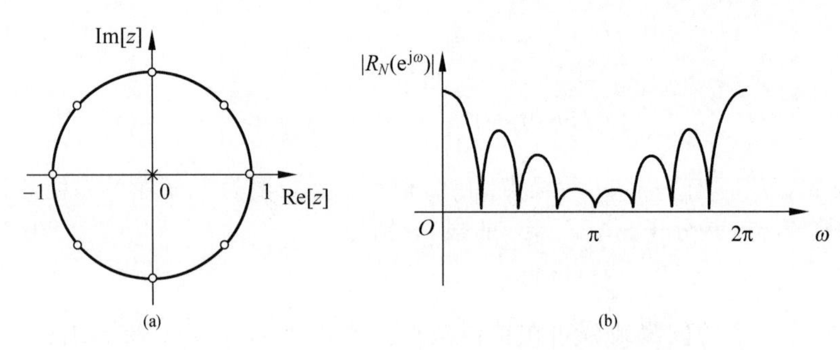

图 2.3.5 $N=8$ 矩形序列的零极点分布及幅度特性

当单位圆上点 $\mathrm{e}^{\mathrm{j}\omega}$ 从 $\omega=0$ 变化到 2π 时,每遇到一个零点,幅度为零,出现谷点,对应频率为 $\omega_k=2\pi k/N$,$k=1,\cdots,N-1$。当 $\mathrm{e}^{\mathrm{j}\omega}$ 位于两个零点的中间时,幅度出现一个峰值,不过这些峰值的大小是不同的,这和例 2.3.3 是不一样,主要原因是 $z=1$ 处的零点被抵消了。当 $\omega=0$ 时,所有零点矢量长度相乘的峰值最高,当 $\omega=\pi\pm\pi/8$ 时,零点矢量长度相乘的峰值最低。

矩形序列 $R_N(n)$的幅度特性如图 2.3.4(b)所示,靠近 $\omega=0$ 和 $\omega=2\pi$ 的低频部分呈现高主瓣,相邻为旁瓣,当 ω 接近于 π 时,旁瓣逐渐降低;主瓣和旁瓣总数为 N。当 N 比较大时,瓣的数目也相应增加。根据图中的幅频特性,矩形序列 $R_N(n)$可用作低通滤波器。

2.3.4 全通滤波器和最小相位滤波器

全通滤波器和最小相位滤波器是典型的离散时间系统,在实际应用中具有重要的作用,下面重点讲解这两个滤波器的性质和特点。

1. 全通滤波器

1) 全通滤波器的定义

若滤波器的幅频特性对所有频率均等于 1 或常数,即

$$|H(\mathrm{e}^{\mathrm{j}\omega})|=1(\text{或常数}),\quad 0\leqslant\omega<2\pi \tag{2.3.20}$$

则该滤波器称为全通滤波器，也记为 $H_{ap}(e^{j\omega})$，下标 ap 是全通的英文缩写。全通滤波器的频率响应函数可表示为

$$H(e^{j\omega})=e^{j\varphi(\omega)},\quad 0\leqslant\omega<2\pi \tag{2.3.21}$$

上式表明，信号通过全通滤波器后幅度保持不变，仅相位发生变化，所以全通滤波器也称为纯相位滤波器。

全通滤波器的系统函数一般形式如下：

$$H(z)=\frac{\sum_{k=0}^{N}a_k z^{-N+k}}{\sum_{k=0}^{N}a_k z^{-k}}=\frac{z^{-N}+a_1z^{-N+1}+a_2z^{-N+2}+\cdots+a_N}{1+a_1z^{-1}+a_2z^{-2}+\cdots+a_Nz^{-N}},\quad a_0=1 \tag{2.3.22}$$

或写成二阶滤波器级联的形式：

$$H(z)=\prod_{i=1}^{L}\frac{z^{-2}+a_{1i}z^{-1}+a_{2i}}{a_{2i}z^{-2}+a_{1i}z^{-1}+1} \tag{2.3.23}$$

上面两式中的系数均是实数。容易看出，该系统函数的分子、分母多项式的系数相同，但排列顺序相反。下面说明式(2.3.22)表示的滤波器具有全通幅频特性：

$$H(z)=\frac{\sum_{k=0}^{N}a_k z^{-N+k}}{\sum_{k=0}^{N}a_k z^{-k}}=z^{-N}\frac{\sum_{k=0}^{N}a_k z^{k}}{\sum_{k=0}^{N}a_k z^{-k}}=z^{-N}\frac{D(z^{-1})}{D(z)} \tag{2.3.24}$$

式中

$$D(z)=\sum_{k=0}^{N}a_k z^{-k}$$

由于系数 a_k 是实数，所以

$$|D(z^{-1})|_{z=e^{j\omega}}=D(e^{-j\omega})=D^*(e^{j\omega}) \tag{2.3.25}$$

$$H(e^{j\omega})=H(z)|_{z=e^{j\omega}}=e^{-j\omega N}\frac{D(e^{-j\omega})}{D(e^{j\omega})} \tag{2.3.26}$$

$$|H(e^{j\omega})|=|H(z)|_{z=e^{j\omega}}|=\left|e^{-j\omega N}\frac{D(e^{-j\omega})}{D(e^{j\omega})}\right|=\left|\frac{D(e^{-j\omega})}{D(e^{j\omega})}\right|=\left|\frac{D^*(e^{j\omega})}{D(e^{j\omega})}\right|=1 \tag{2.3.27}$$

上式说明了该系统函数具有全通滤波器特性。

2）全通滤波器的零极点分布特性

从式(2.3.24)可见，若 z_k 是它的零点，则 $p_k=z_k^{-1}$ 是它的极点，全通滤波器的零点和极点互成倒数关系。又因为 $D(z^{-1})$ 和 $D(z)$ 的系数都是实数，因此零点和极点要么以实数的形式出现，要么以共轭对的形式出现。即若 z_k 是复数零点，则 z_k^* 也是零点，同时 $p_k=z_k^{-1}$ 是极点，$p_k^*=(z_k^{-1})^*$ 也是极点，形成 4 个零极点一组的形式。

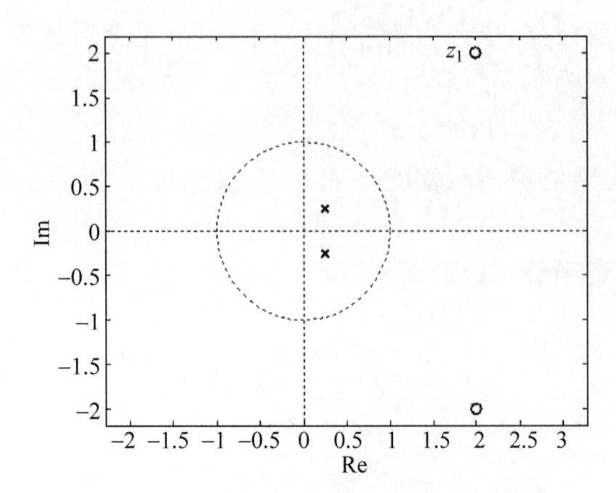

图 2.3.6　全通滤波器的零极点分布图

图 2.3.6 给出了一个全通滤波器的零极点分布，可以看出图中右上角的零点 z_1 为 $2+2\mathrm{j}$，则必有右下角的共轭零点 $2-2\mathrm{j}$，同时这两个零点的倒数就是系统的极点：

$$\frac{1}{2+2\mathrm{j}}=\frac{1}{4}(1-\mathrm{j}),\quad \frac{1}{2-2\mathrm{j}}=\frac{1}{4}(1+\mathrm{j})$$

分别对应图中单位圆内第四象限和第一象限的两个极点。当然如果零点是实数，则以两个一组的形式出现，比如当系统函数

$$H(z)=\frac{1-0.4z^{-1}}{0.4-z^{-1}}$$

时，存在一个零点是实数 0.4，此时没有对应的共轭零点，因此也就只有一个对应的极点 2.5。

3）全通系统的相频响应和群延迟

对于一个单零极点的全通系统，假设极点为 $r\mathrm{e}^{\mathrm{j}\theta}$，则其频率响应可以表示为

$$H_{\mathrm{ap}}(\mathrm{e}^{\mathrm{j}\omega})=\frac{\mathrm{e}^{-\mathrm{j}\omega}-r\mathrm{e}^{-\mathrm{j}\theta}}{1-r\mathrm{e}^{\mathrm{j}\theta}\mathrm{e}^{-\mathrm{j}\omega}}=\mathrm{e}^{-\mathrm{j}\omega}\frac{1-r\mathrm{e}^{\mathrm{j}(\omega-\theta)}}{1-r\mathrm{e}^{-\mathrm{j}(\omega-\theta)}} \tag{2.3.28}$$

因此，其相频响应为

$$\varphi(\omega)=-\omega-2\arctan\frac{r\sin(\omega-\theta)}{1-r\cos(\omega-\theta)} \tag{2.3.29}$$

同时，定义系统的群延迟为

$$\tau_{\mathrm{g}}(\omega)=-\frac{\mathrm{d}(\varphi(\omega))}{\mathrm{d}\omega}=\frac{1-r^2}{1+r^2-2r\cos(\omega-\theta)} \tag{2.3.30}$$

当系统是因果稳定时，$r<1$，所以系统的群延迟 $\tau_{\mathrm{g}}(\omega)\geqslant 0$。由于高阶的全通系统都是一阶或者二阶的系统级联而成，其群延迟是由多个类似式(2.3.30)的和组成，因此全通系统的群延迟总是非负的。

全通滤波器是纯相位系统，一般用作相位校正。如果要设计一个线性相位滤波器(将在第 7 章中介绍)，可以直接设计一个线性相位的 FIR 滤波器，也可以设计一个满足幅频特性的 IIR 滤波器，再级联一个全通滤波器进行相位校正，从而使总的相位特性保持线性，这是全通滤波器在实际中的一个重要应用。

2. 最小相位滤波器

1）最小相位滤波器的定义

实际中一般研究的是因果稳定系统，因此系统的极点都在单位圆内部，却没有规定零点的位置。本节研究零点位置对于系统特性的影响。为了便于理解，首先来看两个有限长单位脉冲响应的线性时不变系统，它们的系统函数分别为

$$H_1(z)=1+0.5z^{-1} \tag{2.3.31}$$

$$H_2(z)=0.5+z^{-1} \tag{2.3.32}$$

它们的频率响应分别为

$$H_1(\mathrm{e}^{\mathrm{j}\omega})=1+0.5\mathrm{e}^{-\mathrm{j}\omega}=1+0.5\cos\omega-\mathrm{j}0.5\sin\omega \tag{2.3.33}$$

$$H_2(\mathrm{e}^{\mathrm{j}\omega})=0.5+\mathrm{e}^{-\mathrm{j}\omega}=0.5+\cos\omega-\mathrm{j}\sin\omega \tag{2.3.34}$$

对应的幅频响应和相频响应分别为

$$|H_1(\mathrm{e}^{\mathrm{j}\omega})|=|H_2(\mathrm{e}^{\mathrm{j}\omega})|=\sqrt{1.25+\cos\omega} \tag{2.3.35}$$

$$\varphi_1(\omega)=-\arctan\left(\frac{\sin\omega}{2+\cos\omega}\right) \tag{2.3.36}$$

$$\varphi_2(\omega)=-\arctan\left(\frac{\sin\omega}{0.5+\cos\omega}\right) \tag{2.3.37}$$

图2.3.7给出了两个系统的幅频特性和相频特性，从式(2.3.35)和图2.3.7都可以看出，两个系统的幅频特性完全相同，但是相频特性不同，具体表现在：第一个系统的相频特性$\varphi_1(\omega)$在$\omega=0$处的相位为0，在$\omega=\pi$处的相位也为0，因此相位的变化量为0；第二个系统的相频特性$\varphi_2(\omega)$的变化量为$-\pi$。由几何分析法可知，系统的幅频特性和相频特性与系统零极点的分布密切相关，因此下面研究这两个系统的零极点情况。这两个系统都只有一个零点，第一个系统的零点在$z=-0.5$处，第二系统的零点在$z=-2$

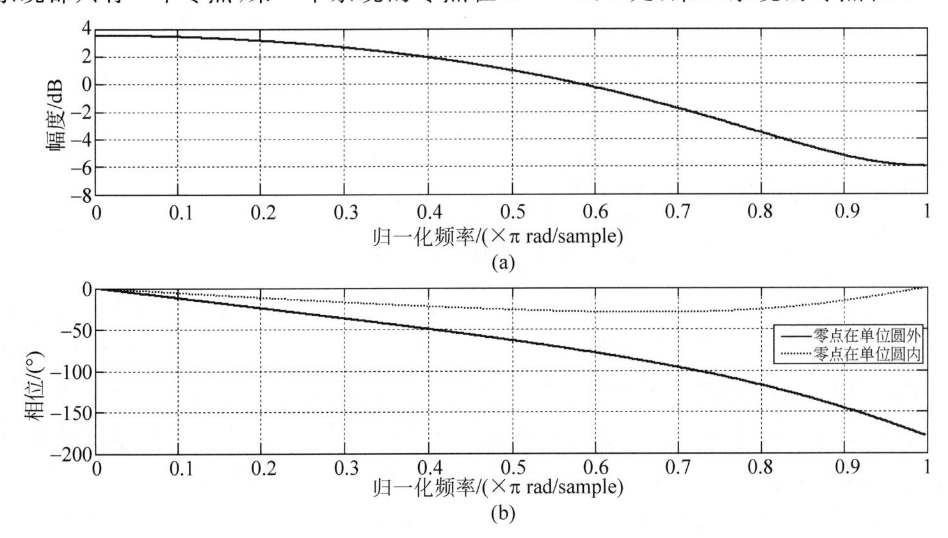

图2.3.7　两个系统的幅频特性和相频特性

处，这两个零点一个位于单位圆内，另一个位于单位圆外，且这两个系统的零点互为倒数。通过这个例子可以发现，即使系统的零点位置不一样，系统也会有同样的幅频特性。下面证明这个分析的正确性。

为了证明不同的系统函数可能有相同的幅频特性，从系统的幅频特性函数的平方 $|H(e^{j\omega})|^2$ 入手。为了分析的简单，假设系统的单位脉冲响应为实数 $h(n)$，则它幅频特性函数的平方可以表示为

$$|H(e^{j\omega})|^2 = H(e^{j\omega})H^*(e^{j\omega}) = H(e^{j\omega})H(e^{-j\omega}) = H(z)H(z^{-1})\big|_{z=e^{j\omega}} \tag{2.3.38}$$

这个关系意味着，如果 z_k 是 $H(z)$ 的零点，那么 z_k 也是 $|H(e^{j\omega})|^2$ 的零点，且 ${z_k}^{-1}$ 也是 $|H(e^{j\omega})|^2$ 的零点。因此在给定 $|H(e^{j\omega})|^2$ 的情况下，如果 $|H(e^{j\omega})|^2$ 有 $2N$ 个零点，这 $2N$ 个零点互为倒数，那么在幅频特性一样的情况下，对应系统函数的零点就有 2^N 种可能，这些零点有一部分位于单位圆内，另一部分位于单位圆外。其中，有一个系统的所有零点都在单位圆内，它具有最小的相位滞后，当频率从 $\omega=0$ 变化到 $\omega=\pi$ 时，它的相位变化为零，称为最小相位系统，或最小相位滤波器。有一个系统的所有零点都在圆外，具有最大的相位滞后，当频率从 $\omega=0$ 变化到 $\omega=\pi$ 时，它的相位变化为 $-N\pi$，称为最大相位系统。其余 2^N-2 个系统在单位圆内外都有零点，它们的相位滞后介于最小相位系统和最大相位系统之间，相位变换等于 $-k\pi$，这里 k 是单位圆外零点的数目，这些系统称为混合相位系统。根据这个定义，可知本节第一个系统属于最小相位系统，第二个系统属于最大相位系统。需要说明的是，如果系统的单位脉冲响应为复数，则零点之间的倒数关系要变为共轭倒数。

例 2.3.5 计算以下系统的零点，并指出这些系统是最小相位系统、最大相位系统还是混合相位系统：

(1) $H_1(z)=6+z^{-1}-z^{-2}$ (2) $H_2(z)=1-z^{-1}-6z^{-2}$

(3) $H_1(z)=2-5z^{-1}-3z^{-2}$ (4) $H_4(z)=3+5z^{-1}-2z^{-2}$

解：首先计算各系统函数的零点，然后根据零点和单位圆的关系，进行判定即可。

(1) $H_1(z)$ 的零点为 $-\dfrac{1}{2}$ 和 $\dfrac{1}{3}$，是最小相位系统。

(2) $H_2(z)$ 的零点为 -2 和 3，是最大相位系统。

(3) $H_3(z)$ 的零点为 $-\dfrac{1}{2}$ 和 3，是混合相位系统。

(4) $H_4(z)$ 的零点为 -2 和 $\dfrac{1}{3}$，是混合相位系统。

利用 MATLAB 画出上面四个系统的幅频和相频特性，如图 2.3.8 所示。从图上可以看出，四个系统的幅频特性相同，但是相频特性各不相同，其中 H_1 属于最小相位系统，而 H_2 属于最大相位系统，H_3 和 H_4 属于混合相位系统。

2）最小相位滤波器的性质

实际中，最小相位滤波系统具有重要的性质和作用，具体如下：

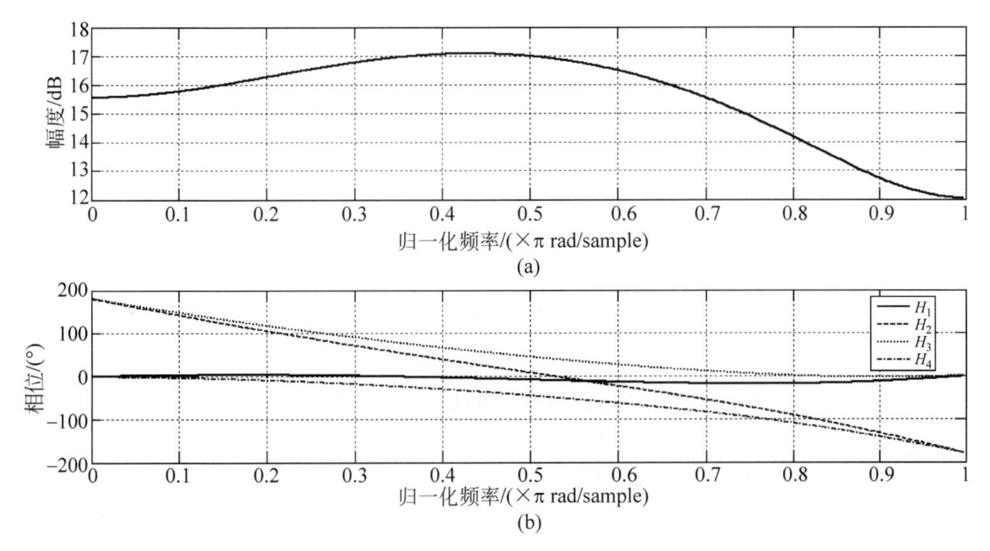

图 2.3.8 四个系统的幅频特性和相频特性

(1) 任何一个因果稳定的滤波器 $H(z)$ 均可以由一个最小相位滤波器 $H_{\min}(z)$ 和一个全通滤波器 $H_{\mathrm{ap}}(z)$ 级联构成,即

$$H(z)=H_{\min}(z)H_{\mathrm{ap}}(z) \tag{2.3.39}$$

证明:假设 $H(z)$ 有一个零点在单位圆外,记为 $z=z_0^{-1}$,$|z_0|<1$,因此 $H(z)$ 可以表示为

$$H(z)=H_1(z)(z^{-1}-z_0) \tag{2.3.40}$$

式中用因式 $z^{-1}-z_0$ 表示仅有的一个圆外零点,因此 $H_1(z)$ 的全部零点都在单位圆内,所以 $H_1(z)$ 是一个最小相位滤波器。将式(2.3.40)的分子、分母同时乘以 $1-z_0^* z^{-1}$,可得

$$H(z)=H_1(z)(z^{-1}-z_0)\frac{(1-z_0^* z^{-1})}{(1-z_0^* z^{-1})}=H_1(z)(1-z_0^* z^{-1})\frac{(z^{-1}-z_0)}{(1-z_0^* z^{-1})} \tag{2.3.41}$$

式中,等号右边 $\dfrac{z^{-1}-z_0}{1-z_0^* z^{-1}}$ 是一个全通滤波器,而 $1-z_0^* z^{-1}$ 的零点在单位圆内,因此 $H_1(z)(1-z_0^* z^{-1})$ 还是一个最小相位滤波器,因此就证明了命题的正确性。

(2) 在幅频特性相同的所有因果稳定系统中,最小相位系统的群延时最小。

由于任一因果稳定的系统均可以表示为式(2.3.39),因此系统的群延时可以表示为

$$\tau_{\mathrm{g}}(\omega)=\tau_{\mathrm{g}}^{\min}(\omega)+\tau_{\mathrm{g}}^{\mathrm{ap}}(\omega) \tag{2.3.42}$$

由式(2.3.30)可知,$\tau_{\mathrm{g}}^{\mathrm{ap}}(\omega)\geqslant 0$,因此 $\tau_{\mathrm{g}}(\omega)\geqslant\tau_{\mathrm{g}}^{\min}(\omega)$,这说明:在所有具有相同幅频特性的系统中,最小相位系统的群延时最小,因此最小相位系统称为最小群延时系统更为合理。

(3) 一个因果稳定的最小相位系统的逆系统也是因果稳定的最小相位系统。

给定一个因果稳定的系统函数为 $H(z)=\dfrac{B(z)}{A(z)}$,其逆系统定义为

$$H_{\text{inv}}(z)=\frac{A(z)}{B(z)} \tag{2.3.43}$$

显然,原系统的零点变成逆系统的极点,而原系统的极点变成逆系统的零点。由于因果稳定的最小相位系统的零极点都在单位圆内,所以它对应的逆系统的极点和零点也都在单位圆内,因此逆系统也是因果稳定的最小相位系统。逆系统的概念在系统辨识、时域均衡等场合十分有用。

2.4 离散时间信号与系统频域分析的 MATLAB 仿真

本章主要讲解了离散时间信号和系统的频域分析,内容包括 Z 变换、离散时间傅里叶变换以及系统的频域分析。本节主要介绍利用 MATLAB 软件对这些内容进行仿真,包括 Z 变换、DTFT、系统的零点、极点以及系统的频率特性仿真,便于更好地理解前面的知识。

2.4.1 Z 变换的 MATLAB 仿真

Z 变换的 MATLAB 仿真包括 Z 变换和逆 Z 变换的求解,涉及的函数主要有 ztrans、conv、residuez 和 poly 等,其中 ztrans 用于计算给定序列的 Z 变换,conv 主要用于计算两个向量的卷积,下面重点介绍 residuez 和 poly 函数的调用格式和使用方法。

1. residuez

格式:
```
[r,p,c] = residuez(b,a);
[b,a] = residuez(r,p,c);
```

说明:[r,p,c]=residuez(b,a)计算以如下形式展开的两个多项式之比的部分分式展开的留数 r、极点 p 和直接项 c。

$$H(z)=\frac{b(z)}{a(z)}=\frac{b_0+b_1z^{-1}+\cdots+b_mz^{-m}}{a_0+a_1z^{-1}+\cdots+a_nz^{-n}}$$

而[b,a]=residuez(r,p,c)则是根据系统的留数、极点和直接项求出分子和分母多项式的系数。

2. poly

格式:
```
p = poly(A)
p = poly(r)
```

说明:p=poly(A):A 是一个 $n\times n$ 的矩阵,poly(A)返回的是一个 $n+1$ 维的行向量,这个向量的元素是特征多项式的系数。

p=poly(r):r 是一个向量,poly(r)返回的是一个向量,这个向量的元素是以 r 为根的多项式系数。

例 2.4.1 利用 MATLAB 程序计算以下序列的 Z 变换:

(1) $x_1(n)=3^nu(n)$

(2) $x_2(n)=n\cdot 3^n u(n)$

(3) $x_3(n)=\mathrm{e}^{\mathrm{j}\omega_0 n}u(n)$

解：可以直接调用Z变换函数 ztrans()来进行计算，但要注意的是该函数只能对符号变量进行变换，因此在调用该函数之前应首先用 syms 函数定义一些变量。MATLAB 程序如下：

```
syms zn w0
x1 = 3^n;
X1Z = ztrans(x1)
x2 = n * 3^n;
X2Z = ztrans(x2)
x3 = exp(j * w0 * n);
X3Z = ztrans(x3)
```

程序运行结果如下：

```
X1Z  = z/(z - 3)
X2Z  = (3 * z)/(z - 3)^2
X3Z  = z/(z - exp(w0 * i))
```

需要指出的是，MATLAB 只给出了Z变换的表达式，并没有给出收敛域，因此收敛域还需要读者自己给出，比如第一小题的收敛域应该是$|z|>3$。

例 2.4.2 已知 $X_1(z)=2+3z^{-1}+4z^{-2}$，$X_2(z)=3+4z^{-1}+5z^{-2}+6z^{-3}$，利用 MATLAB 的 conv 函数来求解 $X_3(z)=X_1(z)X_2(z)$。

解：由Z变换的定义可知，如果 $X_1(z)=2+3z^{-1}+4z^{-2}$，则 $x_1(n)=2\delta(n)+3\delta(n-1)+4\delta(n-2)$。根据这个思路以及Z变换时域和频域的关系，可编写如下的 MATLAB 程序：

```
x1 = [2 3 4];
x2 = [3 4 5 6];
x3 = conv(x1,x2);
```

程序运行的结果如下：

```
x3 = [6 17 34 43 38 24];
```

由此可得

$$X_3(z)=6+17z^{-1}+34z^{-2}+43z^{-3}+38z^{-4}+24z^{-5}$$

例 2.4.3 已知因果线性时不变系统的系统函数为

$$H(z)=\frac{0.2z^2}{z^3+0.3z^2-0.25z+0.021}$$

试用 MATLAB 软件编程的方法将它展开成部分分式，并用得到的留数、极点反求系统函数的分子和分母多项式系数，以便验证求解的正确性。

解：首先把系统函数 $H(z)$的分子和分母整理为按照 z^{-1} 的降幂进行排列，可得

$$H(z)=\frac{0.2z^{-1}}{1+0.3z^{-1}-0.25z^{-2}+0.021z^{-3}}$$

MATLAB程序如下：

```
clc;clear;
b=[00.2];
a=[1 0.3 -0.25 0.021];
[r,p,c]=residuez(b,a);
```

运行的结果如下：

```
r=  -0.1750
     0.3000
    -0.1250
p =  -0.7000
     0.3000
     0.1000
c= [ ]
```

再利用[b,a]=residuez(r,p,c)，可得

```
b=[0  0.2000];
a=[1.0000 0.3000 -0.2500 0.0210];
```

从结论可知，反过来求出的系统函数的分子、分母多项式系数与题目中给出的数值完全相同。

例 2.4.4 已知

$$X(z)=\frac{1}{(1-0.9z^{-1})^2(1+0.9z^{-1})},\quad |z|>0.9$$

用MATLAB求解其逆Z变换。

解：MATLAB程序如下：

```
b=1;
a=poly([0.9 0.9 -0.9])
[R,P,C]=residuez(b,a)
```

运行后结果如下：

```
a=[1 -0.9 -0.81 0.729];
R=[0.25 0.5  0.25];
P=[0.9 0.9 -0.9];
C=[];
```

从留数计算的结果可知

$$X(z)=\frac{0.25}{1-0.9z^{-1}}+\frac{0.5}{(1-0.9z^{-1})^2}+\frac{0.25}{1+0.9z^{-1}},\quad |z|>0.9$$

$$=X(z)=\frac{0.25}{1-0.9z^{-1}}+\frac{0.5}{0.9}z\frac{0.9z^{-1}}{(1-0.9z^{-1})^2}+\frac{0.25}{1+0.9z^{-1}},\quad |z|>0.9$$

根据基本序列的Z变换可得

$$x(n)=0.25(0.9)^n u(n)+\frac{5}{9}(n+1)(0.9)^{n+1}u(n+1)+0.25(-0.9)^n u(n)$$

化简后可得

$$x(n)=0.75(0.9)^n u(n)+0.5n(0.9)^n u(n)+0.25(-0.9)^n u(n)$$

得到 $x(n)$之后，可以利用 filter 函数编写程序验证结果的正确性。方法如下：

由于

$$X(z)=\frac{1}{(1-0.9z^{-1})^2(1+0.9z^{-1})}=\frac{1}{1+0.9z^{-1}+0.81z^{-2}-0.729z^{-3}}$$

因此，可以把 $X(z)$看作一个系统，当输入为 $\delta(n)$，系统的输出就是 $x(n)$。

MATLAB 程序如下：

```
b = 1;
a = [1  - 0.9  - 0.81 0.729];
input = [1 0 0 0 0 0 0 0];
n = [0 1 2 3 4 5 6 7];
xn1 = filter(b,a,input);
xn2 = (0.75) * 0.9.^n + (0.5) * n. * (0.9).^n + 0.25 * ( - 0.9).^n;
```

运行结果如下：

```
xn1 = [1 0.9 1.62 1.458 1.9683 1.7715 2.1258 1.9132];
xn2 = [1 0.9 1.62 1.458 1.9683 1.7715 2.1258 1.9132];
```

结果表明，将 $X(z)$通过逆 Z 变换得到的时域序列 $x(n)$与将 $X(z)$作为一个系统得到的输出是一样的。

2.4.2 DTFT 的 MATLAB 仿真

离散时间傅里叶变换的 MATLAB 仿真主要包括 DTFT 的计算、DTFT 的幅度特性和相位特性、验证 DTFT 的相关性质。涉及的函数主要有 real、angle、abs 和 fliplr，其中 real 函数用于计算复数的实部，angle 函数用于计算复数的相位，abs 函数用于计算复数的幅度，而 fliplr 函数用于将序列左右反转。

例 2.4.5 已知序列 $x(n)=R_4(n)$，用 MATLAB 编程求解 $x(n)$的离散时间傅里叶变换。

解：需要指出的是，序列的 DTFT 是频域连续的函数，而计算机只能表示离散的，为了弥补这个问题，可以先用计算机计算 N 个点的 DTFT，然后用曲线连起来，这样就可以近似地模拟序列的 DTFT。由于 DTFT 的周期性，这 N 个点一般在$[0,2\pi)$的区间上等间隔地选取，这个计算过程其实就是第 3 章要介绍的离散傅里叶变换。

MATLAB 程序如下：

```
clc;clear;
x = [1 1 1 1];
n = [0 1 2 3];
```

```
K = 16;
k = 0:1:K - 1;
w = 2 * pi * k/K;
XDTFT = x * exp( - j * n' * w)
plot(k,abs(XDTFT))
```

运行结果如下：

```
Columns 1 through 5
4.0000              3.0137 - 2.0137i   1.0000 - 2.4142i   -0.2483 - 1.2483i
-0.0000 - 0.0000i
Columns 6 through 10
0.8341 + 0.1659i   1.0000 - 0.4142i   0.4005 - 0.5995i          0 - 0.0000i
0.4005 + 0.5995i
Columns 11 through 15
1.0000 + 0.4142i   0.8341 - 0.1659i   0.0000 - 0.0000i   -0.2483 + 1.2483i
1.0000 + 2.4142i
Column 16
3.0137 + 2.0137i
```

本例中，利用 MATLAB 软件计算了 16 点的 DTFT 值，从运算结果中可以看到第 0 点的值等于 4，第 4、8、12 点的值都是 0，这和第 3 章中计算 $R_4(n)$ 的 16 点 DFT 的结果是一致的。程序的最后一个语句是利用 plot 函数将这 16 个点连接起来，如图 2.4.1 所示，这就完成了连续 DTFT 的近似，可以推测，如果计算的点数越多，则曲线越平滑，越精确。

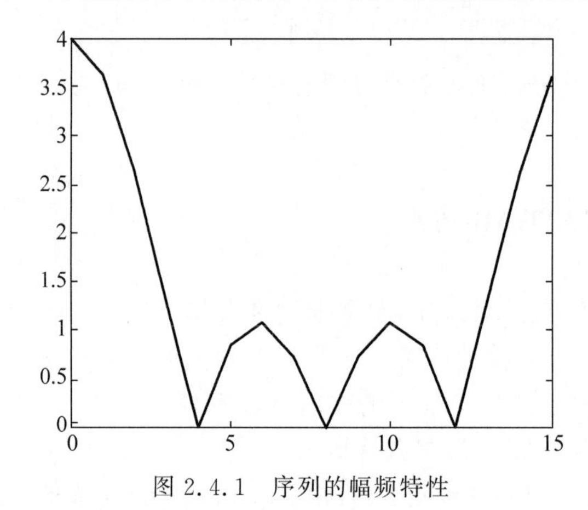

图 2.4.1　序列的幅频特性

例 2.4.6　已知序列 $x(n)=0.5^n u(n)$，用 MATLAB 仿真 $x(n)$ 的离散时间傅里叶变换 $X(e^{j\omega})$，并画出幅频特性和相位特性。

解：MATLAB 程序如下：

```
w = [0:1:500] * pi/500;                    % [0,pi] axis divided into 501 points;
X = exp((j * w)./exp(j * w) - 0.5 * ones(1,501));
magX = abs(X);
angX = angle(X);
subplot(2,2,1);plot(w/pi,magX);grid on;
xlabel('frequency in pi units');title('Magnitude part');ylabel('Magnitude')
subplot(2,2,2);plot(w/pi,angX);grid on;
```

```
xlabel('frequency in pi units');title('Angle part');ylabel('Angle');
```

程序运行结果如图 2.4.2 所示。

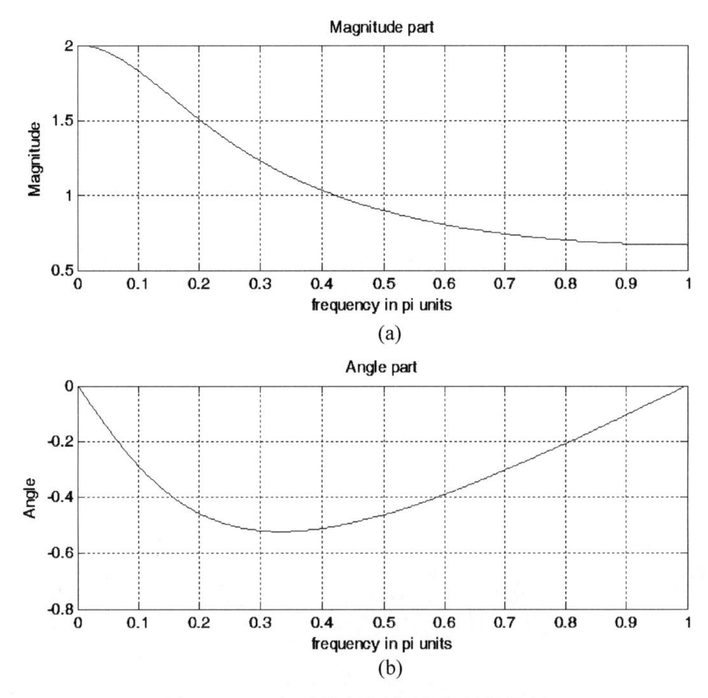

(a)

(b)

图 2.4.2 序列的幅频特性和相位特性

需要说明的是，虽然信号 $x(n)$是无限长，但是在利用计算机进行 MATLAB 仿真时可以通过取有限长的信号来进行近似；另外，本例中首先计算了 501 点的 DTFT，然后把这些点连接起来，所以得到的曲线比较平滑。

例 2.4.7 已知序列 $x(n)=\cos(\pi n/2), 0\leqslant n\leqslant 100, y(n)=e^{j\pi n/4}x(n)$，用 MATLAB 编程来验证离散时间傅里叶变换的频移性。

解：MATLAB 程序如下：

```
n = 0:100;
x = cos(pi * n/2);
k = - 100:100;
w = pi/100 * k;
X = x * (exp( - j * pi/100)).^(n' * k);
y = exp(j * pi * n/4). * x;
Y = y * (exp( - j * pi/100)).^(n' * k);
figure(1)
subplot(211);plot(w/pi,abs(X),'k');grid on; axis([ - 1,1 ,0,60]);
xlabel('frequency in pi units');ylabel('|x|');
title('Magnitude of X');
subplot(212);plot(w/pi,angle(X)/pi,'k');grid on; axis([ - 1,1 , - 1,1]);
xlabel('frequency in pi units');ylabel('radiands/pi');
title('Angle of X');
figure(2)
```

```
subplot(211);plot(w/pi,abs(Y),'k');grid on; axis([ - 1,1 ,0,60]);
xlabel('frequency in pi units');ylabel('|Y|');
title('Magnitude of Y');
subplot(212);plot(w/pi,angle(Y)/pi,'k');grid on; axis([ - 1,1 , - 1,1]);
xlabel('frequency in pi units');ylabel('radiands/pi');
title('Angle of Y');
```

程序运行的结果如图 2.4.3 和图 2.4.4 所示。

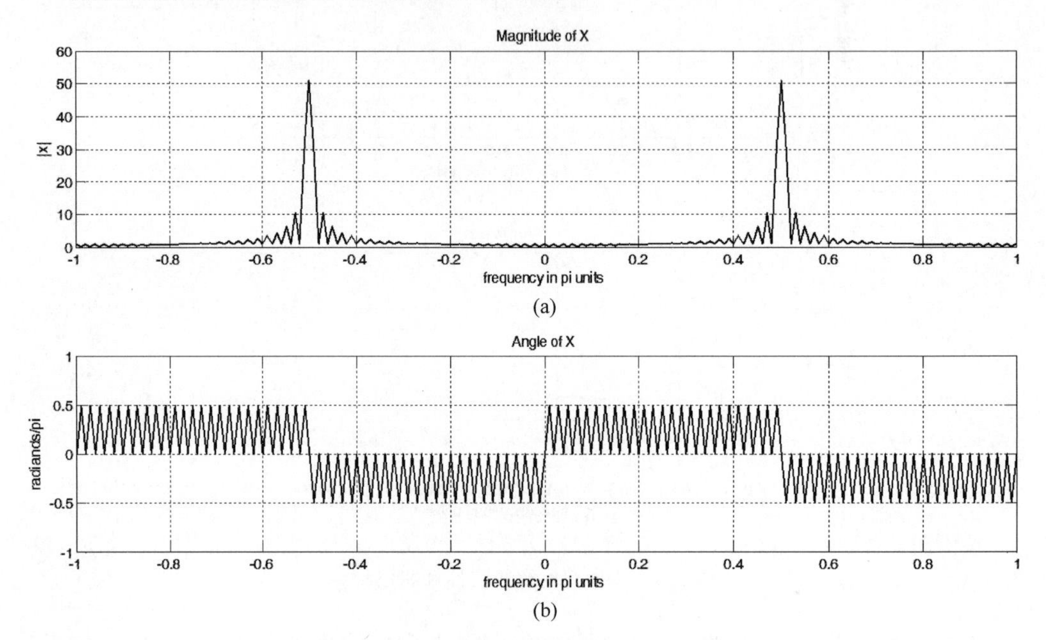

图 2.4.3 序列频移前的幅频特性和相位特性

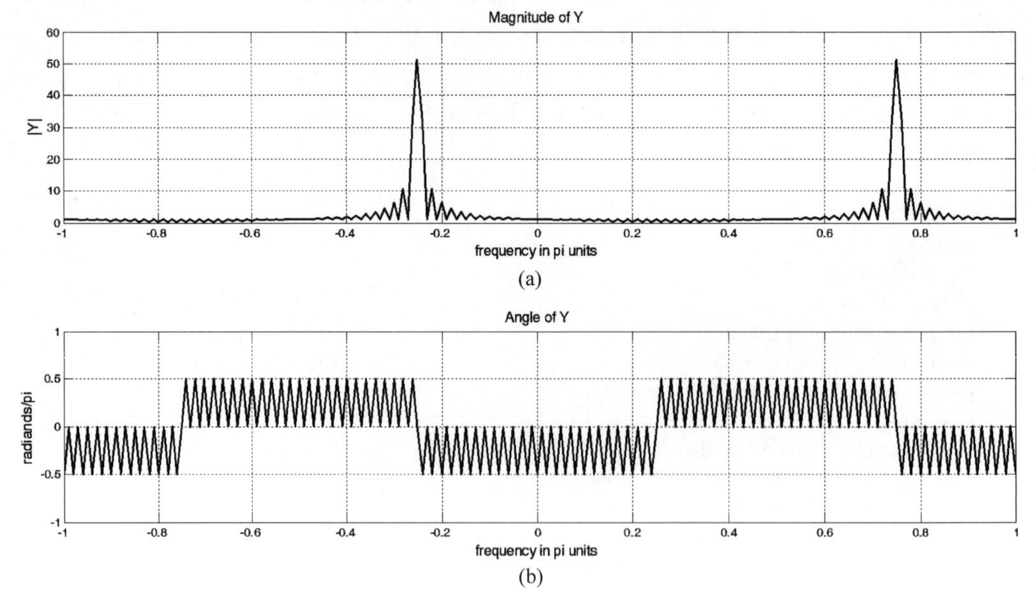

图 2.4.4 序列频移后的幅频特性和相位特性

通过比较图 2.4.3 和图 2.4.4 可知，序列 $y(n)=e^{j\pi n/4}x(n)$ 的离散时间傅里叶变换 $Y(e^{j\omega})$ 和 $X(e^{j\omega})$ 的关系是将 $X(e^{j\omega})$ 的幅频特性或相位特性向右移动了 $\pi/4$，$Y(e^{j\omega})$ 将 $X(e^{j\omega})$ 原来在 $\pi/2$ 处的频率峰值移到 $3\pi/4$ 处，这与前面推导的频移特性是一致的。

例 2.4.8 已知 $x(n)=\sin(\pi n/2)$，$-5\leqslant n\leqslant 10$，通过数值计算和画图的方法利用 MATLAB 仿真验证序列共轭对称性的正确性。

解：程序如下：

```
n = -5:10;x = sin(pi * n/2);
k = -100:100;w = pi/100 * k;
X = x * (exp( - j * pi/100)).^(n' * k);
[xe,xo,m] = evenodd(x,n);
XE = xe * (exp( - j * pi/100)).^(m' * k);
XO = xo * (exp( - j * pi/100)).^(m' * k);
XR = real(X);
error1 = max(abs(XE - XR))
XI = imag(X);
error2 = max(abs(XO - j * XI))
subplot(221);plot(w/pi,XR);grid on;axis([ - 1,1, - 2,2]);
xlabel('frequency in pi units');ylabel('Re(x)');title('Real part of X');
subplot(222);plot(w/pi,XI);grid on;axis([ - 1,1, - 10,10]);
xlabel('frequency in pi units');ylabel('Im(x)');title('imaginary part of X');
subplot(223);plot(w/pi,real(XE));grid on;axis([ - 1,1, - 2,2]);
xlabel('frequency in pi units');ylabel('XE');title('transform of even part');
subplot(224);plot(w/pi,imag(XO));grid on;axis([ - 1,1, - 10,10]);
xlabel('frequency in pi units');ylabel('XO');title('transform of odd part');
```

程序中用到了自编函数 evenodd，具体如下：

```
function [xe,xo,m] = evenodd(x,n)
m = - fliplr(n);
m1 = min([m,n]);
m2 = max([m,n]);
m = m1:m2;
nm = n(1) - m(1);
n1 = 1:length(n);
x1 = zeros(1,length(m));
x1(n1 + nm) = x;
x = x1;
xe = 0.5 * (x + fliplr(x));
xo = 0.5 * (x - fliplr(x));
```

程序运行结果如下：

```
error1 =  6.4862e - 014
error2 =  6.4492e - 014
```

从结果可以看出，序列 $X(e^{j\omega})$ 的实部和 $x_e(n)$ 的 DTFT 差别非常小，这主要是由于计算的精度引起的，从数值计算的角度说明了二者是相等的。得到的图形如图 2.4.5 所示。

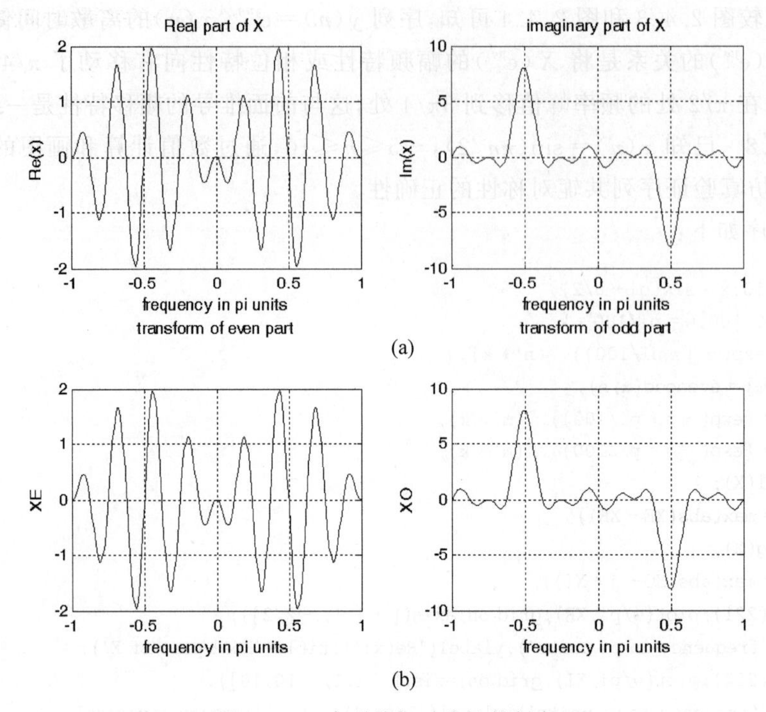

图 2.4.5 序列共轭对称性的判定

从图 2.4.5 可以看出，$X(e^{j\omega})$的实部等于 $x(n)$的共轭对称部分 $x_e(n)$的 DTFT，$X(e^{j\omega})$的虚部乘以 j 等于 $x(n)$的共轭反对称部分 $x_o(n)$的 DTFT，这与 DTFT 的共轭对称性是一致的。需要说明的是，$x_e(n)$的 DTFT 是实数，但是 MATLAB 在计算的过程中表示成一个虚部为零的复数，所以在画 $x_e(n)$的 DTFT 的图形时，用 real 函数取出其实部，对待 $x_o(n)$的 DTFT 的处理与此类似。

2.4.3 系统零极点的 MATLAB 仿真

系统函数的零点和极点决定了系统的特性，利用 MATLAB 的 roots 和 zplane 函数，可以求得系统函数的零点和极点，并且画出其零极点图形。本节首先介绍 roots 和 zplane 函数的调用格式和使用方法。

1. roots

格式：`r1 = roots(c)`

说明：roots(c)函数用于求解以向量 c 为系数的多项式的根。

2. zplane

格式：
```
zplane(b,a);
zplane(z,p);
```

说明：函数 zplane(b,a)用于画出以向量 b 和 a 为分子分母多项式系数的系统函数的零极点图，其中零点用“o”表示，极点用“x”表示。zplane(z,p)用于画出以 z 为零点、以 p 为极点的零极点图。

例 2.4.9 某系统的系统函数为

$$H(z)=\frac{0.3+z^{-1}+2z^{-2}+3z^{-3}+4z^{-4}}{1-1.2z^{-1}+2z^{-2}-0.6z^{-3}+0.5z^{-4}}$$

用 MATLAB 程序求其零点、极点并绘出零极点图。

解：MATLAB 程序如下：

```
b = [0.3 1 2 3 4];
a = [1 -1.2 2 -0.6 0.5];
r1 = roots(a)                %求极点
r2 = roots(b)                %求零点
zplane(b,a);                 %绘制零极点图,输入参数分别为系统函数的分子分母系数.
```

运行结果如下：

```
r1 =  0.5146 + 1.1061i
   0.5146 - 1.1061i
   0.0854 + 0.5733i
   0.0854 - 0.5733i
r2 =  -1.7715 + 1.0920i
-1.7715 - 1.0920i
   0.1048 + 1.7515i
   0.1048 - 1.7515i
```

程序运行结果如图 2.4.6 所示。

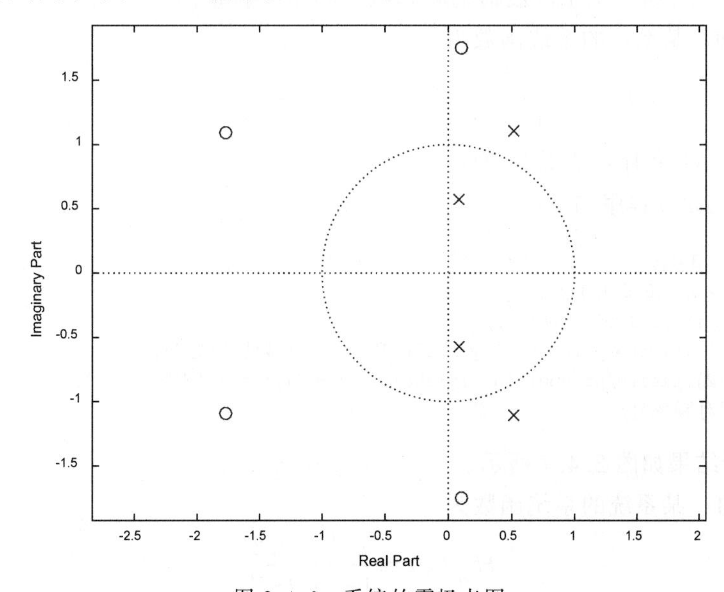

图 2.4.6　系统的零极点图

图 2.4.5 中"×"表示极点,"o"表示零点,通过观察可以发现,系统的零极点都是共轭成对的,这主要是由于多项式的系数都是实数,因此,它们的根要么是实数,要么是共轭成对的。

2.4.4 系统频率响应的 MATLAB 仿真

2.4.2 节通过计算序列或者系统单位脉冲响应 DTFT 的方法,可以得到序列或系统的幅频特性和相频特性。其实 MATLAB 中有专门求解系统幅频特性、相频特性并且画出对应图形的函数 freqz,下面先介绍这个函数的使用方法。

1. freqz

计算数字滤波器的频率响应。

格式:
```
[h,w] = freqz(b,a,len)
h = freqz(b,a,w)
[h,w] = freqz(b,a,len,'whole')
freqz(b,a,...)
```

说明:[h,w]= freqz(b,a,len)返回数字滤波器的频率响应 h 和相位响应 w,这个滤波器传输函数的分子和分母分别由向量 b 和 a 来确定。h 和 w 的长度都是 len。角度频率向量 w 的大小为 $0\sim\pi$。若没有定义整数 len 的大小或者 len 是空向量,则默认为 512。

h = freqz(b,a,w)在向量 w 规定的频率点上计算滤波器的频率响应 h。

[h,w] = freqz(b,a,len,'whole')围绕整个单位圆计算滤波器的频率响应。频率向量 w 的长度为 len,它的大小为 $0\sim2\pi$。

freqz(b,a,...)自动画出滤波器的频率响应和相位响应。

例 2.4.10 某系统的系统函数为

$$H(z)=\frac{0.3+z^{-1}+2z^{-2}+3z^{-3}+4z^{-4}}{1-1.2z^{-1}+2z^{-2}-0.6z^{-3}+0.5z^{-4}}$$

用 MATLAB 程序绘出其频率响应。

解:MATLAB 程序如下:

```
b = [0.3 1 2 3 4];
a = [1 -1.2 2 -0.6 0.5];
[H,w] = freqz(b,a,1000,'whole');
subplot(211);plot(w/pi,abs(H));ylabel('H');title('幅频特性');
subplot(212);plot(w/pi,angle(H));ylabel('ang[H]');title('相频特性');
xlabel('相对频率');
```

程序运行结果如图 2.4.7 所示。

例 2.4.11 某系统的系统函数为

$$H_{ap}(z)=\frac{z^{-1}-0.2}{1-0.2z^{-1}}$$

用 MATLAB 程序绘出其频率响应。

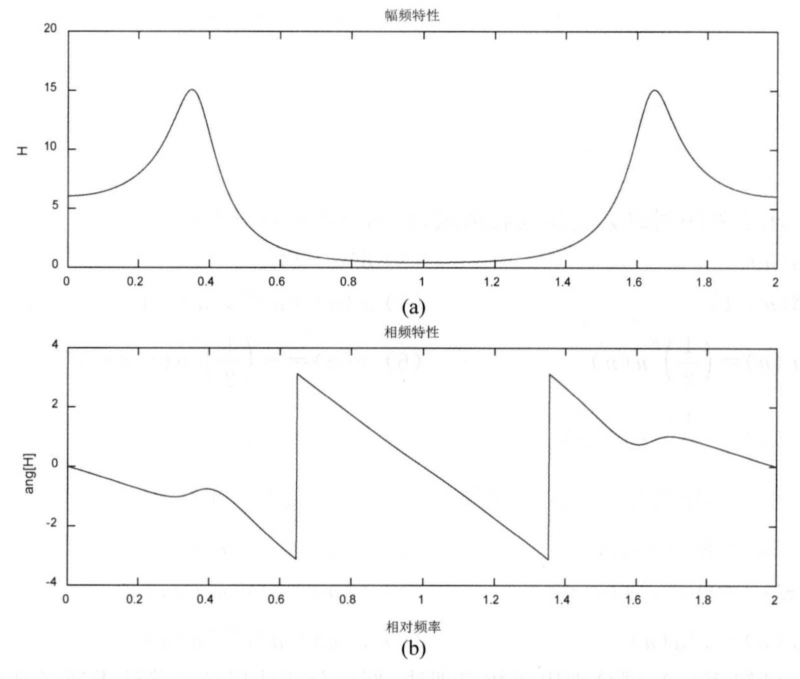

图 2.4.7　系统的频域响应

解：MATLAB 程序如下：

```
b = [ - 0.2 1];
a = [1 - 0.2];
freqz(b,a);
```

系统的幅频特性和相频特性如图 2.4.8 所示。

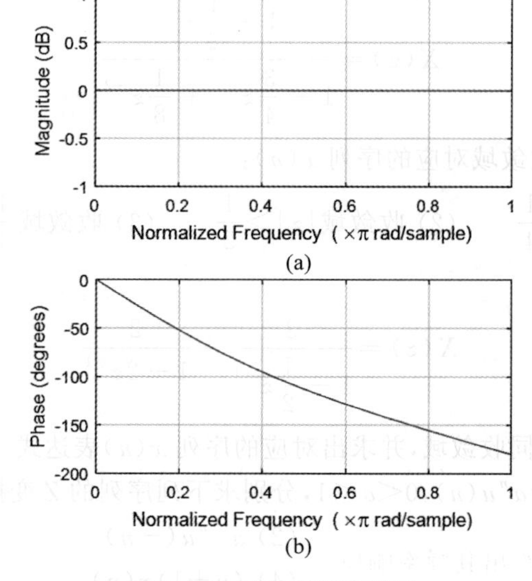

图 2.4.8　系统的频率响应

从图 2.4.8 可以看出，该系统的幅频特性在全频率范围内为 0dB，因此这是一个全通系统。

习题

2.1　求下列序列的 Z 变换及收敛域，并画出零极点分布图：

(1) $\delta(n)$　　(2) $\delta(n-1)$

(3) $\delta(n+1)$　　(4) $x(n)=a^{|n|}, |a|<1$

(5) $x(n)=\left(\frac{1}{2}\right)^n u(n)$　　(6) $x(n)=-\left(\frac{1}{2}\right)^n u(-n-1)$

(7) $x(n)=\left(\frac{1}{2}\right)^n u(-n)$　　(8) $x(n)=\frac{1}{n}, n\geqslant 1$

2.2　求下列序列的 Z 变换及收敛域，并画出零极点分布图：

(1) $x(n)=R_N(n), N=4$　　(2) $x(n)=e^{j\omega_0 n}u(n)$

(3) $x(n)=\sin(\omega_0 n)u(n)$　　(4) $x(n)=\cos(\omega_0 n)u(n)$

(5) $x(n)=a^n u(n)$　　(6) $x(n)=a^n e^{j\omega_0 n}u(n)$

2.3　已知 $X(z)$，试分别用留数定理法、部分分式法以及长除法求逆 Z 变换 $x(n)$：

(1) $X(z)=\frac{1}{1-\frac{1}{2}z^{-1}}, |z|<\frac{1}{2}$　　(2) $X(z)=\frac{1}{1-\frac{1}{2}z^{-1}}, |z|>\frac{1}{2}$

(3) $X(z)=\frac{1-2z^{-1}}{1-\frac{1}{4}z^{-2}}, |z|<\frac{1}{2}$　　(4) $X(z)=\frac{1-2z^{-1}}{1-\frac{1}{4}z^{-2}}, |z|>2$

2.4　已知

$$X(z)=\frac{1-\frac{1}{2}z^{-1}}{1+\frac{3}{4}z^{-1}+\frac{1}{8}z^{-2}}$$

试分别求出不同收敛域对应的序列 $x(n)$：

(1) 收敛域 $|z|<\frac{1}{4}$　　(2) 收敛域 $|z|>\frac{1}{2}$　　(3) 收敛域 $\frac{1}{4}<|z|<\frac{1}{2}$

2.5　已知

$$X(z)=\frac{3}{1-\frac{1}{2}z^{-1}}+\frac{2}{1-2z^{-1}}$$

试给出 $X(z)$ 的不同收敛域，并求出对应的序列 $x(n)$ 表达式。

2.6　已知 $x(n)=a^n u(n), 0<a<1$，分别求下列序列的 Z 变换：

(1) $x(n)$　　(2) $a^{-n}u(-n)$

(3) $nx(n)$　　(4) $(n+1)x(n)$

(5) $\frac{n(n-1)}{2!}x(n)$　　(6) $\frac{(n+1)(n+2)}{2!}x(n)$

2.7 已知信号 $y(n)$ 与两个信号 $x_1(n)$ 和 $x_2(n)$ 的关系为

$$y(n)=x_1(n+3)*x_2(-n+1)$$

式中

$$x_1(n)=\left(\frac{1}{2}\right)^n u(n),\quad x_2(n)=\left(\frac{1}{3}\right)^n u(n)$$

试用Z变换的性质求 $y(n)$ 的Z变换 $Y(z)$。

2.8 已知线性时不变系统的单位冲激响应 $h(n)=a^n u(n)$，$0<a<1$，输入序列 $x(n)=b^n u(n)$，$0<b<1$，试用下列两种方法求 $y(n)$：

(1) 卷积法　　(2) Z变换法

2.9 求 $x(n)=R_5(n)$ 的离散时间傅里叶变换 $X(e^{j\omega})$，并画出幅度特性曲线 $|X(e^{j\omega})|$-ω 示意图。

2.10 试求下列序列的离散时间傅里叶变换：

(1) $\delta(n-n_0)$　　(2) $a^n R_N(n)$

(3) $e^{-an}u(n)$　　(4) $e^{-(a+j\omega_0)n}u(n)$

(5) $e^{-an}\cos(\omega_0 n)u(n)$　　(6) $a^n u(n)$，$0<a<1$

2.11 已知 $X(e^{j\omega})=\text{DTFT}[x(n)]$，试求下列序列的离散时间傅里叶变换：

(1) $x(n-n_0)$　　(2) $x(-n)$

(3) $x^*(n)$　　(4) $x^*(-n)$

(5) $x^2(n)$　　(6) $nx(n)$

(7) $n^2x(n)$　　(8) $y(n)=\begin{cases}x(n), & n\text{ 为偶数}\\ 0, & n\text{ 为奇数}\end{cases}$

(9) $x(2n)$　　(10) $y(n)=\begin{cases}x(n/2), & n\text{ 为偶数}\\ 0, & n\text{ 为奇数}\end{cases}$

2.12 证明序列 $x(n)$ 的离散时间傅里叶变换 $X(e^{j\omega})$ 的实部、虚部、幅频特性和相频特性的都是以 2π 为周期的周期函数。

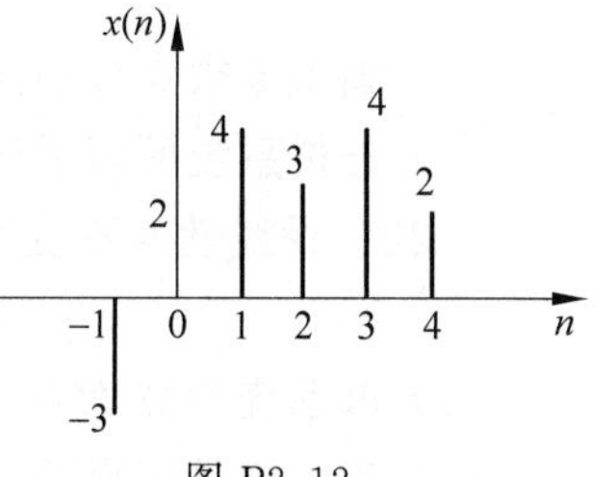

图 P2.12

2.13 已知序列 $x(n)$ 如图P2.12所示，其离散时间傅里叶变换为 $X(e^{j\omega})$，试在不直接求出 $X(e^{j\omega})$ 的情况下，完成下列计算：

(1) $X(e^{j0})$　　(2) $X(e^{j\pi})$

(3) $\int_{-\pi}^{\pi}X(e^{j\omega})d\omega$　　(4) $\int_{-\pi}^{\pi}|X(e^{j\omega})|^2 d\omega$

(5) $\int_{-\pi}^{\pi}\left|\frac{dX(e^{j\omega})}{d\omega}\right|^2 d\omega$　　(6) $\text{Re}[X(e^{j\omega})]$ 对应的序列 $x_e(n)$

2.14　若 $x_1(n)$、$x_2(n)$是因果稳定序列，试证明：

$$\frac{1}{2\pi}\int_{-\pi}^{\pi} X_1(e^{j\omega})X_2(e^{j\omega})d\omega = \left\{\frac{1}{2\pi}\int_{-\pi}^{\pi} X_1(e^{j\omega})d\omega\right\}\left\{\frac{1}{2\pi}\int_{-\pi}^{\pi} X_2(e^{j\omega})d\omega\right\}$$

2.15　已知理想低通和理想高通滤波器的频域响应分别为

(1) $H_{LP}(e^{j\omega}) = \begin{cases} 1, & |\omega| \leqslant \omega_c \\ 0, & \omega_c < |\omega| \leqslant \pi \end{cases}$　　(2) $H_{HP}(e^{j\omega}) = \begin{cases} 0, & |\omega| \leqslant \omega_c \\ 1, & \omega_c < |\omega| \leqslant \pi \end{cases}$

求滤波器分别对应的单位冲激响应 $h_{LP}(n)$和 $h_{HP}(n)$。

2.16　试分析序列 $x(n)$的离散时间傅里叶变换的性质：

(1) $x(n)$为实偶函数；

(2) $x(n)$为实奇函数。

2.17　已知序列 $x(n)=a^n u(n)$，$0<a<1$，分别求其偶函数 $x_e(n)$和奇函数 $x_o(n)$的离散时间傅里叶变换。

2.18　已知序列 $x(n)$的自相关函数定义为

$$r_{xx}(n) = \sum_{n=-\infty}^{\infty} x(n)x(n+m)$$

试用 $x(n)$的 Z 变换 $X(z)$和傅里叶变换 $X(e^{j\omega})$分别表示自相关函数的 Z 变换 $R_{xx}(z)$和傅里叶变换 $R_{xx}(e^{j\omega})$。

2.19　用 Z 变换求解下列差分方程：

(1) $y(n)-0.9y(n-1)=0.05u(n)$，$y(n)=0$，$n\leqslant -1$

(2) $y(n)-0.9y(n-1)=0.05u(n)$，$y(-1)=1$，$y(n)=0$，$n<-1$

2.20　设线性时不变因果系统用差分方程描述为

$$y(n) - 2r\cos\theta y(n-1) + r^2 y(n-2) = x(n)$$

当输入序列 $x(n)=a^n u(n)$时，试用 Z 变换求解系统的输出。

2.21　设稳定系统的系统函数为

$$H(z) = \frac{1}{z-0.5}$$

(1) 画出零极点分布图，并确定其收敛域；

(2) 分析系统的因果性。

2.22　设线性时不变系统用下列差分方程描述：

$$y(n) = y(n-1) + y(n-2) + x(n-1)$$

(1) 求系统函数 $H(z)$，并画出零极点分布图；

(2) 若系统是因果的，指出 $H(z)$的收敛域，并求出单位冲激响应 $h(n)$；

(3) 若系统是稳定的，指出 $H(z)$的收敛域，并求出单位冲激响应 $h(n)$。

2.23　设线性时不变系统用下列差分方程描述：

$$y(n-1) - \frac{5}{2}y(n) + y(n+1) = x(n)$$

该系统不限定为因果或稳定系统。试利用系统的零极点分布，求出系统可能的单位

冲激响应 $h(n)$。

2.24 设线性时不变因果系统用下列差分方程描述：

$$y(n)=0.9y(n-1)+x(n)+0.9x(n-1)$$

(1) 求系统函数 $H(z)$,画出零极点分布图；

(2) 写出 $H(z)$的收敛域,并求出单位冲激响应 $h(n)$；

(3) 写出系统频率响应 $H(e^{j\omega})$表达式,并定性画出幅度特性曲线；

(4) 若输入序列 $x(n)=e^{j\omega_0 n}u(n)$,试求出输出序列 $y(n)$。

2.25 设下列系统的系统函数 $H(z)$分别为

(1) $H(z)=\dfrac{1}{z-0.5}$ (2) $H(z)=\dfrac{z+0.5}{z}$

试确定系统的零极点分布,并利用几何分析法画出幅度特性曲线。

2.26 全通系统的系统函数为

$$H(z)=\frac{z^{-1}-a^*}{1-az^{-1}},\quad |a|<1$$

试证明$|H(e^{j\omega})|=1$。

第3章 离散傅里叶变换

Z变换和离散时间傅里叶变换都是数字信号处理领域中重要的数学变换，但由于DTFT和单位圆上的Z变换在频域上都是连续的，因而适合于理论分析和数学推导，无法直接通过计算机进行数值运算。相对而言，离散的时间和频率适合于计算机处理。

对离散时间信号（序列）而言，若满足绝对可和条件，DTFT存在；若不满足绝对可和条件，如周期序列，DTFT则不存在。此时，可以将周期序列看作周期连续时间信号经过采样得到的，与傅里叶级数（FS）展开类似，周期序列可以展开为离散傅里叶级数（DFS），获得离散的频谱。

对于有限长序列，一方面可视为周期序列的一个周期，通过DFS能够获得离散频谱；另一方面对有限长序列的DTFT进行离散化，也同样可以得到离散频谱。这两种途径得到的离散频谱实际上就是离散傅里叶变换（DFT）。

DFT具有时域和频域离散化、有限长的特点，非常适合于计算机处理，在实际数字信号处理中发挥着重要作用。为了更好地理解和掌握DFT，下面首先讨论周期序列的离散傅里叶级数，然后介绍DFT的定义和性质、频域采样与内插、DFT典型应用以及MATLAB仿真等内容。

3.1 周期序列的离散傅里叶级数

3.1.1 周期序列

设 $x(n)$ 是长度为 N 的有限长序列，$0\leqslant n\leqslant N-1$；$\tilde{x}(n)$ 表示以 N 为周期，对 $x(n)$ 进行周期延拓后形成的周期序列，那么它们的关系可表示为

$$\tilde{x}(n)=\sum_{m=-\infty}^{\infty} x(n+mN),\quad m\text{ 为整数} \tag{3.1.1}$$

$$x(n)=\tilde{x}(n)R_N(n) \tag{3.1.2}$$

上述关系如图3.1.1所示。$\tilde{x}(n)$ 称为 $x(n)$ 的周期延拓序列，从 $n=0$ 到 $N-1$ 的一个周期称为主值区间，$x(n)$ 作为 $\tilde{x}(n)$ 主值区间上的序列，称为主值序列。

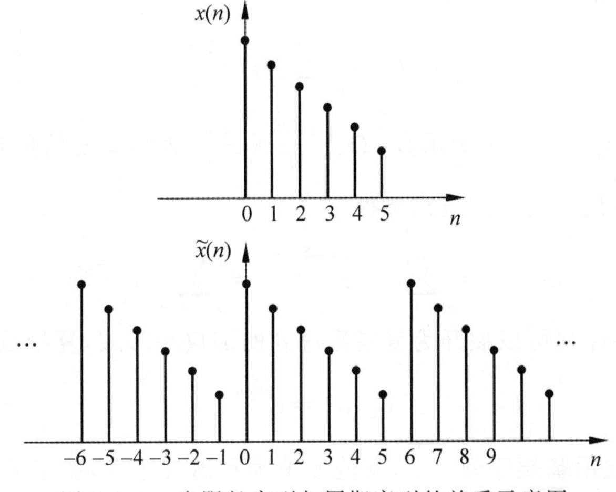

图3.1.1 有限长序列与周期序列的关系示意图

为了简便描述上述关系，定义 $x((n))_N$，表示 $x(n)$ 以 N 为周期进行延拓后的周期延拓序列，即

$$\tilde{x}(n)=x((n))_N \tag{3.1.3}$$

式中：$((n))_N$ 表示 n 对 N 求余。

若 $n=mN+n'$，$0\leqslant n'\leqslant N-1$，$m$ 为整数，则 $((n))_N=n'$。

例如，$N=6$，$\tilde{x}(n)=x((n))_6$，则有

$$\tilde{x}(7)=x((7))_6=x((7-6))_6=x(1)$$
$$\tilde{x}(6)=x((6))_6=x((6-6))_6=x(0)$$
$$\tilde{x}(-1)=x((-1))_6=x((6-1))_6=x(5)$$

由于周期序列 $\tilde{x}(n)$ 不满足绝对可和条件，根据 DTFT 存在条件可知，周期序列 DTFT 不存在。但从时域采样角度看，周期序列可视为周期连续时间信号的采样，则周期序列应该可以展开为类似傅里叶级数的形式，这就是周期序列的离散傅里叶级数。

3.1.2 周期序列的 DFS

下面首先从周期连续时间信号的傅里叶级数入手，得到周期序列的离散傅里叶级数展开式，然后推导展开式的系数表达式，最后定义离散傅里叶级数正变换（DFS）和离散傅里叶函数逆变换（IDFS）。

1. 周期序列的离散傅里叶级数展开形式

假设对周期为 T 的连续时间信号 $x(t)$ 采样，采样间隔 $T_s=T/N$，得到周期为 N 的周期序列 $\tilde{x}(n)$，则

$$\tilde{x}(n)=x(t)\big|_{t=nT_s}=x(nT_s),\quad -\infty<n<\infty \tag{3.1.4}$$

$x(t)$ 的傅里叶级数展开式为

$$x(t)=\sum_{k=-\infty}^{\infty}a_k\mathrm{e}^{\mathrm{j}k\Omega_0 t} \tag{3.1.5}$$

式中，$a_k=\dfrac{1}{T}\int_0^T x(t)\mathrm{e}^{-\mathrm{j}k\Omega_0 t}\mathrm{d}t$ 为系数，$\Omega_0=\dfrac{2\pi}{T}=\dfrac{2\pi}{NT_s}$ 表示谐波的角频率间隔，k 为谐波序号。将式(3.1.5)代入式(3.1.4)，可得

$$\tilde{x}(n)=\sum_{k=-\infty}^{\infty}a_k\mathrm{e}^{\mathrm{j}k\frac{2\pi}{NT_s}nT_s}=\sum_{k=-\infty}^{\infty}a_k\mathrm{e}^{\mathrm{j}\frac{2\pi}{N}kn} \tag{3.1.6}$$

可以看出，周期序列可以展开为复指数序列的加权和形式，复指数序列为

$$e_k(n)=\mathrm{e}^{\mathrm{j}\frac{2\pi}{N}kn} \tag{3.1.7}$$

式中，$k=1$ 时表示基频序列 $\mathrm{e}^{\mathrm{j}\frac{2\pi}{N}n}$，其他 k 值表示谐波序列，数字频率为 $\omega_k=\dfrac{2\pi}{N}k$。由

于数字频率 ω 以 2π 为周期，有

$$e_{k+mN}(n)=\mathrm{e}^{\mathrm{j}\frac{2\pi}{N}(k+mN)n}=\mathrm{e}^{\mathrm{j}\frac{2\pi}{N}kn}=e_k(n),\quad m \text{ 为整数} \tag{3.1.8}$$

这说明，第 k 次谐波和第 $k+mN$ 次谐波完全相同，谐波数目实际上只有 N 个。因此，式(3.1.6)的傅里叶级数展开项也只有 N 个，可以重新表述为

$$\tilde{x}(n)=\frac{1}{N}\sum_{k=0}^{N-1}\widetilde{X}(k)\mathrm{e}^{\mathrm{j}\frac{2\pi}{N}kn},\quad -\infty<n<\infty \tag{3.1.9}$$

式中，$\widetilde{X}(k)$ 为第 k 次谐波的系数，且 $\widetilde{X}(k)=N\sum\limits_{m=-\infty}^{\infty}a_{k+mN}(k=0,1,\cdots,N-1)$，引入常数 $1/N$ 是为了 $\widetilde{X}(k)$ 的计算方便和描述简洁。式(3.1.9)即为 $\tilde{x}(n)$ 的离散傅里叶级数展开式，表明周期序列可以表示为 N 个谐波的加权和形式，这些谐波成分表征了周期序列的频谱分布规律。

2. 离散傅里叶级数的系数 $\widetilde{X}(k)$ 的表达式

为了从周期序列 $\tilde{x}(n)$ 的 DFS 中得到系数 $\widetilde{X}(k)$，式(3.1.9)两边同乘以 $\mathrm{e}^{-\mathrm{j}\frac{2\pi}{N}rn}(r=0,1,\cdots,N-1)$，并对 $n=0$ 到 $N-1$ 的一个周期求和，可得

$$\begin{aligned}\sum_{n=0}^{N-1}\tilde{x}(n)\mathrm{e}^{-\mathrm{j}\frac{2\pi}{N}rn}&=\sum_{n=0}^{N-1}\left[\frac{1}{N}\sum_{k=0}^{N-1}\widetilde{X}(k)\mathrm{e}^{\mathrm{j}\frac{2\pi}{N}kn}\right]\mathrm{e}^{-\mathrm{j}\frac{2\pi}{N}rn}\\&=\frac{1}{N}\sum_{k=0}^{N-1}\widetilde{X}(k)\sum_{n=0}^{N-1}\mathrm{e}^{\mathrm{j}\frac{2\pi}{N}(k-r)n}\end{aligned} \tag{3.1.10}$$

由于

$$\sum_{n=0}^{N-1}\mathrm{e}^{\mathrm{j}\frac{2\pi}{N}(k-r)n}=\begin{cases}N, & k=r\\0, & k\neq r\end{cases} \tag{3.1.11}$$

因此

$$\sum_{n=0}^{N-1}\tilde{x}(n)\mathrm{e}^{-\mathrm{j}\frac{2\pi}{N}rn}=\widetilde{X}(r) \tag{3.1.12}$$

利用变量 k 表示，即有

$$\widetilde{X}(k)=\sum_{n=0}^{N-1}\tilde{x}(n)\mathrm{e}^{-\mathrm{j}\frac{2\pi}{N}kn} \tag{3.1.13}$$

式(3.1.13)是第 k 次谐波系数 $\widetilde{X}(k)$ 的表达式，$k=0,1,\cdots,N-1$。由于

$$\widetilde{X}(k+mN)=\sum_{n=0}^{N-1}\tilde{x}(n)\mathrm{e}^{-\mathrm{j}\frac{2\pi}{N}(k+mN)n}=\sum_{n=0}^{N-1}\tilde{x}(n)\mathrm{e}^{-\mathrm{j}\frac{2\pi}{N}kn}=\widetilde{X}(k),\quad m \text{ 为整数} \tag{3.1.14}$$

因此，k 取值可拓展为 $-\infty<k<\infty$，且 $\widetilde{X}(k)$ 具有周期性，周期为 N。这表明周期序列及其离散傅里叶级数的周期是相同的。

3. 离散傅里叶级数变换对

基于式(3.1.9)和式(3.1.13),定义离散傅里叶级数变换对:

离散傅里叶级数正变换:

$$\widetilde{X}(k)=\mathrm{DFS}[\tilde{x}(n)]=\sum_{n=0}^{N-1}\tilde{x}(n)\mathrm{e}^{-\mathrm{j}\frac{2\pi}{N}kn},\quad -\infty<k<\infty \tag{3.1.15}$$

离散傅里叶级数逆变换:

$$\tilde{x}(n)=\mathrm{IDFS}[\widetilde{X}(k)]=\frac{1}{N}\sum_{k=0}^{N-1}\widetilde{X}(k)\mathrm{e}^{\mathrm{j}\frac{2\pi}{N}kn},\quad -\infty<n<\infty \tag{3.1.16}$$

其中:DFS[·]表示从时域到频域的正变换,IDFS[·]则表示从频域到时域的逆变换。DFS和IDFS具有相同的周期N,若取一个周期,如主值区间$0\leqslant n\leqslant N-1$和$0\leqslant k\leqslant N-1$,可以代表$\tilde{x}(n)$和$\widetilde{X}(k)$的完整信息。

从上述讨论可以看出,周期序列和有限长序列有着紧密的联系,若只考虑周期序列主值区间内的DFS,就是有限长序列的离散傅里叶变换,这将在3.2节中进行介绍。

例 3.1.1 设$x(n)=R_4(n)$,将$x(n)$以周期$N=8$进行周期延拓后得到周期序列$\tilde{x}(n)$,如图3.1.2(a)所示,求$\tilde{x}(n)$的DFS。

解:根据DFS计算式(3.1.15),可得

$$\widetilde{X}(k)=\sum_{n=0}^{7}\tilde{x}(n)\mathrm{e}^{-\mathrm{j}\frac{2\pi}{8}kn}=\sum_{n=0}^{3}\mathrm{e}^{-\mathrm{j}\frac{\pi}{4}kn}=\frac{1-\mathrm{e}^{-\mathrm{j}\pi k}}{1-\mathrm{e}^{-\mathrm{j}\frac{\pi}{4}k}}$$

$$=\frac{\mathrm{e}^{-\mathrm{j}\frac{\pi}{2}k}(\mathrm{e}^{\mathrm{j}\frac{\pi}{2}k}-\mathrm{e}^{-\mathrm{j}\frac{\pi}{2}k})}{\mathrm{e}^{-\mathrm{j}\frac{\pi}{8}k}(\mathrm{e}^{\mathrm{j}\frac{\pi}{8}k}-\mathrm{e}^{-\mathrm{j}\frac{\pi}{8}k})}=\mathrm{e}^{-\mathrm{j}\frac{3}{8}\pi k}\frac{\sin\frac{\pi}{2}k}{\sin\frac{\pi}{8}k}$$

$\widetilde{X}(k)$的幅度$|\widetilde{X}(k)|$如图3.1.2(b)所示。

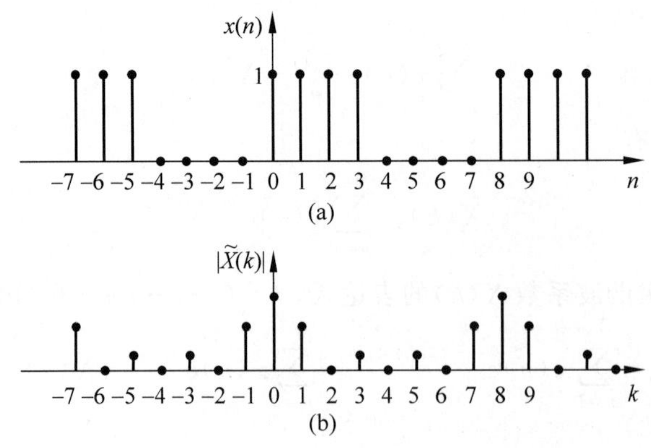

图3.1.2 例3.1.1中周期序列及其离散傅里叶级数的幅频特性

从图3.1.2中可以看出:$|\widetilde{X}(k)|$的周期也为8,每个周期内有8根谱线;对比例2.4.5中$R_4(n)$的DTFT幅频特性图2.2.1,$|\widetilde{X}(k)|$可以视为$|X(\mathrm{e}^{\mathrm{j}\omega})|$在频域上以$2\pi/N(N=8)$

进行等间隔抽样后得到的，$|X(e^{j\omega})|$在$[0,2\pi)$内主瓣和旁瓣各对应2根谱线。显然，若$N=16$，则$|\tilde{X}(k)|$每个周期内将会有16根谱线，$|X(e^{j\omega})|$主瓣和旁瓣各对应4根谱线。

3.2 离散傅里叶变换及性质

3.2.1 DFT的定义

设序列$x(n)$长度为M，$n=0,1,\cdots,M-1$，并以N为周期进行延拓得到周期序列$\tilde{x}(n)$。采用DFS定义式(3.1.15)和IDFS定义式(3.1.16)，将主值区间上的离散傅里叶级数变换对定义为离散傅里叶变换对。即$x(n)$的N点离散傅里叶变换定义为

$$X(k)=\text{DFT}[x(n)]=\sum_{n=0}^{N-1}x(n)W_N^{kn},\quad k=0,1,\cdots,N-1 \tag{3.2.1}$$

$X(k)$的离散傅里叶逆变换(IDFT)为

$$x(n)=\text{IDFT}[X(k)]=\frac{1}{N}\sum_{k=0}^{N-1}X(k)W_N^{-kn},\quad n=0,1,\cdots,N-1 \tag{3.2.2}$$

式中，$W_N=e^{-j\frac{2\pi}{N}}$，N表示DFT变换区间的长度，$M\leqslant N$。当$M<N$时，$x(n)$补0进行运算。

这里从DFS、IDFS出发，分别定义了DFT和IDFT，两者构成一对离散傅里叶变换。下面将从DFT和IDFT定义本身出发，通过推导来证明两者之间的变换关系。

将DFT定义式(3.2.1)代入IDFT定义式(3.2.2)，可得

$$\begin{aligned}\text{IDFT}[X(k)]&=\frac{1}{N}\sum_{k=0}^{N-1}\left[\sum_{m=0}^{N-1}x(m)W_N^{mk}\right]W_N^{-kn}\\&=\sum_{m=0}^{N-1}x(m)\frac{1}{N}\sum_{k=0}^{N-1}W_N^{k(m-n)}\end{aligned} \tag{3.2.3}$$

由于

$$\sum_{k=0}^{N-1}W_N^{k(m-n)}=\begin{cases}N, & n=m+rN\\0, & n\neq m+rN\end{cases},\quad r\text{ 为整数}$$

在限定变换区间$n=0,1,\cdots,N-1$的情况下，有$r=0$，因此，式(3.2.3)表示为

$$\text{IDFT}[X(k)]=x(n),\quad n=0,1,\cdots,N-1$$

上述推导过程表明，DFT和IDFT存在一一对应的时频域映射关系。

例3.2.1 设有限长序列$x(n)=R_4(n)$，求$x(n)$的DTFT以及N为4点、8点、16点DFT。

解：(1) $x(n)$的离散时间傅里叶变换为

$$\begin{aligned}X(e^{j\omega})&=\sum_{n=-\infty}^{\infty}R_4(n)e^{-j\omega n}=\sum_{n=0}^{3}e^{-j\omega n}=\frac{1-e^{-j4\omega}}{1-e^{-j\omega}}\\&=\frac{e^{-j2\omega}(e^{j2\omega}-e^{-j2\omega})}{e^{-j\omega/2}(e^{j\omega/2}-e^{-j\omega/2})}=e^{-j3\omega/2}\frac{\sin(2\omega)}{\sin(\omega/2)}\end{aligned}$$

(2) $x(n)$的4点DFT为

$$X(k)=\sum_{n=0}^{3}x(n)W_4^{kn}=\sum_{n=0}^{3}\mathrm{e}^{-\mathrm{j}\frac{2\pi}{4}kn}=\frac{1-\mathrm{e}^{-\mathrm{j}4\cdot\frac{2\pi}{4}k}}{1-\mathrm{e}^{-\mathrm{j}\frac{2\pi}{4}k}}=\begin{cases}4, & k=0\\ 0, & k=1,2,3\end{cases}$$

(3) $x(n)$的8点DFT为

$$X(k)=\sum_{n=0}^{7}x(n)W_8^{kn}=\sum_{n=0}^{3}\mathrm{e}^{-\mathrm{j}\frac{2\pi}{8}kn}=\mathrm{e}^{-\mathrm{j}\frac{3}{8}\pi k}\ \frac{\sin\left(\frac{\pi}{2}k\right)}{\sin\left(\frac{\pi}{8}k\right)},\quad k=0,1,\cdots,7$$

(4) $x(n)$的16点DFT为

$$X(k)=\sum_{n=0}^{15}x(n)W_{16}^{kn}=\sum_{N=0}^{3}\mathrm{e}^{-\mathrm{j}\frac{2\pi}{16}kn}=\mathrm{e}^{-\mathrm{j}\frac{3}{16}\pi k}\ \frac{\sin\left(\frac{\pi}{4}k\right)}{\sin\left(\frac{\pi}{16}k\right)},\quad k=0,1,\cdots,15$$

图3.2.1给出了$x(n)$的DTFT和DFT幅频特性曲线示意图。可以看出，N点DFT相当于DTFT在频域$[0,2\pi)$上的N点等间隔采样。N决定了谱线的根数，N越大，谱线越密，可观察到的细节越多，$|X(k)|$的包络也越接近于$|X(\mathrm{e}^{\mathrm{j}\omega})|$。

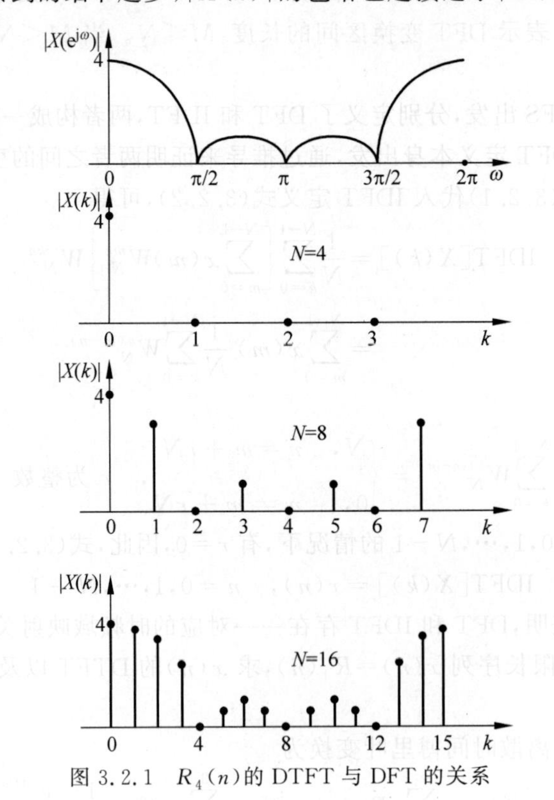

图3.2.1 $R_4(n)$的DTFT与DFT的关系

1. DFT的矩阵表示

离散傅里叶变换对体现了$x(n)$和$X(k)$的时频域映射关系，式(3.2.1)和式(3.2.2)表明,$X(k)$可由 $x(n)$线性表示;反之,$x(n)$也可由 $X(k)$线性表示。许多 DFT 应用场合中,为了简洁表述信号处理过程,DFT 常采用矩阵形式。

设 N 个 $x(n)$和 $X(k)$分别构成列向量 $\boldsymbol{x}$ 和 $\boldsymbol{X}$,即

$$\boldsymbol{x}=\begin{bmatrix} x(0) \\ x(1) \\ \vdots \\ x(N-1) \end{bmatrix}, \quad \boldsymbol{X}=\begin{bmatrix} X(0) \\ X(1) \\ \vdots \\ X(N-1) \end{bmatrix}$$

则 DFT 的矩阵形式表示为

$$\boldsymbol{X}=\boldsymbol{W}_N\boldsymbol{x} \tag{3.2.4}$$

式中

$$\boldsymbol{W}_N=\begin{bmatrix} 1 & 1 & 1 & \cdots & 1 \\ 1 & W_N^1 & W_N^2 & \cdots & W_N^{N-1} \\ 1 & W_N^2 & W_N^4 & \cdots & W_N^{2(N-1)} \\ \vdots & \vdots & \vdots & W_N^{ij} & \vdots \\ 1 & W_N^{N-1} & W_N^{2(N-1)} & \cdots & W_N^{(N-1)(N-1)} \end{bmatrix} \tag{3.2.5}$$

为 $N\times N$ 矩阵,其 $i+1$ 行 $j+1$ 列的元素为 $W_N^{ij}(i,j=0,1,\cdots,N-1)$;并且满足:$\boldsymbol{W}_N=\boldsymbol{W}_N^{\mathrm{T}}$,$\boldsymbol{W}_N\boldsymbol{W}_N^{\mathrm{H}}=N\boldsymbol{I}_N$,其中$(\cdot)^{\mathrm{T}}$ 表示转置,$(\cdot)^{\mathrm{H}}$ 表示共轭转置,$\boldsymbol{I}_N$ 为 $N\times N$ 单位矩阵。

类似地,DFT 的矩阵形式表示为

$$\boldsymbol{x}=\frac{1}{N}\boldsymbol{W}_N^{\mathrm{H}}\boldsymbol{X} \tag{3.2.6}$$

联立式(3.2.4)和式(3.2.6),可得

$$\boldsymbol{x}=\frac{1}{N}\boldsymbol{W}_N^{\mathrm{H}}\boldsymbol{W}_N\boldsymbol{x}=\frac{1}{N}N\boldsymbol{I}_N\boldsymbol{x}=\boldsymbol{x} \tag{3.2.7}$$

上式表明,依次经过 DFT 和 IDFT 运算后,将恢复出原始序列。当 DFT 点数大于序列 $x(n)$长度时,对列向量 $\boldsymbol{x}$ 补零增加其长度。

例 3.2.2 设长度 $M=4$ 的有限长序列 $x(n)=R_4(n)$,利用 DFT 的矩阵形式求 $x(n)$的 4 点 DFT。

解:DFT 点数 $N=M=4$,无须对列向量 $\boldsymbol{x}$ 补零。DFT 的矩阵形式计算为

$$\boldsymbol{X}=\boldsymbol{W}_N\boldsymbol{x}$$

式中

$$\boldsymbol{x}=\begin{bmatrix} 1 \\ 1 \\ 1 \\ 1 \end{bmatrix}, \quad \boldsymbol{X}=\begin{bmatrix} X(0) \\ X(1) \\ X(2) \\ X(3) \end{bmatrix}, \quad \boldsymbol{W}_N=\begin{bmatrix} 1 & 1 & 1 & 1 \\ 1 & W_4^1 & W_4^2 & W_4^3 \\ 1 & W_4^2 & W_4^4 & W_4^6 \\ 1 & W_4^3 & W_4^6 & W_4^9 \end{bmatrix}=\begin{bmatrix} 1 & 1 & 1 & 1 \\ 1 & -\mathrm{j} & -1 & \mathrm{j} \\ 1 & -1 & 1 & -1 \\ 1 & \mathrm{j} & -1 & -\mathrm{j} \end{bmatrix}$$

因此

$$\boldsymbol{X}=\begin{bmatrix}X(0)\\X(1)\\X(2)\\X(3)\end{bmatrix}=\begin{bmatrix}1&1&1&1\\1&-\mathrm{j}&-1&\mathrm{j}\\1&-1&1&-1\\1&\mathrm{j}&-1&-\mathrm{j}\end{bmatrix}\cdot\begin{bmatrix}1\\1\\1\\1\end{bmatrix}=\begin{bmatrix}4\\0\\0\\0\end{bmatrix}$$

对比例 3.2.1 中 4 点 DFT 计算结果,两者是一致的。

2. DFT 和 Z 变换、DTFT 的关系

设序列 $x(n)$长度为 N,$n=0,1,\cdots,N-1$,其 Z 变换、DTFT 和 N 点 DFT 分别为

$$X(z)=\mathrm{ZT}[x(n)]=\sum_{n=0}^{N-1}x(n)z^{-n}$$

$$X(\mathrm{e}^{\mathrm{j}\omega})=\mathrm{DTFT}[x(n)]=\sum_{n=0}^{N-1}x(n)\mathrm{e}^{-\mathrm{j}\omega n}$$

$$X(k)=\mathrm{DFT}[x(n)]=\sum_{n=0}^{N-1}x(n)W_N^{kn},\quad k=0,1,\cdots,N-1$$

可以看出,三种变换的关系:

$$X(k)=X(z)\Big|_{z=\mathrm{e}^{\mathrm{j}\frac{2\pi}{N}k}},\quad k=0,1,\cdots,N-1 \tag{3.2.8}$$

$$X(k)=X(\mathrm{e}^{\mathrm{j}\omega})\Big|_{\omega=\frac{2\pi}{N}k},\quad k=0,1,\cdots,N-1 \tag{3.2.9}$$

上述两个关系式说明:N 点离散傅里叶变换是 Z 变换在单位圆上的 N 点等间隔采样,也是离散时间傅里叶变换在频域$[0,2\pi)$上的 N 点等间隔采样,采样间隔为 $2\pi/N$。

3. DFT 和 DFS 的关系

有限长序列 $x(n)$和 $X(k)$构成一个离散傅里叶变换对,周期序列 $\tilde{x}(n)$和 $\widetilde{X}(k)$构成 DFS 变换对,它们在时域和频域上都是离散的。若将有限长序列 $x(n)$以周期 N 进行周期延拓后,将会形成一个周期序列 $\tilde{x}(n)$,$\tilde{x}(n)$通过 DFS 可得到 $\widetilde{X}(k)$。因此,DFT 和 DFS 的关系可以表示为

$$X(k)=\sum_{n=0}^{N-1}x(n)W_N^{kn}R_N(k)=\widetilde{X}(k)R_N(k) \tag{3.2.10}$$

$$x(n)=\frac{1}{N}\sum_{k=0}^{N-1}X(k)W_N^{-kn}R_N(n)=\tilde{x}(n)R_N(n) \tag{3.2.11}$$

也就是说,DFT 可以看作 DFS 在主值区间上的变换,序列 $x(n)$和 $X(k)$分别对应 $\tilde{x}(n)$和 $\widetilde{X}(k)$的主值区间,$x(n)$和 $X(k)$都隐含着周期性,周期均为 N,即 $X(k+lN)=X(k)$,$x(n+lN)=x(n)$。这就是 DFT 的隐含周期特性。

根据 DFT 和 IDFT 的定义,利用性质 $W_N^{k+lN}=W_N^k$,l 为整数,也可以推导得到隐含周期特性。即

$$X(k+lN)=\sum_{n=0}^{N-1}x(n)W_N^{(k+lN)n}$$
$$=\sum_{n=0}^{N-1}x(n)W_N^{kn}=X(k),\quad k=0,1,\cdots,N-1 \tag{3.2.12}$$

$$x(n+lN)=\frac{1}{N}\sum_{k=0}^{N-1}X(k)W_N^{-k(n+lN)}$$
$$=\frac{1}{N}\sum_{k=0}^{N-1}X(k)W_N^{-kn}=x(n),\quad n=0,1,\cdots,N-1 \tag{3.2.13}$$

3.2.2 DFT的性质与定理

1. 线性特性

设 $x_1(n)$ 和 $x_2(n)$ 是有限长序列，长度分别为 N_1 和 N_2，取 $N=\max[N_1,N_2]$，计算 N 点 DFT。令 $X_1(k)=\text{DFT}[x_1(n)]$，$X_2(k)=\text{DFT}[x_2(n)]$，若 $y(n)=ax_1(n)+bx_2(n)$，a、b 为常数，则有

$$Y(k)=\text{DFT}[ax_1(n)+bx_2(n)]=aX_1(k)+bX_2(k),\quad k=0,1,\cdots,N-1 \tag{3.2.14}$$

需要说明的是，当 N_1 和 N_2 不相等时，需要对 $x_1(n)$ 和 $x_2(n)$ 分别补 $N-N_1$、$N-N_2$ 个零，使序列 $y(n)$ 长度增加到 N。

2. 循环移位特性

1）序列的循环移位

设 $x(n)$ 是长度为 N 的有限长序列，其循环移位定义为

$$y(n)=x((n+m))_N R_N(n) \tag{3.2.15}$$

整个循环移位过程可以分为三步：

（1）周期延拓：将 $x(n)$ 以 N 为周期进行周期延拓得到 $\tilde{x}(n)=x((n))_N$。

（2）移位：将 $\tilde{x}(n)$ 左移 m 位得到 $\tilde{x}(n+m)$。

（3）取主值区间：取 $\tilde{x}(n+m)$ 的主值序列，得到循环移位序列 $y(n)$。

序列 $x(n)$ 及其循环移位过程如图 3.2.2 所示。显然，$y(n)$ 仍是长度为 N 是有限长序列。由图可见，循环移位的实质是将 $x(n)$ 左移 m 位，而移出主值区间 $[0,N-1]$ 的序列值又依次从右侧进入主值区间，因此称为“循环移位”。

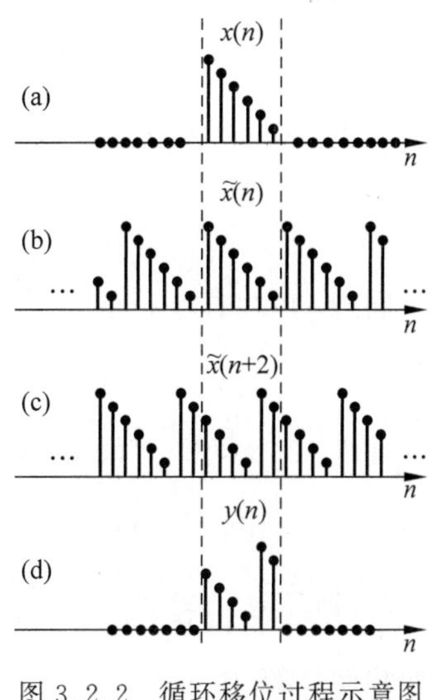

图 3.2.2 循环移位过程示意图（$N=6$，$m=2$）

2）时域循环移位定理

设$x(n)$是长度为N的有限长序列，$X(k)=\mathrm{DFT}[x(n)]$，$y(n)$为$x(n)$的循环移位，即$y(n)=x((n+m))_N R_N(n)$，那么，$y(n)$的DFT为

$$Y(k)=\mathrm{DFT}[y(n)]=W_N^{-km}X(k),\quad k=0,1,\cdots,N-1 \tag{3.2.16}$$

证明：

$$Y(k)=\mathrm{DFT}[y(n)]=\sum_{n=0}^{N-1}x((n+m))_N R_N(n)W_N^{kn}=\sum_{n=0}^{N-1}x((n+m))_N W_N^{kn}$$

令$n+m=n'$，则有$n=n'-m$，可得

$$Y(k)=\sum_{n'=m}^{N-1+m}x((n'))_N W_N^{k(n'-m)}=W_N^{-km}\sum_{n'=m}^{N-1+m}x((n'))_N W_N^{kn'}$$

由于上式中求和项$x((n'))_N W_N^{kn'}$以N为周期，所以在任一周期上的求和结果相同。不妨将求和区间改为主值区间$[0,N-1]$，可得

$$\begin{aligned}Y(k)&=W_N^{-km}\sum_{n'=0}^{N-1}x((n'))_N W_N^{kn'}=W_N^{-km}\sum_{n'=0}^{N-1}x(n')W_N^{kn'}\\&=W_N^{-km}X(k),\quad k=0,1,\cdots,N-1\end{aligned}$$

由于W_N^{-km}幅度为1，因此，序列经过循环移位后，其DFT的幅度特性保持不变，仅影响相位特性。

3）频域循环移位定理

设$x(n)$是长度为N的有限长序列，$X(k)=\mathrm{DFT}[x(n)]$，$Y(k)$为$X(k)$的循环移位，即

$$Y(k)=X((k+l))_N R_N(k)$$

则

$$y(n)=\mathrm{IDFT}[Y(k)]=W_N^{nl}x(n),\quad n=0,1,\cdots,N-1 \tag{3.2.17}$$

证明：

$$y(n)=\mathrm{IDFT}[Y(k)]=\frac{1}{N}\sum_{k=0}^{N-1}X((k+l))_N R_N(k)W_N^{-kn}=\frac{1}{N}\sum_{k=0}^{N-1}X((k+l))_N W_N^{-kn}$$

令$k+l=k'$，则有$k=k'-l$，可得

$$y(n)=\frac{1}{N}\sum_{k'=l}^{N-1+l}X((k'))_N W_N^{-(k'-l)n}=W_N^{nl}\frac{1}{N}\sum_{k'=l}^{N-1+l}X((k'))_N W_N^{-k'n}$$

同理，上式中求和项$X((k'))_N W_N^{-k'n}$以N为周期，可将求和区间改为主值区间$[0,N-1]$，可得

$$\begin{aligned}y(n)&=W_N^{nl}\frac{1}{N}\sum_{k'=0}^{N-1}X((k'))_N W_N^{-k'n}=W_N^{nl}\frac{1}{N}\sum_{k'=0}^{N-1}X(k')W_N^{-k'n}\\&=W_N^{nl}x(n),\quad n=0,1,\cdots,N-1\end{aligned}$$

3. 循环卷积定理

1）循环卷积的定义和计算

设有限长序列$x_1(n)$和$x_2(n)$长度分别为N_1和N_2，$N=\max[N_1,N_2]$，则$x_1(n)$

和 $x_2(n)$ 循环卷积定义为

$$x(n)=x_1(n)⊛x_2(n)=\sum_{m=0}^{N-1}x_1(m)x_2((n-m))_NR_N(n) \tag{3.2.18}$$

或

$$x(n)=\sum_{m=0}^{N-1}x_2(m)x_1((n-m))_NR_N(n) \tag{3.2.19}$$

与循环卷积相比较，线性卷积表达式为

$$x_1(n)*x_2(n)=\sum_{m=-\infty}^{\infty}x_1(m)x_2(n-m) \tag{3.2.20}$$

两者的区别：一是卷积对象不同，循环卷积针对有限长序列，线性卷积无明确要求，可以是有限长序列或者无限长序列；二是求和区间不同，循环卷积只在主值区间 $[0,N-1]$ 求和，线性卷积的求和区间则是 $(-\infty,+\infty)$。

观察循环卷积的定义式(3.2.18)或式(3.2.19)，可以看出，循环卷积的计算步骤分为循环翻转、循环移位和乘累加。不妨以式(3.2.18)为参考，整个循环卷积过程描述如下：

(1) 循环翻转：将序列 $x_2(m)$ 进行周期为 N 的周期延拓，得到 $x_2((m))_N$，再以纵轴为中心，左右翻转得到 $x_2((-m))_N$，取主值序列得到 $x_2((-m))_NR_N(m)$，该序列称为 $x_2(m)$ 的循环翻转序列。

(2) 循环移位：将 $x_2((-m))_NR_N(m)$ 向右循环移位 n，形成 $x_2((-(m-n)))_NR_N(m)$，即为 $x_2((n-m))_NR_N(m)$。

(3) 乘累加：将 $x_1(m)$ 和 $x_2((n-m))_NR_N(m)$ 相乘，并在区间 $[0,N-1]$ 上对 m 求和，得到 $x(n)$ 值。当 $n=0,1,2,\cdots,N-1$ 时，即可获得 $x_1(n)$ 和 $x_2(n)$ 的循环卷积 $x(n)$。

例 3.2.3 设序列 $x_1(n)=[1,1,1,1,0,0,0,0]$，$x_2(n)=[0,0,1,1,1,1,0,0]$，$n=0\sim7$，试画出 $N=8$ 时两个序列的循环卷积示意图。

解：根据循环卷积定义式(3.2.18)，序列 $x_1(n)$ 和 $x_2(n)$ 的循环卷积过程如图 3.2.3 所示。其中图 3.2.3(b)为 $x_2(m)$ 的周期延拓序列，图 3.2.3(c)为 $x_2(m)$ 的循环翻转序列，图 3.2.3 (d)和(e)为循环移位序列，图 3.2.3 (f)为最终的循环卷积结果。

2) 时域循环卷积定理

设有限长序列 $x_1(n)$ 和 $x_2(n)$ 长度分别为 N_1、N_2，$N=\max[N_1,N_2]$，$x_1(n)$ 和 $x_2(n)$ 的 N 点 DFT 为

$$X_1(k)=\text{DFT}[x_1(n)],\quad X_2(k)=\text{DFT}[x_2(n)],\quad k=0,1,\cdots,N-1$$

若 $X(k)=X_1(k)X_2(k)$，则有

$$x(n)=\text{IDFT}[X(k)]=\sum_{m=0}^{N-1}x_1(m)x_2((n-m))_NR_N(n),\quad n=0,1,\cdots,N-1 \tag{3.2.21}$$

证明：对式(3.2.21)两边进行 DFT，可得

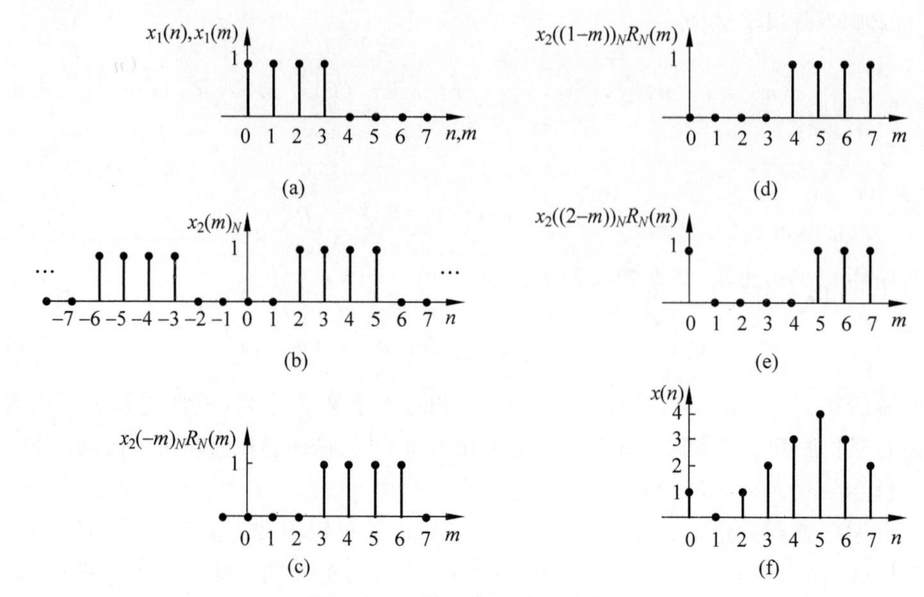

图 3.2.3 循环卷积过程示意图

$$X(k)=\mathrm{DFT}[x(n)]=\sum_{n=0}^{N-1}\left[\sum_{m=0}^{N-1}x_1(m)x_2((n-m))_NR_N(n)\right]W_N^{kn}$$

$$=\sum_{m=0}^{N-1}x_1(m)\sum_{n=0}^{N-1}x_2((n-m))_NW_N^{kn}$$

令 $n-m=n'$,则有 $n=n'+m$,可得

$$X(k)=\sum_{m=0}^{N-1}x_1(m)\sum_{n'=-m}^{N-1-m}x_2((n'))_NW_N^{k(n'+m)}$$

$$=\sum_{m=0}^{N-1}x_1(m)W_N^{km}\sum_{n'=-m}^{N-1-m}x_2((n'))_NW_N^{kn'}$$

由于求和项 $x_2((n'))_NW_N^{kn'}$ 以 N 为周期,可将求和区间改为主值区间 $[0,N-1]$,得到

$$X(k)=\sum_{m=0}^{N-1}x_1(m)W_N^{km}\sum_{n'=0}^{N-1}x_2((n'))_NW_N^{kn'}$$

$$=X_1(k)X_2(k),\quad k=0,1,\cdots,N-1$$

由于式(3.2.21)表示序列 $x_1(n)$ 和 $x_2(n)$ 的时域循环卷积,因此有

$$x(n)=\mathrm{IDFT}[X(k)]=x_1(n)\circledast x_2(n)=x_2(n)\circledast x_1(n)\tag{3.2.22}$$

式(3.2.21)或式(3.2.22)表明,两个有限长序列的循环卷积的 DFT 就是两个序列 DFT 的乘积。该特性类似于 Z 变换和 DTFT 性质中的时域卷积定理,不同的是,时域卷积定理针对一般序列的线性卷积,这里是对有限长序列的循环卷积,因此该性质称为时域循环卷积定理。

3）频域循环卷积定理

若有限长序列 $x_1(n)$和 $x_2(n)$的长度均为 N,序列 $x(n)=x_1(n)x_2(n)$,则 $x(n)$的 DFT 为

$$X(k)=\text{DFT}[x_1(n)x_2(n)]=\frac{1}{N}X_1(k)\circledast X_2(k)$$
$$=\frac{1}{N}\sum_{l=0}^{N-1}X_1(l)X_2((k-l))_N R_N(k),\quad k=0,1,\cdots,N-1 \tag{3.2.23}$$

或

$$X(k)=\frac{1}{N}X_2(k)\circledast X_1(k)=\frac{1}{N}\sum_{l=0}^{N-1}X_2(l)X_1((k-l))_N R_N(k),\quad k=0,1,\cdots,N-1 \tag{3.2.24}$$

上述两式可利用循环卷积定义加以证明,具体过程略。

4. 复共轭序列的 DFT

设有限长序列 $x(n)$的长度为 N,其复共轭序列表示为 $x^*(n)$,若 $X(k)=\text{DFT}[x(n)]$,则有

$$\text{DFT}[x^*(n)]=X^*(N-k),\quad k=0,1,\cdots,N-1 \tag{3.2.25}$$

并且 $X(N)=X(0)$。

证明:根据 DFT 的定义可得

$$\text{DFT}[x^*(n)]=\sum_{n=0}^{N-1}x^*(n)W_N^{kn}=\left[\sum_{n=0}^{N-1}x(n)W_N^{-kn}\right]^*$$
$$=\left[\sum_{n=0}^{N-1}x(n)W_N^{(N-k)n}\right]^*=\begin{cases}X^*(N-k), & k=1,2,\cdots,N-1\\ X^*(0), & k=0\end{cases} \tag{3.2.26}$$

上式中利用 $W_N^{Nn}=1$。由于 DFT 具有隐含周期特性且周期为 N,$X(0)=X(N)$。为了简洁表示,上式可以统一表示为 $\text{DFT}[x^*(n)]=X^*(N-k)$,$k=0,1,\cdots,N-1$。

类似地,复共轭对称序列的 DFT 可表示为

$$\text{DFT}[x^*(N-n)]=X^*(k),\quad k=0,1,\cdots,N-1 \tag{3.2.27}$$

并且 $x(N)=x(0)$。

证明:

$$\text{DFT}[x^*(N-n)]=\sum_{n=0}^{N-1}x^*(N-n)W_N^{kn}$$

令 $N-n=n'$,则 $n=N-n'$,有

$$\text{DFT}[x^*(N-n)]=\left[\sum_{n'=1}^{N}x(n')W_N^{-k(N-n')}\right]^*=\left[\sum_{n'=1}^{N}x(n')W_N^{kn'}\right]^*$$

由于 DFT 具有隐含周期特性,周期为 N,$x(N)=x(0)$,且 $W_N^{kN}=W_N^{k\cdot 0}=1$,因此

$$\text{DFT}[x^*(N-n)]=\left[\sum_{n'=0}^{N-1}x(n')W_N^{kn'}\right]^*=X^*(k),\quad k=0,1,\cdots,N-1$$

5. 帕塞瓦尔定理

若有限长序列 $x(n)$ 和 $y(n)$ 的长度均为 N，$X(k)=\text{DFT}[x(n)]$，$Y(k)=\text{DFT}[y(n)]$，则

$$\sum_{n=0}^{N-1}x(n)y^*(n)=\frac{1}{N}\sum_{k=0}^{N-1}X(k)Y^*(k) \tag{3.2.28}$$

证明：

$$\begin{aligned}\sum_{n=0}^{N-1}x(n)y^*(n)&=\sum_{n=0}^{N-1}x(n)\left[\frac{1}{N}\sum_{k=0}^{N-1}Y(k)W_N^{-kn}\right]^*\\&=\frac{1}{N}\sum_{k=0}^{N-1}Y^*(k)\sum_{n=0}^{N-1}x(n)W_N^{kn}\\&=\frac{1}{N}\sum_{k=0}^{N-1}X(k)Y^*(k)\end{aligned}$$

若 $y(n)=x(n)$，则有

$$\sum_{n=0}^{N-1}x(n)x^*(n)=\frac{1}{N}\sum_{k=0}^{N-1}X(k)X^*(k)$$

即

$$\sum_{n=0}^{N-1}|x(n)|^2=\frac{1}{N}\sum_{k=0}^{N-1}|X(k)|^2 \tag{3.2.29}$$

上式就是有限长序列 DFT 的帕塞瓦尔定理。对比第 2 章中序列 DTFT 的帕塞瓦尔定理可以看出，有限长序列在频域的能量有连续积分、离散求和两种形式，两者均等于时域的能量。

6. 共轭对称性

在第 2 章中已经详细讨论了离散时间傅里叶变换的对称性，即序列关于 $n=0$ 对称，DTFT 关于 $\omega=0$ 对称。离散傅里叶变换也具有类似的对称性，只不过 DFT 涉及的序列 $x(n)$和 $X(k)$均是有限长，且定义区间$[0,N-1]$。因此，DFT 对称性是指关于 $N/2$ 对称。下面讨论 DFT 共轭对称特性。

1）有限长序列和 DFT 的共轭对称性

令 $x_{\text{ep}}(n)$表示有限长共轭对称序列，$x_{\text{op}}(n)$表示有限长共轭反对称序列，则 $x_{\text{ep}}(n)$ 和 $x_{\text{op}}(n)$满足如下关系式：

$$\begin{cases}x_{\text{ep}}(n)=x_{\text{ep}}^*(N-n)\\x_{\text{op}}(n)=-x_{\text{op}}^*(N-n)\end{cases},\quad 0\leqslant n\leqslant N-1 \tag{3.2.30}$$

式中，$n=1$ 与 $n=N-1$ 对称，$n=2$ 与 $n=N-2$ 对称；由于 DFT 隐含周期特性，$n=0$ 与 $n=N$ 序列值相同，因而 $x_{\text{ep}}(0)$为实数，$x_{\text{op}}(0)$为纯虚数。为区别第 2 章中共轭对称序列

$x_e(n)$和共轭反对称序列 $x_o(n)$，这里针对有限长特别引入下标$(\cdot)_p$，蕴含隐含周期性之义。

与 DTFT 的对称性类似，有限长序列的共轭对称可以理解为在偶对称的基础上引入共轭，共轭反对称可以理解为奇对称的基础上引入共轭。对于有限长序列，共轭对称、共轭反对称、偶对称、奇对称均关于 $N/2$ 对称。

图 3.2.4(a)和(b)分别给出了 N 为偶数和奇数条件下共轭对称序列和共轭反对称序列的示意图，图中“＊”表示序列取复共轭。

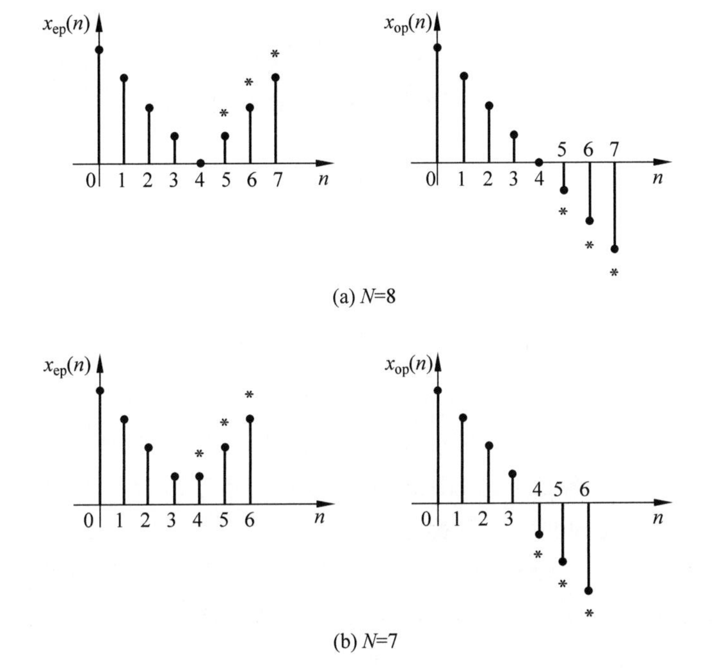

图 3.2.4　N 取 8 和 7 时共轭对称、共轭反对称序列示意图

与 DTFT 的对称性相同，有限长序列可以分解为共轭对称序列和共轭反对称序列两部分，即

$$x(n)=x_{ep}(n)+x_{op}(n),\quad 0\leqslant n\leqslant N-1 \tag{3.2.31}$$

为了得到 $x_{ep}(n)$和 $x_{op}(n)$的表达式，将上式中 n 替换为 $N-n$，取复共轭，可得

$$x^*(N-n)=x_{ep}^*(N-n)+x_{op}^*(N-n)=x_{ep}(n)-x_{op}(n) \tag{3.2.32}$$

将式(3.2.31)、式(3.2.32)分别相加和相减，可得

$$\begin{cases} x_{ep}(n)=\dfrac{1}{2}[x(n)+x^*(N-n)] \\ x_{op}(n)=\dfrac{1}{2}[x(n)-x^*(N-n)] \end{cases} \tag{3.2.33}$$

同理，$X(k)$也可以分解为共轭对称和共轭反对称两部分，分别记为 $X_{ep}(k)$、$X_{op}(k)$，那么

$$X(k)=X_{ep}(k)+X_{op}(k) \tag{3.2.34}$$

$$\begin{cases} X_{ep}(k)=\frac{1}{2}[X(k)+X^*(N-k)] \\ X_{op}(k)=\frac{1}{2}[X(k)-X^*(N-k)] \end{cases} \tag{3.2.35}$$

2) 有限长序列和 DFT 的共轭对称性的对应关系

(1) 序列实虚部 DFT 的共轭对称性。

设有限长序列 $x(n)$是一个复序列，其实部和虚部分别为 $x_R(n)$、$x_I(n)$，即

$$x(n)=x_R(n)+jx_I(n) \tag{3.2.36}$$

式中

$$x_R(n)=\mathrm{Re}[x(n)]=\frac{1}{2}[x(n)+x^*(n)],\quad jx_I(n)=j\mathrm{Im}[x(n)]=\frac{1}{2}[x(n)-x^*(n)]$$

利用复共轭序列的 DFT 特性，即式(3.2.25)，对上述两式进行 DFT，可得

$$\mathrm{DFT}[x_R(n)]=\frac{1}{2}\mathrm{DFT}[x(n)+x^*(n)]=\frac{1}{2}[X(k)+X^*(N-k)]=X_{ep}(k) \tag{3.2.37}$$

$$\mathrm{DFT}[jx_I(n)]=\frac{1}{2}\mathrm{DFT}[x(n)-x^*(n)]=\frac{1}{2}[X(k)-X^*(N-k)]=X_{op}(k) \tag{3.2.38}$$

根据 DFT 的线性特性，上述两式相加，正好得到式(3.2.34)。因此，序列实部的 DFT 对应于序列 DFT 的共轭对称部分，j 和虚部的 DFT 对应于序列 DFT 的共轭反对称部分。

(2) 序列 DFT 实虚部的共轭对称性。

若将有限长序列 $x(n)$分解为共轭对称序列 $x_{ep}(n)$和共轭反对称序列 $x_{op}(n)$，即式(3.2.31)，分别对 $x_{ep}(n)$和 $x_{op}(n)$求 DFT，利用式(3.2.33)和式(3.2.27)，可得

$$\mathrm{DFT}[x_{ep}(n)]=\frac{1}{2}\mathrm{DFT}[x(n)+x^*(N-n)]=\frac{1}{2}[X(k)+X^*(k)]=\mathrm{Re}[X(k)] \tag{3.2.39}$$

$$\mathrm{DFT}[x_{op}(n)]=\frac{1}{2}\mathrm{DFT}[x(n)-x^*(N-n)]=\frac{1}{2}[X(k)-X^*(k)]=j\mathrm{Im}[X(k)] \tag{3.2.40}$$

上述两式相加，可得

$$X(k)=\mathrm{DFT}[x(n)]=\mathrm{DFT}[x_{ep}(n)]+\mathrm{DFT}[x_{op}(n)]=X_R(k)+jX_I(k) \tag{3.2.41}$$

式中，$X_R(k)$和 $X_I(k)$分别表示 $X(k)$的实部和虚部。

可见，序列共轭对称部分的 DFT 对应于序列 DFT 的实部，而共轭反对称部分的 DFT 对应于序列 DFT 的虚部和 j 相乘。

综上所述，可以归纳 DFT 的共轭对称性：不管是序列还是 DFT，实部始终对应于变换(DFT 或 IDFT)的共轭对称部分，j 乘虚部对应于变换的共轭反对称部分。表 3.2.1 给出了有限长序列和 DFT 的共轭对称性的对应关系。

表 3.2.1 有限长序列和 DFT 的共轭对称性的对应关系

共轭对称性对应关系	$x(n)\underset{\text{IDFT}}{\overset{\text{DFT}}{\rightleftharpoons}}X(k)$	$X(k)\underset{\text{DFT}}{\overset{\text{IDFT}}{\rightleftharpoons}}x(n)$
实部$\rightleftharpoons$共轭对称	$x_R(n)\underset{\text{IDFT}}{\overset{\text{DFT}}{\rightleftharpoons}}X_{ep}(k)$	$X_R(k)\underset{\text{DFT}}{\overset{\text{IDFT}}{\rightleftharpoons}}x_{ep}(n)$
j 乘虚部$\rightleftharpoons$共轭反对称	$\mathrm{j}x_I(n)\underset{\text{IDFT}}{\overset{\text{DFT}}{\rightleftharpoons}}X_{op}(k)$	$\mathrm{j}X_I(k)\underset{\text{DFT}}{\overset{\text{IDFT}}{\rightleftharpoons}}x_{op}(n)$

3）共轭对称性的应用

在实际数字信号处理系统中，常通过 A/D 采样得到实数序列，进行 DFT 分析处理；或者构造 $X(k)$后利用 IDFT 生成实数信号，并通过 D/A 进行发送。下面以实序列为例，讨论如何利用共轭对称性来分析实序列 DFT 的特点，以及如何计算实序列 DFT，从而达到减少 DFT 计算量、提高计算效率的目的。

设 $x(n)$是长度为 N 的实数序列，$X(k)=\mathrm{DFT}[x(n)]$

（1）实序列无虚部，DFT 无共轭反对称部分，即 $X(k)$共轭对称：

$$X(k)=X^*(N-k) \tag{3.2.42}$$

（2）若 $x(n)=x(N-n)$，$x(n)$为共轭对称序列，那么 $X(k)$只有实部，无虚部，并且关于 $N/2$ 共轭对称，因此 $X(k)$为实偶对称：

$$X(k)=X(N-k) \tag{3.2.43}$$

（3）若 $x(n)=-x(N-n)$，$x(n)$为共轭反对称序列，那么 $X(k)$只有 j 和虚部，无实部，并且关于 $N/2$ 共轭对称，因此 $X(k)$为纯虚奇对称：

$$X(k)=-X(N-k) \tag{3.2.44}$$

当 N 为偶数时，只需要计算前面 $N/2+1$ 点 DFT 值；当 N 为奇数时，计算前面$(N+1)/2$ 点 DFT 值，其他值按照式(3.2.42)即可得到。如 $X(N-1)=X^*(1)$，$X(N-2)=X^*(2)$，这样可减少近一半运算量。

利用共轭对称性，通过一个 DFT 可计算两个实序列的 DFT。由于序列实部、j 乘虚部的 DFT 分别对应于序列 DFT 的共轭对称和共轭反对称部分，如果将两个实序列合成一个复序列，通过计算复序列的 N 点 DFT，就可同时得到两个实序列的 N 点 DFT。

设 $x_1(n)$和 $x_2(n)$表示长度为 N 的两个实序列，将 $x_1(n)$和 $x_2(n)$分别作为实部和虚部，构造新的复序列 $x(n)$如下：

$$x(n)=x_1(n)+\mathrm{j}x_2(n) \tag{3.2.45}$$

令 $X(k)=\mathrm{DFT}[x(n)]$，$X_1(k)=\mathrm{DFT}[x_1(n)]$，$X_2(k)=\mathrm{DFT}[x_2(n)]$，$k=0,1,\cdots,N-1$，根据序列实虚部 DFT 的对称性，即式(3.2.37)和式(3.2.38)，可得

$$X_1(k)=X_{ep}(k)=\frac{1}{2}[X(k)+X^*(N-k)] \tag{3.2.46}$$

$$X_2(k)=\frac{1}{\mathrm{j}}X_{op}(k)=\frac{1}{2\mathrm{j}}[X(k)-X^*(N-k)] \tag{3.2.47}$$

有限长序列的 DFT 的基本性质见表 3.2.2。

表 3.2.2　有限长序列的 DFT 的基本性质

序号	序　列	离散傅里叶变换	性　质
1	$x(n)$	$X(k)=X(k+lN)$，l 为整数	隐含周期性
2	$ax_1(n)+bx_2(n)$	$aX_1(k)+bX_2(k)$，a，b 为常数	线性
3	$x((n+m))_N R_N(n)$	$W_N^{-km}X(k)$	循环移位定理
4	$W_N^{nl}x(n)$	$X((k+l))_N R_N(k)$	
5	$\sum_{m=0}^{N-1} x_1(m)x_2((n-m))_N R_N(n)$	$X_1(k)X_2(k)$	循环卷积定理
6	$x_1(n)x_2(n)$	$\frac{1}{N}\sum_{l=0}^{N-1} X_1(l)X_2((k-l))_N R_N(k)$	
7	$x^*(n)$	$X^*(N-k)$	复共轭序列
8	$x^*(N-n)$	$X^*(k)$	
9	$\text{Re}[x(n)]$	$\frac{1}{2}[X(k)+X^*(N-k)]=X_{ep}(k)$	共轭对称性
10	$\text{jIm}[x(n)]$	$\frac{1}{2}[X(k)-X^*(N-k)]=X_{op}(k)$	
11	$\frac{1}{2}[x(n)+x^*(N-n)]=x_{ep}(n)$	$\text{Re}[X(k)]$	
12	$\frac{1}{2}[x(n)-x^*(N-n)]=x_{op}(n)$	$\text{jIm}[X(k)]$	
13	$x(n)$实序列	$X(k)$共轭对称，$X(k)=X^*(N-k)$	实序列共轭对称性
14	$x(n)$实偶对称，$x(n)=x(N-n)$	$X(k)$实偶对称，$X(k)=X(N-k)$	
15	$x(n)$实奇对称，$x(n)=-x(N-n)$	$X(k)$虚奇对称，$X(k)=-X(N-k)$	
16	$\sum_{n=0}^{N-1} x(n)y^*(n)=\frac{1}{N}\sum_{k=0}^{N-1} X(k)Y^*(k)$		帕塞瓦尔定理
17	$\sum_{n=0}^{N-1} \vert x(n)\vert^2=\frac{1}{N}\sum_{k=0}^{N-1} \vert X(k)\vert^2$		

3.3　频域采样与内插

由时域采样定理可知，若采样频率大于或等于连续时间信号最高频率的 2 倍，那么可由离散时间信号恢复原来的连续时间信号，这个恢复过程称为内插；对应地，也存在频域采样定理。根据 DFT 与 Z 变换、DTFT 的关系，DFT 可看作 Z 变换在单位圆上或者 DTFT 在$[0,2\pi)$上的等间隔采样，即 DFT 实现了频域采样。那么，能否由离散的频域采样值恢复出连续的频谱呢？如果可以，条件是什么？恢复连续频谱的内插公式又是什么形式？下面围绕这些问题进行讨论。

3.3.1　频域采样定理

假设任意长序列 $x(n)$满足绝对可和条件，则 DTFT 和 Z 变换存在，分别表示为

$X(e^{j\omega})$和$X(z)$。由于$X(z)$收敛域中包含单位圆,若在单位圆上对$X(z)$进行N点等间隔采样,则可得

$$X(k)=X(z)\big|_{z=e^{j\frac{2\pi}{N}k}}=\sum_{n=-\infty}^{\infty}x(n)e^{-j\frac{2\pi}{N}kn},\quad 0\leqslant k\leqslant N-1 \tag{3.3.1}$$

用DTFT表示,有

$$X(k)=X(e^{j\omega})\big|_{\omega=\frac{2\pi}{N}k},\quad 0\leqslant k\leqslant N-1 \tag{3.3.2}$$

式(3.3.2)表明:$X(k)$相当于在频率区间$[0,2\pi)$上对DTFT进行N点等间隔采样。

由于$X(k)$为离散的频域采样值,可以看作是一个长度为N的有限长序列$x_N(n)$的DFT,即

$$x_N(n)=\text{IDFT}[X(k)],\quad 0\leqslant n\leqslant N-1 \tag{3.3.3}$$

上述能否由离散$X(k)$恢复出连续频谱的问题,相当于能否由$X(k)$恢复出原始序列$x(n)$;而$X(k)$与$x_N(n)$存在DFT变换关系。因此,频域上的问题完全可以转化时域上的问题,即$x_N(n)$能否恢复出$x(n)$?这需要探讨有限长序列$x_N(n)$和原始序列$x(n)$的关系来确定。下面推导$x_N(n)$和$x(n)$的关系,并进一步导出频域采样定理。

由于原始序列$x(n)$长度没有指定为有限长或无限长,而$x_N(n)$为有限长序列,无法直接建立两者之间的关系。但是,从DFT和DFS的关系可知,$x_N(n)$和$X(k)$具有隐含周期性,若分别以周期N进行周期延拓得到$\tilde{x}_N(n)$和$\widetilde{X}(k)$,则$X(k)$可以视为周期延拓序列$\tilde{x}_N(n)$的离散傅里叶级数$\widetilde{X}(k)$的主值序列。此时,从无限长周期延拓序列的主值序列角度来看待$x_N(n)$,就便于建立与$x(n)$的关系。即有

$$x_N(n)=\tilde{x}_N(n)R_N(n),\quad X(k)=\widetilde{X}(k)R_N(k)$$

根据IDFS,有

$$\begin{aligned}\tilde{x}_N(n)&=x_N((n))_N=\text{IDFS}[\widetilde{X}(k)]=\frac{1}{N}\sum_{k=0}^{N-1}\widetilde{X}(k)W_N^{-kn}\\&=\frac{1}{N}\sum_{k=0}^{N-1}X(k)W_N^{-kn}\end{aligned} \tag{3.3.4}$$

将式(3.3.1)代入式(3.3.4)可得

$$\begin{aligned}\tilde{x}_N(n)&=\frac{1}{N}\sum_{k=0}^{N-1}\left[\sum_{m=-\infty}^{\infty}x(m)W_N^{km}\right]W_N^{-kn}\\&=\sum_{m=-\infty}^{\infty}x(m)\frac{1}{N}\sum_{k=0}^{N-1}W_N^{k(m-n)}\end{aligned} \tag{3.3.5}$$

式中

$$\sum_{k=0}^{N-1}W_N^{k(m-n)}=\begin{cases}N, & m=n+rN\\0, & m\neq n+rN\end{cases},\quad r\text{ 为整数}$$

由于m,n均没有限定,$r=-\infty\sim\infty$,因此有

$$\tilde{x}_N(n)=\sum_{r=-\infty}^{\infty}x(n+rN) \tag{3.3.6}$$

式(3.3.6)表明：由 $\widetilde{X}(k)$得到的周期序列 $\tilde{x}_N(n)$是原始序列 $x(n)$以 N 为周期的周期延拓序列。由时域采样定理可知，时域的采样造成频域的周期延拓，延拓周期为采样频率。这里可以对应地看到，DTFT 频域采样会造成时域序列的周期延拓，延拓周期为采样点数。这正是傅里叶变换在时域和频域对称关系的反映。

取 $\tilde{x}_N(n)$的主值序列可得

$$x_N(n)=\sum_{r=-\infty}^{\infty}x(n+rN)R_N(n) \tag{3.3.7}$$

式(3.3.7)表明了有限长序列 $x_N(n)$和原始序列 $x(n)$的关系，即 $x_N(n)$是 $x(n)$以 N 为周期进行周期延拓后的主值序列。$x_N(n)$和 $x(n)$的关系可分为以下两种情况：

(1) 若 $x(n)$是无限长序列，无论 N 取何值，周期延拓都会引起时域混叠，不可能从 $\tilde{x}_N(n)$中提取主值区间来不失真地恢复出 $x(n)$。即 $x_N(n)$和 $x(n)$始终存在误差，只是随着 N 的增大，频域采样越密，误差越小。

(2) 若 $x(n)$是有限长序列，长度为 M，显然，如果采样点数 $N\geqslant M$，周期延拓将不会产生混叠现象，可以无失真地恢复 $x(n)$，即有 $x(n)=x_N(n)$。如果 $N<M$，将有时域混叠，无法不失真地恢复 $x(n)$。此时，只有通过增大 N，满足 $N\geqslant M$ 条件。

通过以上分析可以得出以下结论：对于长度为 M 的序列 $x(n)$，只有当频域采样点数 $N\geqslant M$ 时，才可由 $X(\mathrm{e}^{\mathrm{j}\omega})$的频域采样值 $X(k)$无失真地恢复 $x(n)$，即

$$x(n)=x_N(n)=\frac{1}{N}\sum_{k=0}^{N-1}X(k)W_N^{-kn} \tag{3.3.8}$$

从而可以无失真恢复出 $x(n)$的连续频域特性 $X(\mathrm{e}^{\mathrm{j}\omega})$或 $X(z)$，这就是频域采样定理。

3.3.2 频域内插公式

根据频域采样定理，既然由频域采样 $X(k)$可以无失真地恢复出序列 $x(n)$，而 $x(n)$进行 Z 变换可得到 $X(z)$，因此，可以方便地由 $X(k)$得到 $X(z)$或者 $X(\mathrm{e}^{\mathrm{j}\omega})$，相当于由离散的频域采样值表示整个 $X(z)$函数以及连续的频率响应 $X(\mathrm{e}^{\mathrm{j}\omega})$。

假设序列 $x(n)$的长度为 N，$0\leqslant n\leqslant N-1$，$X(k)$表示 $X(z)$在单位圆的 N 点等间隔采样，对式(3.3.8)进行 Z 变换，可得

$$\begin{aligned}X(z)&=\sum_{n=-\infty}^{\infty}x(n)z^{-n}=\sum_{n=0}^{N-1}\left[\frac{1}{N}\sum_{k=0}^{N-1}X(k)W_N^{-kn}\right]z^{-n}\\&=\frac{1}{N}\sum_{k=0}^{N-1}X(k)\sum_{n=0}^{N-1}W_N^{-kn}z^{-n}\\&=\frac{1}{N}\sum_{k=0}^{N-1}X(k)\frac{1-W_N^{-kN}z^{-N}}{1-W_N^{-k}z^{-1}}\end{aligned} \tag{3.3.9}$$

由于 $W_N^{-kN}=1$，因此

$$X(z)=\frac{1}{N}\sum_{k=0}^{N-1}X(k)\frac{1-z^{-N}}{1-W_N^{-k}z^{-1}} \tag{3.3.10}$$

上式即为用频域采样值 $X(k)$ 表示 $X(z)$ 的频域内插公式，该公式将用在第7章中，通过离散的频域采样值设计FIR数字滤波器。

令内插函数为

$$\Phi_k(z)=\frac{1}{N}\frac{1-z^{-N}}{1-W_N^{-k}z^{-1}} \tag{3.3.11}$$

则式(3.3.10)的频域内插公式可以重新表述为

$$X(z)=\sum_{k=0}^{N-1}X(k)\Phi_k(z) \tag{3.3.12}$$

下面讨论频率响应。将 $z=\mathrm{e}^{\mathrm{j}\omega}$ 代入式(3.3.11)，可得

$$\begin{aligned}\Phi_k(\omega)&=\frac{1}{N}\frac{1-\mathrm{e}^{-\mathrm{j}\omega N}}{1-\mathrm{e}^{-\mathrm{j}(\omega-2\pi k/N)}}=\frac{1}{N}\frac{\sin(\omega N/2)}{\sin[(\omega-2\pi k/N)/2]}\mathrm{e}^{-\mathrm{j}\left(\frac{N-1}{2}\omega+\frac{\pi k}{N}\right)}\\&=\frac{1}{N}\frac{\sin[(\omega-2\pi k/N)N/2]}{\sin[(\omega-2\pi k/N)/2]}\mathrm{e}^{-\mathrm{j}\left[\frac{N-1}{2}\left(\omega-\frac{2\pi k}{N}\right)\right]}=\Phi\left(\omega-\frac{2\pi}{N}k\right)\end{aligned} \tag{3.3.13}$$

式中，$\Phi(\omega)$ 与 k 无关，称为频率响应的内插函数，表达式为

$$\Phi(\omega)=\frac{1}{N}\frac{\sin(\omega N/2)}{\sin(\omega/2)}\mathrm{e}^{-\mathrm{j}\omega\left(\frac{N-1}{2}\right)} \tag{3.3.14}$$

联立式(3.3.12)和式(3.3.13)，频率响应的内插公式可表示为

$$X(\mathrm{e}^{\mathrm{j}\omega})=\sum_{k=0}^{N-1}X(k)\Phi\left(\omega-\frac{2\pi}{N}k\right)$$

3.4 离散傅里叶变换的应用

DFT是数字信号处理的重要工具，在数字通信、语音处理、图像处理、雷达等领域得到广泛应用。DFT有快速算法——快速傅里叶变换，能够大大降低运算量，使得DFT在工程实践中应用更加广泛和高效。本节将介绍DFT的两类典型应用：线性卷积计算以及对连续时间信号和序列进行谱分析。

3.4.1 DFT计算线性卷积

在数字信号通过线性时不变系统或者数字滤波器时，其输出等于输入与系统单位冲激响应的线性卷积，如果能够将线性卷积转化为循环卷积，根据DFT的时域循环卷积定理，循环卷积可以用DFT(FFT)来计算，这样就能够用FFT来计算线性卷积，提高运算速度。

下面首先讨论循环卷积和线性卷积的等价条件，然后介绍具体利用DFT计算线性卷积的方法。

1. 线性卷积和循环卷积的等价条件

设 $h(n)$ 和 $x(n)$ 均为有限长序列，长度分别为 N 和 M，循环卷积长度 $L\geqslant\max[N,M]$，

则线性卷积和循环卷积分别表示为

$$y_1(n)=h(n)*x(n)=\sum_{m=0}^{N-1}h(m)x(n-m) \tag{3.4.1}$$

$$y_c(n)=h(n)\circledast x(n)=\sum_{m=0}^{L-1}h(m)x((n-m))_L R_L(n) \tag{3.4.2}$$

式中，$x((n))_L$ 表示 $x(n)$的周期延拓，表达式为

$$x((n))_L=\sum_{q=-\infty}^{\infty}x(n+qL) \tag{3.4.3}$$

将上式代入式(3.4.2)，可得

$$\begin{aligned}y_c(n)&=\sum_{m=0}^{N-1}h(m)\sum_{q=-\infty}^{\infty}x(n-m+qL)R_L(n)\\&=\sum_{q=-\infty}^{\infty}\sum_{m=0}^{N-1}h(m)x(n+qL-m)R_L(n)\end{aligned} \tag{3.4.4}$$

对比式(3.4.1)，可以看出

$$\sum_{m=0}^{N-1}h(m)x(n+qL-m)=y_1(n+qL) \tag{3.4.5}$$

因此，有

$$y_c(n)=\sum_{q=-\infty}^{\infty}y_1(n+qL)R_L(n) \tag{3.4.6}$$

上式表明：循环卷积 $y_c(n)$相当于线性卷积 $y_1(n)$周期延拓后的主值序列，周期正好是循环卷积长度 L。而线性卷积 $y_1(n)$的长度为 $N+M-1$，因此，只有当循环卷积长度 $L\geqslant N+M-1$ 时，$y_1(n)$进行周期延拓才无混叠，此时主值序列就是 $y_1(n)$，式(3.4.6)即为 $y_c(n)=y_1(n)$，两者等价。由此得出结论：线性卷积和循环卷积的等价条件是循环卷积长度大于或等于线性卷积的长度，即

$$L\geqslant N+M-1 \tag{3.4.7}$$

图 3.4.1 给出了循环卷积和线性卷积的对比图。$h(n)$和 $x(n)$分别为 4 点和 5 点矩形序列，线性卷积长度 $N+M-1=8$，如图 3.4.1(c)所示，循环卷积长度 L 为 6、8、10 时如图 3.4.1(d)～(f)所示。可以看出，只有当 $L\geqslant 8$ 时，循环卷积和线性卷积的结果才相同。

2. 线性卷积的 DFT 计算方法

基于线性卷积和循环卷积的等价条件，利用 DFT 计算线性卷积的框图如图 3.4.2 所示。$h(n)$和 $x(n)$需要补零达到循环卷积长度 L，图中输出 $y(n)$为

$$y(n)=h(n)*x(n)=h(n)\circledast x(n),\quad L\geqslant N+M-1 \tag{3.4.8}$$

在实际应用中，DFT 和 IDFT 通常采用快速傅里叶变换来实现，能够大大减少运算量。当序列 $h(n)$和 $x(n)$的长度比较长，且相差不大时，与直接计算线性卷积耗用的乘法和加法运算相比，采用 FFT 计算线性卷积的运算量较低，因而也称为快速卷积法。

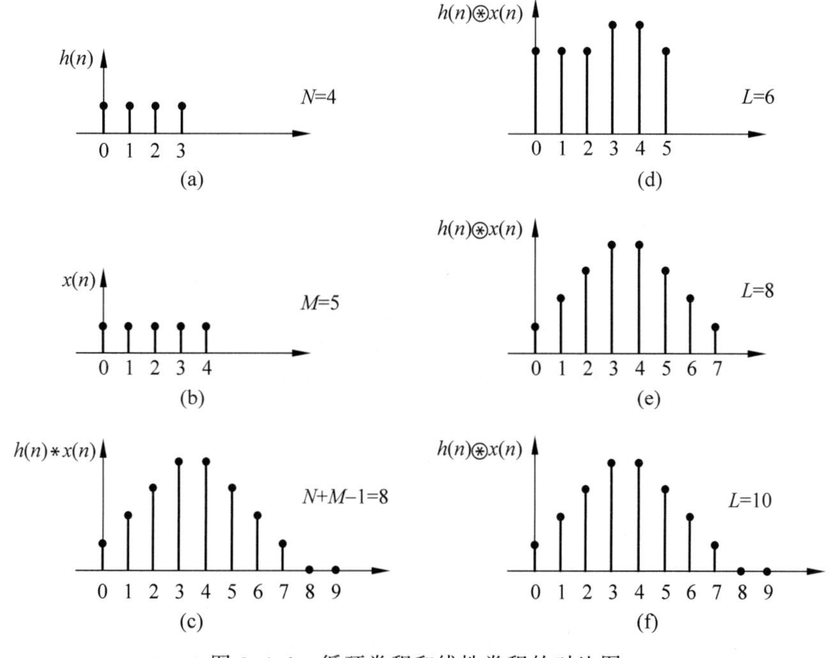

图 3.4.1 循环卷积和线性卷积的对比图

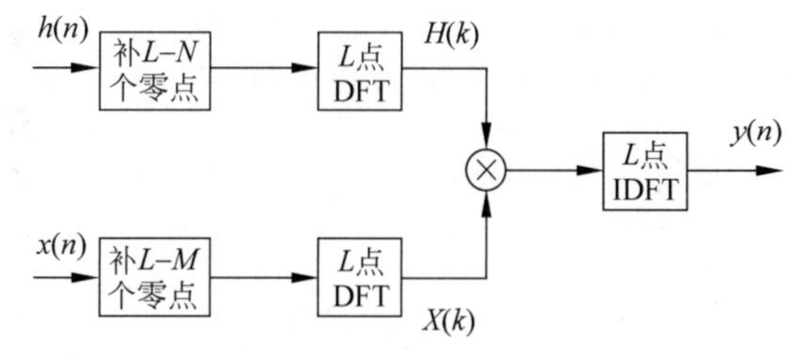

图 3.4.2 DFT 计算线性卷积的框图

但是，快速卷积法在某些场合下并不一定“快速”。假设一长一短两个序列进行线性卷积，长度相差较大，如 $M \gg N$，如果选择 $L \geqslant N+M-1$ 进行快速卷积，则短序列需要补充很多个零，而且 FFT 算法的点数比较大，运算效率比较低，与直接计算线性卷积相比，运算量不一定小。此时，直接计算或许是一个更好的选择。

此外，某些场合下长序列的长度不固定，甚至接近无限长，如语音信号、数字通信信号等，往往要求持续接收和处理，强调实时性。在这种情况下，不能直接套用快速卷积方法，比较好的解决思路是利用卷积的线性性质，将长序列分段，每一段序列与短序列分别进行卷积，再合成最终结果。这就是分段处理的思想，具体方法包括重叠相加法和重叠保留法。

3. 重叠相加法

设序列 $h(n)$ 长度为 N，$x(n)$ 为无限长序列，$n \geqslant 0$，将 $x(n)$ 进行均匀分段，每段长度

为 M，则 $x(n)$ 可以表示为

$$x(n)=\sum_{k=0}^{\infty}x_k(n) \tag{3.4.9}$$

式中：第 k 段序列为 $x_k(n)=x(n)\cdot R_M(n-kM)$。

那么，$h(n)$ 与 $x(n)$ 的线性卷积计算为

$$\begin{aligned}y(n)&=h(n)*x(n)=h(n)*\sum_{k=0}^{\infty}x_k(n)\\&=\sum_{k=0}^{\infty}h(n)*x_k(n)=\sum_{k=0}^{\infty}y_k(n)\end{aligned} \tag{3.4.10}$$

式中：$y_k(n)=h(n)*x_k(n)$ 表示第 k 段序列的线性卷积结果，其起始时刻为 $n=kM$，长度为 $N+M-1$。

式(3.4.10)表明：计算有限长序列 $h(n)$ 与无限长序列 $x(n)$ 的线性卷积时，可先将 $x(n)$ 进行分段，计算每一段 $x_k(n)$ 与 $h(n)$ 的线性卷积，再将分段卷积结果 $y_k(n)$ 重叠相加即可。分段卷积可以采用快速卷积方法或者直接进行计算。

图 3.4.3 给出了线性卷积的重叠相加法示意图。从图中可以看出，由于分段卷积结果 $y_k(n)$ 长度为 $N+M-1$，而起始时刻为 $n=kM$，因此，$y_{k+1}(n)$ 与 $y_k(n)$ 必然有 $N-1$ 个点发生重叠，必须把 $y_{k+1}(n)$ 的重叠部分加到 $y_k(n)$ 上，才能得到完整的线性卷积序列 $y(n)$。也就是说：当 $y_0(n)$ 计算完毕后，能输出 M 个值；$y_1(n)$ 计算完毕后，能输出 $2M$ 个值；当 $y_k(n)$ 计算完毕后，能输出 kM 个值，其后续 $N-1$ 个值等待 $y_{k+1}(n)$ 重叠相加后才能确定。因此，该卷积方法也称为"重叠相加法"。

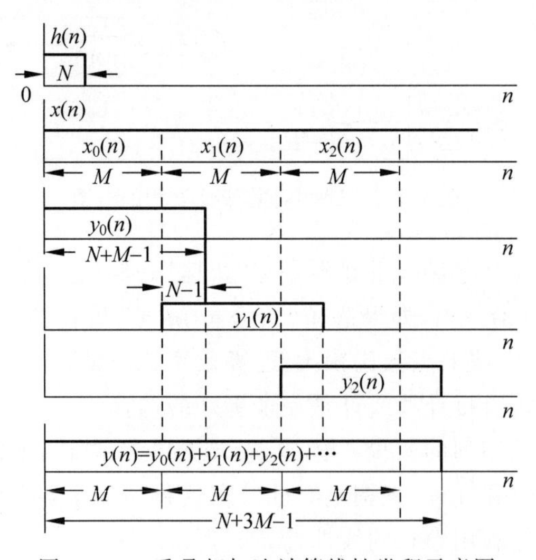

图 3.4.3　重叠相加法计算线性卷积示意图

4. 重叠保留法

与重叠相加法的分段卷积叠加思想不同，重叠保留法是由分段卷积结果衔接而成。在按照式(3.4.9)对 $x(n)$ 进行分段的同时，将输出 $y(n)$ 也进行均匀分段，每段长度为

M,则有

$$y(n)=\sum_{k=0}^{\infty}y_k(n) \tag{3.4.11}$$

式中,$y_k(n)=y(n)R_M(n-kM)$。

将 $y(n)$线性卷积表达式(3.4.1)代入 $y_k(n)$可得

$$y_k(n)=\left[\sum_{m=0}^{N-1}h(m)x(n-m)\right]R_M(n-kM) \tag{3.4.12}$$

由于 $y_k(n)$自变量取值为 $n=kM\sim(k+1)M-1$,而 $h(m)$自变量取值为 $m=0\sim N-1$,因此,对于 $x(n)$而言,其真正参与 $y_k(n)$线性卷积的只是变量 $n-m$ 所对应的序列,即 $x(n)$中自变量取值为 $kM-(N-1)\sim(k+1)M-1$ 的一段子序列,不妨记为 $x'_k(n)$。令 $n-m=l$,式(3.4.12)可重新表示为

$$y_k(n)=\left[\sum_{l=kM-(N-1)}^{kM+M-1}x(l)h(n-l)\right]R_M(n-kM) \tag{3.4.13}$$

若从序列 $x(n)$分段的角度来看,子序列 $x'_k(n)$按自变量取值范围可分为 $kM-(N-1)\sim kM-1$ 以及 $kM\sim(k+1)M-1$ 两部分,前一部分来自 $x_{k-1}(n)$,后一部分正好为 $x_k(n)$。这说明:对于任一分段序列 $x_k(n)$,不仅要全部参与 $y_k(n)$卷积运算,而且要保留部分样点参与 $y_{k+1}(n)$的卷积运算。因此,这种卷积方法称为"重叠保留法"。

图 3.4.4 给出了线性卷积的重叠保留法示意图。卷积过程描述如下:

(1) 将 $x(n)$均匀分段,形成多个长度为 M 的分段序列 $x_k(n)$;

(2) 保留前一个分段序列 $x_{k-1}(n)$的尾部 $N-1$ 点,并结合下一个完整的 M 点分段序列 $x_k(n)$,形成长度为 $M+N-1$ 序列 $x'_k(n)$,与 N 点序列 $h(n)$进行分段线性卷积。

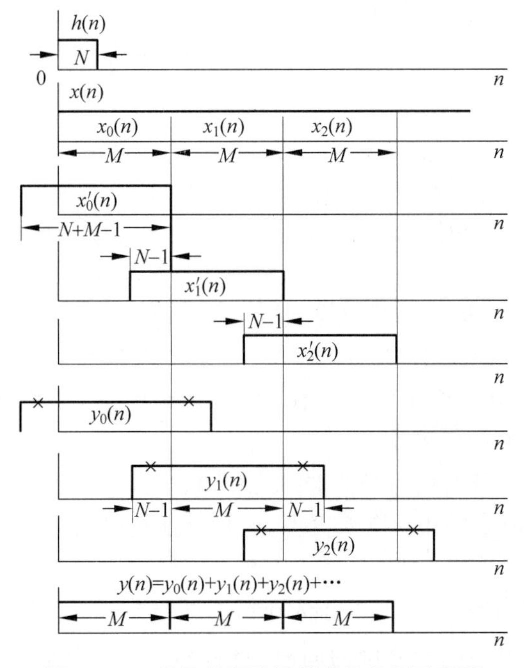

图 3.4.4　重叠保留法计算线性卷积示意图

(3) 去掉分段线性卷积结果的头尾各 $N-1$ 点,将中间 M 点作为 $y(n)$ 分段序列 $y_k(n)$。实际上,$y_k(n)$ 就是 $h(n)$ 与 $x'_k(n)$ 卷积时完全重叠时产生的计算结果。

(4) 将分段序列 $y_k(n)$ 直接衔接起来,即可得到输出 $y(n)$。

3.4.2 DFT 进行谱分析

DFT 是计算机分析信号与系统频域特性的主要工具,其主要应用之一就是对信号进行谱分析,可用于频偏估计、干扰抑制等场合。谱分析是指信号的傅里叶变换,获得信号的频谱。由于实际信号可能为连续时间信号或者序列,对于连续时间信号,通过时域采样才可用 DFT 进行谱分析。下面分别针对连续时间信号和序列,介绍如何利用 DFT 进行谱分析,并探讨影响谱分析效果的因素。

1. 连续时间信号的谱分析

1) 谱分析原理

连续时间信号的频谱与信号周期性密切相关,对于非周期性的连续时间信号,其傅里叶变换存在,即频谱函数存在且是连续的;而对于周期性的连续时间信号,其傅里叶变换为冲激函数,通常采用傅里叶级数来表示频谱,并且频谱是离散的。利用 DFT 进行频谱分析,这里重点针对非周期性的连续时间信号,通过 DFT 离散频谱来表征连续的频谱函数。

假设连续时间非周期信号为 $x_a(t)$,为了突出频谱函数与频率 f 的关系,直接采用 $X_a(\mathrm{j}f)$ 而非 $X_a(\mathrm{j}\Omega)$ 来表示频谱函数,其中 $\Omega=2\pi f$。那么 $x_a(t)$ 与 $X_a(\mathrm{j}f)$ 构成的傅里叶变换对表示为

$$X_a(\mathrm{j}f)=\int_{-\infty}^{\infty}x_a(t)\mathrm{e}^{-\mathrm{j}2\pi ft}\mathrm{d}t \tag{3.4.14}$$

$$x_a(t)=\int_{-\infty}^{\infty}X_a(\mathrm{j}f)\mathrm{e}^{\mathrm{j}2\pi ft}\mathrm{d}f \tag{3.4.15}$$

利用 DFT 对 $x_a(t)$ 进行频谱分析时,需要执行以下三个步骤:

(1) 时域采样:对连续时间信号 $x_a(t)$ 进行等间隔时域采样,得到离散时间信号,即序列 $x(n)$。

(2) 时域截短:将序列 $x(n)$ 截短为 N 点有限长序列 $x_N(n)$,截短可视为与有限长序列 $w(n)$ 相乘。

(3) 离散傅里叶变换:计算 $x_N(n)$ 的 DFT 得到 $X_N(k)$,由于 $X_N(k)$ 是频域离散的,可理解为连续频谱的频域采样。

从频域角度来看,连续时间信号的 DFT 谱分析实际上依次通过序列的 DTFT、截短序列的 DTFT 以及离散傅里叶变换来实现,这是对连续时间信号频谱的一个逼近过程,整个过程如图 3.4.5 所示。

通过上述三步,得到的 $X_N(k)$ 可作为连续时间信号 $x_a(t)$ 的谱分析结果。那么,现在的问题是:频域离散的 $X_N(k)$ 是否能够准确地代表连续频谱 $X_a(\mathrm{j}f)$,$X_N(k)$ 是否是

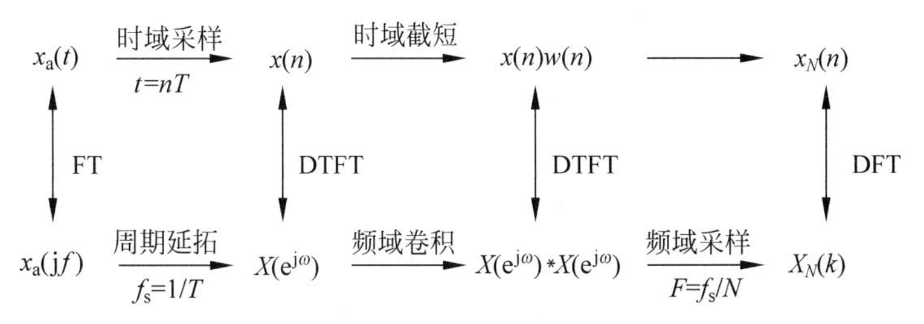

图 3.4.5 连续时间信号 DFT 谱分析的逼近过程

$X_a(\mathrm{j}f)$的准确采样？要回答上述问题，需要探讨 $X_N(k)$与 $X_a(\mathrm{j}f)$的关系，即有限长序列 $x_N(n)$的 DFT 和连续时间信号 $x_a(t)$的傅里叶变换到底有何关系。

下面围绕三个步骤，详细讨论 $X_N(k)$和 $X_a(\mathrm{j}f)$之间的关系。

(1) 时域采样。

设连续时间信号 $x_a(t)$的最高频率为 f_c，在对 $x_a(t)$进行时域采样时要满足时域采样定理，即采样频率必须大于或等于最高频率的 2 倍，否则会引起频谱混叠现象。令 f_s 表示采样频率，T 表示采样间隔，则有

$$f_s=1/T \geqslant 2f_c,\quad T \leqslant 1/(2f_c) \tag{3.4.16}$$

采样后得到的序列 $x(n)$为

$$x(n)=x_a(t)\mid_{t=nT}=x_a(nT) \tag{3.4.17}$$

$x(n)$的离散时间傅里叶变换为

$$X(e^{j\omega})=\sum_{n=-\infty}^{\infty}x(n)e^{-j\omega n} \tag{3.4.18}$$

通过时域采样，由连续时间信号 $x_a(t)$得到序列 $x(n)$，从频域角度来看，连续信号频谱 $X_a(\mathrm{j}f)$和 $X(e^{j\omega})$也存在相互关系。

由第 2 章中序列 DTFT 和连续时间信号的傅里叶变换关系可知

$$X(e^{j\omega})=\frac{1}{T}\sum_{k=-\infty}^{\infty}X_a\left(\mathrm{j}\Omega-\mathrm{j}k\,\frac{2\pi}{T}\right)=\frac{1}{T}\sum_{k=-\infty}^{\infty}X_a\left(\mathrm{j}2\pi\left(f-\frac{k}{T}\right)\right) \tag{3.4.19}$$

上式表明：$X_a(\mathrm{j}f)$以周期 $f_s=1/T$ 进行周期延拓后再乘以 $1/T$ 即可得到 $X(e^{j\omega})$。若 $X_a(\mathrm{j}f)$频率范围有限，$f_s \geqslant 2f_c$，那么 $X(e^{j\omega})$将无频谱混叠现象，并且

$$X_a(\mathrm{j}f)=TX(e^{j\omega}),\quad |f| \leqslant f_s/2 \tag{3.4.20}$$

(2) 时域截短。

从序列 $x(n)$中截取一段长度为 N 的有限长序列，记为 $x_N(n)$，可以表示为

$$x_N(n)=x(n)w(n) \tag{3.4.21}$$

式中，$w(n)$是一个有限长序列，$0 \leqslant n \leqslant N-1$，称为窗函数。

两个序列相乘就体现为时域截短，相当于对 $x(n)$进行加窗操作，窗内序列保留，窗外序列置 0。典型窗函数为矩形窗 $w(n)=R_N(n)$，此时 $x_N(n)=x(n)R_N(n)$。窗函数详细内容在第 7 章中介绍。

根据 DTFT 的性质，时域相乘对应于频域卷积，因此，$x_N(n)$的 DTFT 为

$$X_N(\mathrm{e}^{\mathrm{j}\omega})=X(\mathrm{e}^{\mathrm{j}\omega})*W(\mathrm{e}^{\mathrm{j}\omega})=\sum_{n=0}^{N-1}x_N(n)\mathrm{e}^{-\mathrm{j}\omega n} \tag{3.4.22}$$

式中,$W(\mathrm{e}^{\mathrm{j}\omega})$为窗函数$w(n)$的DTFT。

若$w(n)$足够长或变化平缓,$W(\mathrm{e}^{\mathrm{j}\omega})$呈现类似Sa(·)函数的尖峰特性,那么$X_N(\mathrm{e}^{\mathrm{j}\omega})\approx X(\mathrm{e}^{\mathrm{j}\omega})$。因此,就可利用$X_N(\mathrm{e}^{\mathrm{j}\omega})$替代$X(\mathrm{e}^{\mathrm{j}\omega})$来逼近$x_\mathrm{a}(t)$频谱$X_\mathrm{a}(\mathrm{j}f)$,即

$$X_\mathrm{a}(\mathrm{j}f)\approx TX_N(\mathrm{e}^{\mathrm{j}\omega}) \tag{3.4.23}$$

(3) 离散傅里叶变换。

对有限长序列$x_N(n)$进行N点DFT,可得

$$X_N(k)=\sum_{n=0}^{N-1}x_N(n)\mathrm{e}^{-\mathrm{j}\frac{2\pi}{N}kn},\quad 0\leqslant k\leqslant N-1 \tag{3.4.24}$$

$X_N(k)$相当于$X_N(\mathrm{e}^{\mathrm{j}\omega})$在数字频率$0\sim2\pi$之间进行$N$点等间隔采样。基于式(3.4.19)的周期延拓特性,数字频率$-\pi\sim\pi$对应模拟频率$-f_\mathrm{s}/2\sim f_\mathrm{s}/2$,数字频率$\pi\sim2\pi$与$-\pi\sim0$的频谱相同,因此对应到$X_\mathrm{a}(\mathrm{j}f)$,相当于其在模拟频率$-f_\mathrm{s}/2\sim f_\mathrm{s}/2$之间进行$N$点等间隔采样。

设模拟频率的采样间隔为F,则参数f_s、N、T和F的关系为

$$F=\frac{f_\mathrm{s}}{N}=\frac{1}{NT} \tag{3.4.25}$$

由于NT就是有限长序列$x_N(n)$对应的采样时间,不妨记为$T_\mathrm{p}=NT$,那么

$$F=\frac{1}{T_\mathrm{p}} \tag{3.4.26}$$

将$f=kF$和$\omega=2\pi k/N$代入式(3.4.23),可以得连续信号的频谱采样。

当$0\leqslant k\leqslant\frac{N}{2}-1$($N$为偶数)或$0\leqslant k\leqslant\frac{N-1}{2}$($N$为奇数)时,有

$$X_\mathrm{a}(\mathrm{j}kF)\approx TX_N(k) \tag{3.4.27}$$

当$\frac{N}{2}\leqslant k\leqslant N-1$($N$为偶数)或$\frac{N+1}{2}\leqslant k\leqslant N-1$($N$为奇数)时,有

$$X_\mathrm{a}(\mathrm{j}(k-N)F)\approx TX_N(k) \tag{3.4.28}$$

上述分析表明:连续时间信号$x_\mathrm{a}(t)$频谱函数$X_\mathrm{a}(\mathrm{j}f)$可由时域采样和截短后的序列的DFT来逼近,离散的$X_N(k)$并不是$X_\mathrm{a}(\mathrm{j}f)$的准确频域采样,只能近似地表征$X_\mathrm{a}(\mathrm{j}f)$。

图3.4.6给出了连续时间信号和序列的时域以及频域示意图,通过比较可以看出它们在时域上的相互关系以及频域上的逼近过程,即左侧在时域上呈现采样、截短,而右侧在频域上体现周期延拓、卷积以及频域采样,最终得到连续时间信号的DFT谱分析结果。

2) 谱分析参数选择

在对连续时间信号进行谱分析时,主要考虑以下两个方面的参数:

(1) 谱分析范围:信号最高频率f_c代表了谱分析范围。根据时域采样定理,谱分析范围受采样频率f_s的限制。为了避免频域混叠现象,信号最高频率$f_\mathrm{c}\leqslant f_\mathrm{s}/2$,即采样

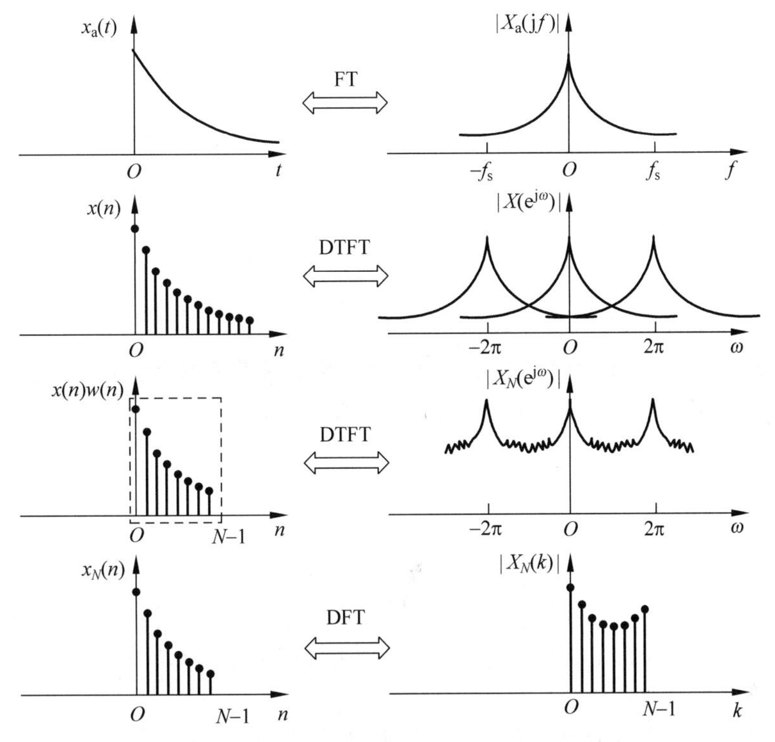

图 3.4.6　连续时间信号的频谱逼近示意图

间隔 $T \leqslant 1/(2f_c)$。

若信号频谱为无限宽,可以选取占信号总能量一定百分比的频带宽度($|f|<f_c$)来确定信号最高频率 f_c,如百分比为 90%或 98%等。当信号最高频率已经确定时,选择采样频率要满足 $f_s \geqslant 2f_c$。

(2) 频率分辨率:频域采样间隔 F 代表了频率分辨率,表示谱分析中能够分辨的最小频率间隔。F 越小,谱分析越接近 $X_a(\mathrm{j}f)$,频率分辨率越高。

当给定频率分辨率要求时,根据式(3.4.25)中 $F=f_s/N=1/T_p$,在保证谱分析范围不变(f_s 不变)的情况下,采样时间 T_p 和采样点数 N 必须满足

$$\begin{cases} T_p \geqslant \dfrac{1}{F} \\ N = \dfrac{T_p}{T} \geqslant \dfrac{f_s}{F} \end{cases} \tag{3.4.29}$$

若要提高频率分辨率(F 减小),需要增加采样时间 T_p 和采样点数 N。

例 3.4.1　利用 DFT 对语音信号进行谱分析,要求频率分辨率 $F \leqslant 10\mathrm{Hz}$,信号最高频率 $f_c=4\mathrm{kHz}$,试确定:最小记录时间 T_{pmin}、最大采样间隔 $T_{\max}$、最少的采样点数 $N_{\min}$。如果 f_c 不变,要求频率分频率增加 1 倍,最少的采样点数和最小的记录时间是多少?

解：

$$T_p \geqslant \frac{1}{F} = \frac{1}{10} = 0.1(\text{s})$$

即 $T_{pmin}=0.1\text{s}$，而 $f_s \geqslant 2f_c$，$f_{smin}=2f_c=8000\text{Hz}$，因此

$$T \leqslant \frac{1}{2f_c} = \frac{1}{2\times 4000} = 0.125\times 10^{-3}(\text{s}),\quad N \geqslant \frac{2f_c}{F} = \frac{2\times 4000}{10} = 800$$

即 $T_{max}=0.125\times 10^{-3}\text{s}$，$N_{min}=800$。当频率分辨率提高 1 倍时，$F=5\text{Hz}$，那么

$$T_{pmin} = \frac{1}{5} = 0.2(\text{s}),\quad N_{min} = \frac{2\times 4000}{5} = 1600$$

在实际应用中，为了使用 DFT 的快速算法 FFT，通常选取 N 为 2 的整数幂。此时，若采样频率 f_s 不变，即采样间隔 T 不变，那么采样点数 N 可分别选取 1024 和 2048，采样时间 T_p 相应增大，F 值减小，具有更高的频率分辨能力。

2. 序列的谱分析

利用 DFT 可以对序列进行谱分析，若从连续时间信号时域采样得到序列的角度来看，序列谱分析只相当于连续时间信号谱分析步骤中的后两步或者第三步，这与序列是无限长或有限长有关。设序列为 $x(n)$，其离散时间傅里叶变换存在，即 $X(e^{j\omega})=\text{DTFT}[x(n)]$，且是连续频谱。

(1) 若序列为有限长序列，长度为 N，则直接进行 N 点 DFT 计算，得到 $X(k)=\text{DFT}[x(n)]$，$X(k)$ 相当于 $X(e^{j\omega})$ 在数字频率 $[0,2\pi)$ 上的 N 点等间隔采样。根据频域采样定理和内插公式，$X(e^{j\omega})$ 可以由 $X(k)$ 无失真恢复。

(2) 若序列为无限长序列，需要进行时域截短，得到有限长序列，才可计算 DFT。对于周期序列，可采用离散傅里叶级数来表征频谱，也可截取一个或多个周期构成有限长序列，利用 DFT 来分析频谱。

在实际应用场合中，周期序列由模/数转换器对连续时间周期信号进行采样得到，序列中除有用信号成分以外，还可能包括噪声成分。在利用 DFT 进行谱分析时，噪声会对有用信号频谱产生影响。为了提高噪声条件下周期序列的谱分析效果，可以考虑截取多个周期进行 DFT，相当于通过增加时间积累来抑制噪声的影响。下面讨论周期序列多个周期的 DFT，并与单周期 DFT 进行比较。

假设 $\tilde{x}(n)$ 是周期为 N 的周期序列，其主值序列 $x(n)=\tilde{x}(n)R_N(n)$，$X(k)=\text{DFT}[x(n)]$。截取 $\tilde{x}(n)$ 的 m 个周期，m 为正整数，截取后序列长度 $M=mN$，序列表示为

$$x_M(n) = \tilde{x}(n)R_M(n)$$

对 $x_M(n)$ 进行 M 点 DFT，可得

$$\begin{aligned} X_M(k) = \text{DFT}[x_M(n)] &= \sum_{n=0}^{M-1} \tilde{x}(n) e^{-j\frac{2\pi}{M}kn} \\ &= \sum_{n=0}^{mN-1} \tilde{x}(n) e^{-j\frac{2\pi}{mN}kn},\quad k=0,1,\cdots,mN-1 \end{aligned}$$

令 $n=n'+rN$，则 $r=0,1,\cdots,m-1, n'=0,1,\cdots,N-1$。那么

$$X_M(k)=\sum_{r=0}^{m-1}\sum_{n'=0}^{N-1}\tilde{x}(n'+rN)\mathrm{e}^{-\mathrm{j}\frac{2\pi(n'+rN)k}{mN}}=\sum_{r=0}^{m-1}\left[\sum_{n'=0}^{N-1}x(n')\mathrm{e}^{-\mathrm{j}\frac{2\pi n'}{mN}k}\right]\mathrm{e}^{-\mathrm{j}\frac{2\pi}{m}rk}$$

$$=\sum_{r=0}^{m-1}X(\mathrm{e}^{\mathrm{j}\frac{2\pi}{N}\cdot\frac{k}{m}})\mathrm{e}^{-\mathrm{j}\frac{2\pi}{m}rk}=X(\mathrm{e}^{\mathrm{j}\frac{2\pi}{N}\cdot\frac{k}{m}})\sum_{r=0}^{m-1}\mathrm{e}^{-\mathrm{j}\frac{2\pi}{m}rk}$$

由于

$$\sum_{r=0}^{m-1}\mathrm{e}^{-\mathrm{j}\frac{2\pi}{m}kr}=\begin{cases}m, & k/m\ 为整数\\0, & k/m\ 不为整数\end{cases}$$

所以

$$X_M(k)=\begin{cases}mX\left(\dfrac{k}{m}\right), & k/m\ 为整数\\0, & k/m\ 不为整数\end{cases}\tag{3.4.30}$$

上式表明：$X_M(k)$也能表示 $\tilde{x}(n)$的频谱特性，当 $k=rm$ 时，$X_M(rm)=mX(r)$，相当于单周期 DFT 的 $X(r)$幅度扩大 m 倍，而 k 取其他值时，$X_M(k)=0$。从频域采样角度来看，单周期 DFT 的 $X(r)$与多周期 DFT 的 $X_M(rm)$的频率是对应的，即$\dfrac{2\pi}{N}r=\dfrac{2\pi}{mN}mr$；同时，由于多周期 DFT 的幅度扩大 m 倍，使得谱分析时具有更好的抗噪声能力，更容易获得原始周期序列的频谱特性。

3. 谱分析的误差来源及改进措施

从前两节讨论可以看出，DFT 谱分析实际上是以离散频谱对原始频谱的一个逼近过程，这种逼近可能会带来一定的误差，而误差来源则与谱分析步骤密切有关。对于连续时间信号，涉及时域采样、时域截短和离散傅里叶变换，而序列谱分析涉及离散傅里叶变换，甚至时域截短。下面针对这些步骤讨论 DFT 谱分析的误差问题。

1）混叠现象

针对连续时间信号的时域采样步骤，若时域采样未满足采样定理，则会引起频谱混叠现象，混叠出现在数字频率 $\omega=\pi$ 和模拟频率 $f=f_s/2$ 附近。解决频谱混叠的方法是提高采样频率，使之满足 $f_s\geqslant 2f_c$，通常为 $f_s=(3\sim5)f_c$。在采样频率已确定的情况下，可以在时域采样前对连续时间信号进行预滤波，滤除高于 $f_s/2$ 的频率成分，避免混叠现象。值得说明的是，利用 DFT 进行谱分析，能够观察的最高频率成分为 $f_s/2$。

2）频谱泄漏

针对时域截短步骤，时域截短是为了得到有限长序列 $x_N(n)=x(n)\cdot w(n)$，序列时域相乘对应频域卷积，即 $X_N(\mathrm{e}^{\mathrm{j}\omega})=X(\mathrm{e}^{\mathrm{j}\omega})*W(\mathrm{e}^{\mathrm{j}\omega})$。如果 $w(n)$频谱 $W(\mathrm{e}^{\mathrm{j}\omega})$为单位冲激函数 $\delta(\omega)$，那么卷积后 $X_N(\mathrm{e}^{\mathrm{j}\omega})=X(\mathrm{e}^{\mathrm{j}\omega})$，频谱不变。但由于窗函数 $w(n)$是有限长序列，$W(\mathrm{e}^{\mathrm{j}\omega})$不可能为单位冲激函数，如矩形窗 $w(n)=R_N(n)$频谱具有 1 个主瓣和多个旁瓣。这样，$X(\mathrm{e}^{\mathrm{j}\omega})$与 $W(\mathrm{e}^{\mathrm{j}\omega})$卷积会带来频谱的变化。

图 3.4.7 给出了单位冲激函数形式的频谱与矩形窗频谱卷积后的示意图。可以看出，原来的离散谱线通过卷积后已成为具有主瓣和旁瓣的频谱，出现了拖尾和展宽。因此，频域卷积一定会造成频谱 $X(e^{j\omega})$ 的“扩散”，包括拖尾和展宽，这种现象称为频谱泄漏。

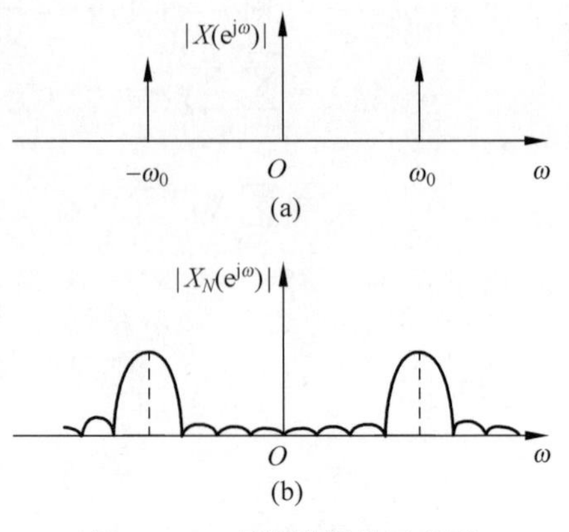

图 3.4.7　频谱泄漏的示意图

频谱泄漏使得频谱变得模糊，给频谱分析带来误差。最直接的影响体现在两个方面：一是使频率分辨率降低，受窗函数频谱主瓣宽度影响，当待分析的两个频率逐步靠近时，其中间部分频谱叠加将会超过两个频率幅度，呈现单峰特性，使得两个频率无法分辨；二是造成谱间干扰，同样由于窗函数主瓣和旁瓣影响，待分析的相邻频率分量之间存在相互干扰，如果频谱展宽使最高频率超过 $f_s/2$，会引起更大范围的频谱混叠。

谱分析的一种典型应用是干扰抑制，如消除某个幅度很高的干扰频率成分，要求是尽可能减轻其频谱泄漏对有用信号的影响；否则，在消除干扰频率的同时，有用信号的频率成分也被消除过多，损伤过大，或者弱小有用信号会被干扰的泄漏成分所淹没，无法有效识别，因此，必须重视频谱泄漏问题。

减小频谱泄漏有两种方法：一种方法是增加窗函数 $w(n)$ 长度 N，在获得更长的数据的同时，使 $W(e^{j\omega})$ 主瓣更窄，提高频率分辨率；另一种方法是序列不要突然截短，而是缓慢截短，这就要求改变窗函数 $w(n)$ 的形状，选择其他窗函数，同时加大 N，使频谱 $W(e^{j\omega})$ 主瓣能量集中，旁瓣能量更小，衰减更大，降低谱间干扰。典型窗函数有三角形窗、升余弦窗等，关于窗函数的详细内容将在第 7 章进行介绍。

3）栅栏效应

针对离散傅里叶变换步骤，连续时间信号和序列都存在这种现象。由于 N 点 DFT 是频谱 $X(e^{j\omega})$ 在频率 $[0,2\pi)$ 上的等间隔采样，DFT 就像一个“栅栏”，只能在离散的频率点上看到谱线，其他频率点的频谱看不到，这种现象称为“栅栏效应”。减轻栅栏效应的思路是增加频域采样点数，使离散谱线更密，就可以看到原来看不到的频谱分量，这些分量并不一定为零。具体做法可以采取序列尾部补零的方式，进行更大点数的 DFT 来实现。

3.5　离散傅里叶变换的 MATLAB 仿真

本章主要从讨论周期序列的离散傅里叶级数出发，引出有限长序列的离散傅里叶变换，介绍了 DFT 的定义、基本性质和定理；讨论了频域采样定理和频域内插公式；着重探讨了利用 DFT 的两类典型应用，即计算线性卷积和谱分析。本节将通过 MATLAB 编程，对前面各节涉及的 DFT 定义、性质、频域采样定理以及应用示例等进行仿真和对比验证,以便更好地理解掌握相关概念和理论知识。

3.5.1 DFT与IDFT计算仿真

1. DFT与IDFT函数的MATLAB编程

(1) 按照DFT定义,利用for循环编写函数DFT_For( ),对应m文件为DFT_For.m;

```
function X = DFT_For(x,N)
%利用for循环计算N点DFT;
%x为输入序列,列向量;
%X为输出列向量,X(k) = DFT[x(n)];
M = length(x);                              %序列原始长度,M<=N
X = zeros(N,1);
for k = 0:N-1
    for n = 0:M-1
        X(k+1) = X(k+1) + exp(-j*2*pi*n*k/N)*x(n+1);
    end
end
```

(2) 按照DFT矩阵表示形式编写函数DFT_Mat( ),对应m文件为DFT_Mat.m;

```
function X = DFT_Mat(x,N)
%利用矩阵形式计算N点DFT;
%x为输入序列,列向量;
%X为输出DFT,列向量,X(k) = DFT[x(n)];
M = length(x);                              %序列原始长度,M<=N
x = [x;zeros(N-M,1)];                       %补零
n = 0:N-1;k = 0:N-1;                        %变量范围
kn = k'*n;                                  %生成k*n矩阵
WN = exp(-j*2*pi/N);                        %复指数WN
WNkn = WN.^kn;                              %生成(WN).^kn
X = WNkn*x;                                 %矩阵相乘计算DFT
```

(3) 类似地,可以按照for循环或矩阵形式编写IDFT函数。下面给出函数IDFT_Mat( )作为参考,对应m文件为IDFT_Mat.m;

```
function x = IDFT_Mat(X,N)
%利用矩阵形式计算N点IDFT;
%X为输入DFT,列向量;
%x为输出序列,列向量,x(n) = IDFT[X(k)];
M = length(X);                              %X(k)原始长度,M<=N
X = [X;zeros(N-M,1)];                       %补零
n = 0:N-1;k = 0:N-1;                        %变量范围
nk = n'*k;                                  %生成n*k矩阵
WN = exp(-j*2*pi/N);                        %复指数WN
WNnk = WN.^nk;                              %生成(WN).^nk
x = 1/N*conj(WNnk)*X;                       %矩阵形式计算IDFT
```

(4) 除自己编写函数外,也可直接调用 MATLAB 函数 fft( )和 ifft( )。DFT 和 IDFT 存在快速计算方法,即快速傅里叶变换和快速傅里叶逆变换,相关内容在第 4 章介绍。函数调用格式:

```
X = fft(x,N);                               % x 为序列,N 为 FFT 点数
x = ifft(X,N);                              % 一般 N 大于等于序列长度
```

2. 例 3.2.1 计算 DFT 的 MATLAB 仿真

为便于对比 DFT 和 DTFT,这里给出 DTFT 函数 DTFT_Mat( ),对应 m 文件为 DTFT_Mat.m:

```
function [Xw,w] = DTFT_Mat(x,I)
% 利用矩阵形式计算序列 DTFT;
% x 为输入序列,列向量,长度为 N;
% Xw 为输出 DTFT,w 为频率,均为列向量,X(e^jw) = DTFT[x(n)];
% I 为频率插值倍数,w 和 Xw 长度均为 N * I.
N = length(x);n = 0:N-1;                    % 序列长度和 n 范围
w = (0:N*I-1)'*2*pi/(N*I);                  % w 范围 0~2pi,等间隔取 N*I 个值
wn = exp(-j*w*n);                           % 复指数 exp(-jwn)
Xw = wn*x;                                  % 矩阵相乘计算 DTFT

% 主程序 Ch3_5_1.m
clc; clear all; close all;
xn = [1 1 1 1]'; N = length(xn);           % 序列及长度
%%%%%%%%%%%%%%%%%%%%%%%%%%%%%%%%%%%%%%%%%%%%%
% 1)调用 DTFT_Mat 函数计算 DTFT,并与 MATLAB 函数 freqz()进行对比
[Xw,w] = DTFT_Mat(xn,100);                  % w 范围 0~2pi
XwAmp = abs(Xw);                            % DTFT 幅度
XwAng = angle(Xw)*180/pi;                   % DTFT 相位,度数
figure(1);
subplot(2,1,1);plot(w/pi,XwAmp);
xlabel('\omega /\pi');ylabel('|X(e ^j^\omega)|');
title('DTFT 幅度');grid on
subplot(2,1,2);plot(w/pi,XwAng);
xlabel('\omega /\pi');ylabel('arg[X(e ^j^\omega)]');
title('DTFT 相位');grid on
% 直接调用 MATLAB 函数 freqz()作为对比
[Xw2,w2] = freqz(xn,1,N*100,'whole');       % 频率包含整个周期 0~2pi,取 N*100 个值
[Xw-Xw2 w-w2];                              % 观察可见:两种方法的频率取值和 DTFT 相同
%%%%%%%%%%%%%%%%%%%%%%%%%%%%%%%%%%%%%%%%%%%%%
% 2) 计算 N = 4,8,16,32 点 DFT
N = 4;Xk4 = DFT_Mat(xn,N);                  % 调用 DFT_ Mat 函数( )
N = 8;Xk8 = DFT_Mat(xn,N);
N = 16;Xk16 = DFT_Mat(xn,N);
N = 32;Xk32 = DFT_Mat(xn,N);
% N = 4;Xk4 = DFT_For(xn,N);                % 或调用 DFT_For 函数( )
% N = 8;Xk8 = DFT_For(xn,N);
```

```
% N = 16;Xk16 = DFT_For(xn,N);
% N = 32;Xk32 = DFT_For(xn,N);
figure(2);
subplot(2,1,1);stem(0:4 - 1,abs(Xk4));
xlabel('k');ylabel('|X(k)|'); title('N = 4 点 DFT');
axis([0 4 0 4]);grid on;set(gca,'XTick',0:4);
subplot(2,1,2);stem(0:8 - 1,abs(Xk8));
xlabel('k');ylabel('|X(k)|'); title('N = 8 点 DFT');
axis([0 8 0 4]);grid on;set(gca,'XTick',0:8);
figure(3);
subplot(2,1,1);stem(0:16 - 1,abs(Xk16));
xlabel('k');ylabel('|X(k)|'); title('N = 16 点 DFT');
axis([0 16 0 4]);grid on;set(gca,'XTick',0:2:16);
subplot(2,1,2);stem(0:32 - 1,abs(Xk32));
xlabel('k');ylabel('|X(k)|'); title('N = 32 点 DFT');
axis([0 32 0 4]);grid on;set(gca,'XTick',0:4:32);
```

主程序 Ch3_5_1.m 运行结果如图 3.5.1～图 3.5.3 所示，与 2.2 节的图以及图 3.2.1 一致。

(1) 图 3.5.1 给出了频率 0～2π 间的 DTFT 幅度和相位特性曲线，幅度包含 2 个主瓣和 2 个旁瓣，且关于 $\omega=\pi$ 左右对称，这是由于 $R_4(n)$ 是实数序列，DTFT 具有共轭对称特性。相位具有线性特点，这是由于 $R_4(n)$ 时域上是偶对称的，满足线性相位条件，相关内容将在第 7 章中介绍。

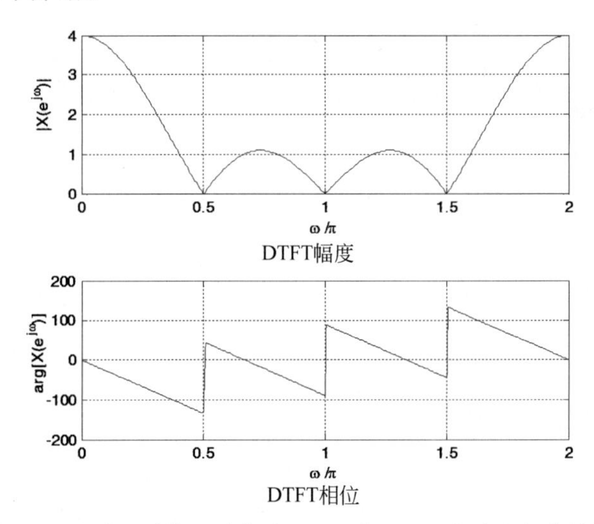

图 3.5.1 编程计算矩形序列 $R_4(n)$ 的 DTFT 幅度和相位特性

(2) 观察图 3.5.2 和图 3.5.3 的 DFT 幅度特性，并对比图 3.5.1 中 DTFT 幅度曲线可以看出，DFT 相当于 DTFT 在数字频率 0～2π 间的等间隔采样，像一个"栅栏"，中间频谱无法看到，并不一定是零，这种现象就是栅栏效应。当 DFT 点数加大时，中间频谱逐步呈现，DFT 幅度包络愈发明显，与 DTFT 幅度曲线一致。

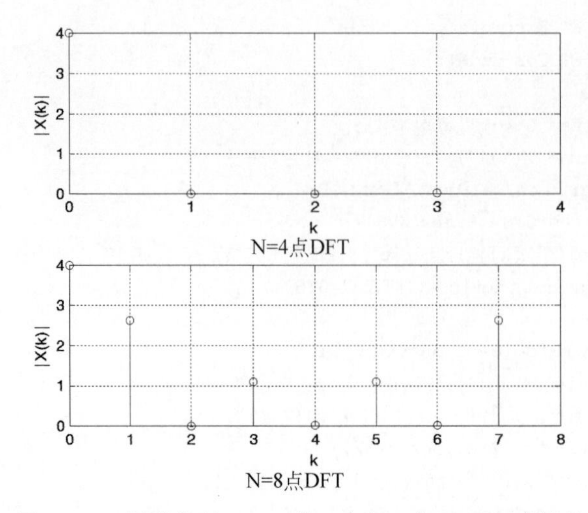

图 3.5.2　矩形序列 $R_4(n)$的 4 点和 8 点 DFT 幅度特性

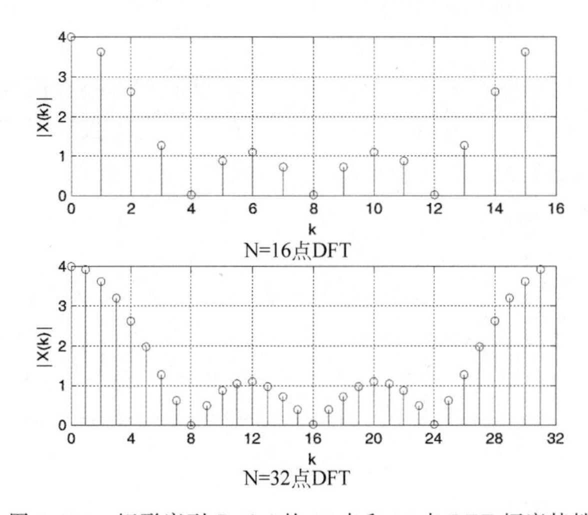

图 3.5.3　矩形序列 $R_4(n)$的 16 点和 32 点 DFT 幅度特性

3.5.2　DFT 性质与定理仿真

1. 循环移位与循环卷积函数的 MATLAB 编程

1）循环移位函数：$y(n)=x((n+m))_N R_N(n)$

```
function y = cirshift(x,m,N)
%输入序列为行向量,长度不超过 N
x = [x zeros(N - length(x))];            %补零,使长度为 N
n = 0:N - 1;
y = x(mod(n + m,N) + 1);                 %计算 x2((n + m))N
```

2）循环卷积函数：$y(n)=x_1(n) \circledast x_2(n)=\sum_{m=0}^{N-1} x_1(m) x_2((n-m))_N R_N(n)$

```
function y = circonv(x1, x2, N)
% 输入序列 x1,x2 为行向量,长度均不超过 N
x1 = [x1 zeros(1,N - length(x1))];              % 补零,使长度为 N
x2 = [x2 zeros(1,N - length(x2))];              % 补零,使长度为 N
m = 0:N - 1;
% x2flip = x2(mod( - m,N) + 1);                 % 计算 x2(( - m))N
x2cir = zeros(N,N);                             % 存储 x2 循环翻转
for n = 0:N - 1
    x2cir(n + 1,:) = x2(mod(n - m,N) + 1);      % 计算 x2((n - m))N
end
y = x1 * conj(x2cir');                          % 序列乘累加
% y = x1 * transpose(x2cir);                    % 或使用转置函数 transpose
```

3）例 3.2.3 计算循环卷积的 MATLAB 仿真

```
% 主程序 Ch3_5_2_1.m
clc;clear all
x1 = [1 1 1 1 0 0 0 0];
x2 = [0 0 1 1 1 1 0 0];
N = 8;n = 0:N - 1;
y = circonv(x1,x2,N);                           % 调用循环卷积函数
figure(1);
subplot(2,2,1);stem(n,x1);
xlabel('n');ylabel('x_1(n)'); title('x_1(n)');grid on
subplot(2,2,2);stem(n,x2);
xlabel('n');ylabel('x_2(n)'); title('x_2(n)');grid on
subplot(2,1,2);stem(n,y);
xlabel('n');ylabel('y(n)');
title('x_1(n)与 x_2(n)的 8 点循环卷积');grid on
```

主程序 Ch3_5_2_1.m 运行结果如图 3.5.4 所示，与图 3.2.3 对比可见，循环卷积计算与仿真结果一致。

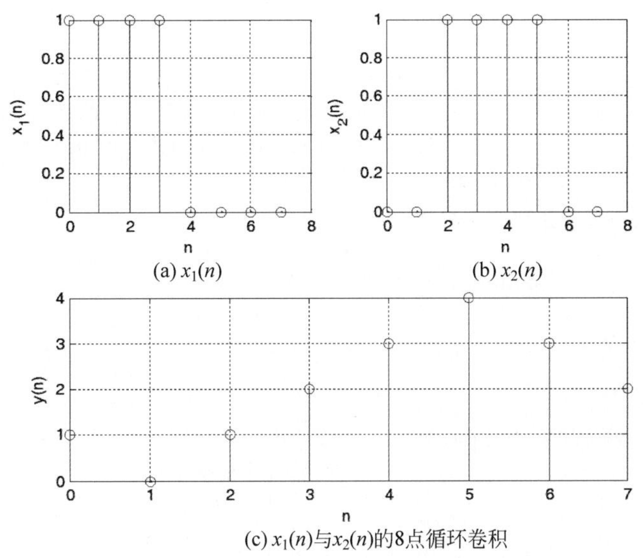

(a) $x_1(n)$　(b) $x_2(n)$

(c) $x_1(n)$与$x_2(n)$的8点循环卷积

图 3.5.4　序列循环卷积仿真结果

2. 时域和频域循环卷积定理的 MATLAB 仿真

```
%主程序 Ch3_5_2_2.m:
clc;clear all
x1 = [1 1 1 1 0 0 0 0];
x2 = [0 0 1 1 1 1 0 0];
N = 8;n = 0:N-1;
%%%%%%%%%%%%%%%%%%%%%%%%%%%%%%%%%%%%%%%%%%%%%%%%
%时域循环卷积定理验证:
%先时域循环卷积,后 DFT
y = circonv(x1,x2,N);                    %调用循环卷积函数
Y = fft(y,N)                             %或 DFT_Mat(conj(y'),N)
%先 DFT,后相乘
X1 = fft(x1,N);
X2 = fft(x2,N);
Y2 = X1.*X2                              %DFT[x1(n)].*DFT[x2(n)]
%%%%%%%%%%%%%%%%%%%%%%%%%%%%%%%%%%%%%%%%%%%%%%%%
%频域循环卷积定理验证:
%先相乘,后 DFT
x = x1.*x2                               %x1(n).*x2(n)
X = fft(x,N)
%先频域循环卷积,后/N
Xcir = circonv(X1,X2,N)/N                %调用循环卷积函数
```

主程序 Ch3_5_2_2.m 运行后,Y 和 Y2 输出结果一致,X 和 Xcir 输出结果一致,验证了时域循环卷积定理和频域循环卷积定理。

```
Y =
  16.0000      -4.8284 + 4.8284i      0                  0.8284 + 0.8284i
        0       0.8284 - 0.8284i      0                 -4.8284 - 4.8284i
x =
        0     0     1     1     0     0     0     0
X =
   2.0000      -0.7071 - 1.7071i   -1.0000 + 1.0000i     0.7071 + 0.2929i
        0       0.7071 - 0.2929i   -1.0000 - 1.0000i    -0.7071 + 1.7071i
```

3. 共轭对称性的 MATLAB 仿真

1) 序列实虚部 DFT 的共轭对称性

```
%主程序 Ch3_5_2_3.m:
clc;clear all
N = 8;
%序列实虚部 DFT 的共轭对称性
xr = [4 3 2 1 0 3 2 1];                  %序列实部
xi = [4 3 2 1 0 3 2 1];                  %序列虚部
x = xr + j*xi;                           %实部 + j*虚部
```

```
Xr = fft(xr,N)                                  % DFT[实部] - 共轭对称
Xij = fft(j * xi,N)                             % DFT[j * 虚部] - 共轭反对称
X = fft(x,N)                                    % DFT[x(n)]
```

主程序 Ch3_5_2_3.m 运行后,输出结果如下:

```
Xr =
  16.0000              4.0000              0 - 4.0000i         4.0000
        0              4.0000              0 + 4.0000i         4.0000
Xij =
        0 + 16.0000i   0 + 4.0000i         4.0000              0 + 4.0000i
        0              0 + 4.0000i       - 4.0000              0 + 4.0000i
X =
  16.0000 + 16.0000i   4.0000 + 4.0000i    4.0000 - 4.0000i    4.0000 + 4.0000i
        0              4.0000 + 4.0000i  - 4.0000 + 4.0000i    4.0000 + 4.0000i
```

可以看出:Xr 作为序列实部的 DFT,满足 $Xr(k)=Xr^*(N-k)$,具有共轭对称特性;Xij 作为 j 乘序列虚部后的 DFT,满足 $Xij(k)=-Xij^*(N-k)$,具有共轭反对称特性;X=Xr+Xij 表明共轭对称和共轭反对称两部分相加正好为构成序列的 DFT。

2) 序列 DFT 实虚部的共轭对称性

```
% 主程序 Ch3_5_2_4.m:
clc;clear all
N = 8;
% 序列 DFT 实虚部的共轭对称性
xep = [4    3 + 3j 2 + 2j 1 + j  0    1 - j    2 - 2j    3 - 3j];     % 共轭对称序列
xop = [4j   3 + 3j 2 + 2j 1 + j  0  - 1 + j  - 2 + 2j  - 3 + 3j];     % 共轭反对称序列
x = xep + xop;                                  % 合成序列
Xep = fft(xep,N)                                % DFT[共轭对称序列] - DFT[x]实部
Xop = fft(xop,N)                                % DFT[共轭反对称序列] - j * DFT[x]虚部
X = fft(x,N)                                    % DFT
```

主程序 Ch3_5_2_4.m 运行后,输出结果如下:

```
Xep =
      16.0000          16.4853            4.0000             2.8284
      0              - 0.4853           - 4.0000           - 2.8284
Xop =
      0 + 16.0000i     0 - 2.8284i        0 - 4.0000i        0 - 0.4853i
      0                0 + 2.8284i        0 + 4.0000i        0 + 16.4853i
X =
  16.0000 + 16.0000i   16.4853 - 2.8284i    4.0000 - 4.0000i    2.8284 - 0.4853i
      0              - 0.4853 + 2.8284i   - 4.0000 + 4.0000i  - 2.8284 + 16.4853i
```

可以看出:Xep 作为序列共轭对称部分的 DFT,为实数;Xop 作为共轭反对称部分的 DFT,为纯虚数;Xep+Xop=X,两者分别对应序列 DFT 的实部、j 乘虚部。

3) 共轭对称实序列、共轭反对称虚数序列 DFT 的对称性

```
% 主程序 Ch3_5_2_5.m:
```

```
clc;clear all
N = 8;
xr = [4 3 2 1 0 1 2 3];                    % 序列实部 - 且满足共轭对称
xij = [4 3 2 1 0 1 2 3] * j;               % 序列虚部 * j - 且满足共轭反对称
x = xr + xij;                              % 实部 + j * 虚部
Xr = fft(xr,N)                             % DFT[实部] - 共轭对称,且为实数
Xij = fft(xij,N)                           % DFT[j * 虚部] - 共轭反对称,且为虚数
X = fft(x,N)                               % DFT[x]
```

主程序 Ch3_5_2_5.m 运行后,输出结果如下:

```
Xr =
       16.0000          6.8284           0            1.1716
       0                1.1716           0            6.8284
Xij =
       0 + 16.0000i     0 + 6.8284i      0            0 + 1.1716i
       0                0 + 1.1716i      0            0 + 6.8284i
X =
  16.0000 + 16.0000i    6.8284 + 6.8284i 0            1.1716 + 1.1716i
       0                1.1716 + 1.1716i 0            6.8284 + 6.8284i
```

可以看出:由于 xr 作为序列实部,且满足共轭对称,因而 Xr 具有共轭对称特性,也为实数;xij 为纯虚数,且满足共轭反对称,故 Xij 具有共轭反对称特性,也为纯虚数;该仿真同时体现了序列实虚部 DFT 和 DFT 实虚部的共轭对称性。

需要说明的是:上述程序基于 $N=8$ 仿真验证了偶数点序列 DFT 的共轭对称性;类似地,构造奇数点序列进行仿真,如 $N=7$,剔除 $N=8$ 点序列中第 4 点,也可以得到关于共轭对称性的相同结论。

3.5.3 频域采样与内插仿真

本节以矩形序列为例,仿真不同采样点数下的频域采样及内插恢复过程,探讨频域采样无失真条件,从而验证与 3.3 节理论分析的一致性。

```
% 主程序 Ch3_5_3.m:
clc;clear all
xn = [1 1 1 1 1 1]';
%%%%%%%%%%%%%%%%%%%%%%%%%%%%%%%%%%%%%%%%%%%%%%%
% 1)调用 DTFT_Mat 函数计算 DTFT
M = length(xn);n = 0:M - 1;                % 序列长度和 n 范围
[Xw,w] = DTFT_Mat(xn,100);                 % w 范围 0~2pi,插值 M * 100 倍
figure(1);
subplot(2,1,1);stem(n,xn);grid on;
xlabel('n');ylabel('x(n)'); title('原始序列 x(n),长度为 6');
axis([0 M 0 1]);grid on;set(gca,'XTick',0:M);
subplot(2,1,2);plot(w/pi,abs(Xw));
xlabel('\omega /\pi');ylabel('|X(e ^j^\omega)|');title('DTFT 幅度');
```

```
axis([0 2 0 6]);grid on;set(gca,'XTick',0:2/M:2);

%%%%%%%%%%%%%%%%%%%%%%%%%%%%%%%%%%%%%%%%%%%%%%%
% 2)频域采样得到 X(k) -> IDFT 产生 XN(n) -> 恢复 DTFT 并比较
nw = length(w);                          % 频率值个数
N = 4;                                   % a)频域采样点数 < 原始序列长度
wstep = round(nw/N);                     % 采样间隔
Xk = Xw(1:wstep:end);
xNn4 = IDFT_Mat(Xk,N);                   % 时域恢复序列
[XNw wN] = DTFT_Mat(xNn4,100);           % 恢复频谱
figure(2);
subplot(2,1,1);stem(0:N-1,abs(Xk));grid on
xlabel('k');ylabel('|X(k)|'); title('N = 4 点频域采样 X(k)幅度');
axis([0 N 0 6]);grid on;set(gca,'XTick',0:N);
subplot(2,1,2);plot(wN/pi,abs(XNw));
xlabel('\omega /\pi');ylabel('|X(e ^j^\omega)|');title('DTFT 幅度');
axis([0 2 0 6]);grid on;set(gca,'XTick',0:2/M:2);

N = 6;                                   % b)频域采样点数 = 原始序列长度
wstep = round(nw/N);                     % 采样间隔
Xk = Xw(1:wstep:end);
xNn6 = IDFT_Mat(Xk,N);                   % 时域恢复序列
[XNw wN] = DTFT_Mat(xNn6,100);           % 恢复频谱
figure(3);
subplot(2,1,1);stem(0:N-1,abs(Xk));grid on
xlabel('k');ylabel('|X(k)|'); title('N = 6 点频域采样 X(k)幅度');
axis([0 N 0 6]);grid on;set(gca,'XTick',0:N);
subplot(2,1,2);plot(wN/pi,abs(XNw));
xlabel('\omega /\pi');ylabel('|X(e ^j^\omega)|');title('DTFT 幅度');
axis([0 2 0 6]);grid on;set(gca,'XTick',0:2/M:2);

N = 8;                                   % c)频域采样点数 > 原始序列长度
wstep = round(nw/N);                     % 采样间隔
Xk = Xw(1:wstep:end);
xNn8 = IDFT_Mat(Xk,N);                   % 时域恢复序列
[XNw wN] = DTFT_Mat(xNn8,100);           % 恢复频谱
figure(4);
subplot(2,1,1);stem(0:N-1,abs(Xk));grid on
xlabel('k');ylabel('|X(k)|'); title('N = 8 点频域采样 X(k)幅度');
axis([0 N 0 6]);grid on;set(gca,'XTick',0:N);
subplot(2,1,2);plot(wN/pi,abs(XNw));
xlabel('\omega /\pi');ylabel('|X(e ^j^\omega)|');title('DTFT 幅度');
axis([0 2 0 6]);grid on;set(gca,'XTick',0:2/M:2);
```

主程序 Ch3_5_3. m 运行结果显示如下所示：

```
xNn4 =                   xNn6 =                   xNn8 =
   2.0000                   1.0000 - 0.0000i         1.0000 - 0.0000i
   2.0000 + 0.0000i         1.0000 - 0.0000i         1.0000 - 0.0000i
```

```
1.0000 - 0.0000i      1.0000 - 0.0000i      1.0000 - 0.0000i
1.0000 - 0.0000i      1.0000 + 0.0000i      1.0000 - 0.0000i
                      1.0000 + 0.0000i      1.0000 - 0.0000i
                      1.0000 - 0.0000i      1.0000 + 0.0000i
                                           -0.0000 + 0.0000i
                                            0.0000 + 0.0000i
```

DTFT 频谱如图 3.5.5～图 3.5.8 所示。

(1) 对比时域恢复序列，xNn6 和原始序列 xn 一致，xNn8 相当于 xn 补 2 个零，±0.0000 是计算精度造成的，小于 10^{-15}，可以忽略。这与频域采样定理的序列关系式(3.3.7)一致。

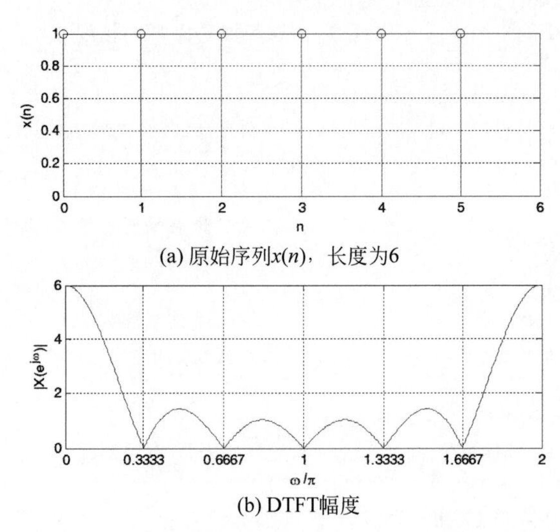

(a) 原始序列 $x(n)$，长度为6

(b) DTFT幅度

图 3.5.5　矩形序列 $R_6(n)$及其 DTFT 幅度特性

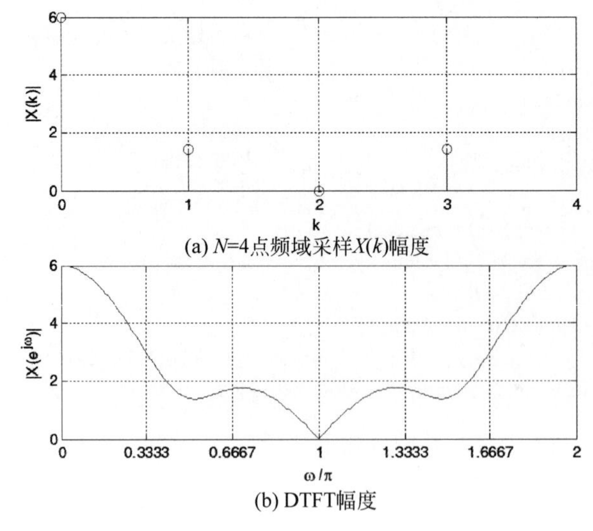

(a) N=4点频域采样$X(k)$幅度

(b) DTFT幅度

图 3.5.6　矩形序列 $R_6(n)$DTFT 经过 4 点频域采样及内插恢复情况

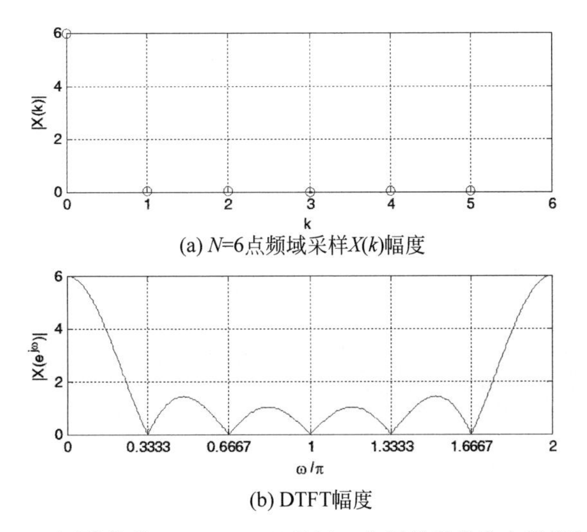

(a) N=6点频域采样$X(k)$幅度

(b) DTFT幅度

图 3.5.7　矩形序列 $R_6(n)$DTFT 经过 6 点频域采样及内插恢复情况

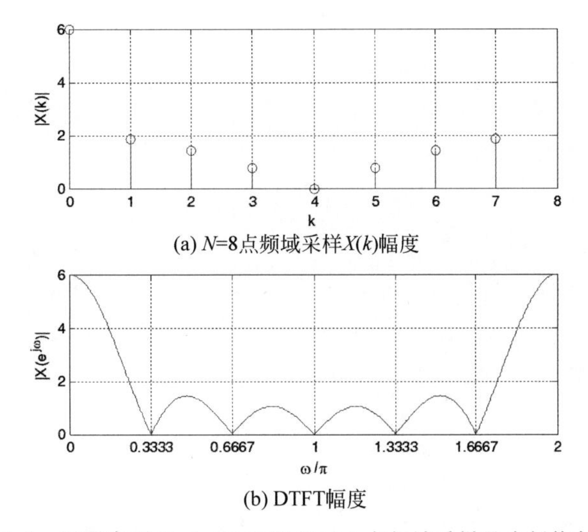

(a) N=8点频域采样$X(k)$幅度

(b) DTFT幅度

图 3.5.8　矩形序列 $R_6(n)$DTFT 经过 6 点频域采样及内插恢复情况

(2) 观察频谱恢复情况可见：当频域采样点数大于或等于原始序列长度时，即 $N \geqslant M$，通过频域采样值 $X(k)$能够无失真恢复出原始序列 $x(n)$及其 DTFT 频谱。这与理论分析是一致的。

3.5.4　DFT 计算线性卷积仿真

1. 线性卷积与循环卷积的等价条件

下面以两个序列为例，通过仿真探讨线性卷积与循环卷积的等价条件。

```
%主程序 Ch3_5_4_1.m: 针对 3.4 节中图 3.4.1
clc;clear all
hn = [1 1 1 1];                     %N = 4
xn = [1 1 1 1 1];                   %M = 5
N = length(hn);M = length(xn);      %原始序列长度
yn = conv(hn,xn)                    %调用线性卷积函数
L = N + M - 1;n = 0:L - 1;          %卷积长度: N + M - 1
yn6 = circonv(hn,xn,6);             %调用循环卷积函数
yn8 = circonv(hn,xn,8);             %调用循环卷积函数
yn10 = circonv(hn,xn,10);           %调用循环卷积函数
figure(1);
subplot(2,2,1);stem(n,yn);
xlabel('n');ylabel('y(n)'); title('线性卷积,长度 N + M - 1');grid on
subplot(2,2,2);stem(0:6 - 1,yn6);
xlabel('n');ylabel('y(n)'); title('循环卷积,L = 6');grid on
subplot(2,2,3);stem(0:8 - 1,yn8);
xlabel('n');ylabel('y(n)'); title('循环卷积,L = 8');grid on
subplot(2,2,4);stem(0:10 - 1,yn10);
xlabel('n');ylabel('y(n)'); title('循环卷积,L = 10');grid on
```

主程序 Ch3_5_4_1.m 运行结果如图 3.5.9 所示,与图 3.4.1 对比可以看出,序列线性卷积、循环卷积的计算与仿真结果一致;并且当循环卷积长度大于或等于线性卷积长度时,循环卷积与线性卷积等价。

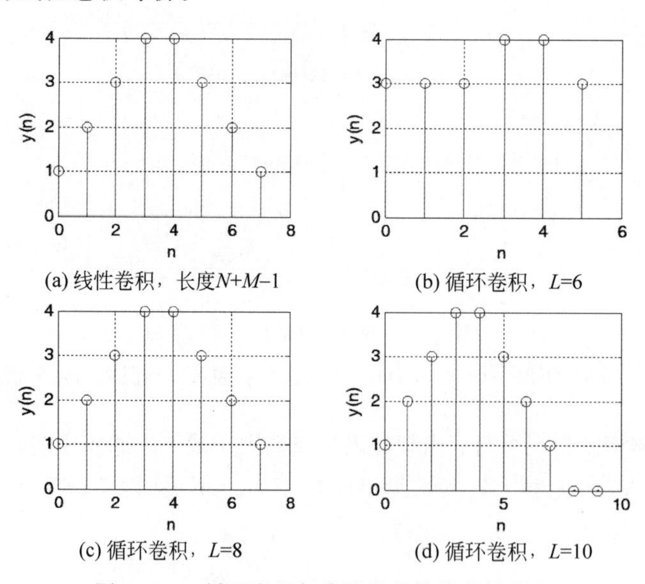

图 3.5.9　循环卷积与线性卷积等价条件仿真

2. 线性卷积的 DFT 计算方法

下面以两个序列线性卷积为例,对直接计算和利用 DFT 方法计算进行仿真对比。

```
%主程序 Ch3_5_4_2.m: 针对图 3.4.2 DFT 计算线性卷积
```

```
clc;clear all
hn = [1 1 1 1];                          % N = 4
xn = [1 1 1 1 1];                        % M = 5
N = length(hn);M = length(xn);           % 原始序列长度
yn = conv(hn,xn)                         % 调用线性卷积函数
L = N + M - 1;n = 0:L - 1;               % 卷积长度: N + M - 1
hn1 = [hn zeros(1,L - N)];               % 补零,使长度为 L
xn1 = [xn zeros(1,L - M)];               % 补零,使长度为 L
% 先 DFT,后相乘
Hk = fft(hn1,L);
Xk = fft(xn1,L);
Yk = Hk. * Xk;                           % DFT[h(n)]. * DFT[x(n)]
% IDFT
yn2 = ifft(Yk,L)
```

主程序 Ch3_5_4_2. m 运行结果如下：

```
yn =
     1     2     3     4     4     3     2     1
yn2 =
     1     2     3     4     4     3     2     1
```

可以看出,采用 DFT 方法的计算结果 yn2 与线性卷积结果 yn 完全一致。这表明,在满足线性卷积与循环卷积等价条件时,采用 DFT 方法计算线性卷积是可行的。

3.5.5 DFT 谱分析仿真

1. 连续时间信号谱分析的频谱泄漏仿真研究

下面以不同频率间隔的双音信号为例,仿真呈现谱分析过程中的频谱泄漏现象,并探讨提高频率分辨率、减小谱间干扰的措施。

```
% 主程序 Ch3_5_5_1.m:
clc;clear all; close all;
% 1)产生双音序列
f1 = 800;f2 = 1200;fs = 5000;T = 1/fs;          % 设置两个频率,满足时域采样定理
N = 16;n = 0:N - 1;
xn1 = cos(2 * pi * n * f1 * T)' + cos(2 * pi * n * f2 * T)';
[Xw,w] = DTFT_Mat(xn1,N);                       % 调用 DFT_Mat 函数( )
figure(1);
subplot(2,1,1);stem(0:N - 1,xn1);
xlabel('n');ylabel('x(n)');axis([0 N  - 2 2]);
title('800/1200Hz 双音序列 x(n),长度为 16');grid on
subplot(2,1,2);plot(w/pi,abs(Xw));
xlabel('\omega /\pi');ylabel('|X(e ^j^\omega)|');
title('DTFT 幅度');grid on
```

```
%2)产生双音序列,两个频率更近
f1 = 1000;f2 = 1200;fs = 5000;T = 1/fs;         %设置两个频率,满足时域采样定理
N = 16;n = 0:N - 1;
xn2 = cos(2 * pi * n * f1 * T)' + cos(2 * pi * n * f2 * T)';
[Xw,w] = DTFT_Mat(xn2,N);                       %调用 DFT_Mat 函数( )
figure(2);
subplot(2,1,1);stem(0:N - 1,xn2);
xlabel('n');ylabel('x(n)');axis([0 N - 2 2]);
title('1000/1200Hz 双音序列 x(n),长度为 16');grid on
subplot(2,1,2);plot(w/pi,abs(Xw));
xlabel('\omega /\pi');ylabel('|X(e ^j^\omega)|');
title('DTFT 幅度');grid on
%3)增加序列长度,提高频率分辨率
N = 32;n = 0:N - 1;
xn3 = cos(2 * pi * n * f1 * T)' + cos(2 * pi * n * f2 * T)';
[Xw,w] = DTFT_Mat(xn3,N);                       %调用 DFT_Mat 函数( )
figure(3);
subplot(2,1,1);plot(w/pi,abs(Xw));
xlabel('\omega /\pi');ylabel('|X(e ^j^\omega)|');
title('32 点 1000/1200Hz 双音序列的 DTFT 幅度');grid on
%4)加窗 + 增加序列长度,进一步减小谱间干扰
N = 64;n = 0:N - 1;
xn4 = cos(2 * pi * n * f1 * T)' + cos(2 * pi * n * f2 * T)';
Win = hanning(N);
xNn = xn4. * Win;
[Xw,w] = DTFT_Mat(xNn,N);                       %调用 DFT_Mat 函数()
subplot(2,1,2);stem(0:N - 1,Win);
xlabel('n');ylabel('w(n)'); axis([0 N 0 1]);
title('窗函数 w(n),长度为 64');grid on
figure(4);
subplot(2,1,1);stem(0:N - 1,xNn);
xlabel('n');ylabel('x_N(n)');
title('加窗后序列 x(n) * w(n),长度为 64');grid on
subplot(2,1,2);plot(w/pi,abs(Xw));
xlabel('\omega /\pi');ylabel('|X(e ^j^\omega)|');
title('DTFT 幅度');grid on
```

主程序 Ch3_5_5_1.m 运行结果如图 3.5.10～图 3.5.13 所示。

对比图 3.5.10 和图 3.5.11 可以看出：尽管单音连续时间信号的傅里叶变换理论上为单位冲激样式的频谱，但经过时域采样和截短后，出现了展宽的主瓣和拖尾的旁瓣，形成频谱泄漏现象。主瓣宽度直接影响了频率分辨率，当双音频率为 800Hz、1200Hz 时，频谱上呈现双尖峰特性，还可以分辨出两个频率；但当双音频率靠近为 1000Hz、1200Hz 时，主瓣部分叠加，呈现单峰特性，无法有效分辨两个频率。

为了提高频率分辨率，考虑增加时域截短长度，即增加矩形窗长度，从而降低窗函数主瓣宽度。图 3.5.12 给出了长度增加 1 倍后的 DTFT 幅度分析结果。可以看出，随着时域截短序列长度增加，双音频率的主瓣宽度变窄，峰值特性更加尖锐，能够有效分辨两个频率。同时也注意到旁瓣幅度相对较高，谱间干扰比较明显。

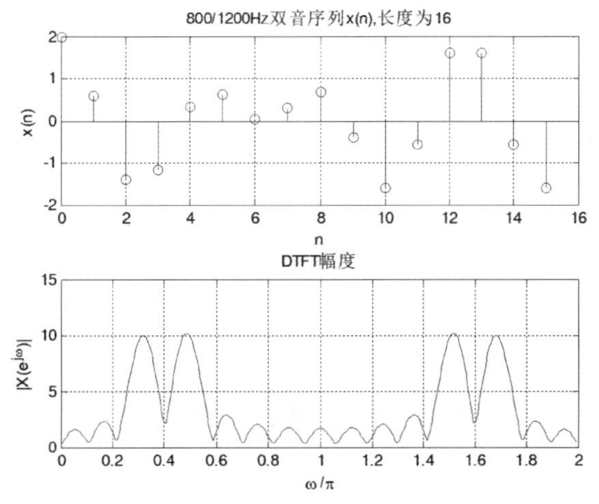

图 3.5.10　双音序列时域与频域分析结果

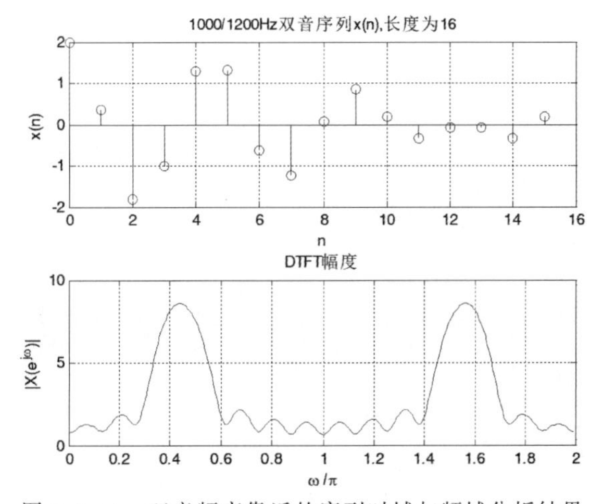

图 3.5.11　双音频率靠近的序列时域与频域分析结果

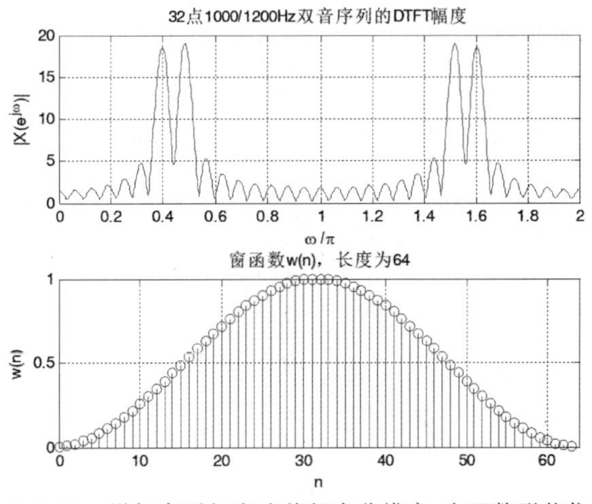

图 3.5.12　增加序列长度改善频率分辨率、窗函数形状仿真

为了降低谱间干扰，同时保证频率分辨率，考虑在增加窗函数长度的基础上，选择更加平缓的窗函数形状。图 3.5.12 给出了 64 阶窗函数 $w(n)$样点值，图 3.5.13 则给出了加窗后序列样点值及谱分析结果。观察 DTFT 幅度可见，双音频率可以分辨，并且显著降低了谱间干扰。

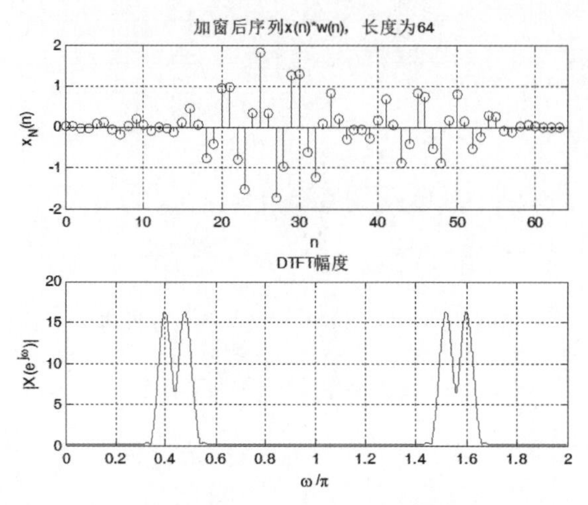

图 3.5.13　窗函数改变形状、增加长度降低谱间干扰仿真

2. 周期序列的谱分析仿真

下面针对周期序列，取不同周期数构成长度不同的序列，仿真研究了序列谱分析结果的相互关系。

```
% 主程序 Ch3_5_5_2.m:
clc;clear all;close all;
xn = [0 1 2 3 4 5 6 7]';                    % 单个周期
N = length(xn);
Xk8 = DFT_Mat(xn,N);                        % 调用 DFT_Mat 函数( )
Xk16 = DFT_Mat([xn;xn],2 * N);              % 重复,2 个周期
Xk24 = DFT_Mat([xn;xn;xn],3 * N);           % 重复,3 个周期
figure(1);
subplot(2,1,1);stem(0:N - 1,xn);
xlabel('n');ylabel('x(n)'); title('x(n) 单个周期');
axis([0 N 0 8]);grid on;set(gca,'XTick',0:N);
subplot(2,1,2);stem(0:N - 1,abs(Xk8));
xlabel('k');ylabel('|X(k)|'); title('N = 8 点 DFT');
axis([0 N 0 30]);grid on;set(gca,'XTick',0:N);
figure(2);
subplot(2,1,1);stem(0:2 * N - 1,[xn;xn]);
xlabel('n');ylabel('x(n)'); title('x(n) 两个周期');
axis([0 2 * N 0 8]);grid on;set(gca,'XTick',0:2:2 * N);
subplot(2,1,2);stem(0:2 * N - 1,abs(Xk16));
xlabel('k');ylabel('|X(k)|'); title('N = 16 点 DFT');
```

```
axis([0 2 * N 0 60]);grid on;set(gca,'XTick',0:2:2 * N);
figure(3);
subplot(2,1,1);stem(0:3 * N - 1,[xn;xn;xn]);
xlabel('n');ylabel('x(n)'); title('x(n) 三个周期');
axis([0 3 * N 0 8]);grid on;set(gca,'XTick',0:3:3 * N);
subplot(2,1,2);stem(0:3 * N - 1,abs(Xk24));
xlabel('k');ylabel('|X(k)|'); title('N = 24 点 DFT');
axis([0 3 * N 0 90]);grid on;set(gca,'XTick',0:3:3 * N);
set(gca,'YTick',0:30:90);
```

主程序 Ch3_5_5_2.m 运行结果如图 3.5.14～图 3.5.16 所示。对比 DFT 幅度可以看出，对周期序列进行谱分析时，取 m 个周期序列 DFT 相当于单个周期序列 DFT 间隔插入 $m-1$ 个 0，且幅度扩大到 m 倍，$m=2,3,\cdots$。这与 3.4.2 节中理论分析是一致的。

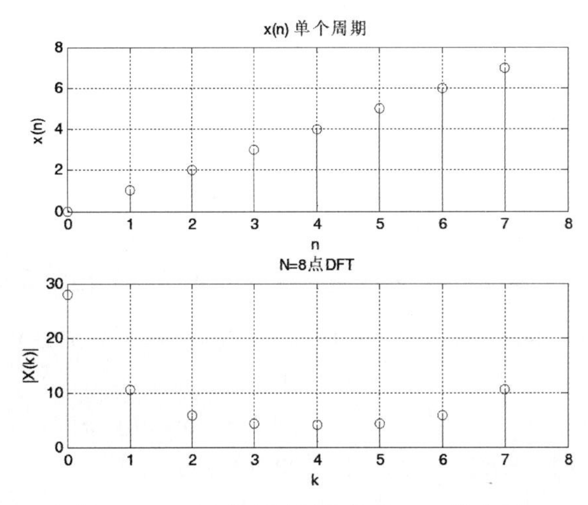

图 3.5.14　取单个周期的序列 DFT 谱分析

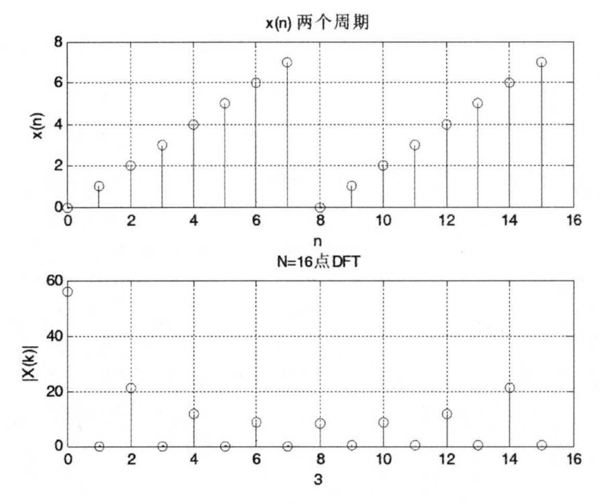

图 3.5.15　取两个周期的序列 DFT 谱分析

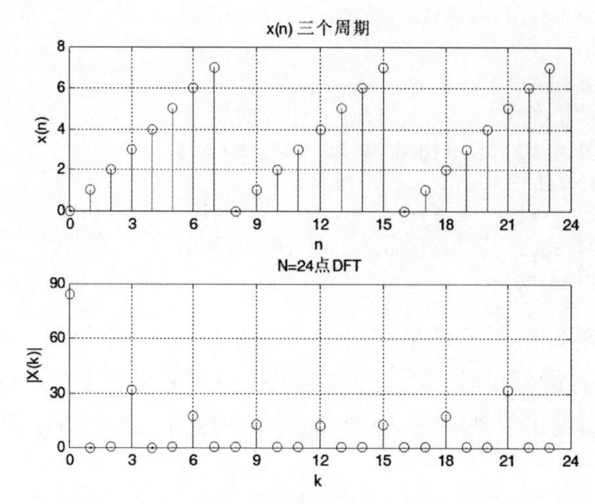

图 3.5.16　取三个周期的序列 DFT 谱分析

习题

3.1　设 $x(n)=R_4(n)$，$\tilde{x}(n)=x((n))_6$，试求 $\widetilde{X}(k)$，并作图表示 $\tilde{x}(n)$、$\widetilde{X}(k)$。

3.2　已知周期序列 $\tilde{x}(n)$，$\widetilde{X}(k)=\mathrm{DFS}[\tilde{x}(n)]$，试求下列周期序列的 DFS：

(1) $\tilde{x}(n+m)$　　(2) $\tilde{x}^*(n)$

(3) $\tilde{x}^*(-n)$　　(4) $\mathrm{Re}[\tilde{x}(n)]$

3.3　求下列有限长序列的 N 点离散傅里叶变换：

(1) $\delta(n)$　　(2) $\delta(n-n_0)$，$0<n_0<N$

(3) $x(n)=a^n R_N(n)$　　(4) $x(n)=R_m(n)$，$0<m<N$

(5) $x(n)=\mathrm{e}^{\mathrm{j}\omega_0 n}R_N(n)$　　(6) $x(n)=\mathrm{e}^{\mathrm{j}\frac{2\pi}{N}mn}R_N(n)$，$0<m<N$

(7) $x(n)=\cos(\omega_0 n)R_N(n)$　　(8) $x(n)=nR_N(n)$

3.4　已知下列 $X(k)$：

(1) $X(k)=\begin{cases}\dfrac{N}{2}\mathrm{e}^{\mathrm{j}\theta}, & k=m\\ \dfrac{N}{2}\mathrm{e}^{-\mathrm{j}\theta}, & k=N-m\\ 0, & \text{其他}\end{cases}$　　(2) $X(k)=\begin{cases}-\dfrac{N}{2}\mathrm{j}\mathrm{e}^{\mathrm{j}\theta}, & k=m\\ \dfrac{N}{2}\mathrm{j}\mathrm{e}^{-\mathrm{j}\theta}, & k=N-m\\ 0, & \text{其他}\end{cases}$

求 $x(n)=\mathrm{IDFT}[X(k)]$，其中 m 为正整数，$0<m<N/2$。

3.5　已知序列 $x(n)=4\delta(n)+3\delta(n-1)+2\delta(n-2)+\delta(n-3)$，画出序列 $x_1(n)$ 和 $x_2(n)$ 的图形：

(1) $x_1(n)=x((n-2))_4R_4(n)$　　(2) $x_1(n)=x((2-n))_4R_4(n)$

3.6　已知长度 $N=10$ 的两个有限长序列：

$$x_1(n)=\begin{cases}1, & 0\leqslant n\leqslant 4\\ 0, & 5\leqslant n\leqslant 9\end{cases}\quad x_2(n)=\begin{cases}1, & 0\leqslant n\leqslant 4\\ -1, & 5\leqslant n\leqslant 9\end{cases}$$

试作图表示 $x_1(n)$、$x_2(n)$以及两者循环卷积 $x(n)=x_1(n)\circledast x_2(n)$。

3.7　已知两个有限长序列为

$$x(n)=\begin{cases}n+1, & 0\leqslant n\leqslant 3\\ 0, & 4\leqslant n\leqslant 6\end{cases}\quad y(n)=\begin{cases}-1, & 0\leqslant n\leqslant 4\\ 1, & 5\leqslant n\leqslant 6\end{cases}$$

试作图表示 $x(n)$、$y(n)$以及 $N=8$ 点循环卷积 $w(n)=x(n)\circledast y(n)$。

3.8　已知 4 点序列 $x(n)=\delta(n)+2\delta(n-1)+2\delta(n-2)+\delta(n-3)$；

(1) 画出线性卷积 $x(n)*x(n)$的图形

(2) 画出 $N=4$ 点循环卷积 $x(n)\circledast x(n)$的图形

(3) 画出 $N=7$ 点循环卷积 $x(n)\circledast x(n)$的图形，并与线性卷积结果比较，说明线性卷积与循环卷积的关系。

3.9　证明 DFT 的频域循环卷积定理。

3.10　如果 $X(k)=\mathrm{DFT}[x(n)]$，证明 DFT 的对称定理：

$$\mathrm{DFT}[X(n)]=Nx(N-k)$$

3.11　如果 $X(k)=\mathrm{DFT}[x(n)]$，证明 DFT 的初值定理：

$$x(0)=\frac{1}{N}\sum_{k=0}^{N-1}X(k)$$

3.12　证明离散相关定理。若 $X(k)=X_1^*(k)X_2(k)$，则有

$$x(n)=\mathrm{IDFT}[X(k)]=\sum_{l=0}^{N-1}x_1{}^*(l)x_2((n+l))_N R_N(n)$$

3.13　已知 N 点有限长序列 $x(n)$，$X(k)=\mathrm{DFT}[x(n)]$，将 $x(n)$补零后形成长度为 rN 的序列：

$$y(n)=\begin{cases}x(n), & 0\leqslant n\leqslant N-1\\ 0, & N\leqslant n\leqslant rN-1\end{cases}$$

试求 $y(n)$的 rN 点离散傅里叶变换($Y(k)=\mathrm{DFT}[y(n)]$)与 $X(k)$的关系。

3.14　已知 N 点有限长序列 $x(n)$，$X(k)=\mathrm{DFT}[x(n)]$，将 $x(n)$每点后插入 $r-1$ 个零，得到长度为 rN 的有限长序列：

$$y(n)=\begin{cases}x(n/r), & n=ir,0\leqslant i\leqslant N-1\\ 0, & \text{其他}\end{cases}$$

试求 $y(n)$的 rN 点 DFT 与 $X(k)$的关系。

3.15　已知序列 $x(n)=a^n u(n)$，$0<a<1$，对 $x(n)$的 Z 变换 $X(z)$在单位圆上等间隔采样 N 点，采样值为

$$X(k)=X(z)\big|_{z=W_N^{-k}},\quad k=0,1,\cdots,N-1$$

求有限长序列 IDFT[$X(k)$]。

3.16 用计算机对实序列进行谱分析，要求谱分辨率 $F \leqslant 50\text{Hz}$，信号最高频率为 3kHz，试确定下列参数：

(1) 最小记录时间 $T_{p_{min}}$；

(2) 最大采样间隔 T_{max}；

(3) 最少采样点数 N_{min}；

(4) 若信号带宽不变，频率分辨率提高 1 倍时的 N 值。

3.17 假设频谱分析时 DFT 点数必须为 2 的整数幂，要求分辨率小于或等于 10Hz，如果采样时间间隔为 0.1ms，试确定：

(1) 最小记录长度；

(2) 所允许处理的信号最高频率；

(3) 在一个记录中的最少点数，此时实际分辨率为多少。

3.18 在某数字通信系统，对模拟信号以 9.6kHz 速率进行采样，频谱分析时计算 256 点离散傅里叶变换，试确定频谱分辨率和采样数据记录时间。若计算 512 点 DFT，频谱分辨率和记录时间又是多少。

3.19 设连续时间信号 $x(t)=\sin(2\pi f_c t)+\sin(2\pi f_J t)$，其中有用信号频率 $f_c=1800\text{Hz}$，干扰频率 $f_J=2000\text{Hz}$：

(1) 确定合适的采样频率及采样点数 N，利用 MATLAB 编写 DFT 谱分析程序，并画出 DFT 幅度和相位特性。

(2) 探讨提高频率分辨率的措施，并编程验证。

第4章 快速傅里叶变换

离散傅里叶变换具有时域有限长和频域离散化特点，可以用于分析信号的频谱、功率谱等，在实际数字信号处理系统中常常使用。但是，当序列长度 N 很大时，直接计算 DFT 的运算量非常大。因此，如何把握 DFT 的计算特点，减少 DFT 运算量，提高计算效率，对于 DFT 实际应用具有重要意义。

1965 年 T. W. Cooley 和 J. W. Tukey 在《计算数学》上发表了《机器计算傅里叶级数的一种算法》的论文，指出了如何快速计算 DFT。之后许多学者开展研究并加以改进，最终形成了现在的快速傅里叶变换。

本章首先介绍快速傅里叶变换的基本概念，分析直接计算 DFT 的运算量和特点，引出 FFT 的思想和改进途径；然后详细推导时域抽取法和频域抽取法两种 FFT 算法；最后介绍快速傅里叶逆变换算法，并对各种算法进行 MATLAB 仿真比较。

4.1 快速傅里叶变换基本概念

快速傅里叶变换是 DFT 的快速计算方法，利用 DFT 公式中的规律特点，通过合并同类项、提取公因式、寻找对称性等，建立能够节省乘法和加法的计算结构形式，从而达到降低运算量的目的。因此，FFT 可理解为 DFT 的数学处理方法，并不是一种新的变换。下面从分析直接计算 DFT 的运算量着手，探讨 FFT 的思路形成过程。

4.1.1 DFT 的运算量分析

设 $x(n)$ 是长度为 N 的有限长序列，其 N 点 DFT 为

$$X(k)=\sum_{n=0}^{N-1}x(n)W_N^{kn},\quad k=0,1,\cdots,N-1 \tag{4.1.1}$$

离散傅里叶逆变换为

$$x(n)=\frac{1}{N}\sum_{k=0}^{N-1}X(k)W_N^{-kn},\quad n=0,1,\cdots,N-1 \tag{4.1.2}$$

上述两式的差别只在于 W_N 上指数符号的不同，以及一个常数因子 $1/N$，因此，DFT 和 IDFT 运算量基本上是相同的。为简便，下面只讨论 DFT 的运算量。

由于实数序列是复数序列的特例，为分析简便，这里统一考虑 $x(n)$ 为复数序列的情况，而 W_N^{kn} 通常也是复数，因此，这里以复数乘法和复数加法的次数作为运算量衡量指标。显然，计算一个 $X(k)$ 值需要 N 次复数乘法、$N-1$ 次复数加法。而 $X(k)$ 总共有 N 个值，计算所有 $X(k)$ 值的运算量为复数乘法 N^2 次，复数加法 $N(N-1)$ 次。

对于复数乘法和加法，实际上是转化为实数进行运算的，式(4.1.1)可以写成

$$\begin{aligned}X(k)&=\sum_{n=0}^{N-1}x(n)W_N^{kn}\\&=\sum_{n=0}^{N-1}\{\mathrm{Re}[x(n)]+\mathrm{jIm}[x(n)]\}\{\mathrm{Re}[W_N^{kn}]+\mathrm{jIm}[W_N^{kn}]\}\end{aligned}$$

$$
\begin{aligned}
&= \sum_{n=0}^{N-1} \{\mathrm{Re}[x(n)]\mathrm{Re}[W_N^{kn}] - \mathrm{Im}[x(n)]\mathrm{Im}[W_N^{kn}] + \\
&\quad \mathrm{j}\{\mathrm{Re}[x(n)]\mathrm{Im}[W_N^{kn}] + \mathrm{Im}[x(n)]\mathrm{Re}[W_N^{kn}]\}\}
\end{aligned} \tag{4.1.3}
$$

可见,1 次复数乘法相当于 4 次实数乘法和 2 次实数加法,1 次复数加法相当于 2 次实数加法。因此,计算一个 $X(k)$需要 $4N$ 次实数乘法和 $2N+2(N-1)=4N-2$ 次复数加法,整个 DFT 运算需要 $4N^2$ 次实数乘法和 $N(4N-2)$次实数加法。

当 $N \gg 1$ 时,$N(N-1) \approx N^2$,$N(4N-2) \approx 4N^2$。因此,不管是以复数还是以实数进行统计,直接计算 N 点 DFT 的乘法或加法次数都与 N^2 成正比,随着 N 的增加,运算量增加越来越快,特别是 N 很大时运算量将非常大。例如:$N=8$ 时,次数为 $N^2=64$;$N=1024$ 时,次数为 $N^2=1\,048\,576$,超过 10^6 次。对于各种实时性很强的信号处理应用来说,要求计算速度特别快,因此必须改进 DFT 的计算方法,减少运算量。

4.1.2 FFT 的分解思想

由于 N 点 DFT 的运算量随 N^2 快速增长,当 N 增加 1 倍时,N^2 增加到 4 倍。如果能够将 N 点 DFT 分解为几个较短的 DFT,运算量将会大大减少。例如:分解为 2 个 $N/2$ 点 DFT,复数乘法次数为 $2\times(N/2)^2=N^2/2$,运算量减少一半;若分解为 4 个 $N/4$ 点 DFT,复数乘法次数为 $4\times(N/4)^2=N^2/4$,运算量将减少为原来的 1/4。可以说,正是这种分解思想促成了 DFT 快速算法的产生。

以 N 点 DFT 分解为 2 个 $N/2$ 点 DFT 为例,假定 N 点序列 $x(n)$,$n=0,1,2,\cdots,N-1$,N 为偶数,那么将 $x(n)$分解为 2 个 $N/2$ 点序列的方法归纳起来有奇偶分解和前后分解。

(1) 奇偶分解:$x(n)$分解为偶数部分和奇数部分,分别表示为

$$\text{偶数部分:} x(2r), \quad r=0,1,2,\cdots,\frac{N}{2}-1$$

$$\text{奇数部分:} x(2r+1), \quad r=0,1,2,\cdots,\frac{N}{2}-1$$

(2) 前后分解:$x(n)$前后对半分解为两部分,分别表示为

$$\text{前半部分:} x(r), \quad r=0,1,2,\cdots,\frac{N}{2}-1$$

$$\text{后半部分:} x\left(r+\frac{N}{2}\right), \quad r=0,1,2,\cdots,\frac{N}{2}-1$$

FFT 的基本思想是:通过不断地将长序列的 DFT 分解为短序列的 DFT,并利用 W_N^m 的特性,来达到减少 DFT 运算量的目的。为了便于分解,通常 $N=2^M$(M 为正整数),此时的快速傅里叶变换称为基 2 FFT 算法。若序列长度不满足条件 $N=2^M$,可以对序列补零,使之达到这一条件。

FFT 算法推导过程中,还利用了 W_N^m 的对称性和周期性。在序列分解后,对 DFT 计

算式(4.1.1)中的某些项进行合并,从而减小乘法和加法的次数。W_N^m 称为旋转因子,其对称性和周期性表现如下:

对称性:

$$[W_N^m]^* = W_N^{-m} = W_N^{N-m} \tag{4.1.4}$$

$$W_N^{m+\frac{N}{2}} = -W_N^m \tag{4.1.5}$$

周期性:

$$W_N^{m+lN} = \mathrm{e}^{-\mathrm{j}\frac{2\pi}{N}(m+lN)} = \mathrm{e}^{-\mathrm{j}\frac{2\pi}{N}m} = W_N^m \tag{4.1.6}$$

此外,W_N^m 的特性还有

$$W_N^{\frac{N}{2}} = -1, \quad W_N^{nk} = W_{N/m}^{nk/m} \tag{4.1.7}$$

下面将介绍两种最常用的基 2 FFT 算法,分别通过奇偶分解和前后分解方式推得。其中,奇偶分解对应于时域抽取法 FFT(DIT-FFT),前后分解对应于频域抽取法 FFT(DIF-FFT)。

4.2 时域抽取法基 2 FFT 算法

4.2.1 DIT-FFT 算法原理

设序列 $x(n)$长度 $N=2^M$,M 为正整数,按照提取序列偶数部分和奇数部分的思路,依次获得的序列长度为 2^{M-1},2^{M-2},…,2,1,共进行 M 次奇偶分解。

1. 第一次奇偶分解

令 $x_1(r)$、$x_2(r)$分别表示 $x(n)$的偶数部分和奇数部分,则有

$$x_1(r) = x(2r), \quad r = 0,1,2,\cdots,\frac{N}{2}-1 \tag{4.2.1}$$

$$x_2(r) = x(2r+1), \quad r = 0,1,2,\cdots,\frac{N}{2}-1 \tag{4.2.2}$$

根据 DFT 的定义式(4.1.1)可得

$$\begin{aligned} X(k) &= \sum_{n=0}^{N-1} x(n) W_N^{kn} \\ &= \sum_{n\text{为偶数}} x(n) W_N^{kn} + \sum_{n\text{为奇数}} x(n) W_N^{kn} \\ &= \sum_{r=0}^{N/2-1} x(2r) W_N^{k2r} + \sum_{r=0}^{N/2-1} x(2r+1) W_N^{k(2r+1)} \\ &= \sum_{r=0}^{N/2-1} x_1(r) W_N^{k2r} + W_N^k \sum_{r=0}^{N/2-1} x_2(r) W_N^{k2r}, \quad k = 0,1,\cdots,N-1 \end{aligned} \tag{4.2.3}$$

由于

$$W_N^{2kr}=\mathrm{e}^{-\mathrm{j}\frac{2\pi}{N}2kr}=\mathrm{e}^{-\mathrm{j}\frac{2\pi}{N/2}kr}=W_{N/2}^{kr}$$

所以

$$X(k)=\sum_{r=0}^{N/2-1}x_1(r)W_{N/2}^{kr}+W_N^k\sum_{r=0}^{N/2-1}x_2(r)W_{N/2}^{kr},\quad k=0,1,\cdots,N-1 \tag{4.2.4}$$

观察上式：右边前一项是序列 $x_1(r)$的 $N/2$ 点 DFT,后一项求和部分是序列 $x_2(r)$的 $N/2$ 点 DFT,即

$$X_1(k)=\sum_{r=0}^{N/2-1}x_1(r)W_{N/2}^{kr}=\mathrm{DFT}[x_1(r)],\quad k=0,1,\cdots,\frac{N}{2}-1 \tag{4.2.5}$$

$$X_2(k)=\sum_{r=0}^{N/2-1}x_2(r)W_{N/2}^{kr}=\mathrm{DFT}[x_2(r)],\quad k=0,1,\cdots,\frac{N}{2}-1 \tag{4.2.6}$$

对于 $N/2$ 点 DFT $X_1(k)$和 $X_2(k)$,变量 k 的取值只有 $X(k)$中 k 的取值的一半。因此，对于 $X(k)$表达式,需要分为两种情况：

(1) $k=0,1,\cdots,\frac{N}{2}-1$：确定 $X(k)$的前半部分

$$X(k)=X_1(k)+W_N^kX_2(k),\quad k=0,1,\cdots,\frac{N}{2}-1 \tag{4.2.7}$$

(2) $k=\frac{N}{2},\frac{N}{2}+1,\cdots,N-1$：确定 $X(k)$的后半部分

为表述方便,$X(k)$的后半部分表示为 $X(k+N/2),k=0,1,\cdots,N/2-1$。由于 $N/2$ 点 DFT $X_1(k)$和 $X_2(k)$具有周期性,且周期均为 $N/2$,即

$$X_1\left(k+\frac{N}{2}\right)=X_1(k),\quad X_2\left(k+\frac{N}{2}\right)=X_2(k)$$

而 $W_N^{k+\frac{N}{2}}=-W_N^k$,因此,$X(k)$的后半部分为

$$\begin{aligned}X\left(k+\frac{N}{2}\right)&=X_1\left(k+\frac{N}{2}\right)+X_2\left(k+\frac{N}{2}\right)\cdot W_N^{k+\frac{N}{2}}\\&=X_1(k)-W_N^kX_2(k),\quad k=0,1,\cdots,\frac{N}{2}-1\end{aligned} \tag{4.2.8}$$

由此可见,N 点 DFT 可以分解为两个 $N/2$ 点 DFT,按照式(4.2.7)和式(4.2.8)又可组合成 N 点 DFT。因此求 $X(k)$时,只要求出 $k=0,1,\cdots,N/2-1$ 时的 $X_1(k)$和 $X_2(k)$值,即可得到所有的 $X(k)$值,$k=0,1,\cdots,N-1$,从而节省了运算量,这也是快速傅里叶变换的特点和好处所在。

式(4.2.7)和式(4.2.8)可以用图 4.2.1 所示的蝶形运算流图符号表示,图中,左侧为两个输入节点,右侧为两个输出节点,左下支路上标注系数 W_N^k,没有标注时系数默认为 1,右上支路默认为相加运算,右下支路为相减运算。

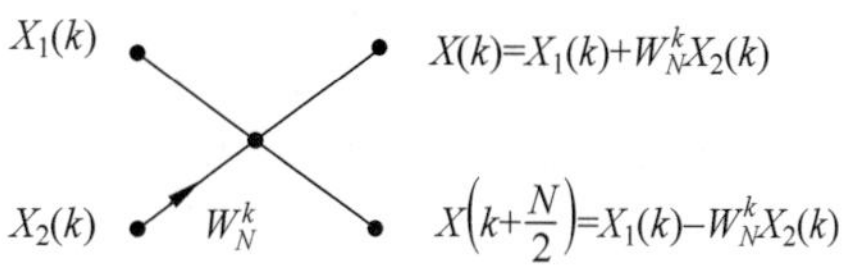

图 4.2.1 DIT-FFT 的蝶形运算流图符号

从图 4.2.1 中可以看出,一个蝶形运算需

要 1 次复数乘法和 2 次复数加法。利用蝶形运算流图符号，可以简洁地表示 DIT-FFT 的运算过程。

图 4.2.2 给出了 $N=8$ 点 DFT 经过一次分解后的蝶形运算流图，其中蝶形输出值 $X(0)\sim X(3)$ 由式(4.2.7)确定，$X(4)\sim X(7)$ 由式(4.2.8)确定。由于 1 个蝶形包括两个输入和两个输出，总共有 $N/2$ 个蝶形；整个 N 点 DFT 由两个 $N/2$ 点 DFT 通过 $N/2$ 个蝶形运算得到。

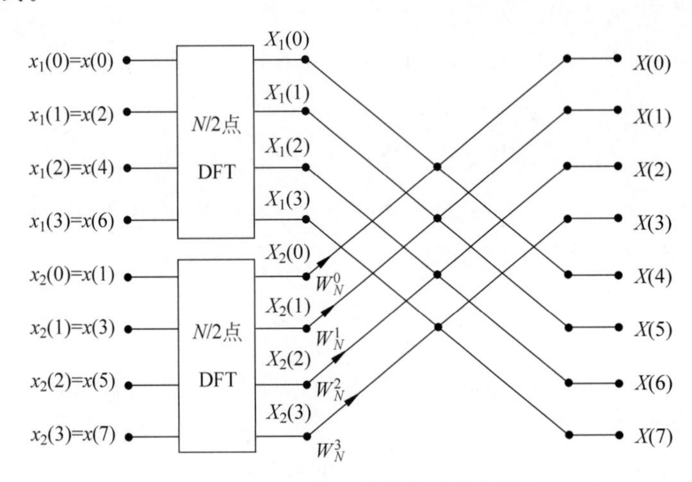

图 4.2.2　DIT-FFT 的一次分解运算流图($N=8$)

下面对第一次分解后的运算量进行分析讨论。图 4.2.2 中运算量涉及两个 $N/2$ 点 DFT 以及 $N/2$ 个蝶形的计算。$N/2$ 蝶形运算需要 $N/2$ 次复数乘法和 $2\times N/2=N$ 次复数加法。$N/2$ 点 DFT 如果直接计算，需要的复数乘法次数为 $2\times(N/2)^2=N^2/2$，复数加法次数为 $2\times(N/2)(N/2-1)=N(N/2-1)$。因此，经过一次分解后的 N 点 DFT 运算量如下：

$$\text{复数乘法次数：}\quad \frac{N^2}{2}+\frac{N}{2}\approx\frac{N^2}{2}$$

$$\text{复数加法次数：}\quad N\left(\frac{N}{2}-1\right)+N=\frac{N^2}{2}$$

与直接计算 N 点 DFT 的运算量相比，一次分解后的运算量减少了一半左右，效果明显。这充分说明，通过奇偶分解，可以有效减小 DFT 运算量。若继续采用分解措施，将一个 $N/2$ 点 DFT 分解为两个 $N/4$ 点 DFT，则可以进一步减少运算量。这就是下面要讨论的二次分解过程。

2. 第二次奇偶分解

不妨以 $N/2$ 点 DFT $X_1(k)$ 为例，将 $N/2$ 点序列 $x_1(r)$ 进行奇偶分解，得到两个 $N/4$ 点序列：

$$x_3(l)=x_1(2l),\quad l=0,1,\cdots,\frac{N}{4}-1 \tag{4.2.9}$$

$$x_4(l)=x_1(2l+1),\quad l=0,1,\cdots,\frac{N}{4}-1 \tag{4.2.10}$$

则

$$X_1(k)=\sum_{r=0}^{N/2-1}x_1(r)W_{N/2}^{kr}=\sum_{l=0}^{N/4-1}x_1(2l)W_{N/2}^{2kl}+\sum_{l=0}^{N/4-1}x_1(2l+1)W_{N/2}^{k(2l+1)}$$

$$=\sum_{l=0}^{N/4-1}x_3(l)W_{N/4}^{kl}+W_{N/2}^{k}\sum_{l=0}^{N/4-1}x_4(l)W_{N/4}^{kl}\quad k=0,1,\cdots,\frac{N}{2}-1 \tag{4.2.11}$$

上式右边前一部分、后一部分求和项分别是序列 $x_3(l)$和 $x_4(l)$的 $N/4$ 点 DFT，即

$$X_3(k)=\sum_{l=0}^{N/4-1}x_3(l)W_{N/4}^{kl}=\mathrm{DFT}[x_3(l)] \tag{4.2.12}$$

$$X_4(k)=\sum_{l=0}^{N/4-1}x_4(l)W_{N/4}^{kl}=\mathrm{DFT}[x_4(l)] \tag{4.2.13}$$

因此，式(4.2.11)计算可分为两种情况：

(1) 当 $k=0,1,\cdots,\frac{N}{4}-1$ 时，直接表述为

$$X_1(k)=X_3(k)+W_{N/2}^{k}X_4(k),\quad k=0,1,\cdots,\frac{N}{4}-1 \tag{4.2.14}$$

(2) 当 $k=\frac{N}{4},\frac{N}{4}+1,\cdots,\frac{N}{2}-1$ 时，利用 $X_3(k)$、$X_4(k)$周期性以及 $W_{N/2}^{k+\frac{N}{4}}=-W_{N/2}^{k}$，可表示为

$$X_1\left(k+\frac{N}{4}\right)=X_3(k)-W_{N/2}^{k}X_4(k),\quad k=0,1,\cdots,\frac{N}{4}-1 \tag{4.2.15}$$

图 4.2.3 给出了 $N=8$ 时一个 $N/2$ 点 DFT 分解为两个 $N/4$ 点 DFT 的蝶形运算流图，由 $N/4$ 点 DFT $X_3(k)$和 $X_4(k)$通过 $N/4$ 个蝶形可以合成 $X_1(k)$。

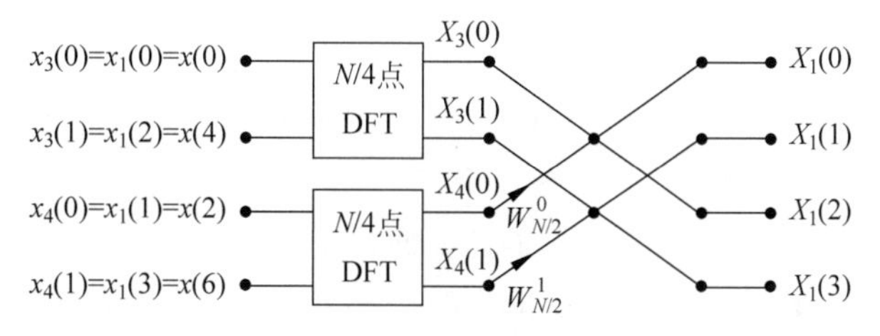

图 4.2.3 $N/2$ 点 DFT 分解的蝶形运算流图($N=8$)

同理，对于 $N/2$ 点 DFT $X_2(k)$也可以分解为两个 $N/4$ 点 DFT，即将 $x_2(r)$分解为偶数部分和奇数部分，分别计算 $N/4$ 点 DFT 后，通过 $N/4$ 个蝶形合成 $X_2(k)$。

图 4.2.4 给出了 $N=8$ 点 DFT 经过两次分解后的蝶形运算流图。与第一次分解后的运算量相比，利用 4 个 $N/4$ 点 DFT 及两级蝶形来计算 N 点 DFT 的运算量进一步降低。

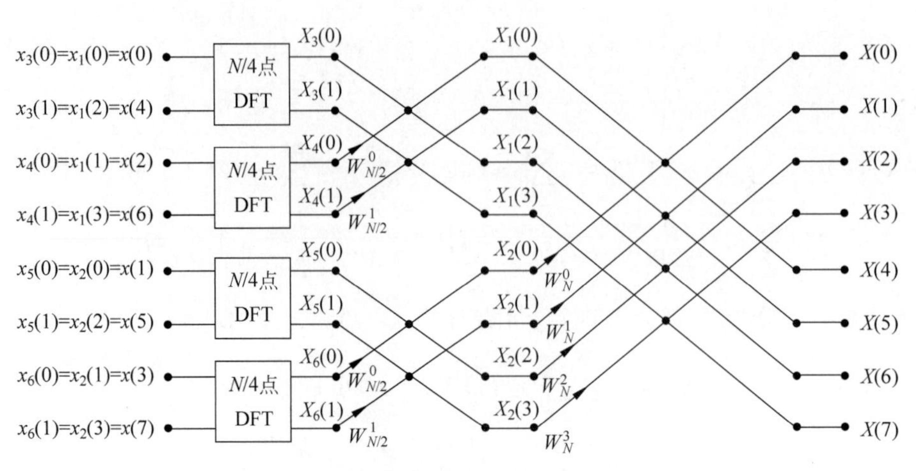

图 4.2.4　DIT-FFT 的二次分解运算流图（$N=8$）

3. 第 M 次奇偶分解

依次继续分解，$N=2^M$ 点 DFT 通过 $M-1$ 次分解后，可以得到 $N/2$ 个 2 点 DFT，第 M 次奇偶分解实质上就是 2 点 DFT 运算。以 $N=8$ 为例，只需两次分解就可得到 4 个 2 点 DFT，即 $X_3(k)$、$X_4(k)$、$X_5(k)$、$X_6(k)$，$k=0,1$。此时，2 点 DFT 可直接进行计算，以 $X_3(k)$ 计算式(4.2.12)为例，有

$$X_3(k)=\sum_{l=0}^{1}x_3(l)W_2^{kl}=x_3(0)+x_3(1)W_2^k,\quad k=0,1 \tag{4.2.16}$$

而 $W_2^0=1$，$W_2^1=-1$，因此

$$X_3(0)=x_3(0)+x_3(1)=x(0)+x(4)=x(0)+W_2^0x(4) \tag{4.2.17}$$

$$X_3(1)=x_3(0)-x_3(1)=x(0)-x(4)=x(0)-W_2^0x(4) \tag{4.2.18}$$

式(4.2.17)和式(4.2.18)表明，2 点 DFT 仅涉及加减法运算，不需要乘法运算。$X_4(k)$、$X_5(k)$、$X_6(k)$ 也具有类似特点，它们都可用一个简单的蝶形运算表示。

由此可见，8 点 DFT 通过二次分解后得到三级蝶形，$N=2^M$ 点 DFT 通过 $M-1$ 分解后将得到 M 级蝶形。图 4.2.5 给出了完整的 8 点 DIT-FFT 蝶形运算流图。其中旋转因子 $W_{N/m}^k$ 采用 W_N^{mk} 的表示形式；输出为顺序排列，但输入并不是顺序排列，而是在每一次分解过程中，将输入序列按照时间上的偶数和奇数次序分解为两个短序列，相当于在时间上进行抽取，最后得到的输入序列也是非常有规律的，称为位码倒序（将在运算规律中介绍）。这种具有时域抽取特性的快速傅里叶变换称为时域抽取法 FFT。

4.2.2　DIT-FFT 运算量分析与比较

根据时域抽取法 FFT 的蝶形运算流图可知，当 $N=2^M$ 时，共有 M 级蝶形运算，每级均有 $N/2$ 个蝶形，而每个蝶形运算包含 1 次复数乘法和 2 次复数加法。因此，每一级

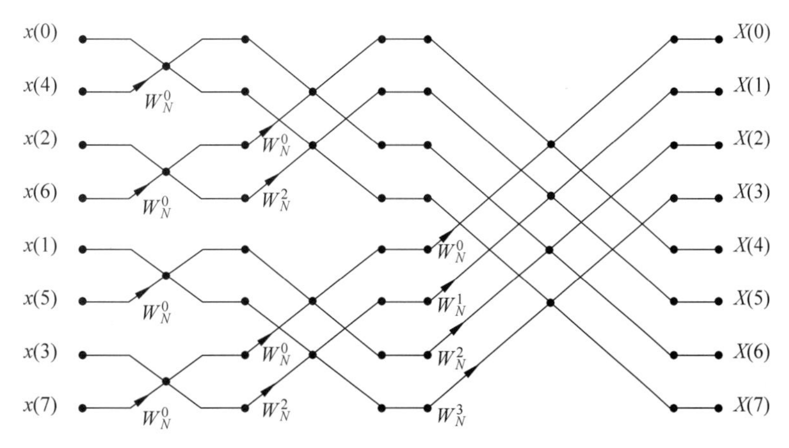

图 4.2.5　DIT-FFT 的蝶形运算流图($N=8$)

蝶形都需要 $N/2$ 次复数乘法和 N 次复数加法,M 级蝶形的总运算量为

复数乘法次数:

$$\frac{N}{2}M=\frac{N}{2}\log_2 N \tag{4.2.19}$$

复数加法次数:

$$NM=N\log_2 N \tag{4.2.20}$$

尽管旋转因子 W_N^k 存在一些特例,如 $W_N^0=1,W_N^{\frac{N}{2}}=-1,W_N^{\frac{N}{4}}=\mathrm{j},W_N^{\frac{3N}{4}}=-\mathrm{j}$,与这几个系数相乘实际上不需要乘法运算,这种情况在直接计算 DFT 时也存在。但是当 N 较大时,这种特例相对较少。为了便于统一比较运算量,不考虑这些特殊情况。

表 4.2.1 列出了 N 点 DFT 直接计算和 DIT-FFT 计算的运算量对比情况。当 $N\gg 1$ 时,$N\gg\log_2 N$,因此 $N^2\gg N/2\log_2 N$,$N(N-1)\gg N\log_2 N$,可见与直接计算 DFT 相比,DIT-FFT 运算量大大减少。

表 4.2.1　N 点 DFT 直接计算和 DIT-FFT 的运算量比较

DFT 计算方法	复数乘法	复数加法
直接计算 DFT	N^2	$N(N-1)$
DIT-FFT	$\frac{N}{2}\log_2 N$	$N\log_2 N$

表 4.2.2 列出了不同 N 值条件下直接计算 DFT 与 DIT-FFT 的复数乘法次数及比例关系。可以看出,随着 N 增大,复数乘法次数的比值越大,DIT-FFT 的优势越来越明显。但是也要注意:当 N 较小时(如 $N\leqslant 16$),比值相对较小,考虑到实际编程时 DIT-FFT 的复杂性和指令开销,其整体运算量不一定小于直接计算,而且有时并不需要计算所有 DFT 值。因此,在实际计算 DFT 时,需要根据 N 大小和要求,在直接计算和 FFT 之间灵活选择。

表 4.2.2 直接计算 DFT 与 DIT-FFT 的复数乘法次数的比较

N	N^2	$\frac{N}{2}\log_2 N$	$N^2\Big/\left(\frac{N}{2}\log_2 N\right)$
2	4	1	4.0
4	16	4	4.0
8	64	12	5.4
16	256	32	8.0
32	1024	80	12.8
64	4096	192	21.4
128	16 384	448	36.6
256	65 536	1024	64.0
512	262 144	2304	113.8
1024	1 048 576	5120	204.8
2048	4 194 304	11 264	372.4

4.2.3 DIT-FFT 运算规律

为了更好地理解和掌握 DIT-FFT 算法，为算法实际编程和硬件实现打下良好的基础，下面对 DIT-FFT 的运算规律和特点进行分析讨论。

1. 原位计算

从图 4.2.5 所示的 DIT-FFT 蝶形运算流图中可以看出：$N=2^M$ 点 FFT 共有 M 级蝶形运算，每级由 $N/2$ 个蝶形构成。在同一级中，每个蝶形的输入和输出都位于同一水平线上，并且每个输入只参与对应蝶形运算，与其他蝶形无关。该特性意味着蝶形的输出可以直接存入输入所占用的存储单元，这称为原位计算。

通过原位计算，每一级 $N/2$ 蝶形运算完成后，所有输出存入原输入的存储位置，然后开始下一级蝶形运算，只不过后续蝶形运算的组合关系有所不同。这种原位计算结构节省了存储开销，降低了设备成本。

2. 位码倒序

观察图 4.2.5 所示的蝶形运算流图的输入与输出，可见输出序列是按照 $X(0)$，$X(1)$，…，$X(7)$的顺序排列，而输入序列次序是 $x(0)$，$x(4)$，…，$x(7)$，看起来似乎很乱，但实际上是有规律的，这种规律就是位码倒序。

首先看看输入序列是如何形成 $x(0)$，$x(4)$，…，$x(7)$排列的。假设 n 用二进制数表示为$(n_2n_1n_0)$，第一次分解是按照 $n_0=0$ 和 $n_0=1$ 分解为偶数序列和奇数序列，第二次分解是分别针对偶数序列和奇数序列，按照 $n_1=0$ 和 $n_1=1$ 进行分解，最后得到的 2 点序列是按照 $n_2=0$ 和 $n_2=1$ 排列的。这种不断分解为偶数序列和奇数序列的过程可用

图 4.2.6 表示。

若序列 $x(n)$ 用二进制形式 $x(n_2n_1n_0)$ 表示，那么 DIT-FFT 输入序列的第 $(n_0n_1n_2)$ 个位置上正好为 $x(n_2n_1n_0)$，序号 $(n_0n_1n_2)$ 是 $(n_2n_1n_0)$ 的比特左右反转形式，形成倒序关系，因此称为位码倒序。表 4.2.3 列出了 $N=8$ 顺序二进制及位码倒序的对应关系。

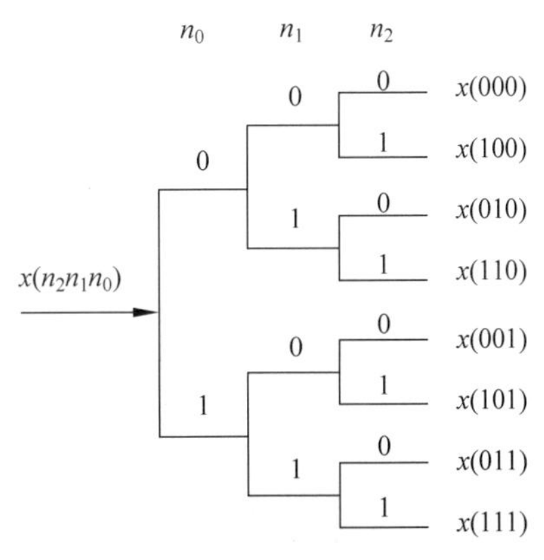

图 4.2.6　形成位码倒序的树状图

在实际 DIT-FFT 算法编程过程中，通常采取以下方式实现位码倒序：

(1) 位码倒序表。将顺序及其位码倒序的对应关系以表的形式存储起来，如定义一个数组存储 N 个位码倒序十进制，数组元素位置表示顺序号，数组元素值代表位码倒序。表 4.2.3 右侧一列即为 $N=8$ 时的位码倒序表。给定顺序输入序列 $x(n)$，按照位码倒序表指示的序号选择 $x(n)$，构成 DIT-FFT 的输入序列。

表 4.2.3　顺序二进制与倒序二进制的对照

顺　　序	二　进　制	位码倒序二进制	位码倒序十进制
0	000	000	0
1	001	100	4
2	010	010	2
3	011	110	6
4	100	001	1
5	101	101	5
6	110	011	3
7	111	111	7

(2) 位码倒序寻址专用指令。采用专用数字信号处理器(DSP)编程，可利用 DSP 自身的位码倒序寻址专用指令来完成。以美国 TI 公司的 TMS320C54 系列 DSP 为例，假定 $N=8$，辅助寄存器 AR2 指向 $x(0)$ 的存储单元，辅助寄存器 AR0 设置为 FFT 点数的一半，即 AR0=4，那么，位码倒序寻址的专用指令为

$$*\ \mathrm{AR2}+0\mathrm{B}$$

该指令表示用反向进位的方式将 AR0 加至 AR2 上，即加法按比特从高位向低位进位，然后再赋值给 AR2，“*”表示 AR2 指向地址的数值。注意 AR2 初始地址低 3 位必须为零，以便进行反向进位。以低 3 位运算为例，初始值为 0，以反向进位方式依次加 4，可以得到 4、2、6、1、5、3、7。寻址完毕后，AR0=4 始终固定不变，AR2 则按照位码倒序的方式依次指向 $x(0)$，$x(4)$，…，$x(7)$，作为 DIT-FFT 的输入序列。

3. 蝶形运算规律

观察图 4.2.5 中的蝶形可以看出：左侧第一级蝶形对应 2 点 FFT，输入数据相距 1

点，或者说蝶形张口大小为1；第二级蝶形输入数据相距2点，蝶形张口大小为2；右侧第三级蝶形输入数据相距4点，蝶形张口大小为4。以此类推，对于 $N=2^M$ 点DIT-FFT，从左至右第 m 级蝶形输入数据相距 2^{m-1} 点，蝶形张口大小也为 2^{m-1}。利用蝶形张口大小的规律，可方便地从前一级蝶形输出中选择相应数据作为输入，进行本级蝶形运算。

与蝶形运算密切相关的有旋转因子 W_N^k，旋转因子的个数与蝶形级数有关，第 m 级蝶形的旋转因子有 2^{m-1} 个，可表示为

$$W_{2^m}^k = W_N^{k\cdot 2^{M-m}}, \quad k=0,1,\cdots,2^{m-1}-1 \tag{4.2.21}$$

对于最后一级蝶形，$m=M$，旋转因子有 $N/2$ 个。由于

$$W_N^{k\cdot 2^{M-m}} \leqslant W_N^{(2^{m-1}-1)\cdot 2^{M-m}} = W_N^{2^{M-1}-2^{M-m}} \leqslant W_N^{2^{M-1}-1} \tag{4.2.22}$$

因此，最后一级蝶形的旋转因子包含着前面 $M-1$ 级蝶形的旋转因子，所有旋转因子以集合形式可表示为 $\{W_N^k, k=0,1,\cdots,N/2-1\}$。

表4.2.4给出了不同蝶形级数下的蝶形张口大小和旋转因子。在采用DSP编程实现DIT-FFT时，可以将所有旋转因子存储为表的形式，然后根据式(4.2.21)中蝶形级数与旋转因子指数 $k2^{M-m}$ 的关系，查表得到本级蝶形运算所需要的旋转因子。这样可以避免直接计算复指数，减少运算量。

表4.2.4　蝶形张口大小、旋转因子与蝶形级数的关系

级数(从左至右)	蝶形张口大小	旋转因子个数	所有旋转因子
m	2^{m-1}	2^{m-1}	$W_{2^m}^k\ (k=0,1,\cdots,2^{m-1}-1)$
1	1	1	$W_2^k\ (k=0)$
2	2	2	$W_4^k\ (k=0,1)$
3	4	4	$W_8^k\ (k=0,1,2,3)$
4	8	8	$W_{16}^k\ (k=0,1,2,\cdots,7)$
5	16	16	$W_{32}^k\ (k=0,1,2,\cdots,15)$
6	32	32	$W_{64}^k\ (k=0,1,2,\cdots,31)$
7	64	64	$W_{128}^k\ (k=0,1,2,\cdots,63)$

4.2.4　DIT-FFT其他形式流图

对于DIT-FFT算法，图4.2.5的蝶形运算流图并不是唯一的。结合原位计算的特点，保持蝶形的支路和输入与输出关系不变，适当调整蝶形张口大小或输入输出顺序，所得到的运算流图仍是等效的。这样，通过对图4.2.5进行变形，就可以得到其他形式的运算流图。

图4.2.5中蝶形运算流图输入倒序、输出顺序。通过变形，图4.2.7给出了输入顺序、输出倒序的运算流图，该流图同样具有原位计算的特点，其旋转因子、运算量也与图4.2.5相同，只是在蝶形张口大小次序和旋转因子排列上有所差别。图4.2.5中蝶形

张口是由小变大，而图 4.2.7 中是由大变小；对于旋转因子，图 4.2.5 中最后一级按照 W_N^0、W_N^1、W_N^2、W_N^3 顺序排列，而图 4.2.7 中最后一级按照 W_N^0、W_N^2、W_N^1、W_N^3 排列。

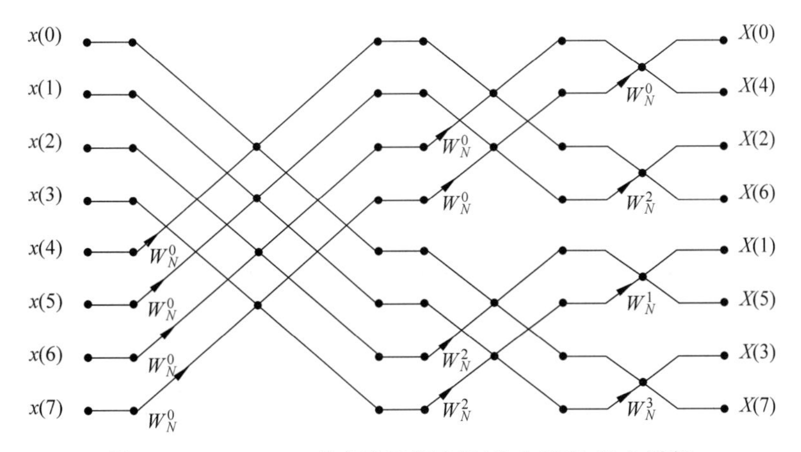

图 4.2.7 DIT-FFT 的变形运算流图(输入顺序，输出倒序)

如果要获得输入与输出均是顺序排列的运算流图，可以对图 4.2.7 的最后一级蝶形输出进行调整，得到图 4.2.8 所示的运算流图。该流图旋转因子、运算量均与图 4.2.7 相同，但最后一级不能采用原位计算。

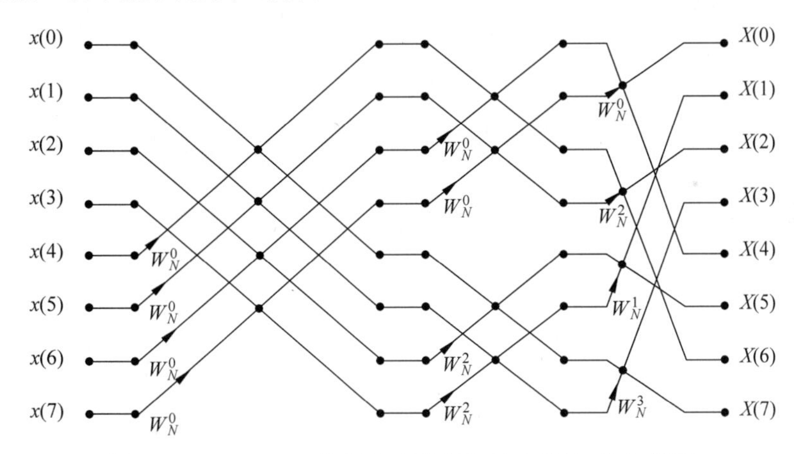

图 4.2.8 DIT-FFT 的变形运算流图(输入顺序，输出顺序)

4.3 频域抽取法基 2 FFT 算法

4.3.1 DIF-FFT 算法原理

设序列 $x(n)$ 长度 $N=2^M$，M 为正整数，N 点 DIF-FFT 算法对应着 $x(n)$ 前后对半分解为两部分，即前半部分 $x(n)$ 和后半部分 $x\left(n+\frac{N}{2}\right)$，$n=0,1,2,\cdots,\frac{N}{2}-1$。根据

DFT 的定义有

$$\begin{aligned}X(k)&=\sum_{n=0}^{N-1}x(n)W_N^{kn}\\&=\sum_{n=0}^{N/2-1}x(n)W_N^{kn}+\sum_{n=N/2}^{N-1}x(n)W_N^{kn}\\&=\sum_{n=0}^{N/2-1}x(n)W_N^{kn}+\sum_{n=0}^{N/2-1}x\left(n+\frac{N}{2}\right)W_N^{k(n+N/2)}\\&=\sum_{n=0}^{N/2-1}\left[x(n)+W_N^{kN/2}x\left(n+\frac{N}{2}\right)\right]W_N^{kn}\end{aligned}\tag{4.3.1}$$

由于

$$W_N^{kN/2}=\mathrm{e}^{-\mathrm{j}\frac{2\pi}{N}\cdot\frac{N}{2}k}=(-1)^k$$

所以

$$X(k)=\sum_{n=0}^{N/2-1}\left[x(n)+(-1)^k x\left(n+\frac{N}{2}\right)\right]W_N^{kn}\tag{4.3.2}$$

需要说明的是，上式中旋转因子是 W_N^{kn} 而不是 $W_{N/2}^{kn}$，因此，上式并不是一个 $N/2$ 点 DFT。根据 k 为偶数或者奇数，$X(k)$可分为两种情况进行讨论：

（1）当 k 为偶数时，令 $k=2r, r=0,1,\cdots,N/2-1$，则有

$$\begin{aligned}X(2r)&=\sum_{n=0}^{N/2-1}\left[x(n)+x\left(n+\frac{N}{2}\right)\right]W_N^{2rn}\\&=\sum_{n=0}^{N/2-1}\left[x(n)+x\left(n+\frac{N}{2}\right)\right]W_{N/2}^{rn}\end{aligned}\tag{4.3.3}$$

（2）当 k 为奇数时，令 $k=2r+1, r=0,1,\cdots,N/2-1$，则有

$$\begin{aligned}X(2r+1)&=\sum_{n=0}^{N/2-1}\left[x(n)-x\left(n+\frac{N}{2}\right)\right]W_N^{(2r+1)n}\\&=\sum_{n=0}^{N/2-1}\left\{\left[x(n)-x\left(n+\frac{N}{2}\right)\right]\cdot W_N^{n}\right\}W_{N/2}^{nr}\end{aligned}\tag{4.3.4}$$

可以看出，式(4.3.3)和式(4.3.4)都是 $N/2$ 点 DFT 表达式，其中，式(4.3.3)的变换对象是 $x(n)$前半部分和后半部分相加形成的序列，式(4.3.4)的变换对象则是 $x(n)$前半部分和后半部分相减后再乘以 W_N^n 形成的序列。

定义两个序列：

$$x_1(n)=x(n)+x\left(n+\frac{N}{2}\right),\quad n=0,1,2,\cdots,\frac{N}{2}-1\tag{4.3.5}$$

$$x_2(n)=\left[x(n)-x\left(n+\frac{N}{2}\right)\right]\cdot W_N^n,\quad n=0,1,2,\cdots,\frac{N}{2}-1\tag{4.3.6}$$

将上述两式分别代入式(4.3.3)和式(4.3.4)，可得

$$X(2r)=\sum_{n=0}^{N/2-1}x_1(n)W_{N/2}^{rn}\tag{4.3.7}$$

$$X(2r+1)=\sum_{n=0}^{N/2-1} x_2(n) W_{N/2}^{rn} \tag{4.3.8}$$

式(4.3.7)和式(4.3.8)表明，N 点 DFT 按照 k 的奇偶特性，可以由两个 $N/2$ 点 DFT 计算得到。即将 $x(n)$前后对半分解为两部分，合成两个新的 $N/2$ 点序列，再进行 $N/2$ 点 DFT。合成序列 $x_1(n)$、$x_2(n)$与 $x(n)$的关系可用图 4.3.1 所示的蝶形运算流图符号表示。

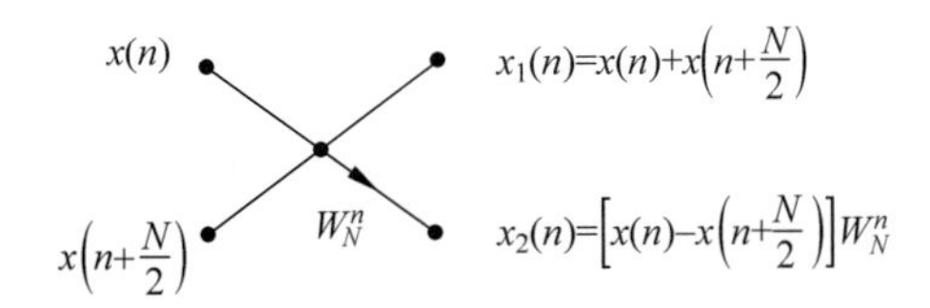

图 4.3.1　DIF-FFT 的蝶形运算流图符号

利用上述蝶形运算流图符号，$N=8$ 点 DFT 经过一次分解后，得到的运算流图如图 4.3.2 所示。

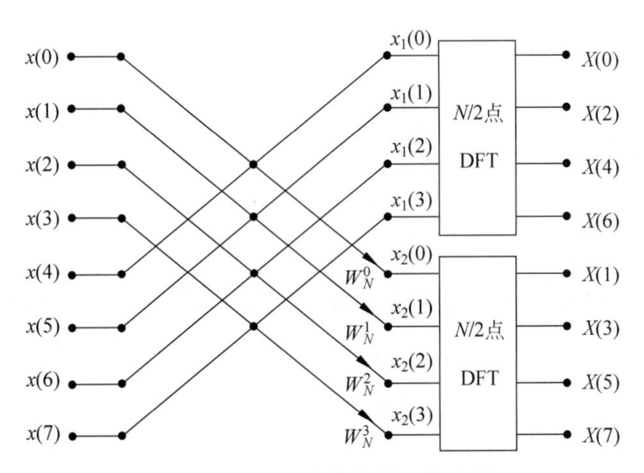

图 4.3.2　DIF-FFT 一次分解的运算流图($N=8$)

在图 4.3.2 的基础上，进一步将 $x_1(n)$和 $x_2(n)$进行前后对半分解，通过蝶形运算，合成为 4 个 $N/4$ 点序列，再计算 $N/4$ 点 DFT，就可以得到两个 $N/2$ 点 DFT 计算结果。图 4.3.3 给出了 $N=8$ 点 DFT 经过二次分解后的运算流图。

当 $N=8$ 时，经过两次分解得到的 $N/4$ 点 DFT 即为 2 点 DFT，可以直接进行计算，相当于一个基本的蝶形运算符号。以此类推，$N=2^M$ 点 DFT 通过 $M-1$ 次分解后，最后可分解为 $N/2$ 个 2 点 DFT，形成 M 级蝶形运算。图 4.3.4 给出了完整的 8 点 DIF-FFT 蝶形运算流图。

观察图 4.3.4 可知，DIF-FFT 的蝶形运算流图仍具有原位计算的特点，其输入序列是顺序的，而输出是倒序的。这是由于每一级蝶形的输出都按照 k 的奇偶次序分成两部分，相当于在频率上进行抽取，最后得到位码倒序的输出。因此，具有这种频域抽取关系的快速傅里叶变换称为频域抽取法 FFT。

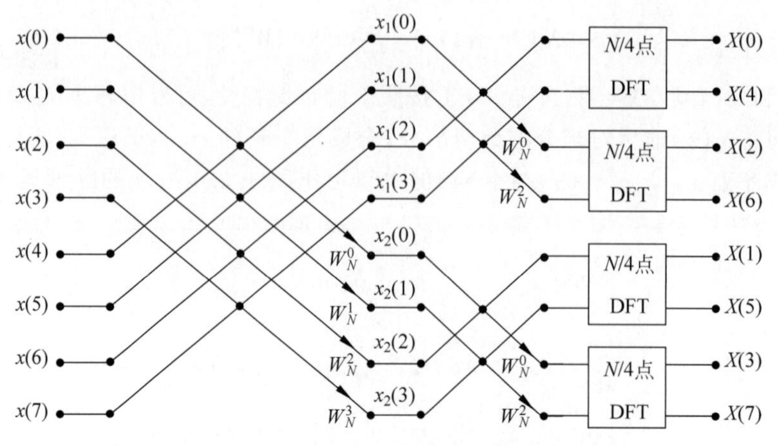

图 4.3.3 DIF-FFT 二次分解的运算流图(N=8)

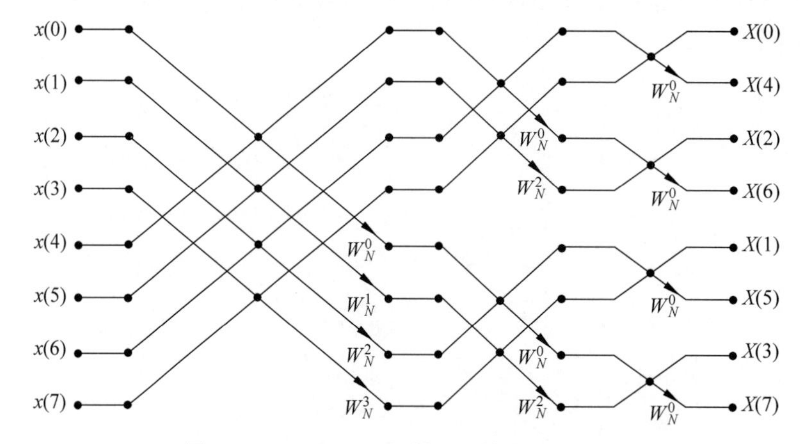

图 4.3.4 DIF-FFT 的蝶形运算流图(N=8)

4.3.2 DIF-FFT 与 DIT-FFT 的比较

比较图 4.2.5 所示的 DIT-FFT 蝶形运算流图和图 4.3.4 所示的 DIF-FFT 的蝶形运算流图,两者相同点如下:

(1) 原位计算:对于 DIT-FFT 和 DIF-FFT,每个蝶形的输入和输出都位于同一水平线上,并且每个输入只参与本蝶形运算,蝶形的输出可直接存入输入所占用的存储单元。

(2) 运算量相同:当 $N=2^M$ 时,DIT-FFT 和 DIF-FFT 都有 M 级蝶形运算,每级均有 $N/2$ 个蝶形,复数乘法总次数为$(N/2)\log_2 N$,复数加法总次数为 $N\log_2 N$。

DIT-FFT 和 DIF-FFT 的差异如下:

(1) 输入与输出排列次序不同:DIT-FFT 输入为倒序、输出为顺序,而 DIF-FFT 输入为顺序、输出为倒序。DIT-FFT 输入倒序是序列不断进行奇偶分解所致,而 DIF-FFT 输出倒序是序列前后对半分解后,合成子序列正好对应着频率的奇偶部分所致。DIT 和

DIF 在名称上也体现了这种不同点。

(2) 蝶形张口大小和旋转因子次序的不同：从左至右来看，DIT-FFT 蝶形张口由小到大，旋转因子由少到多；而 DIF-FFT，蝶形张口由大到小，旋转因子由多到少。

(3) 基本蝶形运算符号不同：图 4.2.1 中 DIT-FFT 蝶形不同于图 4.3.1 中 DIF-FFT 蝶形，DIT 蝶形运算在频域进行，先乘旋转因子后加减法；而 DIF 蝶形运算在时域进行，先加减法后乘旋转因子。基本蝶形的不同才是两种 FFT 算法本质上的不同。

DIF-FFT 和 DIT-FFT 的相互关系如下：

(1) 基本蝶形运算符号的转置关系：若将图 4.2.1 DIT 的基本蝶形进行转置，包括蝶形左右翻转、支路方向反向以及输入输出交换，就可以得到图 4.3.1 DIF 的基本蝶形；同理，将 DIF 基本蝶形加以转置，也可得到 DIT 的基本蝶形。

(2) 蝶形运算流图的转置关系：对比图 4.2.5 DIT-FFT 和图 4.3.4 DIF-FFT 的两种蝶形运算流图，可以互相转置。这种特性有助于加深对两种 FFT 算法的理解和把握。

4.4 快速傅里叶逆变换算法

本节研究离散傅里叶逆变换的快速算法，即快速傅里叶逆变换。比较 IDFT 与 DFT 的计算公式：

$$x(n)=\mathrm{IDFT}[X(k)]=\frac{1}{N}\sum_{k=0}^{N-1}X(k)W_N^{-kn},\quad n=0,1,\cdots,N-1 \tag{4.4.1}$$

$$X(k)=\mathrm{DFT}[x(n)]=\sum_{n=0}^{N-1}x(n)W_N^{kn},\quad k=0,1,\cdots,N-1 \tag{4.4.2}$$

可以看出，两者的差异在于变换对象($X(k)$、$x(n)$)、旋转因子(W_N^{-kn}、W_N^{kn})以及有无修正因子($1/N$)的不同。从数学计算角度来看，只需要将 DFT 公式中的旋转因子 W_N^{kn} 换成 W_N^{-kn}，最后乘以 $1/N$，就可以计算 IDFT。

根据上述对 IDFT 和 DFT 两个层面比较分析，IFFT 的计算有两种方式：

(1) 基于 FFT 间接计算 IFFT：利用 IDFT 和 DFT 公式的相同点，结合数据预处理，通过 DFT 来计算 IDFT，从而可沿用 FFT 的蝶形运算流图，来实现 IFFT 的计算。

(2) 基于蝶形运算流图直接计算 IFFT：基于 FFT 蝶形运算流图，在变换对象、旋转因子以及有无修正因子三个方面进行适当修改，得到 IFFT 的蝶形运算流图。

4.4.1 基于 FFT 间接计算 IFFT

根据上述分析，对 IDFT 表达式(4.4.1)两边取复共轭，可得

$$x^*(n)=\frac{1}{N}\sum_{k=0}^{N-1}X^*(k)W_N^{kn} \tag{4.4.3}$$

因此

$$x(n)=\frac{1}{N}\left[\sum_{k=0}^{N-1}X^{*}(k)W_{N}^{kn}\right]^{*}=\frac{1}{N}\{\mathrm{DFT}[X^{*}(k)]\}^{*} \tag{4.4.4}$$

式(4.4.4)表明，利用 FFT 计算 IFFT 的过程如下：首先将 $X(k)$取共轭，然后直接调用 FFT 程序，计算结果取共轭后再乘以 $1/N$。

该方法虽然需要两次取共轭，但好处是共用 FFT 程序，不必编写复杂的 IFFT 计算程序，减小编程工作量，节省程序空间，在实际应用中常采用这种方法。

4.4.2 基于蝶形运算流图直接计算 IFFT

下面重点讨论 IFFT 蝶形运算流图。参照 FFT 的两种蝶形运算流图，结合 IDFT 与 DFT 的差异性，同样也可以得到两种形式的 IFFT 蝶形运算流图。

(1) 若基于图 4.2.5 所示的 DIT-FFT 蝶形运算流图，输入 $x(n)$换成 $X(k)$，旋转因子 W_N^k 变为 W_N^{-n}，输出换成 $x(n)$后再乘以 $1/N$，这样就得到图 4.4.1 所示的 IFFT 蝶形运算流图。可以看出，原 DIT-FFT 的时域抽取变为 IFFT 的频域抽取，因此，该 IFFT 算法称为频域抽取法 IFFT(DIF-IFFT)。

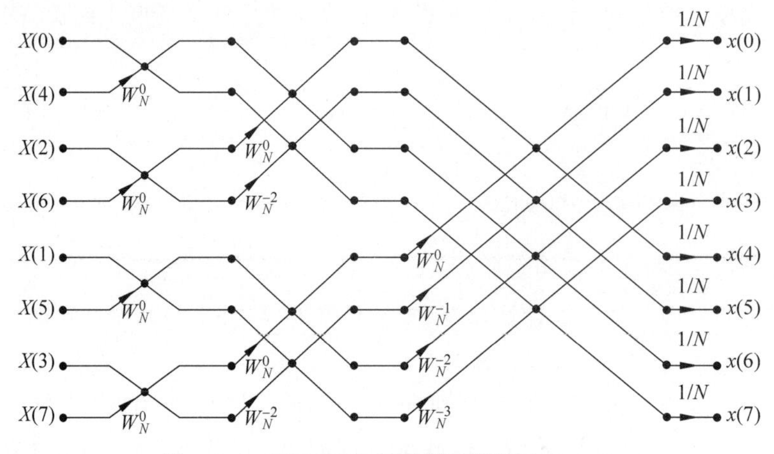

图 4.4.1 DIF-IFFT 的蝶形运算流图($N=8$)

(2) 若基于图 4.3.4 所示的 DIF-FFT 蝶形运算流图，同样也需要修改三个方面：输入 $x(n)$换成 $X(k)$，旋转因子 W_N^n 变为 W_N^{-k}，输出换成 $x(n)$后再乘以 $1/N$，这样得到的 IFFT 蝶形运算流图如图 4.4.2 所示。原 DIF-FFT 的频域抽取变为 IFFT 的时域抽取，因此，该 IFFT 算法称为时域抽取法 IFFT(DIT-IFFT)。

在实际应用中，为了防止 IFFT 算法运行过程出现溢出，可以将 $1/N$ 分摊到每一级蝶形中。由于 $1/N=(1/2)^M$，正好 M 级蝶形中每个蝶形输出均乘以 1/2。以图 4.4.2 的 DIT-IFFT 为例，经过防溢出处理后的蝶形运算流图如图 4.4.3 所示。

关于溢出问题展开进一步讨论。由于在实际 DSP 编程过程中数值的表示有位数限制，如定点为 16 位(bit)，最高位表示符号位，整数值为 $-32\,768\sim 32\,767$，浮点为 32 位。这样在进行 FFT 或 IFFT 运算时，难免会出现溢出的问题。如利用定点 DSP 对单音或

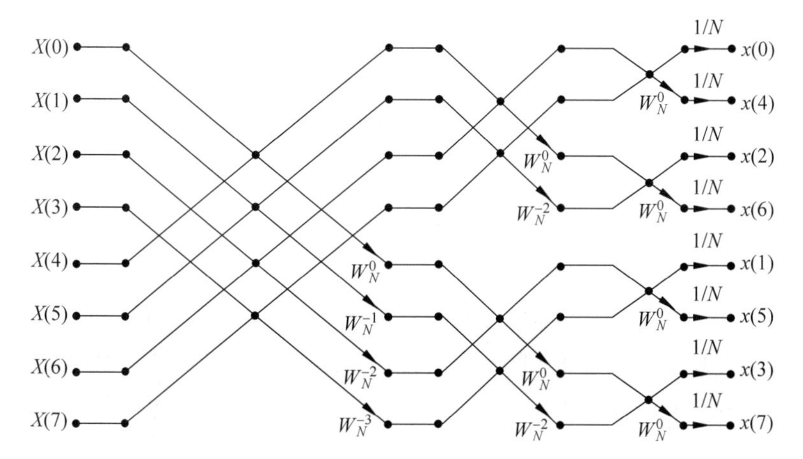

图 4.4.2 DIT-IFFT 的蝶形运算流图($N=8$)

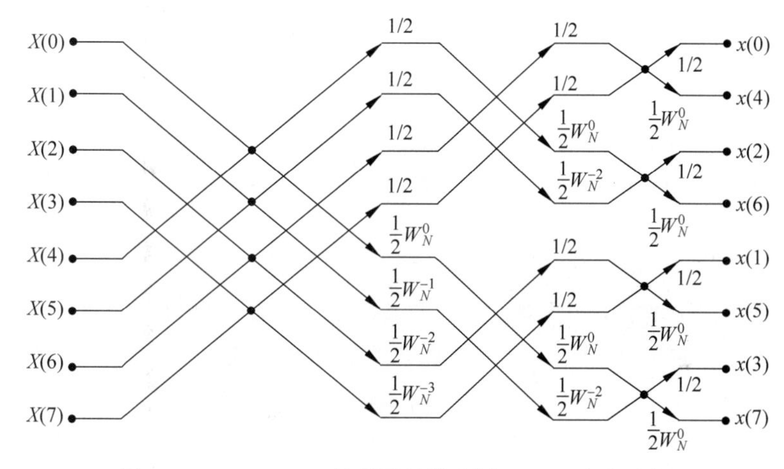

图 4.4.3 DIT-IFFT 的蝶形运算流图($N=8$,防止溢出)

多音进行谱分析,其频谱上常常出现尖峰,很容易溢出。在这种情况下,可考虑在某几级蝶形运算中再乘以 1/2,避免数值溢出；同时,可以设置 DSP 的防溢出控制位,来限定最大值和最小值,避免数值溢出后正负数颠倒。

4.5 快速傅里叶变换的应用

前面几节讨论的 FFT 和 IFFT 算法由于结构非常有规律,计算效率高,在实际数字信号处理中有着广泛的应用。下面讨论在算法应用过程中需要注意的几个问题。

4.5.1 旋转因子的生成

在 FFT 和 IFFT 算法中,如何有效快速地生成旋转因子是一个关键,直接涉及蝶形中的乘法运算。以 $W_N^k(k=0,1,2,\cdots,N/2-1)$为例，共有 $N/2$ 个复指数值，可展开为实部和虚部的形式：

$$W_N^k = e^{-j\frac{2\pi}{N}k} = \cos\left(\frac{2\pi}{N}k\right) - j \cdot \sin\left(\frac{2\pi}{N}k\right) \tag{4.5.1}$$

可见，W_N^k 包括余弦值和正弦值的计算。

考虑到旋转因子个数有限，因此常根据 N 值大小预先计算所有 $N/2$ 个 W_N^k 值，以表的形式存储起来，供查找使用，该方法称为查表法。从相位上看，相当于将 2π 分成 N 等份，取前 $N/2$ 个弧度值 $2\pi k/N(k=0,1,2,\cdots,N/2-1)$进行计算。

由于式(4.5.1)包括余弦值和正弦值，按照常理可以分开制成余弦表和正弦表。但是，考虑到余弦和正弦在相位上相差 $\pi/2$，即 $\sin(\alpha+\pi/2)=\cos\alpha$，可以将余弦表和正弦表合成一张表，相位覆盖$[0,2\pi)$，共 N 个弧度值 $2\pi k/N(k=0,1,2,\cdots,N-1)$，只计算 N 个正弦值，构成一张正弦表。查表时，首先查找正弦值，然后向前搜索 $\pi/2$，即 $N/4$ 个弧度值，即可得到对应的余弦值。合成一张$[0,2\pi)$正弦表的好处是：该表可同时用于除计算旋转因子之外的其他场合，如查表计算任意相位的余弦值或正弦值、产生数字频率等，这在数字信号处理领域，特别是数字通信中常用到。

下面讨论如何查表得到任意相位的正弦值。假设相位 $\alpha\in[0,2\pi)$，单位为弧度(rad)，在 N 个弧度值 $2\pi k/N$ 中 α 对应的位置可表示为

$$n_\alpha = \left\lfloor \frac{\alpha}{2\pi/N} \right\rfloor = \left\lfloor \frac{N\alpha}{2\pi} \right\rfloor \tag{4.5.2}$$

式中：$\lfloor\cdot\rfloor$表示向下取整，即不超过 $N\alpha/(2\pi)$的最大整数，当然也可以四舍五入。

通过查正弦表中 n_α 位置，其对应的值即为正弦值。通过查表计算正弦值的实质是查找表中相邻相位及其正弦值来进行逼近，其精度高低与 N 的大小密切相关。若 N 比较大，逼近误差较小，精度较高，但同时内存开销较大；若 N 比较小，逼近误差较大，精度有限。

在实际中 N 通常是确定的，且 N 不宜过大；否则，占用内存过多。为了进一步提高计算精度，基于给定的正弦表，通过内插方式获得更高精度。如 $N=512$，相邻相位差约为 $0.7°$，比较小，连续正弦波可用所有正弦值的直线连接来逼近。此时，利用 α 的左右相邻相位进行线性内插，可以得到所需要的正弦值，其计算公式为

$$\sin\alpha = \sin\left(n_\alpha \frac{2\pi}{N}\right) + \left(\alpha - n_\alpha \frac{2\pi}{N}\right) \cdot \frac{\sin\left[(n_\alpha+1)\frac{2\pi}{N}\right] - \sin\left(n_\alpha \frac{2\pi}{N}\right)}{\frac{2\pi}{N}} \tag{4.5.3}$$

4.5.2 旋转因子的使用

一旦旋转因子生成好，就可以直接参与蝶形乘法运算，按照 FFT 蝶形运算流图，逐级完成整个 FFT 计算。考虑到旋转因子有很多特殊值，如：

$$k=0,\quad W_N^k=1,\quad k=\frac{1}{4}N,\quad W_N^k=\mathrm{e}^{-\mathrm{j}\frac{2\pi}{N}\cdot\frac{1}{4}N}=-\mathrm{j}$$

$$k=\frac{1}{2}N,\quad W_N^k=\mathrm{e}^{-\mathrm{j}\frac{2\pi}{N}\cdot\frac{1}{2}N}=-1,\quad k=\frac{3}{4}N,\quad W_N^k=\mathrm{e}^{-\mathrm{j}\frac{2\pi}{N}\cdot\frac{3}{4}N}=\mathrm{j}$$

这些值参与 FFT 运算时不需要乘法，因此，针对这些特殊值做特殊的编程处理应该可以降低运算量。

但值得注意的是：特殊编程处理增加了程序复杂性，是否值得要取决于乘法和加法有多大差异，这与实现 FFT 或 DFT 的器件密切相关。

(1) 若采用 DSP，由于 DSP 通常拥有专用乘法指令，其指令运算时间与加减法指令一样，因此，为编程简洁方便，可以进行乘法运算，没有必要针对旋转因子做特殊编程处理。

(2) 若采用 FPGA 或通用计算机，由于乘法占用的硬件和运算资源通常要大大超过加减法，因此，根据实际 FPGA 型号或计算机的资源状况，可在直接乘法计算和特殊编程处理之间进行合理选择。

4.5.3 实序列的 FFT 计算

在实际应用中，序列 $x(n)$ 常为实数序列，如模拟信号经过 A/D 采样后为实数字信号。如果直接按照 FFT 蝶形运算流图进行计算，需要将 $x(n)$ 看作虚部为零的复序列；而由 DFT 的共轭对称性可知，实序列的 FFT 具有共轭对称性。如果能够利用实序列及其 FFT 的特点，可以进一步降低运算量。

1. 一个 N 点 FFT 计算两个 N 点实序列的 FFT

基本做法是将两个 N 点实序列分别作为实部和虚部，构成 N 点复序列，再进行 FFT。根据 DFT 的共轭对称性，实部 FFT 对应复序列 FFT 的共轭对称部分，j 和虚部的 FFT 对应复序列 FFT 的共轭反对称部分。具体过程参见第 3 章中 DFT 共轭对称性的应用——两个实序列的 DFT 计算。

2. 一个 $N/2$ 点 FFT 计算一个 N 点实序列的 FFT

根据时域抽取法 FFT 序列第一次奇偶分解结果，一个 N 点 FFT 可以分解为两个 $N/2$ 点 FFT 并通过 $N/2$ 个蝶形合成得到。假设序列 $x(n)$ 的偶数和奇数部分为 $x_1(n)$ 和 $x_2(n)$，即

$$\begin{cases}x_1(n)=x(2n)\\x_2(n)=x(2n+1)\end{cases},\quad n=0,1,2,\cdots,\frac{N}{2}-1 \tag{4.5.4}$$

两者分别作为实部和虚部，构成复数序列 $y(n)=x_1(n)+\mathrm{j}\cdot x_2(n)$，计算 $y(n)$ 的 $N/2$ 点 FFT $Y(k)$，$k=0,1,\cdots,N/2-1$。由 DFT 的共轭对称性可知，$x_1(n)$ 和 $x_2(n)$ 的 FFT 表示为

$$X_1(k)=Y_{ep}(k)=\frac{1}{2}[Y(k)+Y^*(N/2-k)] \tag{4.5.5}$$

$$X_2(k)=\frac{1}{j}Y_{op}(k)=\frac{1}{2j}[Y(k)-Y^*(N/2-k)] \tag{4.5.6}$$

根据 DIT-FFT 的蝶形运算式(4.2.7)可得

$$X(k)=X_1(k)+W_N^k X_2(k),\quad k=0,1,\cdots,\frac{N}{2}-1 \tag{4.5.7}$$

由于实序列的 FFT 具有共轭对称性，因此 $X(k)$的后半部分为

$$X(k)=X^*(N-k),\quad k=\frac{N}{2}+1,\cdots,N-1 \tag{4.5.8}$$

需要补充说明的是，当 $k=N/2$ 时，利用共轭对称性无法得到 $X(N/2)$，此时，需利用式(4.2.8)进行计算，即

$$X(N/2)=X_1(0)-X_2(0) \tag{4.5.9}$$

4.6 快速傅里叶变换的 MATLAB 仿真

本章首先通过分析直接计算 DFT 的运算量，引出降低运算量的改进措施；然后分别推导时域抽取法 FFT 和频域抽取法 FFT 算法，分析比较了运算规律和算法特点；最后介绍 IFFT 算法的实现方法，探讨旋转因子生成、使用以及实序列 FFT 计算问题。本节将通过 MATLAB 编程和应用示例，对前面各节涉及的 FFT 和 IFFT 运算规律、实序列 FFT 计算等进行仿真验证，以便更好地理解和掌握理论知识。

4.6.1 FFT 算法的仿真比较

1. DIT-FFT 算法的 MATLAB 编程

按照图 4.2.5 所示的 DIT-FFT 蝶形运算流图，并结合输入序列的位码倒序处理，编写时域抽取法 FFT 函数 DIT_FFT()，对应 m 文件为 DIT_FFT.m：

```
function X = DIT_FFT(x,N)
% 时域抽取法 FFT 函数
% x 为输入序列,列向量;
% X 为输出列向量,X(k) = DFT[x(n)];
% N 为 FFT 点数,N = 2^M,N >= 输入序列长度
x2 = [x;zeros(N - length(x),1)];            % 补零,使长度为 N
M = log2(N);                                % FFT 蝶形级数
% 1)x(n)进行位码倒序
xn = zeros(N,1);                            % 蝶形输入序列
for n = 0:N - 1
    nbit = dec2bin(n,M);                    % 顺序十进制→二进制
    nbit2 = fliplr(nbit);                   % 左右翻转→倒序二进制,
    n2 = bin2dec(nbit2);                    % 倒序二进制→十进制
```

```
        xn(n+1) = x2(n2+1);                      %产生蝶形输入序列
    end
    %2)根据蝶形运算流图进行原位计算
    S = 2;                                       %蝶形张口大小
    while(S <= N)                                %a)循环 - 次数相当于蝶形级数
        W = exp(-2*j*pi/S);                      %基本旋转因子
        for s = 0:S:N-1                          %b)循环 - 交叉蝶形块的左上支路位置(块个数)
            Wk = 1;
            for k = 0:S/2-1                      %c)循环 - 交叉蝶形块的蝶形个数
                p = k + s;                       %蝶形左上支路位置
                q = p + S/2;                     %蝶形左下支路位置
                xp = xn(p+1);
                xq = xn(q+1) * Wk;               %乘旋转因子
                xn(p+1) = xp + xq;               %蝶形右上支路输出
                xn(q+1) = xp - xq;               %蝶形右下支路输出
                Wk = Wk * W;                     %更新旋转因子
            end
        end
        S = S * 2;                               %更新蝶形张口大小
    end
    X = xn;
```

2. DIF-FFT 算法的 MATLAB 编程

按照图 4.3.4 所示的 DIF-FFT 蝶形运算流图,并结合最后一级蝶形输出的位码倒序处理,编写频域抽取法 FFT 函数 DIF_FFT(),对应 m 文件为 DIF_FFT.m。

```
    function X = DIF_FFT(x,N)
    %频域抽取法 FFT 函数
    %x为输入序列,列向量;
    %X为输出列向量,X(k) = DFT[x(n)];
    %N为FFT点数,N = 2^M,N >= 输入序列长度
    xn = [x;zeros(N-length(x),1)];              %补零,使长度为N
    M = log2(N);                                 %FFT蝶形级数
    %1)根据蝶形运算流图进行原位计算
    S = N;                                       %蝶形张口大小
    while(S >= 2)                                %a)循环 - 次数相当于蝶形级数
        W = exp(-2*j*pi/S);                      %基本旋转因子
        for s = 0:S:N-1                          %b)循环 - 交叉蝶形块的左上支路位置(块个数)
            Wn = 1;
            for k = 0:S/2-1                      %c)循环 - 交叉蝶形块的蝶形个数
                p = k + s;                       %蝶形左上支路位置
                q = p + S/2;                     %蝶形左下支路位置
                xp = xn(p+1);
                xq = xn(q+1);
                xn(p+1) = xp + xq;               %蝶形右上支路输出
                xn(q+1) = (xp - xq) * Wn;        %蝶形右下支路输出
                Wn = Wn * W;                     %更新旋转因子
```

```
            end
        end
        S = S/2;                                  % 更新蝶形张口大小
    end
    % 2)蝶形输出进行位码倒序
    X = zeros(N,1);                               % 输出 X(k)
    for k = 0:N - 1
        kbit = dec2bin(k,M);                      % 顺序十进制→二进制
        kbit2 = fliplr(kbit);                     % 左右翻转→倒序二进制,
        k2 = bin2dec(kbit2);                      % 倒序二进制→十进制
        X(k + 1) = xn(k2 + 1);                    % 产生输出 X(k)
    end
```

3. FFT 算法的 MATLAB 仿真对比

例 4.6.1 设序列 $x(n)=R_4(n)$，分别利用 MATLAB 函数 DIT-FFT、DIF-FFT 和 FFT 进行编程：

(1) 计算 N 为 4 点和 8 点 FFT，并对结果进行比较分析；

(2) 计算 N 为 16 点和 32 点 FFT，并与 3.5.1 节中 DFT 仿真进行对比。

解：

```
% 主程序 Ch4_6_1.m
clc;clear all
x = [1 1 1 1]';
%%%%%%%%%%%%%%%%%%%%%%%%%%%%%%%%%%%%%%%%%%%%%%%%%%%%%%%
% 1)计算 4 点和 8 点 FFT
N = 4;
XT4 = DIT_FFT(x,N);                               % 调用时域抽取法 FFT 函数
XF4 = DIF_FFT(x,N);                               % 调用频域抽取法 FFT 函数
X4 = fft(x,N);                                    % 直接调用 MATLAB 函数 fft
[XT4 XF4 X4]
N = 8;
XT8 = DIT_FFT(x,N);                               % 8 点 DIT_FFT
XF8 = DIF_FFT(x,N);                               % 8 点 DIF_FFT
X8 = fft(x,N);                                    % 8 点 FFT(MATLAB 函数)
[XT8 XF8 X8]
%%%%%%%%%%%%%%%%%%%%%%%%%%%%%%%%%%%%%%%%%%%%%%%%%%%%%%%
% 2)计算 16 点和 32 点 FFT
XT16 = DIT_FFT(x,16);                             % 16 点 DIT_FFT
XF32 = DIF_FFT(x,32);                             % 32 点 DIF_FFT
figure(1);
subplot(2,1,1);stem(0:16 - 1,abs(XT16));
xlabel('k');ylabel('|X(k)|'); title('N = 16 点 FFT');
axis([0 16 0 4]);grid on
subplot(2,1,2);stem(0:32 - 1,abs(XF32));
xlabel('k');ylabel('|X(k)|'); title('N = 32 点 FFT');
axis([0 32 0 4]);grid on
```

主程序 Ch4_6_1.m 运行输出结果如下：

```
[XT4 XF4 X4] =
     4        4        4
     0        0        0
     0        0        0
     0        0        0
[XT8 XF8 X8] =
   4.0000                  4.0000                  4.0000
   1.0000 - 2.4142i        1.0000 - 2.4142i        1.0000 - 2.4142i
   0                       0                       0
   1.0000 - 0.4142i        1.0000 - 0.4142i        1.0000 - 0.4142i
   0                       0                       0
   1.0000 + 0.4142i        1.0000 + 0.4142i        1.0000 + 0.4142i
   0                       0                       0
   1.0000 + 2.4142i        1.0000 + 2.4142i        1.0000 + 2.4142i
```

可以看出：采用单独编写的函数 DIT-FFT、DIF-FFT 以及 MATLAB 函数 fft，N 为 4 点和 8 点 FFT 的计算结果一致。图 4.6.1 给出的 N 为 16 点和 32 点 FFT 的幅度特性，对比图 3.5.3 DFT 幅度特性，两者是一致的。

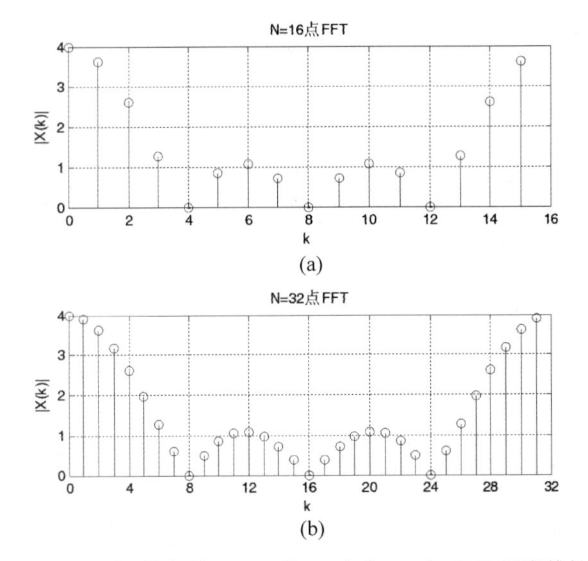

图 4.6.1 矩形序列 $R_4(n)$的 16 点和 32 点 FFT 幅度特性

4.6.2 IFFT 算法的仿真比较

1. DIF-IFFT 算法的 MATLAB 编程

根据图 4.4.1 所示的 DIF-IFFT 蝶形运算流图，并结合输入的位码倒序处理，编写频域抽取法 IFFT 函数 DIF_IFFT()，对应 m 文件为 DIF_IFFT.m；

```
function x = DIF_IFFT(X,N)
%频域抽取法 IFFT 函数,蝶形运算与时域抽取法 FFT 算法类似。
%X 为输入列向量 X(k);
%x 为输出序列,x(n) = IDFT[X(k)];
%N 为 IFFT 点数,N = 2^M,N = X(k)长度
M = log2(N);                        %FFT 蝶形级数
%1)X(k)进行位码倒序
Xk = zeros(N,1);                    %蝶形输入
for k = 0:N - 1
    kbit = dec2bin(k,M);            %顺序十进制→二进制
    kbit2 = fliplr(kbit);           %左右翻转→倒序二进制,
    k2 = bin2dec(kbit2);            %倒序二进制→十进制
    Xk(k + 1) = X(k2 + 1);          %产生蝶形输入
end
%2)根据蝶形运算流图进行原位计算
S = 2;                              %蝶形张口大小
while(S <= N)                       %a)循环 - 次数相当于蝶形级数
    W = exp(2 * j * pi/S);          %基本旋转因子,注意指数中无负号.
    for s = 0:S:N - 1               %b)循环 - 交叉蝶形块的左上支路位置(块个数)
        Wn = 1;
        for k = 0:S/2 - 1           %c)循环 - 交叉蝶形块的蝶形个数
            p = k + s;              %蝶形左上支路位置
            q = p + S/2;            %蝶形左下支路位置
            Xp = Xk(p + 1);
            Xq = Xk(q + 1) * Wn;    %乘旋转因子
            Xk(p + 1) = Xp + Xq;    %蝶形右上支路输出
            Xk(q + 1) = Xp - Xq;    %蝶形右下支路输出
            Wn = Wn * W;            %更新旋转因子
        end
    end
    S = S * 2;                      %更新蝶形张口大小
end
x = Xk/N;
```

2. DIT-IFFT 算法的 MATLAB 编程

根据图 4.4.2 所示的 DIT-IFFT 蝶形运算流图,并结合最后一级蝶形输出的位码倒序处理,编写时域抽取法 IFFT 函数 DIT_IFFT(),对应 m 文件为 DIT_IFFT.m:

```
function x = DIT_IFFT(X,N)
%时域抽取法 IFFT 函数,蝶形运算与频域抽取法 FFT 算法类似。
%X 为输入列向量 X(k);
%x 为输出序列,x(n) = IDFT[X(k)];
%N 为 IFFT 点数,N = 2^M,N = X(k)长度
M = log2(N);                        %FFT 蝶形级数
%1)根据蝶形运算流图进行原位计算
S = N;                              %蝶形张口大小
while(S >= 2)                       %a)循环 - 次数相当于蝶形级数
```

```
        W = exp(2 * j * pi/S);              % 基本旋转因子,注意指数中无负号.
        for s = 0:S:N - 1                   % b)循环 - 交叉蝶形块的左上支路位置(块个数)
            Wk = 1;
            for k = 0:S/2 - 1               % c)循环 - 交叉蝶形块的蝶形个数
                p = k + s;                  % 蝶形左上支路位置
                q = p + S/2;                % 蝶形左下支路位置
                Xp = X(p + 1);
                Xq = X(q + 1);
                X(p + 1) = Xp + Xq;         % 蝶形右上支路输出
                X(q + 1) = (Xp - Xq) * Wk;  % 蝶形右下支路输出
                Wk = Wk * W;                % 更新旋转因子
            end
        end
        S = S/2;                            % 更新蝶形张口大小
    end
    X = X/N;
    % 2)蝶形输出进行位码倒序
    x = zeros(N,1);                         % 输出 x(n)
    for n = 0:N - 1
        nbit = dec2bin(n,M);                % 顺序十进制→二进制
        nbit2 = fliplr(nbit);               % 左右翻转→倒序二进制,
        n2 = bin2dec(nbit2);                % 倒序二进制→十进制
        x(n + 1) = X(n2 + 1);               % 产生输出 x(n)
    end
```

3. 利用 FFT 计算 IFFT 的 MATLAB 编程

根据式(4.4.4),编写利用 FFT 计算 IFFT 的函数 OnFFT_IFFT(),对应 m 文件为 OnFFT_IFFT.m:

```
    function x = OnFFT_IFFT(X,N)
    % 利用 FFT 程序计算 IFFT.
    % X 为输入列向量 X(k);
    % x 为输出序列,x(n) = IDFT[X(k)];
    % N 为 IFFT 点数,N = 2^M,N = X(k)长度
    Xc = conj(X);                           % 共轭处理
    x = fft(Xc,N);                          % 调用 MATLAB 函数 fft
    x = conj(x)/N;                          % 共轭,/N
```

4. IFFT 算法的 MATLAB 仿真

例 4.6.2 已知序列 $x(n)=R_4(n)$,其频谱 $X(k)$ 为 $N=8$ 点 FFT,分别利用 MATLAB 函数 DIF-IFFT、DIT-IFFT、OnFFT-IFFT 和 IFFT 进行编程,计算 $X(k)$ 的 $N=8$ 点 IFFT,并与原始序列 $x(n)$ 进行比较分析。

解:

```
    % 主程序 Ch4_6_2.m
```

```
clc;clear all
x = [1 1 1 1]';
%计算 FFT 作为 X(k)
N = 8;
X = fft(x,N);                          %直接调用 MATLAB 函数 fft
%计算 IFFT
xF = DIF_IFFT(X,N);                    %调用频域抽取法 IFFT 函数
xT = DIT_IFFT(X,N);                    %调用时域抽取法 IFFT 函数
xO = OnFFT_IFFT(X,N);                  %调用利用 FFT 计算 IFFT 的函数
x = ifft(X,N);                         %直接调用 MATLAB 函数 ifft
[xF xT xO x]
```

主程序 Ch4_6_2.m 运行输出结果如下：

```
[xF xT xO x] =
   1.0000                1.0000                1.0000    1.0000
   1.0000 - 0.0000i      1.0000 - 0.0000i      1.0000    1.0000
   1.0000 - 0.0000i      1.0000 - 0.0000i      1.0000    1.0000
   1.0000 - 0.0000i      1.0000 - 0.0000i      1.0000    1.0000
        0                     0                     0         0
   0.0000 + 0.0000i           0 + 0.0000i           0         0
   0.0000 + 0.0000i      0.0000 + 0.0000i      0.0000    0.0000
        0 + 0.0000i      0.0000 + 0.0000i           0         0
```

可以看出：

(1) 不同 IFFT 函数的计算结果是一致的，±0.0000 是计算精度造成的，小于 10^{-15}，可以忽略；

(2) 计算结果前四个值对应原始序列 $x(n)=R_4(n)$，后四个值为 0，这表明序列 $x(n)$ 补零后与 $X(k)$ 构成快速傅里叶变换对。

4.6.3 实序列的 FFT 计算仿真

例 4.6.3 设实序列 $x(n)=[8\quad 7\quad 6\quad 5\quad 4\quad 3\quad 2\quad 1]'$，采用 MATLAB 编程计算 $N=8$ 点 FFT。根据实序列 DFT 的共轭对称性，转化为两个 $N/2$ 点 FFT 和蝶形运算进行计算，并与直接计算 FFT 进行对比。

解：

```
%主程序 Ch4_6_3.m
clc;clear all
x = [8 7 6 5 4 3 2 1]';
N = 8;
%%%%%%%%%%%%%%%%%%%%%%%%%%%%%%%%%%%%%%%%%%%%%%%%%%%%%%%%%%%%%%%%%%%%%%%%%%
%1)一个 N/2 点 FFT 计算一个 N 点实序列的 FFT
%a.进行序列奇偶分解
x1 = x(1:2:N);                            %偶数序列,式(4.5.4)
x2 = x(2:2:N);                            %奇数序列,式(4.5.4)
```

```
%b.一个N/2点FFT计算两个N/2点实序列FFT
xc = x1 + j * x2;                         %合成复数序列
Xc = fft(xc,N/2);                         %计算N/2点FFT
Xc2 = conj([Xc(1);flipud(Xc(2:N/2))]);    %合成复数序列共轭的FFT
% 利用序列实虚部DFT的共轭对称性,分别得到实部和虚部的FFT
Xcep = (Xc + Xc2)/2;                      %偶数序列的FFT,式(4.5.5)
Xcop = (Xc - Xc2)/(2 * j);                %奇数序列的FFT,式(4.5.6)
%c.利用蝶形运算合成N点FFT
X = zeros(N,1);
WNk = exp( - j * 2 * pi/N * (0:N/2 - 1)');  %旋转因子
X(1:N/2) = Xcep + Xcop. * WNk;            %蝶形运算,k = 0:N/2 - 1,式(4.5.7)
X(N/2 + 1) = Xcep(1) - Xcop(1);           %k = N/2
X(N/2 + 2:N) = conj(X(N/2: - 1:2));       %共轭对称性,k = N/2 + 1:N - 1,式(4.5.8)
%%%%%%%%%%%%%%%%%%%%%%%%%%%%%%%%%%%%%%%%%%%%%%%%%%%
%2)直接计算N点FFT
Xd = fft(x,N);                            %直接调用MATLAB函数fft
[Xd X]
```

主程序Ch4_6_3.m运行输出结果如下：

```
[Xd X] =
   36.0000              36.0000
   4.0000 - 9.6569i     4.0000 - 9.6569i
   4.0000 - 4.0000i     4.0000 - 4.0000i
   4.0000 - 1.6569i     4.0000 - 1.6569i
   4.0000               4.0000
   4.0000 + 1.6569i     4.0000 + 1.6569i
   4.0000 + 4.0000i     4.0000 + 4.0000i
   4.0000 + 9.6569i     4.0000 + 9.6569i
```

可以看出：利用实序列DFT的共轭对称性进行编程计算FFT，与直接计算FFT的结果是一致的。

习题

4.1 如果一台通用计算机的速度为平均每次复乘需要100μs，计算复加需要20μs，现用于计算$N=1024$点DFT，试问直接计算需要多少时间？用FFT算法需要多少时间？

4.2 如果通用计算机的速度为平均每次复乘需要5μs，计算复加需要1μs，计算$N=512$点DFT时：

(1) 直接计算需要多少时间？用FFT算法需要多少时间？

(2) 若用FFT进行快速卷积对信号进行处理时，估算可实现实时处理的信号最高频率。

4.3 若将通用计算机换成专用DSP，如TI公司的TMS320系列，具有专门乘法指令和硬件单元用于实数乘法运算，并且实数乘法和实数加法计算时间相同，假定均为

10ns。在不考虑DFT和FFT算法编写而耗用的辅助指令开销的情况下，试重复题4.2两个问题。

4.4 画出 $N=16$ 点时的时域抽取法基2 FFT的蝶形流图(输入位码倒序，输出自然顺序)。

4.5 画出 $N=16$ 点时的频域抽取法基2 FFT的蝶形流图(输入自然顺序，输出位码倒序)。

4.6 已知两个实序列 $x(n)$、$y(n)$ 的DFT为 $X(k)$ 和 $Y(k)$，若需从 $X(k)$、$Y(k)$ 中求 $x(n)$ 和 $y(n)$ 值，为了提高运算效率，试用一个 N 点IFFT算法依次完成。

4.7 已知 $x(n)$ 是长度为 $2N$ 点的实数序列，其离散傅里叶变换为 $X(k)=\mathrm{DFT}[x(n)]$，$0\leqslant k\leqslant 2N-1$：

(1) 试用一个 N 点FFT来计算 $2N$ 点DFT $X(k)$；

(2) 若已知 $X(k)$，试用一个 N 点IFFT来计算 $2N$ 点IDFT。

4.8 $N_1=64$ 和 $N_2=48$ 的两个复序列做线性卷积，试求：

(1) 直接计算时的乘法次数；

(2) 用基2FFT算法计算时的乘法次数。

4.9 若 $H(k)$ 是系统频率响应的 M 点采样值，为了观察更密的 N 点频率响应值，N、M 均为2的整数次方，且 $N>M$，试问如何用FFT算法来完成这个工作。

4.10 设 $x(n)$ 是长度为 M 的有限长序列，其Z变换为

$$X(z)=\mathrm{ZT}[x(n)]=\sum_{n=0}^{N-1}x(n)z^{-n}$$

若求 $X(z)$ 在单位圆上的 N 点等间隔采样值 $X(z_k)$，其中 $z_k=\mathrm{e}^{\mathrm{j}\frac{2\pi}{N}k}$，$0\leqslant k\leqslant N-1$。试问在 $N\leqslant M$ 和 $N>M$ 两种情况下，如何用 N 点FFT算法来计算全部 $X(z_k)$ 值。

第5章 数字滤波器设计基础和实现结构

滤波器的主要作用是让有用信号尽可能无衰减地通过，对无用信号尽可能大地衰减。最早使用的滤波器是1917年美国和德国科学家发明的由电感和电容构成的LC模拟滤波器，随后由电阻、电容和电感等元件组成的模拟滤波器广泛应用于各种信号处理系统中。模拟滤波器处理速度快，处理带宽宽，无需ADC和DAC器件，但稳定性及精度比较差，可重复性不强，抗干扰能力弱。数字滤波器通过对输入信号进行数值运算的方法来实现滤波，具有比模拟滤波器精度高、稳定性好、体积小、质量轻、灵活、不要求阻抗匹配，以及能实现模拟滤波器无法实现的特殊滤波功能等优点。自20世纪60年代起，数字滤波器开始在信号处理中大显身手。

在数字信号处理中，如果一个离散时间系统是用来对输入信号做滤波处理，那么该系统称为数字滤波器(DF)。一般来说，数字滤波器可分为无限长脉冲响应滤波器和有限长脉冲响应滤波器。这两种数字滤波器网络结构和设计方法差异很大，FIR数字滤波器可以对给定的频率特性直接进行设计，而IIR数字滤波器目前最通用的方法是利用成熟的模拟滤波器设计方法来进行设计。

信号处理中的数字滤波器设计与实现一般包括如下内容：①在具体的应用背景中提取出待设计数字滤波器的性能指标，并选择适当的滤波器类型；②采用相应的方法设计得到数字滤波器的系统函数或单位脉冲响应；③确定适当的数字滤波器网络结构实现形式；④通过软硬件编程实现滤波器功能。本章对数字滤波器的基本概念、性能指标以及IIR数字滤波器和FIR数字滤波器的实现结构进行介绍，IIR数字滤波器和FIR数字滤波器的具体设计方法将在第6、7章中分别介绍，软硬件实现方法将在第10章中介绍。

5.1 数字滤波器的基本概念

5.1.1 滤波的概念

在信号处理过程中，处理的信号往往混有噪声或干扰，从接收信号中消除或减弱噪声和干扰是信号传输和处理中十分重要的问题。根据有用信号和噪声的不同特性，消除或减弱噪声和干扰，提取有用信号的过程称为滤波。实现滤波功能的系统称为滤波器。

图5.1.1是滤波过程的示意图。如图所示，滤波器是可以将所需要的信号和干扰分离。例如，需要滤除声音信号中的噪声或干扰，就要设计一个合适的滤波器，它只能通过所需要的信号。但实际上，只有很少的情况中能够完全滤除噪声或干扰；大多数情况下，只能折中处理，滤除绝大多数(并非全部)噪声或干扰，同时保留尽可能多的信号成分。

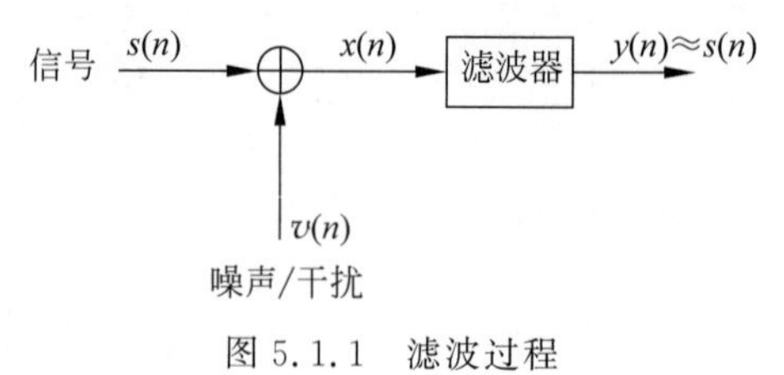

图5.1.1 滤波过程

数字滤波器是通过数值运算来实现的，一般来说，数字滤波器是线性时不变系统。因此，描述线性时不变系统的工具，如线性常系数差分方程、单位脉冲响应、系统函数、频率响应等，均可以描述数字滤波器。

1. 线性常系数差分方程

差分方程可以描述数字滤波器的输入与输出关系。若用 $x(n)$表示数字滤波器的输入信号，$y(n)$表示滤波器的输出信号，则一般意义上，数字滤波器可以用如下线性常系数差分方程来描述：

$$y(n)=\sum_{m=0}^{M}b_m x(n-m)-\sum_{m=1}^{N}a_m y(n-m) \tag{5.1.1}$$

式中：a_m 和 b_m 均为常数，并称 a_m 和 b_m 为该数字滤波器的系数。

通过设置不同的数字滤波器系数，可以从相同的输入信号 $x(n)$中得到不同的输出 $y(n)$。也就是说，数字滤波器的滤波性能由滤波器系数决定，数字滤波器设计也就是主要设计满足滤波需求的数字滤波器系数。

2. 系统函数 $H(z)$

若用 $X(z)$表示输入信号 $x(n)$的 Z 变换，用 $Y(z)$表示输出信号 $y(n)$的 Z 变换，则数字滤波器的系统函数 $H(z)$可以表示为

$$H(z)=\frac{Y(z)}{X(z)}=\frac{\sum_{m=0}^{M}b_m z^{-m}}{1+\sum_{n=1}^{N}a_n z^{-n}} \tag{5.1.2}$$

通常情况下，$N\geqslant M$。对于 IIR 滤波器来说，$H(z)$的极点个数是滤波器阶数。对于 FIR 滤波器来说，$H(z)$的零点个数是滤波器阶数。显然，IIR 滤波器的阶数为 N，FIR 滤波器的阶数为 M。滤波器阶数越高，表明滤波器的系数越多，在滤波时运算复杂度也越高。

3. 单位脉冲响应 $h(n)$

单位脉冲响应 $h(n)$是滤波器输入为单位脉冲序列 $\delta(n)$时滤波器的输出。给定数字滤波器的单位脉冲响应 $h(n)$，则滤波器的输入输出关系可以用如下卷积形式描述：

$$y(n)=x(n)*h(n)=\sum_{m=-\infty}^{\infty}h(m)x(n-m) \tag{5.1.3}$$

单位脉冲响应能够非常方便地描述数字滤波器，一方面是因为输入信号 $x(n)$可以方便地表示为多个单位脉冲序列的加权组合形式，另一方面是因为单位脉冲序列的频谱在所有频率上都是相等的。

4. 频率响应 $H(e^{j\omega})$

频率响应描述了不同频率信号通过滤波器后幅度和相位的变化情况。频率响应 $H(e^{j\omega})$是系统函数 $H(z)$在单位圆上的取值，与单位脉冲响应 $h(n)$是离散时间傅里叶

变换关系，可以表示为

$$H(e^{j\omega})=H(z)\big|_{z=e^{j\omega}}=\sum_{n=0}^{\infty}h(n)e^{-j\omega n}=|H(e^{j\omega})|e^{j\varphi(\omega)} \tag{5.1.4}$$

式中，$|H(e^{j\omega})|$表征滤波器的幅频特性；$\varphi(\omega)$表征滤波器的相频特性。

5.1.2 滤波器的分类

滤波器的种类很多，总的来说可以分成两大类，即经典滤波器和现代滤波器。经典滤波器，即选频滤波器，是假定输入信号中的有用成分和希望去除的成分各自占有不同的频带。这样，当输入信号通过一个线性系统(滤波器)后可将欲去除的成分有效地去除。如果信号和噪声的频谱相互重叠，那么经典滤波器将无能为力。现代滤波器的理论建立在随机信号处理的理论基础上，将信号和噪声都视为随机信号，利用它们的统计特征(如自相关函数、功率谱等)导出最佳的估值算法，从干扰中提取有用信号。现代滤波器理论源于维纳在20世纪40年代及其以后的工作，因此维纳滤波器便是这一类滤波器的典型代表。此外还有卡尔曼滤波器、线性预测器、自适应滤波器等。本书只讨论经典滤波器。

根据滤波功能不同，可以将经典滤波器分为低通(LP)、高通(HP)、带通(BP)、带阻(BS)滤波器。这些理想数字滤波器的幅频特性曲线如图5.1.2所示。值得指出的是，由于理想滤波器的单位脉冲响应均是非因果且是无限长的，因此是不可能实现的。在实际工作中，要求设计的滤波器必须是物理可实现且稳定的，只能尽可能逼近理想滤波器。此时，这些理想滤波器可作为逼近的标准。另外需要注意的是，数字滤波器的幅频特性是以2π为周期的，在$0\sim2\pi$的频率范围内，$\omega=0$是零频率，而$\omega=\pi$是最高频率。

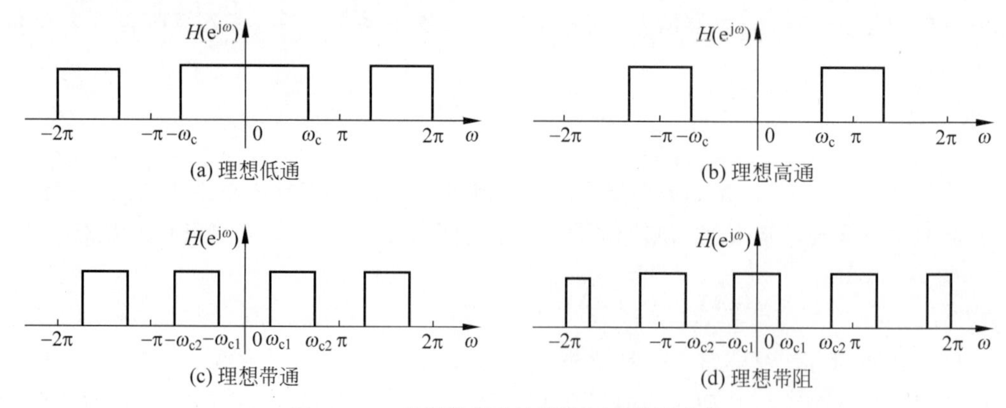

图5.1.2 理想数字滤波器的幅频特性曲线

从实现的网络结构上考虑，可以将数字滤波器分成IIR数字滤波器和FIR数字滤波器。

IIR数字滤波器指其单位脉冲响应$h(n)$是无限长的，对于一个因果IIR数字滤波器来说，其单位脉冲响应$h(n)$取值范围为$n\geqslant0$。

IIR 数字滤波器的系统函数可用式(5.1.2)表示，一般是一个关于 z^{-1} 的有理分式。根据式(5.1.1)，滤波器 n 时刻的输出 $y(n)$ 不仅与 n 时刻的输入 $x(n)$ 以及 n 时刻以前的输入信号 $x(n-1),x(n-2),\cdots,x(n-M)$ 等有关，还与 n 时刻以前的输出信号 $y(n-1),y(n-2),\cdots,y(n-N)$ 等有关。其结构上存在反馈支路，属于递归型结构。

而 FIR 数字滤波器指其单位脉冲响应 $h(n)$ 是有限长的，即 $h(n)$ 只在某一有限的时间段内的取值是不为 0 的，在这一时间段之外的取值全为 0。

FIR 数字滤波器的系统函数可以表示为一个关于 z^{-1} 的多项式，即式(5.1.2)中 $a_m=0$，其差分方程可以表示为

$$y(n)=\sum_{m=0}^{M} b_m x(n-m) \tag{5.1.5}$$

从式(5.1.5)可以看出，滤波器 n 时刻的输出 $y(n)$ 只与 n 时刻的输入 $x(n)$ 以及 n 时刻以前的输入信号 $x(n-1),x(n-2),\cdots,x(n-M)$ 等有关。其结构上不存在反馈支路，属于非递归型结构。对于 FIR 数字滤波器来说，式(5.1.5)中 b_m 对应于滤波器的单位脉冲响应 $h(n)$ 的系数。

5.1.3 数字滤波器的技术指标

滤波器设计首先需要根据具体的应用背景确定待设计数字滤波器的技术指标。数字滤波器的技术指标一般可以用幅频特性和相频特性指标来给出。设数字滤波器的频率响应为

$$H(\mathrm{e}^{\mathrm{j}\omega})=|H(\mathrm{e}^{\mathrm{j}\omega})|\mathrm{e}^{\mathrm{j}\varphi(\omega)} \tag{5.1.6}$$

式中：$|H(\mathrm{e}^{\mathrm{j}\omega})|$ 表征幅频特性，$\varphi(\omega)$ 表征相频特性。

幅频特性表示信号通过该滤波器后各频率成分衰减情况，而相频特性反映了各频率成分通过滤波器后在时间上的延时情况。因此，即使两个滤波器幅频特性相同，而相频特性不一样，对相同的输入，滤波器输出的信号波形也是不一样的。

1. 幅频特性指标

一个实际数字低通滤波器的幅频特性及技术指标如图 5.1.3 所示。与图 5.1.2(a)所示的理想低通滤波器相比可以看出，实际的滤波器有明显的不同：一是通带和阻带内不再平坦，都存在一定的波动；二是在通带和阻带之间的切换不再是直线下降的而是有一个过渡带，幅频特性逐步从大变小。这是因为理想低通滤波器的幅频特性从通带到阻带之间有突变，将导致其物理上是不可实现的。为了物理上可实现，实际设计的滤波器在通带与阻带之间应有一定宽度的过渡带，以便允许幅频特性平滑地下降。同时，通带和阻带内不可能严格为 1 或 0，应允许有一定的偏差，容许偏差的极限称为容限。

如图 5.1.3 所示，频段 $[0,\omega_{\mathrm{p}}]$ 称为通带，ω_{p} 称为通带截止频率，δ_{p} 称为通带容限，在通带内幅频特性要求为

$$1-\delta_{\mathrm{p}}<|H(\mathrm{e}^{\mathrm{j}\omega})|\leqslant 1+\delta_{\mathrm{p}},\quad |\omega|\leqslant\omega_{\mathrm{p}} \tag{5.1.7}$$

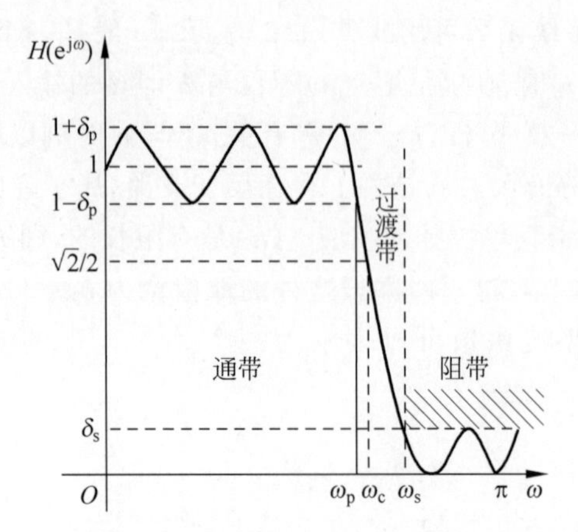

图 5.1.3 数字低通滤波器的幅频特性曲线及技术指标

频段$[\omega_s,\pi]$称为阻带，ω_s 称为阻带截止频率，δ_s 称为阻带容限，在阻带内幅频特性要求为

$$|H(e^{j\omega})|\leqslant\delta_s,\quad \omega_s\leqslant|\omega|\leqslant\pi \tag{5.1.8}$$

通带容限 δ_p 和阻带容限 δ_s 描述了通带和阻带内幅频特性的波动程度。在工程应用中，这两个参数常用其 dB(分贝)值来描述，通带内允许的最大衰减用 α_p 表示，阻带内允许的最小衰减用 α_s 表示，即

$$\alpha_p=20\lg\frac{|H(e^{j0})|}{|H(e^{j\omega_p})|}=-20\lg|H(e^{j\omega_p})|=-20\lg(1-\delta_p)(\text{dB}) \tag{5.1.9}$$

$$\alpha_s=20\lg\frac{|H(e^{j0})|}{|H(e^{j\omega_s})|}=-20\lg|H(e^{j\omega_s})|=-20\lg\delta_s(\text{dB}) \tag{5.1.10}$$

式中均假定$|H(e^{j0})|$归一化为 1。

特别地，当$|H(e^{j\omega_c})|=\sqrt{2}/2$ 时，其对应的衰减值为

$$\alpha_c=20\lg\frac{|H(e^{j0})|}{|H(e^{j\omega_c})|}=-20\lg|H(e^{j\omega_c})|=-20\lg\left(\frac{\sqrt{2}}{2}\right)=3(\text{dB}) \tag{5.1.11}$$

因此，称频率 ω_c 为 3dB 截止频率。

图 5.1.4 画出了同一滤波器的幅频特性绝对值和相对值(dB 值)曲线。一般来说，在工程应用中通常要求 $\alpha_s>40$dB，即对噪声、干扰等无用信号的抑制作用要大于 40dB，此时对应的幅频特性绝对值小于 0.01。显然，此时图 5.1.4(a)中显示的幅频特性绝对值曲线不便于观察阻带响应曲线(近似与零值坐标轴重合)，而图 5.1.4(b)清楚地显示出阻带−40dB 以下的响应曲线，这样便于观察和描述滤波器频率响应特性。所以，在后面的滤波器设计中常用幅频特性的衰减 dB 值描述设计指标。

频段$[\omega_p,\omega_s]$称为过渡带，$\Delta\omega=\omega_s-\omega_p$ 表示过渡带宽，在这个过渡带内幅频特性平滑地从通带下降到阻带。对比理想滤波器，从理论上来说过渡带越窄越好。但从后续两章中 IIR 和 FIR 数字滤波器设计过程中可以看出，当通带和阻带指标不变时，过渡带越窄，要求的滤波器阶数越高，付出的代价也越高。

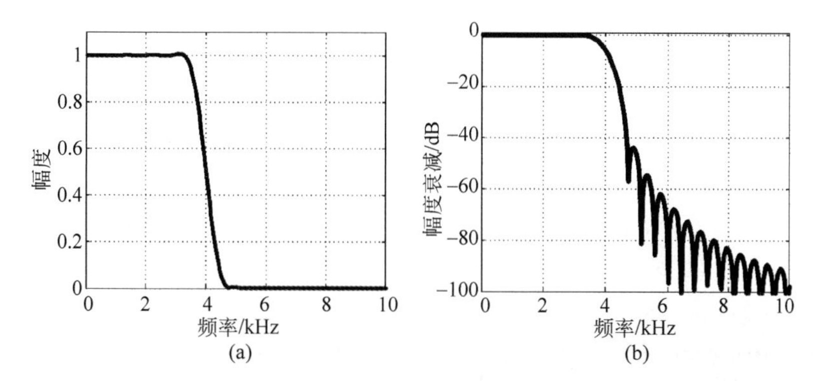

图 5.1.4 幅频特性和幅度衰减(dB)曲线的对比

2. 相频特性指标

根据式(5.1.6),数字滤波器的相频特性可以表示为

$$\varphi(\omega)=\arg[H(\mathrm{e}^{\mathrm{j}\omega})] \tag{5.1.12}$$

式中：arg[·]表示取相位操作。

数字滤波器的相频特性表征了输入信号各频率成分通过滤波器后在时间上的延时情况。一般来说,如果滤波器用于对相位要求不敏感的场合时,如语音通信等,设计滤波器可以只考虑幅频特性。而对于一些对输出波形有要求的应用场景,如波形传输、图像信号处理等,必须要同时考虑幅频和相频特性。此时,要求设计的滤波器除了具有所期望的幅频特性外,还应具有线性相位。关于线性相位的相关内容将在第7章中详细介绍。

5.1.4 数字滤波器的网络结构

由式(5.1.1)可知,数字滤波器可以由延时器、加法器和乘法器三种基本运算单元通过一定的运算结构来实现,一般用方框图法和信号流图法描述。如图5.1.5(a)为三种基本运算单元的方框图,图5.1.5(b)为三种基本运算单元的信号流图。两种表示方法本质上是等效的,只是符号上有差异,用方框图表示较为明显直观,用信号流图表示则更加简单方便。这种用信号流图来表示的运算结构称为数字滤波器网络结构。

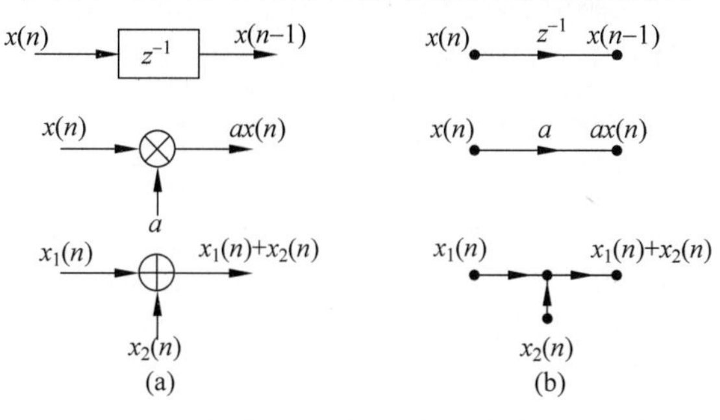

图 5.1.5 三种基本运算单元的方框图和信号流图

信号流图由节点和有向支路组成。在图5.1.5(b)的信号流图中,圆点表示节点,每个节点连接的有输入支路和输出支路,支路上的箭头表示信号流动方向。写在箭头旁边的 z^{-1} 或系数 a 称为支路增益,如果箭头旁边没有标明增益符号,则表示支路增益是1。没有输入箭头的节点称为源节点或输入节点;没有输出箭头或输出箭头不指向其他节点的节点称为输出节点。每个节点表示一个信号,节点处的信号称为节点变量,每个节点可以同时含有几条输入支路和几条输出支路,节点变量等于所有输入支路信号之和。因此,整个运算结构完全可用三种基本运算支路组成。

根据信号流图可以求数字滤波器的系统函数,先列出各个节点变量方程,再进行Z变换,联立求解方程组,求出输入与输出之间的 z 域关系,得到系统函数。

例5.1.1 试求图5.1.6(a)中信号流图代表的系统函数 $H(z)$。

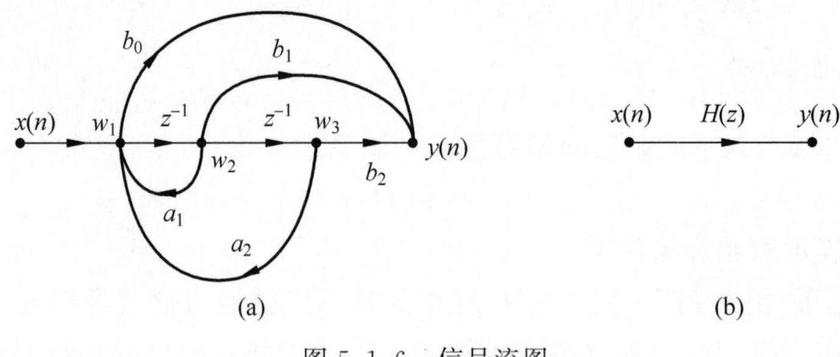

图5.1.6 信号流图

解:由于节点变量等于所有输入支路信号之和,依图5.1.6(a)可列出各节点变量方程为

$$\begin{cases} w_1(n)=x(n)+a_1w_2(n)+a_2w_3(n) \\ w_2(n)=w_1(n-1) \\ w_3(n)=w_2(n-1) \\ y(n)=b_0w_1(n)+b_1w_2(n)+b_2w_3(n) \end{cases}$$

将上式进行Z变换,得到

$$\begin{cases} W_1(z)=X(z)+a_1W_2(z)+a_2W_3(z) \\ W_2(z)=z^{-1}W_1(z) \\ W_3(z)=z^{-1}W_2(z) \\ Y(z)=b_0W_1(z)+b_1W_2(z)+b_2W_3(z) \end{cases}$$

将上式进行联立求解,得到

$$Y(z)=\frac{b_0+b_1z^{-1}+b_2z^{-2}}{1-a_1z^{-1}-a_2z^{-2}}X(z)$$

因此,得到系统函数为

$$H(z)=\frac{Y(z)}{X(z)}=\frac{b_0+b_1z^{-1}+b_2z^{-2}}{1-a_1z^{-1}-a_2z^{-2}}$$

若图5.1.6(b)中支路增益 $H(z)$ 就是上式求得的系统函数,则图5.1.6(b)是该系统

的另一种信号流图形式。然而，由于图5.1.6(b)中支路增益并不是z^{-1}或系数a，也就是说并不是对应于基本的运算单元，不能直接得到一种具体实现结构。

不同的信号流图代表不同的运算方式，而对于同一个系统函数$H(z)$或差分方程，可以有很多种信号流图与之相对应。可以将式(5.1.1)的差分方程变换成各种不同的形式，或等效地将式(5.1.2)中系统函数的分式形式变换成各种分式的组合。例如：

$$H_1(z)=\frac{8-4z^{-1}+11z^{-2}-2z^{-3}}{1-\frac{5}{4}z^{-1}+\frac{3}{4}z^{-2}-\frac{1}{8}z^{-3}}$$

$$H_2(z)=\frac{(2-0.379z^{-1})(4-1.24z^{-1}+5.264z^{-2})}{(1-0.25z^{-1})(1-z^{-1}+0.5z^{-2})}$$

$$H_3(z)=16+\frac{8}{1-0.5z^{-1}}+\frac{-16+20z^{-1}}{1-z^{-1}+0.5z^{-2}}$$

可以验证$H_1(z)=H_2(z)=H_3(z)$，即以上三种形式对应于同一个系统函数。理论上，它们应该具有相同的运算结果，但每种都有不同的运算方式，每种不同的运算方式都对应不同的信号流图，即不同网络结构。当然，这些网络结构的基本单元仍然为延时器、加法器和常数乘法器。

然而，实际上不同的滤波器网络结构会对系统的计算复杂度、运算误差、稳定性、存储量等重要性能产生不同影响：

(1) 计算复杂度。不同的网络结构对乘法、加法等计算的次数需求是不一样的。计算复杂度会影响计算速度。

(2) 运算误差。由于有限字长效应，输入与输出信号、系统参数、中间计算结果都受到二进制编码长度限制，从而产生各种量化(有限字长)效应导致的误差。不同的网络结构对有限字长效应的敏感程度是不同的。

(3) 稳定性。不同的网络结构中，频率响应调节，特别是零点、极点调节的方便程度也是不一样的。

(4) 存储量。不同的网络结构对于系统参数、输入信号、中间计算结果以及输出信号的存储量要求也是不一样的。

因此，对滤波器网络结构的研究对于数字滤波器设计与实现是非常重要和有意义的。下面分别针对IIR数字滤波器和FIR数字滤波器的实现结构进行讨论。

5.2 IIR数字滤波器实现结构

IIR数字滤波器网络结构的特点是信号流图中存在输出到输入的反馈支路。其基本网络结构有以下三种：

(1) 直接型：在这种网络结构中，按照式(5.1.1)的差分方程直接予以实现。这种滤波器网络结构可分为零点部分和极点部分(或等效为系统函数$H(z)$的分子和分母部分)。因此，根据两部分运算的先后次序，有两种实现形式，即直接Ⅰ型和直接Ⅱ型网络结构。直接Ⅱ型比直接Ⅰ型节省延时单元，通常 IIR 数字滤波器的直接型是指直接Ⅱ型结构。

(2) 级联型：分别把系统函数 $H(z)$ 的分子分母因式分解，使之成为一阶或二阶子系统的乘积，即 $H(z)=H_1(z)H_2(z)\cdots H_M(z)$，其中 $H_i(z)(i=1,2,\cdots,M)$ 是一阶或二阶子系统。每个子系统都以直接型网络结构实现，整个系统函数由一阶或二阶子系统的级联结构实现。

(3) 并联型：把系统函数 $H(z)$ 用部分分式展开，使之成为一阶或二阶子系统的和，即 $H(z)=H_1(z)+H_2(z)+\cdots+H_M(z)$，其中 $H_i(z)(i=1,2,\cdots,M)$ 是一阶或二阶子系统。每个子系统用直接型网络结构实现，整个系统函数由一阶或二阶子系统的并联结构实现。

5.2.1 IIR 直接型网络结构

1. 直接Ⅰ型网络结构

将 N 阶差分方程重写为

$$y(n)=\sum_{k=0}^{M}b_k x(n-k)-\sum_{k=1}^{N}a_k y(n-k) \tag{5.2.1}$$

为了简化讨论，设 $M=N=2$，其系统函数为

$$H(z)=\sum_{k=0}^{2}b_k z^{-k}\ \frac{1}{1+\sum_{k=1}^{2}a_k z^{-k}}=H_1(z)H_2(z) \tag{5.2.2}$$

按照差分方程可以直接画出网络结构，如图 5.2.1(a)所示，这种信号流图称为直接Ⅰ型网络结构。图中先实现系统的零点，对应 $H(z)$ 的分子部分，用 $H_1(z)$ 表示，后实现系统的极点，对应 $H(z)$ 的分母部分，用 $H_2(z)$ 表示，然后把两部分级联起来，即 $H(z)=H_1(z)H_2(z)$。需要注意的是，$H_2(z)$ 是反馈结构，各支路的增益应是 $-a_k$。

2. 直接Ⅱ型网络结构

一个线性时不变系统，若交换其级联子系统的次序，系统函数是不变的。也就是说，总的输入与输出关系不改变，即 $H(z)=H_2(z)H_1(z)$。按照这种思路，将图 5.2.1(a)中两部分流图交换位置，如图 5.2.1(b)所示。该图中节点变量 $\boldsymbol{w}_1=\boldsymbol{w}_2$，因此前后两部分的延时支路可以合并，形成如图 5.2.1(c)所示的网络结构流图，将图 5.2.1(c)所示的这类流图称为直接Ⅱ型网络结构。注意，从输入与输出的观点看，这两种直接型网络结构是等价的，但在内部它们的信号是不同的。由于直接Ⅱ型比直接Ⅰ型节省延时单元，用硬件实现可节省寄存器，用软件实现可节省存储单元。因此，通常 IIR 的直接型是指直接Ⅱ型结构。

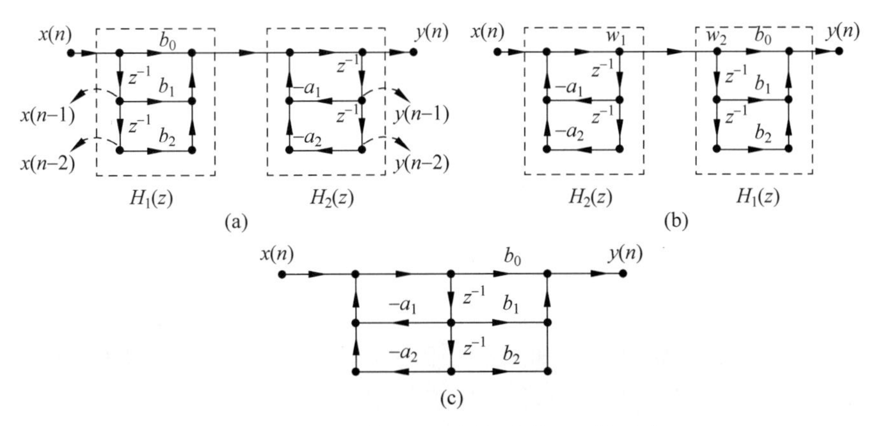

图 5.2.1 IIR 数字滤波器的直接型网络结构

例 5.2.1 设某 IIR 数字滤波器的系统函数为

$$H(z)=\frac{3+\frac{5}{3}z^{-1}+\frac{2}{3}z^{-2}}{1+\frac{1}{6}z^{-1}+\frac{1}{3}z^{-2}-\frac{1}{6}z^{-3}}$$

画出该滤波器的直接Ⅱ型网络结构。

解：按照 $H(z)$表达式，先画分母部分，再画分子部分，直接画出直接Ⅱ型网络结构，如图 5.2.2 所示。

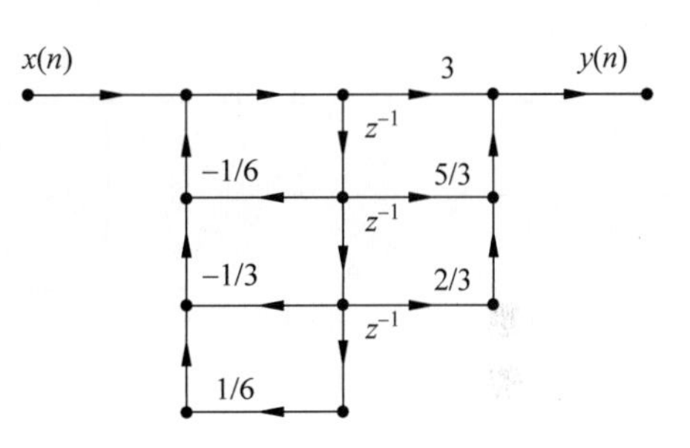

图 5.2.2 例 5.2.1 滤波器的直接Ⅱ型网络结构

3. IIR 直接型网络结构特点

(1) 直接Ⅱ型网络结构所需延时单元少。N 阶差分方程共需 N 个延时单元，这是 N 阶滤波器所需的最少延时单元。

(2) 直接型结构中反馈环路是联接在一起的，如果计算有误差，这些误差容易通过反馈进行积累，因此误差较大。

(3) 直接型结构不易调整零点、极点位置。滤波器特性取决于系统零极点的分布，而极点取决于系统函数分母部分的系数。只要调整其中一个系数，多个极点位置都会变化。类似地，系统函数分子部分的系数决定其零点位置，只要调整其中分子部分的一个系数，多个零点位置都会变化。这导致直接型网络结构不容易进行调试，因而一般只用一阶或者二阶结构。对于更高阶的，可以用下面的级联型和并联型网络结构。

5.2.2 IIR 级联型网络结构

在 IIR 级联型网络结构中，对 $H(z)$的分子、分母多项式分别进行因式分解，将

$H(z)$分解为零、极点形式，即：

$$H(z)=\frac{\sum_{k=0}^{M} b_k z^{-k}}{1+\sum_{k=1}^{N} a_k z^{-k}}=A\frac{\prod_{k=1}^{M}(1-c_k z^{-1})}{\prod_{k=1}^{N}(1-d_k z^{-1})} \tag{5.2.3}$$

式中，A 是常数；c_k 和 d_k 分别表示零点和极点。

由于多项式的系数是实数，c_k 和 d_k 是实数或者是共轭成对的复数。因此，可以将实零点、实极点放在一起构成一个实系数的一阶因子，而将共轭成对的零点（极点）放在一起构成一个实系数的二阶因子。如果把一阶因子看作二阶因子的特例，则系统函数 $H(z)$可以分解成多个实系数二阶节网络的乘积（级联）形式，即

$$H(z)=A\prod_{i=1}^{j}\frac{\beta_{0i}+\beta_{1i}z^{-1}+\beta_{2i}z^{-2}}{1+\alpha_{1i}z^{-1}+\alpha_{2i}z^{-2}}=A\prod_{i=1}^{j}H_i(z) \tag{5.2.4}$$

式中，β_{0i}、β_{1i}、β_{2i}、α_{1i} 和 α_{2i} 为实数。

每个 $H_i(z)$可以由一阶或二阶网络实现，其网络结构均采用前面介绍的直接Ⅱ型结构，则可以得到系统函数 $H(z)$的级联型网络结构，如图 5.2.3 所示。

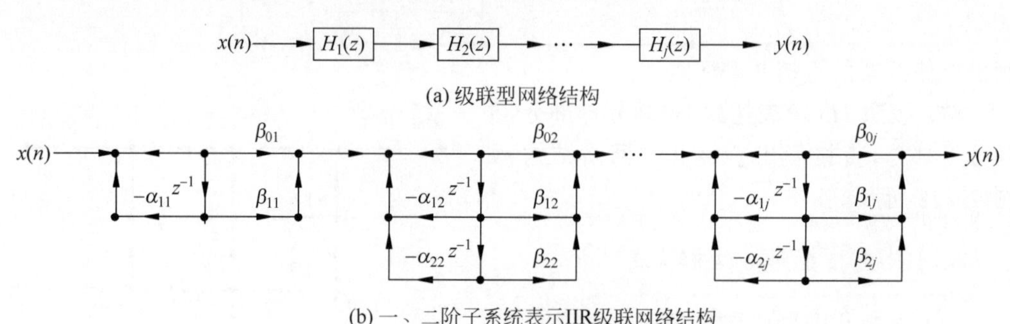

图 5.2.3 IIR 滤波器的级联型网络结构

例 5.2.2 设某 IIR 数字滤波器的系统函数为

$$H(z)=\frac{3+\frac{5}{3}z^{-1}+\frac{2}{3}z^{-2}}{1+\frac{1}{6}z^{-1}+\frac{1}{3}z^{-2}-\frac{1}{6}z^{-3}}$$

试画出其级联型网络结构。

解：将 $H(z)$的分子、分母进行因式分解，得到如下实系数一阶、二阶子系统的乘积形式，即

$$H(z)=\frac{1}{1-\frac{1}{3}z^{-1}}\cdot\frac{3+\frac{5}{3}z^{-1}+\frac{2}{3}z^{-2}}{1+\frac{1}{2}z^{-1}+\frac{1}{2}z^{-2}}$$

为减少单位延迟的数目，将一阶的分子、分母多项式组成一个一阶网络，二阶的分子、分母多项式组成一个二阶网络，画出级联型网络结构流图，如图 5.2.4 所示。

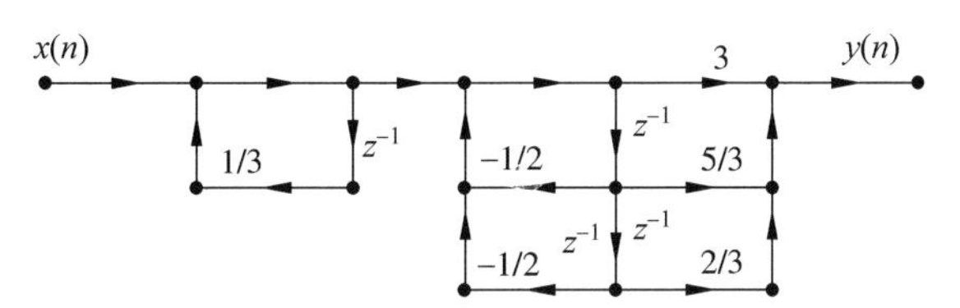

图 5.2.4 例 5.2.2 滤波器的级联型网络结构

IIR 级联型网络结构具有以下特点：

(1) 零极点调整方便。级联型网络结构中每个一阶网络决定一个零点、一个极点，每个二阶网络决定一对零点、一对极点。在式(5.2.4)中，调整 β_{0i}、β_{1i} 和 β_{2i} 可以改变一对零点的位置，调整 α_{1i} 和 α_{2i} 可以改变一对极点的位置。因此，相对直接型网络结构，调整零极点更为方便。

(2) 运算误差积累相对直接型更小。由于网络级联，使得有限字长造成的系数量化误差、运算误差等仍会逐级积累。但级联型网络结构中后面的网络输出不会再输入到前面网络，运算误差的积累相对直接型要小。因此，可以针对运算误差的积累优化设计最优级联的次序。

5.2.3 IIR 并联型网络结构

在 IIR 并联型网络结构中，将系统函数 $H(z)$展开成部分分式之和的形式，每个部分分式都是一个实系数的一阶或二阶节网络(有时可能会有常数项)，可得到 IIR 数字滤波器的并联型网络结构，即

$$H(z)=\frac{\sum_{k=0}^{M} b_k z^{-k}}{1+\sum_{k=1}^{N} a_k z^{-k}}=A\sum_{i=1}^{j}\frac{\beta_{0i}+\beta_{1i}z^{-1}}{1+\alpha_{1i}z^{-1}+\alpha_{2i}z^{-2}}=A\sum_{i=1}^{j}H_i(z) \tag{5.2.5}$$

式中，A 为常数，β_{0i}、β_{1i}、α_{1i} 和 α_{2i} 为实数。

每个 $H_i(z)$的网络结构采用直接Ⅱ型网络结构，则可以得到系统函数 $H(z)$的并联型网络结构，如图 5.2.5 所示。

例 5.2.3 设某 3 阶 IIR 数字滤波器的系统函数为

$$H(z)=\frac{3+\frac{5}{3}z^{-1}+\frac{2}{3}z^{-2}}{1+\frac{1}{6}z^{-1}+\frac{1}{3}z^{-2}-\frac{1}{6}z^{-3}}$$

试画出其并联型网络结构。

解：将 $H(z)$进行部分分式展开，可以写成实系数一阶、二阶子系统之和的形式，即

$$H(z)=16+\frac{8}{1-0.5z^{-1}}+\frac{-16+20z^{-1}}{1-z^{-1}+0.5z^{-2}}$$

将每一部分用直接型网络结构实现，其并联型网络结构如图 5.2.6 所示。

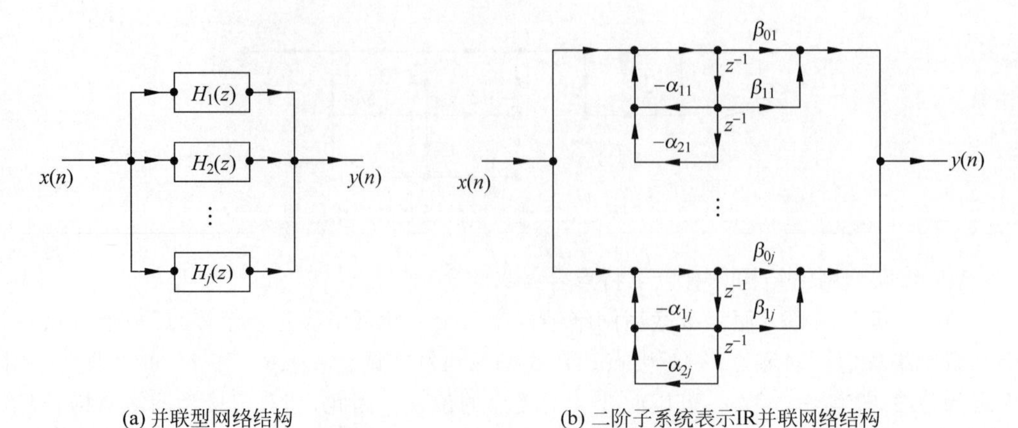

(a) 并联型网络结构　　(b) 二阶子系统表示IR并联网络结构

图 5.2.5　IIR 滤波器的并联型网络结构

IIR 并联型网络结构具有以下特点：

(1) 极点调整方便，零点调整不方便。在并联型网络结构中，每个一阶网络决定一个实数极点，每个二阶网络决定一对共轭极点，因此调整极点位置方便。但调整零点位置不如级联型方便，这是因为在并联型网络结构中，每个一阶或二阶子系统的分子部分并不能决定零点，因此无法通过调整分子系数改变零点的位置。

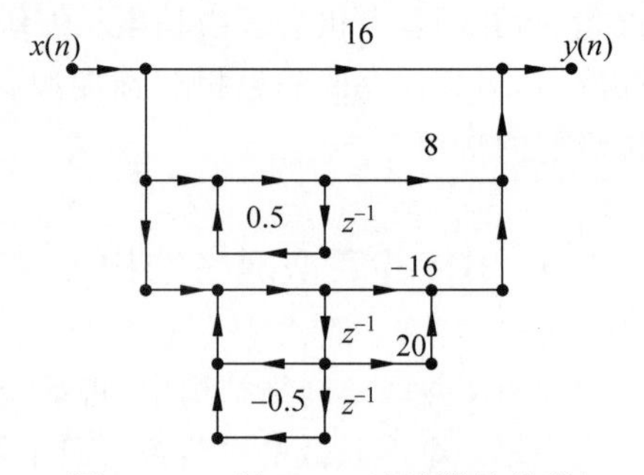

图 5.2.6　例 5.2.3 滤波器的并联型网络结构

(2) 没有误差积累，运算误差最小。各个子网络是并联的，产生的运算误差互不影响，不同于直接型和级联型网络结构那样有误差积累。因此，并联型网络结构运算误差最小。

(3) 运算速度最高。由于各个子网络并联，可同时对输入信号进行运算，因此并联型与直接型和级联型网络结构比较，其运算速度最高。

5.3　FIR 数字滤波器的实现结构

FIR 数字滤波器的单位脉冲响应是有限长的，即 $h(n)$在有限个值处不为 0。其网络结构上没有输出到输入的反馈，即没有反馈支路，属于非递归型结构。需要指出的是，在 FIR 数字滤波器的频率采样型结构中也包含有递归结构。

本节中主要介绍 FIR 数字滤波器的直接型、线性相位型、级联型和频率采样型网络结构。与 IIR 滤波器不同，FIR 滤波器系统函数没有极点，不能部分分式展开，因此没有并联型结构。

(1) 直接型：在这种结构中，直接按式(5.1.5)实现差分方程。

(2) 线性相位型：当 FIR 滤波器具有线性相位特性时，其单位脉冲响应具有对称性，利用这种对称关系能将乘法计算量缩减一半。

(3) 级联型：在这种结构中，将系统函数 $H(z)$ 因式分解成多个一阶或二阶子系统，使之成为多个子系统的乘积，即 $H(z)=H_1(z)H_2(z)\cdots H_M(z)$，其中 $H_i(z)(i=1,2,\cdots,M)$ 是一阶或二阶子系统。每个子系统都以直接型网络结构实现，整个系统函数由一阶或二阶子系统的级联结构实现。

(4) 频率采样型：这种结构是基于单位脉冲响应 $h(n)$ 的 DFT 导出的一种特殊并联网络结构。前面介绍的频域内插公式是 FIR 滤波器频率采样型结构的依据，该网络结构适用于后面章节中介绍的 FIR 数字滤波器的频率采样法设计。

5.3.1 FIR 直接型网络结构

设单位脉冲响应 $h(n)$ 长度为 N，其系统函数和差分方程分别为

$$H(z)=\sum_{n=0}^{N-1}h(n)z^{-n} \tag{5.3.1}$$

$$y(n)=\sum_{m=0}^{N-1}h(m)x(n-m) \tag{5.3.2}$$

按照 $H(z)$ 或者差分方程直接画出直接型网络结构如图 5.3.1 所示。由于差分方程是单位脉冲响应和输入信号的卷积，因此这种结构也称为卷积型网络结构。网络结构中延时支路相互串联，称为延时线。延时线上有 N 个抽头，分别连接乘法器，乘法器相乘的系数就是单位脉冲响应。由图 5.3.1 可知，长度为 N 的 FIR 滤波器直接型网络结构需要 $N-1$ 个单位延时器、N 个乘法器、$N-1$ 个加法器。

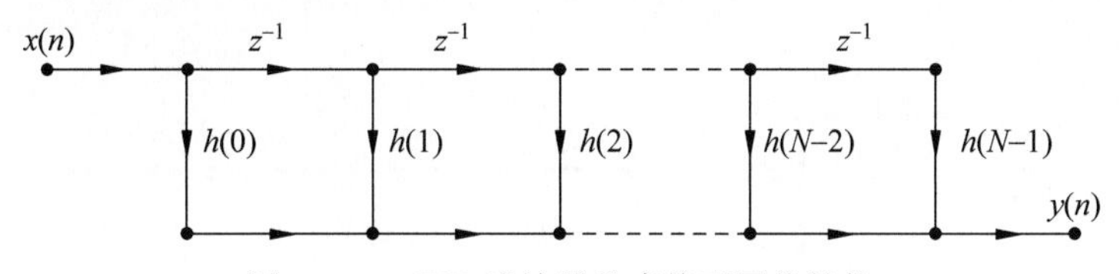

图 5.3.1 FIR 滤波器的直接型网络结构

5.3.2 FIR 线性相位结构

线性相位结构是 FIR 滤波器直接型结构的简化网络结构，特点是网络具有线性相位特性，比直接型结构节约了近一半的乘法器。能够实现严格的线性相位是 FIR 滤波器的重要优势，这对数据传输、图像处理等都是非常关键的。关于 FIR 滤波器的线性相位特性将在第 7 章中详细讨论。

第 7 章将证明，当 $h(n)$ 是实序列，且关于 $(N-1)/2$ 偶对称，即 $h(n)=h(N-n-1)$ 时，FIR 滤波器具有第一类线性相位；当 $h(n)$ 是实序列，且关于 $(N-1)/2$ 奇对称，即 $h(n)=-h(N-n-1)$ 时，FIR 滤波器具有第二类线性相位。

当 N 为偶数，将 $h(n)=\pm h(N-n-1)$ 代入 $H(z)$ 的表达式中，可得

$$H(z)=\sum_{n=0}^{N/2-1}h(n)[z^{-n}\pm z^{-(N-n-1)}] \tag{5.3.3}$$

式中,"+"代表第一类线性相位;"−"代表第二类线性相位。

同理,当 N 为奇数,将 $h(n)=\pm h(N-n-1)$ 代入 $H(z)$ 的表达式中,可得

$$H(z)=\sum_{n=0}^{(N-1)/2-1}h(n)[z^{-n}\pm z^{-(N-n-1)}]+h\left(\frac{N-1}{2}\right)z^{-\frac{N-1}{2}} \tag{5.3.4}$$

按照式(5.3.3)和式(5.3.4)可以分别画出 N 为偶数和奇数时 FIR 滤波器的直接型结构,就是线性相位结构。FIR 滤波器的直接型网络结构如图 5.3.1 所示,图中共需要 N 个乘法器。但对于线性相位 FIR 滤波器,当 N 为偶数时,按照式(5.3.3)仅需要 $N/2$ 次乘法,节约了一半乘法器;当 N 为奇数,按照式(5.3.4),则需要$(N+1)/2$ 个乘法器,也节约了近一半乘法器。特别地,当 FIR 滤波器具有第二类线性相位,即 $h(n)=-h(N-n-1)$时,若 N 为奇数,则 $h\left(\frac{N-1}{2}\right)=0$,此时仅需要$(N+1)/2-1$ 个乘法器。

下面举例说明:

当 $h(n)$是实序列,且关于$(N-1)/2$ 偶对称,即 $h(n)=h(N-n-1)$时,假设 $N=4$,则 $h(0)=h(3)$,$h(1)=h(2)$,代入式(5.3.3),可得

$$\begin{aligned}H(z)&=\sum_{n=0}^{1}h(n)[z^{-n}+z^{-(3-n)}]\\&=h(0)[1+z^{-3}]+h(1)[z^{-1}+z^{-2}]\end{aligned} \tag{5.3.5}$$

按照式(5.3.5)画出网络结构如图 5.3.2(a)所示,它的直接型网络结构如图 5.3.2(b)所示。

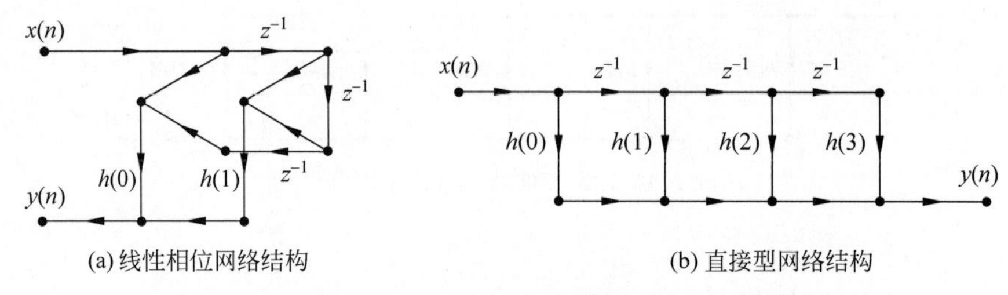

图 5.3.2 第一类线性相位网络结构($N=4$)

假设 $N=5$,则 $h(0)=h(4)$,$h(1)=h(3)$,代入式(5.3.4),可得

$$\begin{aligned}H(z)&=\sum_{n=0}^{1}h(n)[z^{-n}+z^{-(4-n)}]+h(2)z^{-2}\\&=h(0)[1+z^{-4}]+h(1)[z^{-1}+z^{-3}]+h(2)z^{-2}\end{aligned} \tag{5.3.6}$$

按照式(5.3.6)画出网络结构如图 5.3.3(a)所示,它的直接型网络结构如图 5.3.3(b)所示。

同理,当 $h(n)$是实序列,且关于$(N-1)/2$ 奇对称,即 $h(n)=-h(N-n-1)$时,假设 $N=4$,则 $h(0)=-h(3)$,$h(1)=-h(2)$,代入式(5.3.3),可得

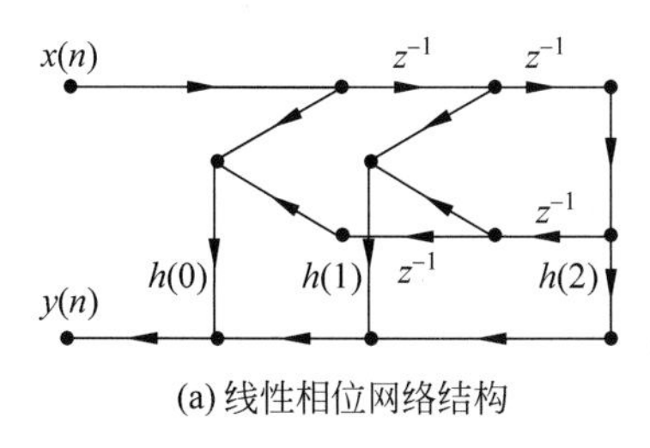

(a) 线性相位网络结构

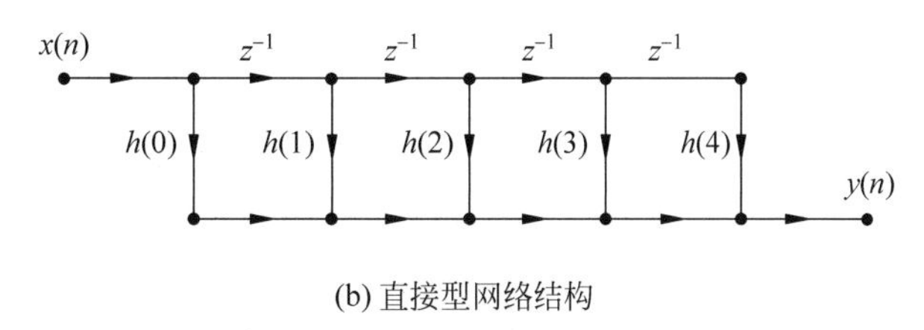

(b) 直接型网络结构

图 5.3.3 第一类线性相位网络结构($N=5$)

$$H(z)=\sum_{n=0}^{1}h(n)[z^{-n}-z^{-(3-n)}]$$

$$=h(0)[1-z^{-3}]+h(1)[z^{-1}-z^{-2}] \tag{5.3.7}$$

按照式(5.3.7)画出网络结构如图 5.3.4(a)所示。

假设 $N=5$,则 $h(0)=-h(4)$,$h(1)=-h(3)$,代入式(5.3.4),可得

$$H(z)=\sum_{n=0}^{1}h(n)[z^{-n}-z^{-(4-n)}]$$

$$=h(0)[1-z^{-4}]+h(1)[z^{-1}-z^{-3}] \tag{5.3.8}$$

注意:$h(2)=0$,因此 $N=5$ 时的线性相位网络结构如图 5.3.4(b)所示。

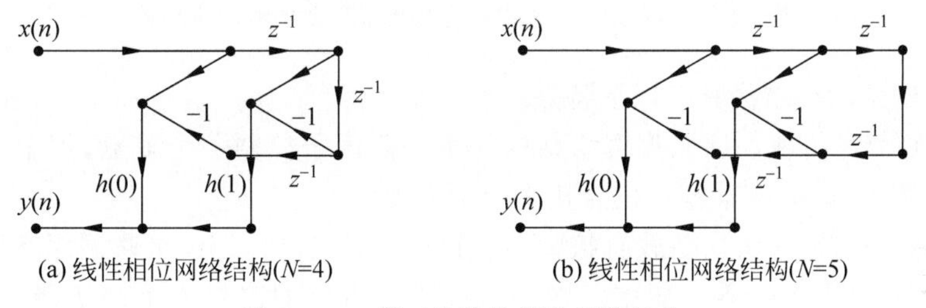

图 5.3.4 第二类线性相位网络结构

5.3.3 FIR 级联型网络结构

对系统函数 $H(z)$进行因式分解,并将实零点构成一个实系数的一阶子系统,而将共轭成对的零点放在一起构成一个实系数的二阶子系统。若把一阶子系统看作二阶子系统的特例,则系统函数 $H(z)$可以分解成多个实系数二阶子系统的乘积(级联)形式,即

$$H(z)=\sum_{n=0}^{N-1}h(n)z^{-n}=\prod_{i=1}^{j}(\beta_{0i}+\beta_{1i}z^{-1}+\beta_{2i}z^{-2}) \tag{5.3.9}$$

由式(5.3.9)可以得到 FIR 系统的级联型网络结构,其中每个因式都用直接型网络结构实现,如图 5.3.5 所示。

例 5.3.1 设 FIR 数字滤波器系统函数为

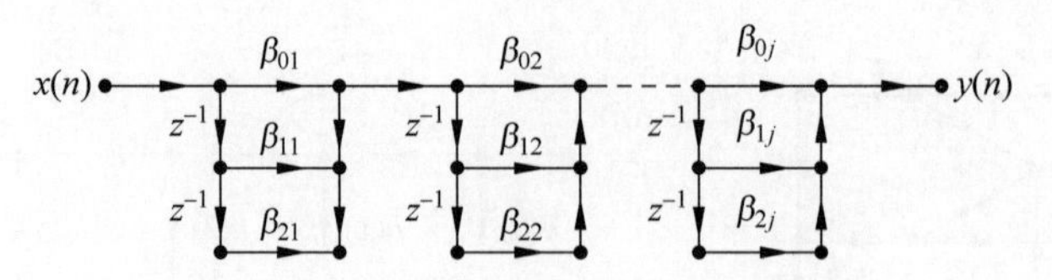

图 5.3.5　FIR 滤波器的级联型网络结构

$$H(z)=0.96+2.0z^{-1}+2.8z^{-2}+1.5z^{-3}$$

画出 $H(z)$的直接型网络结构和级联型网络结构。

解：将 $H(z)$进行因式分解，得到

$$H(z)=(0.6+0.5z^{-1})(1.6+2z^{-1}+3z^{-2})$$

其级联型网络结构和直接型网络结构如图 5.3.6 所示。

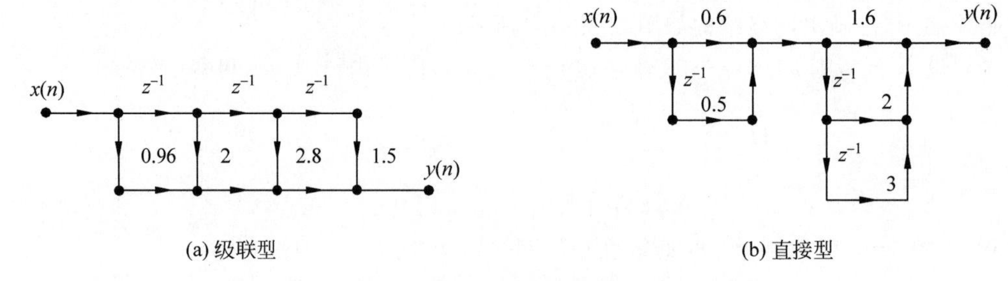

图 5.3.6　例 5.3.1 滤波器的级联型和直接型网络结构

FIR 级联型网络结构具有以下特点。

(1) 零点调整方便。级联型网络结构每个一阶因子控制一个零点，每个二阶因子控制一对共轭零点，因此调整零点位置比直接型方便。

(2) 级联型所需乘法次数较直接型多。按照式(5.3.9)，FIR 级联型网络结构中系数比直接型多，因而需要的乘法器多。在例 5.3.1 中直接型需要 4 个乘法器，而级联型则需要 5 个乘法器，分解的因子越多，需要的乘法器也越多。

5.3.4　频率采样型网络结构

由频率采样定理可知，对有限长序列 $h(n)$的 Z 变换 $H(z)$在单位圆上做 N 点的等间隔采样，可得频率采样序列 $H(k)$，$H(k)$的 IDFT 所对应的时域信号 $h_N(n)$是原序列 $h(n)$以采样点数 N 为周期进行周期延拓的主值序列。当 N 大于或等于原序列 $h(n)$长度 M 时，$h_N(n)=h(n)$，表明在复频域上 N 点等间隔采样不会导致信号失真。此时，$H(z)$可以用频率采样序列 $H(k)$内插得到，内插公式为

$$H(z)=(1-z^{-N})\frac{1}{N}\sum_{k=0}^{N-1}\frac{H(k)}{1-W_N^{-k}z^{-1}} \tag{5.3.10}$$

可以将上式改写为

$$H(z)=\frac{1}{N}H_c(z)\sum_{k=0}^{N-1}H_k(z) \tag{5.3.11}$$

式中

$$H_c(z)=1-z^{-N} \tag{5.3.12}$$

$$H_k(z)=\frac{H(k)}{1-W_N^{-k}z^{-1}} \tag{5.3.13}$$

按照式(5.3.11)可以得到FIR滤波器的频率采样型网络结构,由1个子系统$H_c(z)$和N个并联的一阶子系统$H_k(z)$级联构成。其中,第一部分$H_c(z)$的频率响应为

$$H_c(e^{j\omega})=1-e^{-j\omega N}=2\sin\left(\frac{N}{2}\omega\right)e^{-j\omega N/2} \tag{5.3.14}$$

其网络结构和幅频特性曲线如图5.3.7所示。$H_c(z)$是一个由N阶延时单元组成的梳状滤波器,它在单位圆上有N个等间隔的零点,其零点为$z_k=e^{j\frac{2\pi}{N}k}$,$k=0,1,2,\cdots,N-1$。

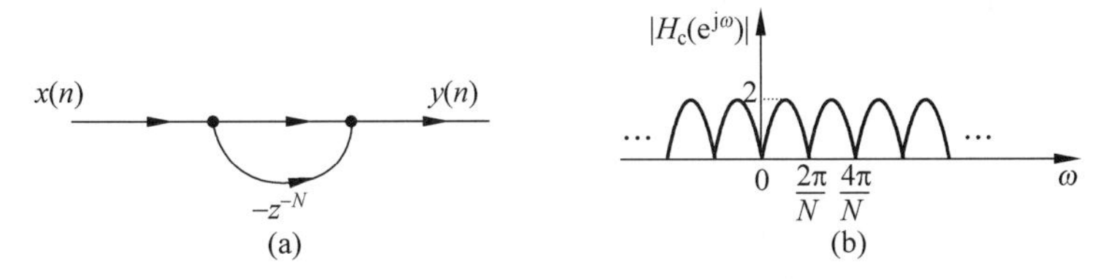

图5.3.7　梳状滤波器的网络结构和幅频特性曲线

第二部分是N个一阶网络$H_k(z)$的并联结构,每个一阶网络在单位圆上有一个极点,其极点为$z_k=e^{j\frac{2\pi}{N}k}$,$k=0,1,2,\cdots,N-1$。可见,这N个极点正好和第一部分梳状滤波器的N个零点相抵消,从而使$H(z)$在这些频率上的响应等于$H(k)$。

频率采样型网络结构是由梳状滤波器$H_c(z)$和N个一阶网络$H_k(z)$的并联结构进行级联而成的,其网络结构如图5.3.8所示。

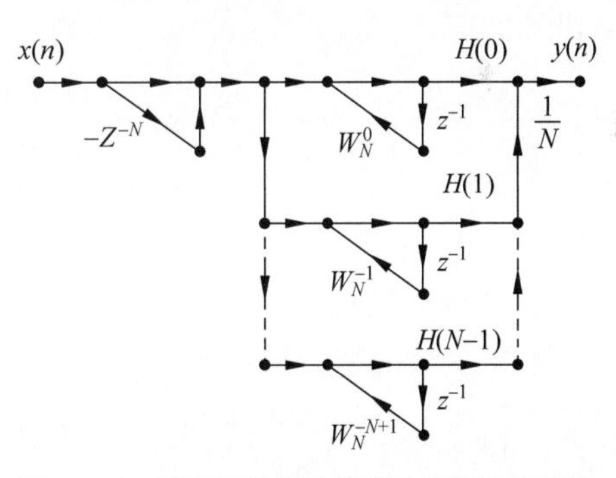

图5.3.8　FIR滤波器的频率采样型网络结构

FIR频率采样型网络结构具有以下特点:

(1) 一阶网络$H_k(z)$中乘法器的系数$H(k)$就是滤波器在$\omega=\frac{2\pi}{N}k$处的响应,因此,只要调整$H(k)$,就可以直接控制滤波器的频率响应特性。

(2) 只要滤波器的阶数N相同,对于任何频率响应形状,其梳状滤波器部分和N个一阶网络部分结构完全相同,只是各支路增益$H(k)$不同。因此,频率采样型网络结构便于标准化、模块化。

(3) 系统稳定是靠位于单位圆上的N个零极点对消来保证的。如果滤波器的系数存在一定误差,可能使零极点不能完全对消。此时,若未对消的极点位于单位圆外,就会影响系统的稳定性。

(4) 频率采样型网络结构中,$H(k)$和W_N^{-k}一般为复数,要求乘法器完成复数乘法运算,这对硬件实现是不方便的。

为了克服上述存在的缺点,实际中通常采用修正的频率采样型网络结构,具体如下:

(1) 将梳状滤波器的零点和每个一阶网络的极点都移到单位圆内,保障系统的稳定性。即将单位圆上的零极点向单位圆内收缩一点,收缩到半径为 r 的圆上,取 $r<1$ 且 $r\approx 1$。此时 $H(z)$ 为

$$H(z)=(1-r^N z^{-N})\frac{1}{N}\sum_{k=0}^{N-1}\frac{H_r(k)}{1-rW_N^{-k}z^{-1}} \tag{5.3.15}$$

式中:$H_r(k)$是在 r 圆上对 $H(z)$的 N 点等间隔采样值。由于 $r\approx 1$,所以可以近似取 $H_r(k)\approx H(k)$。这样一来,零极点均为 rW_N^{-k},$k=0,1,2,\cdots,N-1$。如果由于存在误差,零极点不能抵消时,极点位置仍在单位圆内,保持系统稳定。

(2) 将所乘的系数 $H(k)$和 W_N^{-k} 都转化为实数。这主要是利用实际滤波器单位脉冲响应 $h(n)$是实序列这一特点。利用实序列 DFT 的共轭对称性 $H(k)=H^*(N-k)$ 和旋转因子 W_N^k 的对称性 $W_N^k=W_N^{-(N-k)}$,可以将成对的共轭极点结合起来,即将 $H_k(z)$和 $H_{N-k}(z)$合并为一个二阶网络,并记为 $H_k(z)$,则

$$\begin{aligned}H_k(z)&=\frac{H(k)}{1-rW_N^{-k}z^{-1}}+\frac{H(N-k)}{1-rW_N^{-(N-k)}z^{-1}}\\&=\frac{H(k)}{1-rW_N^{-k}z^{-1}}+\frac{H^*(k)}{1-r(W_N^{-k})^*z^{-1}}\\&=\frac{\alpha_{0k}+\alpha_{1k}z^{-1}}{1-2r\cos\left(\frac{2\pi}{N}k\right)z^{-1}+r^2z^{-2}}\end{aligned} \tag{5.3.16}$$

式中

$$\begin{cases}\alpha_{0k}=2\mathrm{Re}[H(k)]\\ \alpha_{1k}=-2\mathrm{Re}[rH(k)W_N^k]\end{cases},\qquad k=1,2,3,\cdots,\frac{N}{2}-1$$

显然,从式(5.3.16)可以看出,二阶网络 $H_k(z)$的系数都为实数,其网络结构如图 5.3.9 所示。

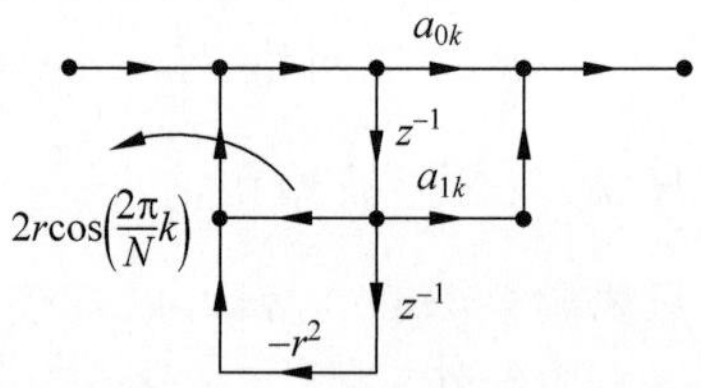

图 5.3.9 二阶网络 $H_k(z)$的网络结构

当 N 为偶数时,$H(z)$可表示为

$$H(z)=(1-r^N z^{-N})\frac{1}{N}\left[\frac{H(0)}{1-rz^{-1}}+\frac{H(N/2)}{1+rz^{-1}}+\sum_{k=1}^{N/2-1}H_k(z)\right] \tag{5.3.17}$$

式中:$H(0)$和 $H(N/2)$为实数。

当 N 为奇数时,只有一个采样值 $H(0)$为实数,$H(z)$可表示为

$$H(z)=(1-r^N z^{-N})\frac{1}{N}\left[\frac{H(0)}{1-rz^{-1}}+\sum_{k=1}^{(N-1)/2}H_k(z)\right] \tag{5.3.18}$$

将式(5.3.17)和式(5.3.18)所描述的频率采样型网络结构称为频率采样修正网络结构。图 5.3.10 分别给出了当 N 为偶数和奇数时的频率采样修正网络结构。当 N 为偶数时,由 $N/2-1$ 个二阶网络和两个一阶网络并联后再与梳状滤波器级联构成;当 N

为奇数时，由$(N-1)/2$个二阶网络和一个一阶网络并联后再与梳状滤波器级联构成。

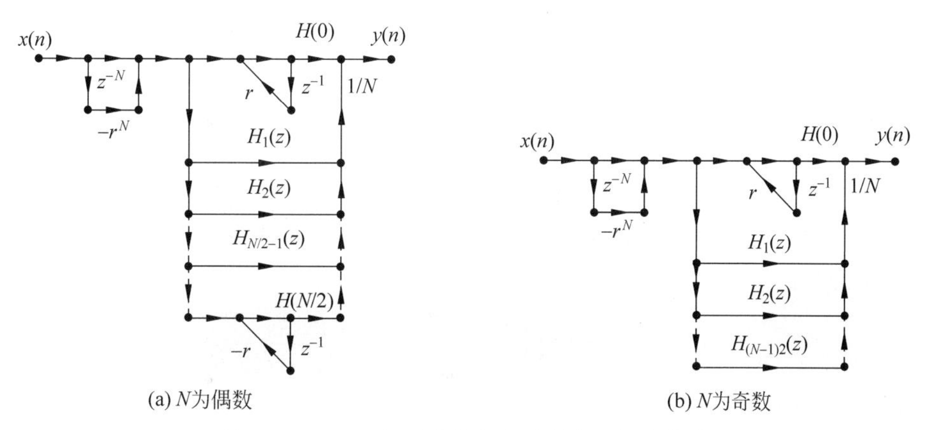

(a) N为偶数　　(b) N为奇数

图5.3.10　FIR滤波器的频率采样修正网络结构

由图5.3.10可以看出，当采样点数N很大时，其结构很复杂，需要的乘法器和延时单元很多。但对于窄带滤波器，大部分频率采样值$H(k)$为0，从而使二阶网络个数大大减少。所以频率采样型网络结构适用于窄带滤波器。

5.4　数字滤波器结构的MATLAB仿真

5.4.1　与数字滤波器结构相关的MATLAB函数

通过前面的学习可知，对于一个确定的$H(z)$，无论是IIR数字滤波器还是FIR数字滤波器都能以不同的网络结构实现，不同的网络结构有不同的特性，需要根据实际应用选择。画不同的网络结构，必须首先对$H(z)$进行分解，对于形式简单的$H(z)$，可以通过因式分解、部分分式分解等方法实现不同结构之间的转换，而对于形式复杂的$H(z)$，则较难通过因式分解来实现不同结构之间的转换。MATLAB信号处理工具箱提供了一些线性系统网络结构变换的函数，实现部分结构之间的转换，比如函数tf2sos可以实现直接型到级联型结构转换，函数sos2tf()可以实现级联型到直接型结构转换。为了转换方便，可以根据本书涉及的内容编写适合于$H(z)$在不同结构之间转换的函数，主要有：dir2cas，cas2dir，dir2par，par2dir和dir2fs。

1. 直接型转换为级联型函数dir2cas

格式：`[G0,B,A] = dir2cas(b,a)`

说明：dir2cas可以用来实现滤波器结构从直接型到级联型的转换。该函数与MATLAB信号处理工具箱提供的函数tf2sos功能类似，只是输出参数的形式有所不同。输入参数$\boldsymbol{b}=[b_0,b_1,\cdots,b_M]$是直接型的分子多项式系数向量，$\boldsymbol{a}=[a_0,a_1,\cdots,a_N]$为直接型的分母多项式系数向量，对应于直接型形式

$$H(z)=\frac{\sum_{m=0}^{M} b_m z^{-m}}{\sum_{m=0}^{N} a_m z^{-m}}$$

输出 G 为增益系数，$\boldsymbol{B}$ 为 $K\times 3$ 的实系数矩阵，其第 k 行对应于第 k 个二阶子网络的分子多项式系数向量$[\beta_{0k},\beta_{1k},\beta_{2k}]$，$K$ 为转换成级联形式后的子网络数，$\boldsymbol{A}$ 为 $K\times 3$ 的实系数矩阵，其第 k 行对应于第 k 个二阶子网络的分母多项式系数向量$[1,\alpha_{1k},\alpha_{2k}]$，对应的级联型形式为

$$H(z)=G\prod_{k=1}^{K}\frac{\beta_{0k}+\beta_{1k}z^{-1}+\beta_{2k}z^{-2}}{1-\alpha_{1k}z^{-1}-\alpha_{2k}z^{-2}}$$

具体函数代码如下：

```
function [G,B,A] = dir2cas(b,a);
% dir2cas.m
% 直接型转换为级联型函数
% 首先计算增益系数 G
G = b(1)/a(1);
b = b/b(1);
a = a/a(1);
M = length(b);
N = length(a);
if N > M
    b = [b zeros(1,N - M)];
else
    a = [a zeros(1,M - N)];
end
Maxlen = max(M,N);
K = floor(Maxlen/2);
B = zeros(K,3);
A = zeros(K,3);
if K * 2 == Maxlen
    b = [b 0];
    a = [a 0];
end
broots = cplxpair(roots(b));
aroots = cplxpair(roots(a));
for i = 1:2:2 * K
    Brow = broots(i:1:i + 1,:);
    Brow = real(poly(Brow));
    B(fix((i + 1)/2),:) = Brow;
    Arow = aroots(i:1:i + 1,:);
    Arow = real(poly(Arow));
    A(fix(i + 1)/2,:) = Arow;
end
```

2. 级联型转换为直接型函数 cas2dir

格式：[b,a] = cas2dir(G,B,A)

说明：cas2dir 可以用来实现滤波器结构从级联型到直接型的转换。输入参数 G 为增益系数，$\boldsymbol{B}$ 为 $K\times3$ 的实系数矩阵，其第 k 行对应于第 k 个二阶子网络的分子多项式系数向量$[\beta_{0k},\beta_{1k},\beta_{2k}]$，$K$ 为转换成级联型式后的子网络数，$\boldsymbol{A}$ 为 $K\times3$ 的实系数矩阵，其第 k 行对应于第 k 个二阶子网络的分母多项式系数向量$[1,\alpha_{1k},\alpha_{2k}]$，对应的级联型形式为

$$H(z)=G\prod_{k=1}^{K}\frac{\beta_{0k}+\beta_{1k}z^{-1}+\beta_{2k}z^{-2}}{1+\alpha_{1k}z^{-1}+\alpha_{2k}z^{-2}}$$

输出 $\boldsymbol{b}=[b_0,b_1,\cdots,b_M]$为直接型的分子多项式系数向量，$\boldsymbol{a}=[a_0,a_1,\cdots,a_N]$为直接型的分母多项式系数向量，对应的直接型形式为

$$H(z)=\frac{\sum_{m=0}^{M}b_m z^{-m}}{\sum_{m=0}^{N}a_m z^{-m}}$$

具体函数代码如下：

```
function [b,a] = cas2dir(G,B,A)
% cas2dir.m
% 级联型转换为直接型函数
[K,L] = size(B);
b = [1];
a = [1];
for i = 1:K
    b = conv(b,B(i,:));
    a = conv(a,A(i,:));
end
b = b * G;
```

3. 直接型转换为并联型函数 dir2par

格式：[C,B,A] = dir2par(b,a)

说明：dir2par 可以用来实现滤波器结构从直接型到并联型的转换。输入参数 $\boldsymbol{b}=[b_0,b_1,\cdots,b_M]$为直接型的分子多项式系数向量，$\boldsymbol{a}=[a_0,a_1,\cdots,a_N]$为直接型的分母多项式系数向量，对应的直接型形式为

$$H(z)=\frac{\sum_{m=0}^{M}b_m z^{-m}}{\sum_{n=0}^{N}a_n z^{-n}}$$

输出 $\boldsymbol{C}$ 为当 $H(z)$分子多项式较分母多项式阶次高时商的多项式系数向量，$\boldsymbol{B}$ 为 $K\times2$ 的实系数矩阵，其第 k 行对应于第 k 个二阶子网络的分子多项式系数向量$[\beta_{0k}$，

β_{1k}],K 为转换成级联型后的子网络数,$\boldsymbol{A}$ 为 $K\times3$ 的实系数矩阵,其第 k 行对应于第 k 个二阶子网络的分母多项式系数向量$[1,\alpha_{1k},\alpha_{2k}]$,对应的级联型形式为

$$H(z)=C+\sum_{k=1}^{K}\frac{\beta_{0k}+\beta_{1k}z^{-1}}{1+\alpha_{1k}z^{-1}+\alpha_{2k}z^{-2}}$$

具体函数代码如下:

```
function [C,B,A] = dir2par(b,a)
% dir2par.m
% 直接型转换为并联型函数
M = length(b);
N = length(a);
[r1,p1,C] = residuez(b,a);
p = cplxpair(p1,10000000 * eps);
I = cplxcomp(p1,p);r = r1(I);
K = floor(N/2);
B = zeros(K,2);
A = zeros(K,3);
if K * 2 == N
    for i = 1:2:N - 2
        Brow = r(i:1:i + 1,:);
        Arow = p(i:1:i + 1,:);
        [Brow,Arow] = residuez(Brow,Arow,[]);
        B(fix(i + 1)/2,:) = real(Brow);
        A(fix(i + 1)/2,:) = real(Arow);
    end
    [Brow,Arow] = residuez(r(N - 1),p(N - 1),[]);
    B(K,:) = [real(Brow) 0];
    A(K,:) = [real(Arow) 0];
else
    for i = 1:2:N - 1
        Brow = r(i:1:i + 1,:);
        Arow = p(i:1:i + 1,:);
        [Brow,Arow] = residuez(Brow,Arow,[]);
        B(fix(i + 1)/2,:) = real(Brow);
        A(fix(i + 1)/2,:) = real(Arow);
    end
end

function I = cplxcomp(p1,p2)
% I = cplxcomp(p1,p2)
% 比较两个包含同样标量元素但(可能)有不同下标的复数对
% 本程序必须用在 cplxpair 程序之后以便重新排序频率极点向量及其相应的留数向量
I = [];
for j = 1:length(p2)
    for i = 1:length(p1)
        if (abs(p1(i) - p2(j))< 0.0001)
            I = [I,i];
        end
    end
```

```
end
I = I';
```

4. 并联型转换为直接型函数 par2dir

格式：[b,a] = par2dir(C,B,A)

说明：par2dir 可以用来实现滤波器结构从并联型到直接型的转换。输入和输出参数的定义与直接型转换为并联型函数 dir2par 一致，只是输出与输入参数相互交换。

具体函数代码如下：

```
function [b,a] = par2dir(C,B,A)
% par2dir.m
% 并联型转换为直接型函数
[K,L] = size(A);
R = [];
P = [];
for i = 1:1:K
    [r,p,k] = residuez(B(i,:),A(i,:));
    R = [R;r];
    P = [P;p];
end
[b,a] = residuez(R,P,C);b = b(:)';a = a(:)';
```

5. 直接型到频率采样型转换函数 dir2fs

格式：[C,B,A] = dir2fs(h)

说明：dir2fs 可以用来实现滤波器结构从直接型到频率采样型的转换。输入参数 h 为 FIR 滤波器的单位脉冲响应向量；输出 $\boldsymbol{C}$ 为并联部分增益的行向量；$\boldsymbol{B}$ 为按行排列的分子系数矩阵；$\boldsymbol{A}$ 为按行排列的分母系数矩阵。注意，在函数 dir2fs 的输出仅是并联部分结构的相关参数。

具体函数代码如下：

```
function  [C,B,A] = dir2fs(h)
% dir2fs.m
% 直接型转换频率采样型为函数
M = length(h);
H = fft(h,M);
magH = abs(H);
phaH = (angle(H))';
if(M == 2 * floor(M/2))
    L = M/2 - 1;
    A1 = [1, - 1,0;1,1,0];
    C1 = [real(H(1)),real(H(L + 2))];
else
    L = (M - 1)/2;
    A1 = [1, - 1,0];
```

```
    C1 = [real(H(1))];
end
k = [1:L]';
B = zeros(L,2);
A = ones(L,3);
A(1:L,2) = - 2 * cos(2 * pi * k/M);
A = [A;A1];
B(1:L,1) = cos(phaH(2:L + 1));
B(1:L,2) = cos(phaH(2:L + 1) - (2 * pi * k/M));
C = [2 * magH(2:L + 1),C1]';
```

5.4.2 IIR 滤波器结构的 MATLAB 实现

IIR 滤波器的结构主要可以分为直接型、级联型和并联型。利用上面编写的 MATLAB 函数可以实现不同网络结构之间的相互转换。

例 5.4.1 设 IIR 滤波器的系统函数为

$$H(z)=\frac{8(1-0.19z^{-1})(1-0.31z^{-1}+1.3161z^{-2})}{(1-0.25z^{-1})(1-z^{-1}+0.5z^{-2})}$$

试画出其直接型网络结构。

解：MATLAB 程序如下：

```
% Ch5_4_1.m
% 例 5_4_1 的 MATLAB 程序
clc; clear all;
b0 = 8;
B = [1  - 0.31  1.3161;1  - 0.19 0];
A = [1  - 1 0.5;1  - 0.25 0];
[b,a] = cas2dir(b0,B,A);
b
a
```

运算结果如下：

```
b  = 8.0000    - 4.0000    11.0000    - 2.0005          0
a  = 1.0000    - 1.2500     0.7500    - 0.1250          0
```

输出向量 $\boldsymbol{a}$ 和 $\boldsymbol{b}$，可以得出

$$H(z)=\frac{8-4z^{-1}+11z^{-2}-2.005z^{-3}}{1-1.25z^{-1}+0.75z^{-2}-0.125z^{-3}}$$

画出其直接型的网络结构如图 5.4.1 所示。

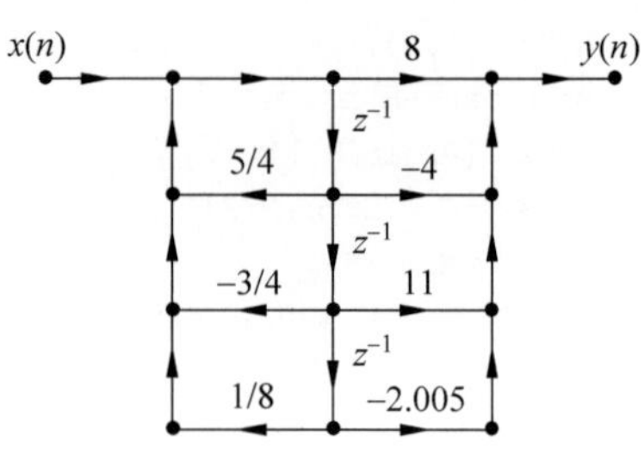

图 5.4.1　例 5.4.1 滤波器的直接型网络结构

例 5.4.2 设 IIR 滤波器的系统函数为

$$H(z)=\frac{8-4z^{-1}+11z^{-2}-2z^{-3}}{1-1.25z^{-1}+0.75z^{-2}-0.125z^{-3}}$$

试画出其级联型网络结构。

解：MATLAB 程序如下：

```
% Ch5_4_2.m
% 例 5_4_2 的 MATLAB 程序
clc; clear all;
b=[8 -4 11 -2];
a=[1 -1.25 0.75 -0.125];
[G,B,A]=dir2cas(b,a);
G
B
A
```

运行的结果如下：

```
G=8;
B =   1.0000    -0.3100    1.3161
      1.0000    -0.1900         0
A =   1.0000    -1.0000    0.5000
      1.0000    -0.2500         0
```

根据输出 G,$\boldsymbol{B}$ 和 $\boldsymbol{A}$ 的值,可得

$$H(z)=\frac{8(1-0.19z^{-1})(1-0.31z^{-1}+1.3161z^{-2})}{(1-0.25z^{-1})(1-z^{-1}+0.5z^{-2})}$$

为了减少单位延迟的数目,将一阶的分子、分母多项式组成一个一阶网络,二阶的分子、分母多项式组成一个二阶网络,画出的级联型网络结构如图 5.4.2 所示。

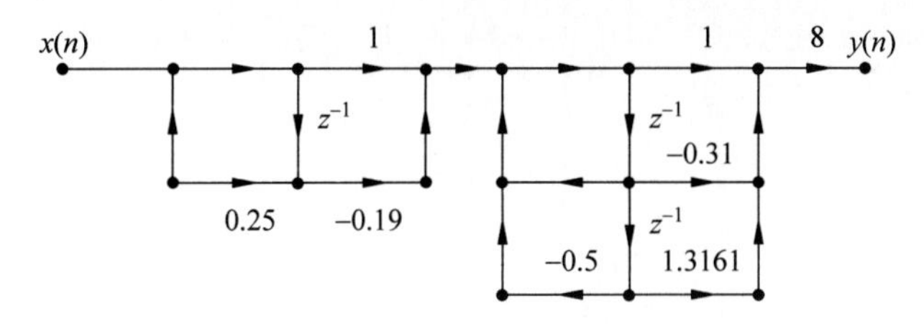

图 5.4.2　例 5.4.2 滤波器的级联型网络结构

注意：例 5.4.1 和例 5.4.2 实际上对应的都是同一个系统函数

$$H(z)=\frac{8-4z^{-1}+11z^{-2}-2z^{-3}}{1-1.25z^{-1}+0.75z^{-2}-0.125z^{-3}}$$

但由于存在计算误差,在分子多项式系数-2 上产生了一个细小的差别。

例 5.4.3　设 IIR 滤波器的系统函数为

$$H(z)=\frac{8-4z^{-1}+11z^{-2}-2z^{-3}}{1-1.25z^{-1}+0.75z^{-2}-0.125z^{-3}}$$

试画出其并联型网络结构。

解：MATLAB 程序如下：

```
% Ch5_4_3.m
```

```
% 例 5_4_3 的 MATLAB 程序
clc; clear all;
b = [8 -4 11 -2];
a = [1 -1.25 0.75 -0.125];
[C,B,A] = dir2par(b,a);
C
B
A
```

运行结果如下：

```
C = 16
B = -16.0000   20.0000
      8.0000         0
A =   1.0000   -1.0000    0.5000
      1.0000   -0.2500         0
```

根据 $\boldsymbol{C}$、$\boldsymbol{B}$ 和 $\boldsymbol{A}$ 的值可得

$$H(z)=16+\frac{16+20z^{-1}}{1-z^{-1}+0.5z^{-2}}+\frac{8}{1-0.5z^{-1}}$$

将每一部分用直接型结构实现，其并联型网络结构如图 5.4.3 所示。

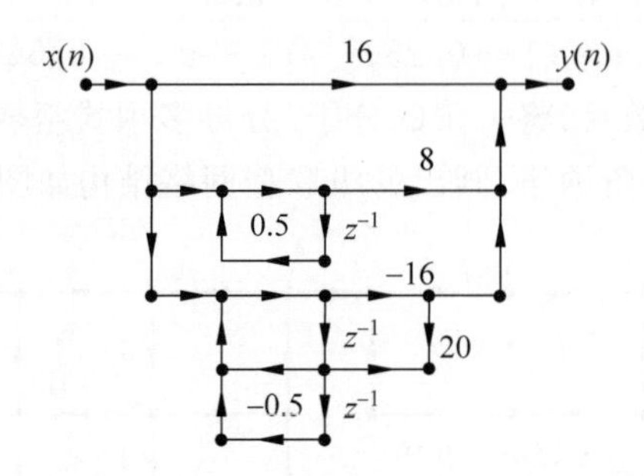

图 5.4.3 例 5.4.3 滤波器的并联型网络结构

5.4.3 FIR 滤波器结构的 MATLAB 实现

FIR 滤波器的结构可以分为直接型、线性相位型、级联型和频率采样型。由于 FIR 滤波器可以是分母为 1 的 IIR 滤波器，因此利用 5.4.1 节中介绍的几种 MATLAB 函数，可以方便地实现几种 FIR 滤波器结构之间的相互转换，并根据转换的结果画出对应的滤波器结构。

例 5.4.4 已知 FIR 滤波器的系统函数为

$$H(z)=0.96(1+0.8333z^{-1})(1+1.25z^{-1}+1.875z^{-2})$$

试画出该 FIR 滤波器的直接型网络结构。

解：MATLAB程序如下：

```
% Ch5_4_4.m
% 例5_4_4的MATLAB程序
clc; clear all;
b0 = 0.96;
B = [1  1.25  1.875    ;1  0.83333  0];
A = [1  0     0        ;1  0        0];
[b,a] = cas2dir(b0,B,A);
b
a
```

运行结果如下：

```
b = 0.9600    2.0000    2.8000    1.5000         0;
a = 1         0         0         0              0;
```

根据 ***a*** 和 ***b*** 的值可得

$$H(z)=0.96+2.0z^{-1}+2.8z^{-2}+1.5z^{-3}$$

因此，可以画出滤波器的直接型网络结构如图5.4.4所示。

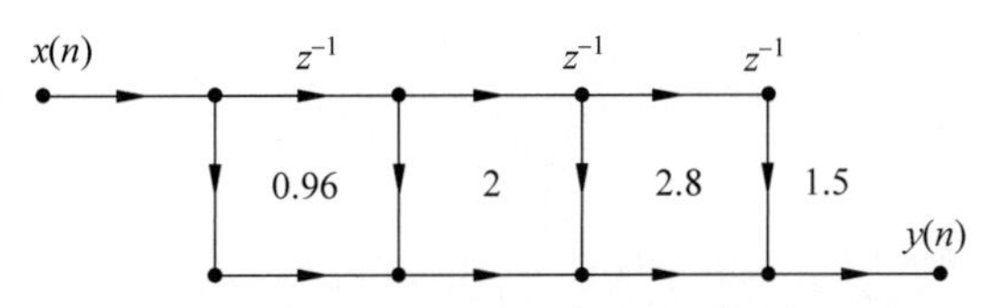

图5.4.4　例5.4.4滤波器的直接型网络结构

例5.4.5　已知FIR滤波器的系统函数为

$$H(z)=0.96+2.0z^{-1}+2.8z^{-2}+1.5z^{-3}$$

试画出该FIR滤波器的级联型网络结构。

解：MATLAB程序如下：

```
% Ch5_4_5.m
% 例5_4_5的MATLAB程序
clc; clear all;
b = [0.96 2 2.8 1.5];
a = [1];
[b0,B,A] = dir2cas(b,a);
b0
B
A
```

运行结果如下：

```
b0 = 0.96;
B = 1.000     1.2500     1.8750
  1.0000     0.8333        0;
```

```
A = 1    0    0
    1    0    0;
```

根据 $\boldsymbol{b}_0$、$\boldsymbol{B}$ 和 $\boldsymbol{A}$ 的值可得

$$H(z)=0.96(1+0.8333z^{-1})(1+1.25z^{-1}+1.875z^{-2})$$

因此，可以画出滤波器的级联型网络结构如图 5.4.5 所示。

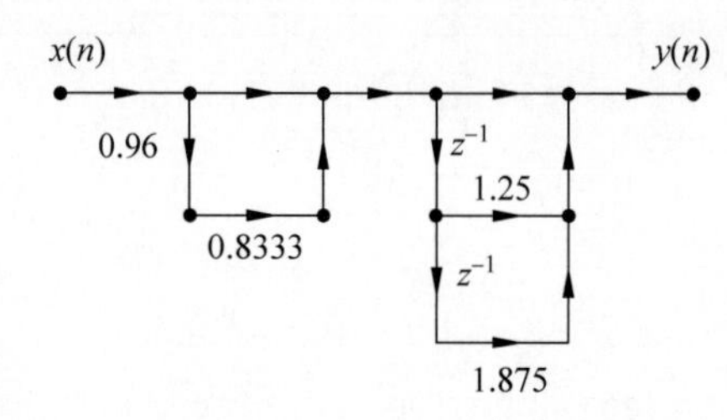

图 5.4.5　例 5.4.5 滤波器的级联型网络结构

例 5.4.6　已知 $h(n)=[1\quad 4\quad 7\quad 1\quad 0\quad 7\quad 4\quad 1]/8$，画出该 FIR 滤波器的频率采样结构。

解：程序如下：

```
% Ch5_4_6.m
% 例 5_4_6 的 MATLAB 程序
clc; clear all;
h = [1 4 7 10 7 4 1]/8;
[C,B,A] = dir2fs(h);
C
B
A
```

运行结果如下：

```
C =    3.7867
       0.2310
       0.4823
       4.2500
B =  - 0.9010    - 0.9010
       0.6235      0.6235
     - 0.2225    - 0.2225
A =  1.0000    - 1.2470      1.0000
     1.0000      0.4450      1.0000
     1.0000      1.8019      1.0000
     1.0000    - 1.0000           0
```

根据 C、B、A 的值可得

$$H(z)=\frac{1-z^{-7}}{7}\left\{3.7867\frac{-0.901-0.901z^{-1}}{1-1.247z^{-1}+z^{-2}}+0.231\frac{0.6235+0.6235z^{-1}}{1+0.445z^{-1}+z^{-2}}+\right.$$

$$0.4823\frac{-0.2225-0.2225z^{-1}}{1+1.8019z^{-1}+z^{-2}}+4.25\frac{1}{1-z^{-1}}\Big\}$$

值得指出的是，因为对于给定的 N 阶 FIR 滤波器来说，其频率采样结构中梳状滤波器 $H_c(z)=1-z^{-N}$ 是固定的，在函数 dir2fs 没有进行考虑，函数的输出仅是并联部分结构的相关参数，而在写出 $H(z)$ 的频率采样型形式以及画网络结构时都需要考虑式(5.3.9)中系数 $1/N$ 和梳状滤波器 $H_c(z)=1-z^{-N}$。

因此，可以画出滤波器的频率采样型网络结构如图 5.4.6 所示。

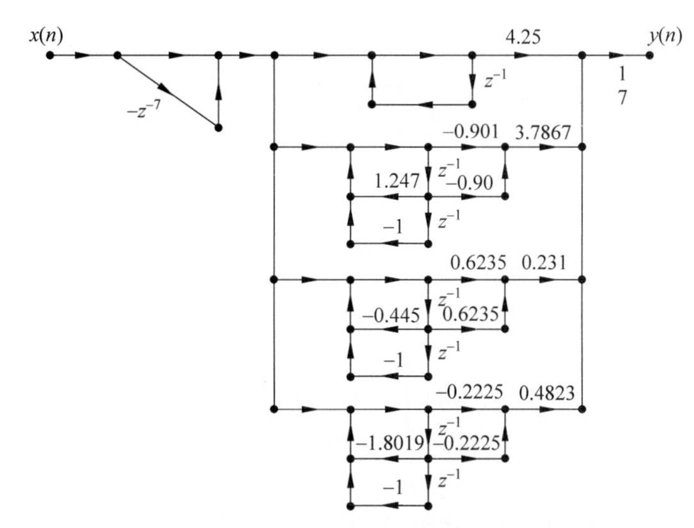

图 5.4.6　例 5.4.6 滤波器的频率采样型网络结构

习题

5.1　简述滤波的基本概念，试举几个例子说明滤波的工程实际应用。

5.2　简述数字滤波器与模拟滤波器的异同点和数字滤波器的优点。

5.3　简述描述线性时不变系统的工具，以及各自的特点。

5.4　简述 IIR 滤波器和 FIR 滤波器的区别。

5.5　简述数字滤波器的技术指标描述参数，并归纳各种技术指标参数的计算公式和物理意义。

5.6　试求图 P5.6 中信号流图代表的系统函数 $H(z)$。

5.7　设系统由下面差分方程描述：

$$y(n)-\frac{3}{4}y(n-1)+\frac{1}{8}y(n-2)=x(n)+\frac{1}{3}x(n-1)$$

试画出系统的直接型、级联型和并联型网络结构。

5.8　设系统的系统函数为

$$H(z)=\frac{4(1+z^{-1})(1-1.414z^{-1}+z^{-2})}{(1-0.5z^{-1})(1+0.9z^{-1}+0.81z^{-2})}$$

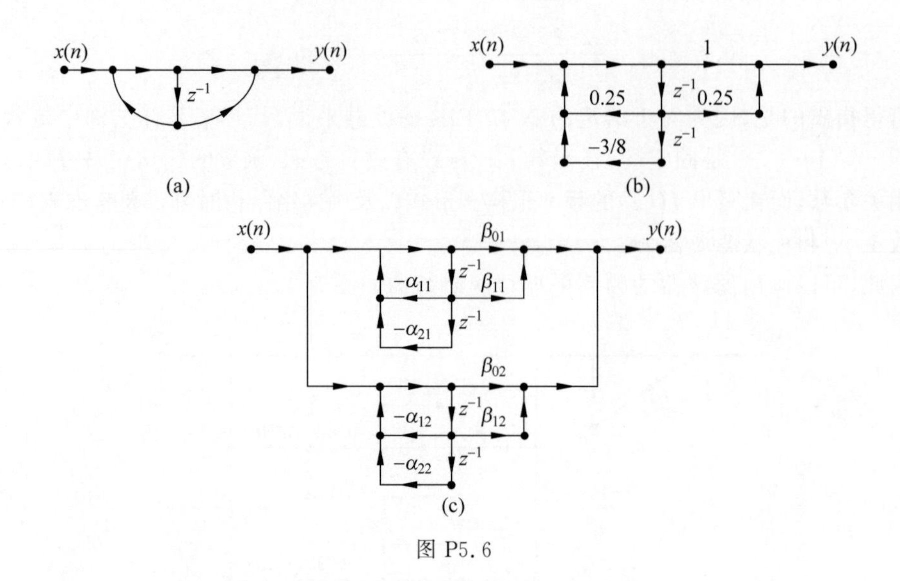

图 P5.6

试问能构成几种级联型网络，并画出采用单位延时器最少的一种级联型网络结构。

5.9　分别画出以下滤波器的直接型网络结构：

(1) $H_1(z)=1-0.6z^{-1}-1.414z^{-2}+0.864z^{-3}$

(2) $H_2(z)=1-0.98z^{-1}+0.9z^{-2}-0.898z^{-3}$

(3) $H_3(z)=H_1(z)/H_2(z)$

5.10　图 P5.10 中画出了四个系统，试用各子系统的单位脉冲分别表示各总系统的单位脉冲响应 $h(n)$，并求其总系统函数 $H(z)$。

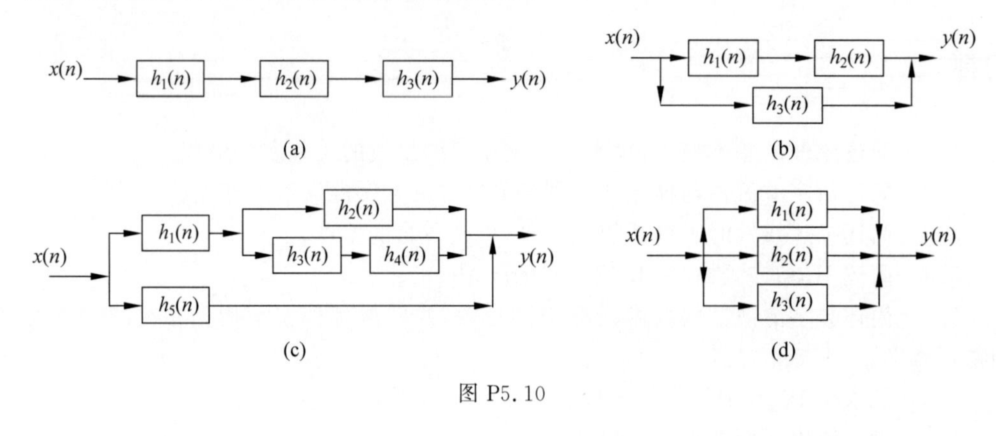

图 P5.10

5.11　已知滤波器的单位脉冲响应 $h(n)=0.9^n R_5(n)$，求出系统函数，并画出其直接型网络结构。

5.12　已知 FIR 滤波器的单位脉冲响应为

(1) $N=6, h(0)=h(5)=1.5, h(1)=h(4)=2, h(2)=h(3)=3$

(2) $N=7, h(0)=-h(6)=3, h(1)=-h(5)=-2, h(2)=-h(4)=1, h(3)=0$

试画出它们的直接型网络结构和线性相位型网络结构。

5.13　设 FIR 滤波器的系统函数为

(1) $H(z)=\frac{1}{10}(1+0.9z^{-1}+2.1z^{-2}+0.9z^{-3}+z^{-4})$

(2) $H(z)=(3-2z^{-1}+z^{-2}-z^{-4}+2z^{-5}-3z^{-6})$

试求出滤波器的单位脉冲响应,并画出其直接型网络结构。

5.14　已知 FIR 滤波器的单位脉冲响应为

$$h(n)=\delta(n)-\delta(n-1)+\delta(n-4)$$

试用频率采样型网络结构实现该滤波器。设采样点数 $N=5$,试画出频率采样型网络结构,并写出滤波器参数的计算公式。

5.15　已知 FIR 滤波器系统函数在单位圆上的 16 个等间隔采样点为

$H(0)=12$　　$H(1)=-3-\mathrm{j}\sqrt{3}$　　$H(2)=1+\mathrm{j}$

$H(3)\sim H(13)=0$　　$H(14)=1-\mathrm{j}$　　$H(15)=-3+\mathrm{j}\sqrt{3}$

试画出它的频率采样型网络结构,选择 $r=1$,可以用复数乘法器。

5.16　已知 FIR 滤波器系统函数在单位圆上的 16 个等间隔采样点为

$H(0)=12$　　$H(1)=-3-\mathrm{j}\sqrt{3}$　　$H(2)=1+\mathrm{j}$

$H(3)\sim H(13)=0$　　$H(14)=1-\mathrm{j}$　　$H(15)=-3+\mathrm{j}\sqrt{3}$

试画出它的频率采样型网络结构,选择 $r=0.9$,要求用实数乘法器。

第6章 IIR数字滤波器设计方法

IIR 数字滤波器的设计与模拟滤波器设计具有紧密的关系，从系统的单位脉冲响应特性来看，IIR 数字滤波器和模拟滤波器一样都具有无限长的脉冲响应，两者非常相似，因此 IIR 数字滤波器设计一般采用基于模拟滤波器的间接设计方法。基本思路是：先设计一个满足指标要求的模拟滤波器，称为原型滤波器，从而得到模拟滤波器的系统函数 $H_a(s)$；再按一定的映射关系将 $H_a(s)$ 变换成具有期望频率响应的数字滤波器。这种设计方法之所以广为流行，是因为模拟滤波器的设计技术已经很成熟，有现成的计算公式、设计资料和算法程序可以利用。

本章首先从模拟低通滤波器的技术指标、模拟滤波器的幅度平方函数来讨论模拟滤波器的设计基础；然后重点讨论实现模拟滤波器到数字滤波器映射的两种方法，即脉冲响应不变法和双线性变换法；最后介绍 IIR 数字滤波器的 MATLAB 仿真。

6.1 模拟滤波器设计基础

6.1.1 模拟低通滤波器的技术指标

设计 IIR 数字滤波器需要首先设计原型模拟低通滤波器，要把给定的 IIR 数字滤波器的技术指标转换成模拟低通滤波器的技术指标。模拟低通滤波器的技术指标常用图 6.1.1 来表示。

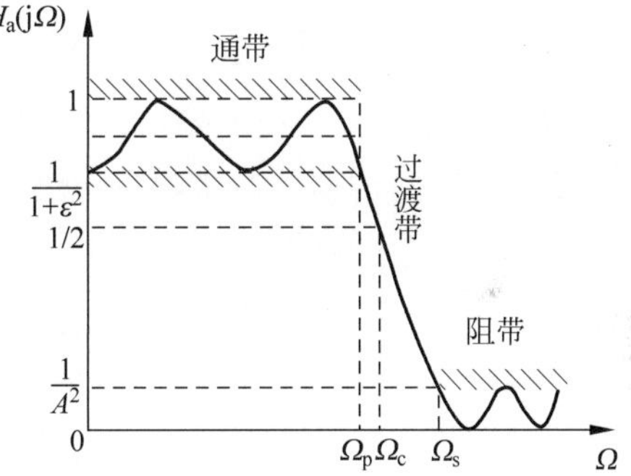

图 6.1.1 模拟低通滤波器技术指标

图 6.1.1 中，$H(j\Omega)$表示模拟低通滤波器的频率响应，$|H(j\Omega)|$表示幅度。其中，Ω_p 为通带截止频率，Ω_s 为阻带截止频率，以模拟角频率 rad/s 为单位；ε 为通带波纹幅度参数，通带纹波幅度越小，ε 值越小；A 为阻带波纹幅度参数，阻带波纹幅度越小，A 值越大。对于工程计算，一般采用对数形式来表示波纹幅度，即用 α_p 表示通带内允许的最大衰减，用 α_s 表示阻带内允许的最小衰减，且有

$$\alpha_p = 10\lg\frac{1}{|H(j\Omega_p)|^2} = -20\frac{1}{\sqrt{1+\varepsilon^2}} = 10\lg\sqrt{1+\varepsilon^2}\,(\text{dB}) \tag{6.1.1}$$

$$\alpha_s = 10\lg\frac{1}{|H(j\Omega_s)|^2} = -20\frac{1}{A} = 20\lg A\,(\text{dB}) \tag{6.1.2}$$

因此，在实际工程中设计指标常常以通带截止频率 Ω_p、阻带截止频率 Ω_s、通带最大衰减 α_p、阻带最小衰减 α_s 的形式给出。由式(6.1.1)和式(6.1.2)可得

$$\varepsilon = \sqrt{10^{\frac{\alpha_p}{10}} - 1} \tag{6.1.3}$$

$$A = 10^{\frac{\alpha_s}{20}} \tag{6.1.4}$$

对于滤波器的幅频响应特性,习惯用$\alpha(\Omega)$描述,即

$$\alpha(\Omega)=-20\lg|H_a(j\Omega)|=-10\lg|H_a(j\Omega)|^2 \tag{6.1.5}$$

习惯把$\alpha(\Omega)=3\text{dB}$时对应的边界频率称为3dB截止频率,用$\Omega_c$表示。利用对数形式来表示幅频特性的优点是可以呈现小的幅度值,有利于同时观察通带和阻带幅频特性的变化情况。

6.1.2 幅度平方函数与系统函数

给定模拟低通滤波器的技术指标α_p、Ω_p、α_s和Ω_s,其中α_p为通带内允许的最大衰减,α_s为阻带内允许的最小衰减,α_p和α_s的单位为dB。现希望设计一个模拟低通滤波器$H_a(s)$为

$$H_a(s)=\frac{b_0+b_1s+\cdots+b_{N-1}s^{N-1}+b_Ns^N}{a_0+a_1s+\cdots+a_{N-1}s^{N-1}+a_Ns^N}$$

使其对数幅频响应在Ω_p和Ω_s处分别达到α_p和α_s的要求。

由于α_p和α_s都是Ω的函数,它们的大小取决于$H_a(j\Omega)$的形状,分别代入式(6.1.5)可得

$$\alpha_p=\alpha(\Omega_p)=-10\lg|H_a(j\Omega_p)|^2,\quad \alpha_s=\alpha(\Omega_s)=-10\lg|H_a(j\Omega_s)|^2 \tag{6.1.6}$$

这样,式(6.1.6)把低通模拟滤波器的指标参数和幅度平方函数$|H_a(j\Omega)|^2$联系起来。

由于设计滤波器的冲激响应一般为实函数,因而$H_a(j\Omega)$满足

$$H_a^*(j\Omega)=H_a(-j\Omega) \tag{6.1.7}$$

所以

$$|H_a(j\Omega)|^2=H_a(j\Omega)H_a^*(j\Omega)=H_a(j\Omega)H_a(-j\Omega) \tag{6.1.8}$$

由傅里叶变换和拉普拉斯变换的关系,令$j\Omega=s$,得到幅度平方函数的拉普拉斯变换为

$$H_a(j\Omega)H_a(-j\Omega)|_{j\Omega=s}=H_a(s)H_a(-s) \tag{6.1.9}$$

式(6.1.9)中$H_a(s)$和$H_a(-s)$的零点和极点是象限对称分布的,如图6.1.2所示。

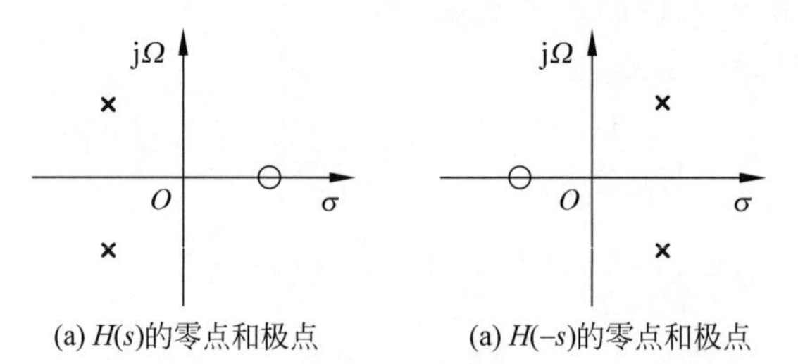

图6.1.2 零点和极点分布

这样,如果能由α_p、Ω_p、α_s和Ω_s求出$|H_a(j\Omega)|^2$,然后取出它的左半平面零点z_j和极点p_k,就可以用这些零极点组成一个因果稳定的模拟滤波器,即

$$H_a(s)=\prod_{\mathrm{real}(z_j,p_k)<0}\frac{s-z_j}{s-p_k} \tag{6.1.10}$$

从这个意义上说，模拟滤波器的传递函数 $H_a(s)$可由幅度平方函数$|H_a(j\Omega)|^2$ 直接设计出来。因此，幅度平方函数$|H_a(j\Omega)|^2$ 在模拟滤波器的设计中起到很重要的作用。

例 6.1.1 已知幅度平方函数

$$|H_a(j\Omega)|^2=\frac{25(4-\Omega^2)^2}{(9+\Omega^2)(16+\Omega^2)}$$

试确定模拟滤波器的系统函数 $H_a(s)$。

解：因为$|H_a(j\Omega)|^2$ 是 Ω^2 的非负有理数函数，且在 jΩ 轴上的零点是偶数阶，所以满足幅度平方函数的条件。将 $\Omega^2=-s^2$ 代入，得到

$$H_a(s)H_a(-s)=\frac{25(4+s^2)^2}{(9-s^2)(16-s^2)}$$

式中，零点为 $s=\pm 2\mathrm{j}$；极点为 $s=\pm 3$ 和 $s=\pm 4$。

选出左半平面的两个极点 $s=-3$ 和 $s=-4$，以及虚轴上的两个零点 $s=\pm 2\mathrm{j}$ 构成 $H_a(s)$，可以表示为

$$H_a(s)=K\frac{(s-2\mathrm{j})(s+2\mathrm{j})}{(s+3)(s+4)}$$

式中，K 为增益常数。

对比 $H_a(s)H_a(-s)$表达式，可得 $K^2=25$，取 $K=5$。因此，根据极点、零点和增益常数构成的模拟滤波器的系统函数为

$$H_a(s)=5\frac{(s-2\mathrm{j})(s+2\mathrm{j})}{(s+3)(s+4)}=\frac{5s^2+20}{s^2+7s+12}$$

6.1.3 常用模拟低通原型滤波器

IIR 数字滤波器一般采用基于模拟滤波器的间接设计法，间接设计法是借助于模拟滤波器的设计方法进行的。其设计步骤是：首先设计原型模拟滤波器得到系统函数 $H_a(s)$；然后将 $H_a(s)$按一定的映射规则转换成数字滤波器的系统函数 $H(z)$。因此，设计频率特性优良的原型模拟滤波器就非常重要了。本节将学习四种常用的典型模拟低通滤波器，分别是巴特沃斯(Butterwoth)低通滤波器、切比雪夫Ⅰ型(ChebyshevⅠ)滤波器、切比雪夫Ⅱ型(ChebyshevⅡ)滤波器和椭圆滤波器。

1. 巴特沃斯低通滤波器

N 阶巴特沃斯低通滤波器的幅度平方函数的表达式为

$$|H_a(j\Omega)|^2=\frac{1}{1+(\Omega/\Omega_c)^{2N}} \tag{6.1.11}$$

式中，N 为滤波器阶数；Ω_c 是 3dB 截止频率。

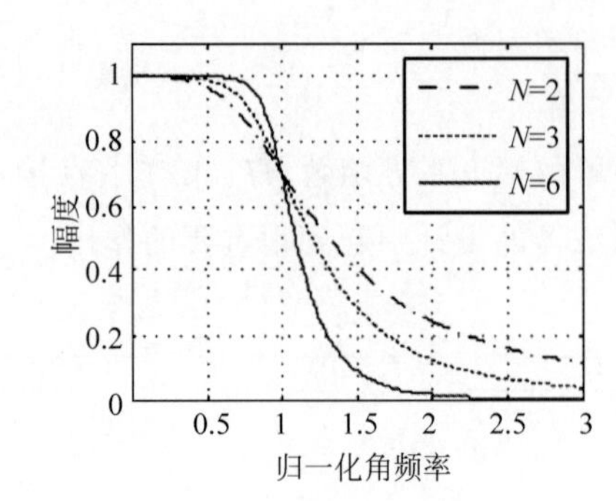

图 6.1.3 巴特沃斯滤波器的幅频响应曲线

阶数 N 为 2、3、6 时，给出归一化($\Omega_c=1$)巴特沃斯低通滤波器的幅频响应曲线如图 6.1.3 所示。

从图中可以看出：

(1) 当 $\Omega=0$ 时，$|H_a(j0)|^2=1$，即滤波器在 $\Omega=0$ 处无幅度衰减。

(2) 当 $\Omega=\Omega_c$ 时，$|H_a(j\Omega_c)|^2=0.5$，$|H_a(j\Omega_c)|=0.707$。即不管 N 取何值，所有的曲线都通过 -3dB 点，或者说衰减 3dB，这就是 3dB 不变性。

(3) 在 $\Omega<\Omega_c$ 的通带内 $|H_a(j\Omega)|^2$ 有最大平坦的幅度特性，即 N 阶巴特沃斯低通滤波器在 $\Omega=0$ 处，$|H_a(j\Omega)|^2_{\Omega=0}$ 的前 $2N-1$ 阶导数为 0，因此巴特沃斯滤波器也称为最平坦幅度特性滤波器。随着 Ω 由 0 变到 Ω_c，$|H_a(j\Omega)|^2$ 单调减小，N 越大，减小得越慢，通带内特性越平坦。

(4) 在 $\Omega>\Omega_c$ 的过渡带及阻带中，$|H_a(j\Omega)|^2$ 也随 Ω 增加而单调减小，但由于 $\Omega/\Omega_c>1$，故比通带内的速度要快得多，N 越大，衰减速度越大，过渡带越窄。

2. 切比雪夫Ⅰ型滤波器

N 阶切比雪夫Ⅰ型低通滤波器的幅度平方函数的表达式为

$$|H_a(j\Omega)|^2=\frac{1}{1+\varepsilon^2 C_N^2(\Omega/\Omega_p)} \tag{6.1.12}$$

式中，N 为滤波器阶数；Ω_p 为通带截止频率；ε 为通带波纹幅度参数；$C_N(\Omega)$是 N 阶切比雪夫多项式。后面两者表达式如下：

$$\varepsilon=\sqrt{10^{\alpha_p/10-1}} \tag{6.1.13}$$

$$C_N(\Omega)=\begin{cases}\cos(N\arccos\Omega), & |\Omega|\leqslant 1\\ \cosh(N\operatorname{arccosh}\Omega), & |\Omega|>1\end{cases} \tag{6.1.14}$$

阶数 N 为 2、3、6 时，取相同的通带波纹幅度参数 ε，对通带截止频率 Ω_p 进行归一化，切比雪夫Ⅰ型低通滤波器的幅频响应曲线如图 6.1.4 所示。图中通带最大衰减 $\alpha_p=1$dB，$\varepsilon=0.5088$。

由图中可见：

(1) 当 N 为偶数时，$|H_a(j\Omega)|^2$ 在 $\Omega=0$ 处为值为 $\frac{1}{1+\varepsilon^2}$，是通带内最小值；当 N 为奇数时，$|H_a(j\Omega)|^2$ 在 $\Omega=0$ 处为值为 1，是通带内最大值。

(2) 在 $\Omega<\Omega_p$ 的通带内，幅频响应特性曲线为等波纹，即 $|H_a(j\Omega)|^2$ 等幅地在通带最大值和通带最小值之间摆动；随着 N 的增加，通带波纹增加。

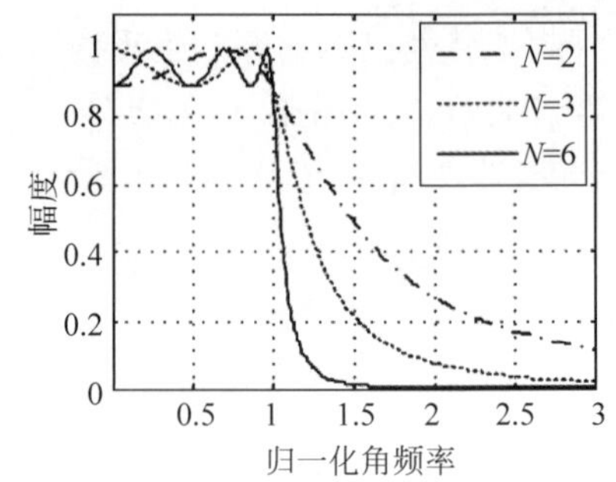

图 6.1.4 切比雪夫Ⅰ型滤波器的幅频响应曲线

(3) 在 $\Omega>\Omega_p$ 时,即过渡带及阻带中,$|H_a(j\Omega)|^2$ 随 Ω 增加而单调减小;阶数 N 值越大,衰减速度越大,过渡带越窄。

3. 切比雪夫Ⅱ型滤波器

N 阶切比雪夫Ⅱ型低通滤波器的幅度平方函数的表达式为

$$|H_a(j\Omega)|^2=\frac{1}{1+\varepsilon^2\left[\frac{C_N(\Omega_s/\Omega_p)}{C_N(\Omega_s/\Omega_p)}\right]^2} \tag{6.1.15}$$

式中,N 为滤波器阶数;Ω_p 为通带截止频率;Ω_s 为阻带截止频率;ε 为通带波纹幅度参数;$C_N(\Omega)$为 N 阶切比雪夫多项式。

对阶数 N 为 2、3、6,取相同的 ε 和 α_s,对阻带截止频率 Ω_s 进行归一化,切比雪夫Ⅱ型低通滤波器的幅频响应曲线如图 6.1.5 所示。图中阻带最小衰减 $\alpha_s=20\text{dB}$,通带最大衰减 $\alpha_p=1\text{dB}$,$\varepsilon=0.5088$。

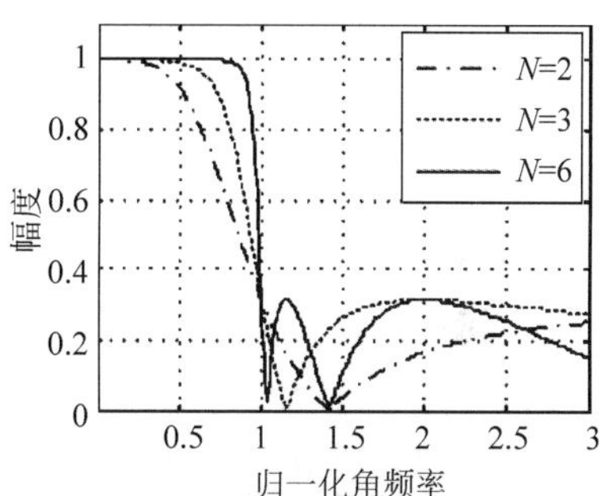

图 6.1.5 切比雪夫Ⅱ型滤波器的幅频响应曲线

由图中可见:

(1) 当 $\Omega=0$ 时,$|H_a(j0)|^2=1$,即滤波器在 $\Omega=0$ 处无幅度衰减。

(2) 在 $\Omega<\Omega_s$ 的通带和过渡带内,随着 Ω 增大,$|H_a(j\Omega)|^2$ 单调减小;N 越大,过渡带内衰减速度越快,过渡带越窄。

(3) 在 $\Omega>\Omega_s$ 的阻带内,幅频响应特性曲线为等波纹,N 为偶数时,$|H_a(j\Omega)|^2$ 在 $\Omega=\Omega_s$ 处为值为 0,是阻带内最小值;N 为奇数时,$|H_a(j\Omega)|^2$ 在 $\Omega=\Omega_s$ 处的值为 δ_s,是阻带内最大值。

4. 椭圆滤波器

N 阶椭圆低通滤波器的幅度平方函数的表达式为

$$|H_a(j\Omega)|^2=\frac{1}{1+\varepsilon^2U_N^2(\Omega/\Omega_p)} \tag{6.1.16}$$

式中,N 为滤波器阶数;Ω_p 为通带截止频率;ε 为通带波纹幅度参数;$U_N(\cdot)$为 N 阶雅可比椭圆函数。雅可比椭圆函数是经典场论中的内容,实际设计中该函数需要查表计算,椭圆滤波器由此而来。又因为在 1931 年考尔(Cauer)首先对这种滤波器进行了理论证明,所以其另一个通用名字为考尔滤波器。

椭圆滤波器的典型幅频响应特性曲线如图 6.1.6 所示。由图 6.1.6(a)可见,椭圆滤波器通带和阻带波纹固定时,阶数越高,过渡带就越窄;由图 6.1.6(b)可见,当椭圆滤波器阶数固定时,通带和阻带波纹越小,则过渡带就越宽。所以椭圆滤波器的阶数 N 由通带截止频率 Ω_p、阻带截止频率 Ω_s、通带最大衰减 α_p 和阻带最小衰减 α_s 共同决定。相比前几种滤波器,椭圆滤波器可以获得对理想滤波器幅频响应的最好逼近,是一种性价比最高的滤波器，所以应用非常广泛。

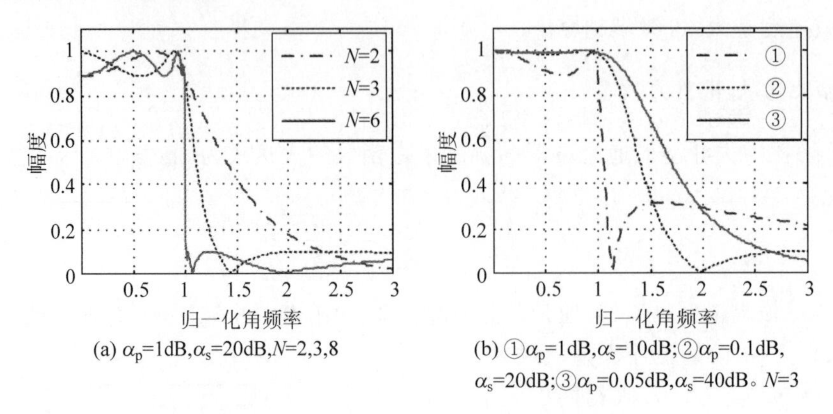

(a) α_p=1dB,α_s=20dB,N=2,3,8　(b) ①α_p=1dB,α_s=10dB;②α_p=0.1dB, α_s=20dB;③α_p=0.05dB,α_s=40dB。N=3

图 6.1.6　椭圆滤波器的幅频特性曲线

5. 经典模拟低通滤波器的比较

前面讨论了四种类型的模拟低通滤波器的设计方法，为了正确地选择模拟滤波器类型以满足给定的幅频响应指标，这里比较四种模拟滤波器的幅度特性。图 6.1.7 给出了相同阶数的归一化巴特沃斯、切比雪夫Ⅰ型、切比雪夫Ⅱ型和椭圆滤波器的幅频响应特性曲线(图 6.1.7(a))和通带内纹波衰减特性曲线(图 6.1.7(b))。滤波器阶数 $N=6$，归一化截止频率为 1、最大通带衰减为 1dB、最小阻带衰减为 40dB。

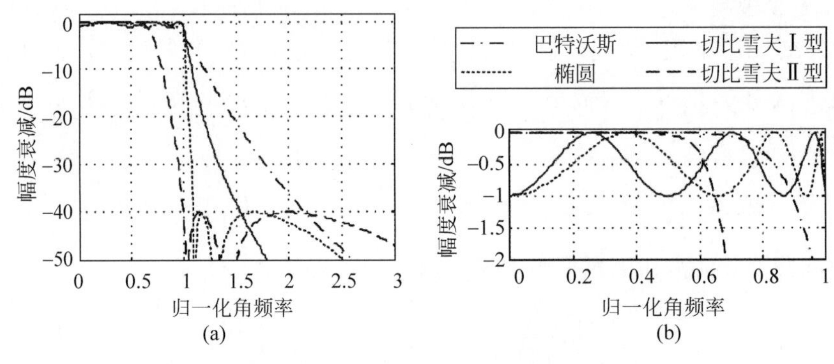

(a)　(b)

图 6.1.7　四种模拟滤波器的幅频特性曲线对比

由图 6.1.7 可以看出：

(1) 当阶数相同时，对相同的通带最大衰减 α_p 和阻带最小衰减 α_s，巴特沃斯滤波器具有单调下降的幅频特性，过渡带最宽。两种类型的切比雪夫滤波器的过渡带宽度相等，比巴特沃斯滤波器的过渡带窄，但比椭圆滤波器的过渡带宽。

(2) 切比雪夫Ⅰ型滤波器在通带具有等波纹幅频特性，过渡带和阻带是单调下降的幅频特性。切比雪夫Ⅱ型滤波器的通带幅频响应几乎与巴特沃斯滤波器相同，阻带是等波纹幅频特性。椭圆滤波器的过渡带最窄，通带和阻带均是等波纹幅频特性。

另外，在满足相同的滤波器幅频响应指标条件下，巴特沃斯滤波器阶数最高，椭圆滤波器的阶数最低,而且阶数差别较大。所以,就满足滤波器幅频响应指标而言,椭圆滤波器的性价比最高,应用较广泛。工程实际中选择哪种滤波器取决于对滤波器阶数(阶数影响处理速度和实现的复杂性)和相位特性的具体要求。例如,在满足幅频响应指标的条件下希望滤波器阶数最低时,就应当选择椭圆滤波器。

6.1.4 模拟低通滤波器的设计

模拟低通滤波器的一般设计过程如下。

(1) 根据信号处理要求确定模拟滤波器设计指标;

(2) 选择原型滤波器;

(3) 计算滤波器阶数;

(4) 通过查表或计算确定滤波器系统函数 $H_a(s)$。

计算滤波器阶数、求系统函数的公式和方法与选择的原型滤波器类型有关,对每种滤波器都有相应的计算机辅助设计程序或设计函数,因此,最主要的是掌握滤波器设计的基本原理与方法,至于那些复杂的公式及其计算,在实际设计中都是由计算机完成的。为了便于学习,本节主要以巴特沃斯模拟低通滤波器设计为例进行介绍,切比雪夫滤波器、椭圆滤波器等其他原型滤波器的设计方法主要以 MATLAB 工具计算来介绍,不做理论分析计算。

根据 6.1.3 节可知,巴特沃斯模拟低通滤波器的特性完全由阶数 N 和 3dB 截止频率 Ω_c 确定,所以巴特沃斯低模拟通滤波器的设计过程可分两步:第一步,根据设计指标求阶数 N 和 3dB 截止频率 Ω_c;第二步,求系统函数 $H_a(s)$。下面分别进行推导和介绍。

1. 求阶数 N 和 3dB 截止频率 Ω_c

给定模拟低通滤波器的技术指标通带内允许的最大衰减 α_p、通带截止角频率 Ω_p、阻带内允许的最小衰减 α_s 和阻带截止角频率 Ω_s。根据式(6.1.6),并考虑巴特沃斯滤波器的单调下降特性(若边界频率点满足指标,由其他频率点必然要求)以及 $H_a(\mathrm{j}0)=1$,可得

$$\alpha_p=-20\lg|H_a(\mathrm{j}\Omega_p)|=-10\lg|H_a(\mathrm{j}\Omega_p)|^2 \tag{6.1.17}$$

$$\alpha_s=-20\lg|H_a(\mathrm{j}\Omega_s)|=-10\lg|H_a(\mathrm{j}\Omega_s)|^2 \tag{6.1.18}$$

当 $\Omega=\Omega_p$ 时,幅度平方函数为

$$|H_a(\mathrm{j}\Omega_p)|^2=\frac{1}{1+(\Omega_p/\Omega_c)^{2N}} \tag{6.1.19}$$

将上式代入式(6.1.17)可得

$$\alpha_p=-10\lg|H_a(\mathrm{j}\Omega_p)|^2=10\lg[1+(\Omega_p/\Omega_c)^{2N}] \tag{6.1.20}$$

上式两边取指数后,可得

$$(\Omega_p/\Omega_c)^{2N}=10^{0.1\alpha_p}-1 \tag{6.1.21}$$

同理,可得

$$(\Omega_s/\Omega_c)^{2N}=10^{0.1\alpha_s}-1 \tag{6.1.22}$$

式(6.1.21)除以式(6.1.22)并消去 Ω_c,得到只有一个未知量 N 的方程,即

$$\left(\frac{\Omega_p}{\Omega_s}\right)^N=\sqrt{\frac{10^{0.1\alpha_p}-1}{10^{0.1\alpha_s}-1}} \tag{6.1.23}$$

则

$$N=\frac{\lg\sqrt{(10^{0.1\alpha_p}-1)/(10^{0.1\alpha_s}-1)}}{\lg(\Omega_p/\Omega_s)} \tag{6.1.24}$$

N 为整数,通常 N 取大于或等于式(6.1.24)的整数。

$$\Omega_c=\frac{\Omega_p}{\sqrt[2N]{10^{0.1\alpha_p}-1}} \tag{6.1.25}$$

$$\Omega_c=\frac{\Omega_s}{\sqrt[2N]{10^{0.1\alpha_s}-1}} \tag{6.1.26}$$

用式(6.1.25)和式(6.1.26)所求的 Ω_c 均满足指标要求,只是用式(6.1.25)求 Ω_c 时,通带指标刚好满足要求,阻带指标有裕量;用式(6.1.26)求 Ω_c 时,阻带指标刚好满足要求,通带指标有裕量。实际设计时根据工程需求灵活选择。

2. 求系统函数 $H_a(s)$

将巴特沃斯低通滤波器的幅度平方函数写成 s 的函数:

$$H_a(s)H_a(-s)=\frac{1}{1+(s/\mathrm{j}\Omega_c)^{2N}} \tag{6.1.27}$$

由上式可知,幅度平方函数有 $2N$ 个极点,极点为

$$s_k=(-1)^{\frac{1}{2N}}(\mathrm{j}\Omega_c)=\Omega_c\mathrm{e}^{\mathrm{j}\pi\left(\frac{1}{2}+\frac{2k+1}{2N}\right)} \tag{6.1.28}$$

式中,$k=0,1,\cdots,2N-1$ 个极点等间隔分布在半径为 Ω_c 的圆上(该圆称巴特沃斯圆),间隔是 π/N(rad)。例如 $N=3$,极点间隔为 $\pi/3$rad,极点分布如图 6.1.8 所示。由图 6.1.8 并结合式(6.1.28)可以看出,$H_a(s)H_a(-s)$ 共有 $2N$ 极点,为获得稳定的滤波器,取 s 左半平面的 N 个极点($k=0,1,\cdots,N-1$)构成 $H_a(s)$,而右半平面的 N 个极点($k=N,N+1,\cdots,2N-1$)构成 $H_a(-s)$。

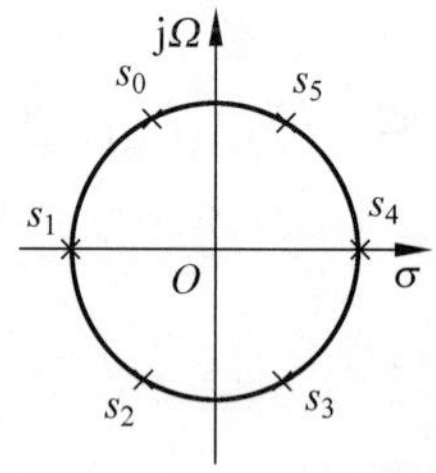

图 6.1.8　三阶巴特沃斯低通滤波器极点分布

因此,巴特沃斯低通滤波器系统函数可写为

$$H_a(s)=\frac{\Omega_c^N}{\prod\limits_{k=0}^{N-1}(s-s_k)} \tag{6.1.29}$$

例如,当 $N=3$ 时,共有 6 个极点,分别是

$$s_0=\Omega_c\mathrm{e}^{\mathrm{j}\frac{2}{3}\pi},\quad s_1=-\Omega_c,\quad s_2=\Omega_c\mathrm{e}^{-\mathrm{j}\frac{2}{3}\pi}$$

$$s_3=\Omega_c e^{-j\frac{1}{3}\pi},\quad s_4=\Omega_c,\quad s_5=\Omega_c e^{j\frac{1}{3}\pi}$$

取左半平面3个极点构成$H_a(s)$，则有

$$H_a(s)=\frac{\Omega_c^3}{(s+\Omega_c)(s-\Omega_c e^{j\frac{2\pi}{3}})(s-\Omega_c e^{-j\frac{\pi}{3}})}$$

上面介绍的是通过直接计算极点来求系统函数的方法。在实际工程设计时，为了使设计公式和图表统一，常对模拟频率做归一化处理。巴特沃斯低通滤波器采用对3dB截止频率Ω_c进行归一化($\Omega_c=1$)，归一化的系统函数为

$$H_a(s)=\frac{1}{\prod\limits_{k=0}^{N-1}\left(\frac{s}{\Omega_c}-\frac{s_k}{\Omega_c}\right)} \tag{6.1.30}$$

令$p=\frac{s}{\Omega_c}$，此时则有$p_k=\frac{s_k}{\Omega_c}$，式(6.1.28)就可以写成归一化系统函数$G(p)$。滤波器设计手册会以表格形式列出各阶巴特沃斯归一化($\Omega_c=1$)低通滤波器的各种参数(表6.1.1)。由表6.1.1中参数可以写出N阶巴特沃斯归一化低通原型系统函数，即

$$G(p)=\frac{1}{\prod\limits_{k=0}^{N-1}(p-p_k)} \tag{6.1.31}$$

或

$$G(p)=\frac{1}{B(p)} \tag{6.1.32}$$

$G(p)$中的分母可选择表中极点、分母多项式和分母因式三种形式。然后去归一化，得到3dB截止频率为Ω_c的低通滤波器系统函数为

$$H_a(s)=G(p)\mid_{p=s/\Omega_c} \tag{6.1.33}$$

表6.1.1　归一化N阶巴特沃斯多项式系数

阶数 N	极点位置				
	$p_{0,N-1}$	$p_{0,N-2}$	$p_{0,N-3}$	$p_{0,N-4}$	p_4
1	−1.0000				
2	−0.7071±j0.7071				
3	−0.5000±j0.8660	−1.0000			
4	−0.3827+j0.9239	−0.9239±j0.3827			
5	−0.3090±j0.9511	−0.8090±j0.5878	−1.0000		
6	0.2588±j0.9659	−0.7071±j0.7071	−0.9659±j0.2588		
7	−0.2225±j0.9749	−0.6235±j0.7818	−0.9019±j0.4339	−1.0000	
8	0.1951±j0.9808	0.5556±j0.8315	−0.8315±j0.5556	−0.9898±j0.1951	
9	−0.1736±j0.9848	−0.5000±j0.8315	−0.7660±j0.6428	−0.9397±j0.3420	−1.0000

续表

阶数 N	分母多项式 $D'(p)=p^N+b_{N-1}p^{N-1}+b_{N-2}p^{N-2}+\cdots+b_1p+b_0$								
	b_0	b_1	b_2	b_3	b_4	b_5	b_6	b_7	b_8
1	1.0000								
2	1.0000	1.4142							
3	1.0000	2.0000	2.0000						
4	1.0000	2.6131	3.4142	2.613					
5	1.0000	3.2361	5.2361	5.2361	3.2361				
6	1.0000	3.8637	7.4641	9.1416	7.4641	3.8637			
7	1.0000	4.4940	10.0978	14.5918	14.5918	10.0978	4.4940		
8	1.0000	5.1258	13.1371	21.8462	25.6884	21.8642	13.1371	5.1258	
9	1.0000	5.7588	15.5817	31.1634	41.9864	41.9864	31.1634	15.5817	5.7588

阶数 N	分母因式 $D'(p)=B'_1(p)B'_2(p)B'_3(p)B'_4(p)B'_5(p)$
1	$p+1$
2	$(p^2+1.412p+1)$
3	$(p^2+p+1)(p+1)$
4	$(p^2+0.765p+1)(p^2+1.8478p+1)$
5	$(p^2+0.6180p+1)(p^2+1.6180p+1)(p+1)$
6	$(p^2+0.5176p+1)(p^2+1.4142p+1)(p^2+1.9319p+1)$
7	$(p^2+0.4450p+1)(p^2+1.2470p+1)(p^2+1.8019p+1)(p+1)$
8	$(p^2+0.3473p+1)(p^2+1.1111p+1)(p^2+1.6629p+1)(p^2+1.961p+1)$
9	$(p^2+0.3473p+1)(p^2+p+1)(p^2+1.5321p+1)(p^2+1.8794p+1)(p+1)$

例 6.1.2 已知通带截止频率 $f_p=5\text{kHz}$，通带最大衰减 $\alpha_p=2\text{dB}$，阻带截止频率 $f_s=12\text{kHz}$，阻带最小衰减 $\alpha_s=30\text{dB}$，按照以上技术指标设计巴特沃斯低通滤波器。

解：(1) 求阶数 N 和 3dB 截止频率 Ω_c：

$$N=\frac{\lg\sqrt{(10^{0.1\alpha_p}-1)/(10^{0.1\alpha_s}-1)}}{\lg(\Omega_p/\Omega_s)}=\frac{\lg 41.3223}{\lg 2.4}=4.25$$

取 $N=5$。

按式(6.1.25)计算 3dB 截止频率 Ω_c：

$\Omega_c=\dfrac{\Omega_p}{\sqrt[2N]{10^{0.1\alpha_p}-1}}=\dfrac{2\pi\times5000}{\sqrt[10]{100^{0.2}-1}}=2\pi\times5.2755(\text{krad/s})$，将 Ω_c 代入式(6.1.26)计算得

$\Omega'_s=\Omega_c\sqrt[2N]{10^{0.1\alpha_s}-1}=2\pi\times10.525(\text{krad/s})$，计算得到的 Ω'_s 比题目中给出的 Ω_s 小，因此过渡带小于指标要求。或者说，在 $\Omega_s=2\pi\times12\text{krad/s}$ 时衰减大于 30dB，所以说阻带指标有裕量。

(2) 求系统函数：

由式 (6.1.28)可得

$$s_k=\Omega_c e^{j\pi\left(\frac{1}{2}+\frac{2k+1}{2N}\right)},\quad k=1,2,\cdots,N$$

得 5 个极点分别为

$$s_1=\Omega_c e^{j3\pi/5},\quad s_2=\Omega_c e^{j4\pi/5},\quad s_3=-\Omega_c,\quad s_4=\Omega_c e^{j6\pi/5},\quad s_5=\Omega_c e^{j7\pi/5}$$

按照式(6.1.31)，归一化低通原型系统函数为

$$G_a(p)=\frac{1}{\prod\limits_{k=0}^{4}(p-p_k)}$$

上式分母可以展开成五阶多项式，或者将共轭极点放在一起，形成因式分解式。这里不如直接查表 6.1.1 简单，由 $N=5$ 直接查表得到

$$G_a(p)=\frac{1}{p^5+3.2361p^4+5.2361p^3+5.2361p^2+3.2361p+1}$$

也可以写成分母因式分解的形式，即

$$G_a(p)=\frac{1}{(p^2+0.6180p+1)(p^2+1.6180p+1)(p+1)}$$

所以

$$\begin{aligned}H_a(s)&=G_a(p)\big|_{p=s/\Omega_c}\\&=\frac{\Omega_c^5}{s^5+b_4\Omega_c s^4+b_3\Omega_c^2 s^3+b_2\Omega_c^3 s^2+b_1\Omega_c^4 s+b_0\Omega_c^5}\end{aligned}$$

综上所述，巴特沃斯模拟低通滤波器的设计步骤如下：

(1) 根据通带最大衰减 α_p、通带截止角频率 Ω_p、阻带内允许的最小衰减 α_s 和阻带截止角频率 Ω_s 等滤波器的技术指标，用式(6.1.24)求出滤波器阶数 N。

(2) 按照式(6.1.28)求出极点 s_k 和归一化极点 p_k，将 p_k 代入式(6.1.31)得到归一化低通滤波器原型系统函数 $G(p)$，也可以根据表 6.1.1 直接查表得到 p_k 和 $G(p)$。

(3) 将 $G(p)$去归一化。将 $p=s/\Omega_c$ 代入 $G(p)$，从而得到实际滤波器的系统函数

$$H_a(s)=G(p)\big|_{p=s/\Omega_c}$$

6.1.5 模拟高通、带通及带阻滤波器的设计

在模拟滤波器设计手册中，各种经典滤波器的设计公式都是针对低通滤波器的，并提供低通原型到其他各种滤波器的频率变换公式。所以，不论设计哪种滤波器，都可以先将该滤波器的技术指标转换为相应的归一化低通原型滤波器指标，按照该技术指标先设计低通滤波器，再通过频带转换，将低通的系统函数转换成所需类型的滤波器系统函数。设计流程如图 6.1.9 所示。设计过程中涉及的频带变换公式和指标转换公式较复杂，其推导更为复杂。本节首先介绍高通、带通及带阻滤波器的幅度特性参数，然后给出频带变换公式，最后举例说明设计高通、带通和带阻滤波器的方法。对那些繁杂的设计

公式推导不做叙述,有兴趣的读者参阅相关书籍。

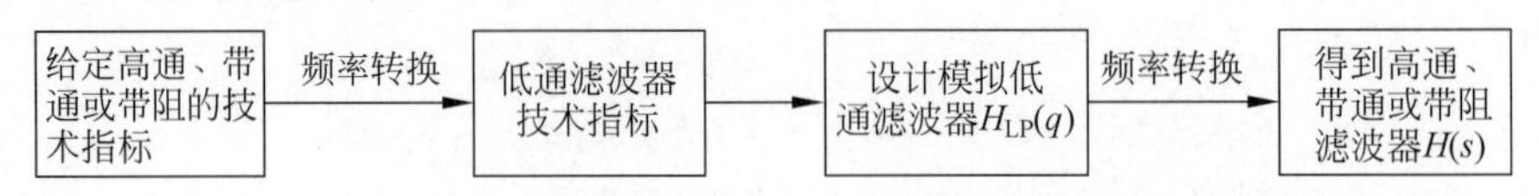

图 6.1.9 模拟高通、带通、带阻滤波器设计流程

1. 模拟滤波器的幅度特性参数

高通滤波器的幅度特性如图 6.1.10(a)所示。图中 Ω_{ph}、Ω_{sh} 分别表示高通滤波器的通带截止频率和阻带截止频率;通带最大衰减和阻带最小衰减仍用 α_p 和 α_s 表示。

带通滤波器的幅度特性曲线如图 6.1.10(b)所示。图中 Ω_{pl}、Ω_{pu} 分别表示带通滤波器的通带下限频率和通带上限频率;Ω_{sl}、Ω_{su} 分别表示带通滤波器的阻带下限频率和阻带上限频率;通带最大衰减和阻带最小衰减仍用 α_p 和 α_s 表示。另外,定义 $\Omega_0^2=\Omega_{pu}\Omega_{pl}$,$\Omega_0$ 为通带中心频率;$B=\Omega_{pu}-\Omega_{pl}$,$B$ 为通带带宽,一般用 B 作为归一化参考频率。

带阻滤波器的幅度特性曲线如图 6.1.10(c)所示。图中 Ω_{pl}、Ω_{pu} 分别表示带阻滤波器的通带下限频率和通带上限频率;Ω_{sl}、Ω_{su} 分别表示带阻滤波器的阻带下限频率和阻带上限频率;通带最大衰减和阻带最小衰减仍用 α_p 和 α_s 表示。另外,定义 $\Omega_0^2=\Omega_{pu}\Omega_{pl}$,$\Omega_0$ 为通带中心频率;$B=\Omega_{pu}-\Omega_{pl}$,$B$ 为通带带宽,一般用 B 作为归一化参考频率。

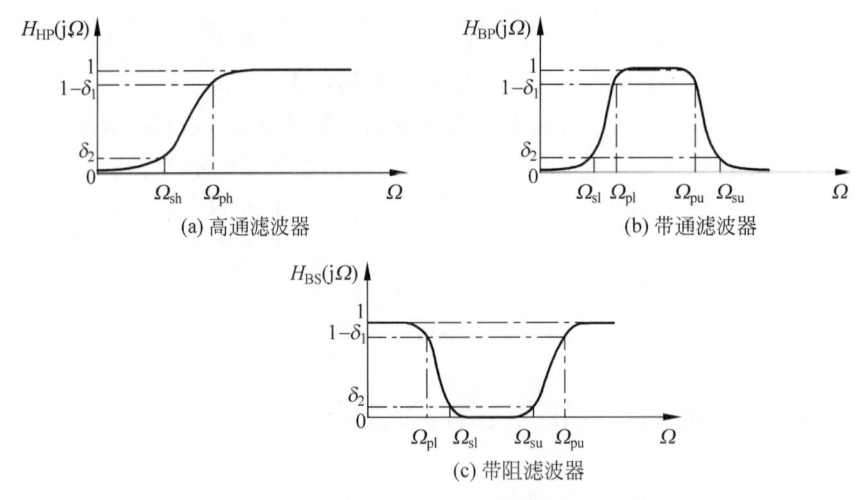

图 6.1.10 各种滤波器幅频特性曲线及边界频率

2. 模拟滤波器的频带转换方法

为了叙述方便,用 $G(p)$表示模拟低通滤波器的系统函数,λ_p、λ_s 和 λ_c 分别表示归一化模拟低通滤波器的通带截止频率、阻带截止频率和 3dB 截止频率,高通、带通及带阻滤波器对应的频带变换关系如表 6.1.2 所示。

表 6.1.2 模拟滤波器的频带变换关系

转换类型	指标转换公式	频带转换公式
低通→高通	$\lambda_p=1$ $\lambda_s=\Omega_p/\Omega_s$	$H_{HP}(s)=H_{LP}(q)\big\|_{q=\frac{\Omega_p}{s}}$
低通→带通	$\lambda_p=1$ $\lambda_s=\frac{\Omega_{su}^2-\Omega_0^2}{\Omega_{su}B}$ 或 $\lambda_s=-\frac{\Omega_{sl}^2-\Omega_0^2}{\Omega_{sl}B}$	$H_{BP}(s)=H_{LP}(q)\big\|_{q=\frac{s^2+\Omega_0^2}{Bs}}$
低通→带阻	$\lambda_p=1$ $\lambda_s=\frac{\Omega_{sl}\cdot B}{\Omega_{sl}^2-\Omega_0^2}$ 或 $\lambda_s=-\frac{\Omega_{su}\cdot B}{\Omega_{su}^2-\Omega_0^2}$	$H_{BS}(s)=H_{LP}(q)\big\|_{q=\frac{Bs}{s^2+\Omega_0^2}}$

下面举例说明高通、带通及带阻模拟滤波器的设计方法。

例 6.1.3 设计模拟高通滤波器，$f_p=4\text{kHz}$，$f_s=1\text{kHz}$，幅度特性单调下降，f_p 处最大衰减 $\alpha_p=0.1\text{dB}$，阻带最小衰减 $\alpha_s=40\text{dB}$。

解：(1) 高通技术指标：

$$f_p=4\text{kHz},\quad \alpha_p=0.1\text{dB},\quad f_s=1\text{kHz},\quad \alpha_s=40\text{dB}$$

归一化频率：

$$\eta_p=f_p/f_p=1,\quad \eta_s=f_s/f_p=0.25$$

(2) 归一化低通技术指标：

$$\lambda_p=1,\quad \lambda_s=1/\eta_s=4,\quad \alpha_p=0.1\text{dB},\quad \alpha_s=40\text{dB}$$

(3) 设计低通 $H_{LP}(q)$。采用巴特沃斯滤波器时，有

$$N=\frac{\lg\sqrt{(10^{0.1\alpha_p}-1)/(10^{0.1\alpha_s}-1)}}{\lg(\lambda_p/\lambda_s)}=\frac{\lg 0.0015}{\lg 0.25}=4.68$$

取 $N=5$。

按式(6.1.26)计算 3dB 截止频率 λ_c：

$$\lambda_c=\frac{\lambda_s}{\sqrt[2N]{10^{0.1\alpha_s}-1}}=\frac{4}{\sqrt[10]{10^2-1}}=1.5924$$

查表 6.1.1 得归一化系统函数为

$$G(p)=\frac{1}{p^5+3.2361p^4+5.2361p^3+5.2361p^2+3.2361p+1}$$

去归一化可得

$$\begin{aligned}H_{LP}(q)&=G(p)\big|_{p=q/\lambda_c}\\&=\frac{10.2405}{q^5+5.1533q^4+13.278q^3+21.1445q^2+20.8101q+10.2405}\end{aligned}$$

(4) 求模拟高通 $H_{HP}(s)$：

$$H_{HP}(s)=H_{LP}(q)\big|_{q=2\pi f_p/s}=\frac{s^5}{a_5s^5+a_4s^4+a_3s^3+a_2s^2+a_1s+a_0}$$

其中,分母多项式系数如表 6.1.3 所示。

表 6.1.3 分母多项式系数 1

a_5	a_4	a_3	a_2	a_1	a_0
1.0000	5.1073×10^4	1.3042×10^9	2.0584×10^{13}	2.0078×10^{17}	9.7921×10^{20}

$H_{LP}(q)$和$H_{HP}(s)$的幅频响应曲线如图 6.1.11 所示。

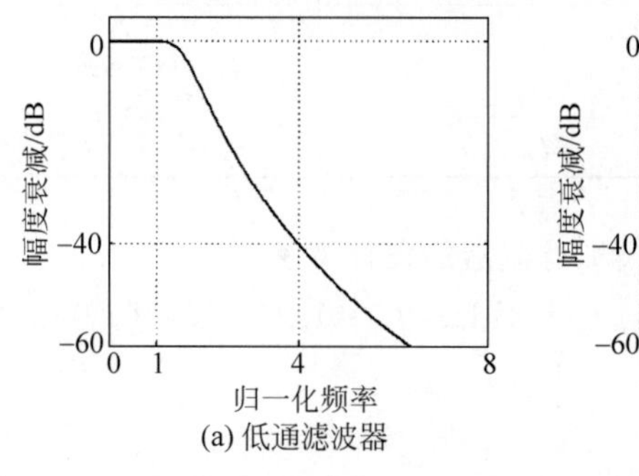

(a) 低通滤波器

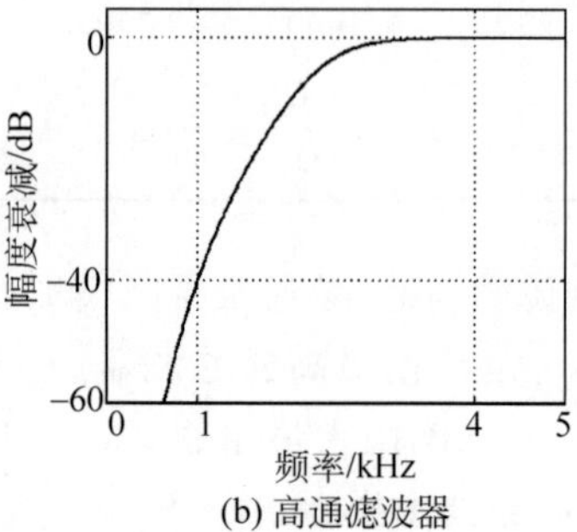

(b) 高通滤波器

图 6.1.11 例 6.1.3 所得低通、高通滤波器幅频响应曲线

例 6.1.4 设计模拟带通滤波器,通带截止频率为 4kHz 和 7kHz,阻带截止频率为 2kHz 和 9kHz,通带最大衰减为 1dB,阻带最小衰减为 20dB。

解:(1) 模拟带通滤波器的指标为

$$f_{pl}=4\text{kHz},\quad f_{pu}=7\text{kHz},\quad \alpha_p=1\text{dB};\quad f_{sl}=2\text{kHz},\quad f_{su}=9\text{kHz},\quad \alpha_s=20\text{dB}$$

此时,通带中心频率为

$$f_0^2=f_{pl}f_{pu}=4000\times7000=28\times10^6$$

通带带宽为

$$B=f_{pu}-f_{pl}=7000-4000=3(\text{kHz})$$

(2) 归一化低通技术指标,根据表 6.1.2 可得

$$\lambda_p=1,\quad \lambda_s=\frac{f_{su}^2-f_0^2}{f_{su}B}=1.963,\quad -\lambda_s=\frac{f_{sl}^2-f_0^2}{f_{sl}B}=4$$

λ_s与$-\lambda_s$的绝对值可能不相等,一般取绝对值小的值,即$\lambda_s=1.963$。这样,在$\lambda_s=1.963$处的衰减能达到 20dB,在$\lambda=4$处的衰减更能满足要求。

(3) 设计低通$H_{LP}(q)$。采用巴特沃斯滤波器时,有

$$N=\frac{\lg\sqrt{(10^{0.1\alpha_p}-1)/(10^{0.1\alpha_s}-1)}}{\lg(\lambda_p/\lambda_s)}=\frac{\lg0.05114}{\lg0.5094}=4.41$$

取$N=5$。

按式(6.1.26)计算 3dB 截止频率λ_c:

$$\lambda_c=\frac{\lambda_s}{\sqrt[2N]{10^{0.1\alpha_s}-1}}=\frac{1.963}{\sqrt[10]{10^2-1}}=1.2398$$

查表 6.1.1 所得归一化系统函数为

$$G(p)=\frac{1}{p^5+3.2361p^4+5.2361p^3+5.2361p^2+3.2361p+1}$$

去归一化可得

$$H_{LP}(q)=G(p)\big|_{p=q/\lambda_c}=\frac{2.9292}{q^5+4.012q^4+8.0483q^3+9.9782q^2+7.6456q+2.9292}$$

（4）求模拟带通 $H_{BP}(s)$：

$$H_{BP}(s)=H_{LP}(q)\big|_{q=\frac{s^2+\Omega_0^2}{B\cdot s}}=\frac{b_5s^5}{s^{10}+a_9s^9+a_8s^8+\cdots+a_1s+a_0}$$

其中，分子系数 $b_5=6.9703\times10^{21}$，分母多项式系数如表 6.1.4。

表 6.1.4　分母多项式系数 2

a_9	a_8	a_7	a_6	a_5
7.5625×10^4	8.3866×10^9	4.0121×10^{14}	2.2667×10^{19}	7.0915×10^{23}
a_4	a_3	a_2	a_1	a_0
2.5056×10^{28}	4.9024×10^{32}	1.1328×10^{37}	1.1291×10^{41}	1.6504×10^{45}

由运算结果可知，带通滤波器是 $2N$ 阶的。$H_{LP}(q)$和 $H_{BP}(s)$的幅频响应曲线如图 6.1.12 所示。模拟带阻滤波器的设计过程与带通滤波器相近，在此就不再举例说明。

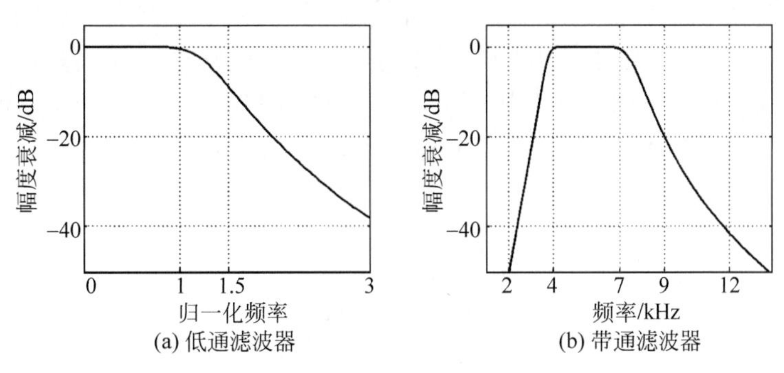

图 6.1.12　例 6.1.4 所得低通、带通滤波器损耗函数曲线

6.2　脉冲响应不变法设计 IIR 数字滤波器

原型模拟滤波器设计完成后，得到归一化的模拟低通系统函数 $H_a(s)$。首先在模拟频域内进行频率变换，把 $H_a(s)$变换成具有期望频率响应（高通、带通、带阻等）的模拟系统函数 $H(s)$，然后把 $H(s)$从 s 平面映射到 z 平面，得到具有期望频率响应的数字滤波器系统函数 $H(z)$。将原型滤波器转换成具有期望频率响应的数字滤波器，如图 6.2.1 所示。

一般而言，此种设计方法的理论推导清晰，计算量相对较小，并且有成熟的模拟滤波

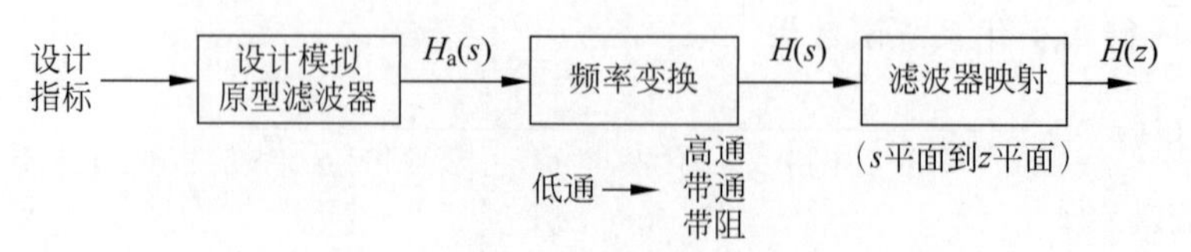

图 6.2.1　基于模拟原型滤波器的间接设计法

器理论方法作为基础。本节主要讲述基于模拟原型滤波器间接设计 IIR 数字滤波器的方法,并重点讨论 s 平面与 z 平面的映射关系。将 s 平面上的 $H_a(s)$转换成 z 平面上的 $H(z)$。为了保证转换后的 $H(z)$稳定且满足技术要求,转换关系必须满足以下两个要求:

(1) 因果稳定的模拟滤波器转换成数字滤波器,仍是因果稳定的。也就是说,s 平面的左半平面必须映射到 z 平面的单位圆内。

(2) 数字滤波器的频率响应模仿模拟滤波器的频率响应,即 s 平面的虚轴必须映射到 z 平面的单位圆上,如图 6.2.2 所示。

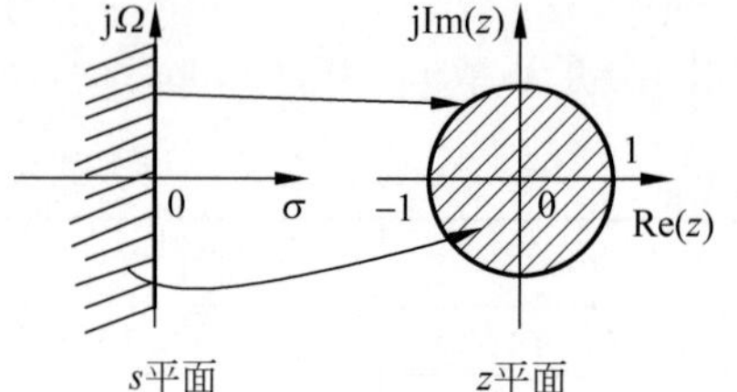

图 6.2.2　s 平面到 z 平面的映射关系

6.2.1　脉冲响应不变法转换原理

脉冲响应不变法实际上是模拟滤波器时域离散化的一种方法。这种转换方法的基本思想是波形逼近,使离散化后的数字滤波器的单位冲激响应 $h(n)$逼近模拟滤波器的单位冲激响应 $h_a(t)$。根据这种设计思想,利用拉普拉斯逆变换和 Z 变换,可推导出用脉冲响应不变法从 $H_a(s)$转换成 $H(z)$的公式。推导思路如图 6.2.3 所示。

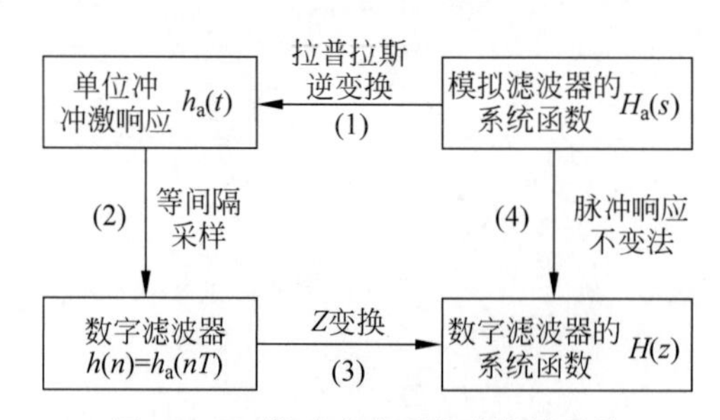

图 6.2.3　脉冲响应不变法推导思路

为了简化推导,设模拟滤波器 $H_a(s)$只有单阶极点 $s_i(i=1,2,\cdots,N)$,且分母多项式的阶次高于分子多项式的阶次,则 $H_a(s)$可以用如下部分分式表示:

$$H_a(s)=\sum_{i=1}^{N}\frac{A_i}{s-s_i}\tag{6.2.1}$$

(1) 对 $H_a(s)$进行拉普拉斯逆变换,可得到单位冲激响应 $h_a(t)$:

$$h_a(t)=\sum_{i=1}^{N}A_i e^{s_i t}u(t) \tag{6.2.2}$$

(2) 对 $h_a(t)$ 进行等间隔采样(采样间隔为 T),得到数字滤波器的单位冲激响应 $h(n)$:

$$h(n)=h_a(nT)=\sum_{i=1}^{N}A_i e^{s_i nT}u(nT) \tag{6.2.3}$$

(3) 对 $h(n)$ 进行 Z 变换,得到数字滤波器的系统函数 $H(z)$:

$$H(z)=\sum_{i=1}^{N}\frac{A_i}{1-e^{s_i T}z^{-1}} \tag{6.2.4}$$

(4) 对比式(6.2.1)和式(6.2.4)可知,$H_a(s)$ 的极点 s_i 映射到 z 平面,其极点变成 $e^{s_i T}$,系数 A_i 不变化。对 $H_a(s)$ 有多阶极点以及分子阶次高于分母阶次的复杂情况,其设计公式推导较为复杂,有兴趣的读者可参考有关资料。

6.2.2 s 平面到 z 平面的映射关系

由以上分析得出了 s 平面到 z 平面的极点映射关系 $z_i=e^{s_i T}$。这里以采样信号 $\hat{h}_a(t)$ 作为桥梁,推导 s 平面到 z 平面的映射关系。

设 $h_a(t)$ 的采样信号为 $\hat{h}_a(t)$,根据理想采样过程,$\hat{h}_a(t)$ 可表示为

$$\hat{h}_a(t)=\sum_{n=-\infty}^{\infty}h_a(t)\delta(t-nT) \tag{6.2.5}$$

对 $\hat{h}_a(t)$ 进行拉普拉斯变换,得到

$$\begin{aligned}\hat{H}_a(s)&=\int_{-\infty}^{\infty}\hat{h}_a(t)e^{-st}\,dt\\&=\int_{-\infty}^{\infty}\left[\sum_{n=-\infty}^{\infty}h_a(t)\delta(t-nT)\right]e^{-st}\,dt\\&=\sum_{n=-\infty}^{\infty}\int_{-\infty}^{\infty}h_a(t)\delta(t-nT)e^{-st}\,dt\\&=\sum_{n=-\infty}^{\infty}h_a(nT)e^{-snT}\end{aligned} \tag{6.2.6}$$

由于 $H(z)=\sum_{n=-\infty}^{\infty}h(n)z^{-n}$,可见采样信号的拉普拉斯变换 $\hat{H}_a(s)$ 与相应的序列的 Z 变换 $H(z)$ 之间的映射关系可用下式表示:

$$z=e^{sT} \tag{6.2.7}$$

为了进一步分析这种映射关系,将 s 表示为

$$s=\sigma+j\Omega \tag{6.2.8}$$

而将 z 表示为

$$z=re^{j\omega} \tag{6.2.9}$$

代入式(6.2.7)，得到

$$r\mathrm{e}^{\mathrm{j}\omega}=\mathrm{e}^{(\sigma+\mathrm{j}\Omega)T}=\mathrm{e}^{\sigma T}\mathrm{e}^{\mathrm{j}\Omega T} \tag{6.2.10}$$

因此

$$\begin{cases} r=\mathrm{e}^{\sigma T} \\ \omega=\Omega T \end{cases} \tag{6.2.11}$$

总结 s 平面到 z 平面的映射关系如下：

(1) z 的模 r 仅对应于 s 的实部 σ，由此可得：

$\sigma=0, r=1$，s 平面的虚轴映射为 z 平面的单位圆；

$\sigma<0, r<1$，s 平面左半平面映射为 z 平面的单位圆内；

$\sigma>0, r>1$，s 平面右半平面映射为 z 平面的单位圆外；

这说明如果 $H_{\mathrm{a}}(s)$ 因果稳定，转换后得到的 $H(z)$ 仍是因果稳定的。

(2) z 的辐角 ω 仅对应于 s 的虚部 Ω，即数字频率与模拟频率之间是线性关系，这是脉冲响应不变法的优点之一。

(3) 由于 $z=\mathrm{e}^{sT}$ 是一个周期函数，则可写成

$$\mathrm{e}^{sT}=\mathrm{e}^{\sigma T}\mathrm{e}^{\mathrm{j}\Omega T}=\mathrm{e}^{\sigma T}\mathrm{e}^{\mathrm{j}(\Omega+\frac{2\pi}{T}M)T} \tag{6.2.12}$$

式中，M 为任意整数。

由式(6.2.12)可知，当 σ 不变，模拟 Ω 从 $-\pi/T$ 变化到 π/T 时，数字频率 ω 则从 $-\pi$ 变化到 π。这表明，将 s 平面沿着 $\mathrm{j}\Omega$ 轴分割成一条条宽为 $2\pi/T$ 的水平带，每条水平带都将重叠映射到整个 z 平面。此时 $\hat{H}_{\mathrm{a}}(s)$ 所在的 s 平面与 $H(z)$ 所在的 z 平面的映射关系如图 6.2.4 所示。

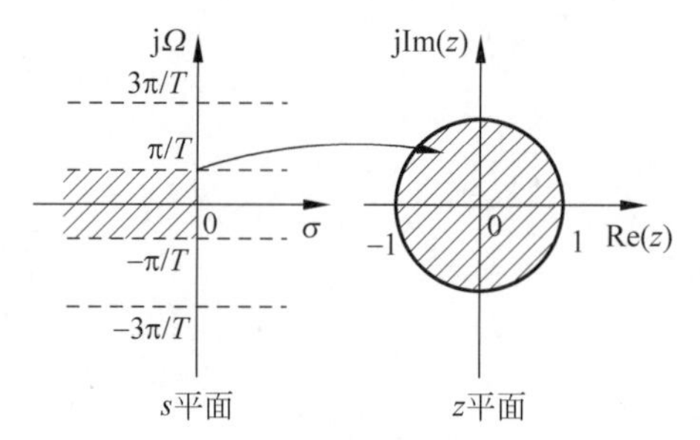

图 6.2.4 脉冲响应不变法时 s 平面与 z 平面的映射关系

虽然 s 平面的虚轴 $s=\mathrm{j}\Omega$ 映射成 z 平面的单位圆 $z=\mathrm{e}^{\mathrm{j}\omega}$，但这不是一对一而是多对一的映射。具体来说，$s=\mathrm{j}\Omega$ 轴上长为 $2\pi/T$ 的每一段都映射成单位圆，这就是造成频谱混叠的根源。

6.2.3 频谱混叠现象

模拟信号 $h_{\mathrm{a}}(t)$ 的傅里叶变换 $H_{\mathrm{a}}(\mathrm{j}\Omega)$ 和其采样信号 $\hat{h}_{\mathrm{a}}(t)$ 的傅里叶变换 $\hat{H}_{\mathrm{a}}(\mathrm{j}\Omega)$ 之间的关系满足如下关系式：

$$\hat{H}_{\mathrm{a}}(\mathrm{j}\Omega)=\frac{1}{T}\sum_{k=-\infty}^{\infty}H_{\mathrm{a}}(\mathrm{j}\Omega-\mathrm{j}k\Omega_{\mathrm{s}}) \tag{6.2.13}$$

将 $\omega=\Omega T$ 代入上式，可得

$$H(\mathrm{e}^{\mathrm{j}\omega})=\frac{1}{T}\sum_{k=-\infty}^{\infty}H_{\mathrm{a}}\left(\mathrm{j}\frac{\omega}{T}-\mathrm{j}k\frac{2\pi}{T}\right)$$

$$=\frac{1}{T}\sum_{k=-\infty}^{\infty}H_{\mathrm{a}}\left(\mathrm{j}\frac{\omega-2\pi k}{T}\right) \tag{6.2.14}$$

上两式说明,数字滤波器频率响应是模拟滤波器频率响应的周期延拓函数。所以,如果模拟滤波器具有带限特性,而且 T 满足采样定理,则数字滤波器频率响应完全模仿了模拟滤波器频率响应。这是脉冲响应不变法的最大优点。但是,有限阶数的模拟滤波器的频率响应不可能是理想带限的,实际上在高频部分总是存在频谱混叠失真,如图 6.2.5 所示。

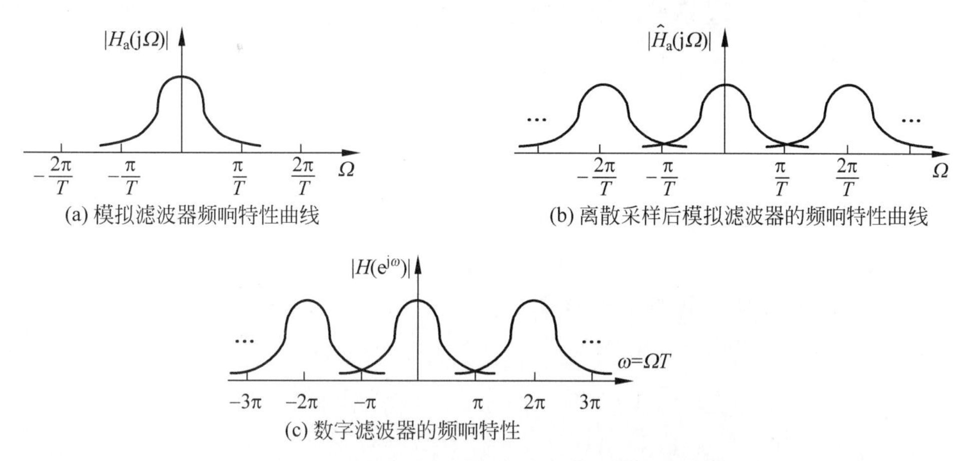

图 6.2.5 脉冲响应不变法的频谱混叠失真曲线

6.2.4 脉冲响应不变法的设计步骤

因为数字频率与模拟频率之间是线性关系,因此用脉冲响应不变法设计数字滤波器的步骤如下:

(1) 利用 $\omega=\Omega T$,将 ω_{p}、ω_{s} 转换成 Ω_{p}、Ω_{s},而 α_{p}、α_{s} 不做变化;

(2) 设计模拟低通滤波器 $H_{\mathrm{a}}(s)$;

(3) 利用式(6.2.1)和式(6.2.4),将 $H_{\mathrm{a}}(s)$转换为 $H(z)$。

例 6.2.1 用脉冲响应不变法设计低通数字滤波器,要求在通带内频率低于 0.2π 时,容许幅度误差在 1dB 以内,在频率为 $0.4\pi\sim\pi$ 的阻带衰减大于 15dB,模拟滤波器采用巴特沃斯低通滤波器。

解:将数字低通的技术指标转换为模拟低通的技术指标:

$$\Omega_{\mathrm{p}}=\frac{\omega_{\mathrm{p}}}{T}=\frac{0.2\pi}{T}(\mathrm{rad/s}),\quad \alpha_{\mathrm{p}}=1\mathrm{dB}$$

$$\Omega_{\mathrm{s}}=\frac{\omega_{\mathrm{s}}}{T}=\frac{0.4\pi}{T}(\mathrm{rad/s}),\quad \alpha_{\mathrm{s}}=15\mathrm{dB}$$

(1) 设计模拟低通滤波器 $H_a(s)$，取 $T=1\mathrm{s}$：

$$\Omega_p = 0.2\pi \mathrm{rad/s}, \quad \Omega_s = 0.4\pi \mathrm{rad/s}$$

$$N = \frac{\lg\sqrt{(10^{0.1\alpha_p}-1)/(10^{0.1\alpha_s}-1)}}{\lg(\Omega_p/\Omega_s)} = \frac{\lg 0.0920}{\lg 0.5} = 3.44$$

取 $N=4$。

查表 6.1.1 得归一化系统函数为

$$G(p) = \frac{1}{p^4 + 2.6131p^3 + 3.4142p^2 + 2.6131p + 1}$$
$$= \sum_{k=1}^{4} \frac{A_k}{p - p_k}$$

式中

$$A_1 = 0.3536 + \mathrm{j}0.3536, \quad A_2 = 0.3536 - \mathrm{j}0.3536,$$
$$A_3 = -0.8536 + \mathrm{j}0.8536, \quad A_4 = -0.8536 - \mathrm{j}0.8536$$
$$p_1 = -0.3827 + \mathrm{j}0.9239, \quad p_2 = -0.3827 - \mathrm{j}0.9239,$$
$$p_3 = -0.9239 + \mathrm{j}0.3827, \quad p_4 = -0.9239 - \mathrm{j}0.3827$$

按式(6.1.26)计算 3dB 截止频率 Ω_c：

$$\Omega_c = \frac{\Omega_s}{\sqrt[2N]{10^{0.1\alpha_s}-1}} = \frac{0.4\pi}{\sqrt[10]{10^{1.5}-1}} = 0.8193$$

去归一化可得

$$H_a(s) = G(p)\big|_{p=s/\Omega_c} = \sum_{i=1}^{4} \frac{\Omega_c A_i}{s - \Omega_c p_i} = \sum_{i=1}^{4} \frac{B_i}{s - s_i}$$

式中

$$s_i = \Omega_c p_i, \quad B_i = \Omega_c A_i$$

(2) 将 $H_a(s)$转换成 $H(z)$：

$$H(z) = \sum_{i=1}^{4} \frac{B_i}{1 - \mathrm{e}^{s_i T} z^{-1}} = \sum_{i=1}^{N} \frac{B_i}{1 - \mathrm{e}^{s_i} z^{-1}}$$
$$= \frac{0.0427z^{-1} + 0.0973z^{-2} + 0.0154z^{-3}}{1 - 1.9550z^{-1} + 1.7025z^{-2} - 0.7105z^{-3} + 0.1175z^{-4}}$$

图 6.2.6 给出了 $T=1\mathrm{s}$ 和 $T=1\mathrm{ms}$ 时，$G(\mathrm{j}\Omega)$和 $H(\mathrm{e}^{\mathrm{j}\omega})$的幅频曲线。从图可以看出，数字滤波器基本满足技术指标要求；但是，由于频谱混叠失真，使数字滤波器在 $\omega=\pi$ 附近衰减明显小于模拟滤波器在 $f=f_s/2$(图 6.2.6(a)$f=0.5\mathrm{Hz}$ 处，图 6.2.6(c)$f=500\mathrm{Hz}$ 处)附近的衰减。

参考以上例题解题过程，总结采样间隔 T 对滤波器设计的影响如下：

(1) 如果直接由模拟低通滤波器 $H_a(s)$转换成数字低通滤波器 $H(z)$，则 T 的取值对转换结果有影响，即 T 不同，则 $H(z)$不同，频率响应当然也不同。对于脉冲响应不变法，T 值越大，会使频谱混叠失真越严重。

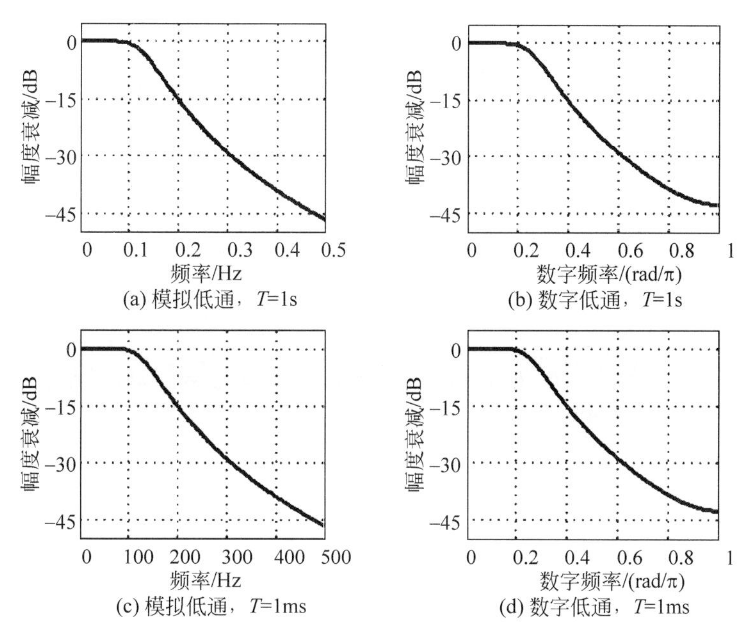

图 6.2.6 例 6.2.1 的幅频特性

(2) 如果给定数字滤波器指标，先模拟滤波器，再转换成数字滤波器。此时在数字指标转换为模拟指标和 s 平面到 z 平面的变换两次转换时都用到了 T，这两次变换是互逆过程，所以 T 的影响可相互抵消，如在图 6.2.6(b)、(d)采样周期分别是 $T=1\text{s}$ 和 $T=1\text{ms}$ 时的结果，得到的 $H(z)$频率响应特性基本相同，T 的取值对频谱混叠程度的影响很小，若没有特别说明，在设计时一般取 $T=1$。

脉冲响应不变法的优点是频率坐标变换是线性的，即 $\omega=\Omega T$，如果不考虑频谱混叠现象，用这种方法设计的数字滤波器会很好地重现原模拟滤波器的频率特性。另一个优点是数字滤波器的单位脉冲响应完全模仿模拟滤波器的单位冲激响应，时域特性逼近好。

当模拟低通的最高截止频率超过折叠频率 π/T 时，会在数字化后产生频谱混叠，再通过标准映射关系 $z=\mathrm{e}^{sT}$，结果在 $\omega=\pi$ 附近形成频谱混叠现象。使数字滤波器的频响偏移模拟滤波器的频响。频谱混叠现象是脉冲响应不变法最大的缺点，因此这种方法只适合低通、带通滤波器的设计，不适合高通、带阻滤波器的设计。

6.3 双线性变换法设计 IIR 数字滤波器

6.3.1 双线性变换法转换原理

6.2 节讲述的脉冲响应不变法是使数字滤波器在时域上模仿模拟滤波器，但会产生频谱混叠现象。为了克服这一缺点，对脉冲响应不变法进行改进，采用非线性频率压缩的方法，将整个频率轴上的频率范围压缩到 $\pm\pi/T$ 之间，再用 $z=\mathrm{e}^{sT}$ 转换到 z 平面上，如图 6.3.1 所示。

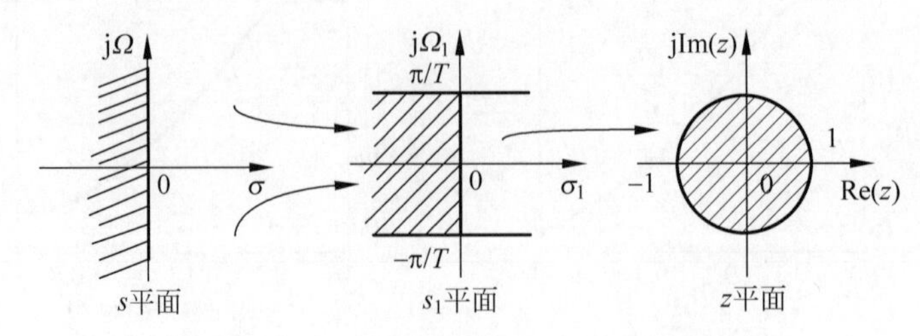

图 6.3.1 双线性变换法的映射关系

为了实现 s 平面上整个虚轴 $\mathrm{j}\Omega$ 完全压缩到 s_1 平面上虚轴 $\mathrm{j}\Omega_1$ 的 $\pm\pi/T$ 之间的转换,利用正切变换实现频率压缩:

$$\Omega = K\tan\left(\frac{1}{2}\Omega_1 T\right) \tag{6.3.1}$$

式中,考虑在 $x\approx 0$ 时,函数 $\tan(x)\approx x$,所以近似有 $\Omega = K\cdot\frac{1}{2}\Omega_1 T$,为保证 $\Omega=\Omega_1$,可得 $K=\frac{2}{T}$。当 Ω_1 从 $-\pi/T$ 经过 0 变化到 π/T 时,Ω 则由 $-\infty$ 经过 0 变化到 $+\infty$,映射整个虚轴。将这个解析关系延拓到整个 s 平面和 s_1 平面,则得到

$$s = \frac{2}{T}\mathrm{th}\left(\frac{s_1 T}{2}\right) = \frac{2}{T}\,\frac{1-\mathrm{e}^{-s_1 T}}{1+\mathrm{e}^{-s_1 T}} \tag{6.3.2}$$

再将 s_1 平面通过 $z=\mathrm{e}^{s_1 T}$ 转换到 z 平面上,得到

$$s = \frac{2}{T}\,\frac{1-z^{-1}}{1+z^{-1}} \tag{6.3.3}$$

同样,对 z 求解,可得

$$z = \frac{1+(T/2)s}{1-(T/2)s} \tag{6.3.4}$$

式(6.3.3)和式(6.3.4)为双线性变换法的变换公式。

6.3.2 s 平面到 z 平面的映射关系

双线性变换法的映射情况如图 6.3.1 所示。从 s 平面映射到 s_1 平面,再从 s_1 平面映射到 z 平面,下面分析 s 平面到 z 平面的映射关系。对于 $s=\sigma+\mathrm{j}\Omega$,根据式(6.3.4)可得

$$z = \frac{1+(T/2)(\sigma+\mathrm{j}\Omega)}{1-(T/2)(\sigma+\mathrm{j}\Omega)} = \frac{(1+\sigma T/2)+\mathrm{j}\Omega T/2}{(1-\sigma T/2)-\mathrm{j}\Omega T/2} \tag{6.3.5}$$

因此

$$|\,z\,|^2 = \frac{(1+\sigma T/2)^2+(\Omega T/2)^2}{(1-\sigma T/2)^2+(\Omega T/2)^2} \tag{6.3.6}$$

由式(6.3.6)可得以下结论：

$\sigma=0,|z|=1$，s 平面的虚轴映射为 z 平面的单位圆；

$\sigma<0,|z|<1$，s 平面左半平面映射为 z 平面的单位圆内；

$\sigma>0,|z|>1$，s 平面右半平面映射为 z 平面的单位圆外。

这样，如果 $H_a(s)$ 因果稳定，转换后得到的 $H(z)$ 也是因果稳定的。同时，由于 s 平面到 z 平面是一种单值映射关系，而不是多对一的映射关系，因此消除了频谱混叠现象。这是双线性变换法相比脉冲响应不变法而言最大的优点。

下面分析模拟频率 Ω 和数字频率 ω 之间的关系。令 $s=\mathrm{j}\Omega$，$z=\mathrm{e}^{\mathrm{j}\omega}$，并代入式(6.3.3)，可得

$$\mathrm{j}\Omega=\frac{2}{T}\frac{1-\mathrm{e}^{-\mathrm{j}\omega}}{1+\mathrm{e}^{-\mathrm{j}\omega}}=\mathrm{j}\,\frac{2}{T}\tan\left(\frac{\omega}{2}\right) \tag{6.3.7}$$

即

$$\Omega=\frac{2}{T}\tan\left(\frac{\omega}{2}\right) \tag{6.3.8}$$

上式说明，模拟频率 Ω 和数字频率 ω 成非线性正切关系，如图 6.3.2 所示。很明显，s 平面的整个负虚轴从 $\Omega=-\infty$ 到 $\Omega=0$ 映射到 z 平面的单位圆周从 $\omega=-\pi$ $(z=-1)$ 到 $\omega=0(z=1)$ 的下半部分；而 s 平面的整个正虚轴从 $\Omega=0$ 到 $\Omega=+\infty$ 映射到 z 平面的单位圆周从 $\omega=0(z=1)$ 到 $\omega=+\pi(z=-1)$ 的上半部分；频率轴是单值变换关系，且 $\Omega\to\infty$ 时，$\omega\to\pi$，即奈奎斯特折叠频率。故不会有高于折叠频率的分量，这就避免了频谱混叠现象。但这种映射的非线性程度是很高的，在 $\omega=0$ 附近还比较接近线性关系；当 ω 增加时，Ω 增加得越来越快，在 Ω 与 ω 之间成严重的非线性关系。

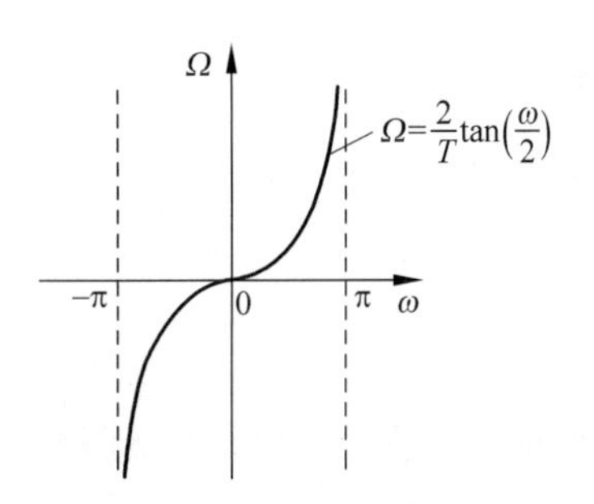

图 6.3.2　双线性变换法的频率映射关系

6.3.3 频率转换的非线性

双线性变换法的模拟频率 Ω 和数字频率 ω 成非线性正切关系，正是因为这种 $0\leqslant\Omega\leqslant\infty$ 非线性关系，消除了频谱混叠现象，但也导致了频率转换的非线性。图 6.3.3 只画出了$(0,\pi)$范围内的图形。根据正切函数的性质，当 Ω 从 0 变到 $+\infty$ 时，ω 将从 0 变到 π，当 Ω 从 0 变到 $-\infty$ 时，ω 将从 0 变到 $-\pi$，因此双线性变换把模拟滤波器在 $-\infty\leqslant\Omega\leqslant\infty$ 范围内的频率特性 $|H(\mathrm{j}\Omega)|$ 压缩成数字滤波器在 $-\pi\leqslant\omega\leqslant\pi$ 范围内的频率特性 $|H(\mathrm{e}^{\mathrm{j}\omega})|$。这种非线性在低频段还不是很明显，因此对低通滤波器进行双线性变换所引起的频率失真一般很小。

这种频率转换的非线性可以用频率预失真的方法来补偿，即预先把给定的数字滤波器频率指标用双线性变换式(6.3.8)进行换算，例如，为了让模拟滤波器的通带截止频率

Ω_p 变到预期的数字频率 ω_p 处，一开始就把目标修正为 Ω' 而不是 Ω_p。这样双线性变换后，Ω' 正好“畸变”到 ω_p。预失真的示意图如图 6.3.4 所示。

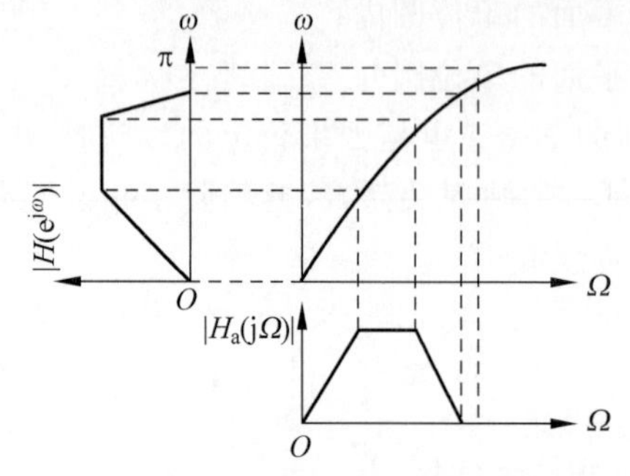

图 6.3.3　双线性变换法中频率变换的非线性变换

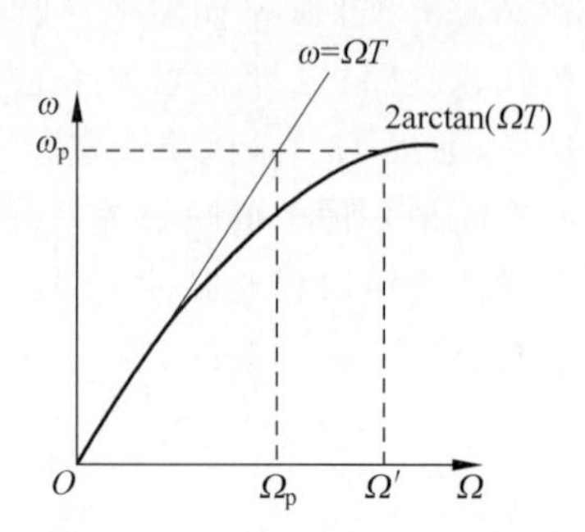

图 6.3.4　频率预失真示意图

把目标从 Ω 修正为 Ω' 的过程就称为预失真，公式为

$$\Omega' = \frac{2}{T}\tan\left(\frac{\omega}{2}\right) = \frac{2}{T}\tan\left(\frac{\Omega T}{2}\right)$$

需要注意的是，预失真不能在整个频率范围内消除非线性畸变，只是消除模拟和数字滤波器在通带截止频率、阻带截止频率等这些特征频率点上的畸变。对通带截止频率、阻带截止频率进行预失真的公式为

$$\Omega'_p = \frac{2}{T}\tan\left(\frac{\Omega_p T}{2}\right),\quad \Omega'_s = \frac{2}{T}\tan\left(\frac{\Omega_s T}{2}\right)$$

以预失真后的模拟滤波器指标为目标参数来设计模拟原型滤波器 $H_a(s)$，然后对 $H_a(s)$ 进行双线性变换，得到所需的数字滤波器 $H(z)$。

一般而言，设计滤波器通带内纹波和阻带内纹波都具有在一段频率范围内幅度基本不变的要求，即具有片断常数特性。对于这种具有片断常数特性的数字滤波器设计，双线性变换法得到了广泛应用。

6.3.4　双线性变换法的设计步骤

对照脉冲响应不变法的设计过程，双线性变换法的设计步骤如下：

（1）利用 $\Omega = \frac{2}{T}\tan\left(\frac{\omega}{2}\right)$，对 ω_p、ω_s 进行预失真，得到对应的 Ω_p、Ω_s，而 α_p、α_s 不做变化；

（2）设计模拟低通滤波器 $H_a(s)$；

（3）利用式(6.3.4)，将 $H_a(s)$ 转换为 $H(z)$。

与脉冲响应不变法一样，双线性变换式(6.3.4)中的参数 T 在设计中不起任何作用。虽然双线性变换式中含有参数 T，但在设计中可以将它取成任何便于计算的值。

例 6.3.1 试用双线性变换法设计一个低通数字滤波器,给定技术指标:$f_p=100\text{Hz}$,$f_s=200\text{Hz}$,$\alpha_p=1\text{dB}$,$\alpha_s=15\text{dB}$,采样频率 $F_s=1000\text{Hz}$。

解:首先根据已知条件,得到数字频率指标:

$$\omega_p=\frac{2\pi f_p}{F_s}=0.2(\pi\text{rad}),\quad \omega_s=\frac{2\pi f_s}{F_s}=0.4(\pi\text{rad})$$

(1) 将数字低通的技术指标转换为模拟低通的技术指标:

为简化计算,取

$$T=2\text{s},\quad \Omega_p=\frac{2}{T}\tan\frac{\omega_p}{2}=0.3249,\quad \alpha_p=1\text{dB}$$

$$\Omega_s=\frac{2}{T}\tan\frac{\omega_s}{2}=0.7265,\quad \alpha_s=15\text{dB}$$

(2) 设计模拟低通滤波器 $H_a(s)$:

$$N=\frac{\lg\sqrt{(10^{0.1\alpha_p}-1)/(10^{0.1\alpha_s}-1)}}{\lg(\Omega_p/\Omega_s)}=\frac{\lg0.0920}{\lg0.4472}=2.97$$

取 $N=3$。

查表 6.1.1 得

$$G(p)=\frac{1}{p^3+2p^2+2p+1}$$

按式(6.1.26)计算 3dB 截止频率 Ω_c:

$$\Omega_c=\frac{\Omega_s}{\sqrt[2N]{10^{0.1\alpha_s}-1}}=\frac{0.7265}{\sqrt[10]{10^{1.5}-1}}=0.4108$$

去归一化,得到实际的系统函数 $H_a(s)$:

$$H_a(s)=G(p)\big|_{p=s/\Omega_c}=\frac{0.0693}{s^3+0.8215s^2+0.3374s+0.0693}$$

(3) 将 $H_a(s)$转换成 $H(z)$:

$$H(z)=H_a(s)\big|_{s=\frac{1-z^{-1}}{1+z^{-1}}}=\frac{0.1540z^{-1}+0.0895z^{-2}}{1-1.4443z^{-1}+0.8815z^{-2}+0.1934z^{-3}}$$

对比例 6.2.1 可以看出,本例中的数字频率指标和例 6.2.1 是一致的,在采用双线性变换法时,利用 $\Omega=\frac{2}{T}\tan\left(\frac{\omega}{2}\right)$,对 ω_p,ω_s 进行预失真,得到对应的 Ω_p、Ω_s。图 6.3.5 给出了用双线性变换法设计出的数字滤波器的幅频曲线。从图 6.3.5(a)可以看出,$\omega=\pi$ 附近曲线迅速地下降到 0,无频谱混叠失真,这正是双线性变换法对模拟频率进行非线性压缩的结果。从图 6.3.5(b)可以看出,数字滤波器完全符合技术要求。

从设计的基本思路、如何从 s 平面到 z 平面映射、频率变换的线性关系、设计滤波器类型几个方面对脉冲响应不变法和双线性变换法做对比,见表 6.3.1。

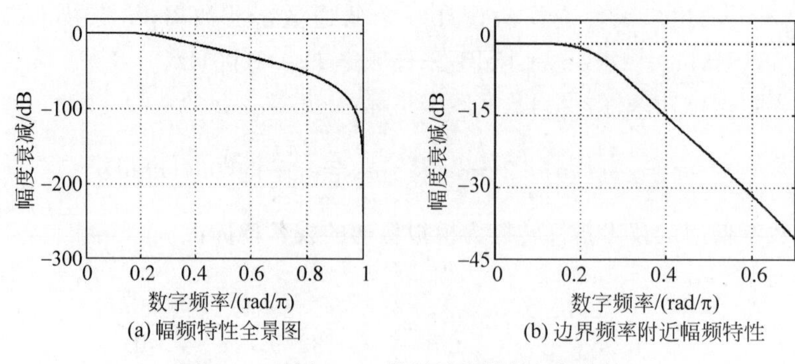

(a) 幅频特性全景图 (b) 边界频率附近幅频特性

图 6.3.5 例 6.3.1 设计滤波器的幅频特性

表 6.3.1 脉冲响应不变法和双线性变换法特点对标

变换方法	脉冲响应不变法	双线性变换法
s 平面到 z 平面映射特点	对脉冲响应采样	用梯形面积代替曲线积分
	保持时域瞬态响应不变	保持稳态响应不变
	“多对一”映射关系 $\omega=\Omega T$ 频带宽于$\frac{\pi}{T}$时产生混叠	“一对一”映射 频率变换非线性 $\Omega=\frac{T}{2}\tan\left(\frac{\omega}{2}\right)$ 模拟频率∞压缩到数字频率 π
适用滤波器类型	低通、带通滤波器	通带或阻带具有片段常数特性的滤波器

6.4 数字高通、带通和带阻 IIR 数字滤波器设计

前面已经介绍了模拟低通滤波器的设计方法，基于 s 域频率变换的模拟高通、带通、带阻滤波器的设计方法，以及脉冲响应不变法和双线性变换法的数字低通滤波器设计方法。在此基础上我们很容易得到高通、带通及带阻数字滤波器的设计方法。其设计的过程如图 6.4.1 所示。

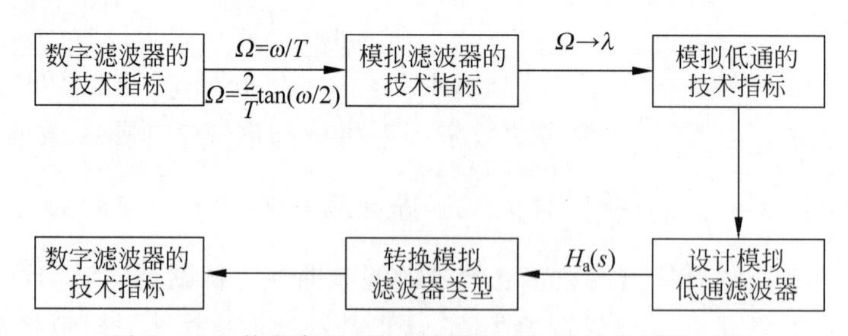

图 6.4.1 数字高通、带通和带阻 IIR 滤波器设计过程

具体设计步骤如下：

(1) 确定数字滤波器的技术指标。

(2) 选择合适的设计方法，将数字滤波器的技术指标转换成相应的模拟滤波器的技

术指标。

脉冲响应不变法的转换公式为

$$\Omega = \frac{\omega}{T}$$

双线性变换法转换公式为

$$\Omega = \frac{2}{T}\tan\left(\frac{1}{2}\omega\right)$$

(3) 将所需类型模拟滤波器技术指标转换成模拟低通滤波器技术指标。

(4) 设计模拟低通滤波器。

(5) 将模拟低通滤波器通过频率变换,转换成所需类型的模拟滤波器。

(6) 采用脉冲响应不变法或双线性变换法,将所需类型的模拟滤波器转换成所需类型的数字滤波器。

注意:如果设计的是数字低通或者数字带通滤波器,既可采用脉冲响应不变法,也可采用双线性变换法,将模拟低通或者模拟带通滤波器转换成数字低通或者数字带通滤波器。而对数字高通或者数字带阻滤波器,只能采用双线性变换法进行转换。

下面以数字高通滤波器的设计实例,来说明数字高通、带通及带阻滤波器的设计方法。

例 6.4.1 设计一个数字高通滤波器,要求通带截止频率 $\omega_p=0.8\pi\text{rad}$,通带衰减不大于 3dB,阻带截止频率 $\omega_s=0.44\pi\text{rad}$,阻带衰减不小于 20dB,采用巴特沃斯滤波器。

解:数字高通滤波器的技术指标为

$$\omega_p=0.8\pi\text{rad},\quad \alpha_p=3\text{dB}$$

$$\omega_s=0.44\pi\text{rad},\quad \alpha_s=20\text{dB}$$

(1) 模拟高通滤波器的技术指标计算如下:

令 $T=2\text{s}$,则有

$$\Omega_p=\frac{2}{T}\tan\frac{\omega_p}{2}=3.07768(\text{rad/s})$$

$$\Omega_s=\tan\frac{\omega_s}{2}=0.82727(\text{rad/s})$$

$$\alpha_p=3\text{dB},\quad \alpha_s=20\text{dB}$$

归一化指标:

$$\eta_p=1,\quad \eta_s=\frac{\Omega_s}{\Omega_p}=0.2688$$

(2) 模拟低通滤波器的技术指标计算如下:

$$\lambda_p=1,\quad \lambda_s=\frac{1}{\eta_s}=3.7202\,8$$

$$\alpha_p=3\text{dB},\quad \alpha_s=20\text{dB}$$

(3) 设计归一化模拟低通滤波器 $G(p)$。阶数 N 计算如下：

$$N=\frac{\lg k_{ps}}{\lg \lambda_{ps}}=\frac{1}{2}\lg\left(\frac{10^{0.1\alpha_p}-1}{10^{0.1\alpha_s}-1}\right)/\lg\lambda_s=1.749$$

取 $N=2$，归一化模拟低通系统函数为

$$G(p)=\frac{1}{p^2+\sqrt{2}p+1}$$

由于 $\alpha_p=3\mathrm{dB}$，则

$$\lambda_c=\lambda_p=1,\quad H_{LP}(q)=G(p)\mid_{p=q}$$

(4) 将步骤(4)和步骤(5)合并，得数字高通 $H(z)$：

$$H(z)=H_a(s)\mid_{s=\frac{1-z^{-1}}{1+z^{-1}}}=H_{LP}(q)\mid_{q=\frac{\Omega_p}{s}=\Omega_p\frac{1+z^{-1}}{1-z^{-1}}}$$

将 $\Omega_p=3.07768\mathrm{rad/s}$ 的具体数值代入上式，可得

$$H(z)=\frac{0.06745(1-z^{-1})^2}{1+1.143z^{-1}+0.4128z^{-2}}$$

以上介绍了数字高通滤波器的设计方法，数字带通和数字带阻滤波器也可采用类似的方法设计。这种方法基于模拟滤波器的频率变换，即先设计模拟低通滤波器，再利用频率变换将模拟低通滤波器转换成所需类型的模拟滤波器，如模拟高通滤波器，最后采用双线性变换法将所需类型的模拟滤波器转换成所需类型的数字滤波器。这里要说明的是，如果设计的是数字低通或者数字带通滤波器，也可以采用脉冲响应不变法将模拟低通或者模拟带通滤波器转换成数字低通或者数字带通滤波器。对数字高通或者数字带阻滤波器只能采用双线性变换法进行转换。

最后要说明的是，对于滤波器的频率变换，除了本节介绍的模拟域的频率变换以外，在数字域也可以进行频率变换。数字域频率变换设计过程：先将模拟低通滤波器利用脉冲响应不变法或者双线性变换法转换成数字低通滤波器，再在数字域利用频率变换将低通滤波器转换成所需类型的数字滤波器，如数字高通滤波器。注意，在数字域给出的所需类型滤波器技术指标应采用相应的频率变换的转换公式转换成模拟低通滤波器的技术指标。

6.5 IIR 数字滤波器的 MATLAB 仿真

对于 IIR 数字滤波器的设计，MATLAB 中的 DSP 工具包提供了丰富的函数库，以方便开发者能依据设计需求进行编程开发；同时也提供了图形化显示，直观显示滤波器的频率响应和滤波器性能指标。

本章主要讲解了 IIR 数字滤波器的设计，主要内容包括模拟滤波器的设计、脉冲响应不变法设计 IIR 数字滤波器、双线性变换法设计 IIR 数字滤波器等。本节将利用 MATLAB 程序来对这些内容进行仿真。每一小节知识点在详细阐述 MATLAB 函数使用方法之后，辅以典型的设计实例，方便学生学习。

6.5.1 模拟滤波器 MATLAB 仿真

模拟滤波器的设计一般首先设计一个原型模拟滤波器，然后在这个原型滤波器的基础上再按照实际的需要进行设计，根据幅度平方函数的不同，原型模拟滤波器可以分为巴特沃斯滤波器、切比雪夫Ⅰ型滤波器、切比雪夫Ⅱ型滤波器和椭圆滤波器，涉及 MATLAB 函数包括：buttap、buttord、butter、cheb1ap、cheb2ap 和 ellipap 等，下面按照每一类原型滤波器涉及的函数分别进行介绍。

1. 巴特沃斯滤波器

1）buttap

格式：`[ z , p , k ] = buttap ( N )`

说明：buttap 可用来计算 3 dB 截止频率为 1、阶数为 N 的归一化模拟巴特沃斯低通滤波器的零点向量 z、极点向量 p 和增益因子 k。其系统函数为

$$H(s)=\frac{k}{(s-p(1))(s-p(2))\cdots(s-p(N))}$$

2）buttord

格式：`[ N , Wn ] = buttord ( Wp , Ws , Rp , Rs , 's' )`

说明：buttord 用来计算满足给定滤波器参数的一个巴特沃斯模拟系统函数的最低阶数 N 和 3dB 截止角频率 Wn，其中 Wp 和 Ws 是单位为 rad/s 的通带截止角频率和阻带截止角频率，Rp 和 Rs 是单位为 dB 的最大通带衰减和最小阻带衰减。's'表示生成模拟滤波器。N 表示满足指定性能的巴特沃斯滤波器的阶数，Wn 为滤波器的截止频率。

3）butter

格式：`[ B , A ] = butter ( N , Wn , 'type','s' )`

说明：butter（ N ，Wn，'s'）用来设计一个指定 3 dB 截止频率为 Wn(rad/s)的 N 阶低通模拟滤波器，输出数据分别是系统函数的分子和分母系数向量 B 和 A，都以 s 的降幂排列。通过设置截止频率向量 Wn 和增加参数'type'，可设计高通或带阻滤波器。

$$H(s)=\frac{B(s)}{A(s)}=\frac{b(1)s^{nb}+b(2)s^{nb-1}+\cdots+b(nb+1)}{a(1)s^{na}+a(2)s^{na-1}+\cdots+a(na+1)}$$

2. 切比雪夫Ⅰ型滤波器

1）cheb1ap

格式：`[ z , p , k ] = cheb1ap ( N , Rp )`

说明：cheb1ap 用来计算通带波纹为 Rp(dB)、阶数为 N 的归一化模拟切比雪夫Ⅰ型低通滤波器的零点向量 z、极点向量 p 和增益因子 k。

2）cheby1ord

格式：`[ N , Wn ] = cheby1ord ( Wp , Ws , Rp , Rs ,'s')`

说明：切比雪夫Ⅰ型滤波器阶数的选择。

3）cheby1

格式：[B , A]= cheby1 (N , Rp , Wn , 'type', 's')

说明：切比雪夫Ⅰ型滤波器系统函数的计算。

3. 切比雪夫Ⅱ型滤波器

1）cheb2ap

格式：[z , p , k] = cheb2ap (N , Rs)

说明：cheb2ap 用来计算最小阻带衰减为 Rs(dB)、阶数为 N 的归一化模拟切比雪夫Ⅱ型低通滤波器的零点向量 z、极点向量 p 和增益因子 k。

2）cheby2ord

格式：[N , Wn] = cheby2ord (Wp , Ws , Rp , Rs , 's')

说明：切比雪夫Ⅱ型滤波器阶数的选择。

3）cheby2

格式：[B , A] = cheby2 (N , Rs , Wn , 'type', 's')

说明：切比雪夫Ⅱ型滤波器系统函数的计算。

4. 椭圆滤波器

1）ellipap

格式：[z , p , k] = ellipap (N , Rp , Rs)

说明：ellipap 用来计算通带波纹为 Rp(dB)、最小阻带衰减为 Rs(dB)、阶数为 N 的归一化模拟椭圆低通滤波器的零点向量 z、极点向量 p 和增益因子 k。

2）ellipord

格式：[N , Wn] = ellipord (Wp , Ws , Rp , Rs ,'s')

说明：椭圆滤波器阶数的选择。

3）ellip

格式：[B , A] = ellip (N , Rp ,Rs , Wn , 'type', 's')

说明：椭圆滤波器系统函数的计算。

例 6.5.1 已知通带截止频率 $f_p=5\text{kHz}$，通带最大衰减 $\alpha_p=2\text{dB}$，阻带截止频率 $f_s=12\text{kHz}$，阻带最小衰减 $\alpha_s=30\text{dB}$，按照以上技术指标利用 MATLAB 工具设计巴特沃斯低通滤波器，写出系统函数 $H_a(s)$。

解：此题即对应例 6.1.2，下面来分析如何利用 MATLAB 仿真工具进行仿真设计。首先依据滤波器的指标参数，求出低通滤波器的阶数和 3dB 截止频率。具体的 MATLAB 程序如下：

```
clear;
Wp = 5000;                                  %通带截止频率
Ws = 12000;                                 %阻带截止频率
```

```
Rp = 2; As = 30;
Ripple = 10^( - Rp/20);                      % 通带最大衰减
Attn = 10^( - As/20);                        % 阻带最大衰减
[n,Wn] = buttord(Wp,Ws,Rp,As,'s')            % 设计巴特沃斯模拟滤波器
[z,p,k] = buttap(n)
OmegaC = Wp/((10^(Rp/10) - 1)^(1/(2 * n)))   % 计算 3dB 截止频率
[b,a] = u_buttap(n,2 * pi * OmegaC)
[db,mag,pha,w] = freqs_m(b,a,2 * pi * 15000);
subplot(2,2,1);plot(w/(2 * pi),db)
title('Magnitude in dB');ylabel('decibels');
axis([0,15000, - 50,0]);
set(gca,'XTickMode','manual','XTick',[0,5000,12000,15000]);
set(gca,'YTickmode','manual','YTick',[ - 50, - As, - Rp,0]); grid
subplot(2,2,3)
plot(w/(2 * pi),mag)
title('Magnitude in Response');
xlabel('Analog frequency in Hz'); ylabel('|H|');
axis([0,15000,0,1]);
set(gca,'XTickMode','manual','XTick',[0,5000,12000,15000]);
set(gca,'YTickmode','manual','YTick',[0,Attn,Ripple,1]); grid
subplot(2,2,2);
plot(w/(2 * pi),pha/pi);
title('Phase Response')
xlabel('Analog frequency in Hz'); ylabel('pi units');
axis([0,15000, - 1,1]);
set(gca,'XTickMode','manual','XTick',[0,5000,12000,15000]);
set(gca,'YTickmode','manual','YTick',[ - 1,0,1]); grid
```

通过仿真计算可得出巴特沃斯滤波器的阶数为 N=5,对应的极点 p 为

```
p =
  - 0.3090 + 0.9511i
  - 0.3090 - 0.9511i
  - 0.8090 + 0.5878i
  - 0.8090 - 0.5878i
  - 1.0000 + 0.0000i
```

通过计算 3dB 截止频率 Ω_C,结果为：OmegaC =5.2755e+03,与例 6.1.2 理论计算一致,系统函数分子多项式系数 $b_0=4.0014\times10^{22}$,分母多项式的系数 $a_4=1.0727\times10^5$, $a_3=5.7529\times10^9$, $a_2=1.9069\times10^{14}$, $a_1=3.9065\times10^{18}$, $a_0=4.0014\times10^{22}$。

那么系统函数为

$$H_a(s)=\frac{4.0014\times10^{22}}{1.0727\times10^5 s^4+5.7529\times10^9 s^3+1.9069\times10^{14} s^2+3.9065\times10^{18} s+4.0014\times10^{22}}$$

设计的巴特沃斯滤波器的幅频特性曲线如图 6.5.1 所示。

从图 6.5.1 可以看出,当频率为 5kHz 时,滤波器的通带衰减不超过 2dB；当频率为

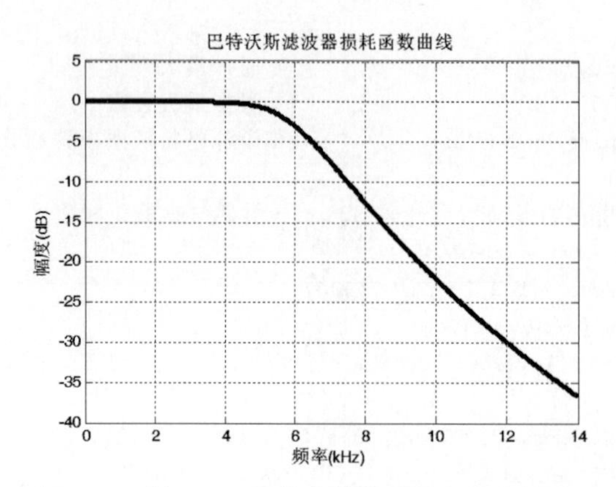

图 6.5.1　例 6.5.1 幅频特性曲线图的仿真结果图

12kHz 时，滤波器的阻带衰减大于 30dB。这和题目的要求一致，因此设计的滤波器特性符合要求。

对于从模拟低通滤波器到高通、带通等其他类型的滤波器的频带转换，MATLAB 也提供了相应的函数，介绍如下：

(1) lp2lp：

格式：`[bt,at] = lp2lp(b,a,Wo)`

说明：把模拟低通滤波器的原型转换成截止角频率为 Wo 的低通滤波器。

(2) lp2hp：

格式：`[bt,at] = lp2hp(b,a,Wo)`

说明：把模拟低通滤波器的原型转换成截止角频率为 Wo 的高通滤波器。

(3) lp2bp：

格式：`[bt,at] = lp2bp(b,a,Wo,Bw)`

说明：把模拟低通滤波器的原型转换成中心角频率为 Wo，带宽为 Bw 的带通滤波器。

(4) lp2bs：

格式：`[bt,at] = lp2bs(b,a,Wo,Bw)`

说明：把模拟低通滤波器的原型转换成中心角频率为 Wo，带宽为 Bw 的阻带滤波器。

下面将对照例 6.1.3 展开 MATLAB 仿真设计。

例 6.5.2　设计模拟高通滤波器，$f_p=4$kHz，$f_s=1$kHz，幅度特性单调下降，f_p 处最大衰减为 $\alpha_p=0.1$dB，阻带最小衰减 $\alpha_s=40$dB。

解：此题对应例 6.1.3，通过高通到低通的指标转换，计算得到归一化低通技术指标：

$$\lambda_p=1,\quad \lambda_s=1/\eta_s=4,\quad \alpha_p=0.1\text{dB},\quad \alpha_s=40\text{dB}$$

接下来设计相应的归一化低通系统函数 Q(p)，本例调用 MATLAB 函数 buttord 和 butter 来设计 $Q(p)$，然后利用 MATLAB 函数 lp2hp 实现低通到高通的变换，从而得到高通滤波器的系统函数 $H_{HP}(s)$。对应的仿真代码如下：

```
% 调用 butter 函数和 lp2hp 函数设计巴特沃斯模拟高通滤波器
wp = 1;ws = 4;Rp = 0.1;As = 40;              % 设置滤波器指标参数
[N,wc] = buttord(wp,ws,Rp,As,'s');           % 计算滤波器 G(p)阶数 N 和 3dB 截止频率
[B,A] = butter(N,wc,'s');                    % 计算低通滤波器 G(p)系统函数分子分母多项式系数
wph = 2 * pi * 4000;                         % 模拟高通滤波器通带边界频率
[BH,AH] = lp2hp(B,A,wph);                    % 低通到高通转换
%绘制低通滤波器 G(p)的幅频特性曲线
wk = 0:0.01:10;
Hk = freqs(B,A,wk);
subplot(2,2,1);
plot(wk,20 * log10(abs(Hk)));grid on
xlabel('归一化频率');ylabel('幅度(dB)')
axis([0,10, - 80,5]);title('(a) 归一化低通幅频特性')
%绘制高通滤波器的损耗函数曲线
k = 0:511;fk = 0:6000/512:6000;wk = 2 * pi * fk;
Hk = freqs(BH,AH,wk);
subplot(2,2,2);
plot(fk,20 * log10(abs(Hk)));grid on
xlabel('频率(Hz)');ylabel('幅度(dB)')
axis([0,6000, - 80,5]);title('(b) 高通滤波器幅频特性')
```

由系数向量 B 和 A 写出归一化低通系统函数为

$$Q(p)=\frac{10.2405}{p^5+5.1533p^4+13.278p^3+21.1445p^2+20.8101p+10.2405}$$

由系数向量 BH 和 AH 写出期望设计的高通滤波器系统函数为

$$H_{HP}(s)$$
$$=\frac{s^5+1.94\times10^{-12}s^4-5.5146\times10^{-5}s^3+9.5939s^2+4.5607s+1.9485\times10^{-3}}{s^5+5.1073\times10^4s^4+1.3042\times10^9s^3+2.0584\times10^{13}s^2+2.0078\times10^{17}s+9.7921\times10^{20}}$$

得到的归一化低通和期望设计的高通滤波器的幅频特性曲线如图 6.5.2 所示。

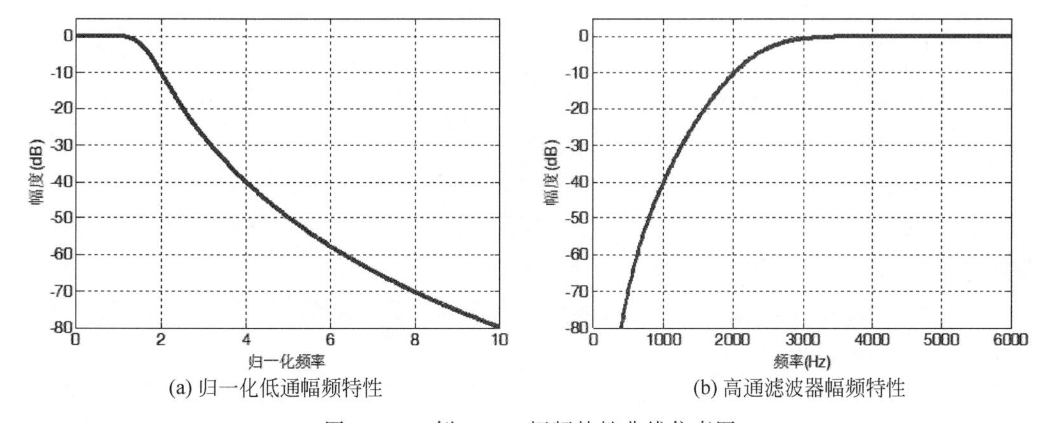

(a) 归一化低通幅频特性　　(b) 高通滤波器幅频特性

图 6.5.2　例 6.5.2 幅频特性曲线仿真图

6.5.2 脉冲响应不变法与双线性变换法的 MATLAB 仿真

IIR 数字滤波器一般采用先设计模拟滤波器原型，再通过数字化的方法转换成数字滤波器，MATLAB 工具提供了脉冲响应不变法和双线性变换两种转换方法的设计函数。

1. impinvar

格式：`[ bz , az ] = impinvar ( b , a , Fs )`

说明：脉冲响应不变法实现模拟到数字的滤波器变换。impinvar 可将模拟滤波器(b,a)变换成数字滤波器(bz,az)，两者的脉冲响应不变，即模拟滤波器的冲激响应按 Fs 取样后等同于数字滤波器的冲激响应。式中，bz、az 为数字滤波器直接型分子、分母多项式系数；b、a 为转换前模拟滤波器直接型分子、分母系数；Fs 为采用频率，默认值为 1Hz。

2. bilinear

格式：`[ bz , az ] = bilinear ( b , a , Fs )`

说明：双线性变换实现模拟到数字的滤波器变换。双线性变换为变量的映射关系，在数字滤波器中，它是将 s 域或模拟域映射成 z 域或数字域的标准方法，它可将以经典滤波器设计技术设计的模拟滤波器变换成等效的数字滤波器。式中，bz、az 为数字滤波器直接型分子、分母多项式系数；b、a 为转换前模拟滤波器直接型分子、分母系数；Fs 为采用频率，默认值为 1Hz。

为了更好地分析模拟滤波器和数字滤波器的频率响应特性。MATLAB 也提供了一些函数，方便开发者来进行滤波器特性分析。关于更多的函数使用说明，可以参考 MATLAB 的帮助文档。

频率响应的分析函数说明：

freqs

格式：
```
freqs ( b , a )
h = freqs ( b , a , w )
[ h , w ] = freqs ( b , a , n )
```

说明：f 模拟滤波器的频率响应。reqs 用于计算由矢量 a 和 b 构成的模拟滤波器的频率响应。不带输出变量的 freqs 函数，将在当前图形窗口中绘制出幅频和相频曲线。

h=freqs (b , a , w)用于计算模拟滤波器的频率响应，其中实矢量 w 用于指定模拟角频率值，即 freqs 沿虚轴计算频率响应。

[h , w]=freqs (b , a , n)自动设定 n 个角频率点来计算频率响应，n 个角频率值记录在 w 中，n 的默认值为 200。

例 6.5.3 用脉冲响应不变法设计低通数字滤波器，要求在通带内频率低于 0.2π 时，容许幅度误差在 3dB 以内，在频率 0.4π 到 π 之间的阻带衰减大于 15dB，指定模拟滤波器采用巴特沃斯低通滤波器。

解：此题即对应例 6.2.1，对应的 MATLAB 程序如下：

```
% T=1s
T=1;Fs=1/T;
wp=0.2*pi/T;ws=0.4*pi/T;rp=1;rs=15;
[N1,wc1]=buttord(wp,ws,rp,rs,'s');
[B1,A1]=butter(N1,wc1,'s');
%绘制低通滤波器的幅频特性曲线
fk=0:Fs/2/512:Fs/2;wk=2*pi*fk;
Hk=freqs(B1,A1,wk);
subplot(2,2,1);
plot(fk,20*log10(abs(Hk)));grid on
xlabel('f(Hz)');ylabel('幅度(dB)')
axis([0,0.5,-50,5]);title('(a) 模拟滤波器(T=1s) ');
[Bz1,Az1]=impinvar(B1,A1,Fs);
Hz=freqz(Bz1,Az1,wk/Fs);
subplot(2,2,3);
plot(wk*T/pi,20*log10(abs(Hz)));grid on;set(gca,'Xtick',0:0.2:1,'Ytick',-60:20:20)
xlabel('\omega/\pi');ylabel('幅度(dB)')
axis([0,1,-50,10]);title('(b) 数字滤波器(T=1s) ');
% T=0.001s
T=0.001;Fs=1/T;
wp2=wp/T;ws2=ws/T;rp=1;rs=10;
[N2,wc2]=buttord(wp2,ws2,rp,rs,'s');
[B2,A2]=butter(N2,wc2,'s');
%绘制低通滤波器的幅频特性曲线
fk=0:Fs/2/512:Fs/2;wk=2*pi*fk;
Hk=freqs(B2,A2,wk);
subplot(2,2,2);
plot(fk,20*log10(abs(Hk)));grid on
xlabel('f(Hz)');ylabel('幅度(dB)')
axis([0,500,-50,5]);title('(c) 模拟滤波器(T=1ms) ');
[Bz2,Az2]=impinvar(B2,A2,Fs);
Hz=freqz(Bz2,Az2,wk/Fs);
subplot(2,2,4);
plot(wk*T/pi,20*log10(abs(Hz)));grid on;set(gca,'Xtick',0:0.2:1,'Ytick',-60:20:20)
xlabel('\omega/\pi');ylabel('幅度(dB)')
axis([0,1,-50,10]);title('(d) 数字滤波器(T=1ms) ');
```

例 6.5.4 试用双线性变换法设计一个低通数字滤波器，给定技术指标是 $f_p=100\text{Hz}$，$f_s=200\text{Hz}$，$\alpha_p=1\text{dB}$，$\alpha_s=15\text{dB}$，采样频率 $F_s=1000\text{Hz}$。

解：此题对应例 6.3.1，程序中分别采用双线性变换法的分步设计法和调用 MATLAB 工具箱函数 buttord 和 butter 直接设计数字滤波器，所得结果完全相同。MATLAB 仿真程序如下：

```
% 用双线性变换法设计数字滤波器
```

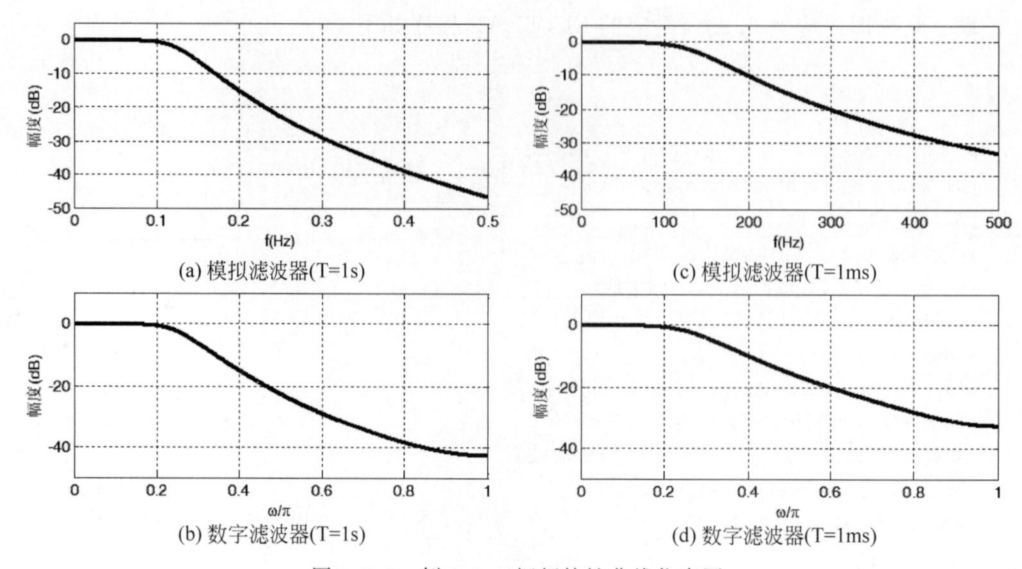

(a) 模拟滤波器(T=1s)　(c) 模拟滤波器(T=1ms)

(b) 数字滤波器(T=1s)　(d) 数字滤波器(T=1ms)

图 6.5.3　例 6.5.3 幅频特性曲线仿真图

```
T = 1;Fs = 1/T;
wpz = 0.2;wsz = 0.4;
wp = 2 * tan(wpz * pi/2);ws = 2 * tan(wsz * pi/2);rp = 1;rs = 15; % 预畸变校正转换指标
[N,wc] = buttord(wp,ws,rp,rs,'s');    % 设计过渡模拟滤波器
[B,A] = butter(N,wc,'s');
fk = 0:1/512:Fs;wk = 2 * pi * fk;
Hk = freqs(B,A,wk);
subplot(2,2,1);
plot(fk,20 * log10(abs(Hk)));grid on % 绘制模拟滤波器的幅频特性曲线
xlabel('f(Hz)');ylabel('幅度(dB)')
axis([0,0.9, - 80,5]);title('(a)模拟滤波器损耗函数曲线');
[Bz,Az] = bilinear(B,A,Fs);              % 用双线性变换法转换成数字滤波器
wk = 0:pi/512:pi;
Hz = freqz(Bz,Az,wk);
subplot(2,2,3);
plot(wk/pi,20 * log10(abs(Hz)));grid on;set(gca,'Xtick',0:0.2:1,'Ytick', - 100:20:20)
xlabel('\omega/\pi');ylabel('幅度(dB)')
axis([0,1, - 80,5]);title('(b)先设计模拟滤波器,再转换成数字滤波器');
[N,wc] = buttord(wpz,wsz,rp,rs);       % 调用 buttord()和 butter()直接设计数字滤波器
[Bz,Az] = butter(N,wc);
wk = 0:pi/512:pi;
Hz = freqz(Bz,Az,wk);
subplot(2,2,4);
plot(wk/pi,20 * log10(abs(Hz)));grid on;set(gca,'Xtick',0:0.2:1,'Ytick', - 100:20:20)
xlabel('\omega/\pi');ylabel('幅度(dB)')
axis([0,1, - 80,5]);title('(c) 调用 butter()直接设计数字滤波器');
```

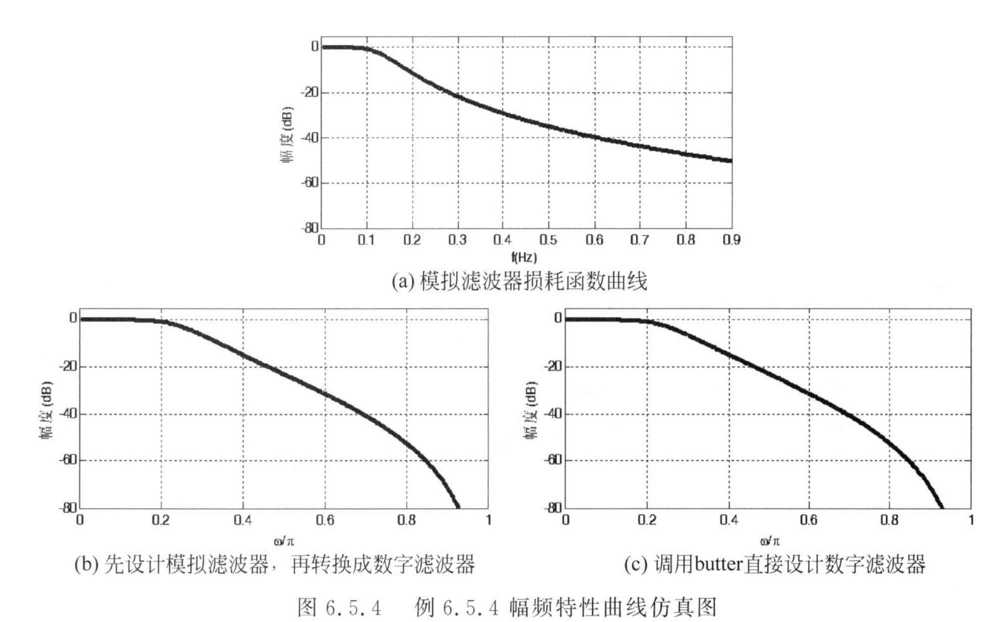

图 6.5.4　例 6.5.4 幅频特性曲线仿真图

6.5.3　高通、带通和带阻 IIR 数字滤波器的 MATLAB 仿真

例 6.5.5　设计一个高通数字滤波器，要求通带截止频率 $\omega_p=0.8\pi$rad，通带衰减不大于 3dB，阻带截止频率 $\omega_s=0.44\pi$rad，阻带衰减不小于 20dB，采用巴特沃斯型滤波器。

解：此题即对应例 6.4.1，如果采用 MATLAB 仿真工具，可以直接调用函数来进行快速设计，具体的仿真代码如下：

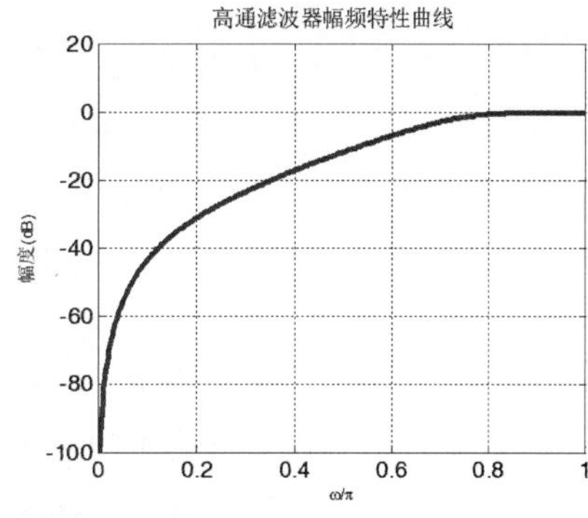

图 6.5.5　例 6.5.5 幅频特性曲线仿真图

```
% 用双线性变换法设计高通数字滤波器
wpz = 0.8;wsz = 0.44;rp = 3;rs = 15;
[N,wc] = buttord(wpz,wsz,rp,rs);
%调用 buttord()和 butter()直接设计数字滤波器
[Bz,Az] = butter(N,wc,'high');
wk = 0:pi/512:pi;
Hz = freqz(Bz,Az,wk);
plot(wk/pi,20 * log10(abs(Hz)));grid on;
xlabel('\omega/\pi');ylabel('幅度(dB)');title('高通滤波器幅频特性曲线')
axis([0,1, - 100,20]);set(gca,'Xtick',0:0.2:1,'Ytick', - 100:20:20)
```

习题

6.1　IIR 数字滤波器的主要设计方法是什么？

6.2　巴特沃斯滤波器的频率特性有什么特点？它的两个参数 Ω_c 和 N 对频率特性

各有什么影响?

6.3　对巴特沃斯滤波器、切比雪夫Ⅰ型滤波器、切比雪夫Ⅱ型滤波器及椭圆滤波器的幅频特征(如通带和阻带的波纹、过渡带宽等)进行综合比较,列表说明。

6.4　试从基本思路、如何从 s 平面映射到 z 平面和频率变换的线性关系比较脉冲响应不变法和双线性变换法的特点。

6.5　用双线性变换法设计 IIR 数字滤波器时,为什么要"预畸变"? 如何"畸变"?

6.6　设计一个巴特沃斯低通滤波器,要求通带截止频率 $f_p=6\text{kHz}$,通带最大衰减 $\alpha_p=3\text{dB}$,阻带截止频率 $f_s=12\text{kHz}$,阻带最小衰减 $\alpha_s=25\text{dB}$。求出滤波器归一化系统函数 $H_a(p)$以及实际的 $H_a(s)$。

6.7　已知模拟滤波器的系统函数为

(1) $H_a(s)=\dfrac{s+a}{(s+a)^2+b^2}$,

(2) $H_a(s)=\dfrac{b}{(s+a)^2+b^2}$

式中,a、b 为常数。设 $H_a(s)$因果稳定,试采用脉冲响应不变法分别将其转换成数字滤波器 $H(z)$。

6.8　已知模拟滤波器的系统函数为

(1) $H_a(s)=\dfrac{1}{s^2+s+1}$

(2) $H_a(s)=\dfrac{1}{2s^2+3s+1}$

假设采样间隔 $T=2\text{s}$。试采用脉冲响应不变法和双线性变换法分别将其转换为数字滤波器,求对应的系统函数 $H(z)$。

6.9　在 $T=0.125\text{ms}$ 时,利用脉冲响应不变法,通过对一个通带截止频率 $f_p=2\text{kHz}$ 的模拟低通滤波器进行转换,设计一个 IIR 数字低通滤波器。如果没有混叠,数字滤波器的归一化通带截止频率 ω_p 是多少? 如果在 $T=0.125\text{ms}$ 时利用双线性变换法,数字滤波器的归一化通带截止频率 ω_p 是多少?

6.10　一个 IIR 数字低通滤波器具有归一化通带截止频率 $\omega_p=0.3\pi$。如果在 $T=0.1\text{ms}$ 时,利用脉冲响应不变法来设计数字滤波器,那么原型模拟低通滤波器的通带截止频率是多少 如果在 $T=0.1\text{ms}$ 时,利用双线性变换法来设计数字滤波器,那么原型模拟低通滤波器的通带截止频率是多少?

6.11　设计低通数字滤波器,要求通带内频率低于 $0.2\pi\text{rad}$ 时,容许幅度误差在 1dB 之内;频率为 $0.3\pi\sim\pi$ 的阻带衰减大于 10dB。选用巴特沃斯模拟滤波器进行设计:

(1) 试求用脉冲响应不变法进行转换时的数字滤波器的系统函数 $H(z)$。

(2) 试求用双线性变换法进行转换时的数字滤波器的系统函数 $H(z)$。

6.12　利用 MATLAB 工具采用双线性变换法设计一个三阶的巴特沃斯数字高通滤波器,采样频率 $f_s=6\text{kHz}$,通带的 3dB 截止频率 $f_c=1.5\text{kHz}$,要求绘制出滤波器的频率响应图。

6.13　利用 MATLAB 工具采用双线性变换法设计一个三阶的巴特沃斯数字带通滤波器，采样频率 $f_s=720\text{Hz}$，上下边带的 3dB 截止频率分别为 $f_1=60\text{Hz}$，$f_2=300\text{Hz}$，要求绘制出滤波器的频率响应图。

6.14　利用 MATLAB 工具采用双线性变换法设计一个三阶的巴特沃斯数字带阻滤波器，采样频率 $f_s=200\text{kHz}$，阻带的 3dB 截止频率分别为 $f_1=40\text{kHz}$，$f_2=20\text{kHz}$，要求绘制出滤波器的频率响应图。

第7章 FIR数字滤波器设计

无限长单位脉冲响应数字滤波器的优点是可以利用模拟滤波器设计的结果实现设计,模拟滤波器设计有大量图表可查,方便简单。但它明显的缺点是不能保证得到严格的线性相位,而线性相位特性在工程应用中具有非常重要的意义,如在数据通信、图像处理、雷达处理等应用领域要求滤波器具有线性相位,从而确保信号经过处理与传输后波形不失真。有限长单位脉冲响应数字滤波器,通过简单的约束,即滤波器响应满足一定的对称性,可以实现严格的线性相位,同时也可以实现任意的幅度响应特性。此外,FIR数字滤波器的单位脉冲响应是有限长的,因而FIR数字滤波器一定是稳定的。

本章主要讨论具有线性相位的FIR数字滤波器设计,对于非线性相位的FIR数字滤波器不做讨论。FIR数字滤波器的设计方法和IIR数字滤波器的设计方法有很大的不同,FIR数字滤波器设计方法与模拟滤波器设计没有任何联系,FIR数字滤波器设计主要是建立在对理想滤波器频率特性的直接逼近,包括窗函数法、频率采样法和等波纹最佳逼近法。本章主要讨论线性相位FIR数字滤波器及其特点,以及FIR数字滤波器设计方法。

7.1 线性相位条件与特性

7.1.1 线性相位条件

设FIR数字滤波器的单位脉冲响应$h(n)$为有限长,且定义在$0\leqslant n\leqslant N-1$,其频率响应为

$$H(e^{j\omega})=\sum_{n=0}^{N-1}h(n)e^{-j\omega n} \tag{7.1.1}$$

将频率响应$H(e^{j\omega})$写成幅度与相位特性函数形式,则有

$$H(e^{j\omega})=H_g(\omega)e^{j\theta(\omega)} \tag{7.1.2}$$

式中,$H_g(\omega)$为幅度特性函数;$\theta(\omega)$为相位特性函数。

注意:这里$H_g(\omega)$不同于$|H(e^{j\omega})|$:$H_g(\omega)$为ω的实函数,可能取正值,也可能取负值;$|H(e^{j\omega})|$为频率响应的模值,永远为非负值。

线性相位是指$H(e^{j\omega})$中的相位特性函数$\theta(\omega)$是ω的线性函数,即

$$\theta(\omega)=-\alpha\omega \tag{7.1.3}$$

$$\theta(\omega)=-\alpha\omega+\beta \tag{7.1.4}$$

满足式(7.1.3),称为第一类线性相位;满足式(7.1.4),称为第二类线性相位。将式(7.1.3)与式(7.1.4)相位函数对频率ω求导,可得

$$\frac{d\theta(\omega)}{d\omega}=-\alpha \tag{7.1.5}$$

可见,两类线性相位对频率ω求导都为常数$-\alpha$,表示信号经过滤波器后,各个频率分量都延时α,即线性相位可以确保信号不同频率分量延时相同。信号各频率成分的延时称为数字滤波器的群延迟,定义为

$$\tau(\omega)=-\frac{d\theta(\omega)}{d\omega} \tag{7.1.6}$$

FIR 数字滤波器的线性相位条件是实数序列 $h(n)$ 满足

$$h(n)=\pm h(N-1-n) \tag{7.1.7}$$

若实数序列 $h(n)$ 满足 $h(n)=h(N-1-n)$，即偶对称条件时，FIR 数字滤波器满足第一类线性相位条件；若实数序列 $h(n)$ 满足 $h(n)=-h(N-1-n)$，即奇对称条件时，FIR 数字滤波器满足第二类线性相位条件。

1. 第一类线性相位条件证明

由于

$$H(e^{j\omega})=\sum_{n=0}^{N-1}h(n)e^{-j\omega n} \tag{7.1.8}$$

当 $h(n)$ 满足偶对称时，将式(7.1.7)代入式(7.1.8)可得

$$H(e^{j\omega})=\sum_{n=0}^{N-1}h(N-1-n)e^{-j\omega n} \tag{7.1.9}$$

令 $m=N-1-n$，则有

$$H(e^{j\omega})=\sum_{m=0}^{N-1}h(m)e^{-j\omega(N-1-m)} \tag{7.1.10}$$

将式(7.1.8)与式(7.1.10)相加后除 2，可得

$$\begin{aligned}
H(e^{j\omega})&=\sum_{n=0}^{N-1}h(n)\left(\frac{e^{-j\omega(N-1-n)}+e^{-j\omega n}}{2}\right)\\
&=e^{-j\frac{N-1}{2}\omega}\cdot\left(\sum_{n=0}^{N-1}h(n)\left(\frac{e^{j\omega\left(n-\frac{N-1}{2}\right)}+e^{-j\omega\left(n-\frac{N-1}{2}\right)}}{2}\right)\right)\\
&=e^{-j\frac{N-1}{2}\omega}\cdot\sum_{n=0}^{N-1}h(n)\cos\left[\left(\frac{N-1}{2}-n\right)\omega\right]
\end{aligned} \tag{7.1.11}$$

根据式(7.1.2)，幅度特性函数和相位特性函数分别为

$$H_g(\omega)=\sum_{n=0}^{N-1}h(n)\cos\left[\left(\frac{N-1}{2}-n\right)\omega\right] \tag{7.1.12}$$

$$\theta(\omega)=-\frac{N-1}{2}\omega \tag{7.1.13}$$

根据群延迟的定义，数字滤波器的群延迟为

$$\tau=\frac{N-1}{2} \tag{7.1.14}$$

因此，只要 $h(n)$ 是实数序列且满足偶对称，该数字滤波器就具有第一类线性相位。其相位特性如图 7.1.1(a)所示。

2. 第二类线性相位条件证明

当 $h(n)$ 为实数序列，满足奇对称，则有

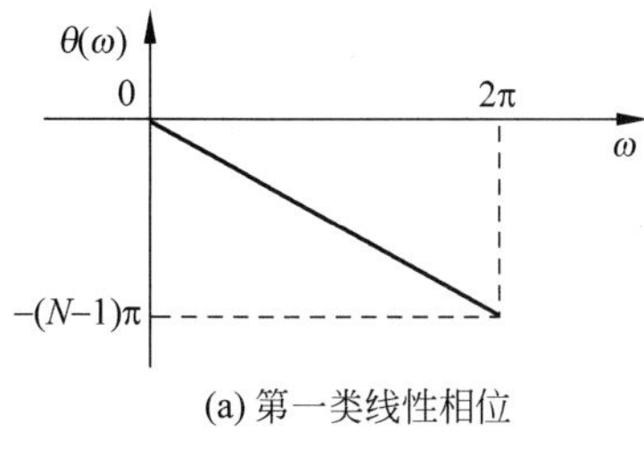

(a) 第一类线性相位

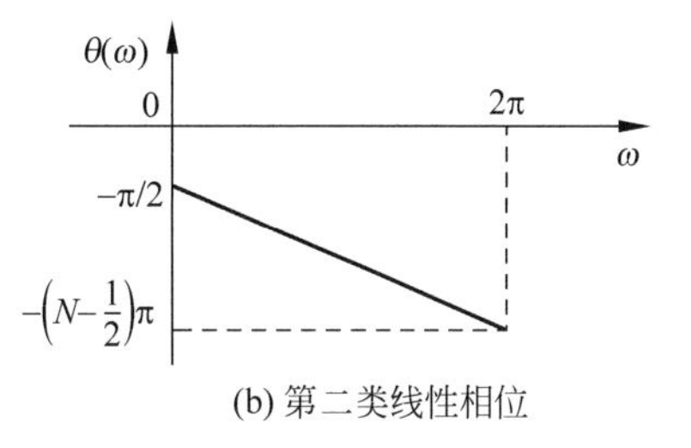

(b) 第二类线性相位

图 7.1.1 FIR 数字滤波器的线性相位特性

$$H(\mathrm{e}^{\mathrm{j}\omega})=\sum_{n=0}^{N-1}h(n)\mathrm{e}^{-\mathrm{j}\omega n}=-\sum_{n=0}^{N-1}h(N-1-n)\mathrm{e}^{-\mathrm{j}\omega n} \tag{7.1.15}$$

令 $m=N-1-n$，变量代换，则有

$$H(\mathrm{e}^{\mathrm{j}\omega})=-\sum_{m=0}^{N-1}h(m)\mathrm{e}^{-\mathrm{j}\omega(N-1-m)} \tag{7.1.16}$$

将式(7.1.15)与式(7.1.16)相加后除 2，可得

$$\begin{aligned}H(\mathrm{e}^{\mathrm{j}\omega})&=\sum_{n=0}^{N-1}h(n)\left(\frac{\mathrm{e}^{-\mathrm{j}\omega n}-\mathrm{e}^{-\mathrm{j}\omega(N-1-n)}}{2}\right)\\&=\mathrm{e}^{-\mathrm{j}\frac{N-1}{2}\omega}\left(\sum_{n=0}^{N-1}h(n)\left(\frac{\mathrm{e}^{-\mathrm{j}\omega\left(n-\frac{N-1}{2}\right)}-\mathrm{e}^{\mathrm{j}\omega\left(n-\frac{N-1}{2}\right)}}{2}\right)\right)\\&=-\mathrm{j}\mathrm{e}^{-\mathrm{j}\frac{N-1}{2}\omega}\sum_{n=0}^{N-1}h(n)\sin\left[\left(n-\frac{N-1}{2}\right)\omega\right]\\&=\mathrm{e}^{-\mathrm{j}\frac{N-1}{2}\omega-\mathrm{j}\frac{\pi}{2}}\sum_{n=0}^{N-1}h(n)\sin\left[\left(n-\frac{N-1}{2}\right)\omega\right]\end{aligned} \tag{7.1.17}$$

根据式(7.1.17)，幅度特性函数和相位特性函数分别为

$$H_{\mathrm{g}}(\omega)=\sum_{n=0}^{N-1}h(n)\sin\left[\left(n-\frac{N-1}{2}\right)\omega\right] \tag{7.1.18}$$

$$\theta(\omega)=-\frac{N-1}{2}\omega-\frac{\pi}{2} \tag{7.1.19}$$

根据群延迟的定义，数字滤波器的群延迟 $\tau=\dfrac{N-1}{2}$，因此，只要 $h(n)$是实数序列且满足奇对称，该滤波器就一定具有第二类线性相位。与第一类线性相位 FIR 滤波器的区别是，此时不仅产生相位延时，还有$\dfrac{\pi}{2}$固定相移，其相位特性如图 7.1.1(b)所示。

7.1.2 线性相位 FIR 滤波器的幅度特性

当 FIR 滤波器满足线性相位时，由于 $h(n)$为实数且具有偶对称或奇对称，而 $h(n)$的点数 N 又可分为奇数和偶数两种，组合起来共有四种情况。为了在设计 FIR 滤波器时选用合适的线性相位条件，下面分别讨论四种线性相位 FIR 滤波器的幅度特性。

1. Ⅰ型线性相位滤波器

如图 7.1.2(a)所示，$h(n)$是关于$(N-1)/2$偶对称的实序列，且 N 为奇数，根据式(7.1.12)，其幅度特性可表示为

$$H_{g}(\omega)=\sum_{n=0}^{N-1}h(n)\cos\left[\left(\frac{N-1}{2}-n\right)\omega\right] \tag{7.1.20}$$

式中，$h(n)$关于$(N-1)/2$偶对称，而余弦项也是关于$(N-1)/2$偶对称，因此，可以$(N-1)/2$为中心，将相等项合并，由于 N 是奇数，故余下中间项。那么幅度特性可表示为

$$H_{g}(\omega)=h\left(\frac{N-1}{2}\right)+\sum_{n=0}^{(N-3)/2}2h(n)\cos\left[\left(\frac{N-1}{2}-n\right)\omega\right] \tag{7.1.21}$$

令 $m=(N-1)/2-n$，变量代换，可推导得

$$H_{g}(\omega)=h\left(\frac{N-1}{2}\right)+\sum_{m=1}^{(N-1)/2}2h\left(\frac{N-1}{2}-m\right)\cos(\omega m) \tag{7.1.22}$$

经整理，可得

$$\begin{cases}H_{g}(\omega)=\displaystyle\sum_{n=0}^{(N-1)/2}a(n)\cos\omega n\\ a(0)=h\left(\dfrac{N-1}{2}\right),\quad a(n)=2h\left(\dfrac{N-1}{2}-n\right),\quad n\geqslant 1\end{cases} \tag{7.1.23}$$

如图 7.1.2(b)所示，由于 $\cos\omega n$ 关于 $\omega=0,\pi,2\pi$ 都是偶对称的，$H_{g}(\omega)$也关于 $\omega=0,\pi,2\pi$ 偶对称，其幅度值可以不为零，附近频率能够作为滤波器通带，因此Ⅰ型线性相位滤波器可以实现各种(低通、高通、带通、带阻)滤波特性。

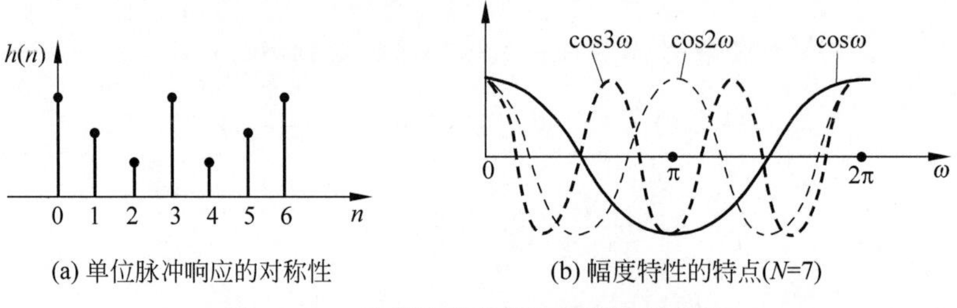

图 7.1.2 Ⅰ型线性相位滤波器特性曲线

2. Ⅱ型线性相位滤波器

如图 7.1.3(a)所示，$h(n)$是关于$(N-1)/2$偶对称的实序列，且 N 为偶数；其幅度特性推导公式与 N 为奇数情况类似，不同的是，由于 N 取偶数，$H_{g}(\omega)$中没有独立项，相等项合并成 $N/2$ 项，可表示为

$$H_{g}(\omega)=\sum_{n=0}^{\frac{N}{2}-1}2h(n)\cos\left[\left(\frac{N-1}{2}-n\right)\omega\right] \tag{7.1.24}$$

令 $m=N/2-n$，变量代换，可推导得

$$H_g(\omega)=\sum_{m=1}^{N/2}2h\left(\frac{N}{2}-m\right)\cos\left[\omega\left(m-\frac{1}{2}\right)\right] \tag{7.1.25}$$

经整理，可得

$$\begin{cases}H_g(\omega)=\sum\limits_{n=1}^{N/2}b(n)\cos\left[\omega\left(n-\frac{1}{2}\right)\right]\\ b(n)=2h\left(\frac{N}{2}-n\right)\end{cases} \tag{7.1.26}$$

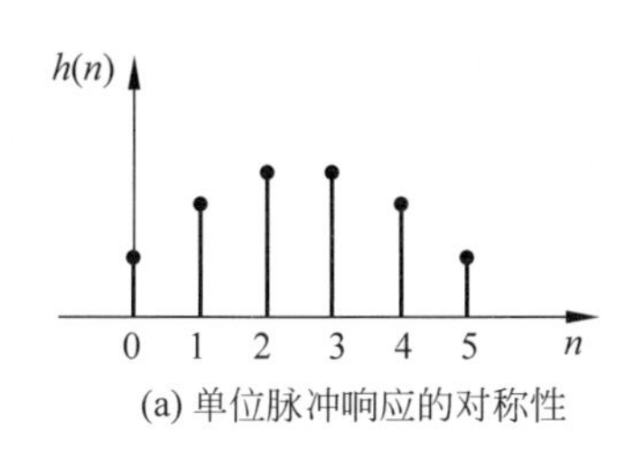

(a) 单位脉冲响应的对称性

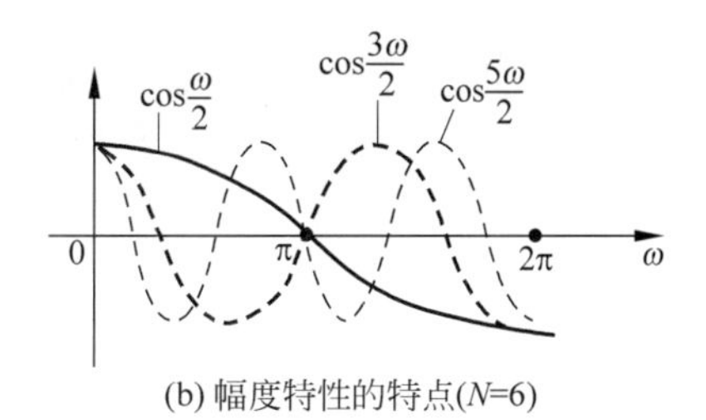

(b) 幅度特性的特点(N=6)

图 7.1.3 Ⅱ型线性相位滤波器特性曲线

如图 7.1.3(b)所示，$\cos\left[\omega\left(n-\frac{1}{2}\right)\right]$关于 $\omega=0,2\pi$ 是偶对称的，则 $H_g(\omega)$也关于 $\omega=0,2\pi$ 呈偶对称；当 $\omega=\pi$ 时，$\cos\left[\omega\left(n-\frac{1}{2}\right)\right]=0$，而且 $\cos\left[\omega\left(n-\frac{1}{2}\right)\right]$关于 $\omega=\pi$ 呈奇对称，所以 $H_g(\pi)=0$，即 $H_g(\omega)$关于 $\omega=\pi$ 也呈奇对称，$\omega=\pi$ 附近不可以作为通带。因此，Ⅱ型线性相位滤波器不能实现高通和带阻滤波特性。

3. Ⅲ型线性相位滤波器

如图 7.1.4(a)所示，$h(n)$是关于$(N-1)/2$ 奇对称的实序列，且 N 为奇数，根据式(7.1.18)，其幅度特性可表示为

$$H_g(\omega)=\sum_{n=0}^{N-1}h(n)\sin\left[\left(n-\frac{N-1}{2}\right)\omega\right] \tag{7.1.27}$$

由于 $h(n)$为奇对称，N 为奇数，则中间项 $h\left(\frac{N-1}{2}\right)=0$，同时正弦项也关于$(N-1)/2$ 奇对称，则首尾两项相等，并将相同项合并，可得

$$H_g(\omega)=\sum_{n=0}^{(N-3)/2}2h(n)\sin\left[\left(n-\frac{N-1}{2}\right)\omega\right] \tag{7.1.28}$$

令 $m=\frac{N-1}{2}-n$，变量代换可得

$$H_g(\omega)=\sum_{m=1}^{(N-1)/2}2h\left(\frac{N-1}{2}-m\right)\sin(-\omega m) \tag{7.1.29}$$

经整理，可得

$$\begin{cases} H_g(\omega)=\sum_{n=1}^{(N-1)/2} c(n)\sin(\omega n) \\ c(n)=-2h\left(\frac{N-1}{2}-n\right) \end{cases} \tag{7.1.30}$$

如图 7.1.4(b)所示，由于 $\sin\omega n$ 在 $\omega=0,\pi,2\pi$ 处都为 0，且呈奇对称，则 $H_g(\omega)$在 $\omega=0,\pi,2\pi$ 处也都为 0，并关于 $\omega=0,\pi,2\pi$ 呈奇对称，$\omega=0,\pi,2\pi$ 附近不可以作为通带。因此，Ⅲ型线性相位滤波器只能实现带通滤波特性。

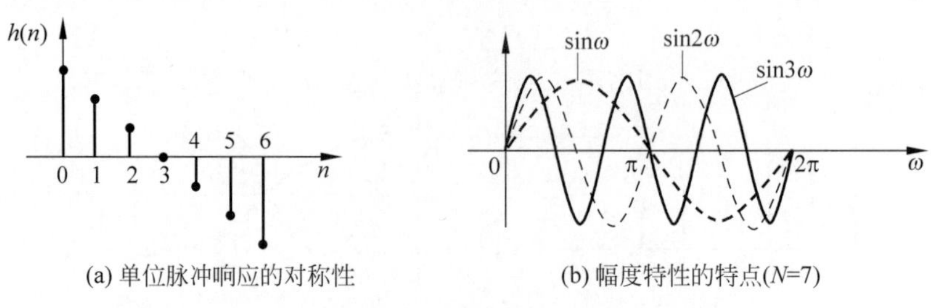

(a) 单位脉冲响应的对称性 (b) 幅度特性的特点(N=7)

图 7.1.4 Ⅲ型线性相位滤波器特性曲线

4. Ⅳ型线性相位滤波器

如图 7.1.5(a)所示，$h(n)$是关于$(N-1)/2$ 呈奇对称的实序列，且 N 为偶数。

幅度特性推导公式与 N 为奇数情况类似，仅仅是没有中间项，其推导如下：

$$H_g(\omega)=\sum_{n=0}^{N/2-1} 2h(n)\sin\left[\left(n-\frac{N-1}{2}\right)\omega\right] \tag{7.1.31}$$

令 $m=N/2-n$，变量代换，可推导得

$$H_g(\omega)=\sum_{n=1}^{N/2} 2h\left(\frac{N}{2}-m\right)\sin\left[\left(\frac{1}{2}-m\right)\omega\right] \tag{7.1.32}$$

经整理，可得

$$\begin{cases} H_g(\omega)=\sum_{n=1}^{N/2} d(n)\sin\left[\omega\left(n-\frac{1}{2}\right)\right] \\ d(n)=-2h\left(\frac{N}{2}-n\right) \end{cases} \tag{7.1.33}$$

如图 7.1.5(b)所示，由于 $\sin\left[\omega\left(n-\frac{1}{2}\right)\right]$ 在 $\omega=0,2\pi$ 处为 0，且呈奇对称；则 $H_g(\omega)$在 $\omega=0,2\pi$ 处也为零，且关于 $\omega=0,2\pi$ 呈奇对称，则 $\omega=0,2\pi$ 附近不可以作为通带；$\sin\left[\omega\left(n-\frac{1}{2}\right)\right]$关于 $\omega=\pi$ 呈偶对称，$H_g(\omega)$也关于 $\omega=\pi$ 呈偶对称。因此，Ⅳ型线性相位滤波器不能实现低通和带阻滤波特性。

四种类型 FIR 线性相位滤波器的幅度特性、相位特性及 $h(n)$满足的条件综合归纳于表 7.1.1 中。由于Ⅲ型和Ⅳ型线性相位滤波器实现的是第二类线性相位，有 $\pi/2$ 的附加相延，因此通过该滤波器的所有频率成分将产生 90°的相移。这相当于将该信号先通

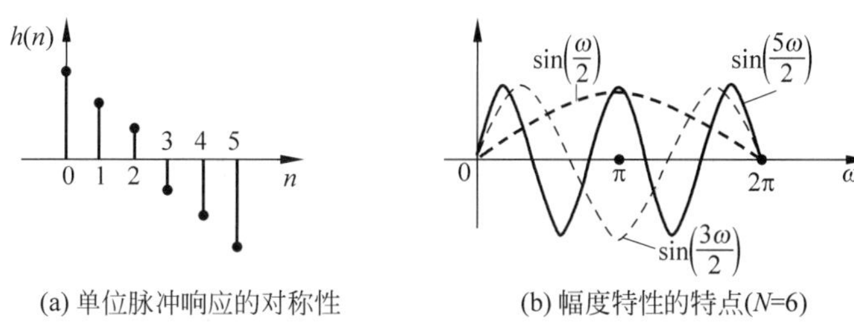

(a) 单位脉冲响应的对称性　　(b) 幅度特性的特点(N=6)

图 7.1.5　Ⅳ型线性相位滤波器特性曲线

过一个 90°的相移器，然后再滤波。因此，多采用Ⅰ型线性相位滤波器，即 $h(n)=h(N-n-1)$，且 N 取奇数。

表 7.1.1　线性相位 FIR 滤波器的类型

第一类线性相位　$h(n)=h(N-1-n)$			滤波器幅度特性 $H_g(\omega)$	
Ⅰ型	相位响应 $\theta(\omega)=-\frac{N-1}{2}\omega$	N 为奇数($N=7$)	$H_g(\omega)=\sum_{n=0}^{(N-1)/2}a(n)\cos(\omega n)$	关于 $\omega=0,\pi,2\pi$ 呈偶对称，可以实现各种(低通、高通、带通、带阻)滤波特性
Ⅱ型		N 为偶数($N=6$)	$H_g(\omega)=\sum_{n=1}^{N/2}b(n)\cos\left[\omega\left(n-\frac{1}{2}\right)\right]$	关于 $\omega=0,2\pi$ 呈偶对称，关于 $\omega=\pi$ 呈奇对称，不能实现高通和带阻滤波特性
第二类线性相位 $h(n)=-h(N-1-n)$			滤波器幅度特性 $H_g(\omega)$	
Ⅲ型	相位响应 $\theta(\omega)=-\frac{N-1}{2}\omega-\frac{\pi}{2}$	N 为奇数($N=7$)	$H_g(\omega)=\sum_{n=1}^{(N-1)/2}c(n)\sin(\omega n)$	关于 $\omega=0,\pi,2\pi$ 呈奇对称，只能实现带通滤波特性
Ⅳ型		N 为偶数($N=6$)	$H_g(\omega)=\sum_{n=1}^{N/2}d(n)\sin\left[\omega\left(n-\frac{1}{2}\right)\right]$	关于 $\omega=0,2\pi$ 呈奇对称，关于 $\omega=\pi$ 呈偶对称，不能实现低通和带阻滤波特性

7.1.3 线性相位 FIR 滤波器零点分布特性

由于线性相位 FIR 滤波器的单位脉冲响应 $h(n)$ 具有对称性，即

$$h(n)=\pm h(N-n-1) \tag{7.1.34}$$

则有

$$\begin{aligned}H(z)&=\sum_{n=0}^{N-1}h(n)z^{-n}\\&=\pm\sum_{n=0}^{N-1}h(N-1-n)z^{-n}\end{aligned} \tag{7.1.35}$$

将 $m=N-1-n$ 代入上式，可得

$$\begin{aligned}H(z)&=\pm\sum_{m=0}^{N-1}h(m)z^{-(N-1-m)}\\&=\pm z^{-(N-1)}\sum_{m=0}^{N-1}h(m)z^{m}\end{aligned} \tag{7.1.36}$$

因此，其系统函数具有以下特点：

$$H(z)=\pm z^{-(N-1)}H(z^{-1}) \tag{7.1.37}$$

上式表明，若 $z=z_i$ 是 $H(z)$ 的零点，则其倒数 z_i^{-1} 也必然是 $H(z)$ 的零点。又因为 $h(n)$ 是实序列，$H(z)$ 的零点必定共轭成对，因此 z_i^* 和 $(z^{-1})^*$ 也是 $H(z)$ 的零点。所以，线性相位 FIR 滤波器的零点位置共有四种情况：

(1) z_i 是既不在实轴上，又不在单位圆上的复数零点，则必然为互为倒数的两对共轭零点，如图 7.1.6 中 z_1、z_1^{-1}、z_1^*、$(z_1^*)^{-1}$ 的情况；

(2) z_i 是在单位圆上，但不在实轴上的复数零点，其倒数就是自己的共轭，为一对共轭零点，如图 7.1.6 中 z_2、z_2^* 的情况；

(3) z_i 是在实轴上，但不在单位圆上的零点，实数零点，共轭就是自身，所以有一对互为倒数的零点，如图 7.1.6 中 z_3、z_3^{-1} 的情况；

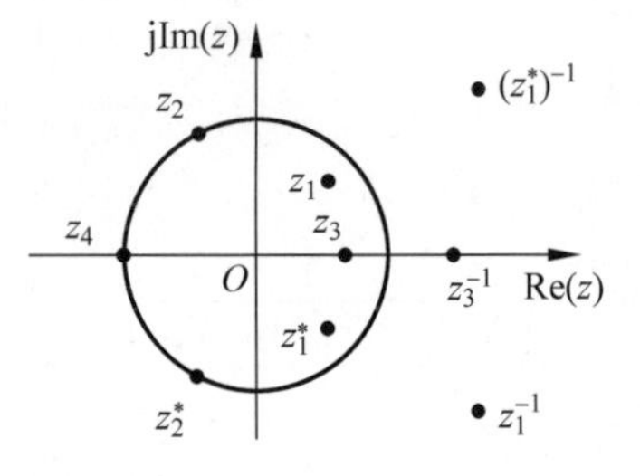

图 7.1.6 线性相位 FIR 滤波器零点分布

(4) z_i 是既在实轴上，又在单位圆上的零点，其共轭和倒数都是自身，只有两种可能 $z_i=1$ 或 $z_i=-1$，即图 7.1.6 中 z_4 的情况。

7.2 窗函数法设计 FIR 数字滤波器

7.2.1 窗函数法设计原理

窗函数法设计 FIR 数字滤波器采用时域逼近法。假设希望的理想滤波器频率响应

$H_d(e^{j\omega})$，其单位脉冲响应为 $h_d(n)$。根据离散时间傅里叶变换的定义，可得

$$h_d(n)=\frac{1}{2\pi}\int_{-\pi}^{\pi}H_d(e^{j\omega})e^{j\omega n}d\omega \tag{7.2.1}$$

要求设计一个 FIR 滤波器，其频率响应 $H(e^{j\omega})=\sum_{n=0}^{N-1}h(n)e^{-j\omega n}$，用它来逼近理想的 $H_d(e^{j\omega})$。由于一般理想滤波器频率响应 $H_d(e^{j\omega})$ 为矩形频率特性，故 $h_d(n)$ 是无限长的序列，并且是非因果的。而所要设计的是物理可实现的 FIR 数字滤波器，所以 $h(n)$ 必须有限长的。因此，要用有限长的 $h(n)$ 的频率响应来逼近无限长的 $h_d(n)$ 的频率响应，最有效的方法是截断 $h_d(n)$，或者说用一个有限长度的窗函数序列 $w(n)$ 来截取 $h_d(n)$，即

$$h(n)=h_d(n)w(n) \tag{7.2.2}$$

由式(7.2.2)可知，理想滤波器单位脉冲响应 $h_d(n)$ 已知情况下，设计滤波器的频率响应 $H(e^{j\omega})$ 与窗函数 $w(n)$ 的宽度和形状紧密相关，因此，FIR 滤波器设计过程中窗函数形状及宽度的选择显得十分关键。例如，要求设计一个线性相位理想低通滤波器，其截止频率为 ω_c，线性相位特性的常系数为 α，即

$$H_d(e^{j\omega})=\begin{cases}e^{-j\omega\alpha}, & |\omega|\leqslant\omega_c\\ 0, & \omega_c<|\omega|\leqslant\pi\end{cases} \tag{7.2.3}$$

则相应的单位脉冲响应为

$$h_d(n)=\frac{1}{2\pi}\int_{-\pi}^{\pi}e^{-j\omega\alpha}e^{j\omega n}d\omega=\frac{\sin(\omega_c(n-\alpha))}{\pi(n-\alpha)} \tag{7.2.4}$$

如图 7.2.1(a)所示，$h_d(n)$ 是关于中心点 α 偶对称的无限长序列。为构造一个长度为 N 的线性相位滤波器，需要保证截取的滤波器响应 $h(n)$ 关于 $\frac{N-1}{2}$ 对称，同时确保 $h(n)$ 为因果序列，n 取值范围为 $n\geqslant 0$。因此，α 必须为

$$\alpha=\frac{N-1}{2} \tag{7.2.5}$$

这种直接截取好比是用一个长度为 N 矩形窗与 $h_d(n)$ 相乘，即

$$h(n)=h_d(n)w_R(n)=\begin{cases}h_d(n), & 0\leqslant n\leqslant N-1\\ 0, & \text{其他}\end{cases} \tag{7.2.6}$$

式中

$$w_R(n)=R_N(n) \tag{7.2.7}$$

截取后的 $h(n)$ 如图 7.2.1(c)所示，此时，满足 $h(n)=h(N-1-n)$ 这一线性相位条件。

根据 $h(n)$ 可求得滤波器频率响应 $H(e^{j\omega})$，由于 $h(n)$ 是理想响应 $h_d(n)$ 的截断，因此，$H(e^{j\omega})$ 与 $H_d(e^{j\omega})$ 之间存在误差。下面以设计截止频率 $\omega_c=0.5\pi$ 的低通 FIR 滤波器为例，图 7.2.2 给出了不同截取长度的低通滤波器幅频响应曲线。

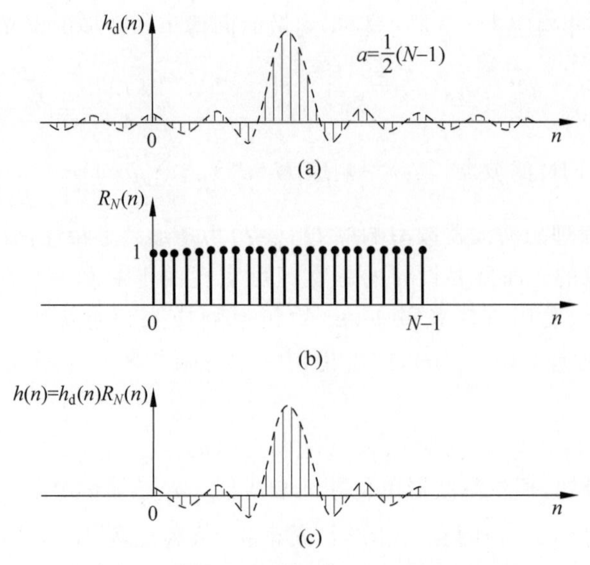

图 7.2.1　理想低通单位脉冲响应及矩形窗

图 7.2.2(a)为截取长度 $N=21$ 时滤波器的幅度特性。由图可见,时域的截断误差造成频率响应过渡带加宽,以及通带和阻带内的波动,致使阻带最小衰减约为−21dB,截断导致滤波器的阻带衰减不足。

图 7.2.2(b)、图 7.2.2(c)分别给出了将截取长度增大 3 倍与增大 10 倍,即 N 为 63、211 时,低通滤波器的幅度特性。从直观上来说,增加矩形窗截取的长度 N 可以加大阻带衰减,由图可见,随着 N 的增大,滤波器的过渡带变窄,然而在过渡带附近的波动幅度基本没变,即使长度增大 10 倍,N 为 211 时,阻带的最小衰减仍约为−21dB。这种效应是将理想滤波器响应 $h_d(n)$直接截断引起的,也称为截断效应。

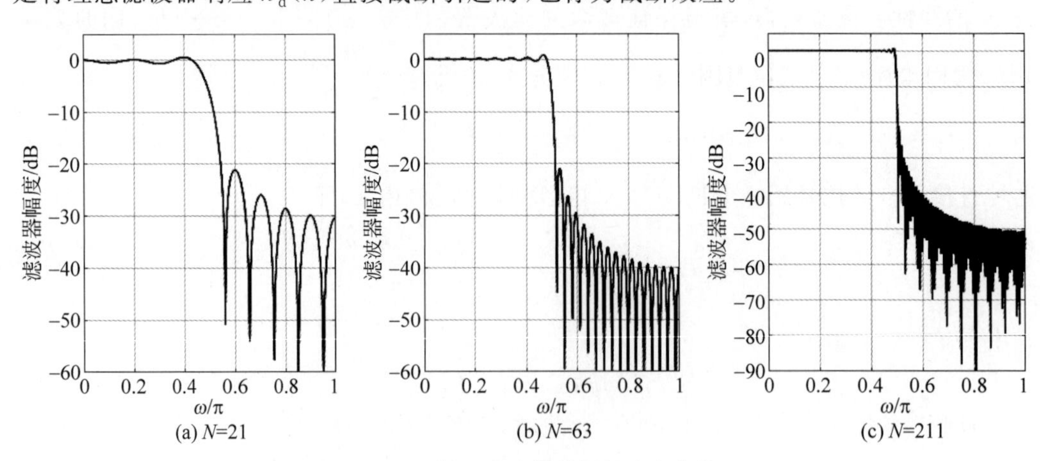

图 7.2.2　低通滤波器的幅频响应曲线

随着滤波器的长度 N 增加,实现复杂度越高、时延越长,如果 N 进一步增加,在工程上运算量和时延都不可接受。由此可见,通过增加截取的长度不能有效改善滤波器的截断效应和阻带衰减。

如何改善滤波器的阻带衰减特性？$H(e^{j\omega})$与$H_d(e^{j\omega})$的误差与哪些因素有关？这些问题直接关系到所设计的滤波器能否满足设计指标。下面分析窗函数法的设计性能。

7.2.2 矩形窗设计性能分析

由式(7.2.6)可知，逼近误差受到加窗的影响，与窗函数$w(n)$特性相关。因为$h(n)=h_d(n)w_R(n)$，时域相乘对应频域卷积，所以

$$H(e^{j\omega})=\mathrm{DTFT}[h(n)]=\frac{1}{2\pi}H_d(e^{j\omega})*W_R(e^{j\omega}) \tag{7.2.8}$$

$$\begin{aligned}W_R(e^{j\omega})&=\sum_{n=0}^{N-1}w_R(n)e^{-j\omega n}=\sum_{n=0}^{N-1}e^{-j\omega n}\\&=e^{-j\frac{1}{2}(N-1)\omega}\frac{\sin(\omega N/2)}{\sin(\omega/2)}\\&=W_{Rg}(\omega)e^{-j\alpha\omega}\end{aligned} \tag{7.2.9}$$

式中

$$\alpha=\frac{N-1}{2},\quad W_{Rg}(\omega)=\frac{\sin(\omega N/2)}{\sin(\omega/2)} \tag{7.2.10}$$

$W_{Rg}(\omega)$为矩形窗的幅度特性函数，如图7.2.3(b)所示。将$\omega=0$左右两个零点之间的部分称为主瓣，主瓣宽度为$4\pi/N$，其余振荡部分称为旁瓣，每个旁瓣宽度均为$2\pi/N$。将$H_d(e^{j\omega})$也写成幅度函数与相位函数的乘积：

$$H_d(e^{j\omega})=H_{dg}(\omega)e^{-j\omega\alpha} \tag{7.2.11}$$

式中

$$H_{dg}(\omega)=\begin{cases}1, & |\omega|\leqslant\omega_c\\0, & \omega_c<|\omega|\leqslant\pi\end{cases} \tag{7.2.12}$$

$H_{dg}(\omega)$为理想低通滤波器的幅度特性函数，如图7.2.3(b)所示。

将式(7.2.9)和式(7.2.11)代入式(7.2.8)，可得

$$\begin{aligned}H(e^{j\omega})&=\frac{1}{2\pi}\int_{-\pi}^{\pi}H_d(e^{j\theta})W_R(e^{j(\omega-\theta)})d\theta\\&=\frac{1}{2\pi}\int_{-\pi}^{\pi}H_{dg}(\theta)e^{-j\theta\alpha}W_{Rg}(\omega-\theta)e^{-j(\omega-\theta)\alpha}d\theta\\&=e^{-j\omega\alpha}\frac{1}{2\pi}\int_{-\pi}^{\pi}H_{dg}(\theta)W_{Rg}(\omega-\theta)d\theta\\&=e^{-j\omega\alpha}\frac{1}{2\pi}H_{dg}(\omega)*W_{Rg}(\omega)\\&=e^{-j\omega\alpha}H_g(\omega)\end{aligned} \tag{7.2.13}$$

$$
\begin{cases}
H_{g}(\omega)=\dfrac{1}{2\pi}H_{dg}(\omega)*W_{Rg}(\omega) \\
\theta(\omega)=-\dfrac{N-1}{2}\omega
\end{cases}
\tag{7.2.14}
$$

以上推导结果说明，滤波器的幅度特性 $H_{g}(\omega)$ 等于希望逼近的理想滤波器的幅度特性 $H_{dg}(\omega)$ 与矩形窗幅度特性 $W_{Rg}(\omega)$ 的卷积，而相位特性保持严格线性相位。所以，只需分析幅度逼近误差。当 $H_{d}(e^{j\omega})$ 为理想低通滤波器时，$H_{dg}(\omega)$、$W_{Rg}(\omega)$ 和 $H_{g}(\omega)$ 以及卷积过程的波形如图 7.2.3 所示。

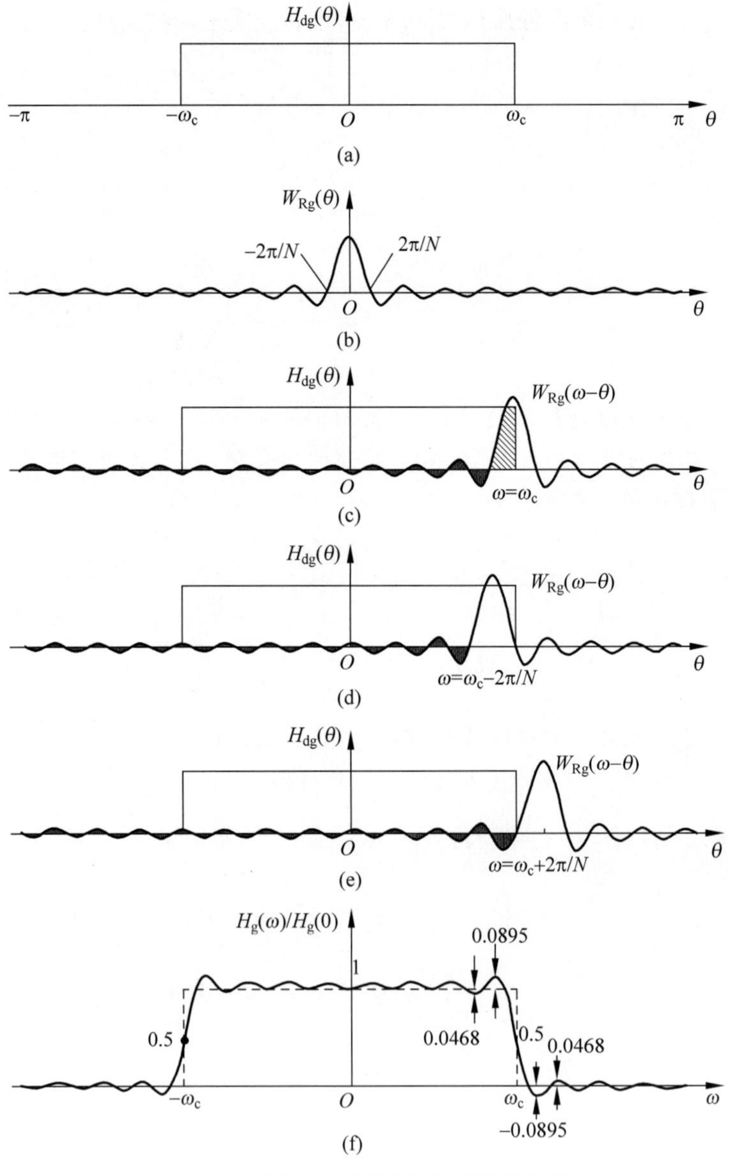

图 7.2.3　矩形窗对理想低通幅度特性的影响

下面从几个特殊的频率点入手，讨论 $H_g(\omega)$的波形特点：

(1) 当 $\omega=0$ 时，$H_g(0)$等于 $H_{dg}(\theta)$与 $W_{Rg}(-\theta)$乘积的积分，相当于对 $W_{Rg}(\omega)$在 $\pm\omega_c$ 之间一段波形的积分，由于一般条件下都满足 $\omega_c\gg 2\pi/N$ 的条件，所以 $H_g(0)$可近似为 θ 在 $\pm\pi$ 之间的 $W_{Rg}(\omega)$的全部积分面积。将 $H_g(0)$值归一化到 1。

(2) 当 $\omega=\omega_c$ 时，此时情况如图 7.2.3(c)所示，$H_{dg}(\theta)$正好与 $W_{Rg}(\omega-\theta)$的一半重叠，积分近似为 $W_{Rg}(\theta)$一半波形的积分，$H_g(\omega_c)/H_g(0)=0.5$，对 $H_g(\omega_c)$归一化后的值为 0.5。

(3) 当 $\omega=\omega_c-2\pi/N$ 时，此时情况如图 7.2.3(d)所示，$W_{Rg}(\omega-\theta)$主瓣完全在区间 $\pm\omega_c$ 之间，而最大的一个负旁瓣移到区间 $[-\omega_c,\omega_c]$之外，因此，$H_g(\omega)$在该点有一个最大的正峰。

(4) 当 $\omega=\omega_c+2\pi/N$ 时，此时情况如图 7.2.3(e)所示，与 $\omega=\omega_c-2\pi/N$ 时正好相反，$W_{Rg}(\omega-\theta)$主瓣完全移到积分区间外边，因为最大的一个负旁瓣完全在区间 $[-\omega_c,\omega_c]$中，因此 $H_g(\omega)$在该点形成最大的负峰。$H_g(\omega)$最大的正峰与最大的负峰对应的频率相距 $4\pi/N$。

(5) 当 $\omega>\omega_c+2\pi/N$ 时，随着 ω 的增加，$W_{Rg}(\omega-\theta)$左边旁瓣的起伏部分将扫过通带，卷积值也将随 $W_{Rg}(\omega-\theta)$的旁瓣在通带内面积的变化而变化，故 $H_g(\omega)$将围绕着零值而波动。

(6) 当 $\omega<\omega_c-2\pi/N$ 时，ω 由 $\omega_c-2\pi/N$ 向通带内减小，$W_{Rg}(\omega-\theta)$右边旁瓣将进入通带，右旁瓣的起伏造成 $H_g(\omega)$将围绕着 $H_g(0)$上下波动。

综上所述，理想滤波器的单位脉冲响应经加窗处理后，对幅度特性产生以下主要影响：

(1) 在理想特性不连续点 $\omega=\omega_c$ 附近形成过渡带。过渡带的宽度，近似等于 $W_{Rg}(\omega)$主瓣宽度，即 $\Delta\omega=4\pi/N$。注意，这里所说的过渡带是指两个肩峰之间的宽度，与滤波器指标中的过渡带还有些区别。

(2) 在截止频率 ω_c 的两侧 $\omega=\omega_c\pm 2\pi/N$ 处，$H_g(\omega)$出现最大值和最小值，形成肩峰值。肩峰的两侧形成起伏的余振，其波动幅度与窗函数的幅度谱有关，取决于窗函数旁瓣的相对幅度。

(3) 前面仿真分析可见，增加截取长度 N 不能有效改善滤波器的截断效应和阻带衰减，下面具体分析 N 增大的影响。在主瓣附近的窗的频率响应为

$$W_{Rg}(\omega)=\frac{\sin(\omega N/2)}{\sin(\omega/2)}\approx\frac{\sin(\omega N/2)}{\omega/2}=N\frac{\sin(x)}{x} \tag{7.2.15}$$

式中：$x=\omega N/2$。

可见，增大 N，主瓣幅度加高，同时旁瓣也加高，保持主瓣和旁瓣幅度相对值不变，这个相对比例是由 $\sin(x)/x$ 决定的，或者说只由窗函数的形状来决定；另外，增大 N，主瓣与旁瓣宽度都变窄。因而，当截取长度 N 增加时，只会减小过渡带宽 $\Delta\omega=4\pi/N$，而不会改变肩峰的相对值。图 7.2.4 分别给出了当 N 为 21、63、211 时窗函数的幅度特性函数。由图可以看出，主瓣宽度与 N 成反比，即滤波器过渡带宽度与 N 成反比；但是旁

瓣峰值基本不随 N 增大而变化，最大相对肩峰值为 8.95%，从而导致矩形窗截断设计低通滤波器的阻带最小衰减不足。这种现象就是通常所说的吉布斯(Gibbs)效应。

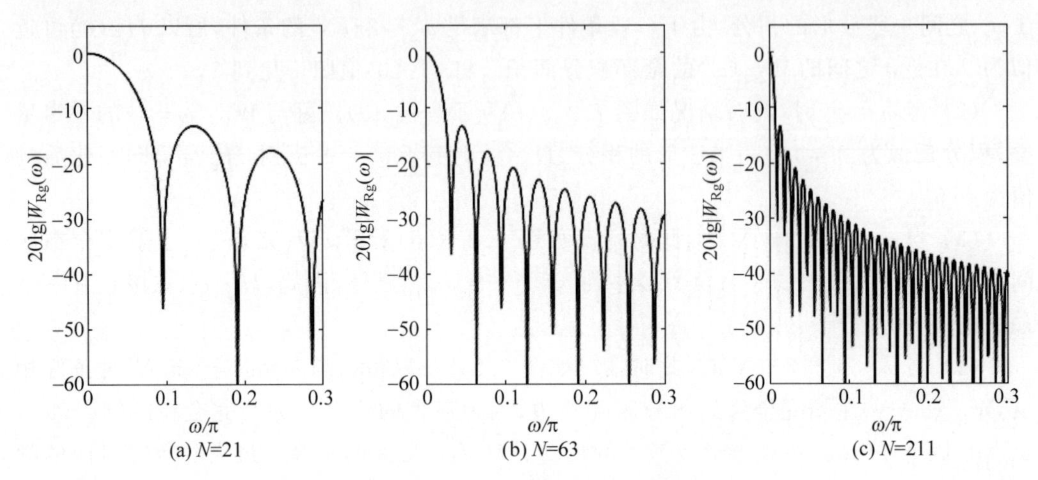

图 7.2.4　窗函数长度 N 对幅度特性主瓣宽度的影响

由此可见，调整窗的长度只能有效地控制过渡带的带宽，而要减小带内波动和阻带衰减，只能从窗函数的形状上寻找解决问题的方法。构造新的窗函数形状，使窗函数频谱的主瓣包含更多的能量，相应地旁瓣幅度更小，旁瓣的减小可使通带、阻带波动减小，从而加大阻带衰减，这就是选择窗函数类型和长度的依据。下面介绍几种典型的窗函数。

7.2.3　典型窗函数

矩形窗截断造成肩峰为 8.95%，则阻带最小衰减为 $20\lg(8.95\%)=-21(\mathrm{dB})$，这个衰减量在工程上常常是不够的。为了加大阻带衰减，只能改善窗函数的形状。因此，研究各种典型的窗函数是窗函数设计法的重要内容。从以上讨论中看到，一般希望窗函数满足两项要求：

(1) 主瓣宽度要尽可能小，以获得较陡的过渡带。

(2) 尽量减少最大旁瓣的相对幅度，也就是能量尽量集中于主瓣，增大阻带衰减。

但这两项要求不能同时得到满足，实际中往往是增加主瓣的宽度以换取对旁瓣的抑制。下面讨论几种常用的窗函数，主要介绍窗函数的时域表达式、时域波形、幅频特性函数，以及用窗函数设计的 FIR 数字滤波器的单位脉冲响应和幅频响应函数，并比较它们的性能。

1. 矩形窗

$$w_{\mathrm{R}}(n)=R_N(n) \tag{7.2.16}$$

幅度函数为

$$W_{Rg}(\omega)=\frac{\sin(\omega N/2)}{\sin(\omega/2)} \tag{7.2.17}$$

其主瓣宽度为 $4\pi/N=2\times2\pi/N$。矩形窗的特性如图 7.2.5 所示。降低窗函数旁瓣峰值,可以加大滤波器的阻带最小衰减,同时又会导致过渡带宽的增加,窗函数的这些参数决定了滤波器的性能指标。

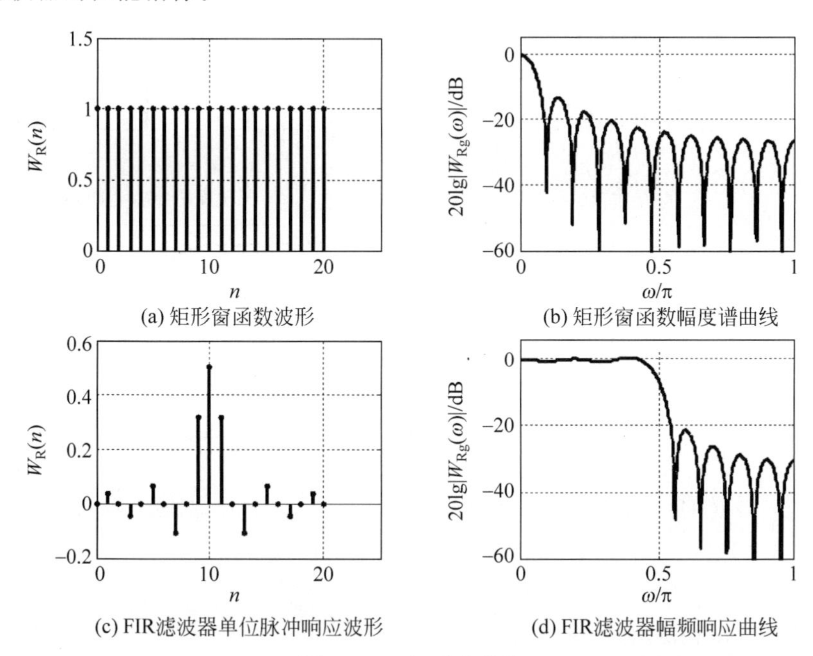

图 7.2.5 矩形窗特性

为了描述方便,并区分各窗函数频率响应之间的差异,给出衡量窗函数的参数指标如下:

旁瓣峰值 α_n:窗函数幅度函数 $|W_{Rg}(\omega)|$ 最大旁瓣的最大值相对主瓣最大值的衰减值(dB)。

过渡带宽度 $\Delta\omega$:用该窗函数设计的 FIR 数字滤波器的过渡带宽度。

阻带最小衰减 α_s:用该窗函数设计的 FIR 数字滤波器的阻带最小衰减。

图 7.2.3 所示的矩形窗的参数:$\alpha_n=-13\text{dB}$,$\Delta\omega=4\pi/N$,$\alpha_s=-21\text{dB}$。

2. 三角窗

$$w_{Br}(n)=\begin{cases}\dfrac{2n}{N-1}, & 0\leqslant n\leqslant\dfrac{1}{2}(N-1)\\[2ex] 2-\dfrac{2n}{N-1}, & \dfrac{1}{2}(N-1)<n\leqslant N-1\end{cases} \tag{7.2.18}$$

幅度函数为

$$W_{Br}(\omega)=\frac{2}{N}\left[\frac{\sin(\omega N/4)}{\sin(\omega/2)}\right]^2 \tag{7.2.19}$$

其主瓣宽度为 $4\times2\pi/N=8\pi/N$。三角窗特性如图 7.2.6 所示,其参数 $\alpha_n=-25\text{dB}$,$\Delta\omega=8\pi/N$,$\alpha_s=-25\text{dB}$。

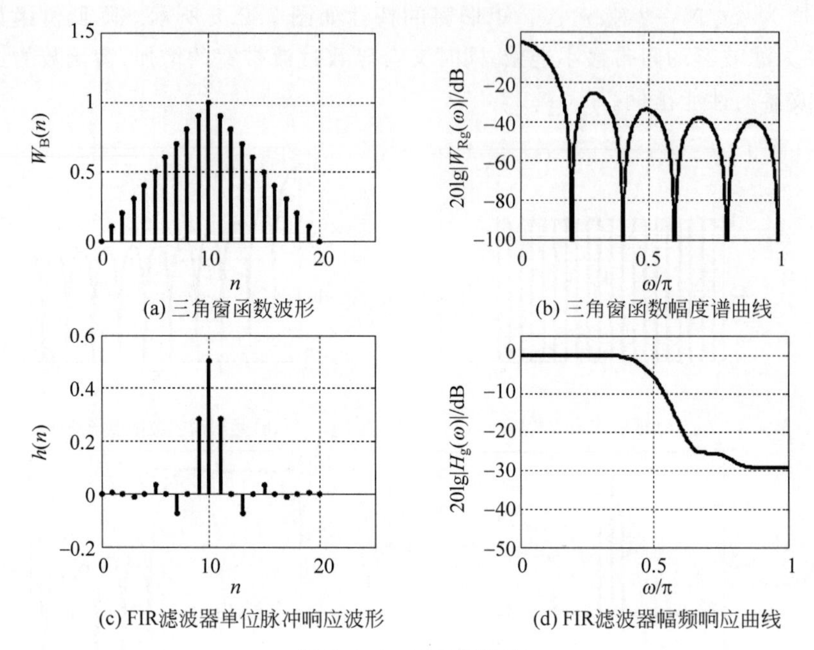

图 7.2.6 三角窗特性

3. 汉宁(Hanning)窗——升余弦窗

$$w_{Hn}(n)=0.5\left[1-\cos\left(\frac{2\pi n}{N-1}\right)\right]R_N(n) \tag{7.2.20}$$

幅度函数为

$$W_{Hng}(\omega)=0.5W_{Rg}(\omega)+0.25\left[W_{Rg}\left(\omega-\frac{2\pi}{N}\right)+W_{Rg}\left(\omega+\frac{2\pi}{N}\right)\right],\quad N\gg1 \tag{7.2.21}$$

汉宁窗的幅度函数 $W_{Hn}(\omega)$ 由三部分相加,使旁瓣抵消,能量更集中在主瓣中,见图 7.2.7。但代价是主瓣宽度比矩形窗的主瓣宽度增加了 1 倍,即为 $8\pi/N$。汉宁窗特性如图 7.2.8 所示,其参数:$\alpha_n=-31\text{dB}$,$\Delta\omega=8\pi/N$,$\alpha_s=-44\text{dB}$。

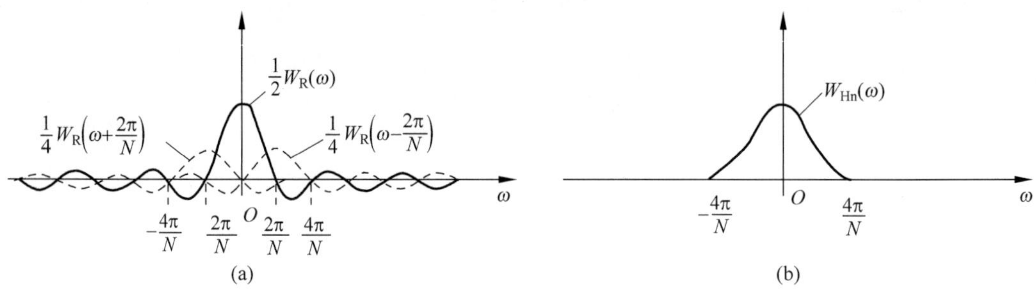

图 7.2.7 汉宁窗特性

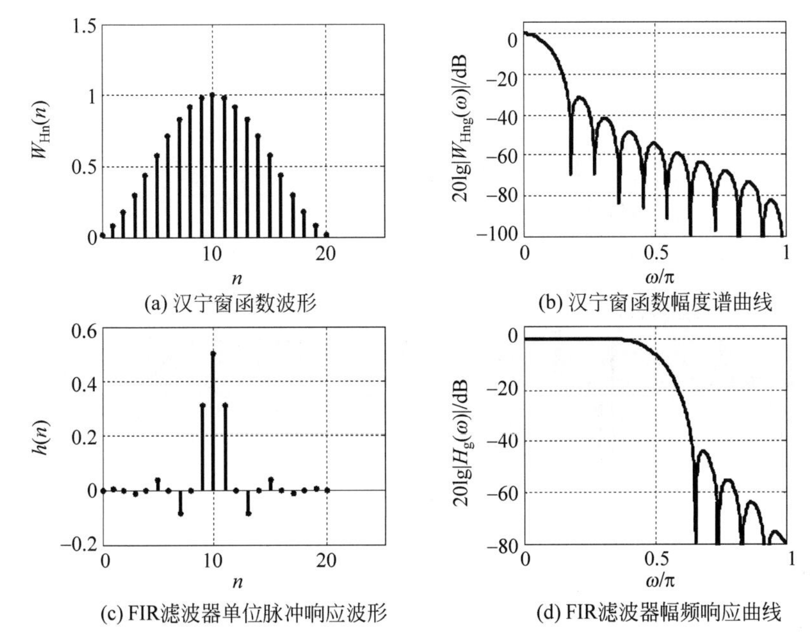

图 7.2.8　汉宁窗特性

4. 海明(Hamming)窗——改进的升余弦窗

$$w_{\mathrm{Hm}}(n)=\left[0.54-0.46\cos\left(\frac{2\pi n}{N-1}\right)\right]R_N(n) \tag{7.2.22}$$

幅度函数为

$$W_{\mathrm{Hmg}}(\omega)=0.54W_{\mathrm{Rg}}(\omega)+0.23\left[W_{\mathrm{Rg}}\left(\omega-\frac{2\pi}{N}\right)+W_{\mathrm{Rg}}\left(\omega+\frac{2\pi}{N}\right)\right],\quad N\gg 1 \tag{7.2.23}$$

这种改进的升余弦窗,能量更加集中在主瓣中,主瓣的能量约占 99.96%,第一旁瓣的峰值比主瓣小 40dB,但主瓣宽度和汉宁窗相同,仍为 $8\pi/N$,所以一般都选择海明窗。海明窗特性如图 7.2.9 所示,其参数:$\alpha_{\mathrm{n}}=-41\mathrm{dB}$,$\Delta\omega=8\pi/N$,$\alpha_{\mathrm{s}}=-53\mathrm{dB}$。MATLAB 的窗函数法设计函数 fir1 就默认使用海明窗。

5. 布莱克曼(Blackman)窗

$$w_{\mathrm{Bl}}(n)=\left[0.42-0.5\cos\left(\frac{2\pi n}{N-1}\right)+0.08\cos\left(\frac{4\pi n}{N-1}\right)\right]R_N(n) \tag{7.2.24}$$

幅度函数为

$$W_{\mathrm{Blg}}(\omega)=0.42W_{\mathrm{Rg}}(\omega)+0.25\left[W_{\mathrm{Rg}}\left(\omega-\frac{2\pi}{N}\right)+W_{\mathrm{Rg}}\left(\omega+\frac{2\pi}{N}\right)\right]+ \\ 0.04\left[W_{\mathrm{Rg}}\left(\omega-\frac{4\pi}{N}\right)+W_{\mathrm{Rg}}\left(\omega+\frac{4\pi}{N}\right)\right],\quad N\gg 1 \tag{7.2.25}$$

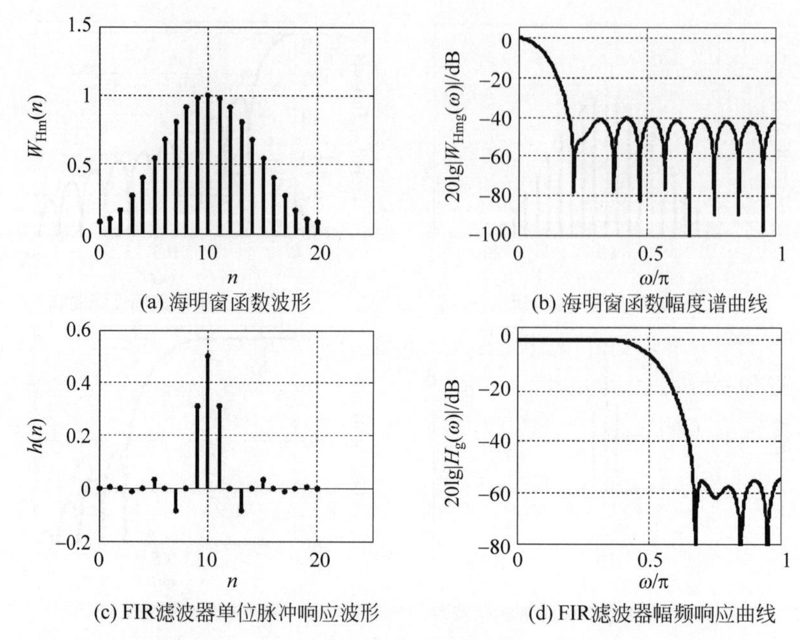

图 7.2.9　海明窗特性

这样其幅度函数由五部分组成，它们都是移位不同，且幅度也不同的 $W_{Rg}(\omega)$ 函数，使旁瓣再进一步抵消，阻带衰减进一步增加，但主瓣宽度为 $12\pi/N$，是矩形窗主瓣宽度的3倍。布莱克曼窗的四种波形如图 7.2.10 所示，其参数：$\alpha_n=-57\text{dB}$，$\Delta\omega=12\pi/N$，$\alpha_s=-74\text{dB}$。

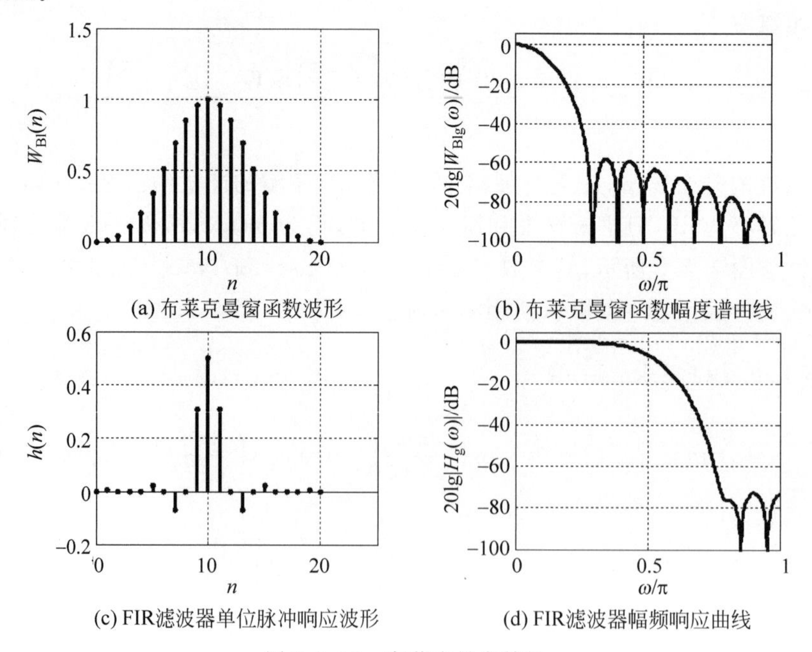

图 7.2.10　布莱克曼窗特性

6. 凯泽(Kaiser)窗

前述五种窗函数都称为参数固定窗函数，每种窗函数的旁瓣幅度都是固定的。凯泽窗是一种参数可变的窗函数，是一种最优窗函数。

$$w_{\mathrm{K}}(n)=\frac{\mathrm{I}_0\left(\beta\sqrt{1-\left(1-\dfrac{2n}{N-1}\right)^2}\right)}{\mathrm{I}_0(\beta)},\quad 0\leqslant n\leqslant N-1 \tag{7.2.26}$$

式中，$\mathrm{I}_0(\cdot)$是第一类变形零阶贝塞尔函数；β 是一个可自由选择的形状参数，它可以同时调整主瓣宽度与旁瓣峰值，β 越大，主瓣宽度也相应增加，旁瓣减小。

凯泽窗特性如图 7.2.11 所示。一般选择 $4<\beta<9$，这相当于旁瓣峰值由 -30dB 到 -67dB。凯泽窗在不同 β 值下的性能归纳在表 7.2.1 中。

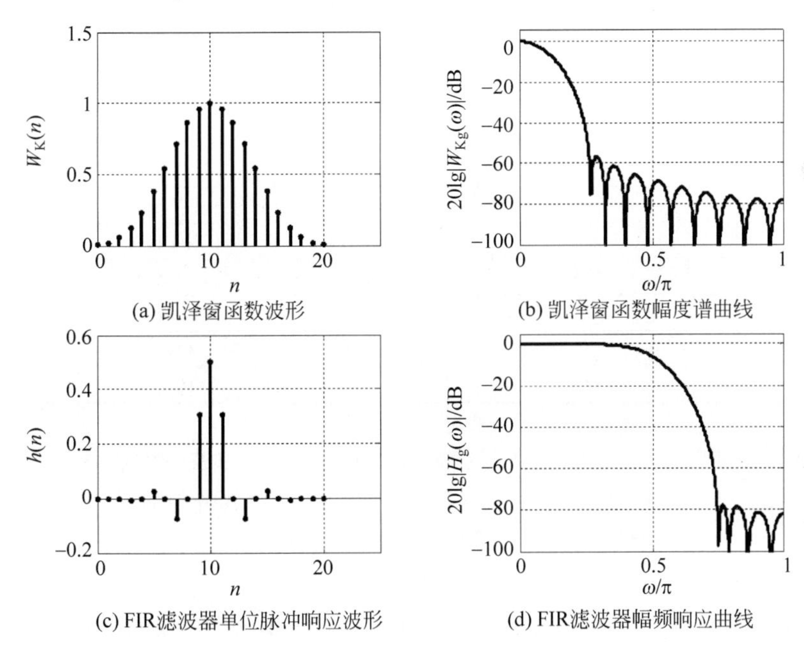

图 7.2.11 凯泽窗特性($\beta=7.865$)

表 7.2.1 凯泽窗控制参数对滤波器性能的影响

β	过渡带宽/rad	通带最大波纹/dB	阻带最小衰减/dB
2.120	$3.00\pi/N$	±0.27	30
3.384	$4.46\pi/N$	±0.0864	40
4.538	$5.86\pi/N$	±0.0274	50
5.568	$6.24\pi/N$	$\pm0.008\,68$	60
6.764	$8.64\pi/N$	$\pm0.002\,75$	70
7.865	$10.0\pi/N$	$\pm0.000\,868$	80
8.960	$11.4\pi/N$	$\pm0.002\,75$	90
10.056	$10.8\pi/N$	$\pm0.000\,87$	100

凯泽窗设计时有经验公式可供使用，给定过渡带宽 $\Delta\omega$ 和阻带最小衰减 α_s，则可求得凯泽窗 FIR 滤波器的阶数和形状参数，即

$$N=\frac{\alpha_s-7.95}{2.286\Delta\omega} \tag{7.2.27}$$

$$\beta=\begin{cases}0.1102(\alpha_s-8.7), & \alpha_s\geqslant 50\text{dB}\\ 0.5842(\alpha_s-21)^{0.4}+0.07886(\alpha_s-21), & 21\text{dB}<\alpha_s<50\text{dB}\\ 0, & \alpha_s\leqslant 21\text{dB}\end{cases} \tag{7.2.28}$$

表 7.2.2 归纳了以上提到的几种窗的主要性能，供设计 FIR 数字滤波器时参考。表中过渡带宽和阻带的最小衰减是用窗函数设计的 FIR 数字滤波器的频率响应指标。随着数字信号处理的不断发展，除上述六种窗函数外，学者们提出的窗函数已多达几十种，MATLAB 中也提供了更多窗的产生函数，可供读者参考。

表 7.2.2　六种窗函数基本参数

窗函数类型	旁瓣峰值 α_n/(dB)	过渡带宽 ΔB		阻带最小衰减 α_n/(dB)
		近似值	精确值	
矩形窗	−13	$4\pi/N$	$1.8\pi/N$	−21
三角窗	−25	$8\pi/N$	$6.1\pi/N$	−25
汉宁窗	−31	$8\pi/N$	$6.2\pi/N$	−44
海明窗	−41	$8\pi/N$	$6.6\pi/N$	−53
布莱克曼窗	−57	$12\pi/N$	$11\pi/N$	−74
凯泽窗(β=7.865)	−57		$10\pi/N$	−80

由窗函数基本参数可见，窗函数的旁瓣峰值越小，数字滤波器的阻带衰减越大，但增加了过渡带宽。下面分析阻带特性改善的原因，根据时频域分析理论可知，矩形窗在时域上发生“0”“1”陡变，频域上会产生更多的高频分量，即旁瓣分量较大，导致阻带衰减不足。通过改变窗函数的形状，使窗函数在边沿处变化更平滑缓慢，可以降低信号陡变所引起的高频分量，增大数字滤波器的阻带衰减。但随着窗函数旁瓣峰值的降低和主瓣能量增大，主瓣宽度也逐渐变宽，从而增加滤波器的过渡带宽；参见表 7.2.2，数字滤波器设计过程中可通过调整窗函数的长度有效控制滤波器的过渡带宽。因此，窗函数的类型决定数字滤波器的阻带衰减，过渡带宽决定滤波器的长度。

7.2.4　窗函数法设计实例

综上所述，可以归纳出窗函数法设计 FIR 数字滤波器的步骤：

(1) 确定窗函数 $w(n)$。首先根据阻带最小衰减选择窗函数类型，其次根据过渡带宽确定所窗函数的长度 N，最后写出窗函数 $w(n)$的表达式。

(2) 构造希望逼近的频率响应函数 $H_d(e^{j\omega})$。根据设计需要，一般选择相应的线性相位理想滤波器(理想低通、理想高通、理想带通、理想带阻)。应注意，理想滤波器的截

止频率 ω_c(对低通滤波器 $H_g(\omega_c) \approx H_g(0)/2$,幅度衰减一半)近似为最终设计滤波器的 -6dB 频率。

(3) 求理想滤波器的单位脉冲响应:

$$h_d(n) = \frac{1}{2\pi}\int_{-\pi}^{\pi} H_d(e^{j\omega}) e^{j\omega n} d\omega$$

(4) 求设计的 FIR 滤波器的单位脉冲响应:

$$h(n) = h_d(n) w(n)$$

(5) 求设计出的 FIR 滤波器的 $H(e^{j\omega})$,检验其是否满足技术指标,如不满足,则需重新设计。

例 7.2.1 用窗函数法设计线性相位 FIR 低通数字滤波器,实现对模拟信号采样后进行数字滤波。对模拟信号的滤波要求:通带截止频率 $f_p = 1.5$kHz,阻带截止频率 $f_p = 2.5$kHz,阻带最小衰减 $\alpha_s = 40$dB,采样频率 $F_s = 10$kHz。

解:(1) 确定数字滤波器指标要求:通带截止频率:

$$\omega_p = \frac{2\pi f_p}{F_s} = \frac{2\pi \times 1.5 \times 10^3}{10 \times 10^3} = 0.3\pi$$

阻带截止频率:

$$\omega_s = \frac{2\pi f_s}{F_s} = \frac{2\pi \times 2.5 \times 10^3}{10 \times 10^3} = 0.5\pi$$

阻带最小衰减:

$$\alpha_s = 40\text{dB}$$

过渡带宽:

$$\Delta\omega = \omega_s - \omega_p = 0.2\pi$$

理想低通截止频率:

$$\omega_c = \frac{1}{2}(\omega_s + \omega_p) = 0.4\pi$$

注意,由于 ω_c 为两个肩峰值频率的中点,而 ω_p 到 ω_s 之间的过渡带宽并非两个肩峰值间的频率差,因而以上求出的 ω_c 有一定的近似。

(2) 确定窗函数 $w(n)$。由于 $\alpha_s = 40$dB,查表 7.2.2,满足阻带衰减指标的窗函数包括汉宁窗、海明窗、布莱克曼窗和凯泽窗,根据过渡带宽的指标要求,随着窗函数的阻带衰减增大,其主瓣宽度越宽,窗函数的长度越长,导致运算量增大。因此,在满足阻带衰减的前提下,尽可能选过渡带宽较窄的窗函数,由此可知应选汉宁窗,其阻带最小衰减 -44dB 满足要求。又因为汉宁窗的过渡带宽满足 $\Delta\omega = 6.2\pi/N$,所以

$$N = \frac{6.2\pi}{\Delta\omega} = \frac{6.2\pi}{0.2\pi} = 31$$

汉宁窗表达式

$$w(n) = 0.5\left[1 - \cos\left(\frac{2\pi n}{N-1}\right)\right] R_N(n) = 0.5\left[1 - \cos\left(\frac{\pi n}{15}\right)\right] R_{31}(n)$$

(3) 构造希望逼近的频率响应函数：

$$H_{\mathrm{d}}(\mathrm{e}^{\mathrm{j}\omega})=\begin{cases}\mathrm{e}^{-\mathrm{j}\omega\alpha}, & |\omega|\leqslant\omega_{\mathrm{c}}\\ 0, & \omega_{\mathrm{c}}<|\omega|\leqslant\pi\end{cases}$$

式中，$\alpha=\dfrac{N-1}{2}=15$。

(4) 求理想滤波器的单位脉冲响应：

$$h_{\mathrm{d}}(n)=\frac{1}{2\pi}\int_{-\pi}^{\pi}H_{\mathrm{d}}(\mathrm{e}^{\mathrm{j}\omega})\mathrm{e}^{\mathrm{j}\omega n}\mathrm{d}\omega=\frac{1}{2\pi}\int_{-\omega_{\mathrm{c}}}^{\omega_{\mathrm{c}}}\mathrm{e}^{\mathrm{j}\omega(n-\alpha)}\mathrm{d}\omega$$

$$=\begin{cases}\dfrac{\sin[\omega_{\mathrm{c}}(n-\alpha)]}{\pi(n-\alpha)}, & n\neq\alpha\\ \dfrac{\omega_{\mathrm{c}}}{\pi}, & n=\alpha\end{cases}$$

(5) 求设计的 FIR 滤波器的单位脉冲响应：

$$h(n)=h_{\mathrm{d}}(n)w(n)=\frac{\sin[0.4\pi(n-15)]}{\pi(n-15)}\cdot 0.5\left[1-\cos\left(\frac{\pi n}{15}\right)\right]R_{31}(n)$$

(6) $H(\mathrm{e}^{\mathrm{j}\omega})$的幅频特性曲线如图 7.2.12 所示，从图中可看出满足设计要求。

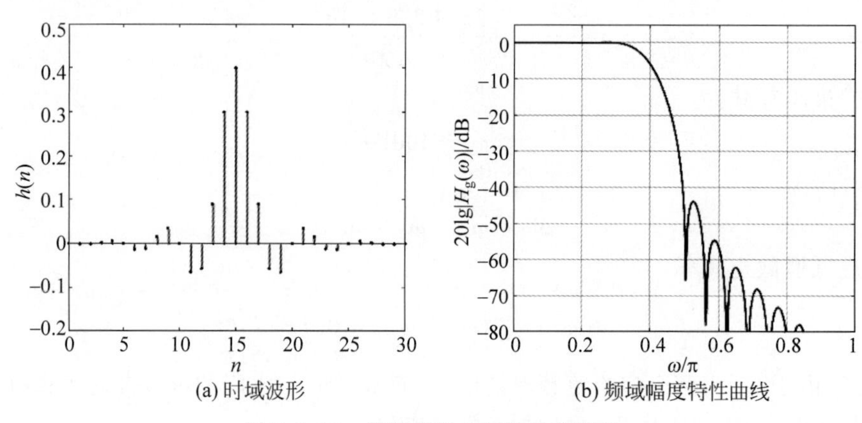

(a) 时域波形　　(b) 频域幅度特性曲线

图 7.2.12　设计低通 FIR 滤波器特性

例 7.2.2　用窗函数法设计线性相位 FIR 高通数字滤波器，技术指标：通带截止频率 $\omega_{\mathrm{p}}=0.6\pi$，阻带截止频率 $\omega_{\mathrm{s}}=0.5\pi$，通带最大衰减 $\alpha_{\mathrm{p}}=1\mathrm{dB}$，阻带最小衰减 $\alpha_{\mathrm{s}}=50\mathrm{dB}$。

解：(1) 确定数字滤波器指标要求：

通带截止频率：$\omega_{\mathrm{p}}=0.6\pi$

阻带截止频率：$\omega_{\mathrm{s}}=0.5\pi$

阻带最小衰减：$\alpha_{\mathrm{s}}=50\mathrm{dB}$

过渡带宽：$\Delta\omega=\omega_{\mathrm{p}}-\omega_{\mathrm{s}}=0.1\pi$

逼近理想高通截止频率：$\omega_{\mathrm{c}}=\dfrac{1}{2}(\omega_{\mathrm{s}}+\omega_{\mathrm{p}})=0.55\pi$

(2) 确定窗函数 $w(n)$。由于 $\alpha_s=50\text{dB}$,查表 7.2.2,可知应选海明窗,其阻带最小衰减-53dB 满足要求。过渡带宽要求 $\Delta\omega=0.1\pi$,由于海明窗的过渡带宽满足 $\Delta\omega=6.6\pi/N$,所以

$$N=\frac{6.6\pi}{\Delta\omega}=\frac{6.6\pi}{0.1\pi}=66$$

对于高通滤波器,N 必须取奇数,所以 $N=67$。

海明窗表达式为

$$w(n)=\left[0.54-0.46\cos\left(\frac{2\pi n}{N-1}\right)\right]R_N(n)=\left[0.54-0.46\cos\left(\frac{\pi n}{33}\right)\right]R_{67}(n)$$

(3) 构造希望逼近的频率响应函数。

$$H_d(e^{j\omega})=\begin{cases}e^{-j\omega\alpha}, & \omega_c\leqslant|\omega|\leqslant\pi\\ 0, & 0\leqslant|\omega|<\omega_c\end{cases}$$

式中,$\alpha=\frac{N-1}{2}=33$。

(4) 求理想滤波器的单位脉冲响应:

$$\begin{aligned}h_d(n)&=\frac{1}{2\pi}\int_{-\pi}^{\pi}H_d(e^{j\omega})e^{j\omega n}d\omega\\&=\frac{1}{2\pi}\int_{-\pi}^{-\omega_c}e^{-j\omega\alpha}e^{j\omega n}d\omega+\frac{1}{2\pi}\int_{\omega_c}^{\pi}e^{-j\omega\alpha}e^{j\omega n}d\omega\\&=\frac{\sin[\pi(n-\alpha)]}{\pi(n-\alpha)}-\frac{\sin[\omega_c(n-\alpha)]}{\pi(n-\alpha)}\\&=\delta(n-33)-\frac{\sin\left[\frac{11\pi}{20}(n-33)\right]}{\pi(n-33)}\end{aligned}$$

其中第一项为全通滤波器,第二项为低通滤波器,二者差是高通滤波器,这正是求理想高通滤波器单位脉冲响应的另一个计算公式。

(5) 求设计的 FIR 滤波器的单位脉冲响应:

$$h(n)=h_d(n)w(n)=\left[\delta(n-33)-\frac{\sin\left[\frac{11\pi}{20}(n-33)\right]}{\pi(n-33)}\right]\cdot\left[0.54-0.46\cos\left(\frac{\pi n}{33}\right)\right]R_{67}(n)$$

(6) $H(e^{j\omega})$的幅频特性曲线如图 7.2.13 所示,从图中可看出满足设计要求。

例 7.2.3 用窗函数法设计线性相位 FIR 带通数字滤波器,技术指标:通带下截止频率 $\omega_{pl}=0.35\pi$,阻带下截止频率 $\omega_{sl}=0.25\pi$,通带上截止频率 $\omega_{pu}=0.65\pi$,阻带上截止频率 $\omega_{su}=0.75\pi$,阻带最小衰减 $\alpha_s=60\text{dB}$。

解:(1) 确定数字滤波器指标要求。

阻带最小衰减:$\alpha_s=60\text{dB}$

过渡带宽:$\Delta\omega=\omega_{pl}-\omega_{sl}=0.1\pi$

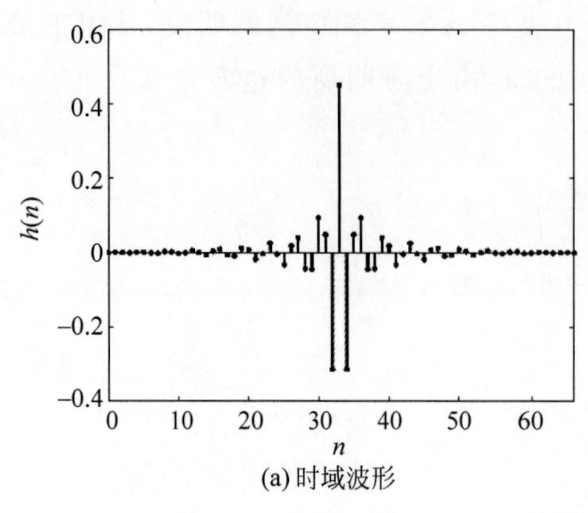

(a) 时域波形

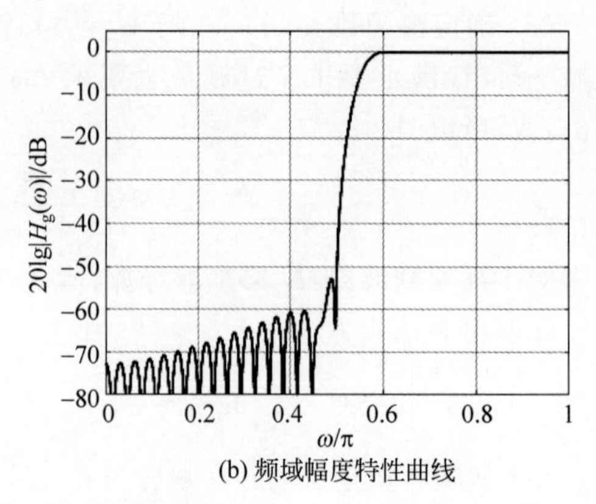

(b) 频域幅度特性曲线

图 7.2.13　设计高通 FIR 滤波器特性

逼近理想带通滤波器下截止频率：$\omega_{cl}=\frac{1}{2}(\omega_{sl}+\omega_{pl})=0.3\pi$

$$\text{上截止频率：}\omega_{cu}=\frac{1}{2}(\omega_{su}+\omega_{pu})=0.7\pi$$

(2) 确定窗函数 $w(n)$。由于 $\alpha_s=60\text{dB}$，查表 7.2.2 可知，选布莱克曼窗或凯泽窗，在这选凯泽窗，则

$$\beta=0.1102(\alpha_s-8.7)=5.65$$

过渡带宽要求 $\Delta\omega=0.1\pi$，根据凯泽窗的过渡带宽公式，则有

$$N=\frac{\alpha_s-7.95}{2.286\Delta\omega}=72.5$$

取 $N=73$。

凯泽窗表达式

$$w(n)=\frac{\mathrm{I}_0\left(\beta\sqrt{1-\left(1-\frac{2n}{N-1}\right)^2}\right)}{\mathrm{I}_0(\beta)}=\frac{\mathrm{I}_0\left(5.65\sqrt{1-\left(1-\frac{n}{36}\right)^2}\right)}{\mathrm{I}_0(5.65)}R_{73}(n)$$

(3) 构造希望逼近的频率响应函数：

$$H_d(\mathrm{e}^{\mathrm{j}\omega})=\begin{cases}\mathrm{e}^{-\mathrm{j}\omega\alpha}, & \omega_{cl}\leqslant|\omega|\leqslant\omega_{cu}\\ 0, & \text{其他}\end{cases}$$

式中，$\alpha=\frac{N-1}{2}=36$。

(4) 求理想滤波器的单位脉冲响应

$$\begin{aligned}h_d(n)&=\frac{1}{2\pi}\int_{-\pi}^{\pi}H_d(\mathrm{e}^{\mathrm{j}\omega})\mathrm{e}^{\mathrm{j}\omega n}\mathrm{d}\omega\\&=\frac{1}{2\pi}\int_{-\omega_{cu}}^{-\omega_{cl}}\mathrm{e}^{-\mathrm{j}\omega\alpha}\mathrm{e}^{\mathrm{j}\omega n}\mathrm{d}\omega+\frac{1}{2\pi}\int_{\omega_{cl}}^{\omega_{cu}}\mathrm{e}^{-\mathrm{j}\omega\alpha}\mathrm{e}^{\mathrm{j}\omega n}\mathrm{d}\omega\\&=\frac{\sin[\omega_{cu}(n-\alpha)]}{\pi(n-\alpha)}-\frac{\sin[\omega_{cl}(n-\alpha)]}{\pi(n-\alpha)}\end{aligned}$$

(5) 求设计的 FIR 滤波器的单位脉冲响应：

$$
\begin{aligned}
h(n) &= h_{\mathrm{d}}(n)w(n) \\
&= \left(\frac{\sin[0.7\pi(n-36)]}{\pi(n-36)} - \frac{\sin[0.3\pi(n-36)]}{\pi(n-36)}\right)\frac{\mathrm{I}_0\left(5.65\sqrt{1-\left(1-\dfrac{n}{36}\right)^2}\right)}{\mathrm{I}_0(5.65)}R_{73}(n)
\end{aligned}
$$

(6) $H(\mathrm{e}^{\mathrm{j}\omega})$的幅频特性曲线如图 7.2.14 所示，从图中可看出满足设计要求。

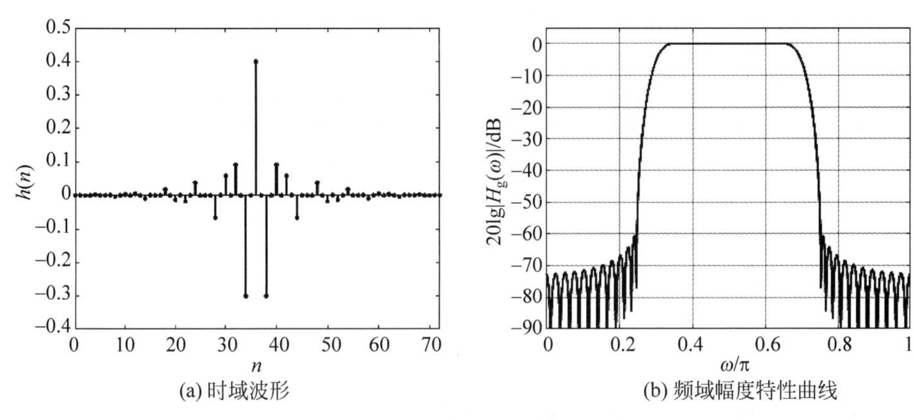

图 7.2.14　设计带通 FIR 滤波器特性

例 7.2.4　用窗函数法设计线性相位 FIR 带阻数字滤波器，技术指标：阻带下截止频率 $\omega_{\mathrm{sl}}=0.35\pi$，通带下截止频率 $\omega_{\mathrm{pl}}=0.15\pi$，阻带上截止频率 $\omega_{\mathrm{su}}=0.65\pi$，通带上截止频率 $\omega_{\mathrm{pu}}=0.85\pi$，阻带最小衰减 $\alpha_{\mathrm{s}}=70\mathrm{dB}$。

解：(1) 确定数字滤波器指标要求：

阻带最小衰减：$\alpha_{\mathrm{s}}=70\mathrm{dB}$

过渡带宽：$\Delta\omega=\omega_{\mathrm{pu}}-\omega_{\mathrm{su}}=0.2\pi$

逼近理想带阻滤波器下截止频率：$\omega_{\mathrm{cl}}=\dfrac{1}{2}(\omega_{\mathrm{sl}}+\omega_{\mathrm{pl}})=0.25\pi$

$$\text{上截止频率：}\omega_{\mathrm{cu}}=\frac{1}{2}(\omega_{\mathrm{su}}+\omega_{\mathrm{pu}})=0.75\pi$$

(2) 确定窗函数 $w(n)$。由于 $\alpha_{\mathrm{s}}=70\mathrm{dB}$，查表 7.2.2 可得知，选布莱克曼窗或凯泽窗，在这选布莱克曼窗，过渡带宽要求 $\Delta\omega=0.2\pi$，根据布莱克曼窗的过渡带宽公式，则有

$$N=\frac{11\pi}{\Delta\omega}=\frac{11\pi}{0.2\pi}=55$$

对于带阻滤波器，N 必须取奇数，所以 $N=55$。

布莱克曼窗表达式为

$$
\begin{aligned}
w(n) &= \left[0.42-0.5\cos\left(\frac{2\pi n}{N-1}\right)+0.08\cos\left(\frac{4\pi n}{N-1}\right)\right]R_N(n) \\
&= \left[0.42-0.5\cos\left(\frac{\pi n}{27}\right)-0.08\cos\left(\frac{2\pi n}{27}\right)\right]R_{55}(n)
\end{aligned}
$$

(3) 构造希望逼近的频率响应函数

$$H_{\mathrm{d}}(\mathrm{e}^{\mathrm{j}\omega})=\begin{cases}\mathrm{e}^{-\mathrm{j}\omega\alpha}, & 0\leqslant|\omega|\leqslant\omega_{\mathrm{cl}},\omega_{\mathrm{cu}}\leqslant|\omega|\leqslant\pi\\ 0, & \omega_{\mathrm{cl}}\leqslant|\omega|\leqslant\omega_{\mathrm{cu}}\end{cases}$$

式中，$\alpha=\dfrac{N-1}{2}=27$。

(4) 求理想滤波器的单位脉冲响应：

$$\begin{aligned}h_{\mathrm{d}}(n)&=\frac{1}{2\pi}\int_{-\pi}^{\pi}H_{\mathrm{d}}(\mathrm{e}^{\mathrm{j}\omega})\mathrm{e}^{\mathrm{j}\omega n}\mathrm{d}\omega\\&=\frac{1}{2\pi}\int_{-\pi}^{-\omega_{\mathrm{cu}}}\mathrm{e}^{-\mathrm{j}\omega\alpha}\mathrm{e}^{\mathrm{j}\omega n}\mathrm{d}\omega+\frac{1}{2\pi}\int_{-\omega_{\mathrm{cl}}}^{\omega_{\mathrm{cl}}}\mathrm{e}^{-\mathrm{j}\omega\alpha}\mathrm{e}^{\mathrm{j}\omega n}\mathrm{d}\omega+\frac{1}{2\pi}\int_{\omega_{\mathrm{cu}}}^{\pi}\mathrm{e}^{-\mathrm{j}\omega\alpha}\mathrm{e}^{\mathrm{j}\omega n}\mathrm{d}\omega\\&=\frac{\sin[\pi(n-\alpha)]}{\pi(n-\alpha)}-\frac{\sin[\omega_{\mathrm{cu}}(n-\alpha)]}{\pi(n-\alpha)}+\frac{\sin[\omega_{\mathrm{cl}}(n-\alpha)]}{\pi(n-\alpha)}\\&=\delta(n-27)-\frac{\sin\left[\frac{3\pi}{4}(n-27)\right]}{\pi(n-27)}+\frac{\sin\left[\frac{\pi}{4}(n-27)\right]}{\pi(n-27)}\end{aligned}$$

(5) 求设计的 FIR 滤波器的单位脉冲响应：

$$\begin{aligned}h(n)&=h_{\mathrm{d}}(n)w(n)\\&=\left(\delta(n-27)-\frac{\sin\left[\frac{3\pi}{4}(n-27)\right]}{\pi(n-27)}+\frac{\sin\left[\frac{\pi}{4}(n-27)\right]}{\pi(n-27)}\right)\cdot\\&\quad\left[0.42-0.5\cos\left(\frac{\pi n}{27}\right)-0.08\cos\left(\frac{2\pi n}{27}\right)\right]R_{55}(n)\end{aligned}$$

(6) $H(\mathrm{e}^{\mathrm{j}\omega})$的幅频特性曲线如图 7.2.15 所示，从图中可看出满足设计要求。

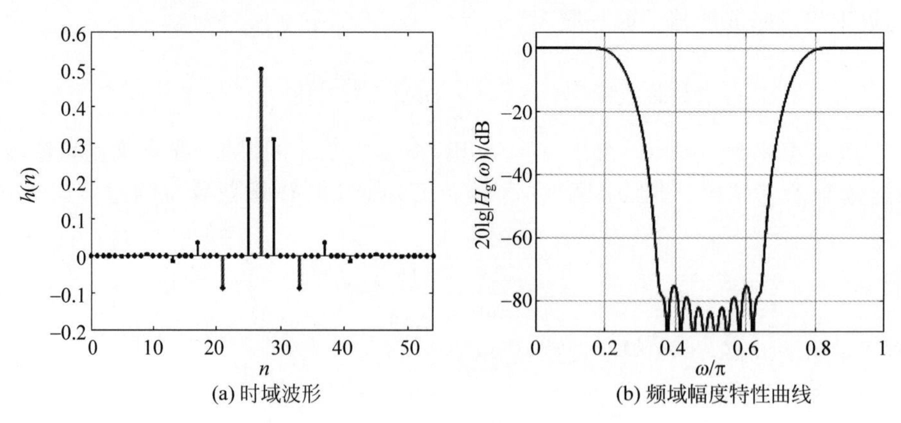

图 7.2.15 设计带阻 FIR 滤波器特性

7.3 频率采样法设计 FIR 数字滤波器

窗函数设计法是从时域出发,用窗函数截取具有理想频率特性滤波器的单位脉冲响应 $h_d(n)$来获得 $h(n)$,以有限长序列 $h(n)$去逼近理想 $h_d(n)$,从而使频率响应 $H(e^{j\omega})$逼近理想的频率响应 $H_d(e^{j\omega})$。窗函数法的优点是简单且实用;缺点是当 $H_d(e^{j\omega})$公式较复杂,或 $H_d(e^{j\omega})$不能用封闭公式表示而用一些离散值表示时,很难用窗函数法来完成滤波器的设计。频率采样法则是从频域出发,可以设计频率响应灵活多样的 FIR 数字滤波器。

7.3.1 频率采样法基本原理

频率采样法从频域出发,以频域抽样点内插的方式来直接逼近理想滤波器频率响应 $H_d(e^{j\omega})$,因为有限长序列 $h(n)$可用其离散傅里叶变换 $H_d(k)$来唯一确定,可将所希望的频率响应 $H_d(e^{j\omega})$等间隔采样,以采样值 $H_d(k)$作为实际 FIR 数字滤波器的频率采样值。理想的频率响应 $H_d(e^{j\omega})$在 $\omega=0\sim2\pi$ 等间隔采样 N 点,得到 $H_d(k)$为

$$H_d(k)=H_d(e^{j\omega})\big|_{\omega=\frac{2\pi}{N}k},\quad k=0,1,2,\cdots,N-1 \tag{7.3.1}$$

再对 N 点 $H_d(k)$进行 IDFT,得到 $h(n)$,即

$$h(n)=\frac{1}{N}\sum_{n=0}^{N-1}H_d(k)e^{j\frac{2\pi}{N}kn},\quad n=0,1,2,\cdots,N-1 \tag{7.3.2}$$

式中:$h(n)$作为所设计的滤波器的单位脉冲响应,其系统函数为

$$H(z)=\sum_{n=0}^{N-1}h(n)z^{-n} \tag{7.3.3}$$

将式(7.3.2)代入式(7.3.3)可得内插公式,即

$$H(z)=\frac{1-z^{-N}}{N}\sum_{k=0}^{N-1}\frac{H_d(k)}{1-e^{j\frac{2\pi}{N}k}z^{-1}} \tag{7.3.4}$$

上式就是直接利用频率采样值 $H_d(k)$形成 FIR 数字滤波器的系统函数。则滤波器的频率响应为

$$\begin{aligned}H(e^{j\omega})=H(z)\big|_{z=e^{j\omega}}&=\frac{1-e^{-j\omega N}}{N}\sum_{k=0}^{N-1}\frac{H_d(k)}{1-e^{j\frac{2\pi}{N}k}e^{-j\omega}}\\&=\frac{1}{N}e^{-\frac{j(N-1)\omega}{2}}\sum_{k=0}^{N-1}H_d(k)e^{-j\frac{\pi k}{N}}\frac{\sin\left(\frac{\omega N}{2}\right)}{\sin\left(\frac{\omega}{2}-\frac{\pi k}{N}\right)}\\&=e^{-\frac{j(N-1)\omega}{2}}\sum_{k=0}^{N-1}H_d(k)\frac{1}{N}e^{j\frac{\pi k}{N}(N-1)}\frac{\sin\left[N\left(\frac{\omega}{2}-\frac{\pi k}{N}\right)\right]}{\sin\left(\frac{\omega}{2}-\frac{\pi k}{N}\right)}\end{aligned} \tag{7.3.5}$$

上面给出了直接由频域 $H_d(k)$设计 FIR 数字滤波器的过程,如图 7.3.1 所示,即按照给

定的滤波器频率响应指标 $H_d(e^{j\omega})$，在 $\omega=0\sim2\pi$ 等间隔采样得到 $H_d(k)$，再由式(7.3.4)或式(7.3.5)可以求出所设计的滤波器的系统函数 $H(z)$ 或频率响应 $H(e^{j\omega})$。

$$H_d(e^{j\omega}) \xrightarrow{\text{频率采样}} H_d(k) \xrightarrow{\text{IDFT}} h(n) \xrightarrow{\text{DTFT}} H(e^{j\omega})$$

图 7.3.1　频率采样法设计 FIR 滤波器的原理

7.3.2　线性相位的约束

要设计线性相位 FIR 滤波器，其频率响应的幅度和相位要满足在表 7.1.1 中列出的约束条件。$h(n)$ 是实序列，且 $h(n)=h(N-n-1)$，即偶对称，则 FIR 滤波器满足第一类线性相位条件；$h(n)$ 是实序列，且 $h(n)=-h(N-n-1)$，即奇对称，则 FIR 滤波器满足第二类线性相位条件。

由 7.1 节讨论可知，对于第一类线性相位 FIR 滤波器，根据 N 为奇数或偶数，其频率响应满足的条件为

$$\begin{cases} H_d(e^{j\omega})=H_g(\omega)e^{j\theta(\omega)} \\ \theta(\omega)=-\dfrac{N-1}{2}\omega \\ H_g(\omega)=H_g(2\pi-\omega), & N\text{ 为奇数} \\ H_g(\omega)=-H_g(2\pi-\omega), & N\text{ 为偶数} \end{cases} \tag{7.3.6}$$

对 ω 在区间 $[0,2\pi)$ 上等间隔采样 N 点：

$$\omega_k=\frac{2\pi}{N}k,\quad k=0,1,2,\cdots,N-1 \tag{7.3.7}$$

将 $\omega=\omega_k$ 代入式(7.3.6)中，并写成 k 的函数：

$$\begin{cases} H_d(k)=H_g(k)e^{j\theta(k)} \\ \theta(k)=-\dfrac{N-1}{2}\cdot\dfrac{2\pi}{N}\cdot k=-\dfrac{N-1}{N}\cdot\pi k \\ H_g(k)=H_g(N-k), & N\text{ 为奇数} \\ H_g(k)=-H_g(N-k), & N\text{ 为偶数} \end{cases} \tag{7.3.8}$$

式(7.3.8)就是频率采样值满足第一类线性相位的条件。当 N 为奇数时，$H_g(k)$ 对 $N/2$ 偶对称；当 N 为偶数时，$H_g(k)$ 对 $N/2$ 奇对称，且 $H_g(N/2)=0$。可见，由 $H_g(k)$ 和 $\theta(k)$ 就可以计算 $H_d(k)$，再根据式(7.3.4)确定 $H(z)$。由此完成 FIR 数字滤波器的设计。

对于第二类线性相位 FIR 滤波器，根据 N 为奇数或偶数，其频率响应应满足的条件为

$$\begin{cases} H_d(e^{j\omega})=H_g(\omega)e^{j\theta(\omega)} \\ \theta(\omega)=-\dfrac{N-1}{2}\omega-\dfrac{\pi}{2} \\ H_g(\omega)=-H_g(2\pi-\omega), & N\text{ 为奇数} \\ H_g(\omega)=H_g(2\pi-\omega), & N\text{ 为偶数} \end{cases} \tag{7.3.9}$$

对 ω 在区间 $[0,2\pi)$ 上等间隔采样 N 点，将式(7.3.7)代入式(7.3.9)，并写成 k 的函数可得

$$\begin{cases} H_{\mathrm{d}}(k)=H_{\mathrm{g}}(k)\mathrm{e}^{\mathrm{j}\theta(k)} \\ \theta(k)=-\dfrac{N-1}{N}\pi k-\dfrac{\pi}{2} \\ H_{\mathrm{g}}(k)=-H_{\mathrm{g}}(N-k), \quad N\text{ 为奇数} \\ H_{\mathrm{g}}(k)=H_{\mathrm{g}}(N-k), \quad N\text{ 为偶数} \end{cases} \tag{7.3.10}$$

式(7.3.10)就是频率采样值满足第二类线性相位条件。当 N 为奇数时，$H_{\mathrm{g}}(k)$ 对 $N/2$ 奇对称；当 N 为偶数时，$H_{\mathrm{g}}(k)$ 对 $N/2$ 偶对称。

下面举例说明。利用频率采样法设计 FIR 低通数字滤波器，截止频率为 ω_{c}，采样点数为 N，满足第一类线性相位条件。FIR 数字滤波器需满足第一类线性相位条件，根据 N 是奇数和偶数分为两种情况：

(1) 当 N 为奇数时，$H_{\mathrm{g}}(k)$ 对 $N/2$ 偶对称，如图 7.3.2(a)所示。参见式(7.3.8)可得

$$\begin{cases} H_{\mathrm{g}}(k)=H_{\mathrm{g}}(N-k)=1, & k=0,1,2,\cdots,k_{\mathrm{c}} \\ H_{\mathrm{g}}(k)=0, & k=k_{\mathrm{c}}+1,k_{\mathrm{c}}+2,\cdots,N-k_{\mathrm{c}}-1 \\ \theta(k)=-\dfrac{N-1}{N}\pi k, & k=0,1,2,\cdots,N-1 \end{cases} \tag{7.3.11}$$

式中，$k_{\mathrm{c}}=\left\lfloor \dfrac{N\omega_{\mathrm{c}}}{2\pi} \right\rfloor$，即 k_{c} 是小于或等于 $\dfrac{N\omega_{\mathrm{c}}}{2\pi}$ 的最大整数；当 $k=0$ 时，幅度特性为 $H_{\mathrm{g}}(0)=H_{\mathrm{g}}(N)=1$，考虑到 DFT 隐含周期特性，实际 $H_{\mathrm{g}}(k)$ 中 k 只取 $0,1,2,\cdots,N-1$，在滤波器设计过程中要注意。

(2) 当 N 为偶数时，$H_{\mathrm{g}}(k)$ 对 $N/2$ 奇对称，如图 7.3.2(b)所示。

$$\begin{cases} H_{\mathrm{g}}(k)=1, & k=0,1,2,\cdots,k_{\mathrm{c}} \\ H_{\mathrm{g}}(k)=0, & k=k_{\mathrm{c}}+1,k_{\mathrm{c}}+2,\cdots,N-k_{\mathrm{c}}-1 \\ H_{\mathrm{g}}(N-k)=-1, & k=1,2,3,\cdots,k_{\mathrm{c}} \\ \theta(k)=-\dfrac{N-1}{N}\pi k, & k=0,1,2,\cdots,N-1 \end{cases} \tag{7.3.12}$$

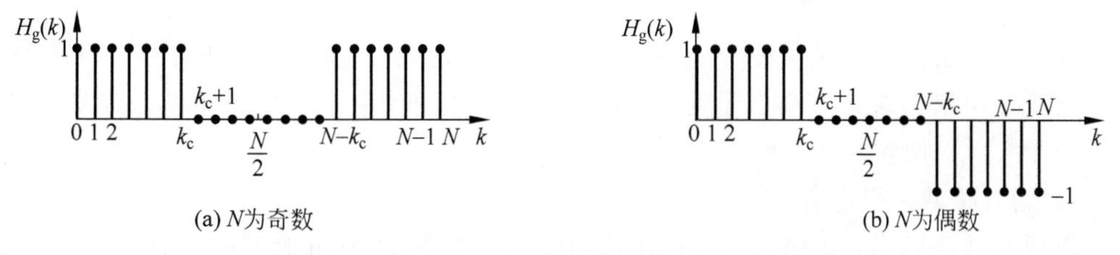

图 7.3.2 频率采样法设计 FIR 滤波器的幅度采样值

由图 7.3.2 可以看出，低通滤波器过渡带宽 $\Delta\omega=2\pi/N$。另外，对于高通和带阻滤波器设计，从表 7.1.1 中列出线性相位条件的幅度特性可知，N 只能取奇数。

7.3.3 频率采样法逼近误差分析

频率采样设计法实际上是FIR数字滤波器的频域逼近设计法，用有限个频率样点代替理想滤波器频率特性，通过频域采样内插来直接逼近理想 $H_d(e^{j\omega})$。由频域采样定理和式(7.3.5)可知，在各频域采样点上滤波器的实际频率响应与理想频率响应数值是严格相等的，但在采样点之间的频率响应则是各采样点的加权内插函数值叠加形成的，所以实际滤波器频率特性 $H(e^{j\omega})$ 与理想特性 $H_d(e^{j\omega})$ 之间存在误差，如图7.3.3所示。

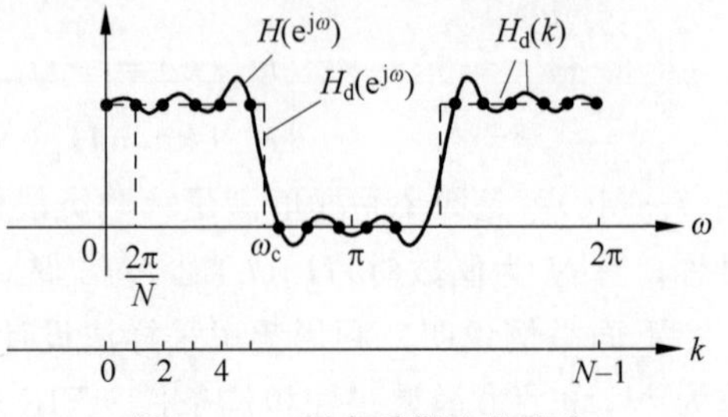

图7.3.3 频率采样法的响应

1. 误差产生的原因

希望逼近的滤波器频率响应为 $H_d(e^{j\omega})$，对应的单位脉冲响应为

$$h_d(n)=\frac{1}{2\pi}\int_{-\pi}^{\pi}H_d(e^{j\omega})e^{j\omega n}d\omega \tag{7.3.13}$$

频率采样设计法是在频域区间[0,2π)上 N 点等间隔采样得到 $H_d(k)$，通过离散傅里叶逆变换得到设计滤波器的单位脉冲响应 $h(n)$。根据频域采样定理，$h(n)$应是 $h_d(n)$以 N 为周期，周期延拓叠加再取 N 点的主值序列，即

$$h(n)=\sum_{r=-\infty}^{\infty}h_d(n+rN)R_N(n) \tag{7.3.14}$$

当采样点数 N 大于或等于序列 $h_d(n)$的长度时，则满足频域采样定理。也就是说，离散采样值 $H_d(k)$得到的滤波器响应 $h(n)$，可以无失真恢复希望的频谱特性 $H_d(e^{j\omega})$，逼近误差为0。然而，希望逼近的滤波器特性 $H_d(e^{j\omega})$通常为理想滤波器，单位脉冲响应 $h_d(n)$为无限长，两侧波纹逐步衰减，但衰减较慢，这会导致时域混叠，$h(n)$和 $h_d(n)$偏差较大，因而设计滤波器的频率响应 $H(e^{j\omega})$逼近误差较大。

2. 减小误差的措施

频率采样法由于时域混叠导致数字滤波器的逼近误差，为此，可以从降低时域混叠的角度来减小逼近误差。减小逼近误差的方法主要有两种：一是增大频域采样点数 N；二是减小 $h_d(n)$两侧混叠波纹的大小。

1) 增大频域采样点数 N

以设计截止频率 $\omega_c=0.5\pi$ 的FIR低通滤波器为例，当频域等间隔采样点数 $N=17$ 时，通过计算机仿真滤波器的频域幅度特性如图7.3.4(a)所示，可见设计的低通滤波器与逼近的理想滤波器差异较大，阻带最小衰减只有约−15dB。图7.3.4(b)给出了频域采样点数提高约1倍 $N=33$ 的频域幅度特性，然而阻带衰减约−16dB，只有稍微改善。

同时，随着 N 增加，增大了滤波实现的运算量和延时。

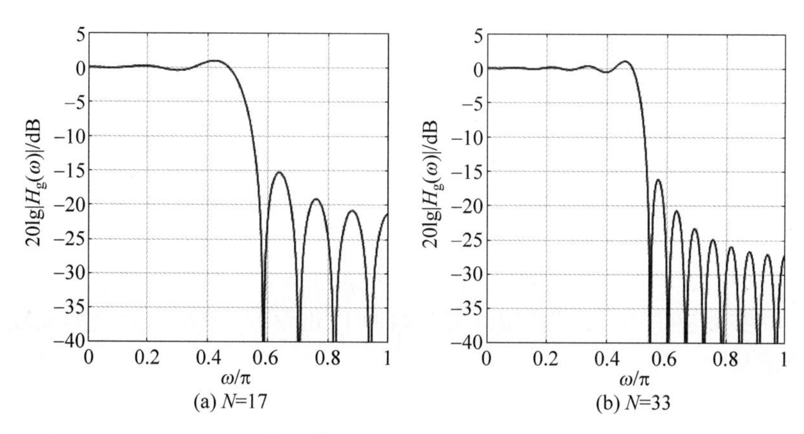

图 7.3.4 频率采样法设计低通滤波器的幅频响应曲线

由上述仿真分析，频率采样法与窗函数法设计类似，随着 N 增加，设计滤波器的过渡带变窄，然而阻带的最小衰减改善较小。什么因素决定了频率采样设计法的阻带衰减和逼近误差？

理想低通滤波器的单位脉冲响应为

$$h_{\mathrm{d}}(n)=\frac{\sin(\omega_{\mathrm{c}}(n-\alpha))}{\pi(n-\alpha)} \tag{7.3.15}$$

其时域波形如图 7.3.5 所示，$h_{\mathrm{d}}(n)$是关于中心点 α 偶对称的无限长序列，向两端无限延伸，但两侧波纹衰减较慢。可以预见，当 N 增大时，时域混叠波纹逐步减小，逼近误差也逐步减小，误差改善效果有限。

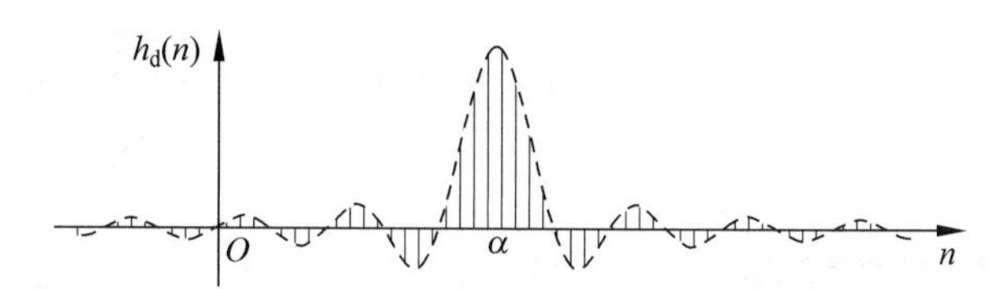

图 7.3.5 理想低通滤波器的单位脉冲响应波形曲线

2）减小 $h_{\mathrm{d}}(n)$两侧混叠波纹的大小

由于理想滤波器频域上存在"1""0"陡变，离散的频域幅度采样值也是从"1"陡变为"0"，从而会引起时域的振荡加剧，导致时域响应 $h_{\mathrm{d}}(n)$随着时间延伸衰减较慢，时域混叠降低不够，因此，增大 N 滤波器的阻带衰减改善还是不明显。通过减小滤波器频域幅度的突变，使滤波器的幅度特性在通带与阻带边缘处变化更平滑缓慢，可以加快时域信号 $h_{\mathrm{d}}(n)$两侧波纹的衰减速度，降低时域混叠，减小滤波器的逼近误差。

因此，频率采样法设计过程中，在希望的滤波器幅度采样值从"1"变为"0"的突变边缘增加过渡采样点，使频域幅度特性从通带到阻带变化更平滑，从而改善滤波器的阻带衰减特性。幅度从通带"1"变化为阻带"0"的频域宽度称为过渡带宽，可见增加过渡点的同时也增加了滤波器的过渡带宽。

图 7.3.6 给出了频率等间隔采样 $N=33$ 点设计滤波器的幅度特性图。由图可以看出：

(1) 基于理想低通滤波器频率采样设计，如图 7.3.6(a)和(b)所示，滤波器的过渡带宽 $\Delta\omega=2\pi/33$，阻带最小衰减略小于 20dB。

(2) 增加一个值为 0.5 过渡点，幅度特性如图 7.3.6(c)和(d)所示，过渡带加宽了 1 倍，过渡带宽 $\Delta\omega=4\pi/33$，但阻带最小衰减加大到 30dB。可见，增加过渡点可以有效增大阻带衰减，降低频率采样设计法的逼近误差，但也加宽了滤波器的过渡带。

(3) 当过渡点值改变为 0.3904 时，其幅度特性曲线如图 7.3.6(e)和图 7.3.6(f)所示，过渡带宽仍然为 $\Delta\omega=4\pi/33$，但阻带最小衰减可达 40dB，因此过渡点取值也会影响阻带衰减。在实际应用中，可以利用计算机辅助优化设计，调整过渡点的取值从而达到最小阻带衰减最大。

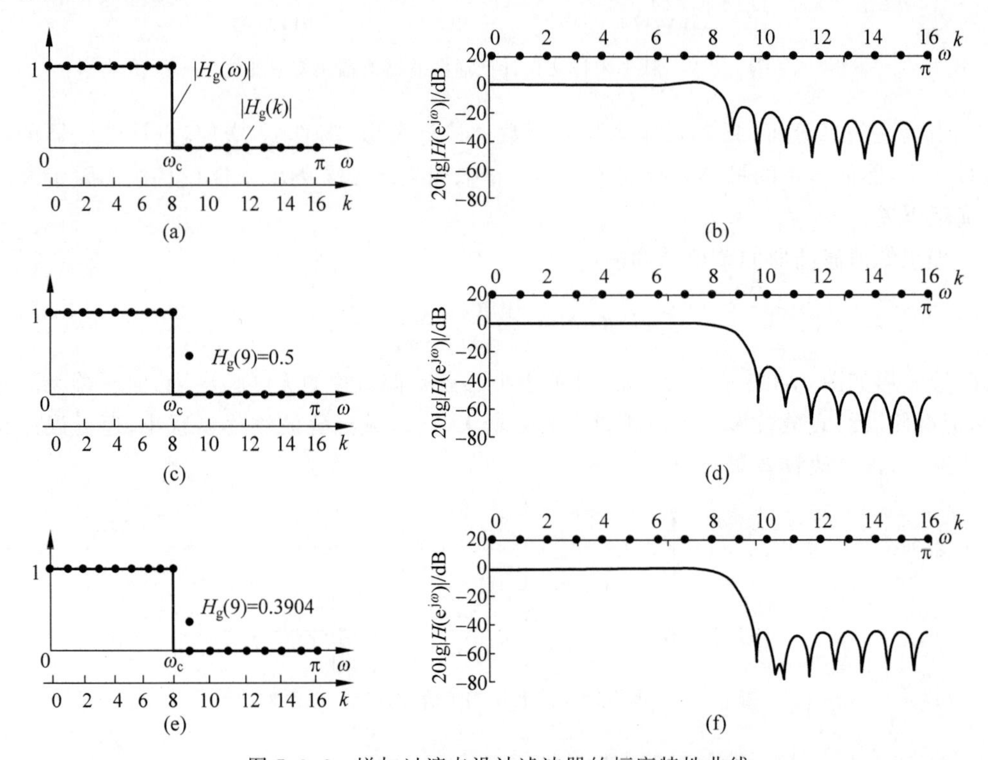

图 7.3.6　增加过渡点设计滤波器的幅度特性曲线

当阻带衰减指标要求更高时，可以再增加过渡点，如增加 2 个或 3 个过渡点，通常可以得到满意的结果。其过渡带宽也随着过渡点的增加而加宽，过渡带宽为

$$\Delta\omega=\frac{2\pi}{N}(m+1),\quad m=0,1,2,3,\cdots \tag{7.3.16}$$

式中，m 为增加的过渡采样点数。若过渡带宽不满足指标要求时，可以通过增大 N 来进行调整。

图 7.3.7 给出了采用两个过渡点的滤波器幅频特性曲线，为保持滤波器的过渡带宽基本不变，频域采样点数 N 增大约 1 倍，$N=65$，两个过渡点通过计算机辅助搜索优化设

计，取值 $H_1=0.5886$，$H_2=0.1065$，可见获得的数字滤波器的阻带最小衰减超过 60dB。因此，增加过渡点可以增大阻带的衰减，增大采样点数 N 可以保持滤波器的过渡带宽不变；但随着 N 的增大，增加了滤波的运算量。

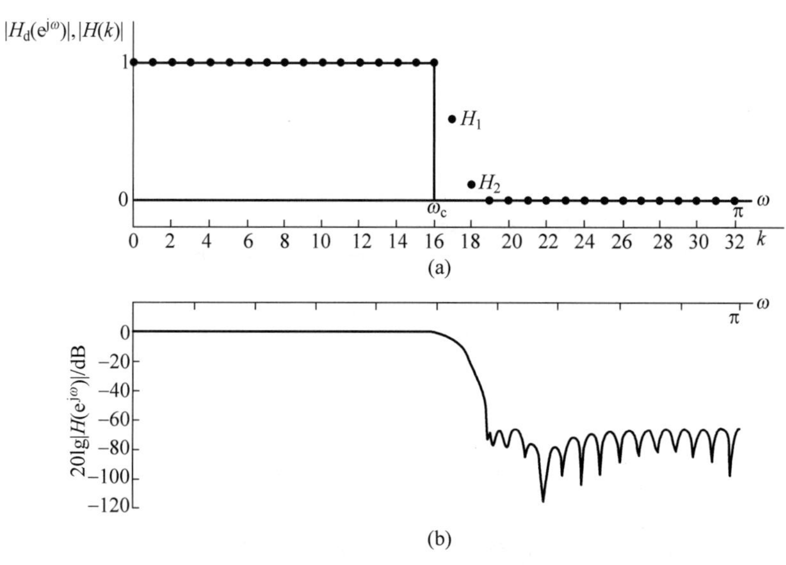

图 7.3.7 增加两过渡点的幅度特性曲线

表 7.3.1 给出了过渡采样点数 m 与阻带最小衰减的经验数据。

表 7.3.1 过渡采样点数 m 与阻带最小衰减的经验数据

m	1	2	3
阻带最小衰减/dB	44～54	65～75	85～95

综上所述，频率采样设计法具有如下特点：

(1) 直接从频率域进行设计，物理概念清楚，比较直观方便，也适合于设计具有任意幅度特性的滤波器。

(2) 存在边界频率不易控制的问题，原因是采样频率只能等于 $2\pi/N$ 的整数倍，这就限制了 ω_c 的自由取值。

(3) 增加采样点数 N 可以提高边界频率的精度，但 N 加大会增加滤波器的复杂度和成本。

7.3.4 频率采样法设计实例

为更好地理解和掌握频率采样设计法，可以归纳出用频率采样法设计线性相位 FIR 数字滤波器的步骤如下：

(1) 根据阻带的最小衰减 α_s，由表 7.3.1 选择过渡带采样点数 m。

(2) 根据过渡带宽 $\Delta\omega$，按照式(7.3.16)确定滤波器的阶数 N，并根据通带阻带指标

确定截止频率 ω_c 以及对应的 k_c。

(3) 构造希望逼近的频率响应函数 $H_d(e^{j\omega})$，再进行频域采样得到 $H_d(k)$，并加入过渡点。过渡点采样值可以为经验值，或利用计算机辅助优化过渡点值。

(4) 对 $H_d(k)$ 作 IDFT 得到线性相位 FIR 数字滤波器的单位脉冲响应 $h(n)$。

(5) 检验设计结果，如果未达到设计指标要求，则调整过渡带采样点数、幅度值或者 N，直到满足指标要求为止。

例 7.3.1 利用频率采样法设计线性相位 FIR 数字低通滤波器，其理想频率特性为

$$|H_d(e^{j\omega})| = \begin{cases} 1, & 0 \leqslant |\omega| \leqslant \omega_c \\ 0, & \omega_c < |\omega| \leqslant \pi \end{cases}$$

已知截止频率 $\omega_c = 0.5\pi$，过渡带不大于 $\pi/16$。

解：该例题目的是熟悉频率采样法的设计过程和验证不增加过渡点的滤波器阻带衰减性能，因此例题中没有给出阻带衰减指标，直接给出过渡带宽。

(1) 确定频域采样点数 N 及对应的 k_c。

过渡带不大于 $\pi/16$，即 $\dfrac{2\pi}{N} \leqslant \dfrac{\pi}{16}$，则 $N \geqslant 32$。FIR 数字滤波器设计中，一般设计Ⅰ型线性相位数字滤波器，取采样点数 $N = 33$，为奇数。由截止频率可得

$$\omega_c = \frac{2\pi}{N} k_c$$

对于低通滤波器，有 $k_c = \left\lfloor \omega_c \dfrac{N}{2\pi} \right\rfloor = \left\lfloor \dfrac{\pi}{2} \dfrac{N}{2\pi} \right\rfloor = 8$。

(2) 确定频域采样值 $H_d(k)$。用理想低通作为逼近滤波器。$N = 33$，第一类线性相位，则 $H_g(k) = H_g(N-k)$，参照式(7.3.8)，可得

$$\begin{cases} H_g(k) = 1, & k = 0,1,2,\cdots,8 \\ H_g(N-k) = 1, & k = 1,2,3,\cdots,8 \\ H_g(k) = 0, & k = 9,10,\cdots,23,24 \\ \theta(k) = -\dfrac{32}{33}\pi k, & k = 0,1,2,\cdots,32 \end{cases}$$

(3) 对 $H_d(k)$ 作 IDFT 变换得到单位脉冲响应 $h(n)$。将采样得到的 $H_d(k) = H_g(k)e^{j\theta(k)}$ 进行 IDFT，得到设计 FIR 数字滤波器的单位脉冲响应 $h(n)$，由于实际应用都利用计算机调用函数直接计算，因此这里不具体计算 $h(n)$。

(4) 校验设计结果。计算设计滤波器的频率响应 $H(e^{j\omega})$，其幅度特性曲线如图 7.3.6(a) 和(b)所示。过渡带宽 $\Delta\omega = 2\pi/33$，阻带最小衰减约为 -20dB。如果阻带衰减不满足指标要求，可在通带与阻带间添加过渡点，增大阻带衰减。

例 7.3.2 试利用频率采样法，设计线性相位 FIR 数字低通滤波器，其设计指标：通带截止频率 $\omega_p = 0.2\pi$，阻带截止频率 $\omega_s = 0.3\pi$，阻带最小衰减 $\alpha_s = 50$dB。

解：(1) 确定过渡点数量。根据阻带衰减指标要求确定过渡点数量，参见表 7.3.1，

增加一个过渡点，设计数字滤波器的阻带最小衰减指标最好能达 54dB，但最差时只有 44dB；而滤波器阻带最小衰减指标要求为 $\alpha_s=50\text{dB}$，意味增加一个过渡点有可能满足指标要求。为此，先尝试只增加一个过渡点。

(2) 确定过渡带宽及频域采样点数 N 及对应的 k_p。滤波器的过渡带宽为

$$\Delta\omega=\omega_s-\omega_p=0.1\pi$$

只增加一个过渡点，由式(7.3.16)可得频域采样点数为

$$N\geqslant\frac{4\pi}{\Delta\omega}=40$$

取采样点数 $N=41$，为奇数。

通带截止频率边界 $k_p=\left\lfloor\frac{N}{2\pi}\omega_p\right\rfloor=4$，则过渡点位置为 k_p+1，阻带边缘位置为 k_p+2。由于频率采样法的截止频率边界不易控制，边界取整有一定的误差，因此，最终设计结果通过检验是否符合指标要求。如果不符合，再通过调整 N 和过渡点重新设计，直到满足指标要求为止。

(3) 确定频域采样值 $H_d(k)$。$N=41$，第一类线性相位，则 $H_g(k)=H_g(N-k)$，参照式(7.3.8)，过渡点取值为 0.5，可得

$$\begin{cases}H_g(k)=H_g(N-k)=1, & k=0,1,2,3,4\\ H_g(5)=H_g(36)=0.5 & \\ H_g(k)=0, & k=6,10,\cdots,34,35\\ \theta(k)=-\dfrac{40}{41}\pi k, & k=0,1,2,\cdots,40\end{cases}$$

(4) $H_d(k)$作 IDFT 变换并校验结果。利用计算机辅助计算 $h(n)$和滤波器的频率响应，并校验频率响应。如图 7.3.8(a)所示，可见设计的滤波器的阻带最小衰减约为 -30dB，与指标要求差距较大。

通过计算机优化过渡点值为 $H_g(5)=H_g(36)=0.39$，其滤波器的频率响应如图 7.3.8(b)所示，可见优化过渡点值后阻带最小衰减能达到-40dB 以下。

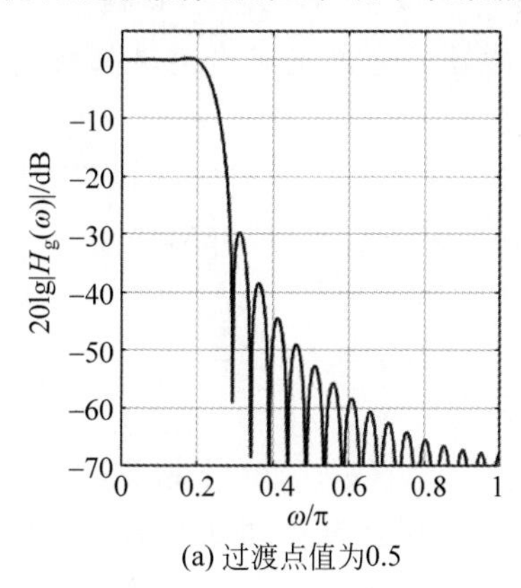

(a) 过渡点值为0.5

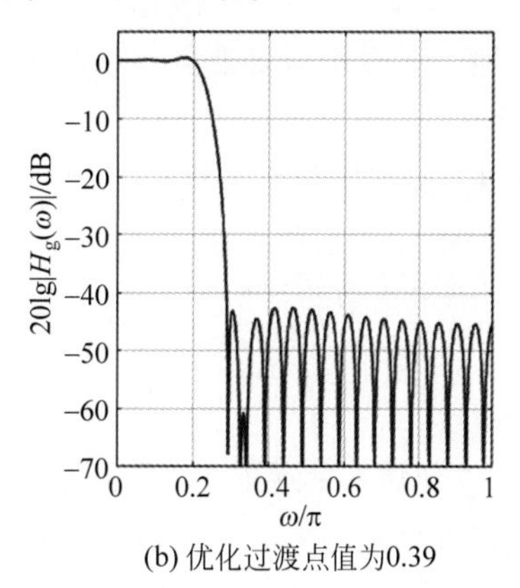

(b) 优化过渡点值为0.39

图 7.3.8 单过渡点的低通滤波器幅度特性曲线

图 7.3.9 给出了过渡点值优化前后滤波器的时域波形，可见时域波形基本一致，优化后的时域波形主瓣稍有扩展，旁瓣波纹稍微降低，降低了时域混叠，有效改善了阻带衰减，但滤波器的最小阻带衰减还是不能达到 −50dB 以下。可见，增加一个过渡点不能满足滤波器阻带衰减指标要求，需增加两个过渡点重新进行设计。

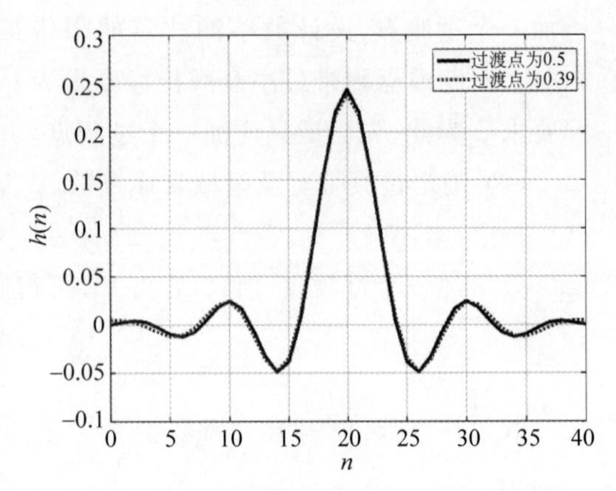

图 7.3.9 单过渡点的低通滤波器时域波形

(1) 增加两个过渡点确定频域采样点数 N 及对应的 k_p。

由于增加两个过渡点，由式(7.3.16)可得 $N \geqslant \frac{6\pi}{\Delta\omega} = 60$，同样取采样点数为奇数，$N=61$。

以通带截止频率来算频域采样边界频率，$k_p = \left\lfloor \frac{N}{2\pi}\omega_p \right\rfloor = 6$，两过渡点位置为 k_p+1 和 k_p+2，阻带边缘位置为 k_p+3。

(2) 确定频域采样值 $H_d(k)$。

通过计算机优化设计，两过渡点值分别为 0.594 与 0.109，则可得频域采样值为

$$
\begin{cases}
H_g(k) = H_g(N-k) = 1, & k = 0,1,2,\cdots,6 \\
H_g(7) = H_g(54) = 0.594 & \\
H_g(8) = H_g(53) = 0.109 & \\
H_g(k) = 0, & k = 9,10,\cdots,51,52 \\
\theta(k) = -\frac{60}{61}\pi k, & k = 0,1,2,\cdots,60
\end{cases}
$$

(3) $H_d(k)$ 做 IDFT 变换并校验结果。利用计算机辅助计算，得到所设计的线性相位 FIR 数字低通滤波器的时域波形与频域幅度特性如图 7.3.10 所示。从时域波形可见，主瓣有进一步扩展，旁瓣衰减增大；从幅频特性可见，阻带最小衰减达 65dB，增加过渡点大大增加了滤波器的阻带衰减，设计的滤波器完全满足阻带衰减指标要求，且优于指标要求，达 15dB 以上。

例 7.3.3 试利用频率采样法，设计线性相位 FIR 数字带通滤波器，其设计指标：下截止频率 $\omega_{c1}=0.3\pi$，上截止频率 $\omega_{c2}=0.7\pi$，频域采样点数 $N=65$，采用一个过渡点。

解：(1) 确定离散边界频率：

$$
k_{c1} = \left\lceil \frac{N}{2\pi}\omega_{c1} \right\rceil = 10, \quad k_{c2} = \left\lfloor \frac{N}{2\pi}\omega_{c2} \right\rfloor = 22
$$

k_{c1} 和 k_{c2} 分别为带通的上、下边界截止频率，其中 k_{c1} 是向上取整，而 k_{c2} 是向下取整。过渡点位置分别为 $k_{c1}-1$ 和 $k_{c2}+1$，过渡点采用计算机辅助搜索最优值，包括两种搜索方法：可限制两过渡点值一样搜索一个最优值；也可不设限制，搜索滤波器阻带特

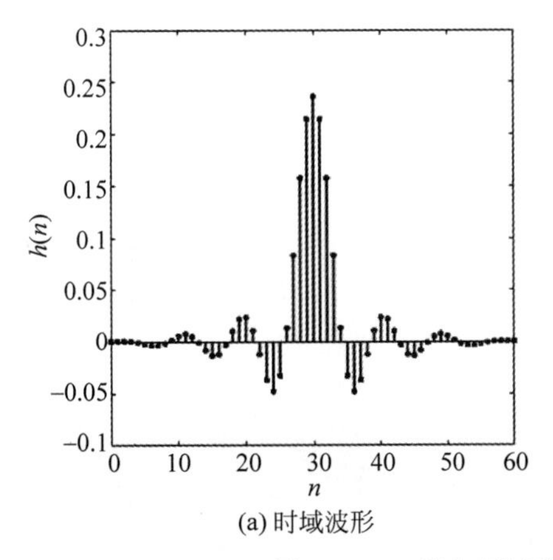

(a) 时域波形

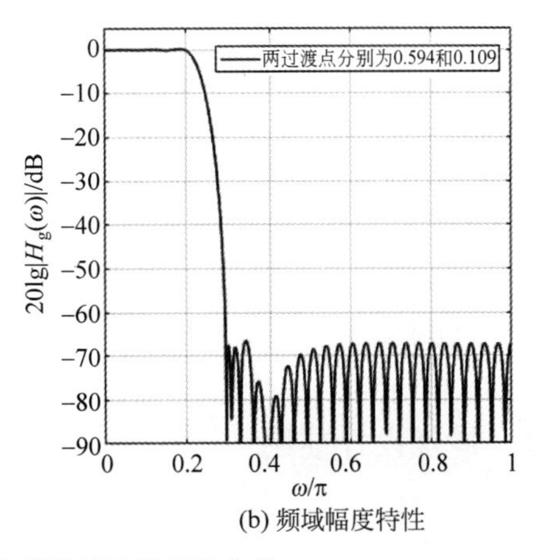

(b) 频域幅度特性

图 7.3.10 增加两过渡点低通滤波器特性曲线

性最优时上、下边界过渡点分别的值。

(2) 确定频域采样值 $H_d(k)$。频域采样点数 $N=65$,利用第一类线性相位,则 $H_g(k)=H_g(N-k)$,可得

$$\begin{cases} H_g(k)=H_g(N-k)=1 & k=10,11,\cdots,22 \\ H_g(9)=H_g(56)=0.5 \\ H_g(23)=H_g(42)=0.5 \\ H_g(k)=H_g(N-k)=0 & k=0,1,\cdots,8 \\ H_g(k)=0 & k=24,25,\cdots,41 \\ \theta(k)=-\dfrac{64}{65}\pi k & k=0,1,2,\cdots,64 \end{cases}$$

(3) $H_d(k)$进行 IDFT 变换并校验结果。利用计算机辅助计算 $h(n)$和滤波器的频率响应,并校验频率响应,如图 7.3.11 所示,当限制上、下边界过渡点值一样,计算机搜索的最优值为 0.389,带通滤波器阻带最小衰减约 40dB;当两过渡点值不受限制,计算优化搜索的下边缘与上边缘的过渡点值分别为 0.377 和 0.411,如图所示,当两过渡点值不受限制时,计算机辅助搜索设计的带通滤波器阻带衰减达到−40dB 以下,阻带衰减指标进一步改善,但改善有限。实际应用中,如果仍然不能满足设计指标要求,则可以在上、下边界处分别增加两个过渡点来进一步加大滤波器的阻带衰减。

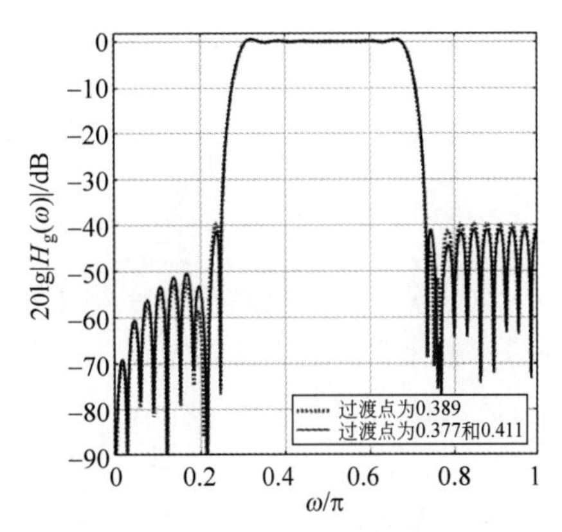

图 7.3.11 单过渡点带通滤波器幅频特性曲线

7.4 FIR 数字滤波器的最优化设计

窗函数法和频率采样法分别从时域、频域角度逼近理想滤波器,来设计 FIR 数字滤波器。滤波器的逼近性能会根据衡量的标准不同,也会得出不同的结论。窗函数设计法和频率采样法都是先给出逼近方法,再讨论逼近特性,如果反过来要求在某种准则下设计滤波器,以获取最优的结果,这就是 FIR 数字滤波器的最优化设计。

7.4.1 最优设计准则

最优化设计首先是确定最优设计准则,常用的最优化设计准则有两种:一种是最小均方误差准则;另一种是最大误差最小化准则。

1. 最小均方误差准则

设理想滤波器的频率响应和设计滤波器的频率响应分别为 $H_d(e^{j\omega})$ 和 $H(e^{j\omega})$,则频域设计误差为

$$E(\omega)=H_d(e^{j\omega})-H(e^{j\omega}) \tag{7.4.1}$$

均方误差为

$$\varepsilon^2=\frac{1}{2\pi}\int_{-\pi}^{\pi}|H_d(e^{j\omega})-H(e^{j\omega})|^2 d\omega=\frac{1}{2\pi}\int_{-\pi}^{\pi}|E(e^{j\omega})|^2 d\omega \tag{7.4.2}$$

最小均方误差准则就是希望理想频谱 $H_d(e^{j\omega})$ 和设计频谱 $H(e^{j\omega})$ 之间的均方误差值最小。根据帕塞瓦尔(Parseval)定理和式(7.4.2),得时域的均方误差为

$$\varepsilon^2=\sum_{n=-\infty}^{\infty}|h_d(n)-h(n)|^2 \tag{7.4.3}$$

FIR 数字滤波器的单位脉冲响应 $h(n)$ 有限长,即 $0\leqslant n\leqslant N-1$,则有

$$\varepsilon^2=\sum_{n=0}^{N-1}|h_d(n)-h(n)|^2+\sum_{\text{其他}n}|h_d(n)|^2 \tag{7.4.4}$$

均方误差准则就是选择一组采样值,以使均方误差最小。该方法注重的是在整个 $(-\pi\sim\pi)$ 频率区间内总误差全局最小,但不能保证局部频率点的性能,有些频率点可能会有较大的误差。显然,使式(7.4.4)最小时的 $h(n)$ 应该满足如下条件:

$$h(n)=\begin{cases}h_d(n), & 0\leqslant n\leqslant N-1\\ 0, & \text{其他}\end{cases} \tag{7.4.5}$$

此式恰好是矩形窗的设计结果,因此,矩形窗函数设计法是一个最小均方误差 FIR 数字滤波器设计方法。在过渡带附近会出现吉布斯效应,会产生较大的峰值,误差也较大;在远离过渡带的地方频响比较平稳,误差越来越小。虽然改变窗函数可减小峰值,但无法保证均方误差最小。

2. 最大误差最小化准则

最大误差最小化准则的设计思想是使逼近误差的最大值最小化，即

$$\min \max_{\omega \in A} |E(\omega)| \tag{7.4.6}$$

式中，A 是根据要求预先给定的一个频率取值范围，可以是滤波器的通带，也可以是阻带。设计时可选择 N 个频域采样值（或时域 $h(n)$ 值），在给定的频带范围内使频响的最大逼近误差达到最小，通常达到最小时各采样点的逼近误差相等，因此也称为等波纹逼近。

例如，频率采样法设计 FIR 数字滤波器，是从已知采样点数 N、希望逼近的频域采样值和值可变的过渡点出发，利用计算机辅助设计得到具有阻带最小衰减最大化的 FIR 滤波器。但频率采样法只是通过改变过渡带的一个或几个采样值来调整滤波器的特性，如果所有频域采样值（或时域序列 $h(n)$）都可调整，那么，滤波器的性能可得到进一步提高。采用切比雪夫逼近理论的雷米兹（Remez）交替算法就是基于这种思想的。因此，等波纹逼近方法也称为最佳一致逼近或切比雪夫逼近法。下面介绍具体的设计思想和算法步骤。

7.4.2 等波纹逼近优化设计原理

1. 切比雪夫最佳一致逼近准则

在滤波器设计中通带与阻带误差性能的要求是不一样的，为便于统一使用最大误差最小化准则，采用误差函数加权的办法，使得不同频段（如通带与阻带）的加权误差最大值相等。假设希望设计的线性相位 FIR 数字滤波器的幅度特性为 $H_{dg}(\omega)$，实际设计的 FIR 数字滤波器的幅度特性为 $H_g(\omega)$，设逼近误差的加权函数为 $W(\omega)$，则加权逼近误差函数定义为

$$E(\omega) = W(\omega)[H_{dg}(\omega) - H_g(\omega)] \tag{7.4.7}$$

误差加权函数 $W(\omega)$ 与通带或者阻带逼近精度有关。当要求逼近精度高时，$W(\omega)$ 取值大；当要求的逼近精度低时，$W(\omega)$ 取值小。设计时，$W(\omega)$ 可由设计的技术指标确定。这样使得在各频带上的加权误差 $E(\omega)$ 要求一致。

为设计具有线性相位 FIR 数字滤波器，其单位脉冲响应 $h(n)$ 及幅度特性必须满足一定条件。由表 7.1.1 种情况 1 可知，N 为奇数，脉冲响应满足偶对称 $h(n)=h(N-1-n)$，其频域幅度特性为

$$H_g(\omega) = \sum_{n=0}^{(N-1)/2} a(n)\cos(\omega n) \tag{7.4.8}$$

将 $H_g(\omega)$ 代入式（7.4.7），可得

$$E(\omega) = W(\omega)\left[H_{dg}(\omega) - \sum_{n=0}^{M} a(n)\cos(\omega n)\right] \tag{7.4.9}$$

式（7.4.9）为一个 M 次多项式，其中 $M=(N-1)/2$。最佳一致逼近问题实际上是

如何构造一个 M 次多项式，也就是选择 $M+1$ 个系数 $a(n)$，使加权误差 $E(\omega)$ 的最大值为最小，如式(7.4.6)所示。

切比雪夫理论解决了这个多项式的存在性、唯一性及如何构造等一系列问题。构造该多项式利用"交错点组定理"，定理指出：满足最佳一致逼近的充分必要条件为 $E(\omega)$ 在 A 上至少呈现 $M+2$ 个"交错"，使得

$$
\begin{aligned}
&E(\omega_i)=-E(\omega_{i-1}) \\
&|E(\omega_i)|=\max_{\omega\in A}|E(\omega)|,\omega_0\leqslant\omega_1\leqslant\cdots\leqslant\omega_{M+1}
\end{aligned}
\tag{7.4.10}
$$

可见，按照切比雪夫最佳一致逼近准则设计的滤波器在通带或者阻带具有等波纹的特性。

2. 等波纹逼近法设计线性相位 FIR 滤波器

希望设计的线性相位 FIR 数字低通滤波器的幅度特性为

$$
H_{\mathrm{dg}}(\omega)=\begin{cases}1, & 0\leqslant|\omega|\leqslant\omega_{\mathrm{p}} \\ 0, & \omega_{\mathrm{s}}\leqslant|\omega|\leqslant\pi\end{cases}
\tag{7.4.11}
$$

式中，ω_{p} 为通带截止频率；ω_{s} 为阻带截止频率。

图 7.4.1 给出了理想低通滤波器的频率响应曲线和等波纹逼近频率响应曲线。可见，等波纹滤波器技术指标除通带阻带截止频率外，还有波纹幅度指标。设滤波器通带波纹幅度为 δ_1，阻带波纹幅度为 δ_2，指标 δ_1 和 δ_2 与通带衰减 α_{p} 和阻带衰减 α_{s} 的关系为

$$
\delta_1=\frac{10^{\alpha_{\mathrm{p}}/20}-1}{10^{\alpha_{\mathrm{p}}/20}+1},\quad \delta_2=10^{-\alpha_{\mathrm{s}}/20}
\tag{7.4.12}
$$

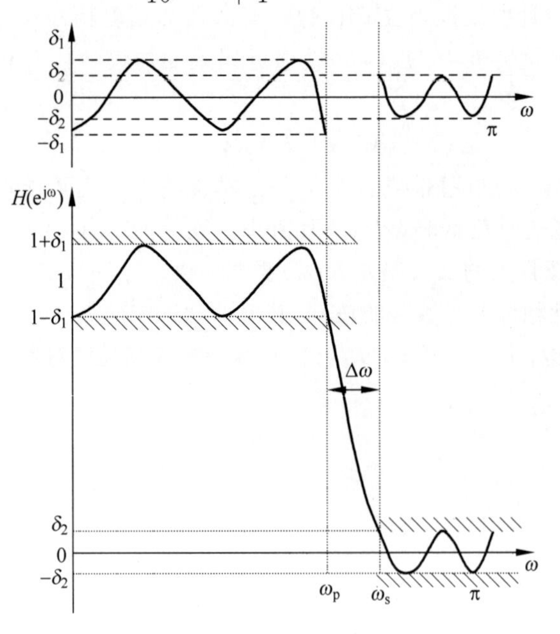

图 7.4.1 低通滤波器的等波纹逼近

假设已知 A 上的 $M+2$ 个交错点频率 $\omega_0,\omega_1,\cdots,\omega_{M+1}$，则由式(7.4.9)，并根据交错点组准则，可写出 $M+2$ 个方程：

$$W(\omega_i)\left[H_{dg}(\omega_i)-\sum_{n=0}^{M}a(n)\cos(\omega_i n)\right]=(-1)^i\rho,\quad i=0,1,\cdots,M+1 \tag{7.4.13}$$

式中，$\rho=\max\limits_{\omega\in A}|E(\omega)|$ 为极值点频率对应的误差函数；$\{\omega_i\}(i=0,1,\cdots,M+1)$ 为极值频率点。

将式(7.4.3)改写矩阵形式，即

$$\begin{bmatrix} 1 & \cos(\omega_0) & \cos(2\omega_0) & \cdots & \cos(M\omega_0) & \dfrac{1}{W(\omega_0)} \\ 1 & \cos(\omega_1) & \cos(2\omega_1) & \cdots & \cos(M\omega_1) & \dfrac{-1}{W(\omega_1)} \\ 1 & \cos(\omega_2) & \cos(2\omega_2) & \cdots & \cos(M\omega_2) & \dfrac{1}{W(\omega_2)} \\ \vdots & \vdots & \vdots & & \vdots & \vdots \\ 1 & \cos(\omega_{M+1}) & \cos(\omega_{M+1}) & \cdots & \cos(\omega_{M+1}) & \dfrac{(-1)^{M+1}}{W(\omega_{M+1})} \end{bmatrix}\begin{bmatrix} a(0) \\ a(1) \\ a(2) \\ \vdots \\ a(M) \\ \rho \end{bmatrix}=\begin{bmatrix} H_{dg}(\omega_0) \\ H_{dg}(\omega_1) \\ H_{dg}(\omega_2) \\ \vdots \\ H_{dg}(\omega_M) \\ H_{dg}(\omega_{M+1}) \end{bmatrix} \tag{7.4.14}$$

求解式(7.4.14)可以唯一求出 $a(0),a(1),\cdots,a(M)$，以及加权误差最大绝对值 ρ，再由 $a(n)$ 求出滤波器的 $h(n)$。但实际上这些交错点组的频率 $\omega_0,\omega_1,\cdots,\omega_{M+1}$ 是不知道的，且直接求解式(7.4.14)也是比较困难的。为避免直接求解，可通过迭代法求得一组交错点频率，即利用数值分析的雷米兹迭代算法求解该问题。算法步骤如下：

(1) 在频域内等间隔地选取 $M+2$ 个频率 $\omega_0,\omega_1,\cdots,\omega_{M+1}$ 作为交错点组频率的初始值，并通过式(7.4.14)计算出 ρ 值。其表达式为

$$\rho=\frac{\sum\limits_{k=0}^{M+1}a_k H_{dg}(\omega_k)}{\sum\limits_{k=0}^{M+1}(-1)^k a_k/W(\omega_k)} \tag{7.4.15}$$

式中

$$a_k=(-1)^k\prod_{i=0,i\neq k}^{M+1}\frac{1}{\cos\omega_i-\cos\omega_k} \tag{7.4.16}$$

由于初始值 ω_i 并不刚好就是极值点，因此 ρ 并不是最佳估计误差，而是相对于初始值产生的偏差。

(2) 由$\{\omega_i\}(i=0,1,\cdots,M+1)$求 $H_g(\omega)$和 $E(\omega)$。利用拉格朗日插值公式计算 $H_g(\omega)$：

$$H_g(\omega)=\frac{\sum\limits_{k=0}^{M+1}\left(\dfrac{\beta_k}{\cos\omega-\cos\omega_k}\right)C_k}{\sum\limits_{k=0}^{M+1}\dfrac{\beta_k}{\cos\omega-\cos\omega_k}} \tag{7.4.17}$$

式中

$$C_k = H_{\mathrm{dg}}(\omega_k) - (-1)^k \frac{\rho}{W(\omega_k)}, \quad k = 0,1,2,\cdots,M \tag{7.4.18}$$

$$\beta_k = (-1)^k \prod_{i=0,i\neq k}^{M} \frac{1}{\cos\omega_i - \cos\omega_k} \tag{7.4.19}$$

将式(7.4.17)代入式(7.4.7),求得误差函数 $E(\omega)$。如果对所有频率都有 $|E(\omega)| \leqslant \rho$,则 ρ 为所求的波纹极值,频率 $\omega_0,\omega_1,\cdots,\omega_{M+1}$ 是交错点组频率。

(3) 对上次确定的极值点频率 $\omega_0,\omega_1,\cdots,\omega_{M+1}$ 中的每一点,检查其附近是否存在某一频率 $|E(\omega)| > \rho$,如有,再在该点附近找出局部极值点,并用该点代替原来的点。待 $M+2$ 个极值点频率依次进行检查,便得到一组新的极值点频率 $\omega_0,\omega_1,\cdots,\omega_{M+1}$,再次利用式(7.4.15)～式(7.4.19)求出 ρ、$H_{\mathrm{g}}(\omega)$ 和 $E(\omega)$,于是完成了一次迭代,直到 ρ 的值改变很小,此时 $H_{\mathrm{g}}(\omega)$ 最佳一致逼近 $H_{\mathrm{dg}}(\omega)$,迭代结束。由最后一组极值点频率,按式(7.4.17)算出 $H_{\mathrm{g}}(\omega)$,再由 $H_{\mathrm{g}}(\omega)$ 求出 $h(n)$。

上述迭代算法直接计算相当困难,一般利用计算机进行计算。可采用 MATLAB 工具软件进行辅助设计,MATLAB 中有 firpmord()和 firpm()两个函数,用于雷米兹交替算法线性相位 FIR 数字滤波器设计。

7.4.3 等波纹逼近法设计实例

由以上讨论可知,滤波器设计指标有通带与阻带截止频率 ω_{p}、ω_{p} 和波动 δ_{p} 和 δ_{s},求解方法是:根据交错点组定理方程反复试探 ω_k,直到获得符合交错定理条件的 $a(m)$ 和 ρ。在设计过程中,直接利用 MATLAB 函数实现。下面举例说明等波纹优化滤波器的设计过程。

例 7.4.1 利用等波纹最优逼近法设计线性相位 FIR 数字低通滤波器,其滤波器指标:通带截止频率 $f_{\mathrm{p}}=800\mathrm{Hz}$,阻带截止频率 $f_{\mathrm{s}}=1000\mathrm{Hz}$,通带波动允许最大衰减 $\alpha_{\mathrm{p}}=0.5\mathrm{dB}$,阻带最小衰减 $\alpha_{\mathrm{s}}=50\mathrm{dB}$,采样频率 $F_{\mathrm{s}}=4000\mathrm{Hz}$。

解:(1) 确定设计滤波器的指标。

截止频率:$F=[f_{\mathrm{p}},f_{\mathrm{s}}]$

理想幅度响应:$A=[1,0]$

等波纹指标:$\delta_1 = \dfrac{10^{\alpha_{\mathrm{p}}/20}-1}{10^{\alpha_{\mathrm{p}}/20}+1} = 0.0288$

$$\delta_2 = 10^{-\alpha_{\mathrm{s}}/20} = 10^{-50/20} = 0.0032$$

(2) 计算机辅助设计 FIR 低通滤波器。调用 MATLAB 函数 firpmord 和 firpm:

$$c = \mathrm{firmord}(\mathrm{F},\mathrm{A},[\delta_1,\delta_2],\mathrm{F_s});$$

$$b = \mathrm{firpm}(c\{:\});$$

(3) 设计滤波器 $h(n)$ 与频率响应 $H(e^{j\omega})$ 的幅频特性曲线如图 7.4.2 所示。

通过计算机辅助设计的低通滤波器阶数只有 39 阶，当进一步增大阻带衰减时，阻带最小衰减 $\alpha_s=70$dB，利用计算机辅助设计的 FIR 低通滤波器的时频域特性如图 7.4.3 所示。此时滤波器阶数 N 增加到 51 阶，同时加大了阻带衰减。由图 7.4.2 与图 7.4.3 可见，滤波器幅频响应的逼近误差均匀分布，因此，与窗函数法与频率采样法相比，相同衰减指标下滤波器的阶数更低。

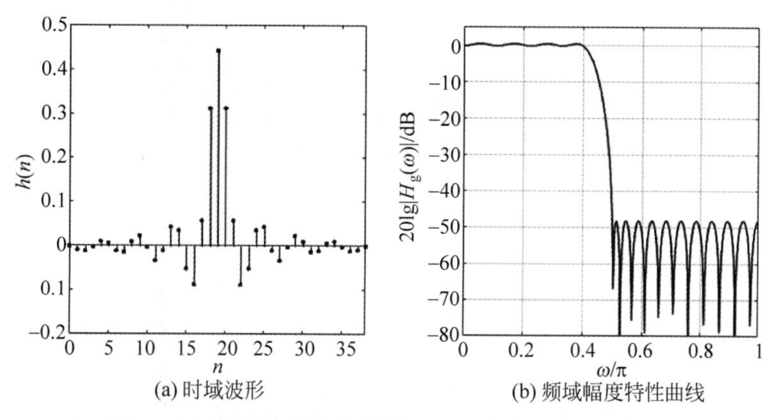

图 7.4.2 等波纹逼近设计低通 FIR 滤波器特性(39 阶)

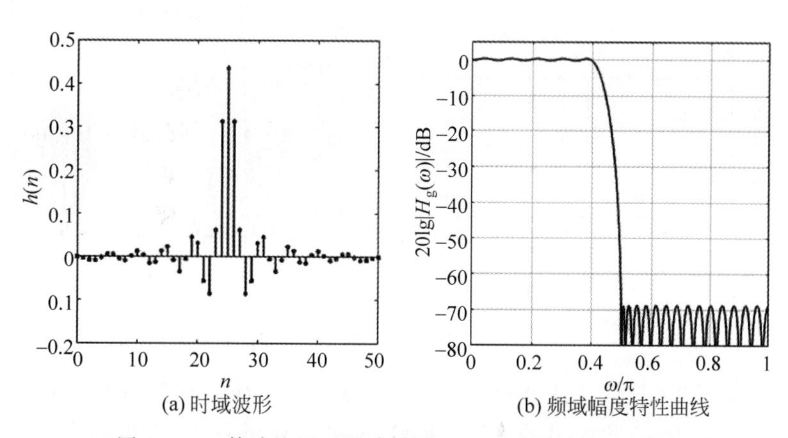

图 7.4.3 等波纹逼近设计低通 FIR 滤波器特性(51 阶)

例 7.4.2 利用等波纹最优逼近法设计带通滤波器，滤波器指标：通带下截止频率 $\omega_{pl}=0.35\pi$，阻带下截止频率 $\omega_{sl}=0.25\pi$，通带上截止频率 $\omega_{pu}=0.65\pi$，阻带上截止频率 $\omega_{su}=0.75\pi$，通带最大衰减即为 0.1dB，阻带最小衰减 $\alpha_s=60$dB。

解：(1) 确定设计滤波器的指标。滤波器的截止频率都采用数字频率，然而函数中都是采用模拟频率，需要进行频率转换。设采样频率为 F_s，其转换公式为

$$f=\frac{\omega}{2\pi}\times F_s$$

不妨设采样频为 $F_s=2$Hz，则有

$$f_{\mathrm{pl}}=\frac{\omega_{\mathrm{pl}}}{2\pi}\times F_{\mathrm{s}}=0.35,\quad f_{\mathrm{pu}}=\frac{\omega_{\mathrm{pu}}}{2\pi}\times F_{\mathrm{s}}=0.65$$

$$f_{\mathrm{sl}}=\frac{\omega_{\mathrm{sl}}}{2\pi}\times F_{\mathrm{s}}=0.25,\quad f_{\mathrm{su}}=\frac{\omega_{\mathrm{su}}}{2\pi}\times F_{\mathrm{s}}=0.75$$

因此,截止频率:$F=[f_{\mathrm{sl}},f_{\mathrm{pl}},f_{\mathrm{pu}},f_{\mathrm{su}}]$

理想幅度响应:$A=[0,1,0]$

等波纹指标:$\delta_1=\dfrac{10^{\alpha_{\mathrm{p}}/20}-1}{10^{\alpha_{\mathrm{p}}/20}+1}=\dfrac{10^{0.1/20}-1}{10^{0.1/20}+1}=0.0058$

$$\delta_2=10^{-\alpha_{\mathrm{s}}/20}=10^{-60/20}=0.001$$

则 $\mathrm{Dev}=[\delta_2,\delta_1,\delta_2]$

(2) 计算机辅助设计 FIR 低通滤波器。调用 MATLAB 函数 firpmord 和 firpm:

```
c = firpmord(F, A, Dev, Fs);
b = firpm(c{:});
```

(3) 设计滤波器 $h(n)$与频率响应 $H(\mathrm{e}^{\mathrm{j}\omega})$的幅频特性曲线如图 7.4.4 所示。

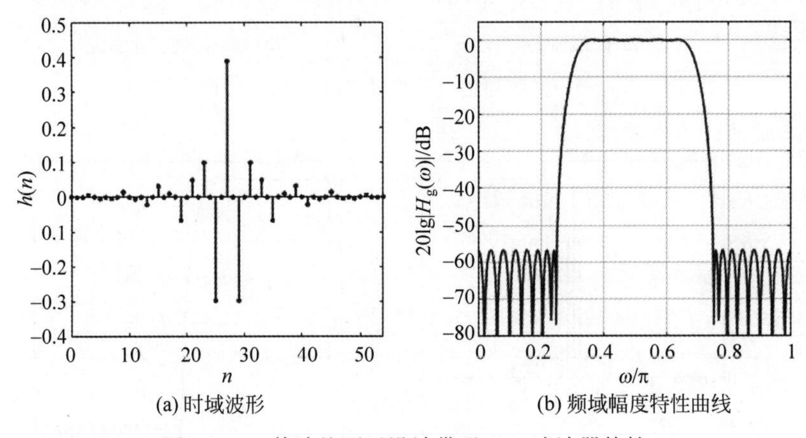

(a) 时域波形　　(b) 频域幅度特性曲线

图 7.4.4　等波纹逼近设计带通 FIR 滤波器特性

由图 7.4.4 可见,与低通滤波器一样,频域幅度逼近误差均匀分布,而设计带通 FIR 数字滤波器的阶数为 55 阶。另外,MATLAB 辅助设计过程中,阻带指标衰减 $\alpha_{\mathrm{s}}=60\mathrm{dB}$ 计算阻带波纹误差代入函数中,然而设计滤波器的阻带衰减指标稍有差距。因此,在实际应用中可以通过验证再调整阻带衰减的参数,从而使设计滤波器满足指标要求。

7.4.4　FIR 滤波器与 IIR 滤波器对比

前面讨论了 IIR 滤波器和 FIR 滤波器的设计方法,对于同样技术指标要求的数字滤波器,既可以采用 IIR 数字滤波器实现,也可以采用 FIR 数字滤波器实现,表 7.4.1 给出了这两种数字滤波器的对比。

下面具体说明两种滤波器的特性:

表 7.4.1 IIR 滤波器与 FIR 滤波器对比

	IIR 滤波器	FIR 滤波器
滤波器阶数	阶数低,运算量小 经济高效	阶数高,运算量大 信号延时大
相位特性	相位非线性	严格线性相位
稳定性	有限字长影响大	不存在稳定性问题
设计工具	借助模拟滤波器设计	借助计算机辅助设计
实现应用	不能采用 FFT 算法 具有模拟滤波器的局限性	采用 FFT 快速算法 设计灵活,更大适应性

(1) 从性能上来看,二者各有优势。由于 IIR 滤波器系统函数的极点可以位于单位圆内的任何地方,而 FIR 滤波器系统函数的极点固定在原点,对于同样的滤波器幅频响应指标,FIR 滤波器所要求的阶数比 IIR 滤波器高 5～10 倍,因此,IIR 数字滤波器所用的存储单元少,运算量小,较为经济高效。然而,FIR 数字滤波器通过简单的约束可得到严格的线性相位,而 IIR 滤波器则做不到这一点,IIR 滤波器的频率选择性越好,相位的非线性越严重。IIR 数字滤波器需要级联全通网络补偿修正相位的非线性,而且做不到严格的线性相位,同时,全通修正网络同样要大大增加滤波器的阶数和复杂性。

(2) 从系统实现稳定性来看,FIR 滤波器主要采用非递归结构,因而不论在理论上还是在实际的有限精度运算中都不存在稳定性问题,有限精度运算的误差也较小。但是,由于 IIR 滤波器采用的是递归结构,极点只有在 z 平面单位圆内才稳定,同时运算中的舍入误差有时会引起振荡,导致系统不稳定问题。

(3) 从设计工具来看,IIR 滤波器可以借助于模拟滤波器设计的现成闭合公式、数据和表格,因而计算工作量比较小,对计算工具的要求不高。FIR 滤波器设计一般没有封闭形式的设计公式。窗函数设计法只给出窗函数的计算公式,但计算通带、阻带衰减等仍无显式表达式。FIR 数字滤波器的设计一般是借助计算机实现的,因此对计算工具要求较高。现在 MATLAB 软件已开发了各种滤波器的设计程序,所以工程上的利用计算机辅助设计也非常简单。

(4) 从应用范围来看,IIR 滤波器主要是设计规格化的、频率响应具有片段常数特性的滤波器,如低通、高通、带通及带阻滤波器等,往往脱离不了模拟滤波器的局限性。而 FIR 滤波器设计则灵活得多,例如频率采样设计法可适应各种幅频响应及相频响应要求,因而 FIR 数字滤波器可以设计出理想正交变换器、理想微分器、线性调频器等各种网络,适应性较广。

从上面的比较可以看到,IIR 滤波器与 FIR 滤波器各有所长,所以在实际应用时应该全面考虑来选择。例如,从使用要求上来看,在对相位要求不敏感的场合,如语言通信等,选用 IIR 滤波器较为合适,这样可以充分发挥其经济高效的特点;而对于图像信号处理、数据传输等以波形携带信息的系统,则对线性相位要求较高,采用 FIR 滤波器较好。

7.5 FIR 数字滤波器的 MATLAB 仿真

FIR 数字滤波器通过简单的约束可实现严格线性相位，本章首先讨论了 FIR 数字滤波器的线性相位及其幅度特性，然后重点讨论具有线性相位的 FIR 数字滤波器设计方法，包括窗函数法、频率采样法和等波纹最佳逼近法。本节给出 FIR 数字滤波器设计的 MATLAB 仿真程序，便于对知识点的理解和滤波器具体设计方法的掌握。

7.5.1 线性相位的 MATLAB 仿真

FIR 数字滤波器满足对称性可实现严格线性相位，本节利用 MATLAB 仿真画出不同时域响应的相位特性、幅度特性，以及具有线性相位滤波器的零点位置。涉及 MATLAB 函数包括 freqz()和 zplane()，下面分别进行介绍。

1. freqz

格式：`[h,w] = freqz(b,a,len)`

说明：freqz 计算数字滤波器的频率响应 h 和相位响应 w，h 和 w 的长度都是 len。角度频率向量 w 的取值为从 0 到 π 的均匀分布。如果没有定义整数 len 的大小或者 len 是空向量，则默认为 512。滤波器的传输函数为

$$H(z)=\frac{B(z)}{A(z)}=\frac{b(0)+b(1)z^{-1}+b(2)z^{-2}+\cdots+b(m)z^{-m}}{a(0)+a(1)z^{-1}+a(2)z^{-2}+\cdots+a(n)z^{-n}}$$

格式：`freqz(hn)`

说明：freqz 利用 FVTool 画出 FIR 滤波器 hn 的频率幅度响应与相位响应图形。

2. zplane

格式：`zplane(b,a)`

说明：zplane 在当前图形窗口画出数字滤波器零点和极点，符号“o”代表一个零点，符号“x”代表一个极点。FIR 数字滤波器的时域响应为 hn，直接用函数 zplane(hn)画出其零点位置图。

例 7.5.1 FIR 数字滤波器的单位脉冲响应如下，试画出其幅频和相频特性曲线，并分析其特点。

(1) $N=7$, $h(n)=[1, -2, 4, 6, -5, -3, 1]$；

(2) $N=7$, $h(n)=[-3, 2, 5, 7, 5, 2, -3]$；

(3) $N=7$, $h(n)=[-3, 2, 5, 0, -5, -2, 3]$；

(4) $N=8$, $h(n)=[-3, 2, 5, 7, 7, 5, 2, -3]$；

(5) $N=8$, $h(n)=[-3, 2, 5, 7, -7, -5, -2, 3]$。

解：程序如下：

```
% % Ch7_5_1.m
clc
clear
hn_1 = [1, 2, - 4, 6, - 5, 3,1];                    %%%% 不具有对称性
figure(1)
freqz(hn_1)
hn_2 = [ - 3, 2, 5, 7, 5, 2, - 3];                  %%% 偶对称,N为奇数
    figure(2)
    freqz(hn_2)
    hn_3 = [ - 3, 2, 5, 7, 7, 5, 2, - 3];           %%% 偶对称,N为偶数
    figure(3)
    freqz(hn_3)
    hn_4 = [ - 3, 2, 5, 0, - 5, - 2, 3];            %%% 奇对称,N为奇数
figure(4)
freqz(hn_4)
Mag_h = abs(fft(hn_3,1024));
omega = (0:1023)/512 * pi;                          %%% 1024 点 FFT,omega 为数字频率
figure(5)
plot(omega/pi,Mag_h,'b');
xlabel('\omega /\pi')
ylabel('|H(e^j^\omega )|')
hn_5 = [ - 3, 2, 5, 7, - 7, - 5, - 2, 3];           %%% 奇对称,N为偶数
Mag_h = abs(fft(hn_5,1024));
omega = (0:1023)/512 * pi;                          %%% 1024 点 FFT,omega 为数字频率
figure(6)
plot(omega/pi,Mag_h,'b');
xlabel('\omega /\pi')
ylabel('|H(e^j^\omega )|')
```

程序运行结果如图 7.5.1 和图 7.5.2 所示。

当滤波器单位脉冲响应不满足对称性时，相位为非线性相位，如图 7.5.1(a)所示；图 7.5.1(b)和(c)滤波器单位脉冲响应满足偶对称，具有第一类线性相位，相位通过原点 0；图 7.5.1(d)滤波器单位脉冲响应满足奇对称，具有第二类线性相位。为更清楚看出幅度特性，幅度采用线性坐标，图 7.5.2 分别画出滤波器长度 N 为偶数，单位脉冲响应 $h(n)$ 分别满足偶对称与奇对称的幅频特性曲线。由图可见，滤波器单位脉冲响应满足偶对称，且长度为偶数，则其幅度特性关于 $\omega=0,2\pi$ 呈偶对称，关于 $\omega=\pi$ 呈奇对称，且在 π 处的幅度值为零；单位脉冲响应满足奇对称，且长度为偶数，则其幅度特性关于 $\omega=0,2\pi$ 呈奇对称，关于 $\omega=\pi$ 呈偶对称，在幅度 π 处的幅度值没有限制。综上仿真可见，滤波器的幅度特性与相位特性同前 7.1 节推导分析相一致。

例 7.5.2 已知滤波器单位脉冲响应 $h(n)$满足对称性，具有线性相位。试画出线性相位 FIR 数字滤波器的零点位置分布图。

(1) $N=7$, $h(n)=[2, -3, 5, 0, -5, 3, -2]$；

(2) $N=8$, $h(n)=[-3, 2, -5, 7, 7, -5, 2, -3]$；

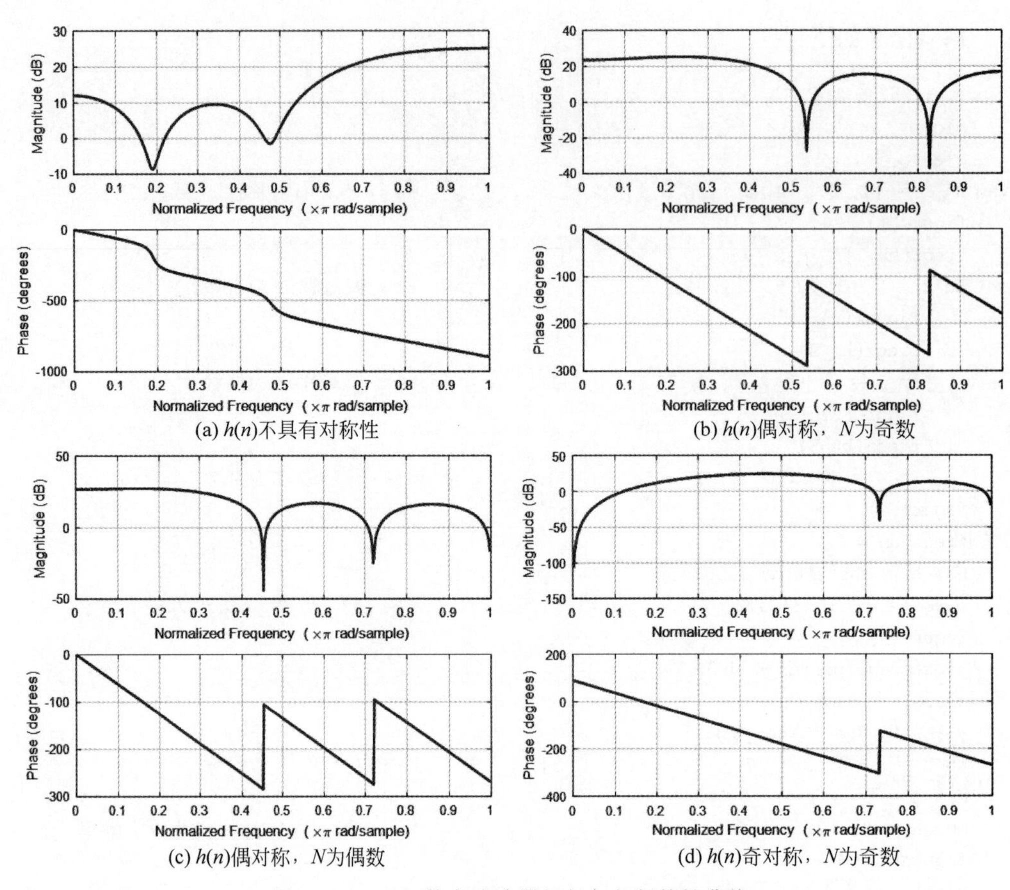

(a) $h(n)$不具有对称性　(b) $h(n)$偶对称，N为奇数

(c) $h(n)$偶对称，N为偶数　(d) $h(n)$奇对称，N为奇数

图 7.5.1　FIR 数字滤波器幅频与相频特性曲线

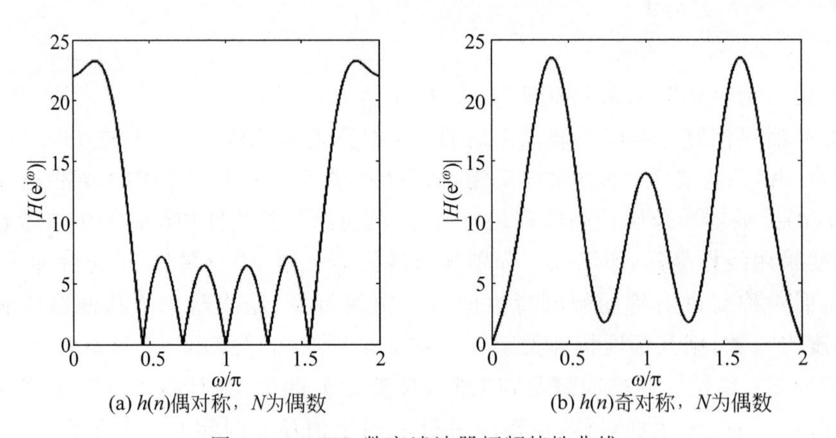

(a) $h(n)$偶对称，N为偶数　(b) $h(n)$奇对称，N为偶数

图 7.5.2　FIR 数字滤波器幅频特性曲线

解：

程序如下：

```
%% Ch7_5_2.m
clc
```

```
clear
close all
hn_1 = [2, -3, 5, 0, -5, 3, -2];                   %%% 奇对称,N为奇数
figure(1)
zplane(hn_1)
hn_2 = [-3, 2, -5, 7, 7, -5, 2, -3];               %%% 偶对称,N为偶数
figure(2)
zplane(hn_2)
```

程序运行结果如图7.5.3所示。

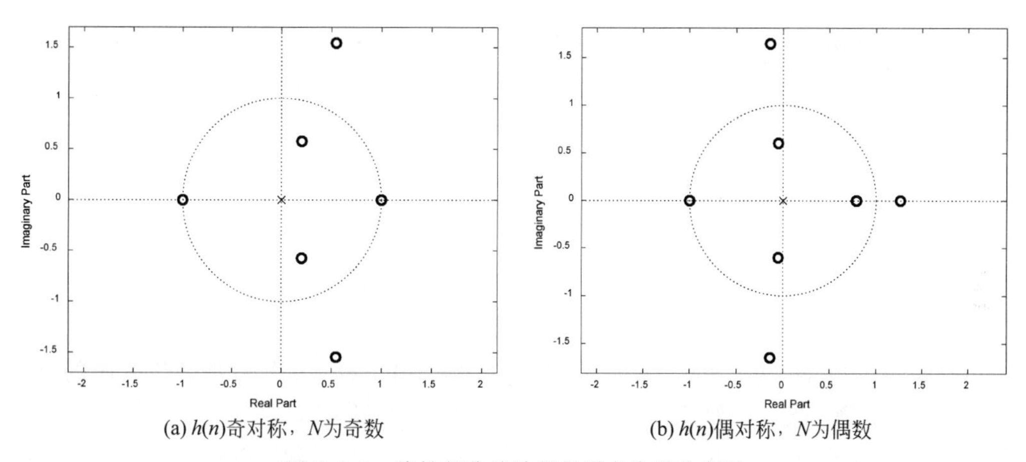

(a) $h(n)$奇对称，N为奇数　　(b) $h(n)$偶对称，N为偶数

图7.5.3　线性相位滤波器的零点位置分布图

由图7.5.3可见，线性相位FIR滤波器的单位脉冲响应$h(n)$具有对称性，其零点为互为倒数的两组共轭零点对；当零点在实轴上，则有一对互为倒数的零点。当零点为± 1时，其共轭和倒数都是自身。

7.5.2　窗函数法设计的MATLAB仿真

7.2节讨论了窗函数法设计FIR数字滤波器的基本思想、设计原理，以及设计具体步骤与流程，本节利用MATLAB仿真来直观展示设计理论分析，并通过窗函数法数字滤波器设计实例，完成FIR数字滤波器的设计实现。涉及MATLAB函数主要包括6个窗函数和fir1，下面分别进行介绍。

1. boxcar()

格式：w = boxcar(N)

说明：boxcar(N)函数可产生一长度为N的矩形窗；

2. bartlett()

格式：w = bartlett (N)

说明：bartlett (N)可产生 N 点的三角窗；

3. hanning()

格式：`w = hanning (N)`

说明：hanning(N)可产生 N 点的汉宁窗；

4. hamming()

格式：`w = hamming (N)`

说明：hamming(N)可产生 N 点的海明窗；

5. blackman()

格式：`w = blackman (N)`

说明：blackman(N)可产生 N 点的布莱克曼窗；

6. kaiser()

格式：`w = kaiser(N,beta)`

说明：kaiser(N,beta)可产生 N 点的凯泽窗，其中 beta 为影响窗函数旁瓣的 β 参数，其最小的旁瓣抑止，增加 β 可使主瓣变宽，旁瓣的幅度降低；

7. fir1()

格式：
```
hn= fir1(N, Wn)
hn = fir1(N, Wn,'ftype')
hn = fir1(N, Wn,window)
hn = fir1(N, Wn,'ftype',window)
```

说明：fir1 是采用窗函数法设计线性相位的 FIR 滤波器，可以设计标准的低通、高通、带通和带阻滤波器，Wn 为归一化的数字频率，取值范围为 0～1，其中 1 对应数字频率 π。默认情况下，滤波器幅度增益是归一化的，中心频率的幅度为 0dB，截止频率为 Wn、幅度增益为−6dB。hn= fir1(N,Wn)为 N 阶 FIR 低通滤波器，窗函数默认选用海明窗。

hn = fir1(N,Wn,'ftype') 根据参数 ftype 的取值为'high'时，设计一个截止频率为 Wn 的 N 阶高通滤波器。

当 Wn 为两元素向量时，即 Wn=[W1,W2]，hn = fir1(N, Wn,' bandpass')，设计的是带通滤波器，hn = fir1(N, Wn,'stop')，则设计带阻滤波器。

hn = fir1(N,Wn,window)可以指定窗函数，采用长为 $N+1$ 的窗函数，设计 N 阶 FIR 滤波器。例如，要使用布莱克曼窗设计为 hn = fir1(N,Wn,blackman(N+1))。

例 7.5.3 在同一个图形窗口中画出 N 分别为 21、63、121 时矩形窗的幅度曲线。

解：

程序如下：

```
%% Ch7_5_3.m
```

```
clc
clear
w1 = boxcar(21);
w2 = boxcar(63);
w3 = boxcar(121);
[W1,f] = freqz(w1/sum(w1),1,512,2);
[W2,f] = freqz(w2/sum(w2),1,512,2);
[W3,f] = freqz(w3/sum(w3),1,512,2);
W1_dB = 20 * log10(abs(W1));
W2_dB = 20 * log10(abs(W2));
W3_dB = 20 * log10(abs(W3));
plot(f,W1_dB,'-',f,W2_dB,'b--',f,W3_dB,'k:');
legend('N = 21','N = 63','N = 211');
axis([0,0.3,-50,0]); grid;
xlabel('\omega /\pi')
ylabel('矩形窗幅度(dB)')
```

程序运行结果如图 7.5.4 所示。

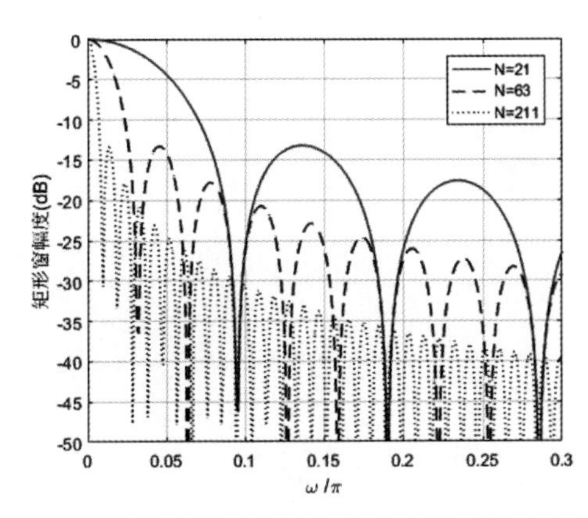

图 7.5.4　不同长度矩形窗的主瓣宽度与旁瓣衰减特性曲线

由图 7.5.4 可见,矩形窗主瓣宽度与长度 N 成反比,但旁瓣峰值基本不随着长度 N 增大而变化,从而导致矩形窗截断设计低通滤波器的阻带最小衰减不足。加大阻带衰减,只能从窗函数的形状上寻找解决问题的方法。

例 7.5.4　用窗函数法设计线性相位 FIR 低通数字滤波器,实现对模拟信号采样后进行数字滤波,对模拟信号的滤波要求(参见例 7.2.1):通带截止频率 $f_p=1.5$kHz,阻带截止频率 $f_p=2.5$kHz,阻带最小衰减 $\alpha_s=40$dB,采样频率 $F_s=10$kHz。

解:由于 $\alpha_s=40$dB,查表 7.2.2 可知,窗函数应选汉宁窗。

程序如下:

```
%% Ch7_5_4.m
clc
clear
fp = 1500;                                    %%% 通带截止频率
fs = 2500;                                    %%% 阻带截止频率
```

```
Fs = 10000;                                          %%% 采样频率
Omega_p = 2 * pi * fp/Fs;
Omega_s = 2 * pi * fs/Fs;
Omega_Delta = Omega_s - Omega_p;
N = ceil(6.2 * pi/Omega_Delta);                      %%%% 选择汉宁窗,求滤波器阶数
N = floor(N/2) * 2 + 1;                              %%%% 滤波器阶数选奇数
Omega_c = (Omega_s + Omega_p)/2;                     %%%% 理想低通截止频率
n = (0:N-1);
alpha = (N-1)/2;                                     %%%% 滤波器时延
Cof_Win = hanning(N);                                %%%% 汉宁窗函数
hd = sin(Omega_c * (n-alpha+eps))./(pi * (n-alpha+eps));    %%%% 理想低通滤波器
h = hd. * Cof_Win';                                  %%%% 加窗
Mag_h = abs(fft(h,1024));                            %%%% 计算频域响应的幅度
Mag_db = 20 * log10(Mag_h);                          %%% 将滤波器的幅度转换为 dB
figure(1)
stem((0:N-1),h,'b.');
axis([0,N-1,-0.2,0.5]);
xlabel('n')
ylabel('h(n)')
figure(2)
plot(Fs * (0:512-1)/1024,Mag_db(1:512),'b');
axis([0,Fs/2,-90,5]); grid;
xlabel('\itf (Hz)')
ylabel('20lg|H_g(f)|')
```

设计的滤波器响应为

h =[-0.0000 -0.0008 -0.0012 0.0023 0.0061 -0.0000
-0.0135 -0.0117 0.0160 0.0349 -0.0000 -0.0646 -0.0571
0.0900 0.2998 0.4000 0.2998 0.0900 -0.0571 -0.0646
-0.0000 0.0349 0.0160 -0.0117 -0.0135 -0.0000 0.0061
0.0023 -0.0012 -0.0008 -0.0000]

程序运行结果如图 7.5.5 所示。

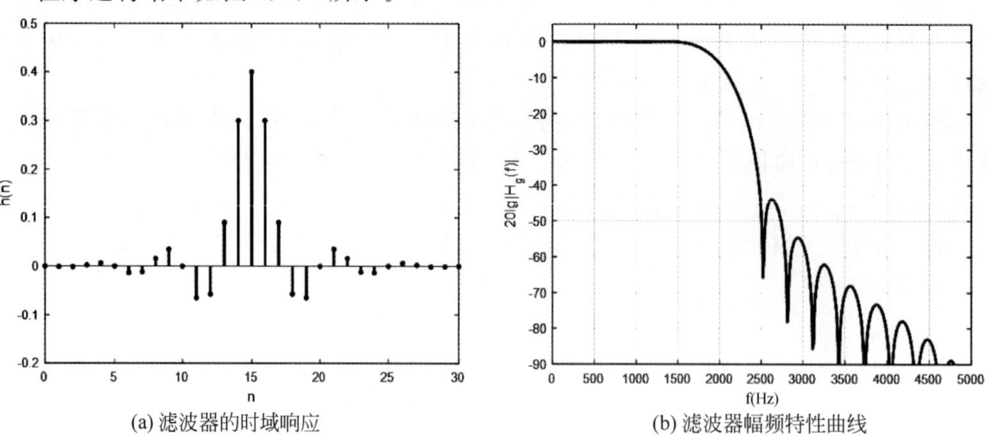

(a) 滤波器的时域响应　　(b) 滤波器幅频特性曲线

图 7.5.5　采用汉宁窗设计低通滤波器的时域响应与频域幅度特性曲线

由图 7.5.5 可见，通带截止频率为 1500Hz，阻带截止频率 2500Hz，阻带衰减达 40dB 以上，满足设计要求。窗函数法设计 FIR 数字滤波器在 MATLAB 中也可直接利用函数 fir1()完成设计，现采用 fir1()函数完成该数字低通滤波器的设计，程序如下：

```
clc
clear
fp = 1500;                                %%% 通带截止频率
fs = 2500;                                %%% 阻带截止频率
Fs = 10000;                               %%% 采样频率
Omega_p = 2 * pi * fp/Fs;
Omega_s = 2 * pi * fs/Fs;
Omega_Delta = Omega_s - Omega_p;
N = ceil(6.2 * pi/Omega_Delta);           %%%% 选择汉宁窗,求滤波器阶数
N = floor(N/2) * 2 + 1;                   %%%% 滤波器阶数选奇数
Omega_c = (Omega_s + Omega_p)/2;
hn = fir1(N - 1,Omega_c/pi,hanning(N));   %%% 直接用 fir1()函数设计
Mag_h = abs(fft(hn,1024));                %%%% 计算滤波器自的幅频响应
Mag_db = 20 * log10(Mag_h);
figure(1)
stem((0:N - 1),hn,'b.');
axis([0,N - 1, - 0.2,0.5]);
xlabel('n')
ylabel('h(n)')
figure(2)
plot(Fs * (0:512 - 1)/1024,Mag_db(1:512),'b');
axis([0,Fs/2, - 90,5]); grid;
xlabel('\itf (Hz)')
ylabel('20lg|H_g(f)|')
```

程序运行结果如图 7.5.6 所示。

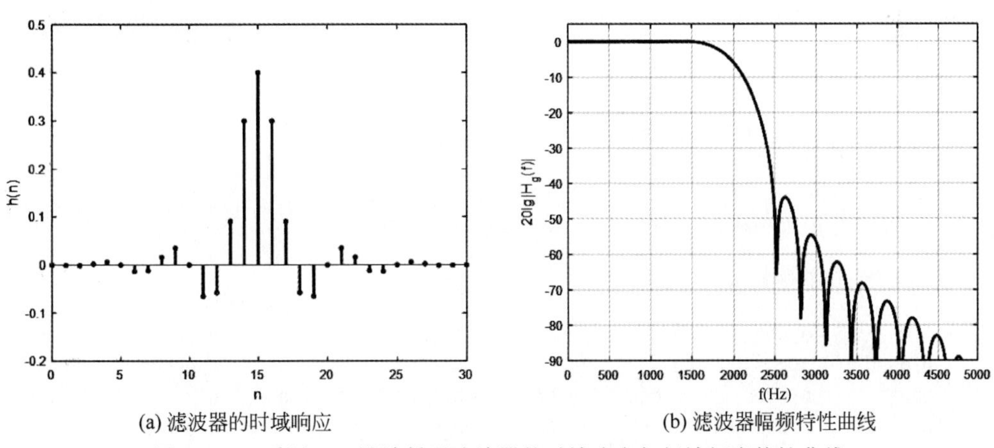

(a) 滤波器的时域响应　　(b) 滤波器幅频特性曲线

图 7.5.6　采用 fir1 设计低通滤波器的时域响应与频域幅度特性曲线

由图 7.5.6 可见，设计的滤波器时域响应和幅频响应都与图 7.5.5 一致，设计滤波器的指标满足设计要求。因此，实际应用中可以直接利用 MATLAB 中 fir1 函数设计的线性相位数字滤波器，设计更加简洁方便。

例 7.5.5 用窗函数法设计线性相位 FIR 带通数字滤波器，技术指标(参见例 7.2.3)：通带下截止频率 $\omega_{pl}=0.35\pi$，阻带下截止频率 $\omega_{sl}=0.25\pi$，通带上截止频率 $\omega_{pu}=0.65\pi$，阻带上截止频率 $\omega_{su}=0.75\pi$，阻带最小衰减 $\alpha_s=60\text{dB}$。

解：阻带最小衰减 $\alpha_s=60\text{dB}$，查表 7.2.2 知，可选布莱克曼窗或凯泽窗，在这选凯泽窗。程序如下：

```
%% Ch7_5_5.m
clc
clear
attens = 60;                                %%% 阻带最小衰减
Omega_pl = 0.35 * pi; Omega_pu = 0.65 * pi;
Omega_sl = 0.25 * pi; Omega_su = 0.75 * pi;
Omega_Delta = Omega_pl - Omega_sl;          %%% 过渡带宽
Omega_cl = (Omega_pl + Omega_sl)/2;         %%% 带通下截止频率
Omega_cu = (Omega_pu + Omega_su)/2;         %%% 带通上截止频率
Beta = 0.1102 * (attens - 8.7);             %%% Beta 参数
N = ceil((attens - 7.95)/(2.286 * Omega_Delta)); %%% 滤波器阶数计算
N = floor(N/2) * 2 + 1;                     %%%% 滤波器阶数选奇数
n = (0:N - 1);
alpha = (N - 1)/2;                          %%%% 滤波器时延
Cof_Win = kaiser(N,Beta);                   %%%% 窗函数
hd = sin(Omega_cu * (n - alpha + eps))./(pi * (n - alpha + eps)) - sin(Omega_cl * (n - alpha +
eps))./(pi * (n - alpha + eps));
h = hd. * Cof_Win';                         %%%% 加窗
Mag_h = abs(fft(h,1024));
omega = (0:511)/512 * pi;                   %%% 1024 点 FFT, omega 为数字频率
Mag_db = 20 * log10(Mag_h);
figure(1)
stem((0:N - 1),h,'b.');
axis([0,N - 1, - 0.4,0.5]);
xlabel('n')
ylabel('h(n)')
figure(2)
plot(omega/pi,Mag_db(1:512),'b');
axis([0,1, - 90,5]); grid;
xlabel('\omega /\pi')
ylabel('20lg|H_g(\omega )|')
```

设计的滤波器响应为

```
h = [     - 0.0002    0          - 0.0005    0.0000      0.0014     - 0.0000    - 0.0000
- 0.0000  - 0.0034  - 0.0000      0.0031     0           0.0043       0.0000    - 0.0096
0.0000    - 0.0000  - 0.0000      0.0170   - 0.0000    - 0.0138       0         - 0.0179
0.0000      0.0377    0.0000      0.0000   - 0.0000    - 0.0666       0.0000      0.0581
00.0906   - 0.0000  - 0.3003      0.0000     0.4000    - 0.0000     - 0.3003    - 0.0000
0.0906      0         0.0581      0.0000   - 0.0666    - 0.0000       0.0000      0.0000
0.0377      0.0000  - 0.0179      0        - 0.0138    - 0.0000       0.0170    - 0.0000
- 0.0000    0.0000  - 0.0096      0.0000     0.0043      0            0.0031    - 0.0000
- 0.0034  - 0.0000  - 0.0000    - 0.0000     0.0014      0.0000     - 0.0005      0
- 0.0002]
```

程序运行结果如图 7.5.7 所示。

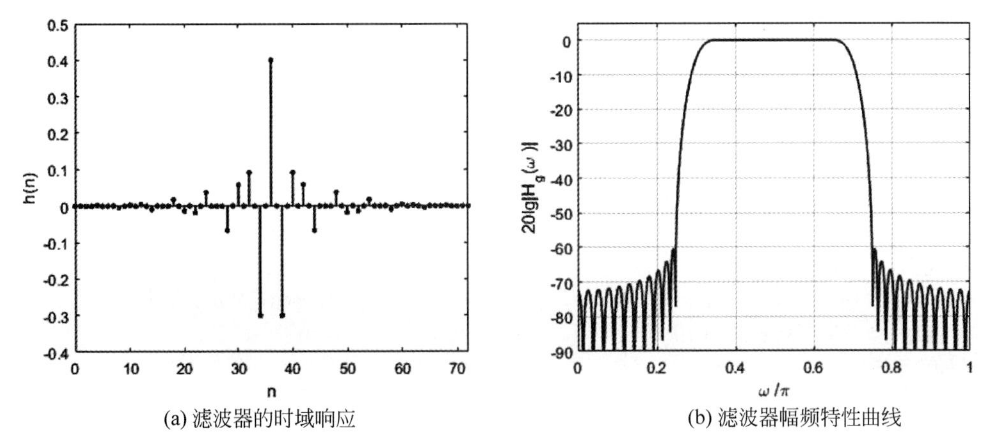

(a) 滤波器的时域响应　　(b) 滤波器幅频特性曲线

图 7.5.7　采用凯泽窗设计带通滤波器的时域响应与频域幅度特性曲线

由图 7.5.7 可见，设计的带通滤波器指标满足设计要求。同例 7.5.4 一样，也可以采用 MATLAB 中 fir1 函数设计该带通滤波器。

7.5.3　频率采样法设计的 MATLAB 仿真

7.3 节讨论了频率采样法设计 FIR 数字滤波器的基本思想、设计原理，以及设计具体步骤与流程。从前述讨论的设计步骤可以看出，采用频率采样法设计 FIR 数字滤波器时，必须使用计算机辅助设计，下面以实例来讨论具体设计方法。

例 7.5.6　用频率采样法设计线性相位 FIR 低通数字滤波器，技术指标要求（参见例 7.3.2）：通带截止频率 $\omega_p=0.2\pi$，阻带截止频率 $\omega_s=0.3\pi$，阻带最小衰减 $\alpha_s=50\text{dB}$。

解：由前面分析可知，当不存在过渡点时，频率采样法设计的过渡带宽为 $2\pi/N$；当存在一个过渡点时，过渡带宽为 $4\pi/N$；下面程序考虑一个过渡点，且过渡点的值分别取 0.5 与 0.6 进行仿真。

程序如下：

```
clc
clear
Omega_p = 0.2 * pi;                     %%% 通带截止频率
Omega_s = 0.3 * pi;                     %%% 阻带截止频率
Omega_Delta = Omega_s - Omega_p;        %%% 过渡带宽
 %%%%% 当采用一个过渡点
N = ceil(4 * pi/Omega_Delta);
N = floor(N/2) * 2 + 1;                 %%% 滤波器阶数选奇数
Delta_f = 2 * pi/N;                     %%% 频率间隔
f_Kc = floor(Omega_p/Delta_f);
hg = zeros(1,N);                        %%%% 幅度特性
hg(1) = 1;
```

```
for f_i = 1:f_Kc
    hg(f_i+1) = 1;
    hg(N-f_i+1) = 1;
end
hg(f_Kc+2) = 0.5;                         %%% 过渡点取 0.5
hg(N-(f_Kc+1)+1) = 0.5;
theta_k = -pi*(0:N-1)*(N-1)/N;            %%% 相位特性
hd_k = hg.*exp(j*theta_k);                %%% 设计滤波器频域采样
h = real(ifft(hd_k));                     %%% 计算滤波器的响应
Mag_h = abs(fft(h,1024));                 %%% 幅频特性
omega = (0:511)/512*pi;                   %%% 1024 点 FFT,omega 为数字频率
Mag_db = 20*log10(Mag_h);                 %%% 计算幅度 dB 值
hg2 = hg;                                 %%% 仿真过渡点取不同值情况
hg2(f_Kc+2) = 0.6;                        %%% 过渡点值取 0.6
hg2(N-(f_Kc+1)+1) = 0.6;
hd_k2 = hg2.*exp(j*theta_k);              %%% 设计滤波器频域采样
h2 = real(ifft(hd_k2));                   %%% 计算滤波器的响应
Mag_h2 = abs(fft(h2,1024));
omega = (0:511)/512*pi;                   %%% 1024 点 FFT,omega 为数字频率
Mag_db2 = 20*log10(Mag_h2);               %%% 计算幅度 dB 值
figure(1)
plot(omega/pi,Mag_db(1:512),'r-');
hold on
plot(omega/pi,Mag_db2(1:512),'b:');
axis([0,1,-70,5]); grid;
xlabel('\omega /\pi')
ylabel('20lg|H_g(\omega )|')
legend('过渡点值为 0.5','过渡点值为 0.6');
```

图 7.5.8 给出了取不同过渡点值的频域幅度响应。通过仿真可见,过渡点取不同值,其衰减特性不一样：当过渡点值为 0.5 时,阻带最小衰减为 30dB；当过渡点值为 0.6 时,阻带最小衰减约为 25dB。为此,利用计算机辅助搜索过渡点最佳值。下面以精度为 0.001 进行搜索。

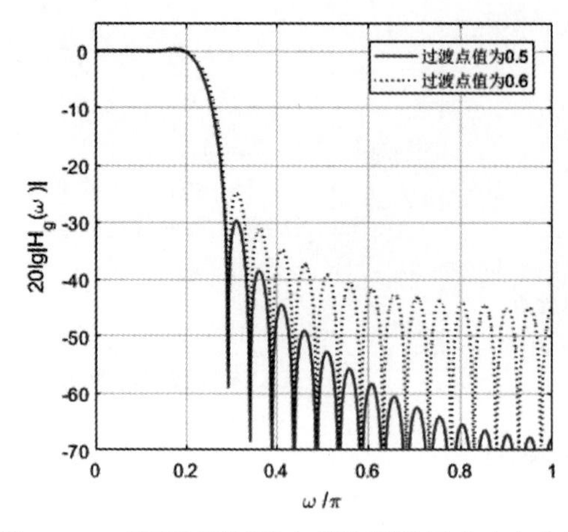

图 7.5.8　采用不同过渡点值的频域幅度响应曲线

程序如下：

```
clc
clear
Omega_p = 0.2 * pi;                           %%% 通带截止频率
Omega_s = 0.3 * pi;                           %%% 阻带截止频率
Omega_Delta = Omega_s - Omega_p;              %%% 过渡带宽
N = ceil(4 * pi/Omega_Delta);
N = floor(N/2) * 2 + 1;                       %%% 滤波器阶数选奇数
Delta_f = 2 * pi/N;                           %%% 频率间隔
f_Kc = floor(Omega_p/Delta_f);
hg = zeros(1,N);                              %%%% 幅度特性
hg(1) = 1;
for f_i = 1:f_Kc
    hg(f_i + 1) = 1;
    hg(N - f_i + 1) = 1;
end
hg(f_Kc + 2) = 0.5;                           %%% 过渡点取 0.5
hg(N - (f_Kc + 1) + 1) = 0.5;
theta_k = - pi * (0:N - 1) * (N - 1)/N;       %%% 相位特性
hd_k = hg. * exp(j * theta_k);                %%% 设计滤波器频域采样
h = real(ifft(hd_k));                         %%% 计算滤波器的响应
Mag_h = abs(fft(h,1024));                     %%% 幅频特性
omega = (0:511)/512 * pi;                     %%% 1024 点 FFT,omega 为数字频率
Mag_db = 20 * log10(Mag_h);                   %%% 计算幅度 dB 值
hg2 = hg;                                     %%% 搜索最佳过渡点值的频域幅度采样点值
S_band_k = floor(Omega_s/(2 * pi/1024));      %%% 阻带部分
Search_Step = 0.001;                          %%% 搜索步长
Idx = 1;
for tran_i = 0:Search_Step:1                  %%% 循环为优化搜索过程
    hg2(f_Kc + 2) = tran_i;
    hg2(N - (f_Kc + 1) + 1) = tran_i;
    hd_k2 = hg2. * exp(j * theta_k);
    h2 = real(ifft(hd_k2));
    Mag_h2 = abs(fft(h2,1024));
    Mag_db2 = 20 * log10(Mag_h2);
    Val_Vec(Idx) = max(Mag_db2(S_band_k:512));
    Tran_Vec(Idx) = tran_i;
    Idx = Idx + 1;
end
[Min_Val Pos_temp] = min(Val_Vec);
Trans_Val = Tran_Vec(Pos_temp);
hg2(f_Kc + 2) = Trans_Val;
hg2(N - (f_Kc + 1) + 1) = Trans_Val;
hd_k2 = hg2. * exp(j * theta_k);              %%% 最优过渡点值的滤波器频域采样
h2 = real(ifft(hd_k2));
Mag_h2 = abs(fft(h2,1024));                   %%% 计算最优过渡点值的滤波器幅度响应
Mag_db2 = 20 * log10(Mag_h2);
figure(1)
```

```
plot(omega/pi,Mag_db(1:512),'r-');
hold on
plot(omega/pi,Mag_db2(1:512),'b:');
axis([0,1,-70,5]); grid;
xlabel('\omega /\pi')
ylabel('20lg|H_g(\omega )|(dB)')
legend('过渡点为 0.5',['优化值为',num2str(Trans_Val)]);
```

上面最优过渡点值搜索的程序,且搜索最佳过渡点值为 0.391,如图 7.5.9 所示。

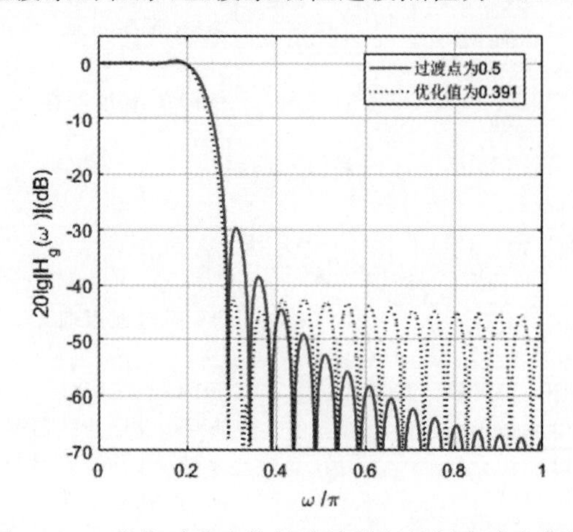

图 7.5.9　优化过渡点值的滤波器频域幅度响应曲线

由图 7.5.9 可见,最优过渡点值可以有效改善滤波器的阻带衰减,当过渡点值为 0.5 时,阻带衰减仅仅才达到 30dB,采用搜索的最优过渡点值 0.391 时,最大阻带衰减可达到约 43dB,但还是不能满足设计指标要求。要进一步加大阻带衰减,需要增加过渡点数,即增加两个过渡点,则过渡带宽为 $6\pi/N$。下面搜索两过渡点的最佳值,搜索步长精度为 0.01。具体程序如下:

```
clc
clear
Omega_p = 0.2 * pi;                         %%% 通带截止频率
Omega_s = 0.3 * pi;                         %%% 阻带截止频率
Omega_Delta = Omega_s - Omega_p;            %%% 过渡带宽
N = ceil(6 * pi/Omega_Delta);               %%% 增加两过渡点的带宽
N = floor(N/2) * 2 + 1;                     %%%% 滤波器阶数选奇数
Delta_f = 2 * pi/N;
f_Kc = floor(Omega_p/Delta_f);
hg = zeros(1,N);                            %%%% 幅度特性
hg(1) = 1;
for f_i = 1:f_Kc
    hg(f_i+1) = 1;
    hg(N-f_i+1) = 1;
end
theta_k = -pi * (0:N-1) * (N-1)/N;          %%% 相位特性
```

```
S_band_k = floor(Omega_s/(2 * pi/1024));          %%% 阻带截止位置
Search_Step = 0.01;                                %%%% 搜索步长
Idx_i = 1;
for tran_i = 0:Search_Step:1                       %%% 循环搜索最优两过渡点值
    Idx_j = 1;
    Val_Vec = 0;
    Tran_Vec = 0;
    for tran_j = 0:Search_Step:tran_i
        hg(f_Kc + 2) = tran_i;
        hg(f_Kc + 3) = tran_j;
        hg(N - (f_Kc + 1) + 1) = tran_i;
        hg(N - (f_Kc + 2) + 1) = tran_j;
        hd_k = hg. * exp(j * theta_k);             %%% 搜索滤波器频域采样
        h = real(ifft(hd_k));
        Mag_h = abs(fft(h,1024));
        Mag_db = 20 * log10(Mag_h);
        Val_Vec(Idx_j) = max(Mag_db(S_band_k:512));                  %%% 阻带最小衰减
        Tran_Vec(Idx_j) = tran_j;
        Idx_j = Idx_j + 1;
    end
    [Temp_Val Temp_Pos] = min(Val_Vec);
    Val_TwoTrans_Vec(Idx_i) = Temp_Val;
    Trans_Snd_Vec(Idx_i) = Tran_Vec(Temp_Pos);
    Trans_Fst_Vec(Idx_i) = tran_i;
    Idx_i = Idx_i + 1;
end
[Min_Val Pos_temp] = min(Val_TwoTrans_Vec);
Trans_Fst_Val = Trans_Fst_Vec(Pos_temp);          %%% 搜索最优过渡点值 1
Trans_snd_Val = Trans_Snd_Vec(Pos_temp);          %%% 搜索最优过渡点值 2
hg(f_Kc + 2) = Trans_Fst_Val;                     %%% 利用搜索最佳值
hg(f_Kc + 3) = Trans_snd_Val;
hg(N - (f_Kc + 1) + 1) = Trans_Fst_Val;
hg(N - (f_Kc + 2) + 1) = Trans_snd_Val;
hd_k = hg. * exp(j * theta_k);                    %%% 计算设计滤波器的频域采样值
h = real(ifft(hd_k));                             %%% 计算滤波器的频域响应
Mag_h = abs(fft(h,1024));
Omega = (0:511)/512 * pi;                         %%% 1024 点 FFT,omega 为数字频率
Mag_db = 20 * log10(Mag_h);                       %%% 计算幅度 dB 值
figure(1)
plot(Omega/pi,Mag_db(1:512),'r - ');
axis([0,1, - 90,5]); grid;
xlabel('\omega /\pi')
ylabel('20lg|H_g(\omega )|(dB)')
legend(['两过渡点优化值分别为',num2str(Trans_Fst_Val),'和',num2str(Trans_snd_Val)]);
```

通过计算机仿真搜索,搜索步长精度为 0.01 时,两过渡点最佳值分别为 0.58 与 0.10。图 7.5.10 给出了增加两过渡点幅度特性,可见显著加大了阻带衰减,由仿真结果可知,阻带最小衰减达 64dB,达到设计滤波器指标要求。

进一步提高搜索精度,当搜索步长为 0.001 时,搜索的两过渡点最佳值分别为 0.595 与 0.109,其幅度特性如图 7.5.11 所示,其阻带最小衰减达 68dB,则改变搜索精度能改善阻带的最小衰减,但改善有限,因此,实际应用中不需要过多追求搜索精度。

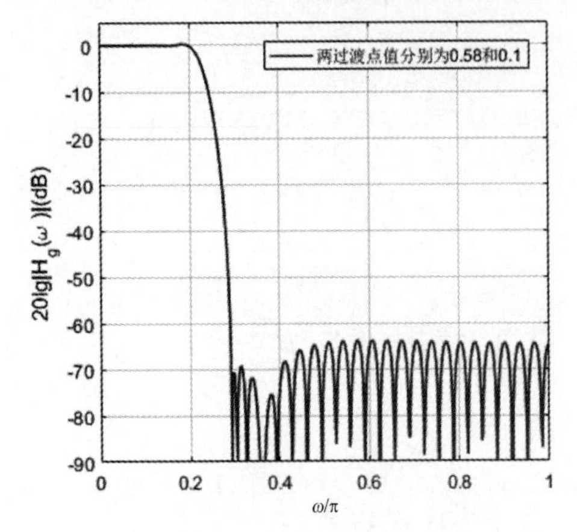

图 7.5.10　增加两过渡点滤波器幅频特性曲线

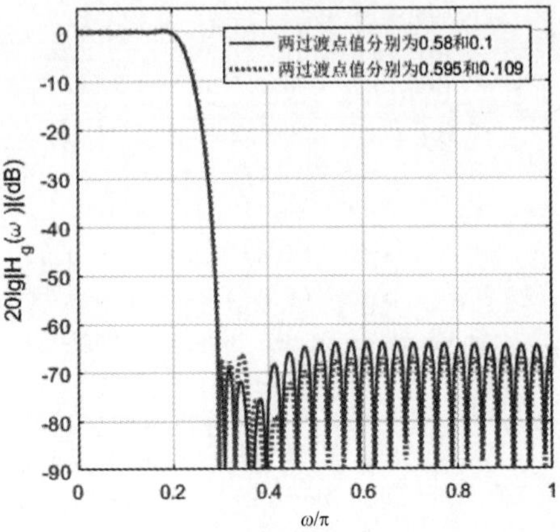

图 7.5.11　不同搜索精度的滤波器幅频特性曲线

7.5.4　等波纹逼近设计的 MATLAB 仿真

7.4 节讨论了 FIR 数字滤波器最优化设计准则,以及基于最大误差最小化准则的等波纹逼近优化方法,设计思想、设计原理和方法。本节通过实例,利用 MATLAB 完成等波纹逼近优化的 FIR 数字滤波器设计。MATLAB 函数主要包括 firpmord 和 firpm,下面分别进行介绍。

1. firpmord

格式：
```
[N,Fo,Ao,W] = firpmord(F,A,DEV,Fs)
          C = firpmord(F,A,DEV,FS,'cell')
```

说明：firpmord 函数是利用 Parks－McClellan 算法计算最优等波纹逼近 FIR 滤波器的参数,返回值包括滤波器的阶数 N,归一化边界频率 Fo,频率所对应的幅度 Ao,各幅度的权重 W。输入参数 Fs 为信号的采样频率,采样频率默认情况下为 2；F 为截止频率矢量,单位是 Hz,取值范围为 0～Fs/2；A 为对应截止频率 F 内希望逼近滤波器的幅度,要求 F 的长度为 A 的长度减 2,因此 F 的长度必须为偶数；DEV 是各个频段内所允许的最大波动,其长度必须与 A 一致。

C = firpmord(F,A,DEV,FS,'cell')将获得的所有参数生成一个单元阵列,单元阵列 C 包含了前面生成的 N、Fo、Ao 和 W,这样表述和应用更简洁。

2. firpm

格式：
```
B = firpm(N,F,A)
```

```
B = firpm(N,F,A,W)
B = firpm(N,F,A,W,'Hilbert')
```

说明：firpm 函数是利用 Parks－McClellan 算法设计最优等波纹逼近 FIR 滤波器，返回滤波器单位脉冲相应具有线性相位，且长为 N+1；F 为归一化成对的频带边界频率矢量，取值范围为 0～1，1 对应采样频率的一半；A 为应频带内希望逼近滤波器的幅度矢量，且 A 的大小与 F 一致；W 为各幅度的权重，默认情况为 1。

例 7.5.7 利用等波纹最优逼近法设计线性相位 FIR 数字低通滤波器，其滤波器指标(参见例 7.4.1)：通带截止频率 $f_p=800\text{Hz}$，阻带截止频率 $f_s=1000\text{Hz}$，通带波动允许最大衰减 $\alpha_p=0.5\text{dB}$，阻带最小衰减 $\alpha_s=50\text{dB}$，采样频率 $F_s=4000\text{Hz}$。

解：程序如下：

```
clc
clear
fp = 800;                                    % 通带截止频率
fs = 1000;                                   % 阻带截止频率
Fs = 4000;                                   % 采样频率
rp = 0.5;                                    % 通带最大衰减
rs = 50;                                     % 阻带最小衰减
F = [fp fs];
A = [1 0];                                   % 期望幅度特性
Dev = [(10^(rp/20) - 1)/(10^(rp/20) + 1)  10^( - rs/20)]; % 通带阻带波纹
[N,fo,ao,w] = firpmord(F,A,Dev,Fs);
h = firpm(N,fo,ao,w);
Mag_h = abs(fft(h,1024));
omega = (0:511)/512 * pi;                    %%% 1024 点 FFT,omega 为数字频率
Mag_db = 20 * log10(Mag_h);
N = N + 1;
figure(1)
stem((0:N - 1),h,'b.');
axis([0,N - 1, - 0.2,0.5]);
xlabel('n')
ylabel('h(n)')
figure(2)
plot(omega/pi,Mag_db(1:512),'b');
axis([0,1, - 80,5]); grid;
xlabel('\omega /\pi')
ylabel('20lg|H_g(\omega )(dB)|')
```

设计的滤波器响应为

```
h = [ - 0.0009   - 0.0093   - 0.0116   - 0.0021   0.0103   0.0063   - 0.0111
- 0.0134          0.0093     0.0225   - 0.0029  - 0.0328  - 0.0105    0.0428
                  0.0355   - 0.0512   - 0.0878    0.0569    0.3120    0.4412
0.3120            0.0569   - 0.0878   - 0.0512    0.0355    0.0428  - 0.0105
- 0.0328        - 0.0029     0.0225     0.0093  - 0.0134  - 0.0111    0.0063
0.0103          - 0.0021   - 0.0116   - 0.0093  - 0.0009]
```

图 7.5.12 给出了等波纹逼近优化设计 FIR 低通滤波器的时域波形和频域幅度特性，设计满足指标要求，阻带衰减 50dB，而滤波器的阶数 N 仅为 39 阶，与窗函数法与频

率采样法相比，相同衰减指标下滤波器的阶数更低。如果阻带衰减指标为 70dB，只需改变以上程序的阻带衰减为 rs = 70 即可。

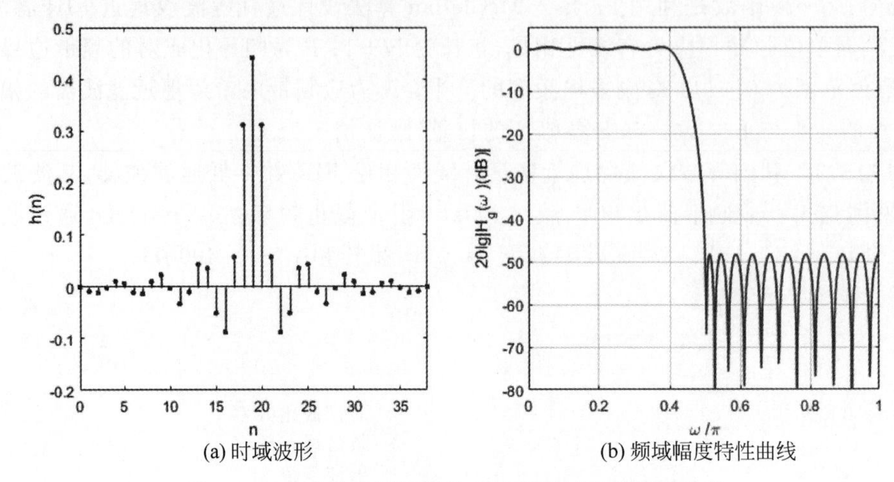

(a) 时域波形　　(b) 频域幅度特性曲线

图 7.5.12　等波纹逼近设计 FIR 低通滤波器特性曲线

例 7.5.8　利用等波纹最优逼近法设计带通滤波器，滤波器指标(参见例 7.4.2)：通带下截止频率 $\omega_{pl}=0.35\pi$，阻带下截止频率 $\omega_{sl}=0.25\pi$，通带上截止频率 $\omega_{pu}=0.65\pi$，阻带上截止频率 $\omega_{su}=0.75\pi$，通带最大衰减为 0.1dB，阻带最小衰减 $\alpha_s=60$dB。

解：

程序如下：

```
clc
clear
wpl = 0.35 * pi; wpu = 0.65 * pi;                      % 通带截止上、下频率
wsl = 0.25 * pi; wsu = 0.75 * pi;                      % 阻带截止上、下频率
Fs = 2;                                                % 归一化采样频率
fpl = wpl * Fs/(2 * pi); fpu = wpu * Fs/(2 * pi);      % 通带截止频率转换模拟频率(Hz)
fsl = wsl * Fs/(2 * pi); fsu = wsu * Fs/(2 * pi);      % 阻带截止频率转换模拟频率(Hz)
rp = 0.1;                                              % 通带最大衰减
rs = 60;                                               % 阻带最小衰减
r1 = (10^(rp/20) - 1)/(10^(rp/20) + 1);                % 计算通带逼近偏差
r2 = 10^( - rs/20);                                    % 计算阻带逼近偏差
F = [fsl fpl fpu fsu];
A = [0 1 0];                                           % 逼近的期望幅度响应
Dev = [r2 r1 r2];
[N,fo,ao,w] = firpmord(F,A,Dev,Fs);                    % 等波纹优化设计滤波器参数
h = firpm(N,fo,ao,w);                                  % 等波纹优化滤波器设计
Mag_h = abs(fft(h,1024));
omega = (0:511)/512 * pi;                              % 1024 点 FFT,omega 为数字频率
Mag_db = 20 * log10(Mag_h);
N = N + 1;
figure(1)
stem((0:N - 1),h,'b.');
```

```
axis([0,N-1,-0.4,0.5]);
xlabel('n')
ylabel('h(n)')
figure(2)
plot(omega/pi,Mag_db(1:512),'b');
axis([0,1,-80,5]); grid;
xlabel('\omega /\pi')
ylabel('20lg|H_g(\omega )(dB)|')
```

设计的滤波器响应为

```
h  =[       0.0000      -0.0012  -0.0000    0.0056    0.0000   -0.0052    0.0000
 -0.0046  -0.0000     0.0151   0.0000   -0.0061    0.0000   -0.0218   -0.0000
0.0317      0.0000     0.0093   0.0000   -0.0672   -0.0000    0.0482    0.0000
0.0987      0.0000    -0.2961  -0.0000    0.3886   -0.0000   -0.2961    0.0000
0.0987      0.0000     0.0482  -0.0000   -0.0672    0.0000    0.0093    0.0000
0.0317     -0.0000    -0.0218   0.0000   -0.0061    0.0000    0.0151   -0.0000
 -0.0046    0.0000    -0.0052   0.0000    0.0056   -0.0000   -0.0012    0.0000]
```

程序运行结果如图 7.5.13 所示。

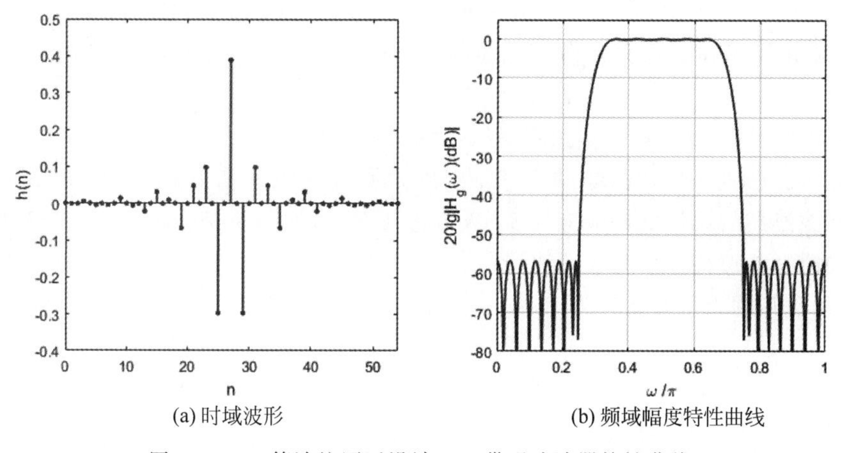

(a) 时域波形　　　　(b) 频域幅度特性曲线

图 7.5.13　等波纹逼近设计 FIR 带通滤波器特性曲线

由上两例及程序可知,等波纹逼近法设计滤波器的程序实现更简单,直接由设计滤波器的指标,然后调用 MATLAB 函数进行设计,且设计滤波器的阶数更低,滤波实现运算量小。由仿真可见,直接输入的滤波器阻带指标,设计出来的滤波器稍有差距,因此,在实际应用中可以通过调整阻带衰减的参数,从而使设计滤波器满足指标要求。

习题

7.1　已知 FIR 数字滤波器由下列差分方程描述:

(1) $y(n)=1.5x(n)+2x(n-1)+3x(n-2)+3x(n-3)+2x(n-4)+1.5x(n-5)$

(2) $y(n)=3x(n)-2x(n-1)+x(n-2)-x(n-4)+2x(n-5)-3x(n-6)$

试求出滤波器的单位脉冲响应,并分别说明其幅度特性与相位特性各有什么特点。

7.2 设FIR滤波器的系统函数为

$$H(z)=0.1\times(1+0.9z^{-1}+2.1z^{-2}+0.9z^{-3}+z^{-4})$$

试求出该滤波器的单位脉冲响应,判断是否具有线性相位,并计算其幅度特性函数和相位特性函数。

7.3 设FIR数字滤波器的单位脉冲响应 $h(n)$ 非零值定义在 $[0,N-1]$ 之间,且为实序列。滤波器的频率响应为 $H(e^{j\omega})=H_g(\omega)e^{j\varphi(\omega)}$,式中 $H_g(\omega)$ 为 ω 的实函数,且 $H(k)=\text{DFT}[h(n)]$。

(1) 若 $h(n)=h(N-1-n)$,试写出 $\varphi(\omega)$,并证明当 N 取偶数时,$H(N/2)=0$;

(2) 若 $h(n)=-h(N-1-n)$,试写出 $\varphi(\omega)$,并证明 $H(0)=0$。

7.4 用矩形窗设计线性相位FIR数字低通滤波器,要求过渡带宽不超过 $\pi/8$。希望逼近理想低通滤波器的频率响应函数为

$$H_d(e^{j\omega})=\begin{cases}e^{-j\omega\alpha}, & 0\leqslant|\omega|<\omega_c\\ 0, & \omega_c\leqslant|\omega|\leqslant\pi\end{cases}$$

(1) 求理想低通滤波器的单位脉冲响应 $h_d(n)$;

(2) 求由矩形窗法设计的数字低通滤波器的单位脉冲响应 $h(n)$,并确定 α 与 N 的关系;

(3) 试简述 N 取奇数或偶数对滤波器性能的影响。

7.5 设数字低通滤波器的单位脉冲响应与频率响应分别为 $h(n)$ 和 $H(e^{j\omega})$,如果有一个数字滤波器的单位脉冲响应为 $h_1(n)$,它与 $h(n)$ 的关系是 $h_1(n)=(-1)^n h(n)$,试证明滤波器 $h_1(n)$ 是一个高通滤波器。

7.6 已知理想带通特性为

$$H_d(e^{j\omega})=\begin{cases}e^{-j\omega\alpha}, & 0.3\pi\leqslant|\omega|<0.7\pi\\ 0, & \text{其他}\end{cases}$$

则

(1) 求出该理想带通的单位脉冲响应 $h_d(n)$;

(2) 写出用升余弦窗设计滤波器 $h(n)$ 表达式,确定 α 与 N 之间的关系。

7.7 用窗函数法设计线性相位FIR带通数字滤波器,技术指标:通带下截止频率 $\omega_{pl}=0.4\pi$,阻带下截止频率 $\omega_{sl}=0.3\pi$,通带上截止频率 $\omega_{pu}=0.6\pi$,阻带上截止频率 $\omega_{su}=0.7\pi$,阻带最小衰减 $\alpha_s=50\text{dB}$。

7.8 用窗函数法设计线性相位FIR低通数字滤波器,其滤波器指标:通带截止频率为 $f_p=800\text{Hz}$,阻带截止频率 $f_s=1000\text{Hz}$,阻带最小衰减 $\alpha_s=50\text{dB}$,采样频率为 $F_s=4000\text{Hz}$。

7.9 试用频率采样法设计线性相位FIR数字高通滤波器,其设计指标为通带截止频率 $\omega_p=0.3\pi$,阻带截止频率 $\omega_s=0.2\pi$,阻带最小衰减 $\alpha_s=40\text{dB}$,并利用计算机辅助检验设计效果。

7.10 试用频率采样法设计线性相位 FIR 数字低通滤波器，滤波器阶数 $N=65$，低通截止频率 $\omega_c=0.4\pi$，要求如下：

(1) 采用一个过渡点值为 0.5；

(2) 计算机辅助搜索最优过渡点值；

(3) 增加两过渡点，并利用计算机搜索最优值。

7.11 利用频率采样法设计线性相位 FIR 低通滤波器，给定 $N=16$，给定希望逼近滤波器的幅度采样值为

$$H_{dg}(k)=\begin{cases}1, & k=0,1,2,3\\ 0.389, & k=4\\ 0, & k=5,6,7\end{cases}$$

7.12 利用等波纹最优逼近法设计高通滤波器，滤波器指标：通带截止频率 $\omega_p=0.6\pi$，阻带下截止频率 $\omega_{sl}=0.5\pi$，通带最大衰减 α_p 为 0.1dB，阻带最小衰减 $\alpha_s=60$dB。

第8章 多采样率数字信号处理

在前面章节的讨论中，都是把离散时间信号或系统的采样频率 f_s 看成一个固定值，但在实际工程应用中，数字信号处理系统会存在多种采样频率的信号。例如，多种媒体（语音、图片、视频等）信号的带宽有很大不同，通信系统数据传输调制的频率也各不相同，为了满足采样定理，采样率自然不同，要实现系统的统一处理，必须进行采样率的转换。具体来说，有时为了减少采样率太高造成的数据冗余，需要降低采样率；有时为了避免数字调制后产生频谱混叠，需要提高采样率；或者两个数字系统的时钟频率不同，信号要在此两个系统中传输，为了便于信号的处理、编码、传输和存储，要求根据时钟频率对信号的采样率进行转换等。以上各种应用都要求系统工作在多采样率状态，或者需要不同采样率之间的转换。本章主要是针对采样率变换问题介绍多采样率数字信号处理的相关理论和知识，它已成为数字信号处理的一个重要分支内容。

8.1 多采样率变换的基本概念

1. 多采样率概念及其转换方法

多采样率（或称多抽样率）是指数字信号处理系统中存在多种采样频率的情况，又称为多速率。它是面对不同的对象和应用场景选择不同采样率的策略，目的是降低数字信号处理的复杂度和成本，减少存储空间，提高设备的效率等。

多采样率数字信号处理是指数字系统中存在多种采样率情况下的信号处理，主要包括采样率间的转换处理、抗混叠或抗镜像滤波器设计等。改变采样率的方法有模拟法和数字法。就模拟法来说，任何采样率的变化都可以通过将采样信号 $x(n)$ 经过数/模转换还原成带限的模拟信号 $x_a(t)$，再对它以不同的速率采样，即经模/数转换变成数字信号得到新的离散信号 $y(n)$，从而完成信号采样率的转换。模拟法的优点是原理简单，可以获得任何采样率；缺点是它需要额外的模/数转换器和数/模转换器，还需要适当的模拟滤波处理以保证重采样时不产生混叠，因此，这种方法过程比较复杂，而且由于量化噪声等的引入，容易产生新的失真。

数字方法是完全用数字处理的方法实现采样率的转换，而不必将信号在数字域和模拟域之间反复转换。数字法的优点是精确度高、体积小，缺点是原理比较复杂。随着集成电路技术的发展，数字信号处理器件的运算能力越来越强，绝大多数的采样率变换是在数字域中实现的。

2. 抽取和抽取器

在数字域中降低采样率的方法是对原序列 $x(n)$ 按固定的时间间隔提取样点，形成一个新的序列 $y(n)$，这种做法称为抽取，也称为下采样或采样率压缩。图 8.1.1(a)是采样频率为 f_s 的正弦序列 $x(n)$，假设对序列的抽取间隔是整数 $M(M=3)$，抽取后序列的形状未发生改变，但采样时间间隔比原来提高了 3 倍，如图 8.1.1(b)所示。显然，抽取后的序列在相同时间内序列样点数减少为原来的1/3，其采样频率也降为 $f_s/3$。

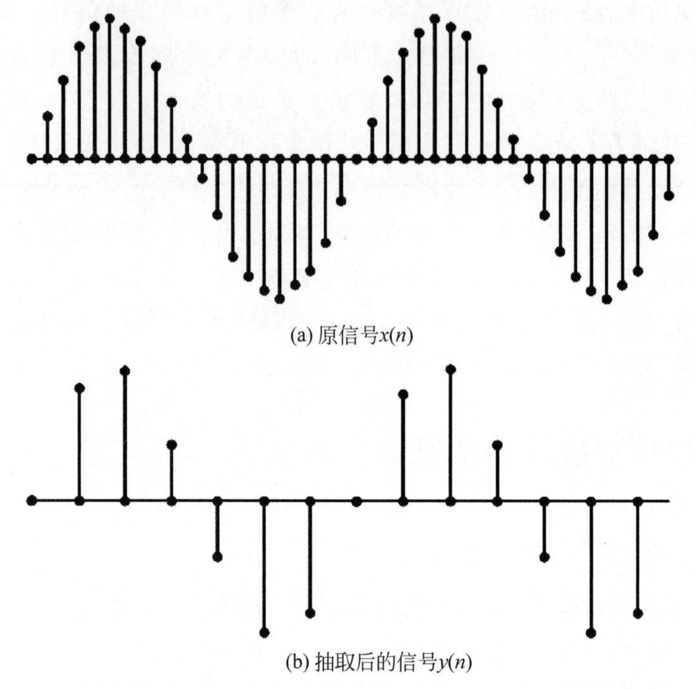

图 8.1.1　信号抽取示意图($M=3$，横坐标为采样点数)

把完成上述抽取过程的单元称为抽取器，用符号 $\boxed{\downarrow M}$ 表示，M 为抽取因子，如图 8.1.2(a)所示。对模拟信号采样时，为了防止混叠失真，需要使用抗混叠模拟滤波器。同理，对离散信号抽取时，由于采样频率发生了改变，抽取后采样率降为原来的 $1/M$，为了防止混叠失真，也要使用抗混叠数字滤波器。完整的抽取器通常由抗混叠滤波器和抽取器两部分组成，如图 8.1.2(b)所示，其中 $h(n)$为抗混叠滤波器。

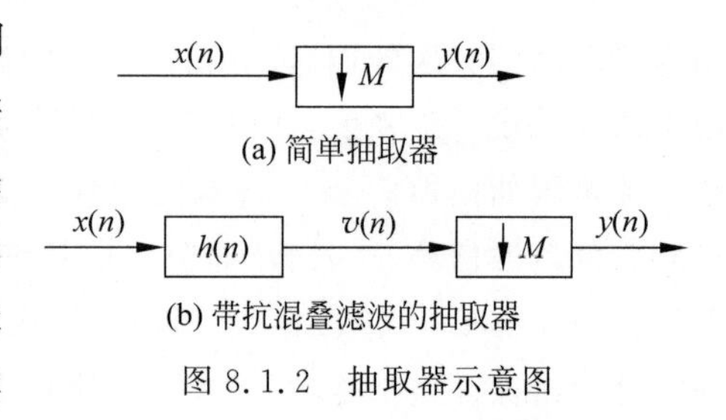

图 8.1.2　抽取器示意图

3. 插值和插值器

插值是指在相邻的低采样率样点之间均匀插入额外的样点，以提高信号的采样率。插值又称为内插，也称为上采样或采样率扩展。一种简单的插值方式是在低采样率序列 $x(n)$的毗邻样点之间均匀地添加或插入 $L-1$ 个 0 值样点，目的是使采样率扩展输出序列 $y(n)$ 的采样率提高 L 倍。如图 8.1.3 所示，当 $L=3$ 时，插入 0 后的序列 $y(n)$，其样点时间间隔减少为原序列的 1/3，在相同的信号时间段内，样点数提高了 3 倍，相应地其采样率也提高了 3 倍。

把完成上述插值过程的单元称为插值器，用符号 $\boxed{\uparrow L}$ 表示，L 为插值因子，如

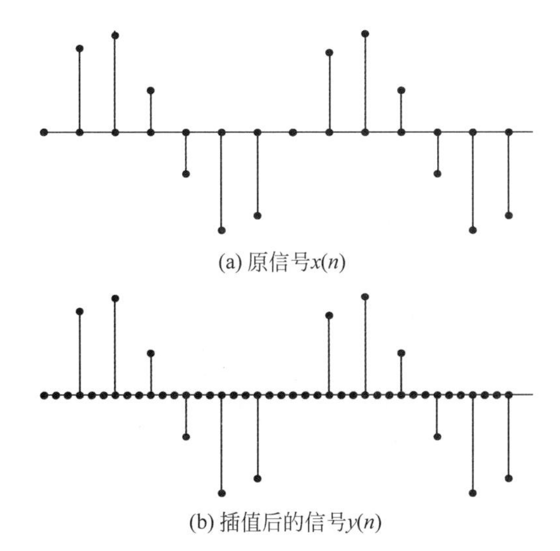

图 8.1.3 信号插值示意图($L=3$,横坐标为采样点数)

图 8.1.4(a)所示。对比图 8.1.3 中的两个序列波形可以看出,仅通过插入 0 值后得到新序列,虽然采样率提高了,但其波形并不平滑。在实际应用中,一般通过增加一个插值滤波器,计算合理的内插值,用它们替换插入的 0 值样点,产生流畅变化的序列 $y(n)$。完整的插值器如图 8.1.4(b)所示,这里的 $h(n)$用来实现插值滤波功能。

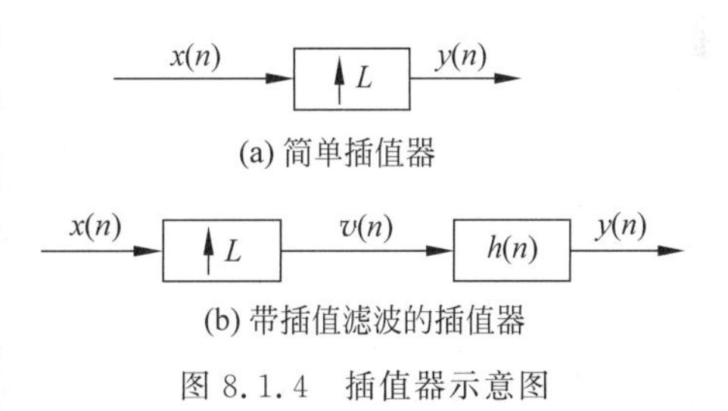

图 8.1.4 插值器示意图

根据上面的分析,插值滤波器的主要工作看似应该是平滑内插 0 值的序列 $v(n)$,而平滑的方法有很多,例如可以用前后两个样点的平均值替代 0 值,或者进行线性运算插值等。这些平滑运算是否能够满足采样率提高后的频谱性能要求,插值运算的根据何在?此外,在抽取器的设计中,抗混叠滤波又有何具体要求?要回答这些问题,除了考虑直观的时域变换关系外,还需从抽取和插值过程的频域变化关系进一步分析,将在 8.2 节进行详细介绍。

8.2 典型多采样率变换

8.2.1 整数倍抽取

1. 时域变换关系

设 $x(n)=x(t)|_{t=nT_s}$,其采样频率为 f_s。若希望将采样频率减少到$\frac{1}{M}f_s$,M 为整数,则按照简单的抽取方法,将 $x(n)$中每 M 个点中抽取一个,依次组成一个新的序列 $y(n)$,即

$$y(n)=x(Mn),\quad n=-\infty\sim+\infty \tag{8.2.1}$$

为了便于讨论 $y(n)$和 $x(n)$的时域和频域的关系,现定义一个中间序列 $x_1(n)$:

$$x_1(n)=\begin{cases}x(n), & n=0,\pm M,\pm 2M,\cdots\\ 0, & \text{其他}\end{cases} \tag{8.2.2a}$$

令

$$p(n)=\sum_{i=-\infty}^{\infty}\delta(n-Mi)$$

式中:$p(n)$是一周期脉冲串序列,它在 M 的整数倍处的值为 1,其余皆为零。

则有

$$x_1(n)=x(n)p(n)=x(n)\sum_{i=-\infty}^{\infty}\delta(n-Mi) \tag{8.2.2b}$$

以 $M=2$ 为例,上述抽取过程的时域变换关系如图 8.2.1 所示。

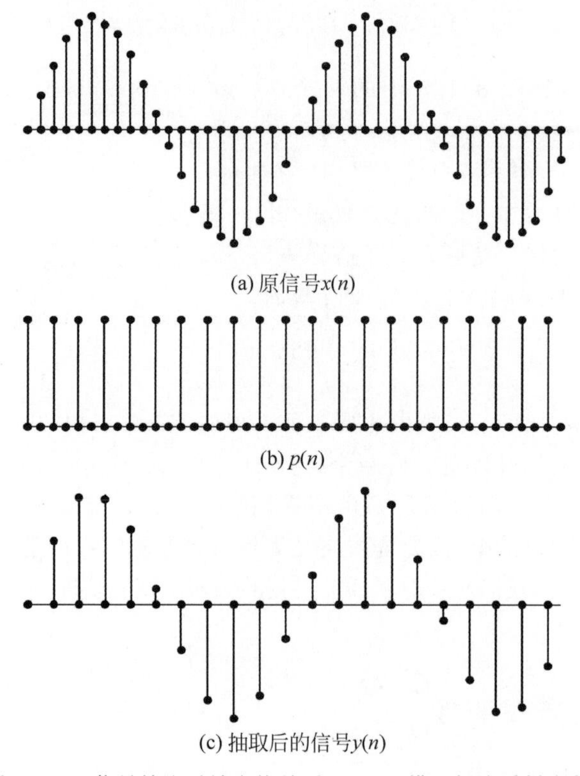

图 8.2.1　信号抽取时域变换关系($M=2$,横坐标为采样点数)

2. 频域变换关系

下面推导抽取后的信号 $y(n)$和 $x(n)$的频域关系。利用中间序列 $x_1(n)$的特点,即只有当 n 在 M 的整数倍处时其值与 $x(n)$相同,其余皆为零,则有

$$Y(e^{j\omega})=\sum_{n=-\infty}^{\infty}y(n)e^{-j\omega n}=\sum_{n=-\infty}^{\infty}x(Mn)e^{-j\omega n}$$

$$=\sum_{n=-\infty}^{\infty}x_1(Mn)e^{-j\omega n}=X_1(e^{j\omega/M}) \tag{8.2.3a}$$

而

$$X_1(e^{j\omega})=\sum_{n=-\infty}^{\infty}x(n)p(n)e^{-j\omega n}$$

$$=\sum_{n=-\infty}^{\infty}\left[x(n)\frac{1}{M}\sum_{k=0}^{M-1}e^{j2\pi nk/M}\right]e^{-j\omega n}$$

$$=\frac{1}{M}\sum_{k=0}^{M-1}X(e^{j(\omega-2\pi k/M)}) \tag{8.2.3b}$$

所以

$$Y(e^{j\omega})=\frac{1}{M}\sum_{k=0}^{M-1}X(e^{j(\omega-2\pi k)/M}) \tag{8.2.4}$$

式中，$Y(e^{j\omega})$、$X(e^{j\omega})$分别是序列 $y(n)$和 $x(n)$的离散时间傅里叶变换。

从式(8.2.4)可以看出，$Y(e^{j\omega})$是原信号频谱 $X(e^{j\omega})$在 ω 轴上先每隔 $2\pi/M$ 处进行移位叠加，再对 ω 做M 倍的扩展得到的，如图 8.2.2 所示，图中 $M=2$。

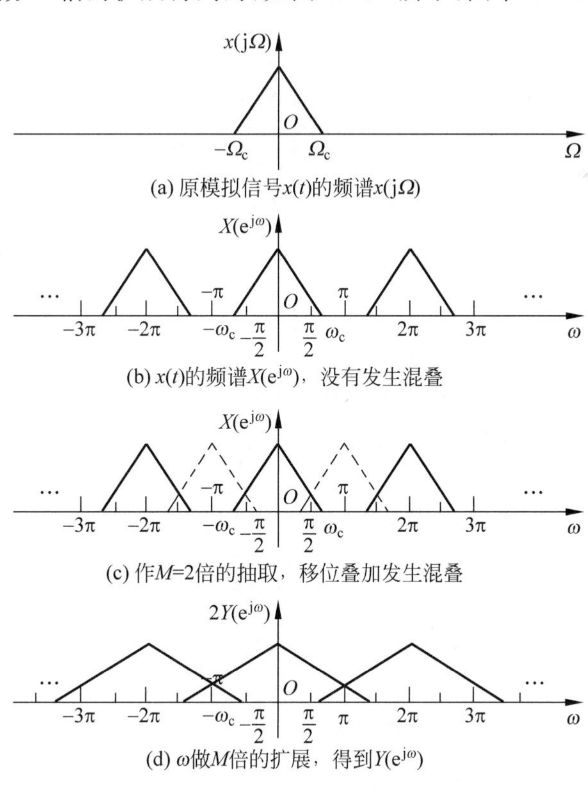

图 8.2.2 抽取后频域变换关系

如图8.2.2(a)和(b)所示，在对$x(t)$进行模/数转换时，若保证$f_s \geqslant 2f_c$，那么采样的结果不会发生频谱混叠。对$x(n)$作M倍抽取后得到$y(n)$，此时的采样频率降为$\frac{1}{M}f_s$，若保证能由$y(n)$重建$x(t)$，则必须满足$f_s \geqslant 2Mf_c$，若不能满足，则$Y(e^{j\omega})$将发生混叠。发生混叠是抽取造成了频谱的扩展。令相对$Y(e^{j\omega})$的归一化数字频率为ω_y(对应采样频率为f_y)，相对$X(e^{j\omega})$的归一化数字频率为ω_x(对应采样频率为f_s)，则有

$$\omega_y = 2\pi f/f_y = 2\pi f/(f_s/M) = 2\pi Mf/f_s = M\omega_x \tag{8.2.5}$$

显然，抽取后$Y(e^{j\omega})$是$X(e^{j\omega})$以原点为中心沿ω轴向两边扩展(或放大)了M倍。图8.2.2中$M=2$时的频谱扩展，它将$X(e^{j\omega})$在主值区间$[-\pi,\pi]$的$\omega=0.5\pi\sim\pi$成分伸展到相邻周期$[\pi,3\pi]$的$\omega=\pi\sim 2\pi$的范围(负频率也是如此)，这是造成混叠失真的根源，如图8.2.2(d)所示。

3. 抗混叠滤波

为了避免在抽取时发生混叠失真，在抽取前必须用数字低通滤波器对被抽取的序列$x(n)$进行滤波，消除$x(n)$中可能引起混叠失真的高频成分。抽取滤波器就是完成这项任务的，它保护被抽取信号的$|\omega| \leqslant \pi/M$低频成分，同时消除会引起混叠失真的$|\omega| > \pi/M$高频成分，所以抽取滤波器截止频率的最佳选择是$\omega=\pi/M$。令$h(n)$为一理想低通滤波器，即

$$H(e^{j\omega}) = \begin{cases} 1, & |\omega| \leqslant \pi/M \\ 0, & \text{其他} \end{cases} \tag{8.2.6}$$

假设滤波后的输出为$v(n)$，则有

$$v(n) = \sum_{k=-\infty}^{\infty} h(k)x(n-k) \tag{8.2.7}$$

对$v(n)$抽取后得到序列$y(n)$，则有

$$y(n) = v(Mn) = \sum_{k=-\infty}^{\infty} h(k)x(Mn-k) \tag{8.2.8}$$

当$M=2$时，抽取过程及抗混叠滤波器频响特性如图8.2.3(a)、(b)所示。

进一步推导$y(n)$与$x(n)$频谱之间的关系，因为

$$V(e^{j\omega}) = X(e^{j\omega})H(e^{j\omega}) \tag{8.2.9}$$

根据式(8.2.4)和式(8.2.5)，得到$Y(e^{j\omega})$和$X(e^{j\omega})$的关系，即

$$\begin{aligned} Y(e^{j\omega_y}) &= \frac{1}{M}\sum_{k=0}^{M-1} X(e^{j(\omega_y-2\pi k)/M})H(e^{j(\omega_y-2\pi k)/M}) \\ &= \frac{1}{M}\sum_{k=0}^{M-1} X(e^{j(\omega_x-2\pi k/M)})H(e^{j(\omega_x-2\pi k/M)}) \end{aligned} \tag{8.2.10}$$

由于$H(e^{j\omega})$的存在，$X(e^{j\omega})$的频谱被限制在$|\omega| \leqslant \pi/M$内，滤波后得到的$V(e^{j\omega})$如图8.2.3(c)所示。抽取后未发生频谱混叠，$Y(e^{j\omega})$的频谱如图8.2.3(d)所示。未发生混叠时可仅考虑ω_y的一个周期，故式(8.2.10)可简化为

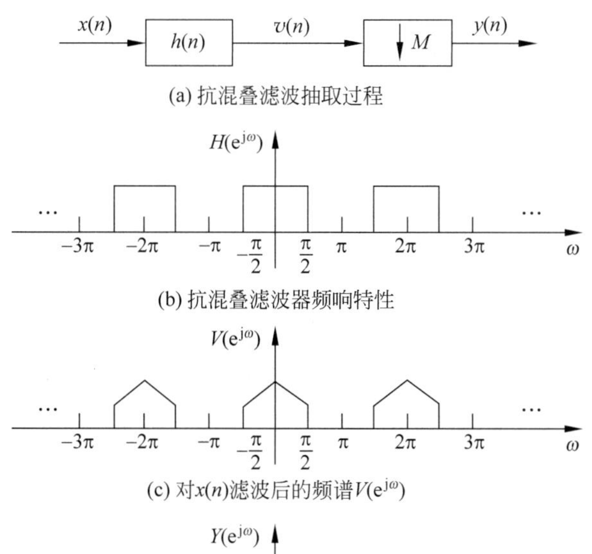

图 8.2.3 抗混叠滤波及频域特性

$$Y(\mathrm{e}^{\mathrm{j}\omega_y})=\frac{1}{M}X(\mathrm{e}^{\mathrm{j}\omega_y/M})=\frac{1}{M}X(\mathrm{e}^{\mathrm{j}\omega_x}) \tag{8.2.11}$$

根据式(8.2.10)，令 $z=\mathrm{e}^{\mathrm{j}\omega}$，并令 $W_M=\mathrm{e}^{-\mathrm{j}2\pi/M}$，则得到抽取后的复频域变换关系为

$$Y(z)=\frac{1}{M}\sum_{k=0}^{M-1}X(W_M^k z^{1/M})H(W_M^k z^{1/M}) \tag{8.2.12}$$

8.2.2 整数倍插值

1. 时域变换关系

如图 8.2.4 所示，L 倍内插的过程是：首先在 $x(n)$的相邻样点之间等间隔地插入 $L-1$ 个 0 值样点，得到序列 $v(n)$，内插倍数(或内插因子)L 是正整数，使序列 $v(n)$的采样频率变为 Lf_x；然后对 $v(n)$进行低通滤波，使 $v(n)$的波形变得平滑自然，得到 $y(n)$。假设 $L=2$，$x(n)$、$v(n)$和 $y(n)$示意图分别如图 8.2.4(b)、(c)、(d)所示。

根据上述过程，$v(n)$满足

$$v(n)=\begin{cases}x(n/L), & n=0,\pm L,\pm 2L,\cdots\\ 0, & \text{其他}\end{cases} \tag{8.2.13}$$

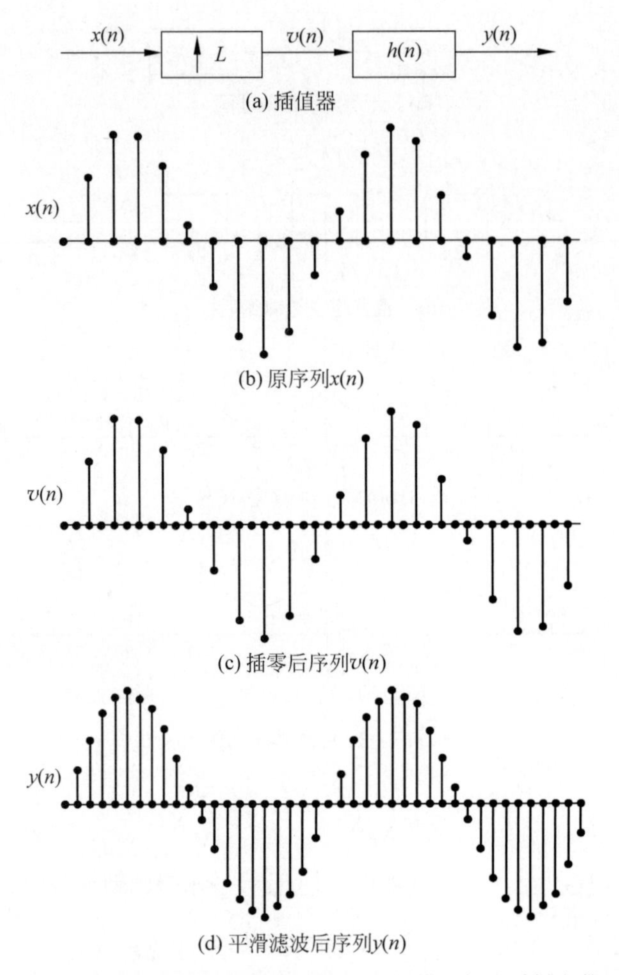

(a) 插值器

(b) 原序列x(n)

(c) 插零后序列v(n)

(d) 平滑滤波后序列y(n)

图 8.2.4　信号插值时域变换关系（$L=2$，横坐标为采样点数）

2. 频域变换关系

设序列 $x(n)$、$v(n)$的傅里叶变换分别为 $X(\mathrm{e}^{\mathrm{j}\omega_x})$和 $V(\mathrm{e}^{\mathrm{j}\omega_y})$，其中 ω_x、ω_y 分别表示插值前和插值后的归一化数字频率，由于 $v(n)$和 $y(n)$的采样率相同，其数字频率均用 ω_y 表示。根据数字频率和模拟频率的对应关系，则有

$$\omega_y = 2\pi f/f_y = 2\pi f/Lf_x = \omega_x/L \tag{8.2.14}$$

对 $v(n)$做离散时间傅里叶变换，可得

$$\begin{aligned} V(\mathrm{e}^{\mathrm{j}\omega_y}) &= \sum_{n=-\infty}^{\infty} v(n)\mathrm{e}^{-\mathrm{j}n\omega_y} \\ &= \sum_{n=-\infty}^{\infty} v(Ln)\mathrm{e}^{-\mathrm{j}Ln\omega_y} \end{aligned}$$

$$=\sum_{n=-\infty}^{\infty}x(n)\mathrm{e}^{-\mathrm{j}Ln\omega_y} \tag{8.2.15}$$

即

$$V(\mathrm{e}^{\mathrm{j}\omega_y})=X(\mathrm{e}^{\mathrm{j}L\omega_y})=X(\mathrm{e}^{\mathrm{j}\omega_x}) \tag{8.2.16}$$

若令 $z=\mathrm{e}^{\mathrm{j}\omega_y}$，则其复频域变换关系为

$$V(z)=X(z^L) \tag{8.2.17}$$

从上面分析可以看出，$V(\mathrm{e}^{\mathrm{j}\omega_y})$在$(-\pi/L\sim\pi/L)$内等于$X(\mathrm{e}^{\mathrm{j}\omega})$，这相当于将$X(\mathrm{e}^{\mathrm{j}\omega})$做了周期压缩，因为$X(\mathrm{e}^{\mathrm{j}\omega})$的周期为$2\pi$，所以$V(\mathrm{e}^{\mathrm{j}\omega_y})$的等效周期为$2\pi/L$，如图8.2.5所示，图中$L=2$。

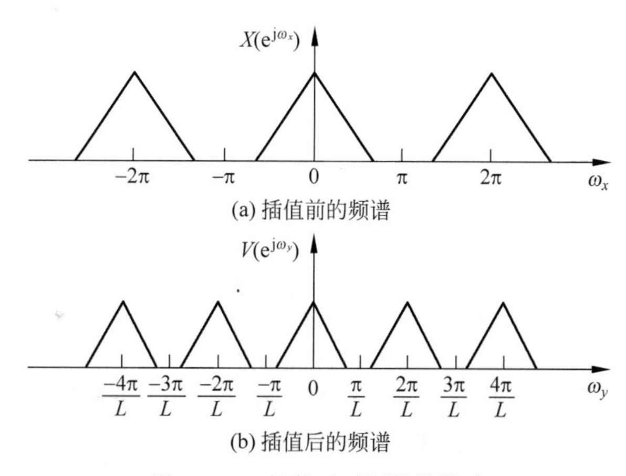

图8.2.5 插值后对频域的影响

3. 抗镜像滤波

插值以后，在原ω_x的一个周期内$V(\mathrm{e}^{\mathrm{j}\omega_y})$变成了$L$个周期，多余的$L-1$个周期称为$X(\mathrm{e}^{\mathrm{j}\omega_x})$的镜像，当$|\omega_y|\leqslant\pi/L$时，$V(\mathrm{e}^{\mathrm{j}\omega_y})$单一地等于$X(\mathrm{e}^{\mathrm{j}\omega_x})$。镜像成分的出现本质上是由于仅仅通过插零来提高采样率，如果消除掉$V(\mathrm{e}^{\mathrm{j}\omega_y})$在$|\omega|=\pi/L\sim\pi$的高频成分，就能让内插序列的频谱和原序列的频谱相同，相应地时域上内插的数据也符合原序列的变化规律。为此，在插值后仍需使用低通滤波器以截取$V(\mathrm{e}^{\mathrm{j}\omega_y})$的一个周期，也即去掉多余的镜像。令

$$H(\mathrm{e}^{\mathrm{j}\omega_y})=\begin{cases}C, & |\omega_y|\leqslant\pi/L\\ 0, & \text{其他}\end{cases} \tag{8.2.18}$$

式中，C为常数，是定标因子。

令$v(n)$通过抗镜像滤波器$h(n)$后的输出为$y(n)$，则有

$$Y(\mathrm{e}^{\mathrm{j}\omega_y})=H(\mathrm{e}^{\mathrm{j}\omega_y})X(\mathrm{e}^{\mathrm{j}\omega_x})=CX(\mathrm{e}^{\mathrm{j}L\omega_y}),\quad |\omega_y|\leqslant\pi/L \tag{8.2.19}$$

因为

$$\begin{aligned} y(0) &= \frac{1}{2\pi}\int_{-\pi}^{\pi} Y(e^{j\omega_y})d\omega_y \\ &= \frac{C}{2\pi}\int_{-\pi/L}^{\pi/L} X(e^{jL\omega_y})d\omega_y \\ &= \frac{C}{L}\frac{1}{2\pi}\int_{-\pi}^{\pi} X(e^{j\omega_x})d\omega_x = \frac{C}{L}x(0) \end{aligned} \tag{8.2.20}$$

所以应取 $C=L$ 以保证 $y(0)=x(0)$。

在图 8.2.4 中，信号的插值虽然先是靠插入 $L-1$ 个 0 来实现的，但将 $v(n)$ 通过低通滤波后，这些 0 值点将不再是 0，从而得到平滑后的输出 $y(n)$。

8.2.3 有理数倍采样率变换

前面介绍的抽取和插值方法可以改变数字信号的采样率，但是它们只能整数倍地改变，实际应用中也有采样率的变化不是整数倍的情况。如果采样率的改变是有理数或分数的，那么改变后的采样率 f_y 和改变前的采样率 f_x 存在以下关系：

$$f_y = \frac{L}{M}f_x \tag{8.2.21}$$

对给定的信号 $x(n)$，若希望将采样率转换为 L/M 倍，可以先将 $x(n)$ 作 M 倍的抽取，再做 L 倍的插值来实现，或是先做 L 倍的插值，再作 M 倍的抽取。一般来说，抽取使 $x(n)$ 的数据点减少，会产生信息的丢失，因此，更合理的方法是先对信号作插值，再抽取，如图 8.2.6 所示。图中插值和抽取是级联状态，图 8.2.6(a) 中抗镜像滤波器 $h_1(n)$、抗混叠滤波器 $h_2(n)$ 所处理的信号的采样率都是 Lf_x，因此可以将它们合起来变成一个滤波器 $h(n)$，如图 8.2.6(b) 所示。令

$$H(e^{j\omega_v}) = \begin{cases} L, & 0 \leqslant |\omega_v| \leqslant \min\left(\frac{\pi}{L}, \frac{\pi}{M}\right) \\ 0, & \text{其他} \end{cases} \tag{8.2.22}$$

式中

$$\omega_v = 2\pi f/f_v = 2\pi f/Lf_x = \omega_x/L \tag{8.2.23}$$

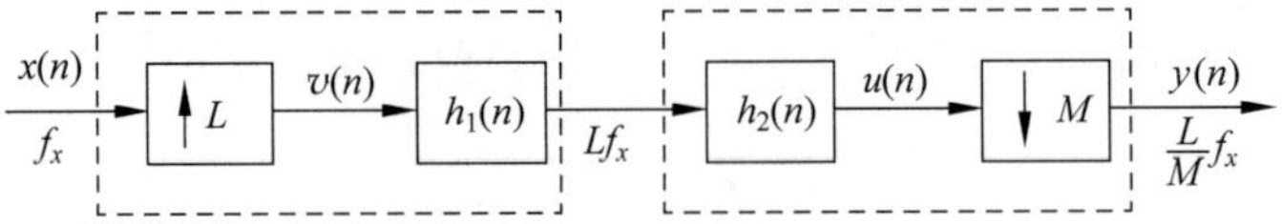

(a) 使用两个低通滤波器

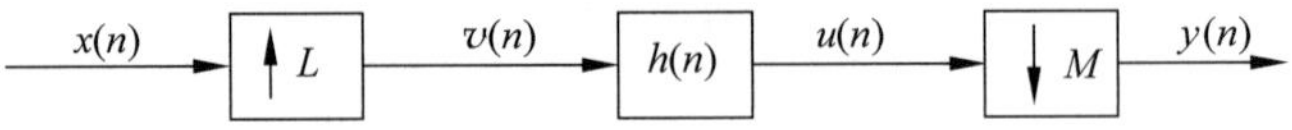

(b) 使用一个低通滤波器

图 8.2.6 插值和抽取的级联实现

下面分析图 8.2.6(b)中各部分信号之间的关系，由前面内容可知

$$v(n)=\begin{cases}x(n/L), & n=0,\pm L,\pm 2L,\cdots \\ 0, & \text{其他}\end{cases} \tag{8.2.24}$$

又由于

$$\begin{aligned}u(n)&=v(n)*h(n)\\&=\sum_{k=-\infty}^{\infty}h(n-k)v(k)\\&=\sum_{k=-\infty}^{\infty}h(n-Lk)x(k)\end{aligned} \tag{8.2.25}$$

再根据抽取器的输入输出关系，最后得到 $y(n)$和 $x(n)$之间的关系为

$$y(n)=u(Mn)=\sum_{k=-\infty}^{\infty}h(Mn-Lk)x(k) \tag{8.2.26}$$

令

$$k=\left\lfloor\frac{nM}{L}-i\right\rfloor \tag{8.2.27}$$

式中：$\lfloor p\rfloor$表示求小于或等于 p 的最大整数。

这样，式(8.2.26)可以写成

$$y(n)=\sum_{i=-\infty}^{\infty}h\left(Mn-\left\lfloor\frac{Mn}{L}\right\rfloor L+iL\right)x\left(\left\lfloor\frac{Mn}{L}\right\rfloor-i\right) \tag{8.2.28}$$

下面分析 $y(n)$和 $x(n)$之间的频域关系。综合 8.2.1 节和 8.2.2 节抽取和插值的基本关系，并参照式(8.2.10)和式(8.2.16)，可得

$$\begin{aligned}U(e^{j\omega_v})&=H(e^{j\omega_v})V(e^{j\omega_v})=H(e^{j\omega_v})X(e^{jL\omega_v})\\&=\begin{cases}LX(e^{jL\omega_v}), & 0\leqslant|\omega_v|\leqslant\min\left(\dfrac{\pi}{M},\dfrac{\pi}{L}\right)\\ 0, & \text{其他}\end{cases}\end{aligned} \tag{8.2.29}$$

及

$$\begin{aligned}Y(e^{j\omega_y})&=\frac{1}{M}\sum_{k=0}^{M-1}U(e^{j(\omega_y-2\pi k)/M})\\&=\frac{1}{M}\sum_{k=0}^{M-1}H(e^{j(\omega_y-2\pi k)/M})X(e^{jL(\omega_y-2\pi k)/M})\end{aligned} \tag{8.2.30}$$

式中

$$\omega_y=M\omega_v=M\frac{\omega_x}{L} \tag{8.2.31}$$

由于抗混叠和抗镜像滤波器 $h(n)$的作用，当其频率响应 $H(e^{j\omega})$满足式(8.2.22)的理想低通频率特性时，则式(8.2.30)中只需取 $k=0$ 的一项即可，有

$$Y(e^{j\omega_y})=\begin{cases}\dfrac{L}{M}X(e^{jL\omega_y/M}), & 0\leqslant|\omega_y|\leqslant\min(\pi,M\pi/L)\\0, & \text{其他}\end{cases}\tag{8.2.32}$$

例 8.2.1 设有一载波频率 $f_c=16\text{kHz}$ 的调幅模拟信号为

$$x_a(t)=s(t)\cos(2\pi f_c t)$$

式中：$s(t)$为调制信号，其最高频率分量 $f_h=3\text{kHz}$。

系统采样频率 $f_x=90\text{kHz}$，因采样率较大，拟采用有理因子 L/M 去改变采样频率，以保证在不产生混叠失真的情况下最大限度地降低采样率。试求插值因子 L 和抽取因子 M，并分析抗混叠和抗镜像低通滤波器截止频率的设计。

解：信号 $x_a(t)$是一个抑制掉载波的双边带信号，其最高频率为

$$f_p=f_c+f_h=16+3=19(\text{kHz})$$

为了使实际滤波中最高频率分量不受损失，增加过渡带保护带宽 $\Delta f_B=1\text{kHz}$，因此，滤波器的阻带截止频率定为

$$f_{sx}=f_p+\Delta f_B=20(\text{kHz})$$

现讨论抽取因子 M 和插值因子 L 的选取。以采样频率 $f_x=90\text{kHz}$ 对 $x_a(t)$进行采样，得到序列 $x_a(n)$，则 f_{sx} 所对应的数字频率为

$$\omega_{sx}=2\pi f_{sx}/f_x=\frac{2\pi\times 20}{90}=\frac{4}{9}\pi$$

显然，$x_a(n)$在$\frac{4}{9}\pi\sim\pi$ 频带内频谱为零，有进一步降低采样率的余地。采用有理数 L/M 来改变采样率，希望变换后使采样率降到最大可能值，即信号的频谱扩展到对应新采样率下$-\pi\sim\pi$ 的整个频带内，此时即不能再进一步降低采样率。为了使信号频谱占据整个$-\pi\sim\pi$ 的频带，通过有理数 L/M 采样率变换后得到 $y(n)$的阻带截止频率分量 ω_{sy} 应为 π，根据数字频率对应关系，则有

$$\omega_{sy}=\omega_{sx}\frac{M}{L}=\frac{4}{9}\pi\times\frac{M}{L}=\pi$$

由此得出，取 $L=4$，$M=9$ 即可满足设计要求。频带转换过程如图 8.2.7 所示，其中图 8.2.7(a)、(b)分别为模拟调制信号 $s(t)$和调幅信号 $x_a(t)$的频谱，图 8.2.7(c)、(d)、(e)分别为不同采样频率下的时域离散调幅信号 $x_a(n)$的频谱，图 8.2.7(c)为 90kHz 采样调幅信号频谱，图 8.2.7(d)、(e)是在 90kHz 采样频率基础上分别进行 $L=4$ 插值和 $M=9$ 抽取后的调幅信号频谱。

由于 $M=9>L=4$，故抗混叠和抗镜像低通滤波器阻带截止频率 $\omega_{sv}=\min\left[\frac{\pi}{L},\frac{\pi}{M}\right]=\frac{\pi}{M}=\frac{\pi}{9}$，滤波器工作的采样频率 $f_v=4f_x=360(\text{kHz})$，ω_{sv} 所对应的实际阻带截止频率为 20kHz。

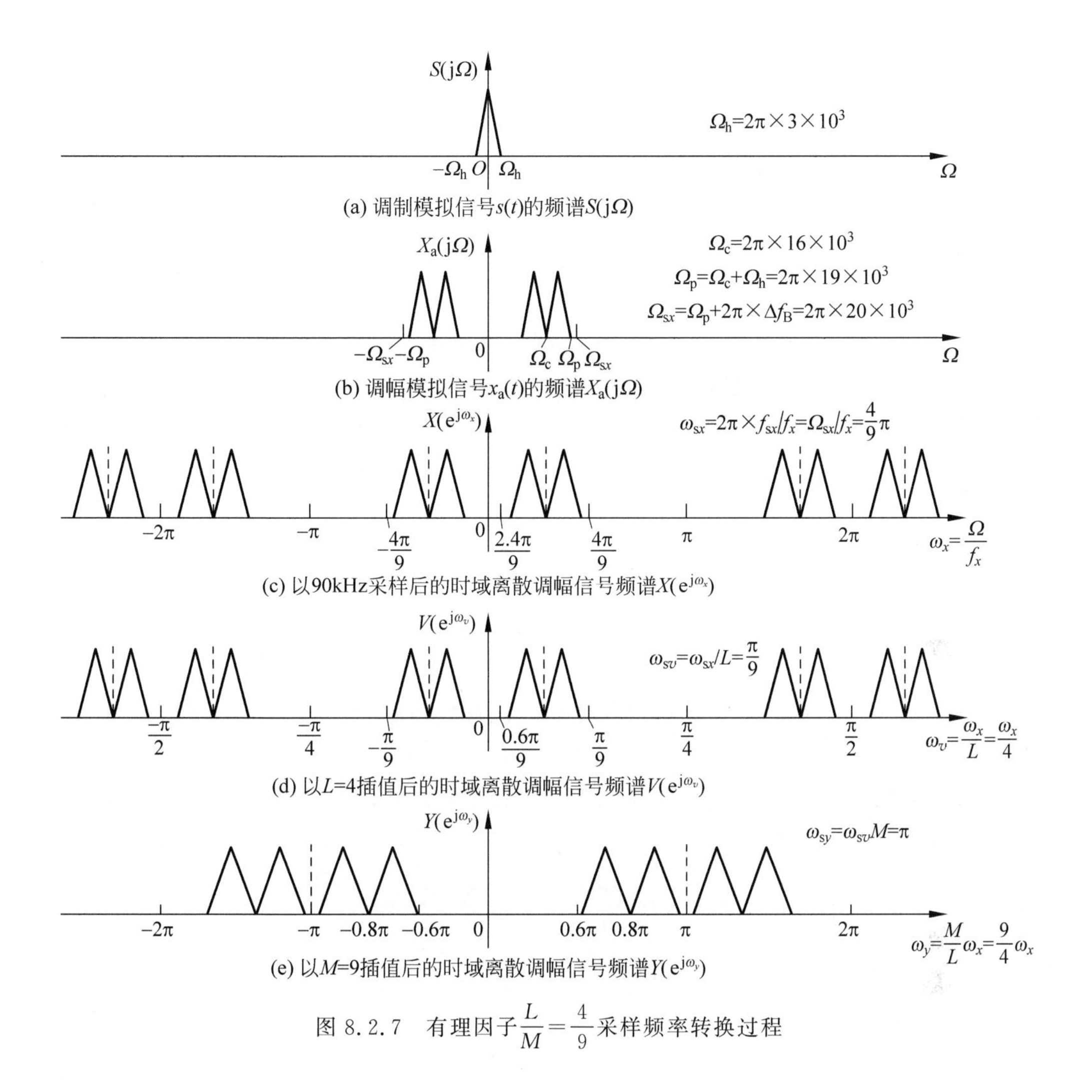

图 8.2.7 有理因子$\frac{L}{M}=\frac{4}{9}$采样频率转换过程

8.3 多采样率系统的网络结构与实现

8.3.1 多采样率系统的等效变换

在实际应用中往往希望采样率转换系统所消耗的代价最小，即尽可能降低运算量、减少存储资源等。在本节中，将讨论多采样率转换的高效实现原理与方法。

无论是抽取器还是插值器，其运算复杂度主要集中在抗混叠或抗镜像滤波器的乘法运算上。可以直观地想到，如果把滤波过程安排在低采样率的一端，就可以相应减少操作的数据，从而减少乘法次数，进而提高计算效率。因此，把乘法运算安排在最低采样率一侧的网络结构称为高效网络结构。以整数倍抽取系统为例，如图 8.3.1 所示，输入信号 $x(n)$经过与抗混叠滤波器 $h(n)$卷积后，得到的信号序列又经 M 倍抽取。这样一来，先前计算卷积的一些样值在抽取操作后被舍弃了，也就是说，先前的卷积计算有一部分做了无用功，输出信号中并没有保留那些样点。于是自然地想到，可不可以先将信号进行抽取，即先舍去不需要的样值点，再与 $h(n)$ 卷积，这样会大大减少计算量，实现系统的高效性。

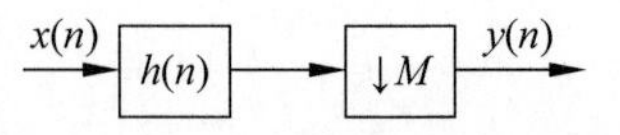

图 8.3.1　带有抗混叠滤波器的抽取器框图

要实现这种高效结构，就需要对原系统进行等效变换，这种等效变换既能提高计算效率，又能保证系统的处理功能不变。下面先讨论一些简单系统的等效变换问题，作为进一步讨论的基础，因为其等效过程的证明都十分简单，本书不再进行详细的推导。

(1) 信号先乘以常数后抽取(内插)与先抽取(内插)后乘以常数是等效的，如图 8.3.2 及图 8.3.3 所示。

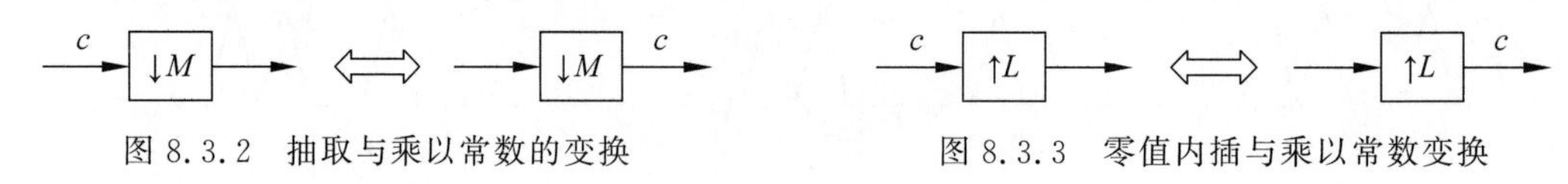

图 8.3.2　抽取与乘以常数的变换　　图 8.3.3　零值内插与乘以常数变换

(2) 两个信号先分别抽取(内插)后相加与先相加后抽取(内插)是等效的，如图 8.3.4 所示。

采样率相同的两个信号先分别抽取(抽取因子相同)后相加等效于先相加后抽取，如图 8.3.4(a)所示。

采样率相同的两个信号先分别零值内插(内插因子相同)后相加等效于先相加后零值内插，如图 8.3.4(b)所示。

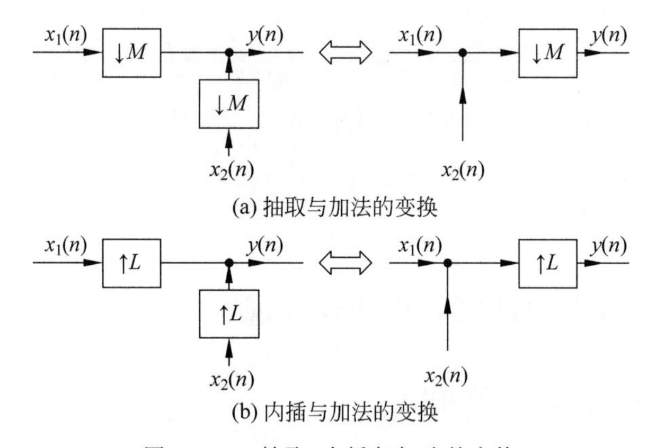

图 8.3.4　抽取、内插与加法的变换

上面给出了一些简单的基本网络等效变换，接下来讨论本节开始所提出的问题，即抽取和内插与滤波器级联的等效变换。

(3) 信号先经过 $H(z^M)$ 滤波后进行 M 倍抽取与先经过 M 倍抽取后进行 $H(z)$ 滤波是等效的，如图 8.3.5 所示。

下面对图 8.3.5 中的等效关系进行证明。由式(8.2.4)和式(8.2.12)推导结果，图中左侧系统的输入与输出关系为

x(n) → H(z^M) → u(n) → ↓M → y(n) ⟺ x(n) → ↓M → v(n) → H(z) → y'(n)

图 8.3.5 抗混叠滤波与抽取级联的等效关系

$$Y(z)=\frac{1}{M}\sum_{k=0}^{M-1}U(W_M^k z^{1/M}) \tag{8.3.1}$$

式中

$$U(z)=X(z)H(z^M)$$

所以

$$\begin{aligned}Y(z)&=\frac{1}{M}\sum_{k=0}^{M-1}X(W_M^k z^{1/M})H(W_M^{kM}z)\\&=H(z)\frac{1}{M}\sum_{k=0}^{M-1}X(W_M^k z^{1/M})\end{aligned} \tag{8.3.2}$$

而图中右侧系统的输入与输出关系表示为

$$Y'(z)=V(z)H(z)$$

$$V(z)=\frac{1}{M}\sum_{k=0}^{M-1}X(W_M^k z^{1/M}) \tag{8.3.3}$$

所以

$$Y'(z)=H(z)\frac{1}{M}\sum_{k=0}^{M-1}X(W_M^k z^{1/M}) \tag{8.3.4}$$

比较式(8.3.2)和式(8.3.4)可知,图 8.3.5 中的两个系统是等效的。

(4) 信号先经过 $H(z)$滤波后进行 L 倍零值内插与先经过 L 倍零值内插后进行 $H(z^L)$滤波是等效的,如图 8.3.6 所示。

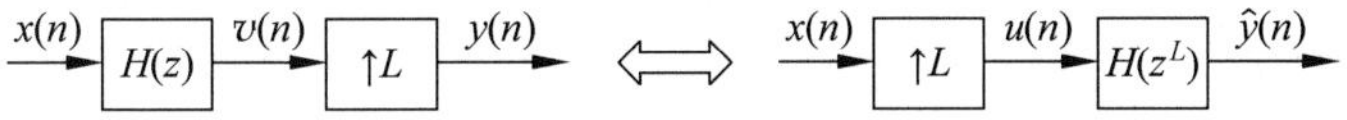

x(n) → H(z) → v(n) → ↑L → y(n) ⟺ x(n) → ↑L → u(n) → H(z^L) → ŷ(n)

图 8.3.6 抗镜像滤波与插值级联的等效关系

由式(8.2.17)推导结果,图中左侧系统的输入与输出关系为

$$V(z)=X(z)H(z)$$

$$Y(z)=V(z^L)=X(z^L)H(z^L) \tag{8.3.5}$$

而在图中右侧系统的输入与输出关系为

$$U(z)=X(z^L)$$

$$\hat{Y}(z)=U(z)H(z^L)=X(z^L)H(z^L) \tag{8.3.6}$$

比较式(8.3.5)和式(8.3.6)可知,图 8.3.6 中的两个系统也是等效的。

8.3.2 多采样率系统的多相结构

多相表示是多采样率信号处理中的一种基本方法,使用它可以在实现整数倍抽取和内插时提高计算效率。多相表示也称为多相分解，是指将数字滤波器的转移函数 $H(z)$ 分解成若干不同相位的组。

在FIR滤波器中，有

$$H(z)=\sum_{n=0}^{N-1}h(n)z^{-n} \tag{8.3.7}$$

式中，N 为滤波器长度。

如果将冲激响应 $h(n)$ 按下列的排列分成 M 个组，并设 N 为 M 的整数倍，即 $N/M=Q$，Q 为整数，则有

$$\begin{aligned}H(z)=&h(0)z^{0}+h(M)z^{-M}+\cdots+h((Q-1)M)z^{-(Q-1)M}+\\&h(1)z^{-1}+h(M+1)z^{-(M+1)}+\cdots+h((Q-1)M+1)z^{-(Q-1)M-1}+\cdots+\\&h(M-1)z^{-(M-1)}+h(2M-1)z^{-(2M-1)}+\cdots+\\&h((Q-1)M+M-1)z^{-(Q-1)M-(M-1)}\\=&\sum_{n=0}^{Q-1}h(nM+0)(z^{M})^{-n}+z^{-1}\sum_{n=0}^{Q-1}h(nM+1)(z^{M})^{-n}+\cdots+\\&z^{-(M-1)}\sum_{n=0}^{Q-1}h(nM+M-1)(z^{M})^{-n}\end{aligned} \tag{8.3.8}$$

令

$$E_{k}(z^{M})=\sum_{n=0}^{Q-1}h(nM+k)(z^{M})^{-n},\quad k=0,1,\cdots,M-1 \tag{8.3.9}$$

则有

$$H(z)=\sum_{k=0}^{M-1}z^{-k}E_{k}(z^{M}) \tag{8.3.10}$$

式中，$E_k(z^M)$ 为 $H(z)$ 的多相分量。式(8.3.10)称为 $H(z)$ 的多相表示。

从式(8.3.8)可以看出，把冲激响应 $h(n)$ 分成了 M 个组，其中第 $k+1$ 个组是 $h(nM+k)$，$k=0,1,\cdots,M-1$，即滤波器 $H(z)$ 被分解为 M 个滤波器：第一个滤波器的系数是 $h(n)$ 中序号为 M 整数倍的样点，第二个滤波器的系数是 $h(n)$ 中序号为 M 整数倍加1的样点，以此类推。从式(8.3.10)也可以看出，$z^{-k}E_k(z^M)$ 是 $H(z)$ 中的第 $k+1$ 个组，$k=0,1,\cdots,M-1$。如果将式(8.3.10)中的 z 换成 $\mathrm{e}^{\mathrm{j}\omega}$，则有

$$H(\mathrm{e}^{\mathrm{j}\omega})=\sum_{k=0}^{M-1}\mathrm{e}^{-\mathrm{j}\omega k}E_{k}(\mathrm{e}^{\mathrm{j}\omega M}) \tag{8.3.11}$$

式中，$\mathrm{e}^{-\mathrm{j}\omega k}$ 表示不同的 k 具有不同的相位，所以称为多相表示。式(8.3.10)或式(8.3.11)称为类型Ⅰ多相分解。式(8.3.10)的网络结构如图8.3.7所示。

如果把式(8.3.8)中的多相分量重新定义，令

$$R_{M-1-k}(z^{M})=\sum_{n=0}^{Q-1}h(nM+k)(z^{M})^{-n} \tag{8.3.12}$$

则式(8.3.8)可写为

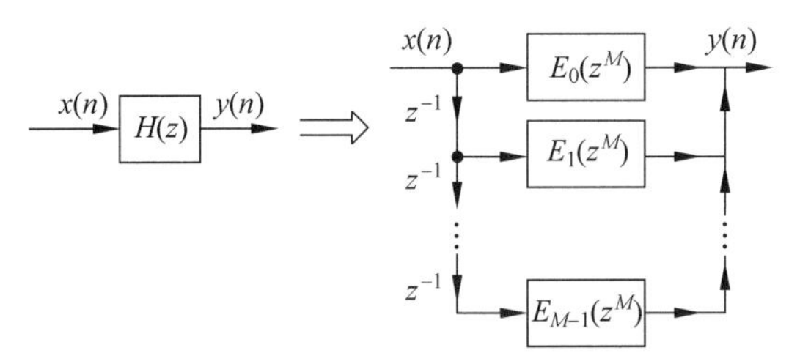

图 8.3.7 多相分解的第一种形式(类型Ⅰ)

$$H(z)=R_{M-1}(z^M)+z^{-1}R_{M-1-1}(z^M)+\cdots+z^{-(M-1)}R_0(z^M)$$
$$=\sum_{m=0}^{M-1}z^{-(M-1-m)}R_m(z^M) \tag{8.3.13}$$

式(8.3.13)称为类型Ⅱ多相表示,其网络结构如图8.3.8所示。类型Ⅱ多相形式相当于用 $M-1-k$ 代替类型Ⅰ中的 k 得到。

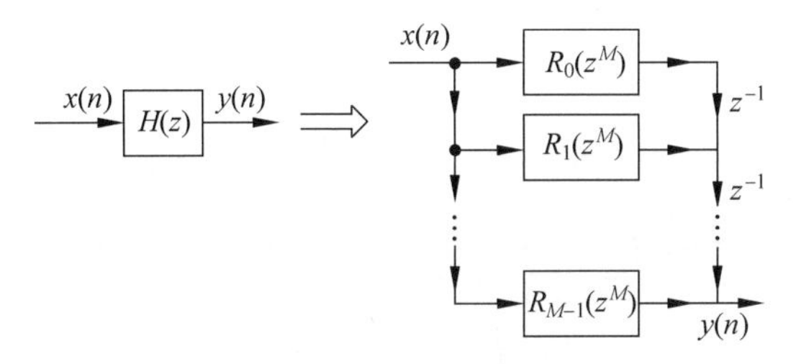

图 8.3.8 多相分解的第二种形式(类型Ⅱ)

结合8.2节中等效变换的相关知识,可以把类型Ⅰ多相结构用于抽取的高效实现。图8.3.9(a)所示为一个带有抗混叠滤波器的抽取系统,它的卷积运算是在高采样率的一侧进行的。如果将 $H(z)$ 进行多相分解,则此系统变成图8.3.9(b)所示,此时卷积运算仍在高采样率的一端。再利用等效变换将 $E_k(z^M)$ 与 M 倍抽取变换位置,则有如图8.3.9(c)所示的形式。这时卷积运算已经变到低采样率的一侧进行,可以大大降低计算的工作量。

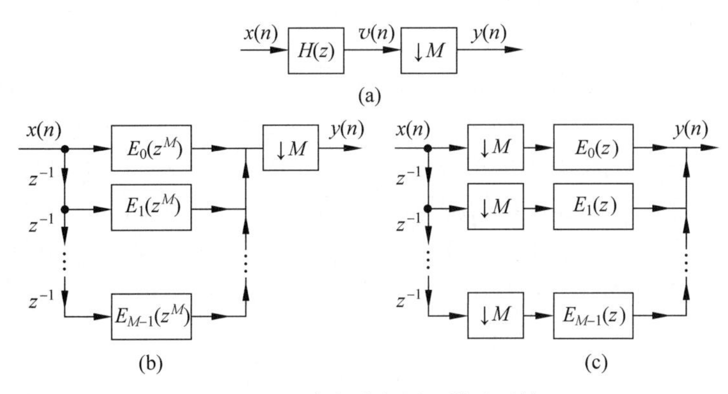

图 8.3.9 多相分解用于抽取系统

类似地，多相分解也适用于带有抗镜像滤波的内插系统。内插系统如图 8.3.10(a)所示，可以看出卷积运算是在高采样率一侧进行的，这不是高效结构。如果将 $H(z)$进行类型Ⅱ多相分解，并利用式(8.3.13)，则有

$$H(z)=\sum_{m=0}^{L-1}z^{-(L-1-m)}R_m(z^L) \tag{8.3.14}$$

及

$$R_m(z^L)=\sum_{n=0}^{Q-1}h(nL+L-1-m)(z^L)^{-n} \tag{8.3.15}$$

式中：$Q=N/L$。

于是，$H(z)$的实现可如图 8.3.10(b)所示。再利用内插与 $R_m(z^L)$等效变换，则得到图 8.3.10(c)所示的网络，这时卷积运算已移到低采样率的一端，从而大大减少了计算工作量。

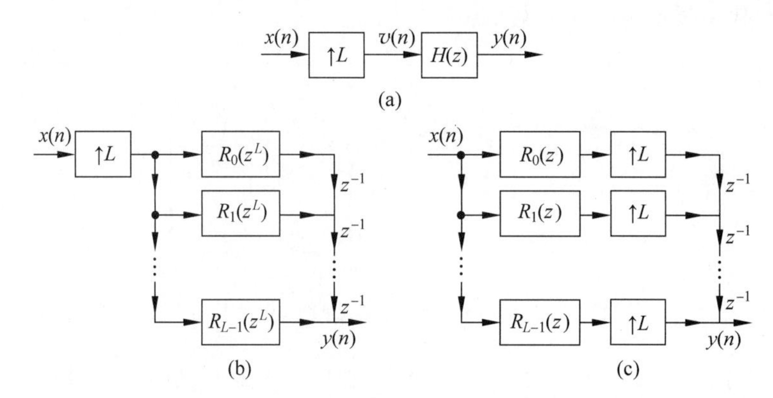

图 8.3.10 多相分解用于内插系统

由本节的讨论可以看出，多采样率滤波器的结构种类繁多，更多内容可参考相关文献。

8.3.3 采样率转换的多级实现

在某些实际应用中，抽取器的抽取因子 M 或内插器的内插因子 L 的数值有可能很大，这会给具体实现带来困难。如果 M 或 L 的数值很大，抗混叠或抗镜像滤波器 $H(z)$将是一个窄带低通滤波器，过渡带带宽相对于采样频率非常小，设计过渡带非常窄的线性相位 FIR 滤波器，需要很高的滤波器阶数，而且技术指标很难满足。这意味着需要很大的存储空间和计算量，更易受到有限字长效应的不利影响。如果对采样频率转换采用多级变换方式，可以有效降低系统所需的计算量和存储空间，还可以减轻有限字长效应的不利影响。

把一次抽取(或插值)完成所需要的采样率转换称为采样率转换的单级抽取(或插值)，把两次或两次以上的抽取(或插值)称为多级抽取(或插值)。当抽取或插值因子较

大时可采用多级抽取或插值来实现，例如，如果一个抽取因子 M 可以分解为多个整数因子的乘积，即

$$M=\prod_{i=1}^{K} M_i \tag{8.3.16}$$

则可用抽取因子分别为 $M_1, M_2, \cdots, M_K$ 的子系统级联实现，如图 8.3.11 所示，其中，级联系统中每个抽取器 M_i 之前都插入一个抗混叠低通滤波器。

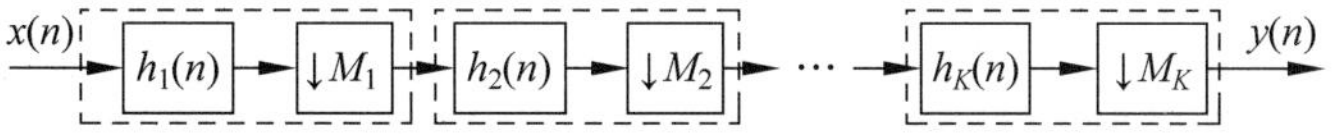

图 8.3.11　抽取器的多级实现

同样，对于插值，如果 L 可以分解为多个整数因子的乘积，即

$$L=\prod_{i=1}^{K} L_i \tag{8.3.17}$$

则可得到插值系统的多级实现，如图 8.3.12 所示，其中，每个 L_i 之后都插入一个滤波器，以消除在该级内由插零后所产生的频谱镜像。

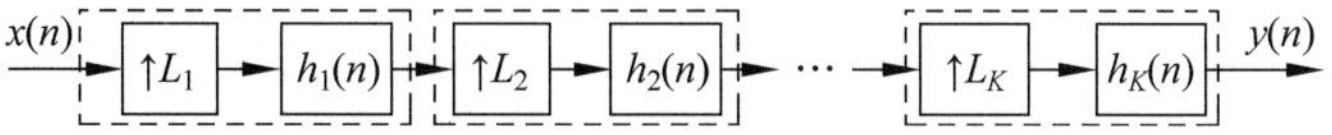

图 8.3.12　插值器的多级实现

下面以 $M=64$ 时的多级抽取设计为例进行详细介绍。首先假设输入信号 $x(n)$ 的采样频率 $f_s=3072\text{kHz}$，经过抽取因子 $M=64$ 的抽取器后，输出 $y(n)$ 的采样频率为 48kHz。抗混叠滤波器的设计指标要求包括：通带允许的最大衰减 $\alpha_p=0.5\text{dB}$，阻带应该达到的最小衰减 $\alpha_s=60\text{dB}$，通带截止频率 $f_p=20\text{kHz}$。阻带截止频率 $f_a=24\text{kHz}$。单级实现的框图如图 8.3.13 所示。

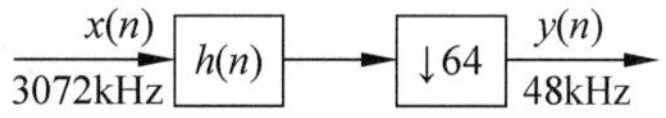

图 8.3.13　$M=64$ 的单级实现框图

如果采用凯泽窗函数设计抗混叠滤波器 $H(z)$，滤波器的阶数可用下式进行估算：

$$N \approx \frac{\alpha_s-7.95}{2.286\Delta\omega} \tag{8.3.18}$$

式中，α_s 为阻带衰减(dB)；$\Delta\omega$ 为过渡带带宽，并有

$$\Delta\omega=2\pi\left(\frac{\Delta f}{f_s}\right),\quad \Delta f=f_a-f_p \tag{8.3.19}$$

按照式(8.3.18)计算得出，用凯泽窗 FIR 实现时所需滤波器的阶数 $N\approx 2785$，考虑到采用 FIR 线性相位滤波器，再将乘法运算移到抽取之后的低采样频率上运行，则实现此滤波器时的运算量近似用每秒乘法运算次数 R 表示，其计算结果为

$$R=\frac{Nf_s}{2M}=\frac{2785\times 3072\times 10^3}{2\times 64}=66.84\times 10^6 \tag{8.3.20}$$

如果采取三级抽取来实现 $M=64$ 的转换，假设第一级抽取因子为 8，第二级抽取因

子为 4,第三级抽取因子为 2,具体实现过程如图 8.3.14 所示。

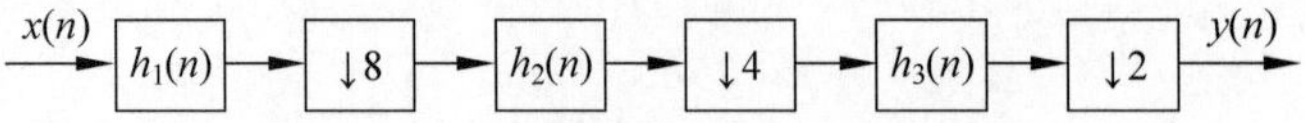

$x(n) \to h_1(n) \to \downarrow 8 \to h_2(n) \to \downarrow 4 \to h_3(n) \to \downarrow 2 \to y(n)$

图 8.3.14　三级实现 $M=64$ 抽取框图

接下来分别分析三级实现时各个滤波器的阶数以及对应的运算量。先来看第一级滤波器 $h_1(n)$,因为第一级抽取因子为 8,抽取后的采样频率为 384kHz。如果 $h_1(n)$的阻带频率小于 192kHz,那么第一级输出频谱将不会产生混叠。考虑到还存在以后两级抽取,这里可以将 $h_1(n)$的过渡带指标放宽,由于信号频谱范围为 0～24kHz(其中 20～24kHz 为过渡带),因此可将 $h_1(n)$的过渡带放宽为 192－20＝172(kHz)。对于 $h_1(n)$的阻带衰减仍然是 60dB,这样可以求得利用凯泽窗设计时的滤波器阶数约为

$$N_1=\frac{(60-7.95)\times 3072}{2.286\times(192-20)\times 2\pi}\approx 65 \tag{8.3.21}$$

第一级抽取滤波器所需的运算量为

$$R_1=\frac{N_1 f_s}{2M_1}=\frac{65\times 3072\times 10^3}{2\times 8}=12.48\times 10^6 \tag{8.3.22}$$

同理,第二级抽取后的采样频率为 96kHz,如果取阻带截止频率为 48kHz,仍然按照上述要求,可以求得凯泽窗设计时的滤波器阶数大约为

$$N_2=\frac{(60-7.95)\times 384}{2.286\times(48-20)\times 2\pi}\approx 50 \tag{8.3.23}$$

第二级抽取滤波器所需的运算量为

$$R_2=\frac{N_2 f_s}{2M_1 M_2}=\frac{50\times 3072\times 10^3}{2\times 8\times 4}=2.4\times 10^6 \tag{8.3.24}$$

第三级抽取后的采样频率为 48kHz,过渡带为 20～24kHz,阻带衰减指标不变,可以求得凯泽窗设计时滤波器阶数大约为

$$N_3=\frac{(60-7.95)\times 96}{2.286\times(24-20)\times 2\pi}\approx 88 \tag{8.3.25}$$

第三级抽取滤波器所需的运算量为

$$R_3=\frac{N_3 f_s}{2M_1 M_2 M_3}=\frac{88\times 3072\times 10^3}{2\times 8\times 4\times 2}=2.112\times 10^6 \tag{8.3.26}$$

三级抽取滤波器所需的总运算量合计为

$$\widetilde{R}=R_1+R_2+R_3=16.992\times 10^6 \tag{8.3.27}$$

从这个例子可以看出,多级实现与单级实现相比运算量大大减少。第一级虽然采样率较高,但滤波器的过渡带可以大大加宽,因此滤波器阶数显著减少。最后一级虽然过渡带很窄,但采样频率也降低了,使归一化过渡带带宽增加,因此滤波器的阶数也明显降低。

由于级数增加,粗略一看,多级实现好像会增加总的运算量,实际上正好相反。多级实现比单级实现有以下优点:

(1) 大幅减少运算量，并降低对存储器访问的频率；

(2) 可以减少延迟单元的数量或系数数量，从而减少系统存储器的容量；

(3) 滤波器的设计得以简化；

(4) 降低了实现滤波器时的有限字长的影响，即降低了舍入噪声和系数灵敏度。

当然，多级抽取计算效率的提高是以系统设计复杂度的增加为代价的，由于各级子系统的变换因子可有多种选择，若要在多级实现方案中选择最佳方案，会使设计难度增加；另外，由于是多级结构，也会增加控制的复杂程度。

8.4 用于多采样率变换系统的一类特殊滤波器

在多采样率变换系统中，有一些特殊类型的滤波器因结构简单、运算量低，而被广泛应用在抗混叠或抗镜像滤波器设计中。半带滤波器和积分梳状滤波器就属于这种特殊类型的滤波器，在抽取和插值的多级实现中应用尤为广泛，本节重点对这两种滤波器进行介绍。

8.4.1 半带滤波器

半带滤波器在多采样率信号处理中有着重要的位置，因为这种滤波器特别适合于实现 $M=2$ 的抽取或插值，而且计算效率高，实时性强。半带滤波器是指其频率响应 $H(\mathrm{e}^{\mathrm{j}\omega})$ 满足以下关系的 FIR 滤波器：

$$\begin{aligned} \omega_{\mathrm{s}} &= \pi - \omega_{\mathrm{p}} \\ \delta_{\mathrm{s}} &= \delta_{\mathrm{p}} = \delta \end{aligned} \tag{8.4.1}$$

式中，ω_{s}、ω_{p} 分别为滤波器的阻带截止频率和通带截止频率；δ_{s}、δ_{p} 分别为阻带容限和通带容限。

由式(8.4.1)可以看出，半带滤波器的阻带宽度 $\pi-\omega_{\mathrm{s}}$ 与通带宽度 ω_{p} 是相等的，且通带阻带容限也相等，如图 8.4.1 所示。

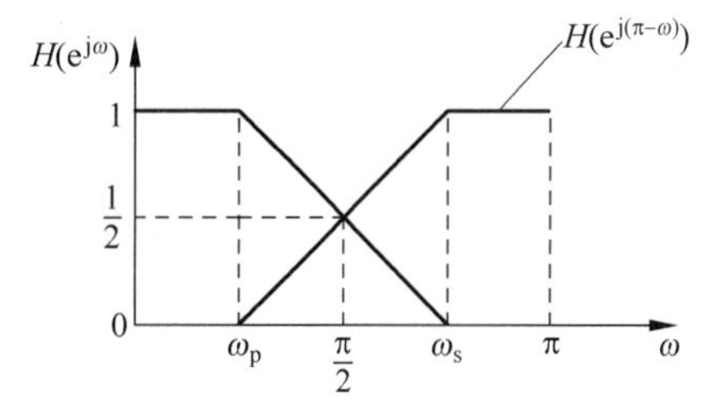

图 8.4.1 半带滤波器

半带滤波器具有如下性质：

$$H(\mathrm{e}^{\mathrm{j}\omega}) = 1 - H(\mathrm{e}^{\mathrm{j}(\pi-\omega)}) \tag{8.4.2}$$

$$H(\mathrm{e}^{\mathrm{j}\pi/2}) = 0.5 \tag{8.4.3}$$

$$h(n) = \begin{cases} 1, & n=0 \\ 0, & n=\pm 2, \pm 4, \cdots \end{cases} \tag{8.4.4}$$

也就是说，半带滤波器的冲激响应 $h(n)$ 在偶数点除了零点不为零外，在其余偶数点全为零。所以采用半带滤波器来实现采样率变换时，与普通的 FIR 滤波器相比仅需要一半的计算量，有较高的计算效率，特别适合于进行实时处理。

下面讨论半带滤波器能否作为 $M=2$ 的抽取滤波器。根据前面抽取的讨论，进行 2

倍抽取时的理想抽取滤波器应满足

$$H_{\mathrm{id}}(\mathrm{e}^{\mathrm{j}\omega})=\begin{cases}1, & |\omega|\leqslant\dfrac{\pi}{2}\\ 0, & \text{其他}\end{cases} \tag{8.4.5}$$

如图 8.4.2(a)所示。而现在的半带滤波器(图 8.4.2(b))在($\pi/2\sim\omega_s$)区间仍不为零(过渡带),是不满足无混叠抽取条件的,这就势必产生混叠,如图 8.4.2(c)所示。由图可见,经 2 倍抽取后的信号在 $2\omega_p\sim\pi$ 区间(对应于抽取前的信号频率为 $\omega_p\sim\pi/2$)是混叠的,位于这一频段的信号经 2 倍抽取后是无法恢复的。但是,只要半带滤波器满足图 8.4.2(b)的特性,抽取后在其通带 $0\sim2\omega_P$ 仍无混叠,或者说采用半带滤波器进行 2 倍抽取后,位于通带内的信号仍然是可以恢复的(不会破坏通带内信号的频谱结构)。就其通带信号而言,完全可以采用半带滤波器进行 2 倍抽取,对于阻带特性,可通过后续低通滤波器的设计进一步满足滤波特性,此时该滤波器工作在低采样率一侧,滤波器的实现复杂度会得到有效降低。

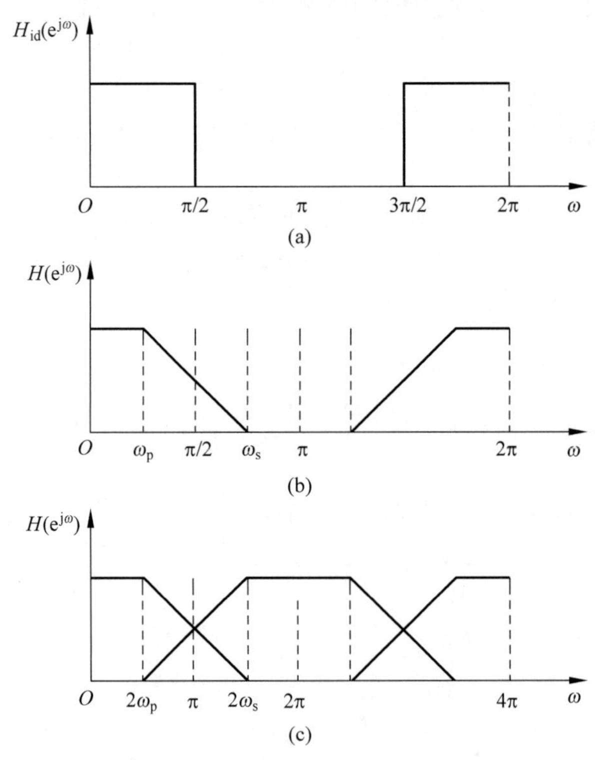

图 8.4.2 半带滤波器用作 2 倍抽取滤波器时的混叠情况

8.4.2 积分梳状滤波器

在整个抽取或插值系统中,如果抽取(插值)因子不满足 2^K 幂的情况,但包含多个 2 倍级联,如 $M=120=15\times2^3$,常在抽取系统的第一级(或插值系统最末级)采用一种运算量极为简单的积分梳状滤波器，其余各级仍使用半带滤波器。下面介绍积分梳状滤波器的原理及特性。

积分梳状滤波器的冲激响应符合矩形序列特性，如下所示。这种滤波器的系数都为1，与输入信号进行卷积时只有加法没有乘法，从而大大减少了运算量。

$$h(n)=\begin{cases}1, & 0\leqslant n\leqslant M-1\\ 0, & 其他\end{cases} \tag{8.4.6}$$

式中，M 为滤波器长度（或阶数）。

其Z变换为

$$H(z)=\sum_{n=0}^{M-1}h(n)z^{-n}=\frac{1-z^{-M}}{1-z^{-1}}=H_1(z)H_2(z) \tag{8.4.7}$$

式中

$$\begin{cases}H_1(z)=\dfrac{1}{1-z^{-1}}\\ H_2(z)=1-z^{-M}\end{cases} \tag{8.4.8}$$

由式(8.4.7)、式(8.4.8)可见，积分梳状滤波器由积分器 $H_1(z)$ 和梳状滤波器 $H_2(z)$ 两部分级联，这就是该滤波器称为积分梳状滤波的原因。$H_1(z)$ 为积分器是容易理解的，而 $H_2(z)$ 之所以称为梳状滤波器，是因为它的幅频特性形状像一把梳子，其幅频特性如图8.4.3所示。

将Z变换中的 z 变量用 $\mathrm{e}^{\mathrm{j}\omega}$ 代替，得到该滤波器的频率响应为

$$\begin{aligned}H(\mathrm{e}^{\mathrm{j}\omega})&=\sum_{n=0}^{M-1}h(n)\mathrm{e}^{-\mathrm{j}\omega n}\\ &=\mathrm{e}^{-\mathrm{j}\frac{\omega}{2}(M-1)}\left[\frac{\sin(\omega M/2)}{\sin(\omega/2)}\right]\end{aligned} \tag{8.4.9}$$

从式(8.4.9)可知，它是一个线性相位FIR滤波器，其幅频特性为

$$|H(\mathrm{e}^{\mathrm{j}\omega})|=\left|\frac{\sin(\omega M/2)}{\sin(\omega/2)}\right| \tag{8.4.10}$$

积分梳状滤波器在 $\omega=0$ 时，其幅频特性的幅度为 M，即

$$H(\mathrm{e}^{\mathrm{j}0})=M \tag{8.4.11}$$

积分梳状滤波器的幅频特性如图8.4.4所示。

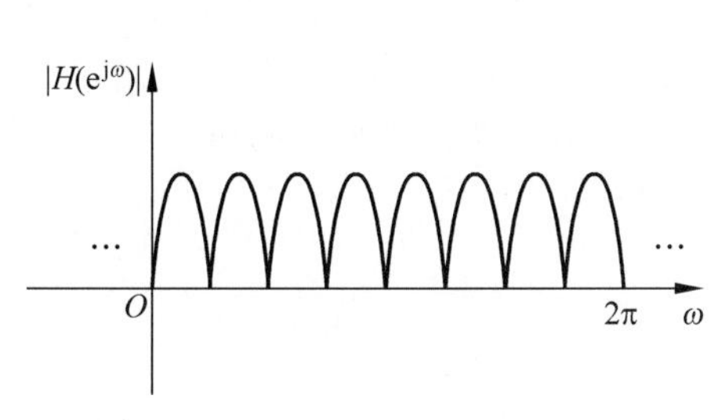

图8.4.3 梳状滤波器的幅频特性

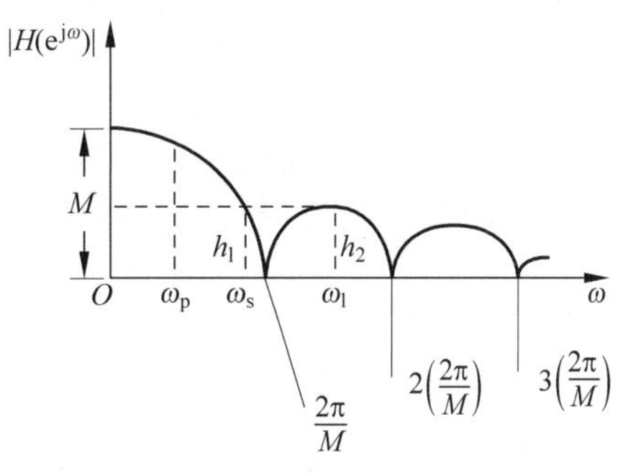

图8.4.4 积分梳状滤波器的幅频特性

将$|\omega|\leqslant\frac{2\pi}{M}$区间的幅频响应称为主瓣，其余部分称为旁瓣，$\omega=\frac{2\pi}{M}$到$\omega=2\left(\frac{2\pi}{M}\right)$区间的幅频响应称为第一旁瓣。主瓣中与第一旁瓣峰值$h_1$相等高度所对应的频率称为阻带下限边缘频率$\omega_s$，$\omega_s$处阻带的衰减$\alpha_s$为阻带中的最小衰减

$$\alpha_s=20\log\left|\frac{H(e^{j\omega_s})}{H(e^{j0})}\right|=20\log\left|\frac{h_1}{M}\right| \tag{8.4.12}$$

由于h_1对应的频率$\omega_1\approx 3\pi/M$，所以

$$\alpha_s=20\log\left|\frac{1}{M\sin(3\pi/2M)}\right| \tag{8.4.13}$$

当$M\gg 1$时，则$\sin(3\pi/2M)\approx 3\pi/2M$，可得

$$\alpha_s=-20\log\left|\frac{1}{M\cdot\frac{3\pi}{2}}\right|=20\log\left|\frac{2}{3\pi}\right|=-13.46(\text{dB})$$

可见，积分梳状滤波器的阻带最小衰减是比较小的，不能满足较高的指标要求。为了加大阻带衰减，可采用两个或多个上述滤波器进行级联使用。这样，则有

$$|H(e^{j\omega})|=\left|\frac{\sin(\omega M/2)}{\sin(\omega/2)}\right|^Q \tag{8.4.14}$$

式中，$Q=1,2,3,\cdots$，视需要而定。

8.5 多采样率数字信号处理的 MATLAB 仿真

多采样率数字信号处理主要是通过抽取和插值来实现的。常用采样率变换的 MATLAB 函数有 decimate、interp、resample、downsample、upsample 等。

8.5.1 整数倍抽取 MATLAB 仿真

由 8.1 节定义，整数倍抽取是对原序列$x(n)$按固定的间隔或距离提取样点，形成一个新的序列$y(n)$。设抽取间隔为M，则$y(n)=x(Mn)$，若$x(n)$的采样频率为f_s，则$y(n)$的采样频率降低为f_s/M。为了防止频谱混叠失真，必须在抽取器前设置一个抗混叠滤波器(或称抽取滤波器)，如图 8.1.2(b)所示。

MATLAB 提供了 downsample、decimate 等函数专用于降低信号的采样率，其中 downsample 函数仅实现整数倍抽取，无抗混叠滤波器功能，decimate 函数首先用一个低通滤波器对输入信号滤波，然后以所要求的低速率对平滑后的信号重新取样。

1. downsample

格式：

```
y = downsample(x,n)
y = downsample(x,n,phase)
```

说明：函数 downsample 主要用于整数倍地降低输入序列的采样率。

y＝downsample(x,n)从第一个采样值开始，每隔 n 个采样值进行采样。

y＝downsample(x,n,phase)从第 phase 采样值开始，每隔 n 个采样值进行采样。phase 必须是整数，且应该为 0～n－1。

2. decimate

格式：

```
y = decimate(x,r)
y = decimate(x,r,n)
y = decimate(x,r,'fir')
y = decimate(x,r,n,'fir')
```

说明：函数 decimate 用于把原序列的采样率降低，首先对输入信号进行低通滤波，然后在较低的采样率下对信号进行重新采样。

y＝ decimate(x,r)用于把输入信号 x 的采样率降低为$\frac{1}{r}$倍，函数自动采用 8 阶低通切比雪夫Ⅰ型滤波器进行滤波。

y＝ decimate(x,r,n)用一个 n 阶的切比雪夫Ⅰ型滤波器进行抽取，n 由使用者确定(不宜采用 13 阶以上的滤波器)。

y＝decimate(x,r,'fir')用一个 30 阶的 FIR 滤波器而不是用切比雪夫滤波器进行抽取。

y＝decimate(x,r,n,'fir')用一个 n 阶的 FIR 滤波器进行抽取。

例 8.5.1 设有两个正弦序列，频率分别为 $f_1=500$Hz 及 $f_2=1000$Hz，采样频率 $f_s=10000$Hz。两信号之相加构成序列 $x(n)$，设信号长度 $N=100$，抽取因子 $D=4$。编写程序并画出抽取前后的时域和频域图形。

解：MATLAB 程序如下：

```
N = 100;f1 = 500;f2 = 1000;D = 4;fs = 10^4;
n = [0:N - 1];                                  % 原信号变量存在范围
x = sin(2 * pi * f1 * n/fs) + sin(2 * pi * f2 * n/fs); % 原信号
y = decimate(x,4);                              % D = 4 的抽取信号
X = abs(fftshift(fft(x)));                      % 原信号幅度谱且移到 w = 0 为对称中心
Y = abs(fftshift(fft(y)));                      % 抽取后信号幅度谱且移到 w = 0 为对称中心
nx = floor(n - N/2 + 0.5);                      % 原信号频率向量
Ny1 = ceil(N/D);ny1 = [0:Ny1 - 1];              % 抽取后序列的长度及向量 n 存在范围
ny = floor(ny1 - Ny1/2 + 0.5);                  % 抽取后信号频率向量
subplot(2,2,1);stem(n,x(1:N),'filled','k');title('原信号');xlabel('n');ylabel('x(n)');
subplot(2,2,3);stem(ny1,y(1:Ny1),'filled', 'k');title('抽取后信号');xlabel('n');ylabel('y(n)');
subplot(2,2,2);stem(nx,X, 'filled', 'k');title('原信号幅度谱');xlabel('k');ylabel('|X(k)|');
subplot(2,2,4);stem(ny,Y, 'filled', 'k');title( '抽取后信号幅度谱');xlabel('k');ylabel('|Y(k)|');
```

程序运行结果如图 8.5.1 所示。

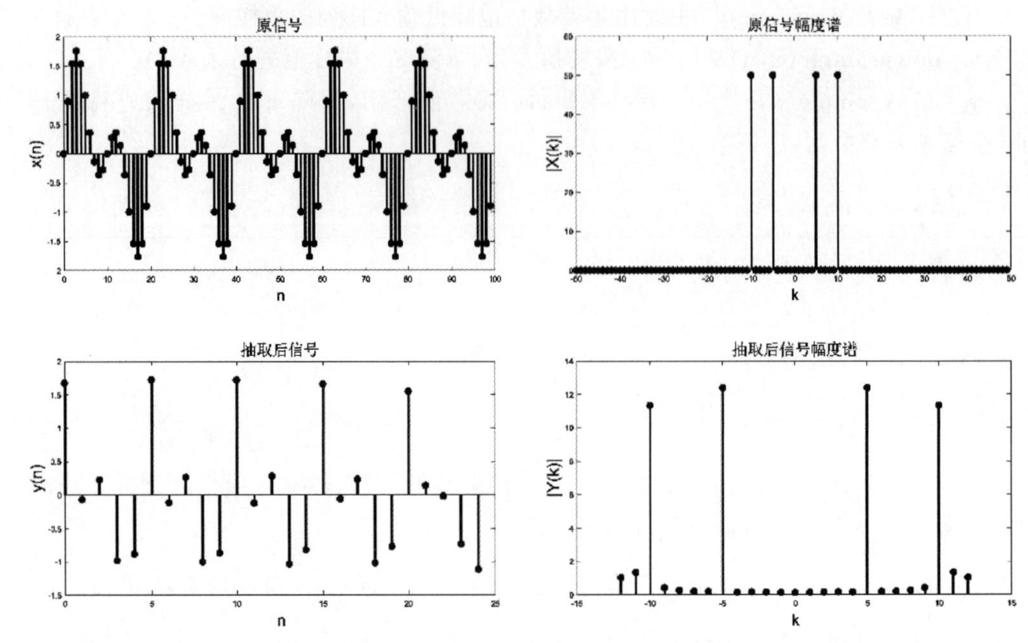

图 8.5.1　抽取后的时频域比较

从图中可以看出，抽取后时域波形采样点数减少，采样间隔增大，信号波形起伏变化增大。由题意知，通过 $D=4$ 抽取后，采样频率由 10000Hz 降为 2500Hz，而信号包含两个正弦波频率 $f_1=500\text{Hz}$ 及 $f_2=1000\text{Hz}$，虽然仍然满足采样定理要求，但由于 DFT 频谱分析所用数据仅包含了 25 个样点，矩形窗截短效应导致频谱泄漏，所以抽取后的信号幅度谱除了包含两个主要的正弦频率信号谱线，还有少量的频谱泄漏。

8.5.2　整数倍插值 MATLAB 仿真

根据 8.1 节的讨论，整数倍插值是将 $x(n)$的采样率 f_s 提高到原来的 L 倍，即 Lf_s。其基本原理是：首先在 $x(n)$的每两个相邻样点值之间插入 $L-1$ 个零样点值，然后利用抗镜像滤波器滤除多余的镜像。MATLAB 提供了 upsample、interp 等函数专用于提高信号的采样率，其中 upsample 函数仅通过插零实现采样率的提高，而 interp 函数自带抗镜像滤波器进行插值。

1. upsample

格式：

```
y = upsample(x,n)
y = upsample(x,n,phase)
```

说明：函数 upsample 主要用于整数倍地增加输入序列的采样率。

y＝upsample(x,n)是在原始序列的采样值中间插入 n－1 个 0。

y=upsample(x,n,phase)是在插零基础上,对插值之后的序列有一个大小为 phase 的偏移,phase 必须是整数,且应该为 0～n－1。

2. interp

格式:

```
y = interp(x,r)
y = interp(x,r,l,alpha)
[y,b] = interp(x,r,l,alpha)
```

说明:函数 interp 用于对输入序列进行整数倍的插值,函数中已包含了去除镜像的滤波器,故无须另行设计。

y=interp(x,r)用于对输入序列 x 进行 r 倍的插值,y 的长度是输入序列 x 的 r 倍。

y=interp(x,r,n,alpha) 用于在特定的滤波器长度和截止频率的情况下对信号进行插值,可指定滤波器的长度 n 及其截止频率 alpha,其默认值分别为 4 和 0.5。alpha=1 相当于 $f=f_s/2$,也就是说,alpha 是对 π 归一化的数字频率。

[y,b] =interp(x,r,n,alpha) 返回了用于插值滤波器的系数 b(单位冲激响应)。

例 8.5.2 设有两个正弦序列,频率分别为 $f_1=3$kHz 及 $f_2=4.5$kHz,采样频率 $f_s=10$kHz。用此两信号相加构成一个长度 $N=30$ 的序列 $x(n)$,对此序列进行 $I=3$ 的插值,编写程序并画出插值前后的波形及频谱。

解:MATLAB 程序如下:

```
N = 30;f1 = 3000;f2 = 4500;fs = 10^4;I = 3;
n=[0:N - 1];                               % 原信号变量存在范围
x = sin(2 * pi * f1 * n/fs) + sin(2 * pi * f2 * n/fs); % 原信号
y= interp(x,3);                             % I = 3 插值信号
X = abs(fftshift(fft(x)));                  % 原信号幅度谱且移到 w = 0 为对称中心
Y = abs(fftshift(fft(y)));                  % 插值后信号幅度谱且移到 w = 0 为对称中心
nx = floor(n - N/2 + 0.5);                  % 原信号频率向量
Ny1 = N * I;ny1 = [0:Ny1 - 1];              % 插值后序列的长度及向量 n 存在范围
ny = floor(ny1 - Ny1/2 + 0.5);              % 插值后信号频率向量
subplot(2,2,1);stem(n,x,'filled', 'k');title('原信号');xlabel('n');ylabel('x(n)');
subplot(2,2,3);stem(ny1,y(1:Ny1),'filled', 'k');title('插值后信号');xlabel('n');ylabel('y(n)');
subplot(2,2,2);stem(nx,X,'filled', 'k');title('原信号幅度谱');xlabel('k');ylabel('|X(k)|');
subplot(2,2,4);stem(ny,Y, 'filled', 'k');title( '插值后信号幅度谱');xlabel('k');ylabel('|Y(k)|');
```

程序运行结果如图 8.5.2 所示。

从图中可以看出,插值后时域波形采样点数增加,采样间隔缩小,信号波形变得更加平滑。由题可知,两个正弦波频率 $f_1=3$kHz 及 $f_2=4.5$kHz,采样频率 $f_s=10$kHz,虽然满足采样定理要求,但由于 DFT 频谱分析仅包含了 30 个样点,矩形窗截短效应导致频谱泄漏,并引起部分混叠,所以原信号幅度谱在 $f_2=4.5$kHz 谱线周围出现明显的旁瓣谱线。通过 $I=3$ 的插值后,采样率得到提高,混叠效应降低,插值滤波滤除了镜像部分,但旁瓣谱线仍然存在。

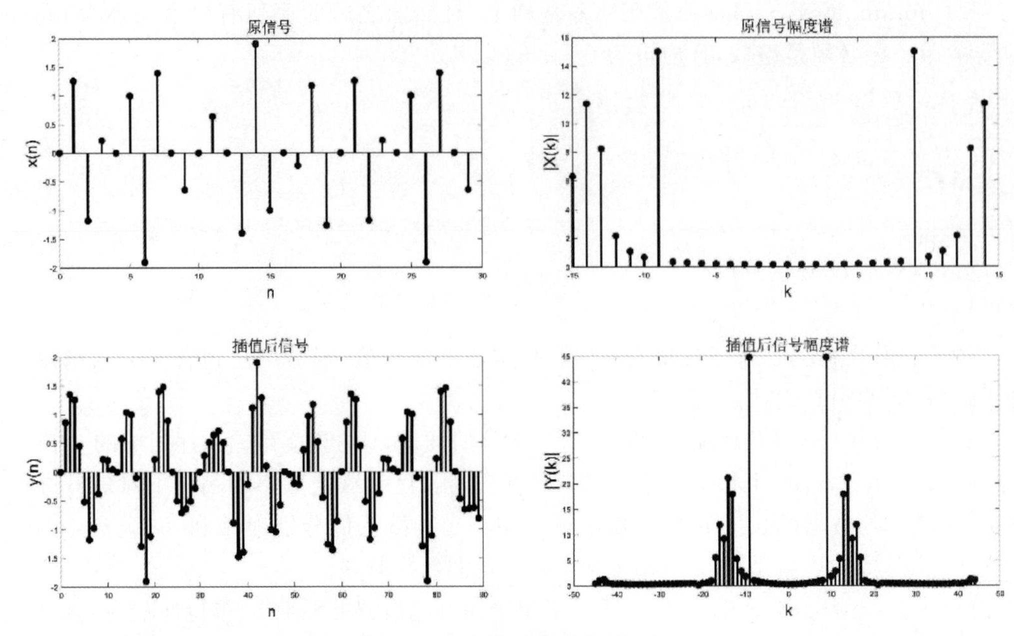

图 8.5.2 插值后的时频域比较

8.5.3 有理数倍采样率变换 MATLAB 仿真

根据 8.2.3 节的讨论,把 L 倍内插器和 M 倍抽取器相级联,即可实现任意有理数倍采样率转换。MATLAB 中有理因子 p/q 采样率转换函数 resample,可用来实现 p/q 有理数倍的采样率变换。

resample

格式:

```
y = resample(x,p,q)
y = resample(x,p,q,n)
y = resample(x,p,q,n,beta)
y = resample(x,p,q,b)
[y,b] = resample(x,p,q)
```

说明:x 为原信号向量,y 为采样率转换后的信号向量,p 为插值倍数,q 为抽取倍数,p、q 为互素的整数,n 为滤波器阶数,beta 为凯泽窗的参数 β,其默认值为 5。采样率转换后信号 y 的长度是信号 x 长度的 p/q 倍。函数中可使用自己设计的抗混叠抗镜像 FIR 低通滤波器 b,也可使用函数内部自带的滤波器,这一滤波器是由具有最小均方误差准则的函数 firls 实现的凯泽窗 FIR 滤波器,滤波器阶数为 2×n×max(p,q),n 默认为 10,同时要求信号 x 的长度大于滤波器长度的 2 倍。

y=resample(x,p,q)主要用于对输入序列 x 进行 p/q 倍的采样率变换。

y=resample(x,p,q,n,beta)用于按照指定的 n 和凯泽窗参数 beta 设计的滤波器对信号进行处理,默认的 beta 值是 5。

y=resample(x,p,q,b)按照系数为 b 的滤波器对信号 x 进行处理。

[y,b]=resample(x,p,q)返回用于滤波的滤波器系数 b。

例 8.5.3 设 $x(n)=\sin(2\pi f_1 n)+\sin(2\pi f_2 n)$,其中 $f_1=f_{01}/F_s=0.1$,$f_2=f_{02}/F_s=0.2$,是被采样频率 F_s 归一化的频率,需对 $x(n)$进行有理因子 I/D 的采样频率转换,其中 $I=3$,$D=2$,取序列 $x(n)$的长度 $N=60$,编写程序并画出转换前后序列的波形及其频谱。

解:MATLAB 程序如下:

```
N = 60;f1 = 0.1;f2 = 0.2;D = 2;I = 3;
n = 0:N - 1;
x = sin(2 * pi * f1 * n) + sin(2 * pi * f2 * n);
y = resample(x,I,D);
X = abs(fftshift(fft(x)));
Y = abs(fftshift(fft(y)));
nfx = floor(n - N/2 + 0.5);
Ny1 = N * I;
Ny = ceil(Ny1/D);
ny = [0:Ny - 1];
nfy = floor(ny - Ny/2 + 0.5);
subplot(2,2,1);stem(n,x, 'filled', 'k');title('原信号');xlabel('n');ylabel('x(n)');
subplot(2,2,3);stem(ny,y, 'filled', 'k');title('变抽样率后信号');xlabel('n');ylabel('y(n)');
subplot(2,2,2);stem(nfx,X,'filled', 'k');title('原信号幅度谱');xlabel('k');ylabel('|X(k)|');
subplot(2,2,4);stem(nfy,Y, 'filled', 'k');title( '变抽样率后信号幅度谱');xlabel('k');
ylabel('|Y(k)|');
```

程序运行结果如图 8.5.3 所示。

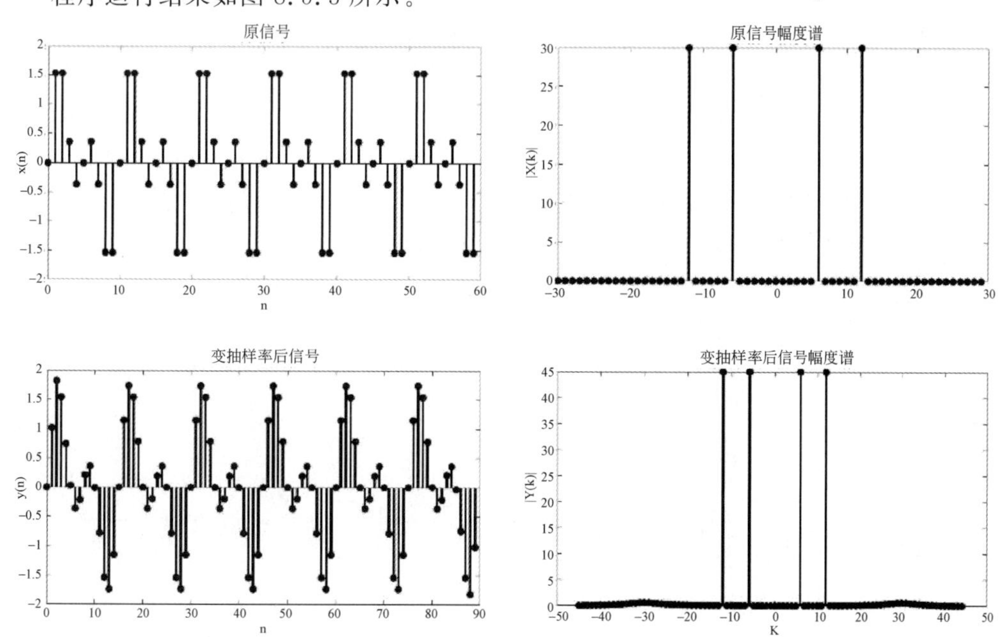

图 8.5.3 有理数倍采样率变换后的时频域比较

由题意知，采用有理因子$\frac{I}{D}=\frac{3}{2}$进行采样频率转换后使信号采样频率提高了1.5倍。从图中可以看出，有理数采样率转换后时域波形采样点数增加，采样间隔缩小，信号波形变得更加平滑。从频域上看，变采样率后的信号幅度谱归一化数字频率发生了变化，其频谱结构未改变，对应的模拟信号频率不变。

习题

8.1　根据抽取的定义，写出对每个给定输入$x(n)$的输出$y(n)$，如图P8.1所示。

(1) $x(n)=\delta(n)$　　(2) $x(n)=\delta(n-1)$

(3) $x(n)=(-1)^n u(n)$　　(4) $x(n)=e^{j0.1\pi n}u(n)$

(5) $x(n)=2\cos(0.2\pi n)$　　(6) $x(n)=2\cos(0.5\pi n)$

(7) $x(n)=2\cos(\pi n)$　　(8) $x(n)=2\sin(\pi n)$

8.2　根据内插的定义，写出对每个给定的输入$x(n)$的输出$y(n)$，如图P8.2所示（用Z变换表示）。

(1) $x(n)=\delta(n)$　　(2) $x(n)=u(n)$

(3) $x(n)=e^{j0.1\pi n}u(n)$　　(4) $x(n)=\cos(0.1\pi n)$

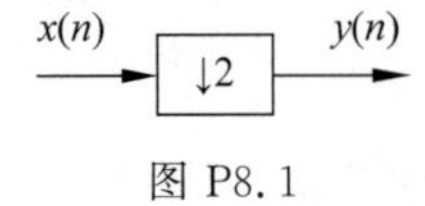

图P8.1

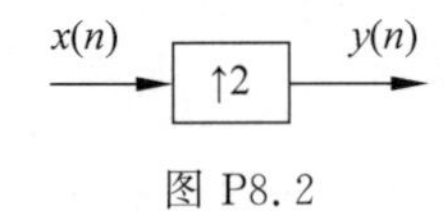

图P8.2

8.3　对如下抽取系统$M=3$，抗混叠滤波器的系数为

$$h(0)=-0.06=h(4)$$
$$h(1)=0.30=h(3)$$
$$h(2)=0.62$$

输入信号$x(n)=\{6,-2,-3,8,6,4,-2\}$，计算滤波器的输出$w(n)$和抽取后的输出$y(n)$，如图P8.3所示。

8.4　对图P8.4(a)所示的系统，已知信号$x(n)$的频谱$X(\omega)$如图P8.4(b)所示，其中B为信号的带宽参数，画出下列情况下的$Y(\omega)$图形：

(1) $B=\frac{\pi}{5}$　　(2) $B=\frac{\pi}{2}$

(3) $B=\frac{3\pi}{4}$　　(4) $B=\pi$

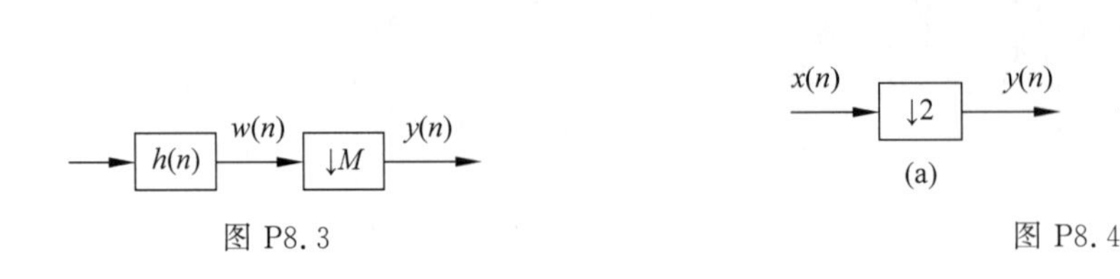

图P8.3

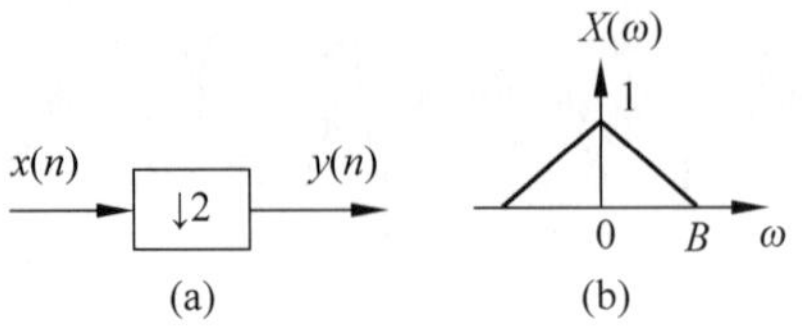

图P8.4

8.5 考虑信号 $x(n)=a^n u(n), |a|<1$：

(1) 确定 $X(\mathrm{e}^{\mathrm{j}\omega})$。

(2) 将抽取器应用于 $x(n)$，按因子 2 降低速率，确定输出谱。

(3) 说明(2)中的输出谱就是 $x(2n)$ 的傅里叶变换。

8.6 序列 $x(n)$ 是通过以周期 T 对一个模拟信号采样得到的。由这一序列，利用方程

$$y(n)=\begin{cases}x(n/2), & n\text{ 为偶数}\\ \dfrac{1}{2}\left[x\left(\dfrac{n-1}{2}\right)+x\left(\dfrac{n+1}{2}\right)\right], & n\text{ 为奇数}\end{cases}$$

所描述的内插方程产生一个新的采样周期为 $T/2$ 的信号。

(1) 说明利用基本的信号处理单元可以实现该线性内插方程。

(2) 当 $x(n)$ 的频谱为

$$X(\mathrm{e}^{\mathrm{j}\omega})=\begin{cases}1, & 0\leqslant|\omega|\leqslant 0.2\pi\\ 0, & \text{其他}\end{cases}$$

时，确定 $y(n)$ 的频谱，并作图表示。

(3) 当 $x(n)$ 的频谱为

$$X(\mathrm{e}^{\mathrm{j}\omega})=\begin{cases}1, & 0.7\pi\leqslant|\omega|\leqslant 0.9\pi\\ 0, & \text{其他}\end{cases}$$

时，确定 $y(n)$ 的频谱并作图表示。

8.7 信号 $x(n)$ 的采样速率 $F_x=8\text{kHz}$，如果在一个音频系统输出该信号，则需要采样频率 $F_y=12\text{kHz}$ 才可以，假设滤波器都是理想的，试设计采样率转换的系统。

8.8 试证明：

(1) 图 P8.8(a)的两个系统等效，即信号先延迟 M 个样点后做 M 倍抽取和先做 M 倍抽取后延迟一个样点是等效的。

(2) 图 P8.8(b)的两个系统等效，即信号先延迟一个样点后做 L 倍插值和先做 L 倍插值后延迟 L 个样点是等效的。

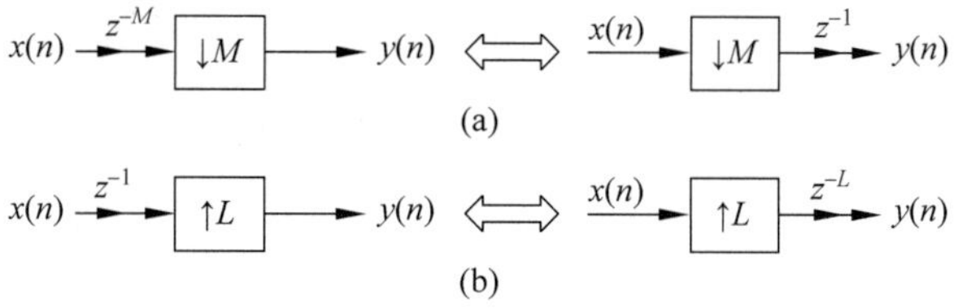

(a)

(b)

图 P8.8

8.9 已知两个多采样率系统如图 P8.9 所示：

(1) 写出 $Y_1(z)$、$Y_2(z)$、$Y_1(\mathrm{e}^{\mathrm{j}\omega})$、$Y_2(\mathrm{e}^{\mathrm{j}\omega})$ 的表达式；

(2) 若 $L=M$，试分析这两个系统是否等效（$y_1(n)$ 是否等于 $y_2(n)$），并说明理由。

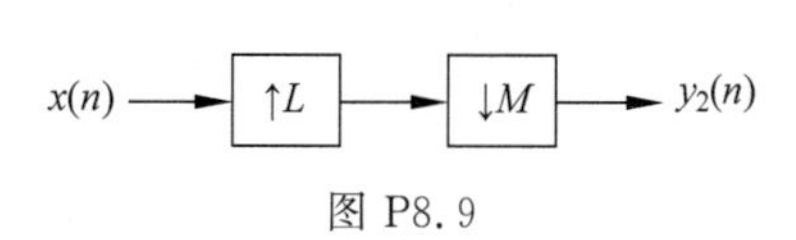

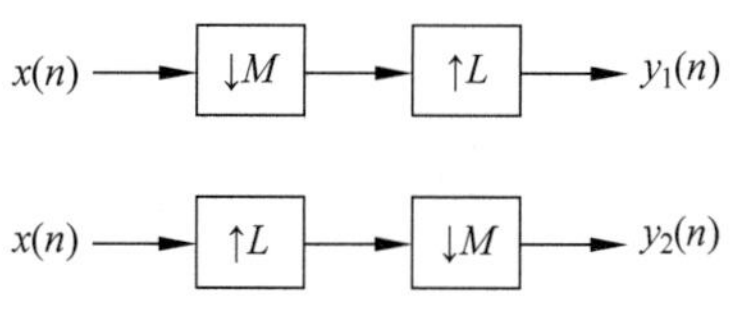

图 P8.9

(3) 若 $L \neq M$,试说明 $y_1(n)=y_2(n)$ 的充要条件是什么,并说明理由。

8.10 考虑具有如下系统函数的一个任意滤波器:

$$H(z)=\sum_{n=-\infty}^{\infty} h(n) z^{-n}$$

(1) 通过将 $h(n)$ 分成偶序号样点 $h_0(n)=h(2n)$ 和奇数号样点 $h_1(n)=h(2n+1)$,实现 $H(z)$ 的双成分多相分解。证明 $H(z)$ 可表示为

$$H(z)=H_0(z^2)+z^{-1} H_1(z^2)$$

并确定 $H_0(z)$ 和 $H_1(z)$。

(2) 将(1)的结果一般化,证明 $H(z)$ 可以分解为具有如下系统函数的 D 成分多相滤波器结构

$$H(z)=\sum_{k=0}^{D-1} z^{-k} H_k(z^D)$$

并确定 $H_k(z)$。

8.11 将信号采样率从 320kHz 降到 8kHz。假设抗混叠滤波器采用最优等波纹 FIR 滤波器,抽取后输出序列通带截止频率 $f_p=2.5\text{kHz}$、阻带截止频率 $f_a=3\text{kHz}$,滤波器通带容限 $\delta_p=0.02$、阻带容限 $\delta_s=0.01$。等波纹滤波器的阶数可用下式估算:

$$N=\frac{-10\lg(\delta_p \delta_s)-13}{2.32\Delta w}+1$$

Δw 为归一化过渡带带宽,假设用每秒乘法的次数作为计算复杂度的衡量标准,试确定:

(1) 采用单级抽取时的计算复杂度。

(2) 假设 $M_1=10, M_2=4$,采用两级抽取时的计算复杂度。

8.12 考虑下面 FIR 滤波器的系统函数:

$$H(z)=-3+19z^{-2}+32z^{-3}+19z^{-4}-3z^{-6}$$

(1) 证明 $H(z)$ 是线性相位滤波器。

(2) 证明 $H(z)$ 是半带滤波器。

(3) 画出该滤波器的幅频特性和冲激响应。

第9章 数字信号处理综合应用

前面各章分别介绍了离散时间信号的时频域分析、数字滤波器设计以及多采样率数字信号处理等内容，本章将介绍数字信号处理的综合应用，主要结合语音处理、数字通信、图像处理、雷达处理及无人机系统等典型专业领域，探讨时频域分析、数字滤波器等理论方法如何用于解决专业化的技术问题，并通过 MATLAB 仿真来进行验证。

9.1 语音处理中的应用

语音处理是数字信号处理的典型应用领域之一。本节针对电话机拨号应用场景，介绍双音多频(DTMF)基本原理、谱分析方法，并围绕双音多频信号的产生与检测进行仿真分析。

9.1.1 双音多频基本原理

双音多频信号是电话系统中电话机与交换机之间的一种用户信令，通常用于发送被叫号码。电话机的拨号键盘是 4×4 的矩阵，每按一个键就发送一个高频和低频的正弦信号组合，具体对应关系如表 9.1.1 所示，每一行代表一个低频，每一列代表一个高频，如“1”对应 697Hz 和 1209Hz。交换机可以解码这些频率组合并确定所对应的按键。

表 9.1.1 DTMF 频率和拨号键盘的对应关系表

低频/Hz	高频/Hz			
	1209	1336	1477	1633
697	1	2	3	A
770	4	5	6	B
852	7	8	9	C
941	*	0	#	D

电话机根据按键产生符合要求的 DTMF 信号，国际电报电话咨询委员会(CCITT)规定每秒最多按 10 个键，即每个按键时隙最短为 100ms，其中音频实际持续时间至少为 45ms，不大于 55ms，时隙的其他时间内保持静默。若采样频率 $f_s=8000\text{Hz}$，按键音频持续时间为 50ms，则双音多频信号用公式表示如下：

$$x(n)=\sin(2\pi n f_L/f_s)+\sin(2\pi n f_H/f_s),\quad n=0,1,\cdots,N-1 \tag{9.1.1}$$

式中，f_L、f_H 分别为按键对应的低频和高频；$N=400$，表示采样点数。

从式(9.1.1)可以看出，双音多频信号生成涉及正弦值的计算，通常采用计算法或查表法。计算法一般通过调用 sin 函数或者用级数展开的方法进行计算。该方法精度高，但是要占用一些时间，速度慢。查表法是预先计算并存储正弦序列的值，运行时只需要按相位计算出存储地址，然后进行查表即可。该方法速度快，但要占用一定的存储空间。在实际工程应用中一般采用查表法，但是在利用 MATLAB 等软件进行数值仿真时，则可以直接调用 sin 函数得到相应正弦序列的值。

在交换机一侧，需要对收到的 DTMF 信号进行检测，以判断 DTMF 信号所对应的具体数字或者符号。根据 DTMF 信号的特点，检测方法一般有两种：一是用 8 个带通滤波器提取所关心的频率，根据滤波器的输出判断相应数字或符号；另一种是利用频域方法对 DTMF 信号进行频谱分析，根据频谱的幅度，判断信号的两个频率，从而确定相应的数字或符号。在实际工程中一般采用频谱分析的方法来实现 DTMF 信号检测。

9.1.2 DTMF 信号的谱分析

双音多频信号产生过程比较简单，检测过程相对复杂，涉及的相关知识主要是频谱分析。根据第 3 章中模拟信号的频谱分析过程，DTMF 信号谱分析需要确定采样频率 f_s、DFT 的点数 N 以及对信号观察时间长度 T_p，这三个参数的选择就决定了谱分析的性能。

首先确定系统的采样频率 f_s。确定采样频率，必须知道要处理信号的最高频率；DTMF 信号的最高频率为 1633Hz，考虑在 DTMF 信号检测过程中，有时为了减少信号的干扰需要检测 2 次谐波，即 3266Hz，根据时域采样定理，采样频率应该大于或等于要检测信号最高频率的 2 倍，但是如果采样率过大，系统的运算量就会增大。综合考虑上述因素，系统的采样频率 f_s 确定为 8000Hz。

其次确定 DFT 变换的点数 N。在采样频率 f_s 确定之后，N 的大小直接决定了频谱分析的频率间隔，也就是频谱分辨率。由于 DTMF 信号 8 个频率之间的最小频率间隔为 73Hz，为了能够正确分辨不同的 DTMF 信号频率，DFT 谱分析的间隔最大不能超过 73Hz，因此 $N=f_s/\Delta f>8000/73\approx 110$ 即可。如果要提高频谱分辨率，则需要进一步增大 DFT 的点数 N。

最后确定的参数是 T_p。当采样频率 f_s 和 DFT 变换的点数 N 确定之后，也就确定了谱分析所需要的信号观察时间。如果采样频率为 8000Hz，DFT 的点数为 110，那么信号的观察时间 $T_p=110/8000\approx 13.7$(ms)。根据 DTMF 信号的产生规则，音频实际持续时间不低于 45ms，因此 13.7ms 是能够满足需求的。

需要说明的是：DFT 谱分析方法计算的频率都是离散的，存在栅栏效应。由于 DTMF 信号 8 个频率间隔不规则，并非都是谱线频率间隔的整数倍，因此实际分析结果和真实信号之间存在频率误差的问题，DFT 谱线并不能准确地表示所有 DTMF 的频率。经过计算机分析，当 $N=205$ 时，DFT 谱线频率间隔 $\Delta f=8000/205\approx 39$(Hz)，此时信号的处理时间 $T_p=25.625$ms，DTMF 信号 8 个频率对应谱线位置的误差总体较小。以频率 697Hz 为例，其对应的精确谱线位置应该为 $697/39\approx 17.861$，与 DFT 分析中 $k=18$ 最为接近，频率误差为 $(18-17.861)\times 39\approx 5.4$(Hz)。表 9.1.2 给出了 DTMF 信号 8 个频率和对应谱线位置之间的频率误差。

表 9.1.2 $N=205$ 时 DTMF 信号和对应谱线位置之间的频率误差

频率/Hz	精确位置	对应谱线位置	频率误差/Hz
697	17.861	18	5.4
770	19.731	20	10.5

续表

频率/Hz	精确位置	对应谱线位置	频率误差/Hz
852	21.833	22	6.6
941	24.139	24	5.4
1209	30.981	31	0.7
1336	34.235	34	9.2
1477	37.848	38	5.9
1633	41.846	42	6

通过第4章学习可知，快速傅里叶变换可以大大减少直接计算DFT的运算量，考虑到DTMF信号谱分析过程中并不需要计算所有谱线的值，而是只需要计算8个特定的频率值，此时FFT算法并不是最佳的选择，Goertzel(戈泽尔)谱分析算法更加有效。

Goertzel算法是戈泽尔于1958年提出的利用线性滤波来计算信号频谱的方法，该方法特别适合需要对少数频点进行谱分析的场合。其原理和推导过程如下：

由于

$$W_N^{-kN}=\mathrm{e}^{\mathrm{j}\frac{2\pi}{N}kN}=\mathrm{e}^{\mathrm{j}2\pi k}=1$$

所以DFT公式可以表示为

$$\begin{aligned}X(k)&=\sum_{m=0}^{N-1}x(m)W_N^{km}=W_N^{-kN}\sum_{m=0}^{N-1}x(m)W_N^{km}\\&=\sum_{m=0}^{N-1}x(m)W_N^{-k(N-m)},\quad k=0,1,\cdots,N-1\end{aligned}\tag{9.1.2}$$

注意：上式其实是一个卷积的形式。卷积的两个序列分别为 N 点序列 $x(n)$ 和 $W_N^{-kn}u(n)$，卷积输出为

$$y_k(n)=x(n)*W_N^{-kn}u(n)=\sum_{m=0}^{N-1}x(m)W_N^{-k(n-m)}\tag{9.1.3}$$

对比式(9.1.2)和式(9.1.3)可知

$$X(k)=y_k(n)\big|_{n=N}\tag{9.1.4}$$

上式说明，离散时间序列 $x(n)$ 的 N 点DFT值 $X(k)$ 等于该序列 $x(n)$ 和 $W_N^{-kn}u(n)$ 卷积后在 $n=N$ 的输出值，也可以看作是序列 $x(n)$ 通过冲激响应为 $W_N^{-kn}u(n)$ 的线性滤波器后的输出。

设线性时不变系统冲激响应 $h_k(n)=W_N^{-kn}u(n)$，对应的系统函数为

$$H_k(z)=\frac{1}{1-W_N^{-k}z^{-1}}\tag{9.1.5}$$

那么可以得到差分方程

$$y_k(n)=W_N^{-k}y_k(n-1)+x(n),\quad y(-1)=0\tag{9.1.6}$$

根据这个差分方程，通过递归的方式可计算得到 $y_k(n)|_{n=N}$ 的值。

为了避免计算复数乘法和加法，对式(9.1.5)分子和分母同时乘以 $(1-W_N^kz^{-1})$，化

简可得

$$H_k(z)=\frac{1-W_N^k z^{-1}}{1-2\cos\left(\frac{2\pi k}{N}\right)z^{-1}+z^{-2}} \tag{9.1.7}$$

式(9.1.7)即为Goertzel算法中线性滤波器的系统函数表达式。其网络结构如图9.1.1所示。

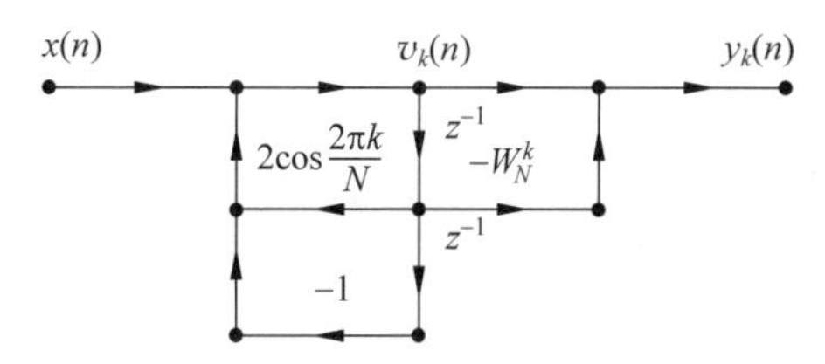

图9.1.1 Goertzel算法的网络结构

图9.1.1中：

$$v_k(n)=2\cos\left(\frac{2\pi k}{N}\right)v_k(n-1)-v_k(n-2)+x(n) \tag{9.1.8}$$

$$y_k(n)=v_k(n)-W_N^k v_k(n-1) \tag{9.1.9}$$

递推初始条件为$v_k(-1)=v_k(-2)=0$。

需要说明的是，式(9.1.8)需要迭代$n=0,1,\cdots,N$次，但式(9.1.9)只需要在$n=N$时计算一次。式(9.1.8)每次迭代需要一次实数乘法和二次实数加法，式(9.1.9)需要一次复数和实数的乘法以及一次实数和复数加法，相当于两次实数乘法和一次实数加法，所以计算一个频点的值共需要$N+3$次实数乘法、$2N+3$次实数加法，当只需要计算少数几个频点的频谱值时，其实数乘法和加法的运算量比传统的FFT算法还要少。因此，DTMF信号进行谱分析适合采用Goertzel算法。

在应用Goertzel算法时，DTMF信号检测主要计算$k=[18,20,22,24,31,34,38,42]$这8个频点的幅度值，前4个频点和后4个频点的位置上分别会有一个较大的幅度值。假设在20和34处有较大值，那么根据DTMF信号的对应关系，可知该信号对应的是数字“5”，这就是DTMF信号检测方法。

9.1.3 DTMF信号生成与检测仿真

前面两节介绍了DTMF基本原理和谱分析方法，本节利用MATLAB软件对DTMF信号在实际中的应用进行仿真，程序包括信号生成和信号检测两部分。

仿真条件和参数如下：

(1) 信号生成：DTMF信号持续时间为50ms，空闲时间为50ms，采样频率为8000Hz，输入电话号码以“02584613907”为例，当然也可以输入字符*、#、A、B、C和D，但不可以是其他字符。

(2) 信号检测：信道为加性高斯白噪声(AWGN)信道，信噪比为0dB，采样频率为

8000Hz，谱分析点数为 205 点。

1. DTMF 信号生成

DTMF 信号生成的 MATLAB 程序如下：

```
clear;clc;
LowFre = [697 770 852 941];                     % DTMF 低频频率
HighFre = [1209 1336 1477 1633];                % DTMF 高频频率
Fs = 8000;                                      % 采样频率为 8000Hz
dth = 0.05;                                     % DTMF 信号持续的时间为 50ms
dth0 = 0.05;                                    % DTMF 信号空闲的时间为 50ms
Nsmp = ceil(Fs * dth);                          % 信号的采样点数
Nsmp0 = ceil(dth0 * Fs);
tones = Dtmf_genm16(Fs,Nsmp);                   %存放 16 个 DTMF 字符的波形
A = input('请输入电话号码:\n','s');              %输入要产生的电话号码
idle = zeros(Nsmp0,1);                          % 初始化
y = idle;
la = length(A);                                 % 字符长度
for_index = zeros(1,la);                        % 初始化
for k = 1 : la                                  % 计算每个字符的对应波形
    Chr = abs(A(k));                            % 得到字符的 ASCII 码
    if Chr > 48 & Chr < 52,                     % 若是数字 1～3
        ld = Chr - 48;
    elseif Chr > 51 & Chr < 55,                 % 若是数字 4～6
        ld = Chr - 47;
    elseif Chr > 54 & Chr < 58,                 % 若是数字 7～9
        ld = Chr - 46;
    elseif Chr > 64 & Chr < 69                  % 若是字母 A～D
        ld = (Chr - 64) * 4;
    elseif Chr == 48                            % 若是 0
        ld = 14;
    elseif Chr == 42                            % 若是 *
        ld = 13;
    elseif Chr == 35                            % 若是 #
        ld = 15;
    else                                        % 都不是,显示错误信息
        disp('有 16 个 DTMF 符号以外的字符!请重新输入.')
    end
    y = [y; tones(1:Nsmp,ld); idle];            %从 tones 中取波形构成 DTMF 波形
end
audioplayer(y,Fs);                              %播放双音多频信号的声音
    figure(1)
    M = length(y);
    n = 1:M;
    time = (n - 1)/Fs;
    plot(time,y,'k');                           %画出双音多频信号的时域波形
    xlim([0 max(time)]);
    xlabel('时间/s'); ylabel('幅值');
```

DTMF 信号生成程序中调用了自编函数 Dtmf_genm16，该函数主要功能是将常用的 0～9 和 A、B、C、D、*、# 等 16 个字符的 DTMF 波形预先产生并存储在二维数组中，在实际需要时，根据具体的字符进行调用即可。由 16 个字符生成 DTMF 波形的函数程序如下：

```
function tones = Dtmf_genm16(Fs,Nsmp)
 % Fs 表示采样频率, Nsmp 表示 DTMF 信号持续的点数
LowFre = [697 770 852 941];                        % DTMF 低频频率
HighFre = [1209 1336 1477 1633];                   % DTMF 高频频率
f = [];                                            % 初始化
for L = 1:4,                                       % 构成 16 个频率对的数组
    for H = 1:4,
        f(1,(L-1) * 4 + H)  = LowFre(L);
        f(2,(L-1) * 4 + H) = HighFre(H);
    end
end
t = (0:Nsmp-1)/Fs;                                 % 构成时间序列
tones = zeros(Nsmp,size(f,2));                     % 初始化
for toneChoice = 1:16,                             % 产生 16 个字符对应的波形数组
    tones(:,toneChoice) = sum(sin(f(:,toneChoice) * 2 * pi * t))';
end
```

以输入电话号码“02584613907”为例，图 9.1.2 给出了生成的 DTMF 信号时域波形。由图可以看出，共有 11 段信号，每个信号的持续时间为 50ms，对应点数为 400 点，空闲时间也是 50ms，符合 DTMF 信号的格式要求。

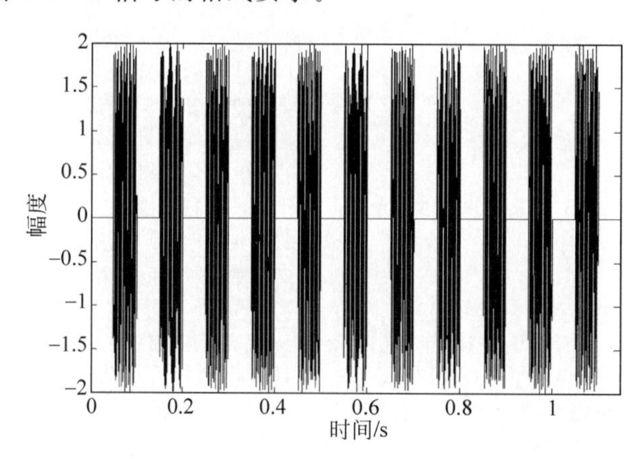

图 9.1.2　双音多频信号的时域波形

虽然图 9.1.2 无法看出每个字符对应的具体频率，但是通过谱分析可以得到。图 9.1.3 给出了字符 0 对应的双音多频信号谱分析结果，通过放大可以看出，幅度较大的两个频率分量对应的频率是 936.6Hz 和 1326.8Hz，这两个频率和字符 0 所规定的双音频率 941Hz 和 1336Hz 的误差分别为 5.4Hz 和 9.2Hz，这个误差是频谱分析的误差；而图中其他频率成分是由于时域截断所引起的频谱泄漏产生的。

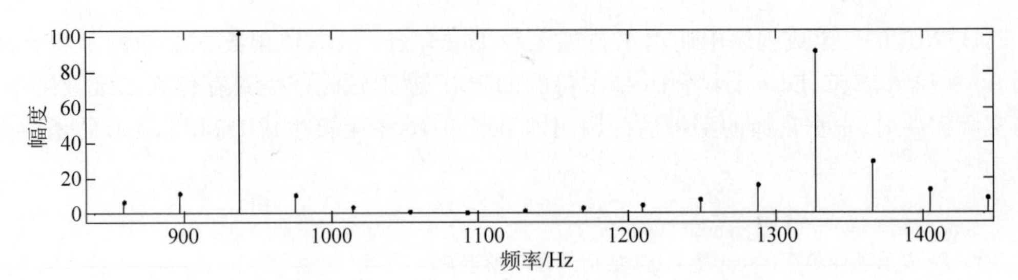

图 9.1.3　字符 0 对应的双音多频信号谱分析结果

2. DTMF 信号检测

DTMF 信号在传输过程中会受到噪声和干扰的影响，为了减少噪声和干扰的影响，在对 DTMF 信号进行检测之前需要进行带通滤波。

由于双音多频信号的最低频率为 697Hz，最高频率为 1633Hz，所以滤波器的通带范围可以设置为 600～1700Hz。滤波器类型可以是 IIR 数字滤波器或 FIR 数字滤波器，这里设计一个以巴特沃斯滤波器为原型的 IIR 数字带通滤波器，这样可以降低滤波器的阶数，节省运算量。在进行带通滤波预处理之后，利用 Goertzel 算法进行频谱分析，然后根据 DTMF 信号和频率的映射关系，可以检测出 DTMF 信号的字符。

DTMF 信号检测程序如下：

```
Rec_DTMF = awgn(y,0,'measured');                  % 加入高斯白噪声,信噪比为 0dB
Fs = 8000;
Wp = [600 1700]/Fs * 2;                           % 滤波器的通带范围为 600～1700Hz
Ws = [300 2000]/Fs * 2;                           % 阻带范围为小于 300Hz 和大于 2000Hz
Rp = 1;                                           % 带通滤波器的通带最大衰减为 1dB
Rs = 30;                                          % 带通滤波器的阻带最小衰减为 30dB
[n,Wp] = buttord(Wp,Ws,Rp,Rs);                    % 求出巴特沃斯滤波器的阶数
[b,a] = butter(n,Wp)                              % 利用巴特沃斯滤波器设计 IIR 数字滤波器
    FilterOut = filtfilt(b,a,Rec_DTMF);           % 对信号进行带通滤波器
    Nt  =  205;                                   % 设置 Goertzel 算法的长度
    LowFre =  [697 770 852 941];                  % DTMF 低频率组
    HighFre =  [1209 1336 1477 1633];             % DTMF 高频率组
    original_f  =  [LowFre(:);HighFre(:)];        % 构成高低频数组
    K  =  round(original_f/Fs * Nt);              % 计算谱分析后高低频对应的谱线位置
    estim_f  =  round(K * Fs/Nt);                 % 近似的频率值
    % 对 DTMF 信号进行 Goertzel 算法运算
for i = 1 : length(FilterOut)/800
tone = FilterOut(800 * (i - 1) + 500:800 * (i - 1) + 500 + Nt - 1);
    ydft  =  goertzel(tone,K + 1);                % 进行 Goertzel 算法运算
    [v1,uk1] = max(ydft(1:4));                    % 在低频区间寻找一个最大值
    [v2,uk2] = max(ydft(5:8));                    % 在高频区间寻找一个最大值
    f1 = LowFre(uk1);                             % 对应低频区间的频率
    f2 = HighFre(uk2);                            % 对应高频区间的频率
    Fum(:,i) = [f1 f2];                           % 每段 DTMF 信号的频率成分[f1 f2]
    switch(f1);                                   % 用 f1 来判断
```

```
case{697};                          % f1 = 697
switch(f2);                         % 用 f2 来判断
    case{1209};                     % f2 = 1209
        taste = '1';
    case{1336};                     % f2 = 1336
        taste = '2';
    case{1477};                     % f2 = 1477
        taste = '3';
    case{1633};                     % f2 = 1633
        taste = 'A';
end
case{770};                          % f1 = 770
switch(f2);                         % 用 f2 来判断
    case{1209};                     % f2 = 1209
        taste = '4';
    case{1336};                     % f2 = 1336
        taste = '5';
    case{1477};                     % f2 = 1477
        taste = '6';
    case{1633};                     % f2 = 1633
        taste = 'B';
end
case{852};                          % f1 = 852
switch(f2);                         % 用 f2 来判断
    case{1209};                     % f2 = 1209
        taste = '7';
    case{1336};                     % f2 = 1336
        taste = '8';
    case{1477};                     % f2 = 1477
        taste = '9';
    case{1633};                     % f2 = 1633
        taste = 'C';
end
case{941};                          % f1 = 941
switch(f2);                         % 用 f2 来判断
    case{1209};                     % f2 = 1209
        taste = '*';
    case{1336};                     % f2 = 1336
        taste = '0';
    case{1477};                     % f2 = 1477
        taste = '#';
    case{1633};                     % f2 = 1633
        taste = 'D';
end
end
    B(i) = taste;                   % 存放检测到的字符
end
disp(['接收端检测到的号码为:' B]);
```

图 9.1.4 分别给出了含加性高斯白噪声的 DTMF 信号经过带通滤波前后的时域波形。DTMF 信号检测程序运行后，结果为“接收端检测到的号码为 02584613907”。这个结果和输入电话号码是一致的，证明了上述检测方法的有效性。此外，也可以观察 Goertzel 算法检测得到的二维频率数组 Fum，结果如下：

```
低频：941    697    770    852    770    770  697    697    852    941    852
高频：1336   1336   1336   1336   1209   1477 1209   1477   1477   1336   1209
```

每列对应 1 个字符，这正是“02584613907”共 11 个字符对应的频率成分。

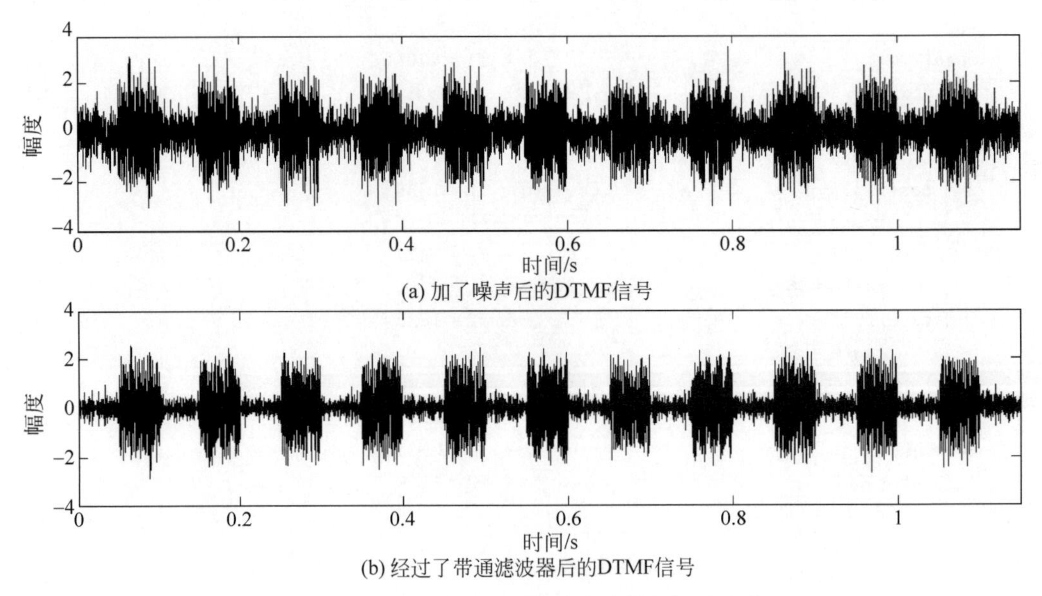

图 9.1.4　DTMF 信号经过带通滤波前后的时域波形

9.2　数字通信中的应用

在数字通信中，提高频谱利用率是大多数系统的追求目标，如何在有限的频谱内实现高效的数据传输是需要解决的核心问题。正交频分复用(OFDM)作为一种典型高效传输技术，能够对频谱资源进行最大化利用，极大地提高数据传输速率；而且可以采用 IFFT 和 FFT 来实现，复杂度较低，因而广泛应用于各种无线通信系统。

下面简要介绍 OFDM 基本原理、信号特点以及循环前缀(CP)设计，然后探讨基于 IDFT 和 DFT 的实现方法，最后以短波 OFDM 传输为例进行 MATLAB 仿真验证。

9.2.1　正交频分复用基本原理

正交频分复用利用一系列正交子载波实现数据的高速传输，是实现过程最为简单、应用最为广泛的高效多载波传输方法，如 4G 移动通信系统下行传输、短波通信高速传输均采用了 OFDM 技术。

OFDM 技术具有如下特点：

(1) 利用串/并转换，将高速串行的数据流转化为多路相对低速的数据流，分别在多个正交的子载波上并行传输，这些子载波共享系统带宽。

(2) 通过插入保护间隔，减小符号间串扰和子载波间干扰，如多径衰落引起符号间相互重叠、子载波间相互干扰，从而保留子载波的正交性。

(3) 发送数据符号配置在频域的每个子载波对应谱线上，可利用 IDFT 生成时域信号发送；接收时通过 DFT 恢复信号频谱，提取每个子载波上的符号信息。

1. OFDM 信号与频谱

图 9.2.1 给出了 OFDM 与频分复用(FDM)、单载波(SC)信号的频谱示意图。与 SC 信号相比，FDM 信号包含多个载波，且主峰不重叠；而 OFDM 信号多个载波主峰相互交叠，在相同带宽内拥有更多的子载波数，具有更高的频谱利用率。同时也注意到，尽管 OFDM 信号子载波主峰两侧重叠，但是每个子载波峰值位置正好对应到其他子载波的零点位置，而这正是子载波正交特性的体现，为频域上独立提取子载波上携带的数据符号信息提供了便利条件。

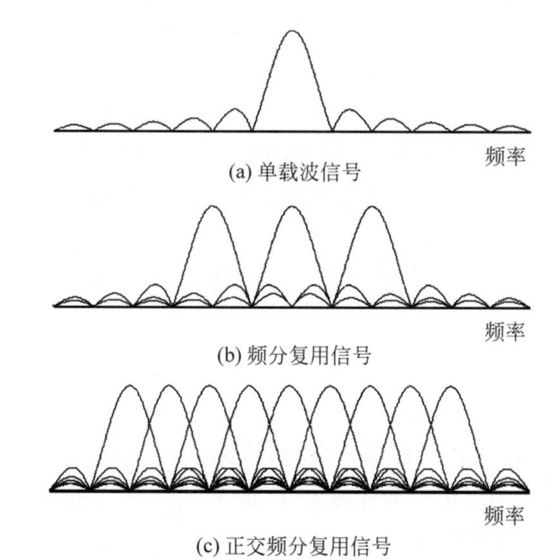

图 9.2.1 单载波、频分复用与正交频分复用的频谱示意图

假设 OFDM 信号包含 K 个子载波，对应频率为 $f_k(k=0,1,\cdots,K-1)$，子载波上携带的数据符号为 d_k，由发送比特映射而成，典型值为 $1,-1,j,-j$。那么 OFDM 信号可以表示为

$$s(t)=\sum_{k=0}^{K-1}d_k \mathrm{e}^{\mathrm{j}2\pi f_k t} \tag{9.2.1}$$

图 9.2.2 给出了 OFDM 信号的生成框图。这里 $s(t)$ 从广义上看是复数信号，由包含数据符号信息的低频载波成分组成，可以理解为基带信号。实际系统中 $s(t)$ 通常还会

乘以系统载波，将频谱搬移到更高的频段上再发送射频信号。需要说明的是，图 9.2.2 中每个子载波上的数据符号 d_k 相对独立，可以有不同的符号集，以适配对应子信道的质量情况。例如，高信噪比的子信道采用高速率、大范围的符号集，而低信噪比的子信道采用低速率、小范围的符号集进行传输，或者不传输。

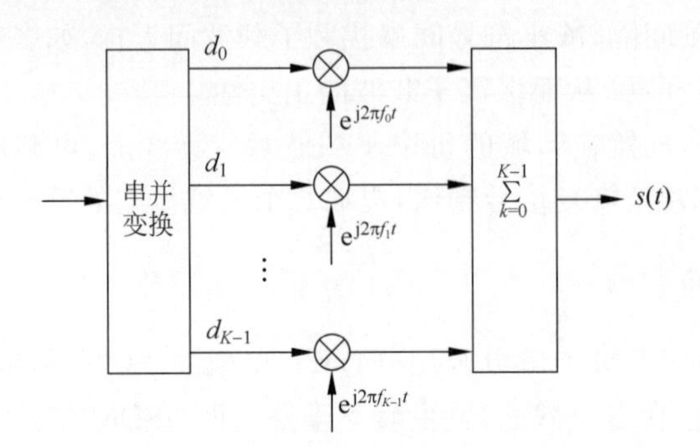

图 9.2.2　OFDM 信号的生成框图

考虑到数据符号发送要持续一定的时间，称为 OFDM 符号周期，记为 T。为了保持子载波正交性，设置子载波的频率间隔相同，令 $f_k=f_0+k\Delta f$，f_0 为基准子载波，Δf 为频率间隔，且 $\Delta f=1/T$，那么子载波正交特性可表述为

$$\frac{1}{T}\int_0^T \mathrm{e}^{\mathrm{j}2\pi f_k t}\mathrm{e}^{-\mathrm{j}2\pi f_m t}=\begin{cases}1, & m=k\\ 0, & m\neq k\end{cases} \tag{9.2.2}$$

由式(9.2.2)可见，在 OFDM 信号的符号周期内，只有相同的子载波共轭积分不为零，而不同子载波的共轭积分结果为零。这意味着，在保证频率和符号起始位置准确的情况下，从 OFDM 信号中，每个子载波可以提取属于自己的数据符号信息。这种并行发送、正交接收的处理方式，充分表明 OFDM 信号具备很高的频谱利用率，可以提高数字通信系统的有效性。

2. 多径信道下的循环前缀设计

为了有效对抗无线信道多径时延的影响，消除符号间的相互串扰，需要在 OFDM 符号之前插入保护间隔(GI)，并且保护间隔时间长度一般大于最大多径时延，这样前一个符号的多径分量就不会对下一个符号造成干扰。保护间隔可以不传输任何信号，留一段空白时段；但这种情况下信号时断时续，发送端功放实际发射效率受到影响，接收端同步也有一定困难。为此，通常在保护间隔内插入循环前缀，将每个 OFDM 符号的后面部分样点复制后，填充到保护间隔内。

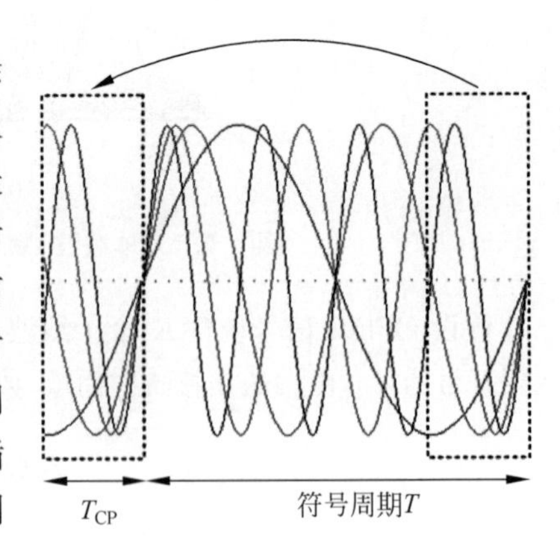

图 9.2.3　OFDM 符号插入循环前缀示意图

图 9.2.3 给出了 OFDM 符号插入循环前缀的

示意图。由于符号周期 T 内每个子载波相互正交，其时域正弦波形或余弦波形为包含整数个周期，循环前缀与OFDM符号的交接点能够无缝衔接，不存在间断或突跳，因而有利于连续发射和信号同步。循环前缀和原OFDM符号构成一个OFDM符号帧，实际总长度为 $T_s=T_{CP}+T$，其中 T_{CP} 为循环前缀时间。

在多径信道中，OFDM符号多径分量向后延迟一定时间，结合图9.2.3中可以看出，只要多径时延 $\tau\leqslant T_{CP}$，在原符号周期 T 内，每个子载波的多径分量仍是连续的，且包含整数个周期，子载波间的正交性依然成立，可以完全克服多径的影响。这充分说明插入循环前缀是OFDM抗多径的有效方式；当然也付出一定代价，主要是占用时间开销，降低传输效率。

9.2.2 基于IDFT/DFT的OFDM实现

对于式(9.2.1)表示的OFDM连续时间信号，在满足时域采样定理的条件下，可以由采样后的离散时间信号来恢复发送数据符号。为推导方便，不妨设基准子载波 $f_0=0$，即以直流成分为基准，那么 $f_k=k\Delta f=k/T(k=0,1,\cdots,K-1)$。若实际OFDM信号中没有某个子载波，可设置相应数据符号 $d_k=0$。

设采样频率 $f_s=N/T$，且满足时域采样条件 $f_s>2f_{K-1}$，采样时刻从0开始；那么 $N>2(K-1)$，采样时刻 $t=\dfrac{n}{f_s}=\dfrac{nT}{N}(n=0,1,\cdots,N-1)$；在符号周期 T 内包含 N 个采样值，可表示为

$$s(n)=s\left(\frac{nT}{N}\right)=\sum_{k=0}^{K-1}d_k\mathrm{e}^{\mathrm{j}2\pi\frac{k}{T}\frac{nT}{N}}=\sum_{k=0}^{K-1}d_k\mathrm{e}^{\mathrm{j}\frac{2\pi}{N}kn}\tag{9.2.3}$$

由式(9.2.3)可见，与IDFT公式很像，差别是求和项只有 K 个而不是 N 个。为此，令

$$S(k)=\begin{cases}d_k, & k=0,1,\cdots,K-1\\ 0, & k=K,K+1,\cdots,N-1\end{cases}\tag{9.2.4}$$

则有

$$s(n)=\sum_{k=0}^{N-1}S(k)\mathrm{e}^{\mathrm{j}\frac{2\pi}{N}kn}=N\cdot\mathrm{IDFT}[S(k)]\tag{9.2.5}$$

上式表明，OFDM离散时间信号可以通过IDFT来实现。处理过程是：基于数据符号 d_k，根据式(9.2.4)在频域上构造出 $S(k)$，然后通过IDFT计算出 $s(n)$。

同样，在接收端收到 $s(n)$ 后，可以利用DFT计算得到 $S(k)$，即

$$S(k)=\mathrm{DFT}[s(n)]=\sum_{n=0}^{N-1}s(n)\mathrm{e}^{-\mathrm{j}\frac{2\pi}{N}kn}\tag{9.2.6}$$

式中，$S(k)$的前 K 个值即为发送的数据符号。

在实际OFDM系统中，为便于工程实现，有以下两个方面需要注意和考虑。

1. 运用IFFT和FFT算法

为了快速计算IDFT和DFT，通常将 N 设计为2的幂次方，这样，就可运用第4章的

IFFT 和 FFT 算法来降低运算量。当然，这对 OFDM 系统设计带来一定挑战，需要对子载波数目、载波频率间隔、符号周期、循环前缀、采样频率等参数进行合理设计，使 OFDM 信号既能适配传输信道特性，又便于运用 IFFT/FFT 算法。

2. 利用共轭对称性产生实数 OFDM 信号

在某些场合下，需要产生实数 OFDM 信号。如专门 OFDM 终端设备，将数据符号转化为实数 OFDM 信号，通过线缆发送给发射机，同时处理来自接收机的实数 OFDM 信号，恢复出数据符号。

根据第 3 章 DFT 共轭对称性可知，实序列的 DFT 应具有共轭对称性。因此，频域设计 $S(k)$需满足 $S(k)=S^*(N-k)$，式(9.2.4)调整为

$$S(k)=\begin{cases} d_k, & k=0,1,\cdots,K-1 \\ 0, & k=K,\cdots,N-K \\ d_{N-k}^*, & k=N-K+1,\cdots,N-1 \end{cases} \tag{9.2.7}$$

式中：$()^*$ 表示复共轭。

按照式(9.2.7)构造后，进行 IDFT 计算得到的序列 $s(n)$即为实序列。第 3 章共轭对称性的 MATLAB 仿真也验证了上述结论。

9.2.3 多径信道下 OFDM 传输仿真

本小节以短波数字通信为例，介绍 OFDM 传输波形和参数设计，并基于 IFFT 和 FFT 进行多径传输仿真验证。

1. 短波 OFDM 传输波形

基于 OFDM 技术，短波 3kHz 信道带宽内可设计 39 个子载波传输数据，结合信道编码、交织等措施，经标准化后，成为最具代表性的短波数据传输体制，称为多载波并行或多音并行，数据速率为 75～2400b/s。

短波 39 个数据音并行传输波形的子载波配置如图 9.2.4 所示。子载波序号范围设计为 6～50，频率间隔为 56.25Hz；第 12～50 个子载波为数据音，携带数据符号信息，频率分别为 $f_{12}=675\text{Hz},\cdots,f_{50}=2812.5\text{Hz}$，共 39 个数据音。第 7 个子载波为多普勒音，幅度为数据音的 2 倍，专门用于频偏同步跟踪和校正，频率 $f_7=393.75\text{Hz}$；因此，信号占用带宽介于 300～3000Hz，符合短波信道带宽 3kHz 划分标准。

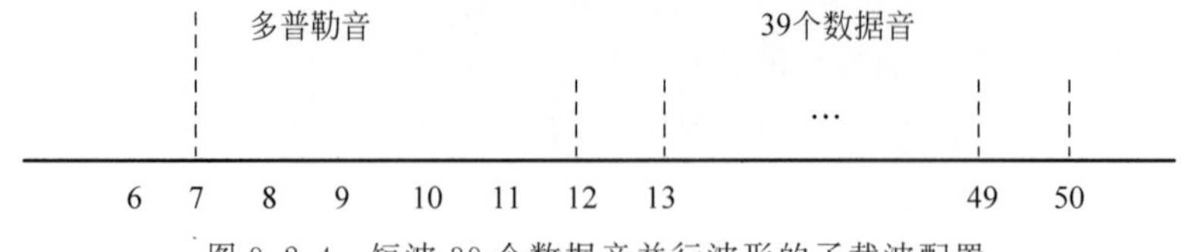

图 9.2.4 短波 39 个数据音并行波形的子载波配置

根据上述基本设计可知，频率间隔 $\Delta f=56.25\text{Hz}$，子载波序号最大为 50，即 $K=51$。因此，IDFT 点数可取 $N=128$，采样频率 $f_s=N\cdot\Delta f=7200(\text{Hz})$，满足时域采样定理；符号周期 $T=1/\Delta f=17.8(\text{ms})$；循环前缀时间设置为 $T_{CP}=4.7\text{ms}$，以适应短波多径信道传输要求，对应采样点数为 34。这样，OFDM 符号帧的时间长度 $T_s=T_{CP}+T=22.5(\text{ms})$，对应采样点数为 162。

短波数据传输以 OFDM 符号帧的方式进行发送，每帧包含循环前缀和 OFDM 符号。利用同一个子载波上前后帧的数据符号相位变化来携带比特信息，如 2bit 信息组合按照映射关系 00→1，01→j，11→−1，10→−j，生成对应的数据符号值，再乘以前一帧数据符号后作为当前帧的数据符号，因此，每个 OFDM 符号帧可传输 78bit，并且最开始需要一个参考帧。信道传输速率为 78b/22.5ms=3466.7b/s，考虑信道编码等措施，信息速率最高达到 2400b/s。

2. 典型两径信道下的 MATLAB 仿真

例 9.2.1 按照短波 39 个数据音并行波形传输格式和参数，试通过 MATLAB 编程，仿真实数 OFDM 信号的发送和接收过程。仿真条件：数据符号集为{1，−1，j，−j}，随机产生 2bit 组合映射得到发送数据符号；两径信道，路径幅度相同，时延为 1ms。

解：

```
% 主程序 Ch9_2_1.m
clc;close all
K = 39;                                              % 数据子载波数
N = 128;nCP = 34;                                    % IFFT 点数、循环前缀 CP 长度
fs = 7200;fd = 393.75;                               % 采样频率和多普勒频率
nFrame = 2;                                          % OFDM 符号帧数目,> = 2
sn_all = [];                                         % 存储 OFDM 帧信号,含 CP
%%%%%%%%%%%%%%%%%%%%%%%%%%%%%%%%%%%%%%%%%%%%%%%%%%%%%%%%%%%%%%%%%
% 1)生成 OFDM 符号帧并发送
dk_snd = randint(nFrame - 1,K,[0 3]);                % 随机产生 0~3,对应 2bit 信息组合
dk_sym = exp(j * pi/2 * dk_snd);                     % 映射 K 个数据符号 1, - 1,j, - j
dk = ones(1,K);                                      % 参考帧,全 1 或随机符号
for nF = 1:nFrame                                    % 参考帧 + 数据帧
    % a) 配置数据和多普勒子载波
    Sk = zeros(1,N);                                 % 频域 S(k) = 0
    Sk(13:51) = dk;                                  % 配置 39 个数据子载波
    Sk(8) = 2;                                       % 配置多普勒子载波
    % S(k)共轭对称, 注意:MATLAB 数组序号从 1 开始.
    Sk(N: - 1:N - N/2 + 2) = conj(Sk(2:N/2));        % S(N - k) = conj(S(k)),k = 1...N/2 - 1
    % b)利用 IFFT 产生实 OFDM 信号
    sn = ifft(Sk,N);                                 % IFFT 产生 s(n)
    % c)增加循环前缀
    sn_CP = [sn(N - nCP + 1:N) sn];                  % CP 长度 34 点
    sn_all = [sn_all sn_CP];                         % 备份时域信号
    % d)更新数据符号 dk
    if nF < nFrame
        dk = dk. * dk_sym(nF,:);                     % 随机数据符号
```

```
        end
    end
    figure(1);
    subplot(2,1,1);stem(0:N-1,real(Sk),'b.');
    xlabel('k');ylabel('S(k)实部'); title('频域共轭对称配置 S(k),N=128');
    grid on;axis([0 N-1 -2 2]);
    subplot(2,1,2);stem(0:N-1,imag(Sk),'b.');
    xlabel('k');ylabel('S(k)虚部');
    grid on;axis([0 N-1 -2 2]);
    figure(2);
    subplot(2,1,1);stem(0:N+nCP-1,real(sn_CP),'b.');
    xlabel('n');ylabel('s(n)实部');title('时域 OFDM 符号帧 s(n), N=128,CP=34');
    grid on; axis([0 N+nCP-1 -0.5 0.5]);
    subplot(2,1,2);stem(0:N+nCP-1,imag(sn_CP),'b.');
    xlabel('n');ylabel('s(n)虚部');
    grid on; axis([0 N+nCP-1 -0.5 0.5]);
    %%%%%%%%%%%%%%%%%%%%%%%%%%%%%%%%%%%%%%%%%%%%%%%%%%%%%%%%%%%%%
    %2)模拟两径信道: 幅度相同,时延约 1ms
    nDelay=round(fs*0.001);                          %时延对应采样点数
    nSnd=(N+nCP)*nFrame;                             %发送总长度
    nRcv=nSnd+nDelay;                                %接收总长度
    rn_MP=zeros(1,nRcv);                             %接收的多径信号
    rn_MP(1:nSnd)=sn_all;                            %第一条路径
    rn_MP(nDelay+1:nRcv)=rn_MP(nDelay+1:nRcv)+sn_all; %第二条路径
    %%%%%%%%%%%%%%%%%%%%%%%%%%%%%%%%%%%%%%%%%%%%%%%%%%%%%%%%%%%%%
    %3)接收处理,假设收发 OFDM 符号定时同步
    Rk_all=[];                                       %按行备份 OFDM 符号 R(k)
    dk_symR=[]                                       %按行备份接收数据符号
    dk_rcv=zeros(nFrame-1,K);                        %按行备份接收 2bit 组合
    nSyn=nCP+1;                                      %参考帧同步位置
    for nF=1:nFrame                                  %参考帧+数据帧
        %a)选取纯 OFDM 符号对应信号
        rn=rn_MP(nSyn:nSyn+N-1);                     %取一个 OFDM 符号周期,长度 N
        Rk=fft(rn,N);                                %FFT 计算 R(k)
        Rk_all=[Rk_all;Rk];                          %存储频域 R(k)
        %b)利用参考帧校正幅度和相位(差分处理)
        if nF>1                                      % +eps,避免原始数据过小,除 0
            dk_curr=(Rk(13:51)+eps)./(Rk_all(nF-1,13:51)+eps);
            dk_symR=[dk_symR;dk_curr];               %存储接收数据符号
            dk_Re=real(dk_curr);                     %取实部
            dk_Im=imag(dk_curr);                     %取虚部
            %根据实虚部,逐个判别 2 比特组合
            for k=1:K
                if abs(dk_Re(k))>=abs(dk_Im(k))%比特组合 0 或 2
                    dk_rcv(nF-1,k)=1-sign(dk_Re(k));   %Re>0,判 0;否则,判 2
                else                                 %比特组合 1 或 3
                    dk_rcv(nF-1,k)=2-sign(dk_Im(k));   %Im>0,判 1;否则,判 3
                end
            end
        end
        %c)更新下一帧同步位置
        nSyn=nSyn+N+nCP;                             % +OFDM 符号帧长度
```

```
end
figure(3);
subplot(2,1,1);stem(0:N-1,real(Rk),'b.');
xlabel('k');ylabel('R(k)实部'); title('两径信道下频域 OFDM 符号 R(k),N=128');
grid on;axis([0 N-1 -4 4]);
subplot(2,1,2);stem(0:N-1,imag(Rk),'b.');
xlabel('k');ylabel('R(k)虚部');
grid on;axis([0 N-1 -4 4]);
%对比收发比特组合
[[('dk_snd: ')';int2str(dk_snd')]';[('dk_rcv: ')';int2str(dk_rcv')]']
%对比收发数据符号
figure(4);
dk_R = zeros(nFrame-1,N/2);                    %长度 N/2,便于对应 39 个数据子载波
dk_S = zeros(nFrame-1,N/2);                    %长度 N/2,便于对应 39 个数据子载波
dk_R(:,13:51) = dk_symR(1,:);                  %取接收数据符号的第一帧
dk_S(:,13:51) = dk_sym(1,:);                   %取发送数据符号的第一帧
subplot(2,1,1);stem(0:N/2-1,real(dk_S),'b.');
hold on;      stem(0:N/2-1,real(dk_R),'bo');
xlabel('k');ylabel('d_k 实部');title('39 个子载波对应的数据符号');
legend('发送符号','接收符号');
grid on;axis([0 N/2-1 -2 2]);
subplot(2,1,2);stem(0:N/2-1,imag(dk_S),'b.');
hold on;      stem(0:N/2-1,imag(dk_R),'bo');
xlabel('k');ylabel('d_k 虚部');
legend('发送符号','接收符号');
grid on;axis([0 N/2-1 -2 2]);
```

主程序 Ch9_2_1.m 仿真了 OFDM 参考帧和 1 个数据帧的发送接收处理过程,运行结果如图 9.2.5～图 9.2.8 所示。MATLAB 命令窗口输出的 2bit 信息组合如下:

```
dk_snd: 0102023012012033332120322001332202313012
dk_rcv: 0102023012012033332120322001332202313012
```

可以看出,发送的随机 2bit 组合介于 0～3 之间,经过接收处理后,能够正确恢复出 2bit 组合。

图 9.2.5 给出了 OFDM 数据帧的子载波对应数据符号配置图,实部幅度为 2 的第 7 个子载波为多普勒音,左侧第 12～50 共 39 个子载波携带数据符号,按照式(9.2.7)共轭对称方式配置得到右侧部分。通过 IFFT、插入循环前缀后,时域上一个完整 OFDM 符号帧如图 9.2.6 所示,可见 OFDM 信号为实数。

图 9.2.7 给出了 OFDM 数据帧经过两径信道后,直接按第一条路径位置提取符号周期内信号,计算 FFT 得到的子载波对应数据符号。对比图 9.2.5 可见,数据符号差异较大,基本上无法有效识别出发送数据符号,其原因是两条路径信号相互叠加造成幅度和相位发生了很大变化。

为了克服多径分量对子载波数据符号的影响,需要对幅度和相位进行校正。图 9.2.8 给出了利用前一帧作为参考进行差分处理校正后的接收符号,并与发送符号进行对比。可见两者一致,能够有效恢复发送的数据符号。这说明基于 OFDM 技术,通过合理设计发送波形和参数,并结合有效的接收处理措施,可以用于多径信道下的数据传输。

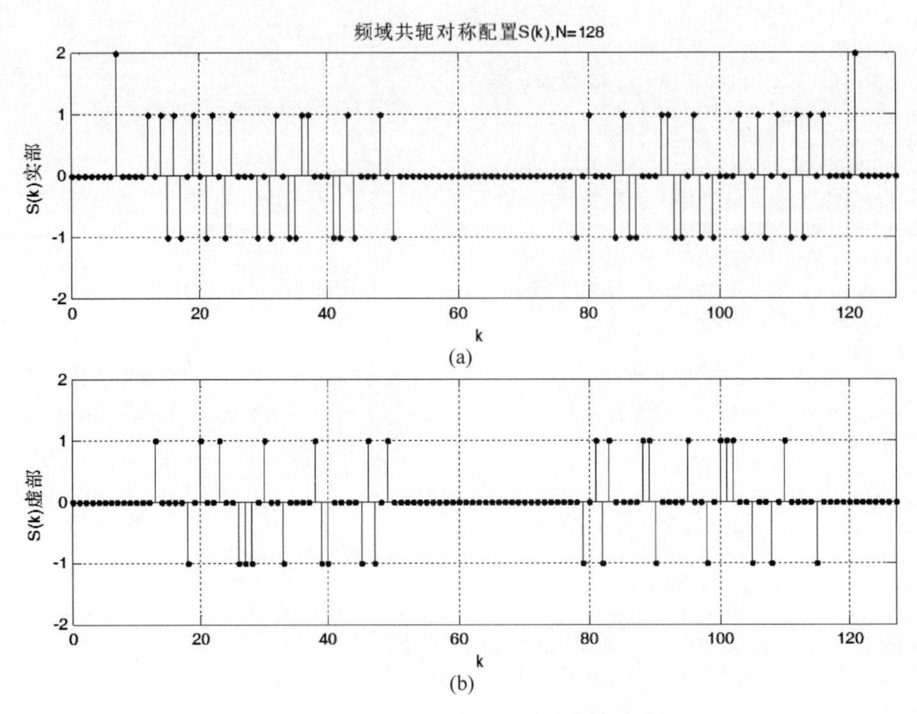

图 9.2.5　OFDM 数据帧的子载波对应数据符号配置

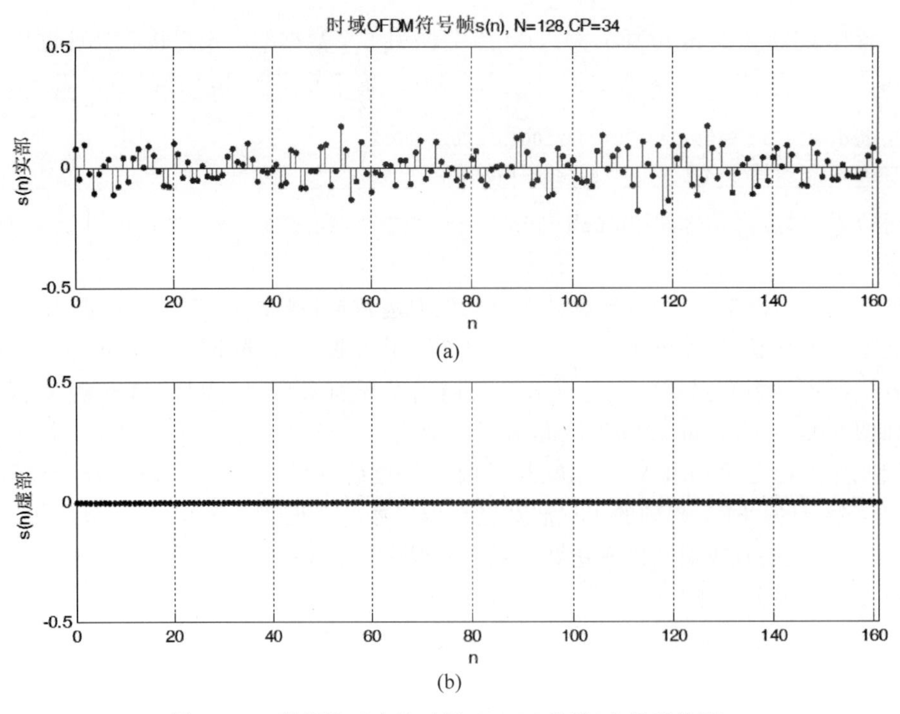

图 9.2.6　数据帧对应的时域 OFDM 信号(含循环前缀)

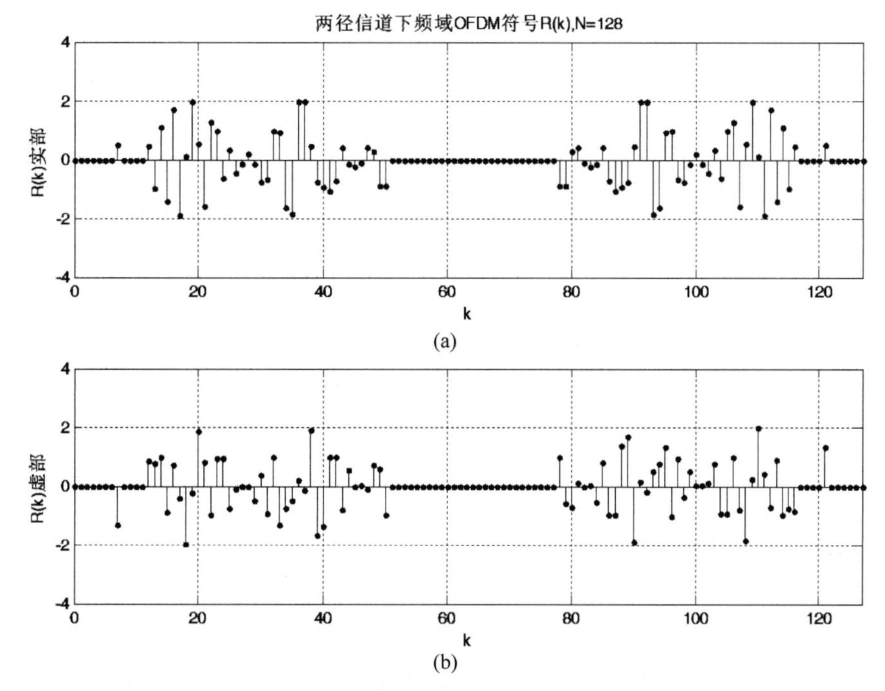

图 9.2.7　两径信道下接收到的子载波对应数据符号

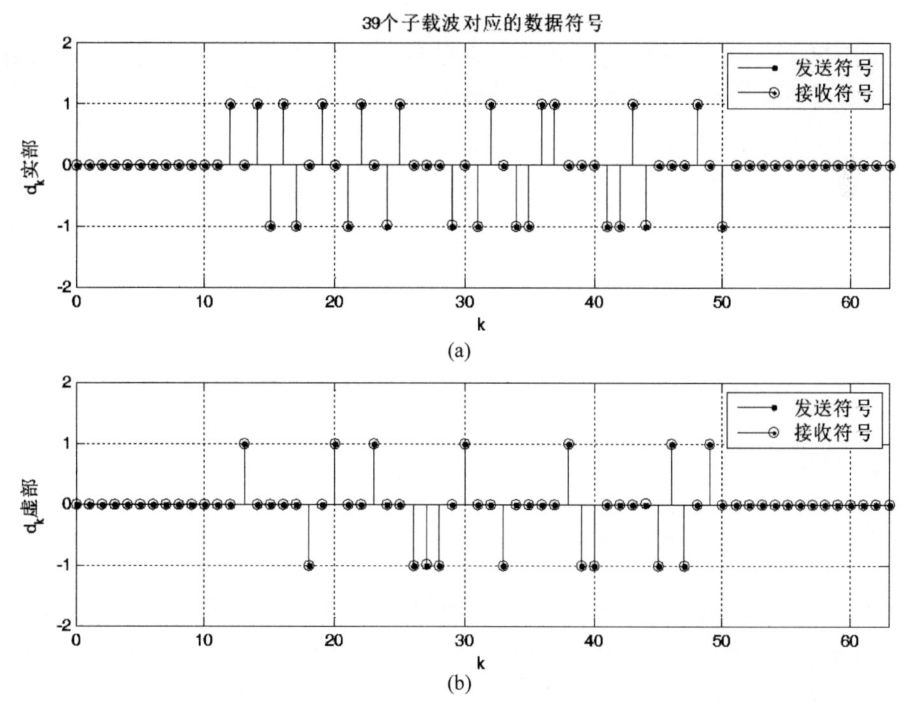

图 9.2.8　经过参考帧校正后的子载波对应数据符号

9.3 图像处理中的应用

图像处理主要对数字化图像信号进行运算处理。数字图像处理主要研究方向包括图像运算与变换、图像增强、图像复原、图像分割和图像编码压缩等。图像处理涉及的内容极其繁杂丰富,下面以图像增强的滤波处理为例,简要介绍二维 DFT 与循环卷积理论基本知识,并讨论图像滤波原理与应用实例。

9.3.1 二维 DFT 与循环卷积理论

数字图像可转换为一个数字矩阵,表示为 $f(m,n)$,其中 m 和 n 是空间二维坐标,即像素点的位置。对于灰度图像,$f(m,n)$表示坐标(m,n)处的亮度或灰度值;当为彩色图像时,一般用红、绿、蓝三基色表示,$f(m,n)$为一种基色的亮度值,因此彩色图像在任意坐标(m,n)处需要三个值表示。

前面章节已介绍 DFT 以及数字滤波器设计,处理对象都为一维序列 $x(n)$,而图像可转换为二维矩阵 $f(m,n)$,也可称为二维序列,显然不能利用一维数字信号处理方法进行图像处理。因此,下面讨论二维序列傅里叶变换、二维离散卷积等理论基础。

1. 二维离散傅里叶变换

二维序列 $f(m,n)$,其大小为 $M\times N$,不妨设 $0\leqslant m\leqslant M-1$,$0\leqslant n\leqslant N-1$,利用二维离散傅里叶变换来表示二维序列 $f(m,n)$的频谱 $F(u,v)$,即

$$F(u,v)=\sum_{m=0}^{M-1}\sum_{n=0}^{N-1}f(m,n)\mathrm{e}^{-\mathrm{j}2\pi\left(\frac{um}{M}+\frac{vn}{N}\right)},\quad 0\leqslant u\leqslant M-1,\quad 0\leqslant v\leqslant N-1 \tag{9.3.1}$$

频域矩阵 $F(u,v)$中每个点都代表了一个频率为 u、v 的函数。由式(9.3.1)可见,二维 DFT 与离散傅里叶变换非常类似,而且二维 DFT 可分离为两次一维 DFT,分离计算公式表示如下:

$$F(u,v)=\sum_{m=0}^{M-1}\left[\sum_{n=0}^{N-1}f(m,n)\mathrm{e}^{\frac{-\mathrm{j}2\pi vn}{N}}\right]\mathrm{e}^{-\frac{\mathrm{j}2\pi um}{M}} \tag{9.3.2}$$

或

$$F(u,v)=\sum_{n=0}^{N-1}\left[\sum_{m=0}^{M-1}f(m,n)\mathrm{e}^{\frac{-\mathrm{j}2\pi vm}{M}}\right]\mathrm{e}^{-\frac{\mathrm{j}2\pi un}{N}} \tag{9.3.3}$$

如图 9.3.1 所示,先按行计算长度为 N 的 DFT,再将计算结果按列计算长度为 M 的 DFT 就可以得到二维 DFT。同理,先按列计算 DFT,再按行计算 DFT 也可获得二维 DFT。

在二维 DFT 实现中,通常采用计算两次一维 FFT 来得到二维快速傅里叶变换算法。根据快速傅里叶变换的计算要求,需要图像的行数、列数均满足 2 的幂次方,如果不满足,在计算 FFT 之前先要对图像补零以满足 2 的幂次方。

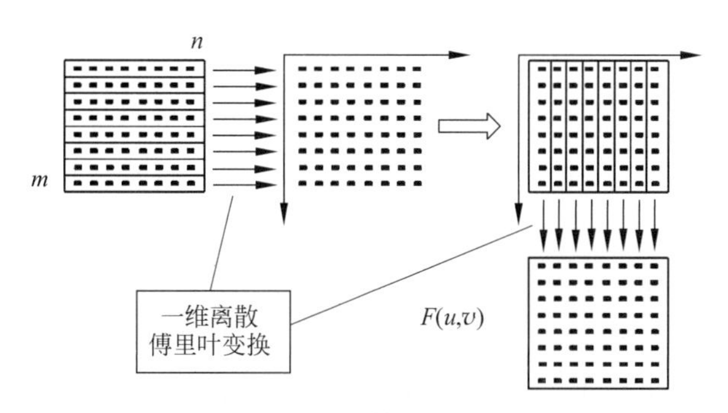

图 9.3.1　分离计算二维 DFT 流程

2. 循环移位

在前面章节中介绍了一维序列的线性移位与循环移位，对于序列 $x(n)$，其线性移位与循环移位可分别表示为 $x(n-n_0)$ 和 $x((n-n_0))_N R_N(n)$。类似地，定义二维序列 $f(m,n)$ 的线性移位和循环移位：

线性移位：

$$g_1(m,n)=f(m-m_0,n-n_0) \tag{9.3.4}$$

循环移位：

$$g_c(m,n)=f(((m-m_0))_M,((n-n_0))_N)R_M(m)R_N(n) \tag{9.3.5}$$

式中，$((n))_N$ 表示模 N 运算，即取余数运算。

通过对比可见，二维序列移位与一维序列移位思路一致，从空间上来看，二维序列包括行与列的移位，而一维序列只有行移位；与二维 DFT 实现流程类似，二维序列移位可分别通过行、列两次一维序列移位实现。另外，循环移位存在循环周期，如式(9.3.5)中，二维循环移位包含行、列两个循环周期，即行循环周期 N 和列循环周期 M。

图 9.3.2 给出二维序列 $f(m,n)$，先进行周期为 4 的行循环移位，再进行周期为 3 的列循环移位，从而实现二维循环移位。当然，也可以先进行列循环移位，再进行循环移位实现。图 9.3.3 分别给出二维序列 $f(m,n)$ 的线性移位和循环移位结果比较，可见分别在行列维度线性移位也是直接平移，循环移位是一侧移出另一侧进入，首尾相连实现循环移位。

$f(m,n)$：

m \ n	0	1	2	3
3				
2	3	−2	2	0
1	2	0	−1	1
0	−1	3	2	−2

行循环移位 ⇒ $f(m,((n-2))_4)$：

m \ n	0	1	2	3
3				
2	2	0	3	−2
1	−1	1	2	0
0	2	−2	−1	3

列循环移位 ⇒ $f(((m-1))_3,((n-2))_4)$：

m \ n	0	1	2	3
3				
2	−1	1	2	0
1	2	−2	−1	3
0	2	0	3	−2

图 9.3.2　分离实现二维序列循环移位

m \ n	0	1	2	3
3				
2	3	−2	2	
1	2	0	−1	
0	−1	3	2	

$f(m,n)$

m \ n	0	1	2	3	4
3	0	0	3	−2	2
2	0	0	2	0	−1
1	0	0	−1	3	2
0	0	0	0	0	0

$f(m-1,n-2)$

m \ n	0	1	2
2	0	−1	2
1	3	2	−1
0	−2	2	3

$f(((m-1))_3,((n-2))_3)$

图 9.3.3　二维序列线性移位与循环移位比较

3. 二维循环卷积定理

对于二维序列 $f(m,n)$和 $h(m,n)$，两者的线性卷积定义为

$$y(m,n)=f(m,n)*h(m,n)=\sum_{m_1=-\infty}^{\infty}\sum_{n_1=-\infty}^{\infty}h(m_1,n_1)f(m-m_1,n-n_1) \tag{9.3.6}$$

当二维序列的大小限制在 $M\times N$ 以内，且 $0\leqslant m\leqslant M-1,0\leqslant n\leqslant N-1$ 时，线性卷积表示为

$$y(m,n)=f(m,n)*h(m,n)=\sum_{m_1=0}^{M-1}\sum_{n_1=0}^{N-1}h(m_1,n_1)f(m-m_1,n-n_1) \tag{9.3.7}$$

二维序列的循环卷积定义为

$$\begin{aligned}y(m,n)&=f(m,n)\circledast h(m,n)\\&=\sum_{m_1=0}^{M-1}\sum_{n_1=0}^{N-1}h(m_1,n_1)f(((m-m_1))_M,((n-n_1))_N)R_M(m)R_N(n)\end{aligned} \tag{9.3.8}$$

设 $F(u,v)$、$H(u,v)$分别为二维序列 $f(m,n)$、$h(m,n)$的二维离散傅里叶变换，对二维循环卷积序列 $y(m,n)$进行二维 DFT，则有

$$\begin{aligned}Y(u,v)&=\sum_{m=0}^{M-1}\sum_{n=0}^{N-1}y(m,n)\mathrm{e}^{-\mathrm{j}2\pi\left(\frac{um}{M}+\frac{vn}{N}\right)}\\&=\sum_{m=0}^{M-1}\sum_{n=0}^{N-1}\left[\sum_{m_1=0}^{M-1}\sum_{n_1=0}^{N-1}h(m_1,n_1)f(((m-m_1))_M,((n-n_1))_N)\right]\mathrm{e}^{-\mathrm{j}2\pi\left(\frac{um}{M}+\frac{vn}{N}\right)}\end{aligned} \tag{9.3.9}$$

交换上式求和顺序，先求和 m、n，再求和 m_1、n_1，则

$$Y(u,v)=\sum_{m_1=0}^{M-1}\sum_{n_1=0}^{N-1}\left[h(m_1,n_1)\sum_{m=0}^{M-1}\sum_{n=0}^{N-1}f(((m-m_1))_M,((n-n_1))_N)\mathrm{e}^{-\mathrm{j}2\pi\left(\frac{um}{M}+\frac{vn}{N}\right)}\right] \tag{9.3.10}$$

令 $m'=m-m_1,n'=n-n_1$，进行变量代换，推导可得

$$Y(u,v)=\sum_{m_1=0}^{M-1}\sum_{n_1=0}^{N-1}\left[h(m_1,n_1)\mathrm{e}^{-\mathrm{j}2\pi\left(\frac{um_1}{M}+\frac{vn_1}{N}\right)}\sum_{m'=-m_1}^{M-1-m_1}\sum_{n'=-n_1}^{N-1-n_1}f(((m'))_M,((n'))_N)\mathrm{e}^{-\mathrm{j}2\pi\left(\frac{um'}{M}+\frac{vn'}{N}\right)}\right] \tag{9.3.11}$$

式中：二维序列 $f(((m'))_M,((n'))_N)$ 的行和列，即相对变量 n' 和 m'，分别以 N、M 为周期进行周期延拓；同时，不难证明 $\mathrm{e}^{-\mathrm{j}2\pi\left(\frac{um'}{M}+\frac{vn'}{N}\right)}$ 也相对变量 n' 和 m'，分别以 N、M 为周期进行周期延拓；那么两个相同周期二维序列相乘仍为周期的，对于周期序列求整周期的和与求和起始点无关。因此，式(9.3.11)可以表示为

$$Y(u,v)=\sum_{m_1=0}^{M-1}\sum_{n_1=0}^{N-1}\left[h(m_1,n_1)\mathrm{e}^{-\mathrm{j}2\pi\left(\frac{um_1}{M}+\frac{vn_1}{N}\right)}\sum_{m'=0}^{M-1}\sum_{n'=0}^{N-1}f(m',n')\mathrm{e}^{-\mathrm{j}2\pi\left(\frac{um'}{M}+\frac{vn'}{N}\right)}\right]$$

$$=H(u,v)F(u,v) \tag{9.3.12}$$

由此，可以得到与一维序列循环卷积定理相一致的结论，即两个二维序列的时域循环卷积，对应频域上为两个序列的二维离散傅里叶变换的乘积。这就是二维循环卷积定理。时频域对应关系可表示为

$$f(m,n)*h(m,n)\Leftrightarrow H(u,v)F(u,v) \tag{9.3.13}$$

9.3.2 图像滤波基本原理

图像滤波与前面章节学习的数字滤波概念一样，有效滤除图像中的噪声，提高图像的辨识度。图像滤波器也包括低通、高通、带通、带阻等滤波器。图像滤波实现就是把二维图像 $f(m,n)$ 与滤波器的二维函数 $h(m,n)$ 进行线性卷积滤波，在图像处理中二维滤波函数 $h(m,n)$ 通常也称为空间域函数或滤波模板，因此图像滤波也称为空间滤波。

除时域的线性卷积实现图像滤波外，也可采用二维离散傅里叶变换在频域实现图像滤波。根据式(9.3.13)二维循环卷积定理可知，频域图像 $F(u,v)$ 乘以频域滤波函数 $H(u,v)$，对应二维序列是循环卷积，不是二维线性卷积滤波。因此，利用二维 DFT 实现线性卷积，需要补零填充来确保二维循环卷积与线性卷积等价。假设 $f(m,n)$ 和 $h(m,n)$ 的大小分别为 $A\times B$ 和 $C\times BD$，通过补零构造两个大小均为 $M\times N$ 的扩展函数。可以证明，确保满足等价条件是

$$M\geqslant A+C-1,\quad N\geqslant B+D-1 \tag{9.3.14}$$

由式(9.3.14)可见，二维循环卷积与线性卷积等价条件与前面章节学习的一维等价条件类似。滤波实现的具体过程：首先将图像 $f(m,n)$ 和滤波函数 $h(m,n)$ 分别扩展大小为 $M\times N$；其次进行二维离散傅里叶变换；然后将大小为 $M\times N$ 的频域图像 $F(u,v)$ 与频域滤波函数 $H(u,v)$ 相乘；最后进行二维离散傅里叶逆变换，从而实现图像在频域滤波。

图像滤波处理中，普通照片或图像 $f(m,n)$ 的大小通常要远大于空间域函数 $h(m,n)$，比如普通照片大小为 3000×2000 左右，而空间域滤波函数通常在 10×10 以内。滤波函数较小时，在时域线性空间滤波要比频域滤波更有效，运算量更低；当滤波函数较大时，频域滤波采用 FFT 算法比时域线性空间滤波更快。

下面讨论线性空间卷积具体过程。如式(9.3.15)所示，选定像素点 (m,n)，由 $h(m,n)$ 大小决定的点 (m,n) 邻域内的像素执行运算，邻域中的每个像素乘以相应的系数并累加，从而得到点 (m,n) 处的响应，滤波过程中逐点移动像素点 (m,n)。当 $h(m,n)$ 的大小为

$M_1 \times N_1$ 时，即有 M_1N_1 个系数，这些系数被排列为一个矩阵就是滤波器的空间域函数 $h(m,n)$，通常假定 $M_1=2a+1$ 和 $N_1=2b+1$，其中 a 和 b 为非负整数。因此，空间滤波模板的大小常为奇数，尽管这并不是一个必然要求，但处理奇数尺寸的模板有一个明确的中心点，会更加直观。则线性空间卷积运算重新表示为

$$y(m,n)=h(m,n)*f(m,n)=\sum_{m_1=-a}^{a}\sum_{n_1=-b}^{b}h(m_1,n_1)f(m-m_1,n-n_1) \tag{9.3.15}$$

下面给出几种常用的空间滤波模板，包括高通、低通与均值滤波模板。

三种常用高通空间滤波模板如下：

$$h_1=\begin{bmatrix}0 & -1 & 0\\ -1 & 5 & -1\\ 0 & -1 & 0\end{bmatrix},\quad h_2=\begin{bmatrix}-1 & -1 & -1\\ -1 & 9 & -1\\ -1 & -1 & -1\end{bmatrix},\quad h_3=\begin{bmatrix}1 & -2 & 1\\ -2 & 5 & -2\\ 1 & -2 & 1\end{bmatrix} \tag{9.3.16}$$

两种常用低通空间滤波模板如下：

$$h_4=\frac{1}{10}\cdot\begin{bmatrix}1 & 1 & 1\\ 1 & 2 & 1\\ 1 & 1 & 1\end{bmatrix},\quad h_5=\frac{1}{16}\cdot\begin{bmatrix}1 & 2 & 1\\ 2 & 4 & 2\\ 1 & 2 & 1\end{bmatrix} \tag{9.3.17}$$

一种常用均值空间滤波模板如下：

$$h_6=\frac{1}{9}\cdot\begin{bmatrix}1 & 1 & 1\\ 1 & 1 & 1\\ 1 & 1 & 1\end{bmatrix} \tag{9.3.18}$$

图 9.3.4 分别为给出 h_2 高通和 h_4 低通空间滤波器的频域幅度响应图，由二维离散傅里叶变换式(9.3.1)可知，空间滤波模板为二维数据，其频率响应也是二维的。

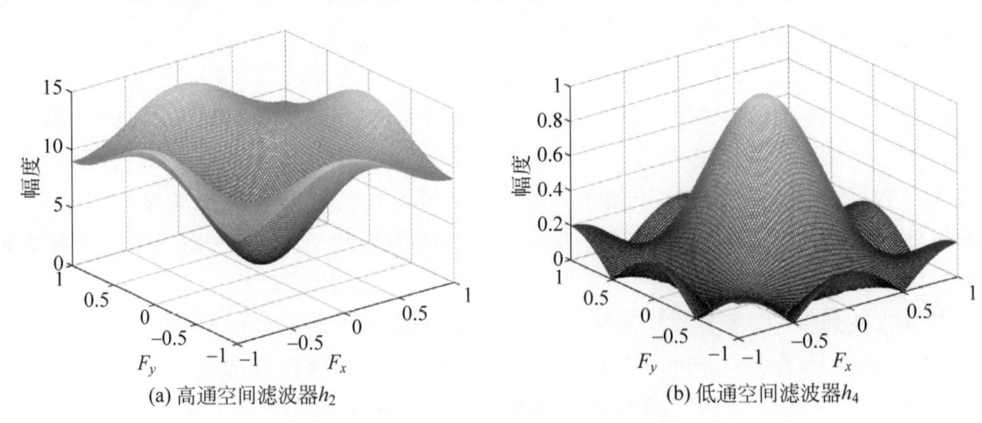

图 9.3.4　空间滤波的频域幅度特性

9.3.3 图像滤波仿真

在实际应用中对含噪声图像进行滤波处理,提高图像的辨识度。MATLAB 软件中图像处理函数非常丰富,直接调用函数进行处理。下面利用 MATLAB 读取图像,并加入高斯噪声或椒盐噪声,然后采用不同空间域滤波模板滤波,最后比较不同滤波模板的滤波效果。

涉及的 MATLAB 函数如下:

(1) imread:

格式:`A = imread(FILENAME,FMT)`

说明:imread 是读取灰度或彩色图像函数,FILENAME 为读取图像的名字;FMT 为图像的格式,如'jpg';A 为读取图像的数据,灰度图像为 $M\times N$ 的二维数据,彩色图像为 $M\times N\times 3$ 的三维数据。

(2) freqz2:

格式:`[H,Fx,Fy] = freqz2(h,Nx,Ny)`

说明:freqz2 是计算二维滤波器频率响应;h 为二维滤波器响应,即空域滤波模板;Nx 与 Ny 表示频域响应 Fx 与 Fy 的长度,Nx 与 Ny 都默认为 64。

(3) imnoise:

格式:`J = imnoise(I,TYPE)`

说明:imnoise 函数是对图像加入噪声;I 为图像数据;TYPE 为噪声类型,'gaussian'为确定高斯噪声,'poisson'为泊松噪声,'salt & pepper'为椒盐噪声。

(4) imfilter:

格式:`B = imfilter(A,H)`

说明:imfilter 多维图像滤波函数;A 为多维图像数据;H 为图像滤波响应,即空域滤波模板。

下面讨论图像处理实例,给出 MATLAB 程序和仿真结果,并进行分析。

(1) 对读取图像加入高斯噪声,并进行滤波处理。其程序如下:

```
clc;clear
I = imread('Coin_5','jpg');                    %读取图像
I = im2double(I);
figure; imshow(I,[])                           % 画出原始图像
NI_G = imnoise(I,'gaussian',0,0.01);           % 添加方差为 0.01 的高斯噪声
figure; imshow(NI_G,[])                        % 画出添加高斯噪声图像
h = [1 2 1;2 4 2;1 2 1]/16;                    % 低通空间域滤波模板
I_LP = imfilter(NI_G,h);                       % 低通空间域滤波处理
figure;imshow(I_LP)
h = [1 1 1 1 1;1 1 1 1 1;1 1 1 1 1;1 1 1 1 1;1 1 1 1 1]/25;
                                               %空域均值滤波模板
I_AVP = imfilter(NI_G,h);                      % 均值滤波
figure; imshow(I_AVP)                          % 均值滤波图像
```

图 9.3.5(a)为原始图像;图 9.3.5(b)为添加高斯噪声的图像,可见噪声较强,降低了图像的辨识度;图 9.3.5(c)为进行低通滤波的图像,可见噪声有明显的减弱;图 9.3.5(d)为均值滤波图像,进一步减弱噪声的影响,具有较好的滤波效果。可以看出,不同滤波模板对图像滤波的效果是不同的,其实际应用场合也有所不同。图 9.3.6 为高斯噪声灰度图像的滤波效果,其结论与彩色图像滤波处理的结论基本一致。

(a) 原始图像

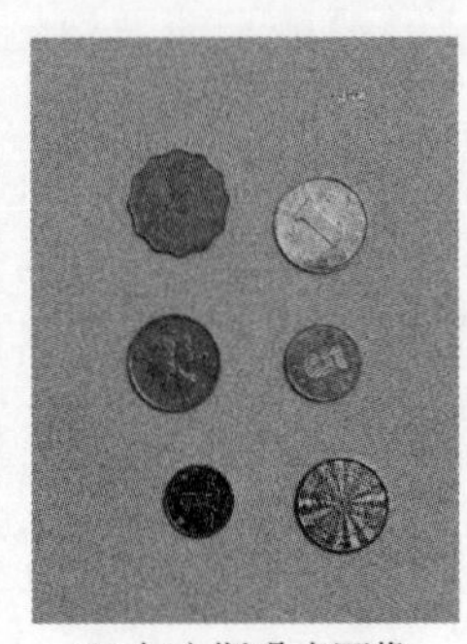
(b) 加高斯噪声图像

(c) 低通滤波图像

(d) 均值滤波图像

图 9.3.5　高斯噪声彩色图像不同滤波的效果

(a) 原始图像

(b) 加高斯噪声图像

(c) 低通滤波图像

(d) 均值滤波图像

图 9.3.6　高斯噪声灰度图像不同滤波的效果

(2) 对图像加入椒盐噪声,并进行滤波处理。其程序如下:

```
clc;clear
I = imread('Coin_5','jpg');                 % 读取图像
I = I(:,:,1);                               % 灰度图像
I = im2double(I);
R = rand(size(I));
NI_J = I;
NI_J(R<=0.01) = 0;                          % 添加椒噪声
NI_K = I;
NI_K(R<=0.02) = 1;                          % 添加盐噪声
figure;imshow(NI_J);                        % 椒噪声图像
figure;imshow(NI_K);                        % 盐噪声图像
h = [1 1 1 1 1;1 1 1 1 1;1 1 1 1 1;1 1 1 1 1;1 1 1 1 1]/25;
I_RN_J = imfilter(NI_J,h);                  % 均值滤波
```

```
figure;imshow(I_RN_J)                         % 滤波后图像
I_RN_K = imfilter(NI_K,h);                    % 均值滤波
figure;imshow(I_RN_K)                         % 滤波后图像
```

图 9.3.7 给出了添加椒噪声和盐噪声图像,并采用均值空间滤波模板进行滤波处理,从图 9.3.7(c)和图 9.3.7(d)可以看出,有效减弱了图像中的噪声。

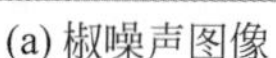

(a) 椒噪声图像

(b) 盐噪声图像

(c) 均值滤波椒噪声

(d) 均值滤波盐噪声

图 9.3.7　椒盐噪声灰度图像及均值滤波效果

图像处理技术的内容非常丰富,其应用也十分广泛,上述图像处理的例子只是极少一部分,任何一方面问题的细节讨论都可以形成专门的研究方向,有兴趣的读者可参考相关文献。

9.4　雷达测速中的应用

雷达是英文 Radar 的音译,源于 Radio detection and ranging 的缩写,意思为"无线电探测和测距",即用无线电的方法发现目标并测定它们的空间位置。雷达利用电磁波探测目标,在白天黑夜均能探测远距离的目标,且不受雾、云和雨的阻挡,具有全天候、全天时的特点,并有一定穿透能力。因此,它不仅成为军事上必不可少的电子装备,而且广泛应用于社会经济和科学研究等领域,如气象预报、资源探测、天体研究、大气物理等。本节介绍雷达测速基本原理,然后利用第 3 章中 DFT 谱分析相关知识实现连续波雷达测速,最后针对单目标和多目标测速进行 MATLAB 仿真。

9.4.1　雷达测速基本原理

雷达发射电磁波对目标进行照射并接收其回波,由此获得目标至电磁波发射点的距离、距离变化率(径向速度)、方位、高度等信息。雷达测速主要利用了多普勒效应原理。多普勒效应是指,当伽马射线、光和无线电波等振动源与观测者以相对速度 v 相对运动时,观测者所收到的振动频率与振动源所发出的频率有所不同。因为这一现象是奥地利科学家多普勒最早发现的,所以称为多普勒效应。

假设 f 为波源的原始发射频率,f' 为观测者所观测到波的频率,则多普勒效应造成

的原始频率和观测频率的差值称为多普勒频率，它与相对运动速度 v 成正比，与波长 λ 成反比。多普勒频率可表示为

$$f_{\mathrm{d}}=f-f'=v/\lambda \tag{9.4.1}$$

(1) 当波源与观测者相互靠近时，观测到波的频率大于原始频率 f，则 $f_{\mathrm{d}}<0$；

(2) 当波源与观测者相互远离时，观测到波的频率小于原始频率 f，则 $f_{\mathrm{d}}>0$。

雷达测速基本原理如图 9.4.1 所示，实线表示雷达发射的电磁波，虚线表示雷达接收的反射回波。当目标向雷达天线靠近时，反射信号频率将高于发射机频率；当目标远离天线而去时，反射信号频率将低于发射机频率。因此，通过对雷达回波信号的分析，运用数字信号处理方法提取出雷达信号频率的改变数值，即多普勒频率，从而计算出目标与雷达的相对速度。

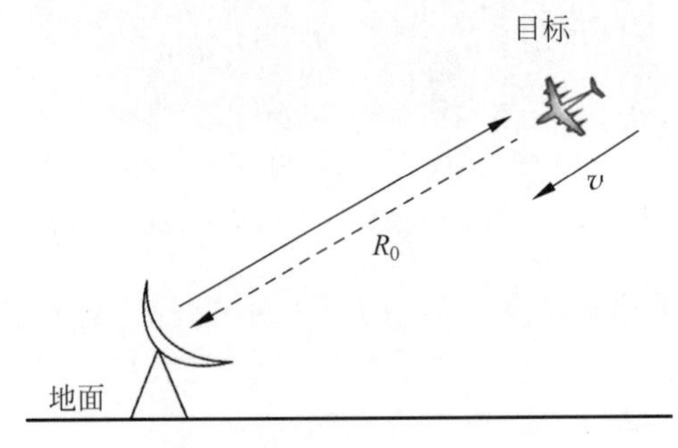

图 9.4.1　雷达测速基本原理示意图

假设目标以速度 v 向雷达运动，雷达信号发射频率为 f_0，雷达为地面固定台站，接收到的回波频率为 f_0'，则多普勒频率为

$$f_{\mathrm{d}}=f_0-f_0'=2v/\lambda \tag{9.4.2}$$

式中，λ 为雷达信号的波长，雷达信号以光速传播。

注意到，与式(9.4.1)不同，雷达信号从发送到接收到回波，实际上传播了 2 倍距离。需要说明的是，本节中为了便于说明雷达测速的基本原理，对实际场景进行了简化建模，如只考虑目标相对于雷达来说做径向运用，这种假设忽略了目标运动方向与雷达和目标连线的夹角，但不影响基本工作原理的介绍。

对于雷达测速而言，目标的速度信息包含在多普勒频率中，即体现在频域中。因此，只要对雷达回波信号在频移进行分析就可以得到多普勒频率，然后根据式(9.4.2)计算得到目标的运动速度。

9.4.2　基于 DFT 频域分析的雷达测速

假设雷达发射连续波，经过正交混频、滤波后得到的零中频回波信号可以表示为

$$y(n)=G\exp\{\mathrm{j}(2\pi f_{\mathrm{d}}nT_{\mathrm{s}}-4\pi R_0/\lambda)\}+w(n),\quad n=0,\cdots,N-1 \tag{9.4.3}$$

式中，G 为回波信号的幅度，实际上表征了雷达信号发送功率，以及从发送到反射最后接收到回波过程中无线电波的衰减，由于雷达信号一般采用较高频率，而大气对高频电磁

波的衰减很快，因此 G 的取值一般较小；T_s 为采样周期，对应于雷达信号处理系统中的采样频率 $f_s=1/T_s$；R_0 为目标与雷达的距离，因为雷达信号从发送到接收回波，实际上传播了2倍距离，即传播距离为 $2R_0$；$w(n)$为高斯加性白噪声，N 为回波信号序列长度，若设回波信号持续时间为 T，则 $N=T/T_s=Tf_s$。

值得指出的是，式(9.4.3)中为了简化表述，实际上忽略了雷达信号传输过程中观测目标位置的移动。有兴趣的读者可以进一步考虑在雷达信号传输过程中，观测目标位置变动引入的时延。

对于单个目标来说，雷达测速步骤可描述为：首先利用第3章介绍的频域分析知识，对接收到的回波信号 $y(n)$进行DFT；然后搜索频域幅度谱的峰值即可得到多普勒频率估计值 $\hat{f}_d$ 对应的谱线位置。假设得到峰值出现的位置为 k_{max}，则根据数字频率与模拟频率的对应关系可得

$$\hat{f}_d=\frac{f_s}{N}k_{max} \tag{9.4.4}$$

最后，根据式(9.4.2)计算出目标运动速度。

雷达单目标测速过程如图9.4.2所示。

图9.4.2 雷达单目标测速过程

上述雷达测速方法的结果是否准确关键在于雷达的速度分辨率，这个指标可以由谱分析中频率分辨率的概念引出。由式(9.4.2)可知，目标的速度与多普勒频率一一对应，因此测速雷达的速度分辨率与频域分析中多普勒频率的估计相关。由于频率分辨率为信号持续时间 T 的倒数，即

$$\Delta f_d=\frac{1}{T} \tag{9.4.5}$$

那么雷达的速度分辨率定义为

$$\Delta v=\Delta f_d\lambda/2=\frac{\lambda}{2T} \tag{9.4.6}$$

式中，除以2的原因仍是由于雷达信号从发送到接收回波实际传播了2倍路程。

例9.4.1 雷达信号载频 $f_0=10$GHz，系统采样频率 $f_s=1$MHz，目标速度 $v=300$m/s，目标与雷达的距离 $R_0=10$km，雷达信号回波持续时间 $T=1$ms，回波信号的幅度 $G=0.01$，假设系统信噪比为-10dB。采用MATLAB编程实现雷达测速过程。

解：根据前面介绍的雷达测速原理，首先仿真得到经过正交混频、滤波之后的零中频回波信号；然后对其进行频域分析，估计得到多普勒频率 f_d；最后转换为目标速度估计。

MATLAB仿真代码如下：

```
%例9.4.1的MATLAB程序Ch9_4_1.m
%单目标连续波雷达测速
clc; clear all;
```

```
c = 3 * 10^8;                                    % 光速
fs = 1 * 10^6;                                   % 系统采样频率
Ts = 1/fs;                                       % 采样周期
f0 = 10 * 10^9;                                  % 雷达信号载频
lambda  = c/f0;                                  % 雷达信号波长
R0 = 10 * 10^3;                                  % 目标与雷达的距离
v = 300;                                         % 目标速度
fd = 2 * v / lambda ;                            % 多普勒频率
T = 1 * 10^( - 3);                               % 回波信号持续时间
G = 0.01;                                        % 回波信号的幅度
SNR =  - 10;                                     % 系统信噪比
t = 0:Ts:T - Ts;
N = length(t);
A = G / sqrt(10^(SNR/10))/2;
%零中频回波信号
y_n = G * exp(j * (2 * pi * fd. * t  -  4 * pi * R0/lambda )) ...
 + A *  ( randn(1,N)  +  j * randn(1,N) );
%显示雷达回波信号时域波形
n = 0:N - 1;
figure();
plot(n,real(y_n));
xlabel('n');ylabel('回波信号实部');
 % DFT 变换
N1 = 1024;
Y = fft(y_n,N1);
magY1 = abs(Y) / max(abs(Y));
 %显示雷达回波信号 DFT 的幅度谱的局部图(前 100 个样值)
k = 0:99;
figure();
plot(k,20 * log10(magY1));
xlabel('k');ylabel('频域幅度');
[magY1_max,k_max] = max(magY1);                  %搜索得到幅度谱峰值及对应的位置
fd_est = fs * (k_max - 1) / N1;                  %估计多普勒频率
v_est = 0.5 * fd_est * lambda                    %计算目标运动速度
```

图 9.4.3 给出了仿真雷达回波信号时域波形的实部。可以看出，由于工作在－10dB 的低信噪比环境，雷达回波信号时域波形已经被高斯白噪声完全淹没，无法直接从时域得到目标的速度信息。

值得说明的是，由于雷达信号回波持续时间 $T=1\text{ms}$，采样频率 $f_s=1\text{MHz}$，因此采样点个数 $N=1000$。考虑采用基 2-FFT 算法，将采样点补零至 $N=1024$。然后，进行 $N=1024$ 点的 FFT，得到谱分析结果。

图 9.4.4 给出了雷达回波信号 DFT 的幅度谱。为了便于观察，图中幅度大小采用 dB 表示，画出了前 100 根谱线。可以看出，在频域上幅度谱有一个明显的峰值，如图中椭圆所示。搜索得到幅度谱峰值，其对应的位置 $k_{\max}=20$。

根据给定的仿真参数和式(9.4.4)，计算对应的多普勒频率估计为

$$\hat{f}_d=\frac{f_s}{N}k_{\max}=\frac{10^6}{1024}\times 20=19\,531.25(\text{Hz}) \tag{9.4.7}$$

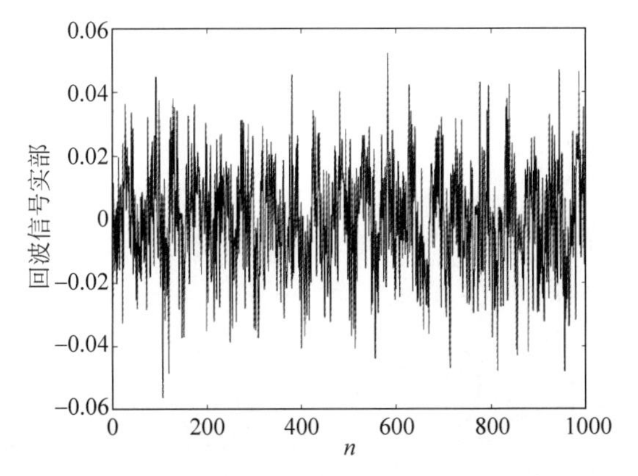

图 9.4.3 雷达回波信号时域波形的实部

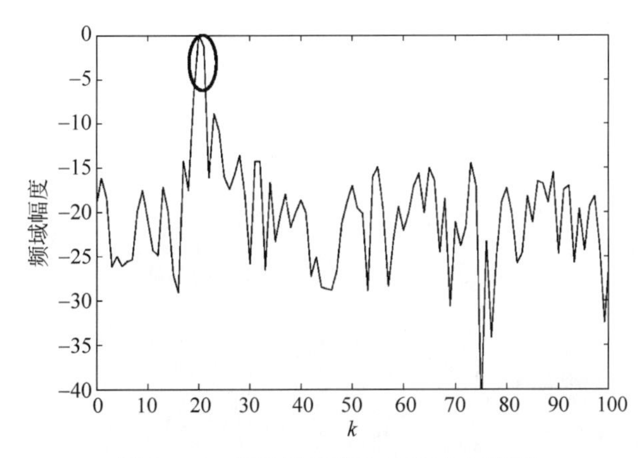

图 9.4.4 雷达回波信号 DFT 的幅度谱

根据式(9.4.2)可得目标运动速度的估计值为

$$\hat{v}=\frac{\hat{f}_{\mathrm{d}}\lambda}{2}=\frac{\hat{f}_{\mathrm{d}}c}{2f_0}=\frac{19531.25\times 3\times 10^8}{2\times 10^{10}}=292.97(\mathrm{m/s}) \tag{9.4.8}$$

计算结果与仿真设定的运动速度 $v=300\mathrm{m/s}$ 非常接近,表明上述雷达测速算法的有效性,即通过对雷达信号进行频域分析可以得到运动目标的速度信息,实现雷达测速。

同时注意到,目标运动速度估计存在一定的误差。观察式(9.4.3)可知,零中频雷达回波信号是周期为 $1/f_{\mathrm{d}}T_{\mathrm{s}}=cf_{\mathrm{s}}/(2vf_0)=50$ 的周期序列,当采用 1024 点 FFT 进行谱分析时,由于不是截取该信号的整数倍周期,因此会发生频谱泄漏。原本 $f_{\mathrm{d}}=2v/\lambda=20\,000(\mathrm{Hz})$ 的频率成分泄漏到其附近,由于栅栏效应,可观测到的多普勒频率 $\hat{f}_{\mathrm{d}}=19\,531.25(\mathrm{Hz})$。

实际上,MATLAB 中 FFT 算法也支持对非 2 的整数次幂大小的数据进行变换。也就是说,可以直接对原 1000 点的雷达回波信号进行 1000 点的 FFT,即将程序中"N1 = 1024"这一行替换成"N1 = 1000"。重新运行程序,谱分析结果如图 9.4.5 所示。可见,峰值对应的位置仍为 $k_{\max}=20$。同理,计算对应的多普勒频率和目标运动速度估计分别为

$$\hat{f}_{\mathrm{d}}=\frac{f_{\mathrm{s}}}{N}k_{\max}=\frac{10^6}{1000}\times 20=20\,000(\mathrm{Hz}) \tag{9.4.9}$$

$$\hat{v}=\frac{\hat{f}_{\mathrm{d}}\lambda}{2}=\frac{\hat{f}_{\mathrm{d}}c}{2f_0}=\frac{20\,000\times 3\times 10^8}{2\times 10^{10}}=300(\mathrm{m/s}) \tag{9.4.10}$$

计算结果与仿真设定的运动速度完全一致。这是由于取 $N=1000$ 点采样序列正好是零中频雷达回波信号的整数倍周期,避免了频谱泄漏。

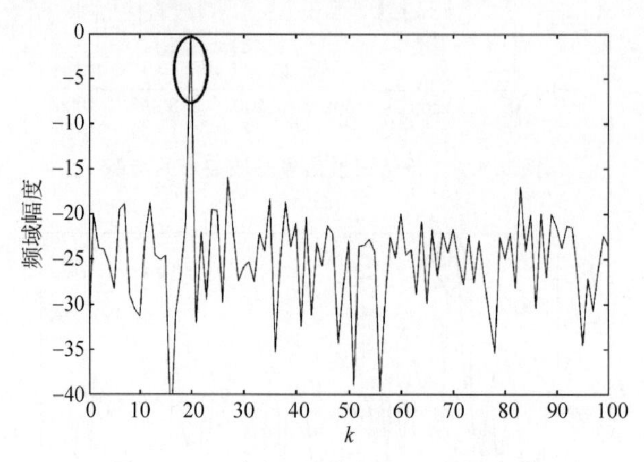

图 9.4.5　雷达回波信号 DFT 的幅度谱

9.4.3　多目标雷达测速仿真

9.4.2 节中仿真了单目标雷达测速的情况。在实际应用中常会多个运动目标同时出现在雷达信号辐射范围,这种情况如何进行频域分析处理?下面以 4 个目标为例进行雷达测速仿真。

例 9.4.2　雷达测速基本参数配置与例 9.4.1 相同,假设同时存在 4 个运动目标:第 1 个目标运动速度 $v_1=295\mathrm{m/s}$,距离 $R_1=10\mathrm{km}$;第 2 个目标运动速度 $v_2=300\mathrm{m/s}$,距离 $R_2=15\mathrm{km}$;第 3 个目标运动速度 $v_3=307\mathrm{m/s}$,距离 $R_3=20\mathrm{km}$;第 4 个目标运动速度 $v_4=450\mathrm{m/s}$,距离 $R_4=25\mathrm{km}$。采用 MATLAB 编程实现多目标雷达测速过程。

解:

MATLAB 仿真代码如下:

```
%例 9.4.2 的 MATLAB 程序 Ch9_4_2.m
%多目标连续波雷达测速
clc; clear all;
c = 3*10^8;                          %光速
fs = 1*10^6;                         %系统采样频率
Ts = 1/fs;                           %采样周期
f0 = 10*10^9;                        %雷达信号载频
lambda  = c/f0;                      %雷达信号波长
R1 = 10*10^3;                        %目标 1 与雷达的距离
```

```
R2 = 15 * 10^3;                          % 目标 2 与雷达的距离
R3 = 20 * 10^3;                          % 目标 3 与雷达的距离
R4 = 25 * 10^3;                          % 目标 4 与雷达的距离
T = 1 * 10^( - 3);                       % 回波信号持续时间
G = 0.01;                                % 回波信号的幅度
SNR = - 10;                              % 系统信噪比
v1 = 295;                                % 目标 1 速度
fd1 = 2 * v1 / lambda                    % 多普勒频率
v2 = 300;                                % 目标 2 速度
fd2 = 2 * v2 / lambda                    % 多普勒频率
v3 = 307;                                % 目标 3 速度
fd3 = 2 * v3 / lambda                    % 多普勒频率
v4 = 450;                                % 目标 4 速度
fd4 = 2 * v4 / lambda                    % 多普勒频率
t = 0:Ts:T - Ts;
N = length(t);
A = 4 * G / sqrt(10^(SNR/10))/2;
% 4 个运动目标零中频回波信号
y_n = G * (exp(j * (2 * pi * fd1. * t - 4 * pi * R1/lambda )) + ...
          exp(j * (2 * pi * fd2. * t - 4 * pi * R2/lambda )) + ...
          exp(j * (2 * pi * fd3. * t - 4 * pi * 3/lambda )) + ...
          exp(j * (2 * pi * fd4. * t - 4 * pi * R4/lambda ))) + ...
          A * ( randn(1,N) + j * randn(1,N) );
% DFT 变换
Y = fft(y_n);
magY1 = abs(Y) / max(abs(Y));
% 显示雷达回波信号 DFT 的幅度谱
k = 0:N - 1;
figure();
plot(k,20 * log10(magY1));
xlabel('k');
ylabel('频域幅度');
% 显示雷达回波信号 DFT 的幅度谱的局部图(前 200 个样值)
k = 0:199;
figure();
plot(k,20 * log10(magY1(k + 1)));
xlabel('k');
ylabel('频域幅度');
```

图 9.4.6 显示了仿真 4 个目标情况下雷达回波信号的幅度谱前 200 个样值，幅度采用 dB 表示，初步可以判断存在 2 个峰值，如图中椭圆所示，即从频域上来看，仅能估计出 2 个不同的多普勒频率。通过简单计算，第 1 个峰值对应的多普勒频率 $f_d=20\,000\text{Hz}$，对应于第 2 个运动目标的速度 $v_2=300\text{m/s}$；第 2 个峰值对应的多普勒频率 $f_d=30\,000\text{Hz}$，对应于第 4 个运动目标的速度 $v_4=450\text{m/s}$。而第 1 个目标和第 3 个目标的多普勒频率无法从幅度谱中直接估计得到。

究其原因，根据前面雷达测速原理可知，这种情况下雷达实际测速分辨率为

$$\Delta v=\frac{\lambda}{2T}=\frac{c}{2Tf_0}=\frac{3\times 10^8}{2\times 10^{-3}\times 10^{10}}=15(\text{m/s}) \tag{9.4.11}$$

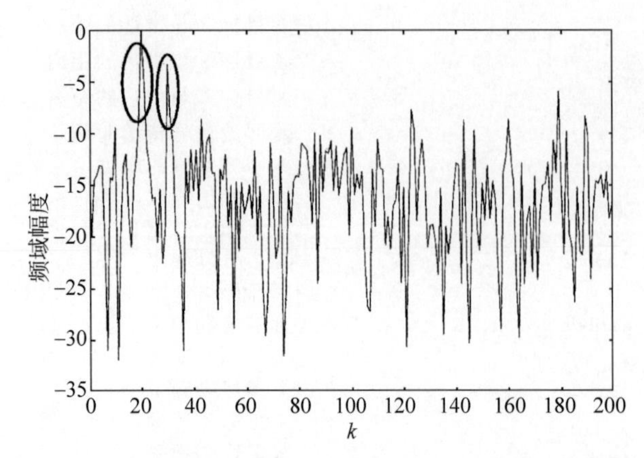

图 9.4.6　多目标情况下雷达回波信号 DFT 的幅度谱局部图

而第 1、2、3 个目标的运动速度非常接近，速度相差小于雷达的速度分辨率，因此无法区分出来。由于第 2 个运动目标的速度对应的多普勒频率正好位于峰值谱线位置上，可以估计第 2 个运动目标速度；当然第 1 个目标和第 3 个目标的频谱也会泄漏到该谱线上，无法估计出第 1 个和第 3 个运动目标速度。

根据上述分析讨论，若雷达能够识别运动速度较为接近的多个运动目标，显然需要提高速度分辨率，即提高雷达回波信号谱分析的频率分辨率。回顾第 3 章所介绍知识，频率分辨率与信号的持续时间成反比。因此，需要尽量增加信号的长度，即增加雷达回波信号的持续时间。为此，在例 9.4.2 程序的基础上，将雷达信号回波持续时间 T 由 1ms 改为 10ms，其他参数设置不变，重新进行 MATLAB 仿真。

图 9.4.7 显示了 $T=10\text{ms}$ 时 4 个目标情况下雷达回波信号的幅度谱的局部放大图，可以明显区分出 4 个峰值，位置 k 分别为 197、200、205、300，对应的目标运动速度 v 为 295.5m/s、300m/s、307.5m/s、450m/s。可见，通过增加雷达信号回波持续时间，速度分辨率从 15m/s 变为 1.5m/s，改善了雷达的速度分辨率，实现了对 3 个速度较为接近的目标的区分。

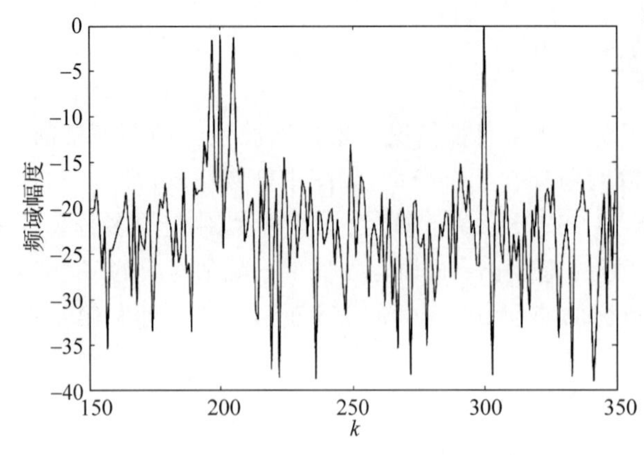

图 9.4.7　多目标情况下雷达回波信号 DFT 的幅度谱局部图（$T=10\text{ms}$）

本节以连续波雷达为例，介绍 DFT 在雷达测速中的应用。为了便于理解，对实际雷达的波形和信号处理进行了简化表述，但其处理问题的基本思想是一致的，感兴趣的读者可以进一步参考相关资料进行深入学习。

9.5 无人机系统中的应用

无人机(UAV)可以分为固定翼无人机、无人直升机以及多旋翼无人机等，其中多旋翼无人机的结构是在机身周围分布多个旋翼，通过这些旋翼提供升力，控制姿态，是目前应用最为广泛的一种无人机结构。多旋翼无人机的飞行姿态控制主要依靠微机电系统来完成，准确测量多旋翼无人机的加速度值对于提高飞行控制的准确性非常重要。本节在分析多旋翼无人机振动规律的基础上，设计 IIR 陷波滤波器来滤除除振动信号对惯性测量的不利影响。

9.5.1 无人机减振设计原理

加速度值测量一般依靠惯性测量传感器来完成，惯性测量传感器对测量环境比较敏感，在静止状态下可以获得较高的精度，但在飞行状态下旋翼电机旋转会引起振动，导致加速度测量值不准确，从而使状态估计误差增大，影响飞行姿态控制，严重时会使控制发散。

1. *多旋翼无人机振动测量方法*

多旋翼无人机振动采集与测量框图如图 9.5.1 所示。

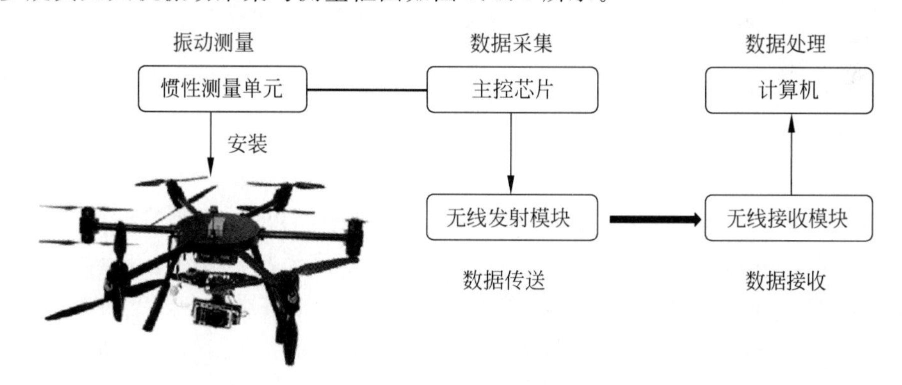

图 9.5.1 多旋翼无人机振动采集与测量框图

多旋翼无人机的惯性测量单元包含三轴加速度计，将加速度信号提供给主控芯片，再经过主控程序的 FIR 滤波、中值滤波、均值滤波等数字滤波过程处理，与陀螺仪数据进行卡尔曼滤波的融合，得到无人机的姿态角。上位计算机对采集到的振动信号进行时域和频域分析，在时域分析中进行最值、均值、方差等统计特征的计算，然后通过傅里叶变换将振动信号转化到频域，观察频域中的振动特征，分析不同频率振动的产生原因，并对比不同条件下的振动数据，得出多旋翼无人机振动频率通用分布规律。考虑以上信号处理过程涉及现代数字信号处理的内容，本节仅讨论采用数字滤波的方法消除振动信号对惯性测量的影响。

2. 无人机振动机制分析

旋转部件产生的振动一般来源于动不平衡，其振动频率等于旋转频率。但对于多旋翼无人机，除了动不平衡引起的基波分量，还包含由单个旋翼产生的周期性气动力引起的振动二次谐波，以及由多个旋翼流场相互耦合产生的二次以上谐波。四旋翼无人机的典型振动信号频谱如图 9.5.2 所示，电机旋转频率为 80Hz 左右。从图中可以看出，振动信号的基频为电机旋转频率，另外存在二次谐波分量，同时在二次波分量振动幅度比基波振动幅度较大，因此非常有必要消除这些谐波振动对惯性测量传感器的影响。

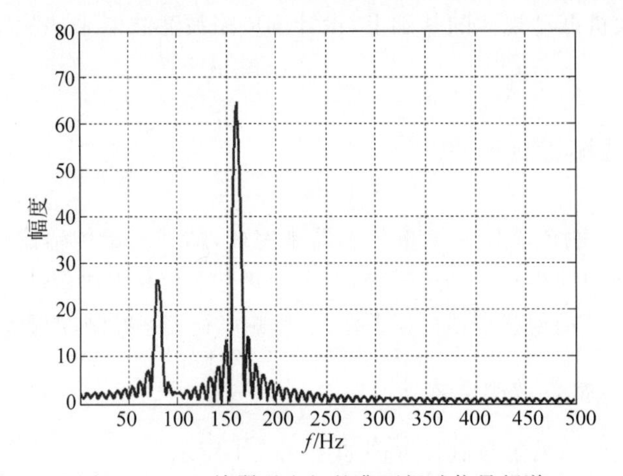

图 9.5.2 四旋翼无人机的典型振动信号频谱

9.5.2 基于数字滤波器的减振方法

根据 9.5.1 节中多旋翼无人机振动机理分析，减振设计的关键是过滤以电机旋转频率为基频且带有谐波分量的振动信号。下面将基于数字滤波器开展减振设计仿真。对振动噪声滤波，一种有效的方法是采用陷波滤波器，陷波滤波器具有设计简单、运算速度快的特点。陷波滤波器是指一种可以在某个频率点迅速衰减输入信号，以阻碍此频率信号通过的滤波器。陷波滤波器属于带阻滤波器的一种，只是它的阻带非常狭窄，其阶数必须是二阶(含二阶)以上。一个理想陷波滤波器的频率响应要在消除的频率处幅度为 0，而其他频率处幅度为 1，可以表示为

$$|H(e^{j\omega})| = \begin{cases} 1, & \omega \neq \omega_0 \\ 0, & \omega = \omega_0 \end{cases} \tag{9.5.1}$$

理想陷波滤波器在工程上是难以实现的。如前面分析，多旋翼无人机的振动干扰集中在电机旋转振动信号的几个谐波频率上，即电机旋转频率的倍频，这样采用带阻滤波

器可以精准地去除一个或几个窄频带的干扰信号，保留其他有用频带。典型二阶陷波滤波器的幅频特性曲线如图9.5.3所示。

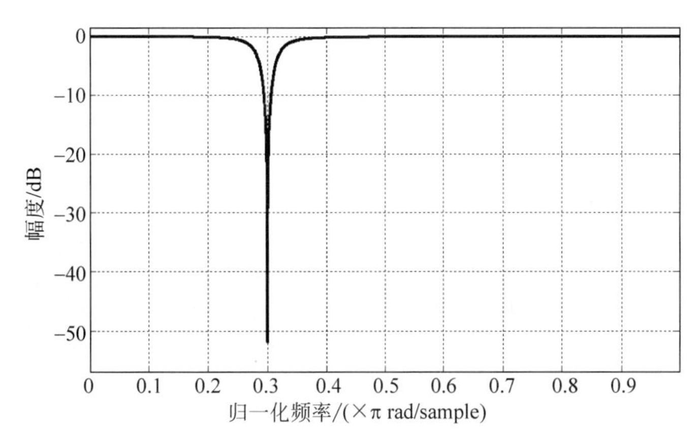

图9.5.3　陷波滤波器的幅频特性曲线图

常用陷波滤波器一般是简单的二阶IIR滤波器，其系统函数为

$$H(z)=\frac{1-(2\cos\omega_0)z^{-1}+z^{-2}}{1-(2r\cos\omega_0)z^{-1}+r^2z^{-2}} \tag{9.5.2}$$

式中，$\omega_0=2\pi f_0/f_s$ 为数字陷波频率(rad)，f_0 为模拟形式陷波频率(Hz)，f_s 为采样频率(Hz)；r 为0～1的常数，r 越接近1，表示系统函数的极点越靠近单位圆。

9.5.3　减振滤波仿真

假设旋翼无人机电机的平均转速为4800r/min，即振动频率为80Hz，要求设计一个二阶的陷波滤波器，消除电机振动的二次谐波。根据前面关于无人机电机振动的分析可知，电机振动的二次谐波频率为160Hz，因此需要消除的频率为160Hz，采样频率为1000Hz，r 取值为0.96。

数字陷波频率为

$$\omega_0=2\pi\frac{f_0}{f_s}=2\pi\times\frac{160}{1000}=0.32\pi=1.0053$$

则有

$$H(z)=\frac{1-(2\cos\omega_0)z^{-1}+z^{-2}}{1-(2r\cos\omega_0)z^{-1}+r^2z^{-2}}=\frac{1-1.0717z^{-1}+z^{-2}}{1-0.9645z^{-1}+0.81z^{-2}} \tag{9.5.3}$$

利用MALTAB工具绘制出该滤波器的幅频响应特性曲线和零极点分布图，如图9.5.4所示。

为了验证设计的陷波滤波器性能，假设电机振动信号由基频信号和二次谐波信号组成，表达式为

$$x(n)=0.4\sin\left(2\pi\frac{f_0}{f_s}n\right)+\sin\left(2\pi\frac{f_1}{f_s}n\right) \tag{9.5.4}$$

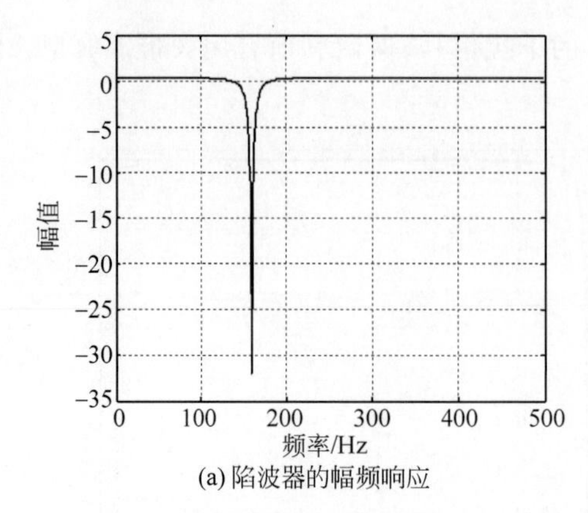

(a) 陷波器的幅频响应

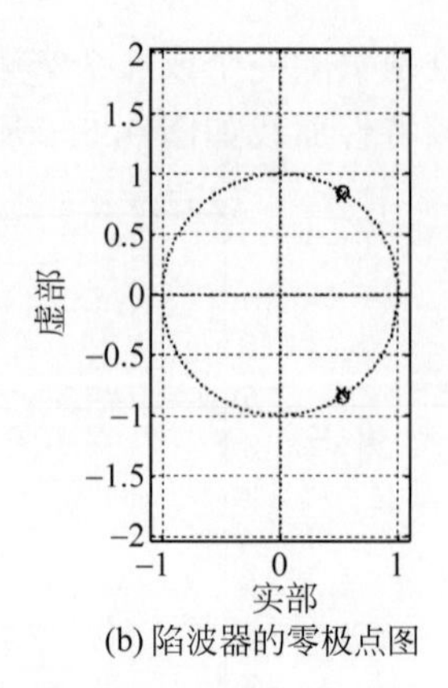

(b) 陷波器的零极点图

图 9.5.4　二阶 IIR 形式的陷波滤波器的幅频响应特性曲线和零极点分布图

式中：f_0、f_1 分别为电机振动信号的基频和二次谐波频率。

MALTAB 仿真程序如下：

```
% 主程序 Ch9_5_1.m
clear;clc
f0 = 80;fs = 1000;r = 0.96;
f1 = 160;
w0 = 2 * pi * f1/fs;
b = [1  - 2 * cos(w0) 1];
a = [1  - 2 * r * cos(w0) r * r];
N = 1024;
[H,w] = freqz(b,a,N);
subplot(121);plot(w * fs/(2 * pi),20 * log10(abs(H)));
grid on;title('陷波器的幅频响应');
xlabel('频率/Hz');ylabel('幅值');
subplot(122);zplane(b,a);grid on;title('陷波器的零极点图');
xlabel('实部');ylabel('虚部');
n = 0:N/8 - 1;
x = 0.4 * sin(2 * pi * f0 * n/fs) + sin(2 * pi * f1 * n/fs);
X = fft(x,N);
y = filter(b,a,x);
Y = fft(y,N);
f = fs/N * (0:N/2 - 1);
figure;
subplot(221);plot(n,x);grid on;
title('原信号 x(n)');xlabel('t/sample');ylabel('幅度');
subplot(222);plot(f,abs(X(1:N/2)));grid on;
title('原信号 x(n)的幅频谱');xlabel('f/Hz');ylabel('幅度');
axis([0,500,0,80]);
subplot(223);plot(n,y);grid on;
title('陷波器滤波后的信号 y(n)');xlabel('t/sample');ylabel('幅度')
subplot(224);plot(f,abs(Y(1:N/2)));grid on;
title('陷波器滤波后的信号 y(n)的幅频谱');xlabel('f/Hz');ylabel('幅度');
axis([0,500,0,80]);
```

图 9.5.5 给出了经过陷波滤波器前后的信号时域波形和频谱图。由图可以看出,已经较好地滤除了电机振动信号中的二次谐波频率。

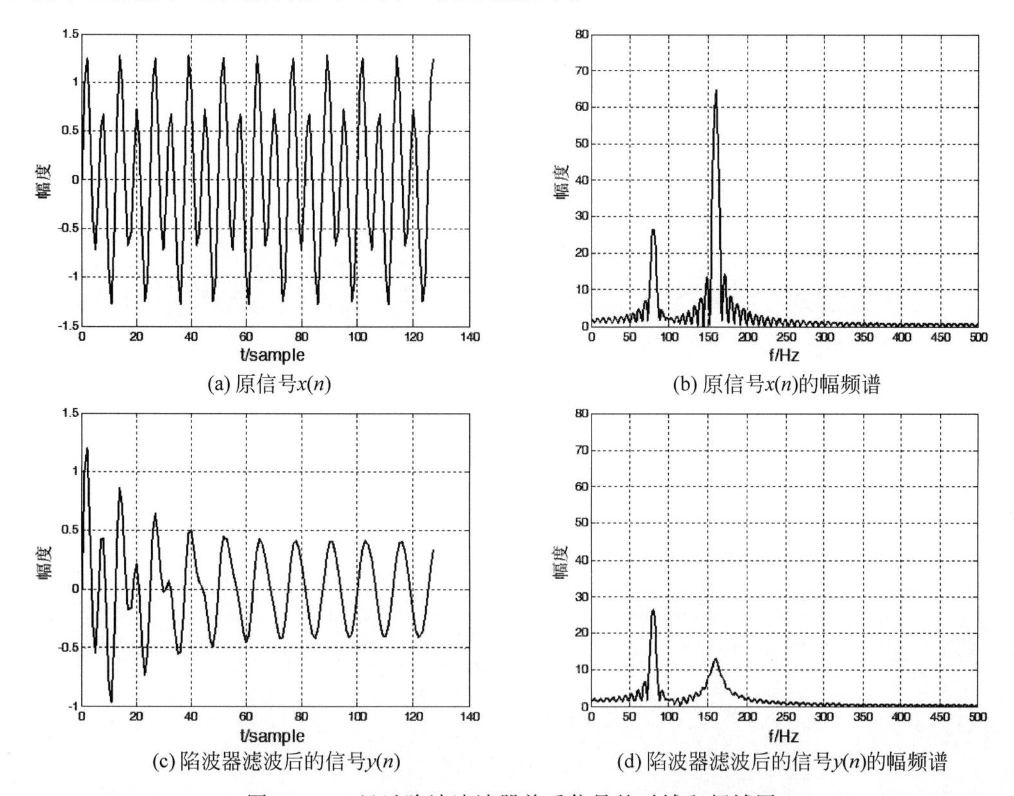

(a) 原信号$x(n)$　　(b) 原信号$x(n)$的幅频谱

(c) 陷波器滤波后的信号$y(n)$　　(d) 陷波器滤波后的信号$y(n)$的幅频谱

图 9.5.5　经过陷波滤波器前后信号的时域和频域图

第10章 数字信号处理的硬件实现

在前面的章节中主要讨论了数字信号处理的原理、应用以及 MATLAB 仿真实现，本章将介绍数字信号处理的硬件实现。20 世纪 60 年代就已经建立起比较成熟的经典数字信号处理理论体系，但是，由于计算能力和器件水平的限制，这些理论在实际工程应用中难以推广，直到数字信号处理器(DSP)的出现和快速发展，各种数字信号处理算法得以实时实现，才使相关理论成果广泛应用到实际的系统中。反过来，数字信号处理技术的普遍应用又进一步推动了新的理论发展并取得更丰富的研究成果。

10.1 概述

数字信号处理的实现可分为软件实现与硬件实现两种。以个人计算机(PC)为代表的计算机已成为最通用的学习和科研工具，人们已习惯把在通用计算机上执行信号处理的程序视为软件实现，例如数字信号处理算法的 MATLAB 仿真等，而把使用一些通用或专用 IC 芯片完成数字信号处理功能称为硬件实现。但这种区分方法又不是绝对的，因为不论用什么语言编写的信号处理程序都需要基本的硬件支持才能运行；同样，除个别特殊的数字信号处理器件外，一般硬件的信号处理装置也必须配有相应的软件才能工作。因此，信号处理的硬件和软件实际上是密不可分的。

数字信号处理的硬件实现方式一般有以下四种：

(1) 用通用的单片机实现。这种方法可用于一些不太复杂的数字信号处理，如数字控制等。

(2) 用通用可编程的数字信号处理器 DSP 芯片实现。DSP 芯片具有更加适合于数字信号处理的软件和硬件资源，可用于复杂的数字信号处理算法。

(3) 用专用集成电路(ASIC)芯片实现。在一些特殊的场合用通用 DSP 芯片难以满足运算复杂度或实时性要求，此时采用 ASIC 技术将相应的信号处理算法在芯片内部用硬件电路实现，无须进行复杂的编程。

(4) 用现场可编程门阵列(FPGA)芯片实现。FPGA 具有丰富的片内 RAM 资源，支持加法器或减法器的快速进位逻辑，有专门的乘法器阵列等，特别适合于高速数字信号处理应用场合。

DSP 芯片主要是指目前最常用的基于 CPU 架构的器件，通过软件指令的方式完成 DSP 算法。DSP 的优势是通用性和灵活性更强，有适用于各种数字信号处理算法实现的总线、存储器、乘累加单元等硬件结构和基于流水线的指令执行架构。开发人员只要将调试好的机器码放在程序 ROM 中，通过这种硬件结构能对实现各种数据处理的程序进行有效的执行。由此可知，这种可编程、可重构、可反复加载的特点是非常灵活方便的。

ASIC 芯片是专门完成某种数字信号处理算法的集成电路器件，因此在性能指标、工作速度和可靠性等方面优于 DSP，如卷积相关器 IMSA100、FFT 处理器 A41102、复乘加器组 PDSP16116、求模/相角器 PDSP16330、下变频器 HSP50216 等，其性能优势主要源于特定的算法全部由 ASIC 中的硬件电路完成。但是，由于 ASIC 芯片开发周期过长，而且有一定最小定制量的门槛要求，因此应用风险和开发成本过高，正在逐渐失去实用性。

FPGA 芯片在实现数字信号处理算法时，具有与 ASIC 相似的并行工作能力，在高速数据处理和系统实时性方面有独特的优势。例如，对 DSP 芯片需要大量运算指令完成的工作，FPGA 可能只需一个时钟周期就能完成。在灵活性方面，FPGA 具有用户可定制性以及重配置性，即可根据需要随时改变 FPGA 中构成数字信号处理系统的硬件结构来改变系统的功能、技术指标、接口定义等，灵活性远胜于 ASIC 芯片。因此，在当前数字信号处理的各个应用领域，特别是面对传统的 DSP 芯片无法克服的处理速度瓶颈，FPGA 已有了突破性的应用。

10.2 基于 DSP 芯片的硬件实现

DSP 芯片是一种特别适合于进行数字信号处理运算的微处理器，主要用于实时快速实现各种数字信号处理的算法。在 20 世纪 80 年代以前，由于受芯片器件水平和实现方法的限制，数字信号处理的理论还不能得到广泛应用。直到 80 年代初，随着低成本、高性能 DSP 芯片的诞生，才使理论研究成果广泛应用到实际的系统中，并成为许多新兴科技的重要推动力。可以毫不夸张地讲，DSP 芯片的诞生及发展对近年来通信、计算机、控制等领域的技术发展起到了十分重要的推动作用。

10.2.1 DSP 芯片及特点

1. DSP 芯片的发展

DSP 芯片诞生至今经历了以下三个阶段：

第一阶段为 DSP 的雏形阶段（1980 年前后）。在 DSP 芯片出现之前，数字信号处理只能依靠通用微处理器（MPU）来完成。由于 MPU 处理速度较低，难以满足高速实时处理的要求。1965 年 Cooley 和 Tukey 发表了著名的快速傅里叶变换算法，极大地降低了傅里叶变换的计算量，为数字信号的实时处理奠定了算法基础。与此同时，伴随着集成电路技术的发展，各大集成电路厂商为生产通用 DSP 芯片做了大量研发、生产、测试工作。1978 年 AMI 公司生产出第一片 DSP 芯片 S2811，1979 年英特尔公司发布了商用可编程 DSP 器件 Intel2920，其单指令周期为 200～250ns。此外，其他代表性器件还包括 Intel2910（Intel）、μPD7720（NEC）、TMS32010（TI）、DSP16（AT&T）、S2811（AMI）、ADSp-21（AD）等，但此类芯片由于内部没有单周期的硬件乘法器，使芯片的运算速度、数据处理能力和运算精度受到了很大限制。值得一提的是，TI 公司的第一代 DSP 芯片 TMS320C10 采用了改进的哈佛结构，允许数据在程序存储空间与数据存储空间之间传输，大大提高了运行速度和编程灵活性，在语音合成和编码解码器中得到了广泛应用。

第二阶段为 DSP 的成熟阶段（1990 年前后）。这个时期，许多著名集成电路厂家相继推出自己的 DSP 产品。例如，TI 公司的 TMS320C20/30/40/50 系列，摩托罗拉公司的 DSP5600、9600 系列，AT&T 公司的 DSP32 等。这个时期的 DSP 器件在硬件结构上更适合数字信号处理的要求，能进行乘法、FFT 和单指令滤波处理，其单指令周期为 80～100ns。TMS320C20 是 TI 公司的第二代 DSP 器件，采用了 CMOS 制造工艺，其存储容量和运算速度成倍提高，为语音处理、图像硬件处理技术的发展奠定了基础。20 世纪 80 年代后期，以 TI 公司的 TMS320C30 为代表的第三代 DSP 芯片问世，伴随着运算速度的进一步提高，其应用范围逐步扩大到通信、计算机领域。

第三阶段为 DSP 的完善阶段(2000 年以后)。这一时期各 DSP 制造商不仅使信号处理能力更加完善，而且使系统开发更加方便，程序编辑调试更加灵活，功耗进一步降低，成本不断下降。尤其是各种通用外设集成到片上，大大地提高了数字信号处理能力。这一时期的 DSP 运算速度可达到单指令周期 1～10ns，甚至小于 1ns，可在 Windows、Linux、MacOS 操作系统下直接用 C 语言编程，使用方便灵活，使 DSP 芯片不仅在通信、计算机领域得到了广泛的应用，而且逐渐渗透到人们日常消费领域。

国内对 DSP 芯片制造方面的研究起步较晚，但是发展较快，由中国电子科技集团公司第十四研究所、国睿中数科技股份有限公司、清华大学等合作开发的国产 DSP 芯片"华睿 1 号"，于 2012 年通过国家"核高基"专项验收，并已成功应用于多型雷达产品中。"华睿 1 号"芯片集成了 4 个高性能 DSP 处理器核，支持 32/64 位浮点运算和 8/16/32/64 位定点运算，具有 4MB 分布式共享二级缓存器(Cache)，以及 2 个 64 位带 ECC 的 DDR2/3 内存控制器，采用 65nm CMOS 工艺，工作主频为 550MHz，处理能力为 320 亿次 FMACS①。就技术指标而言，"华睿 1 号"性能与飞思卡尔公司的 MPC8640D、ADI 公司的 TS201 和 TI 公司的 C6701 芯片等相当。在此基础上，新推出的"华睿 2"号，采用八核异构架构设计，融合超标量结构、SIMD 向量处理、可重构加速处理等技术，芯片工作主频为 1GHz，每秒可完成 4000 亿次浮点运算，高于 TI 公司的 C6678 芯片的峰值性能。

此外，由中国电子科技集团公司第三十八研究所自主设计的"魂芯 1 号""魂芯 2 号"等系列 DSP 芯片也在通信、导航、测绘等领域得到了广泛应用。尤其是"魂芯 2 号"芯片，通过单核变多核、扩展运算部件、升级指令系统等手段，使器件性能达到千亿次浮点运算，同时，具有相对良好的应用环境和调试手段；单核实现 1024 浮点 FFT 运算仅需 1.6μs，运算效能比 TI 公司 TMS320C6678 高 3 倍，实际性能为其 1.7 倍。

目前，DSP 芯片仍然朝着更高性能方向不断发展。硬件结构方面主要是向多处理器的并行处理结构、大容量片上 RAM 和 ROM、增强 I/O 驱动能力、低功耗等方面发展。软件方面主要是综合开发平台的完善，使 DSP 的应用开发更加灵活方便。此外，单纯的 DSP 芯片已经不多见，更多的是 DSP 芯片和其他处理器集合在一起，形成一个集成度高、针对性强的片上系统(SoC)。

2. DSP 芯片的特点

数字信号处理不同于普通的科学计算与分析，它强调运算的实时性。因此，DSP 除

① FMACS(floating point multiply and accumulate operations per second)——每秒完成浮点格式的相乘和累加运算次数。

了具备普通微处理器所强调的高速运算和控制能力外，针对实时数字信号处理的特点，在处理器的结构、指令系统、指令流程上做了很大的改进。其主要特点如下：

(1) 采用哈佛结构。DSP 芯片普遍采用数据总线和程序总线分离的哈佛结构(Har Vard)或改进的哈佛结构，比传统处理器的冯·诺依曼(Von Neumann)结构有更快的指令执行速度。

冯·诺依曼结构采用单存储空间，即程序指令和数据共用一个存储空间，使用单一的地址和数据总线，取指令和取操作数都是通过一条总线分时进行的。当进行高速运算时，不但不能同时进行取指令和取操作数，而且会造成数据传输通道的瓶颈现象，其工作速度较慢。图 10.2.1 给出了冯·诺依曼结构。

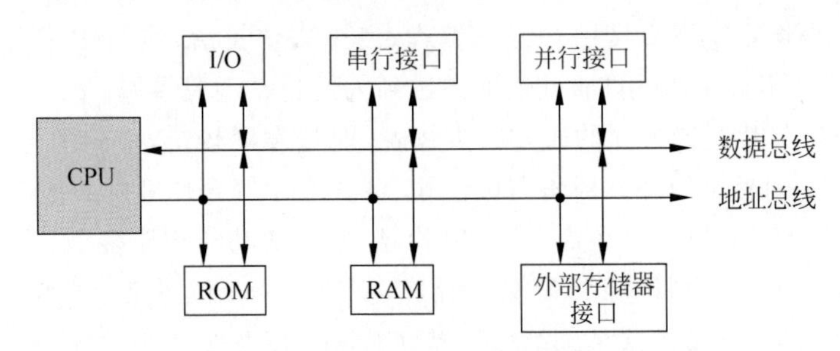

图 10.2.1　冯·诺依曼结构

哈佛结构采用双存储空间，程序存储器和数据存储器分开，有各自独立的程序总线和数据总线，可独立编址和独立访问，可对程序和数据进行独立传输，使得取指令操作、指令执行操作、数据吞吐并行完成，大大提高了数据处理能力和指令的执行速度，非常适合于实时的数字信号处理。哈佛结构如图 10.2.2 所示。

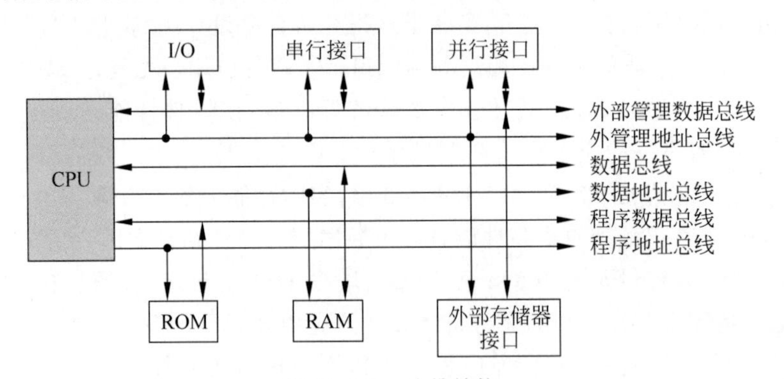

图 10.2.2　哈佛结构

改进型的哈佛结构采用双存储空间和数条总线，即一条程序总线和多条数据总线。其特点是允许在程序空间和数据空间之间相互传送数据，使这些数据可以由算术运算指令直接调用，增强了芯片的灵活性；提供了存储指令的高速缓冲器和相应的指令，当重复执行这些指令时，只需读入一次就可连续使用，无须再次从程序存储器中读出，从而减少了指令执行所需要的时间。例如，TMS320C6200 系列的 DSP，整个片内程序存储器都可以配置成高速缓冲结构。

(2) 采用流水线技术。DSP 芯片中指令的执行采用流水线方式,图 10.2.3 是三级流水线的示意图。DSP 在第 n 个时钟周期内完成对第 N 条指令取指的同时,还将完成对第 $N-1$ 条指令的译码,并同时执行第 $N-2$ 条指令。在下一个时钟周期 $n+1$,将同时完成对第 $N+1$ 条指令的取指,对第 N 条指令的译码及对第 $N-1$ 条指令的执行。这样的执行方式将依次进行下去,这种在一个时钟内同时完成多个任务的流水线工作方式将大大提高运算的速度。

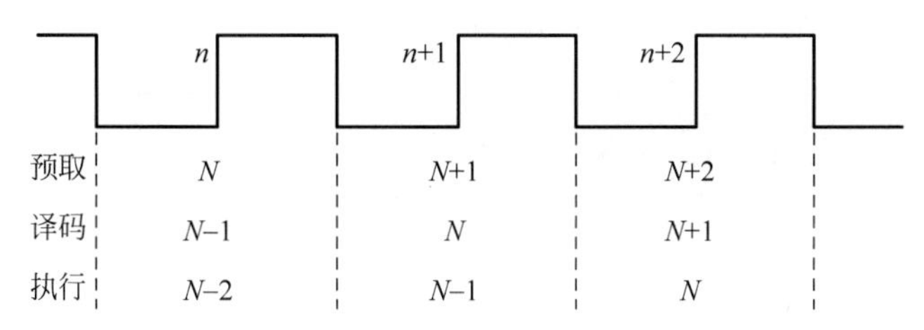

图 10.2.3　DSP 指令执行的流水线方式

(3) 配有专用的硬件乘法-累加器。为了适应数字信号处理的需要,当前的 DSP 芯片都配有专用的硬件乘法-累加器,可在一个周期内完成一次乘法和一次累加操作,从而可实现数据的乘法-累加操作,如矩阵计算、FIR 滤波和 IIR 滤波、FFT 等专用信号的处理。

(4) 有丰富的片内外设资源。为了方便数据的读、写及与片外设备的通信,DSP 芯片上一般集成有 DMA 控制器,同时片上还集成有串行通信口、定时器及中断处理器等。由于 DSP 通常具有较高的处理速度,外设的速度相对较慢,因此片上还集成有和不同速度存储器相连接的硬件和软件等待状态发生器。

(5) 具有特殊的 DSP 指令。为了满足数字信号处理的需要,在 DSP 指令系统中,设计了一些完成特殊功能的指令。如 TMS320C54x 中的 FIRS 和 LMS 指令,专门用于完成系数对称的 FIR 滤波器和 LMS 算法。为了实现 FFT、卷积等运算,当前的 DSP 大多在指令系统中设置了“循环寻址”“码位倒置”和其他特殊指令,使得在进行这些运算时,其寻址、排序的处理速度得到大幅度提高。

(6) 具有快速的指令周期。由于采用哈佛结构、流水线操作、专用的硬件乘法器、特殊的指令及集成电路的优化设计,DSP 芯片一般具有很高的时钟速度和极快的运算能力。例如,TI 公司推出的 TMS320C66x 系列 DSP 的内核速度达到 1.4GHz,提供每秒高达 40G 定点乘累加运算和 20G 浮点运算能力。

总之,先进周密的硬件设计、方便完整的指令系统、先进的开发工具,以及高速、实时信号处理市场的巨大需要,使得 DSP 微处理器在飞速发展的通信、计算机等领域中异军突起、大放光彩。

3. 定点 DSP 与浮点 DSP

按 DSP 处理器中数值的表示方式,可分为定点 DSP 和浮点 DSP 两种。早期的 DSP

大都为定点的，一般为16位或32位。采用定点数来实现数值运算时，其操作数大都采用整型数据来表示。整型数据的大小取决于所用的字长，字的位数越多，所能表示的数的范围越大。例如，对16bit字长，其表示的数的最大范围是$-32768\sim32767$。在运算过程中，如果运算结果超过这一范围，就会产生数据的溢出，从而带来大的误差。当然，定点DSP也可以实现小数运算，不过小数点的位置是由编程人员指定的。一个32位定点制格式如图10.2.4(a)所示，与此相对应，IEEE754标准定义的单精度浮点格式如图10.2.4(b)所示。

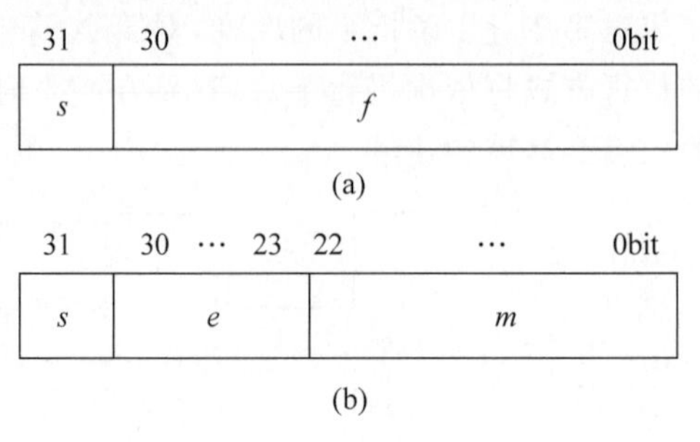

图10.2.4　数的表示

图10.2.4中，s是符号位，为第31位。$s=0$表示正数，$s=1$表示负数。对定点制，一个数x可表示为

$$x=(-1)^s\times.f$$

f为第0～30位，共31位，至于小数点在什么位置，由使用者指定。例如，一个正的十六进制数40000000H，若小数点在第0位后面，则$x=1073741824$，这时表示的数最大，但数值分辨率为1；若小数点在第31位后面，则$x=0.5$，表示的数最小，数值分辨率为$1/2^{31}$。若小数点在其他位置，同一个十六进数将又会是另一个十进制数。总之，在定点制中，小数点越靠近高位，能表示的数的范围越小，但精度越高；反之，小数点越靠近低位，能表示的数的范围越大，但精度越低。

一个浮点数x可以表示为指数和尾数的形式：

$$x=m\times2^e$$

式中，e为指数，m为尾数。尾数通常用归一化数表示。

对图10.2.4(b)的浮点制，e是指数，为第23～30位，共8位，因此其取值范围为0～255。m是尾数的分数部分，为第0～22位，共23位。因此，一个浮点数x可以表示如下：

(1) 若$0<e<255$，则$x=(-1)^s\times2^{(e-127)}\times(1+.m)$；

(2) 若$e=0,m\neq0$，则$x=(-1)^s\times2^{-126}\times(0.m)$；

(3) 若$e=0,m=0$，则$x=0$；

(4) 若$e=255$，x为无定义数据。

同样对十六进制数$x=40000000\text{H}$，$s=0$，$e=2^7=128$，m的23位全为零，所以对应十进制的$x=2$。当$s=0$，$e=254$，且m全为1时，该浮点制表示的数最大，这时$x=2^{128}$。由此可以看出，对同样的字长，浮点制所能表示的数的范围大大扩大，从而有效地避免了溢出。此外，在浮点制中数的精度是一样的，更加有利于编程。但浮点制CPU的结构要比定点制复杂，因此价格也高，这就是目前的DSP多是以定点制为主的原因。在TI公司的产品中，C1x、C2x、C5x与C2000中的C20x、C24x以及C5000系列都是16位定点DSP；而C3x、C4x是32bit浮点DSP。C2000中的C28x以及C6000中的C62x、C64x是32位定点DSP，而C67x是浮点DSP，它可工作在32位/64位两种状态。C66x中的

C6678 是多核定点/浮点 DSP，可工作在 32 位/64 位两种状态。

10.2.2 典型 DSP 芯片的结构及主要性能

尽管不同系列的 DSP 产品具有不同的特点，但在内部结构、工作方式等方面具有相似性。下面以 TI 公司的 TMS320C66x 系列为例，对 DSP 芯片的结构及主要性能进行介绍。TMS320C66x 是 TI 公司为实现低功耗、高性能而专门设计的多核定点/浮点 DSP 芯片。TMS320C66x 芯片为典型的改进型哈佛结构，图 10.2.5 为其结构图。

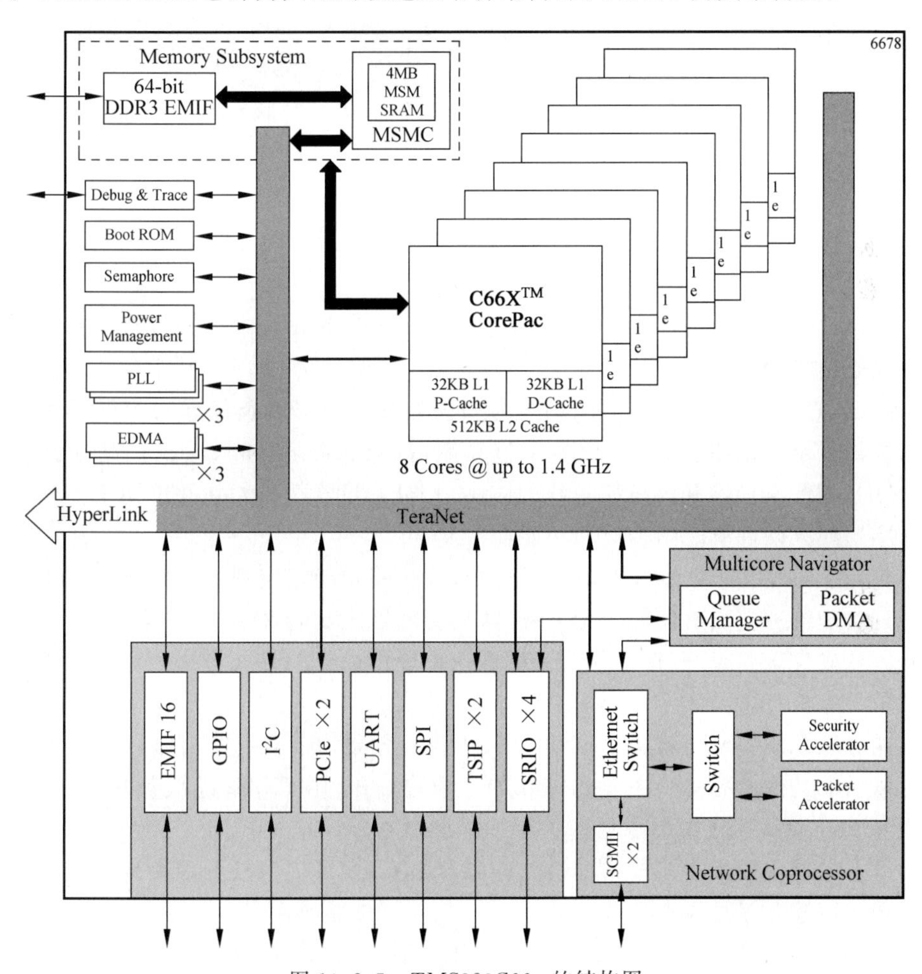

图 10.2.5　TMS320C66x 的结构图

TMS320C66x 多核 DSP 是第一代基于 Key Stone 架构的高性能的定点/浮点处理器，下面以在雷达、通信、导航中广泛应用的 TMS320C6678 多核 DSP 为例，介绍其主要特点。其主要特点如下：

(1) TMS320C6678 内部集成 8 个 C66x 内核，每个内核频率最高可达 1.4GHz。

(2) TMS320C6678 多核 DSP 支持定点、浮点运算；在 DSP 芯片主频为 1.4GHz 时，单个 C66x 内核定点运算能力为 44.8GMACS[①]，浮点运算能力为 22.4GFLOPS[②]。TMS320C6678 理论上可实现 358.4GMACS 或 179.2GFLOPS 的处理能力(内核频率为 1.4GHz)。

(3) TMS320C6678 多核 DSP 内部集成了丰富的片上存储器资源，每个 C66x 内核都拥有 32KB 的 L1 程序缓存、512KB 的 L2 存储器和 32KB 的 L1 数据缓存，另外包含 4MB 的多核共享存储器。

(4) TMS320C6678 最高支持速率 1600 百万次/s 的 64bit 宽度的 DDR3 存储器接口来实现扩展存储资源。另外，还有 EMIF16、SPI、I2C、UART、TSIP 等多种扩展接口资源。

(5) TMS320C6678 内部集成 DMA、Queue 管理模块等核间通信模块，提高了多核核间通信效率。

(6) TMS320C6678 集成 3 个 EDMA 控制器。其中 1 个 EDMA 控制器运行在 1/2 核频率，具有 16 个独立通道；另外 2 个 EDMA 控制器运行在 1/3 内核频率，具有 64 个独立通道。

(7) 内部集成 RapidIO、PCI-Express、Hyper Link、EMAC 等高速接口，具有高带宽高速率的互连能力。

TMS320C66x 系列 Key Stone 架构为多核处理器内部以及处理器与外部系统之间的通信提供了足够的带宽，主要依靠多核导航器(Multicore Navigator)、高速互联总线(TeraNet)、共享存储器和超链接总线(Hyper Link) 接口这四大硬件单元来实现。下面简要介绍这四大硬件单元的构成和功能：

多核导航器是基于数据包的新型管理器，其主要功能是实现数据的搬移。多核导航器由队列管理器和包加速器两部分组成，队列管理器控制着 8192 个硬件队列，当任务被分配到这些硬件队列时，多核导航器会提供一种硬件加速的方式将这些任务分配到相应的硬件单元上执行。

高速互联总线主要用于提供 C66x 核、外部存储器、EDMA 控制器以及片上外设之间的互联。芯片内部有两个主要的 TeraNet 模块，一个用 128bit 总线连接每个端点，另一个用 256bit 总线连接每个端点。

共享存储器主要用于多核共享访问存储器服务，为每个内核无冲突地直接访问内存而无须通过高速互联总线来仲裁。

超链接总线提供了一个 50GBaud 芯片级互联，允许多个 SoC 协同工作。它的低协议开销和高吞吐量使得 Hyper Link 成为芯片到芯片互连的理想接口，使用超链接总线技术可以将任务透明地分配到串联设备上执行，就像它们运行在本地资源上一样。

① MACS(multiply and accumulate operations per second)—每秒完成相乘和累加运算次数。

② FLOPS(floating point operations per second)—每秒完成浮点运算次数。

10.2.3 基于DSP芯片的系统设计与调试

1. DSP软件开发工具

随着运算能力的不断增强以及片上集成外设的不断丰富,DSP芯片的功能变得越来越强大,以前需要多块DSP芯片共同完成的工作现在可能只需要一块DSP芯片就能胜任。随着DSP芯片性能的提升,运行在每一块DSP芯片上的软件也变得越来越复杂,软件系统的开发与调试工作占整个系统开发大约80%的工作量,远远超过了硬件系统设计与开发所耗费的时间。在这种情况下,软件开发工具的重要性就凸现出来,选择一个优秀的软件开发工具将大大加快整个开发的进度。DSP软件工具也经历了由基于汇编语言到基于高级语言,由分散到集成的一个发展过程。

1) 早期的软件开发工具

早期的DSP软件开发工具主要可以分为三类:代码生成工具(code generation tools),如编译器(compiler)、汇编器(assembler)和连接器(linker);代码调试工具(debugger),如C source debugger;软件仿真器(simulator)等。

(1) TMS320宏汇编编辑器/编译器/连接器。

汇编语言程序一般是用助记符编写的,因此需要有一个汇编语言的编辑器。当将编辑好的汇编语言程序在CPU上执行时,需要将该程序编译、连接后才能生成可执行的机器码,即目标文件,这时需要宏汇编的编译器/连接器。

(2) TMS320系列ANSIC编译器(ANSIC compiler)。

众所周知,用高级语言编程可读性强,便于检查。为此,必须开发相应DSP的C语言编译器,它可将用标准ANSIC语言编写的源文件转换成高效的TMS320系列的汇编语言源文件,该源文件再经TMS320的编译器/连接器后即可生成可执行的目标文件。TI的C编译器也分为两类,一类适用于定点的DSP,另一类适用于浮点的DSP。

(3) 代码调试工具。

C语言或汇编语言调试器是一类工作在PC上的软件工具,它通过后面要介绍的硬件调试工具(如DSK、EVM板等)实现对所编程序的调试。

(4) 软件仿真器。

TMS320系列的软件仿真器是一个程序软件,它运行在PC上,可模拟TMS320的整个指令系统和DSP芯片的工作,从而达到程序检验和开发的目的。其特点如下:

① 在主机上非实时地执行用户编写的DSP程序;

② 可检查和改写寄存器的内容;

③ 对数据和程序存储器的内容可显示及读写;

④ 可跟踪累加器(ACC)、程序计数器(PC)及辅助寄存器(AR0~AR7);

⑤ 可单步执行,可在程序中设置断点,可设置及响应用户的中断;

⑥ 可仿真外围设备及缓冲区。

以上四类软件开发工具都是各自独立地工作，并且基本上都不具备友好的人机交互界面，在使用时开发者往往需要输入很长的命令行，同时经常需要在不同的应用之间频繁切换，这就给软件的编写与调试带来极大不便。另外，使用这些开发工具也为实时系统的调试带来了很多麻烦，因为开发者必须在应用程序中设置断点，也就是必须中断DSP上正在运行的程序才能从DSP中获取程序运行的数据，而通过这种方式获取的信息实际上只是应用程序的一些孤立的静态运行结果，它们无法真实地反映系统在连续的、实时的情况下的运行状况。这样，很多隐藏的问题在调试阶段不会出现，但在实际运行中就可能表现出来。以上所述的种种不足就为DSP的应用带来了不少的困难。

为了满足日益复杂的DSP应用需求，TI公司推出了eXpressDSP的框架。eXpressDSP是一个开放式的、集成的软件开发环境，包含上述的常用工具软件，在功能上大大扩展，为使用者提供了良好的人机交互界面。它包含集成开发环境CCS(code composer studio)、实时基础软件DSP/BIOS、算法标准XDAIS(eXpressDSP algorithm standard)和由第三方公司提供的模块(如插件和算法模块等)。

eXpressDSP技术提供的简单、易用且功能强大的工具可以大大缩短DSP产品的开发时间，从而使开发者将精力集中到应用系统的算法设计中。

2）集成开发环境CCS

CCS是一个为TMS320系列DSP设计的高度集成的软件开发和调试环境，它将DSP工程项目管理、源代码的编辑、目标代码的生成、调试和分析都打包在一个环境中提供给用户。经典的版本号包括CCS3.1、CCS3.3等，最新版本号已经更新到了CCS10.X，支持Windows、Linux、MacOS等操作系统。CCS软件调试窗口如图10.2.6所示，主要包括以下工具：

(1）C编译器、汇编优化器和连接器(代码生成工具)；

(2）指令集仿真器；

(3）实时的基础软件(DSP/BIOS)；

(4）主机和目标机之间的实时数据交换(RTDX)；

(5）实时分析和数据可视化。

CCS提供了一个图形化的DSP工程项目管理工具，用户可以方便地浏览或管理源文件、库文件和配置文件等。利用源代码编辑器，开发人员可以在CCS中直接采用C语言或者汇编语言来编写源文件。CCS高效的代码编译和优化工具可以有效减少目标代码的长度，提高目标代码的执行效率。在CCS中，所有源文件的编译、汇编和连接只需要一个按钮就可以完成，用户不必再输入冗长的命令行来完成这些操作。

经过编译连接产生的目标代码可以在CCS的环境下通过硬件仿真工具，如XDS560等，下载到用户目标系统中进行调试和运行。如果没有用户目标系统，还可以将目标代码装载到仿真器中运行。仿真器利用计算机的资源模拟DSP的运行情况，可以帮助用户熟悉DSP的内部结构和指令，并对程序进行简单的调试。在应用开发的初期，目标系统可能尚未搭建起来，在这种情况下可以利用仿真器对部分程序功能进行非实时验证，使得系统的软件开发工作和硬件开发工作可以同步进行。

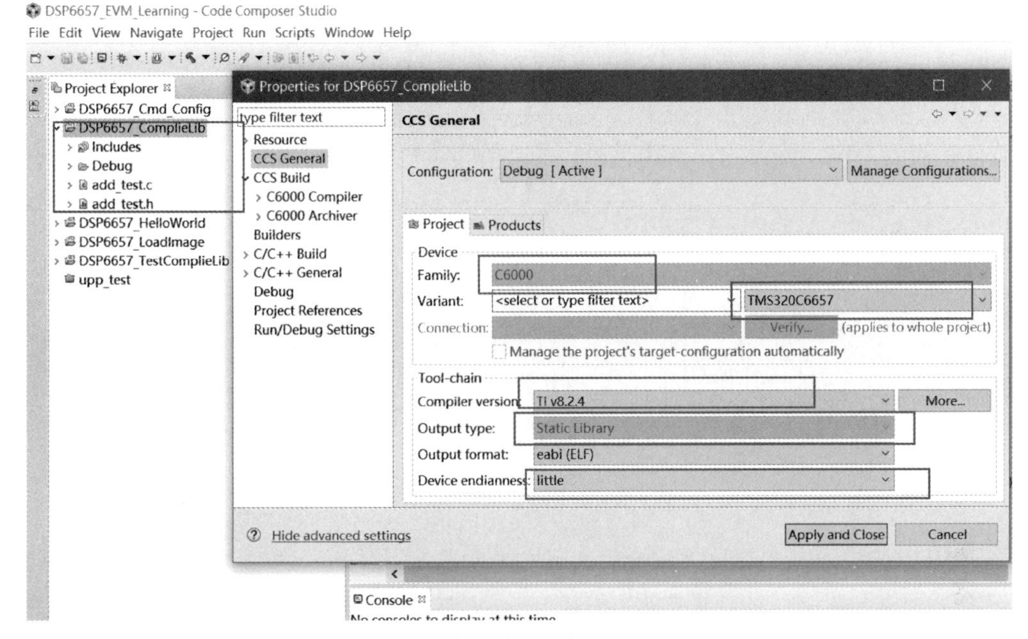

图 10.2.6　CCS5.5 集成开发环境的软件调试窗口

用户可以利用 CCS 所提供的数据可视化工具按照数据的自然格式来观察数据，如眼图、星座图、FFT 运算结果图等，CCS 还提供了多种格式(如 YUV、RGB 格式等)来读取内存中的原始图像数据并加以显示，这些工具使得位于 DSP 存储器中的数据得以形象地表现，从而可以大大加速分析与测试的速度。

2. DSP 系统的基本设计流程

与其他系统设计工作一样，在进行 DSP 系统设计之前，设计人员首先要明确自己所设计的系统用于什么目的，应具有什么样的技术指标。对于一个实际的 DSP 系统，设计人员应考虑的技术指标主要包括：

(1) 由信号的频率范围确定系统的最高采样频率；

(2) 由采样频率及所要进行的最复杂算法所需的最大时间来判断系统能否实时工作；

(3) 由以上因素确定何种类型的 DSP 芯片的指令周期可满足需求；

(4) 由数据量的大小确定所使用的片内 RAM 及需要扩展的 RAM 的大小；

(5) 由系统所需要的精度确定是采用定点运算还是浮点运算；

(6) 根据系统是作计算用还是控制用来确定输入、输出端口的需求。

由以上因素，可大体决定应该选哪一型号的 DSP 产品来实现自己的任务，根据选用的 DSP 芯片及上述技术指标，还可以初步确定 A/D、D/A、RAM 的性能指标及可供选择的产品。当然，在产品选型时，还须考虑成本、供货能力、技术支持、开发系统、体积、功耗、工作环境温度等因素。

具体进行DSP系统设计时，其一般设计流程如图10.2.7所示。

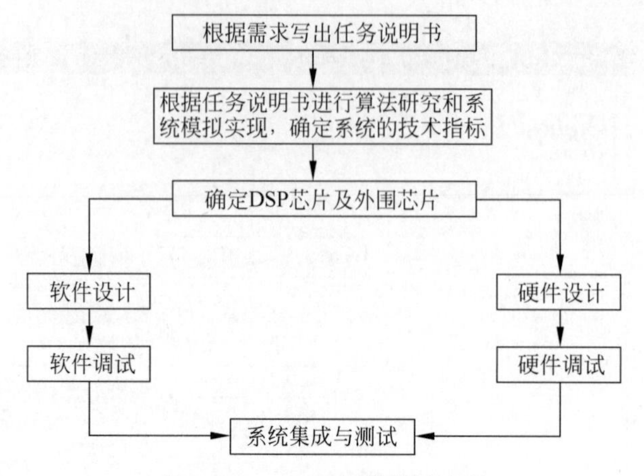

图10.2.7 DSP系统设计流程

DSP系统的设计步骤可大致分为如下六个阶段：

(1) 根据需求写出任务说明书。

(2) 算法模拟阶段。主要根据设计任务明确系统的技术指标。首先应根据系统需求进行算法仿真和高级语言(如MATLAB)的模拟实现，以确定最佳算法，并初步确定相应的参数。

(3) DSP芯片及外围芯片的确定阶段。根据算法的运算速度、运算精度和存储等要求选择DSP芯片及外围芯片。

(4) 软硬件设计阶段。首先按照选定的算法和DSP芯片，对系统的哪些功能用软件实现，哪些功能用硬件实现，进行初步分工，如FFT、数字上/下变频器、RAKE分集接收是否需要专门芯片或FPGA芯片实现，译码判决算法是用软件判决还是硬件判决等。然后，根据系统技术指标要求着手进行硬件设计，完成DSP芯片外围电路和其他电路(如转换、控制、存储、输出、输入等电路)的设计；根据系统技术指标要求和所确定的硬件平台编写相应的DSP程序，完成软件设计。

(5) 硬件和软件调试阶段。硬件调试一般采用硬件仿真器进行。软件调试一般借助DSP开发工具(如软件模拟器、DSP开发系统或仿真器)进行。通过比较在DSP上进行的实时程序和模拟程序执行情况来判断软件设计是否正确。

(6) 系统集成和测试阶段。硬件和软件调试完成后，将软件脱离开发系统，装入所设计的系统，形成样机，并在实际系统中运行，以评估样机是否达到了所要求的技术指标。若系统测试符合指标，则样机的设计完毕。但这种情况并不常见，实际上由于软硬件调试阶段的环境是模拟的，因此在系统测试中往往可能会出现精度、稳定性不好等问题。当出现这类问题时，一般要重新检查软硬件设计，进行修改，以达到系统设计要求。

3. 系统调试和评估工具

在DSP系统开发的不同阶段需要不同的开发系统，如初学者使用的学习系统，供对所选用的DSP及其他器件进行评估的评估系统，用于软、硬件调试的开发系统等。TI公司针对这些不同的应用推出了多种相应的开发系统，包括DSP入门套件DSK(DSP Starter Kit)、评估模块EVM(Evaluation Module)和扩展的开发系统XDS(Extended Development System)等。

1) DSP入门套件DSK

DSK是TI公司提供给TMS320系列DSP的初学者的开发工具，用户可以用DSK做DSP的实验，进行语音信号的采样、还原播放，系统控制等的应用，并可编写和运行实时源代码。

DSK是一块开发板，对不同的系列，其上面有一块对应的TMS320系列DSP芯片，同时板上集成有A/D、D/A，扩展的RAM，时钟、电源、各种接插件，它可以通过串行/并行或USB方式与PC连接。因此，在PC端可实现对DSK的加载、调试与运行，DSK可通过A/D实现对模拟信号的采集、处理并输出到PC上。可见，该开发工具对学习、研发DSP是非常方便的。

2) 评估模块EVM

TMS320的评估模块是一种较为低价的开发板，用于器件评估、标准程序检查以及有限的系统调试。EVM是一个简单的PC插件，包括目标处理器、小容量的高速RAM、有限的外设等。

TMS320 EVM所提供的基本功能包括：

(1) 存储器和寄存器的显示和修改；

(2) 汇编器/连接器；

(3) 软件单步运行和断点功能；

(4) 主机装入/卸装功能；

(5) I/O功能；

(6) 高级语言调试接口等。

3) 扩展的TMS320开发系统XDS

扩展的开发系统XDS是用来进行DSP硬件和软件开发，完成系统级集成调试的最佳工具。XDS560v2是目前常用的最新型号的仿真调试工具，具有数据交互快、支持功能多等特点，更加适合于复杂的数字信号处理系统开发应用。

(1) XDS560v2的主要指标：

① 提供针对TI和ARM标准JTAG连接器的模块化目标适配器；

② 支持传统的IEEE1149.1 (JTAG)和IEEE1149.7 (cJTAG)仿真；

③ 提供标准的60引脚MIPI HSPT连接器；

④ JTAG接口电平为1.2～4.1V；

⑤ 支持USB2.0或以太网10/100Mb/s高速连接。

(2) 仿真器接口及仿真线的定义。

仿真器接口一般采用14根信号线，如图10.2.8所示。仿真信号符合IEEE 1194.1定义的JTAG标准，表10.2.1为JTAG仿真信号的功能描述，其中TDO信号与时钟的下降沿对齐，TMS 和 TDI 在 TCK 时钟的上升沿取样。

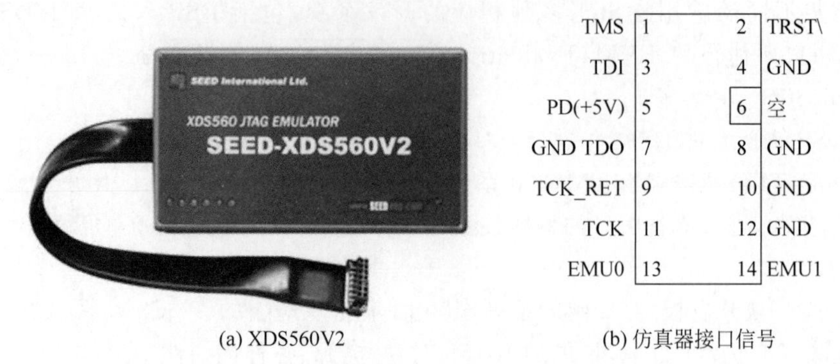

(a) XDS560V2　　(b) 仿真器接口信号

图 10.2.8　JATG 仿真口的定义和仿真器实物

表 10.2.1　JTAG 仿真信号定义

信　　号	状　　态	信号说明
TMS	输出	JTAG 测试方式选择
TDI	输出	JTAG 测试数据输入
TDO	输入	JTAG 测试数据输出
TCK	输出	JTAG 测试时钟
TRST\	输入	JTAG 测试复位
EMU0	输入	仿真脚 0
EMO1	输入	仿真脚 1
PD	输入	存在检查，在目标系统中应接至＋5V
TCK_RET	输入	JTAG 测试时钟返回，测试时时钟输入至仿真头

10.3　基于 FPGA 芯片的硬件实现

在过去很长一段时间里，DSP 处理器(如 TI 公司的 TMS320 系列)是 DSP 应用系统核心器件的唯一选择。尽管 DSP 处理器具有通过软件设计能适应于不同功能的灵活性，但面对当今迅速变化的 DSP 应用市场，特别是面对现代信息技术的飞速发展，DSP 处理器有时显得力不从心。例如，其硬件结构的不可变性导致了其总线的不可改变，而固定的数据总线宽度已成为 DSP 处理器一个难以突破的瓶颈。此外，DSP 处理器的这种固定硬件结构也不能满足当前许多应用，如软件无线电、测绘导航、工业控制等方面中要求结构特性能随时变更的需求。在满足速度要求方面，由于采用了顺序执行的 CPU 架构，DSP 处理器无法应用于复杂高速、实时性强的信号处理。

面向 DSP 的各类专用 ASIC 芯片虽然可以解决并行性和速度的问题，但是高昂的开发设计费用、耗时的设计周期及不灵活的纯硬件结构，使得面向 DSP 应用的 ASIC 解决方案日益失去其实用性。

大容量、高速度 FPGA 的出现，克服了上述方案的诸多不足。在这些 FPGA 中，一般内嵌有可配置的高速RAM、PLL、LVDS、LVTTL以及硬件乘法累加器等DSP模块。用FPGA来实现数字信号处理可以很好地解决并行性和速度问题，而且其灵活的可配置特性使得FPGA构成的DSP系统非常易于修改、易于测试及硬件升级。

10.3.1 FPGA芯片及特点

FPGA芯片是由大量逻辑宏单元构成的，通过配置可以使这些逻辑宏单元形成不同的硬件结构，从而构成不同的设计系统，完成不同的功能。正是FPGA的这种硬件重构的灵活性，使得设计人员能够将硬件描述语言（如VHDL或Verilog）描述的电路在FPGA中实现。这样一来，同一个FPGA芯片能实现许多完全不同的电路结构和功能，如FFT频谱分析、数字调制解调器、JPEG编码器、信道编译码器以及网络接口等。

随着数百万门高密度FPGA芯片的出现，FPGA在原有的高密度逻辑宏单元的基础上嵌入了许多面向DSP的专用硬核模块，结合大量可配置于FPGA硬件结构中的参数化IP核，DSP开发者能方便地将整个DSP应用系统实现在一片FPGA中，从而实现了可编程片上系统（SOPC）。

FPGA中面向DSP的嵌入式模块有可配置的RAM、DSP乘加模块和嵌入式处理器等，使FPGA能很好地适用于DSP功能的实现。例如Xilinx公司生产的FPGA系列芯片中含有丰富的数字信号处理部件DSP48模块，该模块支持多种数字信号处理的功能，包括乘法器、乘累加器（MAC）、后接加法器的乘法器、三输入加法器、桶形移位器、宽总线多路复用器、比较器和计数器等。该结构还支持多个DSP48的相互连接，以实现多种算术函数、DSP滤波器以及不使用通用FPGA结构的复杂算法。

此外，绝大部分的DSP处理器应用系统是用外部存储器来解决大数据量的处理的，FPGA则可通过嵌入式高速可配置存储器，在大多数情况下都能满足相类似的数据处理要求。例如，Kintex-7系列XC7K410T内部集成了28Mbit的块状RAM，以及5.6Mbit的分布式RAM，块状RAM的最高速率可达600MHz。

FPGA中的嵌入式处理器进一步提高了FPGA的系统集成和灵活性，使之成为一个软件与硬件联合开发和灵活定制的结合体，可使设计人员既能在嵌入式处理器中完成系统软件模块的开发和利用，也能利用FPGA的通用逻辑宏单元完成硬件功能模块的开发。FPGA器件还为用户提供了嵌入式处理器软核与硬核的选择，嵌入式处理器软核是由网表文件表达的硬件结构，当与其他设计一同配置于FPGA中后，就成为FPGA芯片中的一个硬处理器核。高效率的SOPC设计能很容易地将软核以及与该核相关的外围接口设计一起编程下载进同一片FPGA中。设计人员能根据实际应用需要定制软核，使之满足不同的总线数量、总线宽度和总线功能要求，优化总线设计，排除传统DSP中许多常见的问题。硬核处理器主要指FPGA中的ARM核，该核已预先嵌入在FPGA中，含有完整的外围接口系统，如SDRAM、存储器控制单元、UART等。

FPGA中含有十分灵活的、针对特定算法的加速器模块。与传统的DSP处理器中的加速器模块不同，FPGA中实现的硬件加速器是可以针对不同应用的，可以方便设计人员针对不同的DSP任务实现硬件功能。设计者针对具体任务在FPGA中实现硬件加速器模块的途径很多，主要有下述几种：

(1) 用硬件描述语言HDL完成；

(2) 基于通用逻辑宏单元LC的HDL设计；

(3) 基于可配置的DSP硬核模块，如存储器、乘法器、并行加法器、累加器等；

(4) 基于全参数可设置的DSP软IP核的应用；

(5) Nois软核处理器；

(6) ARM硬核处理器等。

在基于FPGA的应用开发中，利用经过优化设计、有效验证的IP核进行系统开发是一种较为方便的设计途径。将可参数化配置的优化算法，经验证后作为完全支持的IP核提供。根据配置的参数在性能与硅片面积之间进行权衡，实现高密度的设计，在获得高性能结果的同时还能缩短设计时间。Xilinx公司提供的IP核包括：

(1) 基本元素IP核，如比较器、计数器、移位寄存器、存储器等；

(2) 通信与网络IP核，如调制器、纠错编码、以太网、DDS、串口等；

(3) 数字信号处理IP核，如滤波器、卷积器、乘累加器、FFT、CORDIC等；

(4) 图像处理IP核，如JPEG、DCT等；

(5) 算术函数IP核，如乘法器、除法器、平方根、三角函数等。

以上每一个IP核都可以利用CORE Generator或System Generator工具进行参数设置，以构成针对特定应用的硬件功能模块。这种通过软件设置能随意改变专用硬件模块功能的技术，极大地提高了FPGA在DSP设计方面的灵活性。IP核的利用，可以使设计人员将IP核加入到任何标准硬件描述语言中，完成特定的功能而不改变原来的设计程序；即使在设计中和设计完成后，都能根据实际需要改变嵌入到IP核的技术参数，从而改变DSP系统的技术指标和硬件功能。此外，IP核本身基本不依赖于某种特定的FPGA硬件结构，即具有硬件通用性，这一点与DSP处理器相比有很大不同，为应用设计提供了更大的灵活性。

10.3.2 典型FPGA芯片的结构及主要性能

FPGA芯片设计和制造的主要公司集中在美国，包括Xilinx、Altera、Lattice、Actel和Atmel等公司，其中市场最大、应用最广的是Xilinx和Altera。近年来，国产FPGA产品虽落后但追赶进度较快，继紫光同创电子有限公司开发出具有自主知识产权的千万门级高性能FPGA PGT180H以来，上海复旦微电子集团股份有限公司于2018年5月发布新一代亿门级FPGA产品，填补了国内超大规模FPGA的空白。未来随着更多企业技术突破，国产替代进程将持续推进。

FPGA的组成部分主要有可编程输入/输出单元、基本可编程逻辑单元、内嵌SRAM、丰富的布线资源、底层嵌入功能单元、内嵌专用单元等。本节以Xilinx公司的产品为例，介绍FPGA芯片结构及主要性能。

1. 总体结构

FPGA内部最主要的、设计过程中最需要关注的资源包括CLB(Configurable Logic Block,可配置逻辑块)、IOB(Input/Output Block,输入/输出块)和BlockRAM(块RAM)等,其简化结构如图10.3.1所示。CLB是FPGA具有可编程能力的主要硬件资源,一个大规模的FPGA含有数量巨大的CLB,例如Xilinx公司Kintex-7系列的XC7K410T有3万多个CLB,通过配置这些CLB可以让FPGA实现各种不同的逻辑功能。IOB分布在FPGA的周边,也具有可编程特性,可以配置支持各种不同的接口标准,如LVTTL、LVCMOS、PCI和LVDS等,使FPGA可以方便地应用在各种场合。BlockRAM是成块的RAM,可以在设计中用于存储数据,是重要的设计资源。在大规模设计应用中选择FPGA型号时,RAM资源是否够用是重要的考虑因素之一。

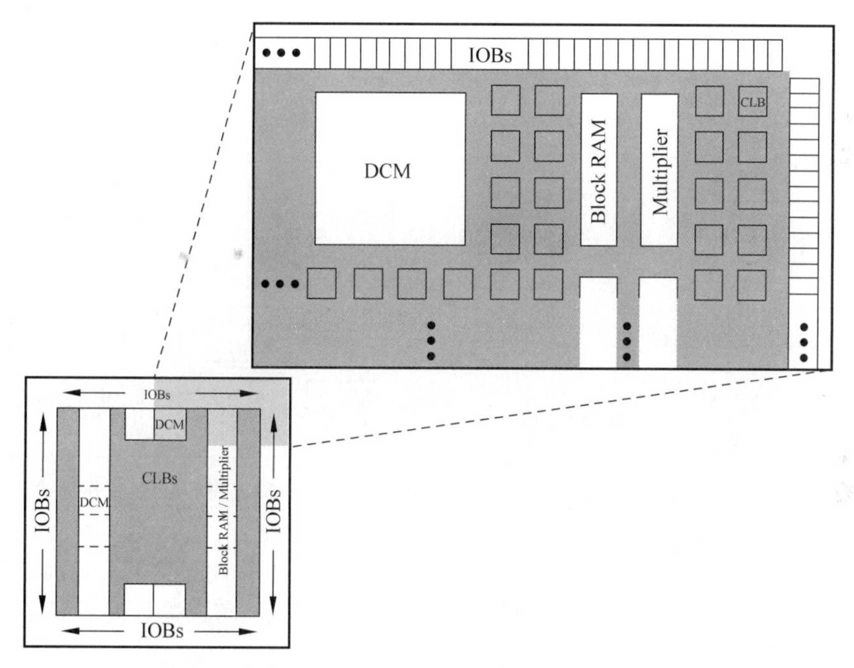

图10.3.1 FPGA简化结构示意图

CLB—可配置逻辑块,DCM—数字时钟管理器,Block RAM—块存储器,IOB—输入输出块。

除了CLB、IOB和BlockRAM以外,FPGA还有很多其他的功能单元,如布线资源、数字时钟管理器(DCM)和乘法器(Multiplier)等。布线资源在FPGA内部占用的硅片面积很大,为FPGA部件提供灵活可配的连接;DCM模块提供各种时钟资源,包括多种分频、移相后的时钟;Multiplier为18bit×18bit硬件乘法器,是高性能的乘法单元,可以在一个时钟周期内完成乘法运算,对数字信号处理的算法实现至关重要。

Kintex-7的内部结构相比传统FPGA的内部结构嵌入了DSP48E1、PCIE、GTX、XADC和高速I/O口等单元,大大提升了FPGA的性能。

2. 可配置逻辑块

Xilinx FPGA 的一个 CLB 包含两个 Slice，如图 10.3.2 所示。Slice 内部包括 4 个 LUT（查找表）、8 个触发器、多路开关及进位链等资源。部分 Slice 还包括分布式 RAM 和 32bit 移位寄存器，这种 Slice 称为 SLICEM，其他 Slice 称为 SLICEL。CLB 内部两个 Slice 是相互独立的，各自分别连接开关阵列（Switch Matrix），以便与通用布线阵列（General routing Matrix）相连。CIN 为进位链的输入，COUT 为进位链的输出。

FPGA 内部多个 CLB 和 Slice 的位置及连接关系如图 10.3.3 所示。在 Xilinx FPGA 设计工具中，Slice 的位置用“XmYn”表示，其中 m 为 Slice 所在横坐标，一个 CLB 的两个 Slice 的横坐标分别是 m 和 $m+1$；n 为 CLB 的纵坐标，一个 CLB 的两个 Slice 有相同的 n。Kintex-7 FPGA 左下角的 Slice 编号为 X0Y0。

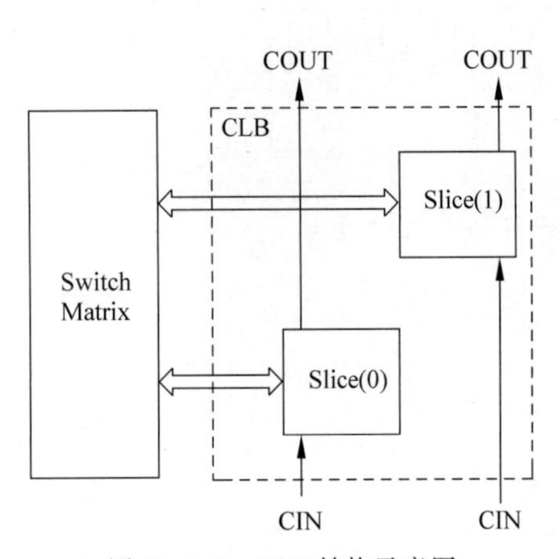

图 10.3.2 CLB 结构示意图

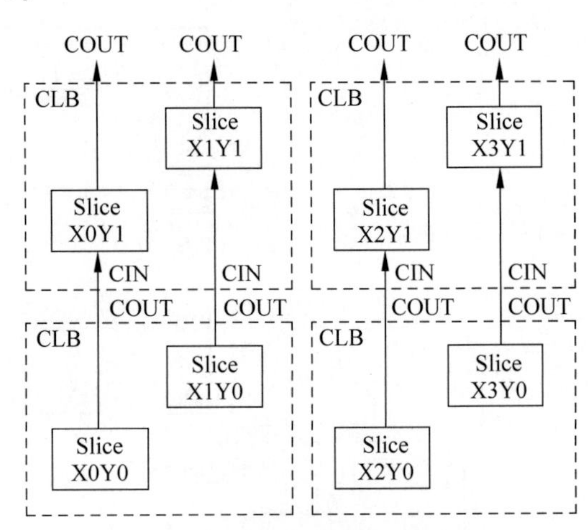

图 10.3.3 CLB 和 Slice 位置连接关系示意图

CLB 内部查找表、触发器、多路器等基本单元的配置由软件开发工具自动完成，一般情况下不需要设计者干预。但是，如果认为有必要，设计人员可以进行人工配置。

3. 输入/输出块

IOB 是 FPGA 主要组成部分之一，其功能是为 FPGA 提供内部资源与外围电路之间的接口，包括输入缓冲、输出驱动、接口电平转换、阻抗匹配、延迟控制等功能。高性能 FPGA 的输入/输出块还提供了 DDR 输入/输出接口、高速串行接口等功能。IOB 块的功能非常丰富，可以灵活配置成各种工作方式以实现不同的功能，它与 CLB 一起构成 FPGA 的主要功能载体，是基本的、必不可少的单元。

4. 块 RAM

Xilinx FPGA 内部成块的 RAM 资源称为 BlockRAM，BlockRAM 是真正的双口 RAM 结构，有两套读写数据、地址和控制总线。两套总线的操作是完全独立的，共享同一组存储单元。BlockRAM的双口RAM结构对于逻辑设计至关重要，它有两套独立的接口，可以方便地连接两个其他设计单元，允许一个端口写入数据的同时，另一个端口读出数据，提高了数据吞吐率。如果使用单口RAM，很多时候不得不使用三态总线，致使控制复杂且速度减慢。BlockRAM中的内容除了在电路运行中重写以外，也可以通过配置文件在FPGA上电配置时清零或初始化为特定数值。

5. DSP48E1模块

Kintex-7系列的DSP48E1模块是多用途DSP架构的基础，具有出色的数字信号处理性能。DSP48E1模块支持40多种可动态控制的运算模式，包括乘法器、累加器、乘加器/乘减器、3输入加法器、桶形移位器、多种总线多路复用器、多种计数器和比较器等。DSP48E1支持有效的加法链结构，能够高效地执行高性能滤波器和复杂算术运算。DSP48E1模块结构示意图如图10.3.4所示，它可以工作在741MHz频率，而且一片FPGA(XC7K410T)可以拥有多达1540个DSP48E1模块，总的数字信号处理能力可达2845GMACS(每秒乘累加数)，让设计人员可以轻松应对数字信号处理的各种设计挑战。

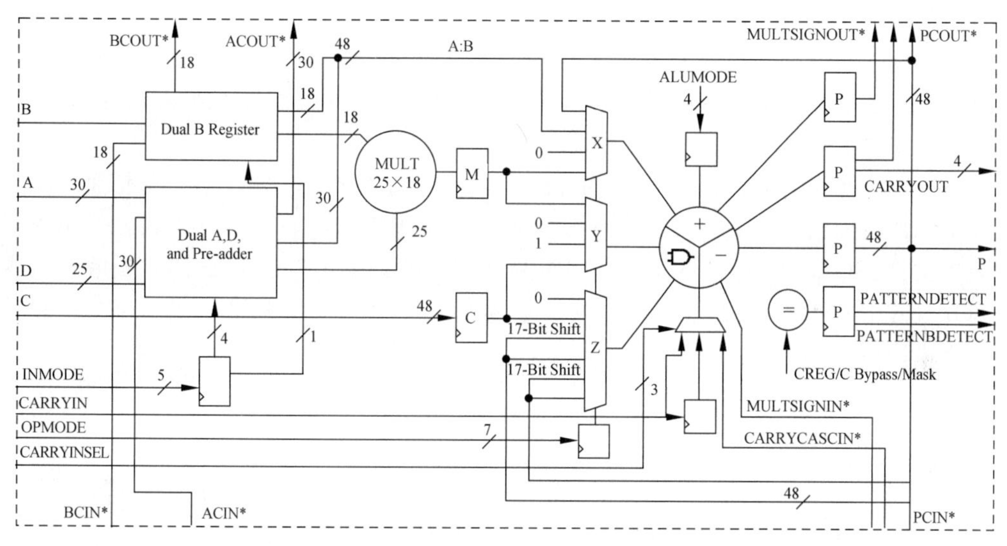

图10.3.4 DSP48E1内部结构示意图

DSP48E1模块的特点如下：

(1) 带有D寄存器的25位预加法器。D寄存器可用作预加法器寄存器或乘法器的备用输入。

(2) 专用的25×18位二进制补码乘法器和一个48位累加器，两者的工作频率都高达741MHz。

(3) 48位逻辑单元，逻辑单元模式可通过ALUMODE动态选择。

(4) 额外的前置加法器，通常用于对称FIR滤波器。

(5) 级联48位P总线，支持内部低功耗加法器级联。

(6) 动态用户控制的操作模式等。

10.3.3 基于FPGA芯片的系统设计与调试

进行FPGA开发需要专用的FPGA工具软件,它们的功能包括FPGA程序的编写、综合、仿真及下载等。整体而言,目前的FPGA开发工具可以分为两类:一类是FPGA芯片生产商直接提供的集成开发环境,如Xilinx公司的Foundation Series ISE(简称ISE)和Vivado,Altera公司的Quartus II,以及Lattice公司为ispLSI器件提供的ispDesignExpert软件等;另一类是其他专业的EDA软件公司提供的辅助软件工具,统称为第三方软件,一般来说,第三方软件支持多个公司的芯片。这里以Xilinx公司FPGA设计为例,介绍常用的软件和硬件开发工具,如Xilinx集成开发环境(ISE)、Vivado,DSP设计工具System Generator、AccelDSP等,对大多数FPGA设计人员来说,掌握这些工具就可以方便地进行FPGA开发和设计。

1. FPGA软件开发工具

1) 集成开发环境

集成软件环境可以完成FPGA开发的全部流程,包括设计输入、仿真、综合、布局布线、生成BIT文件、配置以及在线调试等,功能非常强大。对大多数FPGA设计者来说,使用ISE可以方便完成设计任务,取得满意的效果。

ISE是一个集成的开发环境,集成了大量实用工具,包括HDL编辑器(HDL Editor)、IP核生成器(Core Generator System)、约束编辑器(Constraints Editor)、静态时序分析工具(Static Timing Analyzer)、布局规划工具(FloorPlanner)、FPGA编辑工具(FPGA Editor)和功耗分析工具Xpower等,如表10.3.1所示,这些工具可以帮助设计人员完成设计任务,提高工作效率。

表10.3.1 ISE集成的工具

工具种类	工具名称	用途简介
输入工具	HDL Editor	HDL编辑器,用于编写HDL代码
	Core Generator System	IP核生成器,用于生成常用的IP核
	Schematic Editor	原理图编辑器,用于使用原理图方式输入设计
	StateCAD	状态机编辑器,以图形的形式设计状态机
	RTL&Technology Viewer	RTL及技术查看工具,以原理图的形式显示XST综合结果,便于理解和优化设计
	Constraints Editor	约束编辑器,用于附加时序约束,指导综合、布局布线过程
	PACE	引脚和面积约束编辑器,用于输入引脚和面积约束
	Architecture Wizard	用于辅助设计数字时钟管理模块和高速I/O收发器

续表

工具种类	工具名称	用途简介
仿真验证工具	Graphical Testbench Editor	用图形化的方式帮助用户根据设计测试文件
	ISE Simulator Lite	集成在 ISE 中、特性齐全的 HDL 仿真器
综合工具	XST(Xilinx Syntheses Technology)	ISE 内嵌的综合工具
时序分析工具	Static Timing Analyzer	静态时序分析工具,可以用于观察、分析综合和布局布线结果的时序
布局规划器	FloorPlanner	用于规划 FPGA 布局
FPGA 底层编辑工具	FPGA Editor	FPGA 编辑器,可以观察、编辑 FPGA 布局布线的结果
	Chip Viewer	用于观察和控制 CPLD 走线
功耗分析工具	Xpower	用于分析设计的功耗
配置工具	iMPACT	用于产生配置文件和配置 FPGA

使用这些工具可以方便地实现不同复杂程度的设计,对于初学者来说不需要一次都掌握,只需要先掌握 ISE 集成环境(Project Navigator)、仿真工具 ISE Simulator Lite(第三方工具 ModelSim)、综合工具 XST 以及配置工具 iMPACT,其他工具可以随着学习和工作的深入慢慢掌握。

ISE 还可以把第三方工具方便地集成起来,如仿真工具 ModelSim、综合工具 Synplify 等。虽然 ISE 已经自带仿真工具 ISE Simulator Lite 和综合工具 XST,但是对于习惯使用 ModelSim 和 Synplify 的设计人员,只要在 ISE 中进行简单的设置,就可以在 ISE 开发环境中直接调用第三方工具,非常方便。

2) Vivado

Vivado 设计套件是 Xilinx 公司于 2012 年发布的面向 7 系列以上 PFGA 的集成设计环境,是建立在共享的可扩展数据模型和通用调试环境基础上高度集成的设计工具。Vivado 强调以 IP 核为中心的设计,包括 IP 的生成、封装和调用,引入了高层次综合工具 HLS,使得设计人员可以通过 C/C++/System C 对 FPGA 进行设计和建模,把各类可编程技术结合在一起,能够扩展多达 1 亿个等效 ASIC 门的设计。

Vivado 充分实现了设计流程一体化,将原来 ISE 和 XPS 的设计、调试等流程都集成到一起,并提供强大的探索最优解决方法的工具。Vivado 有两种流程设计的模式,分别是工程模式以及非工程模式。工程模式就是直接使用 Vivado 完成一套设计流程,先创建工程,再让软件对设计文件进行管理,生成报告信息等,基本上就是自动化操作。非工程模式就是用 TCL 命令或者脚本来控制设计流程,Vivado 不再对文件进行自动化的管理,也不再对相关信息进行报告,但是在每一个设计的阶段都可以进行新的设计分析以及约束分配,并且将更改后的设计以及约束直接更新到当前的设计流程。在非工程模式下,FPGA 开发人员可以更加灵活地对设计过程的每个阶段进行控制,从而进一步提高 FPGA 的设计效率。

3) DSP 开发工具 System Generator

System Generator 是 Xilinx 公司用于 DSP 设计开发的高级工具,在利用 FPGA 设

计高性能 DSP 系统时非常有用。工具的提取功能使设计人员能利用高性能的 FPGA 开发高度并行的系统，Simulink 和 MATLAB 提供了系统建模与自动代码生成。用于 Simulink 的 Xilinx DSP 模块集中提供了 130 多个 DSP 构建模块，这些模块既包括通用的 DSP 模块（如加法器、乘法器和寄存器等），还包括复杂的 DSP 模块（如前向纠错编译码、FFT、滤波器和存储器等）。

System Generator 工具软件的功能包括：

（1）与 Xilinx EDK 紧密集成，以便向 DSP 硬件添加嵌入式处理器；

（2）定点 RTL 生成；

（3）FPGA 资源估计；

（4）与第三方 ESL C 综合工具集成；

（5）通过硬件协同仿真将仿真性能提高 1000 倍；

（6）Xilinx 公司的优化 DSP 模块集，通过 AccelDSP 支持 MATLAB/Simulink 语言；

（7）FIR 滤波器编译器；

（8）生成 RTL 测试平台。

4）Accel DSP 综合工具

Accel DSP 综合工具是基于 MATLAB 语言的工具，用于设计针对 Xilinx FPGA 的 DSP 功能块。工具可自动地进行浮点或定点转换，生成可综合的 VHDL 或 Verilog，并创建用于验证的测试平台，还可以生成定点 C++模型或由 MATLAB 算法得到 System Generator 模块。Accel DSP 综合工具是 Xilinx XtremeDSP 解决方案的关键组成，同样集成了先进的 FPGA、设计工具、IP 核等。

Accel DSP 工具软件的功能包括：

（1）基于 MATLAB 的算法综合可生成技术优化的 RTL；

（2）浮点到定点自动转换；

（3）IP-Explorer 技术允许在算法级对硬件架构进行启发式选择；

（4）全自动验证流程，可以自动生成测试平台；

（5）硬件优化，包括循环折叠/展开、矩阵乘法扩展、RAM/ROM 存储器映射、流水线插入和移位寄存器映射；

（6）用于 Simulink 和 System Generator for DSP 的模型生成器；

（7）易用型图形用户界面与工具集成。

2. FPGA 开发的基本设计流程

FPGA 的设计流程就是利用 EDA 开发软件和编程工具对 FPGA 芯片进行开发的过程。FPGA 的开发流程如图 10.3.5 所示，包括电路设计、设计输入、功能仿真、综合优化、综合后仿真、实现与布局布线、时序仿真与验证、芯片编程与调试以及板级仿真与验证等主要步骤。

1）电路设计

在系统设计之前，首先要进行方案论证、系统设计和 FPGA 芯片选择等准备工作。

系统工程师根据任务要求，如系统的指标和复杂度，对工作速度和芯片本身的各种资源、成本等方面进行权衡，选择合理的设计方案和合适的器件类型。一般采用自顶向下的设计方法，把系统分成若干个基本单元，然后把每个基本单元划分为下一层次的基本单元，逐一进行设计。

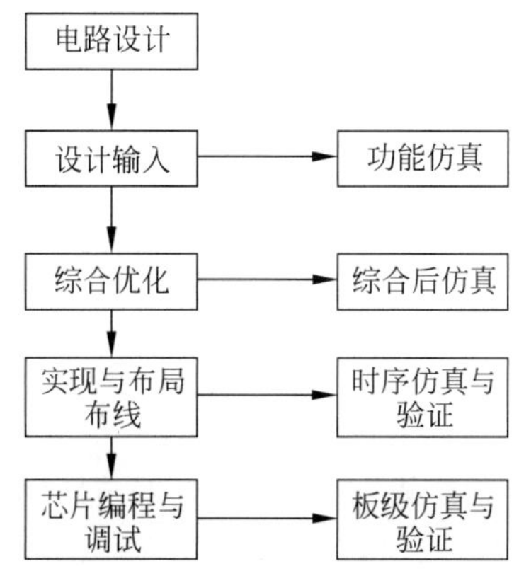

图 10.3.5 FPGA 开发的一般流程

2）设计输入

设计输入是将所设计的系统或电路以开发软件要求的某种形式表示出来，并输入给 EDA 工具的过程。常用的方法有硬件描述语言（HDL）和原理图输入法等。原理图输入法是一种最直接的描述方式，在可编程芯片发展的早期应用比较广泛，将所需的器件从元件库中调出来，画出原理图。这种方法虽然直观并易于仿真，但效率很低，且不易维护，不利于模块构造和重用。更主要的缺点是可移植性差，当芯片升级后，所有的原理图都需要做一定的改动。目前，在实际开发中应用最广泛的就是 HDL 输入法，利用文本描述设计，可以分为普通 HDL 和行为 HDL。普通 HDL 有 ABEL、CUR 等，支持逻辑方程、真值表和状态机等表达方式，主要用于简单的小型设计。而在中大型工程中，主要使用行为 HDL，其主流语言是 Verilog HDL 和 VHDL。这两种语言都是 IEEE 的标准，其共同的突出特点：语言与芯片工艺无关，利于自顶向下设计，便于模块的划分和移植，可移植性好，具有很强的逻辑描述和仿真功能，而且输入效率很高。

3）功能仿真

功能仿真也称为前仿真，是在编译之前对用户所设计的电路进行逻辑功能验证，此时的仿真没有延迟信息，仅对初步的功能进行检测。仿真前，要先利用波形编辑器和 HDL 等建立波形文件和测试向量（将所关心的输入信号组合成序列），仿真结果将会生成报告文件和输出信号波形，从中便可以观察各个节点信号的变化。如果发现错误，则返回对设计进行调整和修改。除集成开发环境中自带的仿真验证工具外，常用的第三方仿真工具有 Model Tec 公司的 ModelSim、Synopsys 公司的 VCS 和 Cadence 公司的 NC-Verilog 及 NC-VHDL 等软件。

4）综合优化

综合就是将高级抽象层次的描述转换成较低层次的描述。综合优化根据目标与要求优化所生成的逻辑连接，使层次设计平面化，供 FPGA 布局布线软件进行实现。就目前的层次来看，综合优化是指将设计输入编译成由与门、或门、非门、RAM、触发器等基本逻辑单元组成的逻辑连接网表，而并非真实的门级电路。真实具体的门级电路需要利用 FPGA 制造商的布局布线功能，根据综合后生成的标准门级结构网表来产生。为了能转换成标准的门级结构网表，HDL 程序的编写必须符合特定综合器所要求的风格。由于门级结构、RTL 级的 HDL 程序的综合是很成熟的技术，所有的综合器都可以支持到这一级别的综合。

5）综合后仿真

综合后仿真检查综合结果是否和原设计一致。在仿真时，把综合生成的标准延时文件反标注到综合仿真模型中，可估计门延时带来的影响。但这一步骤不能估计线延时，因此和布线后的实际情况还有一定的差距，并不十分准确。目前的综合工具较为成熟，对于一般的设计可以省略这一步，但如果在布局布线后发现电路结构和设计意图不符，则需要回溯到综合后仿真来确认问题之所在。在功能仿真中介绍的软件工具一般支持综合后仿真。

6）实现与布局布线

实现是将综合生成的逻辑网表配置到具体的FPGA芯片上，布局布线是其中最重要的过程。布局将逻辑网表中的硬件原语和底层单元合理地配置到芯片内部的固有硬件结构上，并且往往需要在速度最优和面积最优之间做出选择。布线根据布局的拓扑结构，利用芯片内部的各种连线资源，合理、正确地连接各个元件。目前，FPGA的结构非常复杂，特别是在有时序约束条件时，需要利用时序驱动的引擎进行布局布线。布线结束后，软件工具会自动生成报告，提供有关设计中各部分资源的使用情况。由于只有FPGA芯片生产商对芯片结构最为了解，所以布局布线必须选择芯片开发商提供的工具。

7）时序仿真与验证

时序仿真也称为后仿真，是指将布局布线的延时信息反标注到设计网表中来检测有无时序违规（不满足时序约束条件或器件固有的时序规则，如建立时间、保持时间等）现象。时序仿真包含的延迟信息最全也最精确，能较好地反映芯片的实际工作情况。由于不同芯片的内部延时不一样，不同的布局布线方案也给延时带来不同的影响。因此在布局布线后，通过对系统的各个模块进行时序仿真，分析其时序关系，估计系统性能，以及检查和消除竞争冒险是非常必要的。在功能仿真中介绍的软件工具一般都支持时序仿真。

8）芯片编程与调试

芯片编程是指首先产生数据文件（位数据流文件），然后将编程数据文件下载到FPGA芯片中。其中，芯片编程需要满足一定的条件，如编程电压、编程时序和编程算法等。逻辑分析仪是FPGA设计的主要调试工具，但需要引出大量的测试引脚，且逻辑分析仪价格昂贵。目前，主流的FPGA芯片生产商都提供了内嵌的在线逻辑分析仪（如Xilinx ISE中的ChipScope、Altera Quartus Ⅱ中的SignalTap Ⅱ等）来解决上述矛盾，只需占用芯片少量的逻辑资源，具有很高的实用价值。

9）板级仿真与验证

板级仿真主要应用于高速电路设计中，对高速系统的信号完整性、电磁干扰等特征进行分析，一般以第三方工具进行仿真和验证。

3. 系统调试和评估工具

各EDA开发商为FPGA的系统开发提供了多种硬件开发工具，有助于快速完成基于DSP的应用设计。例如，针对不同阶段、不同规模的应用，Xilinx公司推出了不同类型、不同价位的硬件开发、调试以及评估系统，如Kintex-7系列的KC705评估套件等。

KC705评估套件包括硬件、设计工具、IP核和预验证参考设计等基本组件，如图10.3.6所示。其主要功能和特点包括：

图10.3.6 Kintex-7 FPGA KC705评估套件

(1) 使用Kintex-7 FPGA对高性能串行收发器应用进行快速原型设计和优化；

(2) 硬件、设计工具、IP以及预验证参考设计；

(3) 支持与1GB DDR3 SODIM存储器连接的高级存储接口；

(4) 实现PCIe Gen2x4、SFP+ 和SMA、UART、IIC的串行连接；

(5) 支持包含MicroBlaze、soft 32bit RISC的嵌入式处理；

(6) 支持多种速率以太网口的开发应用；

(7) 支持HDMI输出实现视频显示应用；

(8) 扩展I/O功能，包含FPGA Mezzanine Card (FMC) 接口等。

10.4 应用举例

前面介绍了基于DSP和FPGA的数字信号处理两种硬件实现方式，需要指出的是，两种实现方式各有特点，在系统设计时，只有充分发挥它们的特点，扬长避短，合理地选择器件与技术，才能使系统的性能达到最优。例如，在通信领域中，DSP在基带处理功能方面具有不可替代的优越性，而在典型的软件无线电系统中的宽频处理、高频段的信号处理，包括通信系统结构的开放性、标准化、模块化，以及工作频段收发可变性、总线结构的可变性，数字上、下变频器设计等方面，FPGA无疑具有更大的优势。

具体来说，DSP的开发因其特有的CPU结构，具有更加适合于数字信号处理的硬件和软件资源，可用于复杂的数字信号处理算法。与FPGA相比，DSP的处理速度相对较慢，尽管在硬件结构上做了大量的改进，如增加硬件乘法累加模块和加入各种专用的加速协处理器等，但其速度瓶颈来自基于CPU的指令顺序执行的基本工作模式，以及通常使用的多片DSP组合电路和过多的外部接口电路导致的信号通道过长、过复杂等。由于FPGA内部嵌有丰富的乘法器、加法器、累加器及RAM等资源，且能以并行处理方式工作，克服了通用DSP的以上不足。

10.4.1 FIR滤波器的DSP实现

为方便读者更深刻理解基于DSP的开发流程，下面以FIR滤波器设计为例，介绍一种从MATLAB辅助设计到基于CCS开发环境的DSP硬件实现的完整过程，其中硬件实现阶段采用易于理解的C语言编程。

例 10.4.1 假设待处理信号中包含800Hz、1800Hz、3300Hz三个频率的正弦波信号，信号的采样频率 $f_s=8000\text{Hz}$，采用WAV音频格式存放。要求设计一个带通FIR滤波器，通带范围为1600～2200Hz，将原信号中的800Hz和3300Hz频率的正弦波滤除，仅保留1800Hz的正弦波，并比较滤波前后信号的时域和频域差别。

开发过程分为基于MATLAB的滤波器系数设计与基于CCS的DSP编程实现两部分。基本功能完成后，通过查看滤波效果，重新调整滤波器的设计参数，直到满足设计要求。具体流程如图10.4.1所示。

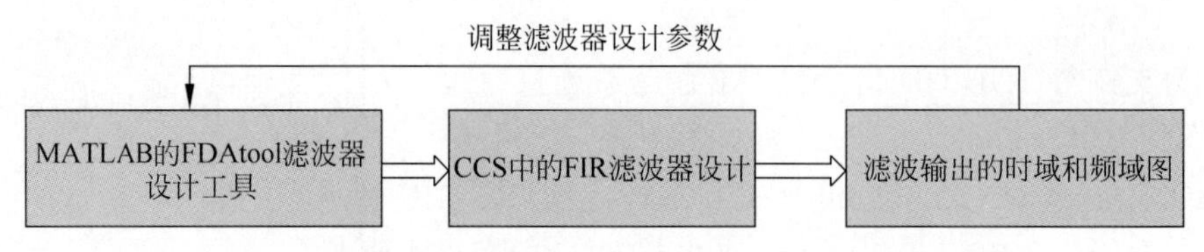

图 10.4.1 从MATLAB到CCS的FIR滤波器设计实现流程

1. 基于MATLAB的滤波器设计

MATLAB提供了一种包含设计、量化和分析数字滤波器的图形化设计工具FDATool(Filter Design and Analysis Tool)，它不但支持常用经典滤波器的设计，还包含很多先进的滤波器设计方法。此工具箱具有以下功能：

(1) 滤波器指标参数配置：可以依据滤波器设计指标在图形化的输入窗口进行滤波器参数配置。

(2) 滤波器设计类型选择：可设计低通、高通、带通、带阻等不同类型滤波器，也可以选择FIR、IIR、自适应滤波器等滤波器设计方法。

(3) 滤波器性能分析：可以利用幅频特性、相频特性、复平面极点分析等菜单工具查看分析设计的滤波器的性能。

(4) 滤波器网络结构选择：可以选择直接型、级联型、多相结构等形式来输出滤波器的网络结构。

(5) 滤波器设计结果输出：可以把滤波器的系数直接输出成C语言中的.h头文件，或者VHDL中的系数文件，在CCS和FPGA开发编程工具中可直接使用。

下面将依据上述例子简要介绍FDATool设计滤波器的流程。在MATLAB工具的命令行窗口中输入Fdatool命令，打开FDATool设计界面，如图10.4.2所示。

从图10.4.2中可以选择滤波器的类型：低通(lowpass)、高通(highpass)、带通(bandpass)、带阻(bandstop)等。图中的参数选项 F_{pass}、F_{stop}、A_{pass} 和 A_{stop} 分别对应滤波器的设计指标通带截止频率 ω_p、阻带截止频率 ω_s、通带衰减 A_p 和阻带衰减 A_s，这些参数都可以在频率指标区和幅度指标区内设置。频率的单位选项有Hz、kHz、MHz，幅度的选项有相对值dB(默认)或者绝对值(Linear)。依据上述的例子，带通滤波器的设计参数如下：

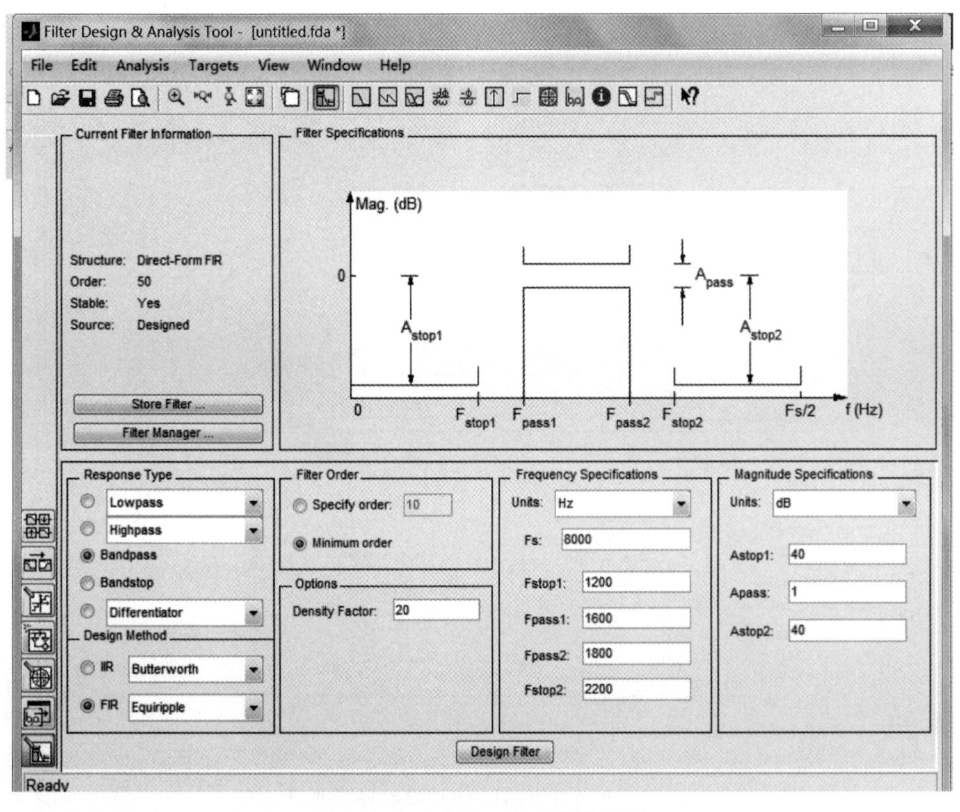

图 10.4.2 FDATool 的设计界面

采样频率：

$$f_s = 8000\text{Hz}$$

起始截止频率：

$$F_{stop1} = 1200\text{Hz}$$

通带起始频率：

$$F_{pass1} = 1600\text{Hz}$$

通带截止频率：

$$F_{pass2} = 1800\text{Hz}$$

终止截止频率：

$$F_{stop2} = 2200\text{Hz}$$

阻带衰减 60dB，通带内衰减为 0.1dB。

这些参数在设置完毕后，单击 Design Filter 按钮就可以得到设计的滤波器频率响应图，如图 10.4.3 所示。

从图 10.4.3 中可以看出，按照输入的滤波器设计指标，FDATool 工具生成了 54 阶的带通滤波器。一旦完成滤波器的设计和分析验证，可以单击设计界面中的边框工具栏中的 Set Quantization Parameter 按钮来打开量化滤波器系数的模式。设计工具提供了

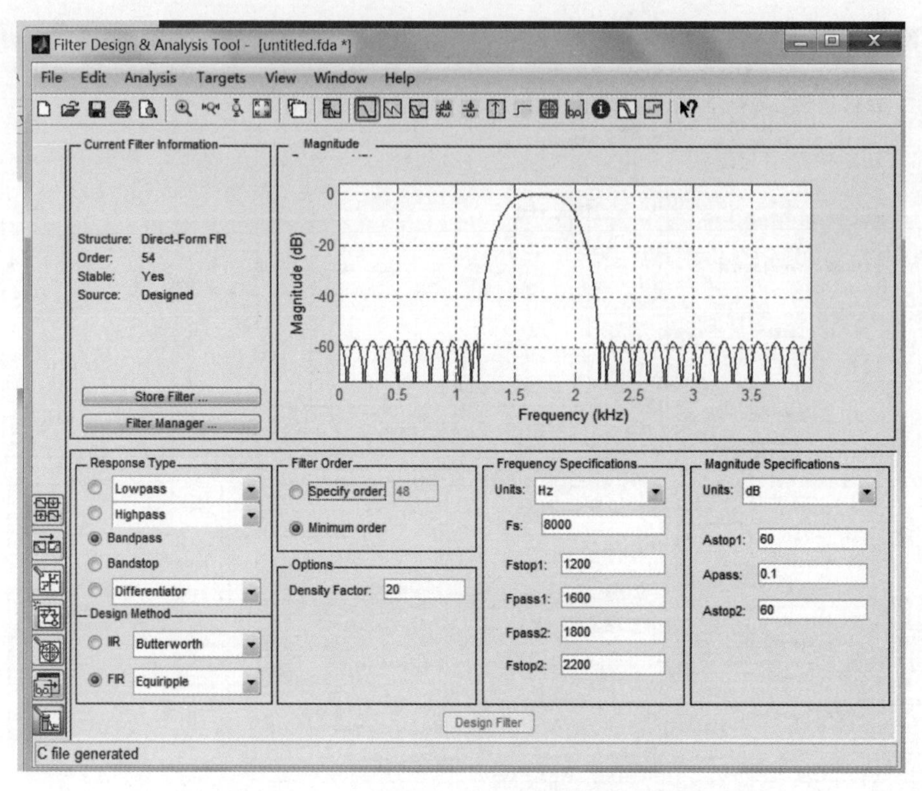

图 10.4.3　54 阶的 FIR 带通滤波器频率响应图

单精度浮点、双精度浮点、定点量化模式，用户也可以选择不同的量化字长。本例选择定点量化模式，从 Filter arithmetic 下拉菜单中选择 Fixed -point，并且指定量化字长为 16bit。

从设计界面 Targets 菜单选择 Generate C Header 就可以完成滤波器系数的输出，提供给 CCS 软件直接使用。对于 FIR 滤波器，C 语言头文件中包含滤波器的阶数（长度）、默认变量名为 BL，用户也可以自定义。同时可以指定输出滤波器系数的精度，默认是 Signed 16 bit integer，配置好选项参数后，单击 generate 按钮就可以把滤波器系数输出到一个指定的 C 语言头文件中。

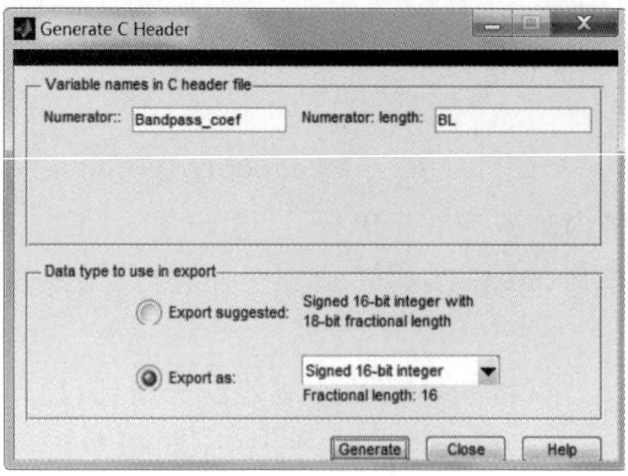

图 10.4.4　生成 C 语言头文件

按照上述设计过程，得到的带通滤波器系数C语言头文件，代码如下：

```
/* ------------------------- Bandpass_Coefs.h ------------------------- */
* Filter Coefficients (C Source) generated by the Filter Design and Analysis Tool
 * Generated by MATLAB(R) 8.2 and the DSP System Toolbox 8.5.
 * Generated on: 03-Jun-2021 22:22:31
 */
/*
 * Discrete-Time FIR Filter (real)
 * -------------------------------
 * Filter Structure      : Direct-Form FIR
 * Filter Length         : 54
 * Stable                : Yes
 * Linear Phase          : Yes (Type 2)
 * Arithmetic            : fixed
 * Numerator             : s16,16 -> [-5.000000e-01 5.000000e-01)
 * Input                 : s16,15 -> [-1 1)
 * Filter Internals      : Full Precision
 * Output                : s33,31 -> [-2 2) (auto determined)
 * Product               : s29,31 -> [-1.250000e-01 1.250000e-01) (auto determined)
 * Accumulator           : s33,31 -> [-2 2) (auto determined)
 * Round Mode            : No rounding
 * Overflow Mode         : No overflow
 */
const int BL = 54;
const int16_T Bandpass_Coef[54] = {
     47,    125,    -67,   -269,   -60,    394,    296,   -334,   -471,
     98,    333,     30,    164,   400,   -619,  -1601,    298,   3155,
   1364,  -4034,  -4153,   3181,  6928,   -323,  -8167,  -3623,   6948,
   6948,  -3623,  -8167,   -323,  6928,   3181,  -4153,  -4034,   1364,
   3155,    298,  -1601,   -619,   400,    164,     30,    333,     98,
   -471,   -334,    296,    394,   -60,   -269,    -67,    125,     47
 };
```

滤波器系数的C语言头文件可以直接添加到CCS中的DSP设计工程中，如果需要重新调整，则对MATLAB中的滤波器设计参数做出改变，只须重新生成一遍C语言头文件，覆盖替换掉原来的滤波器系数文件即可。

2. 基于CCS的FIR滤波器设计

FIR滤波器采用C语言设计时，其关键是实现时域的线性卷积。一般采用延迟线的设计方法来实现位移和循环相乘。具体思路：设输入数据序列为x，滤波器的输出序列为y，滤波器系数存在数组$\boldsymbol{h}$中，数据缓存数组$\boldsymbol{w}$保存输入数据样本。逐个样本滑动更新模式下的C程序如下：

```
void floatPointFir(float *x, float *h, short order, float *y, float *w)
{
    short i;
```

```
    float sum;
    w[0] =  * x++;                          // Get the current data to delay line
    for (sum = 0, i = 0; i < order; i++)    // FIR filter processing
    {
        sum += h[i] * w[i];
    }
    * y++ = sum;                            // Save filter output
    for (i = order - 1; i > 0; i -- )       // Update data delay line
    {
        w[i] = w[i - 1] ;
    }
}
```

信号缓冲器 **w** 在每个采样周期进行更新，对于每次更新过程，信号缓冲器的最末一个数据被丢弃掉，剩下的样本在缓冲器中向下一个样本点的位置移位，最新到来的数据 x 被插入顶部位置 **w**[0]。

对于许多实际应用，如无线通信、语音处理和音频压缩等，信号样本经常形成块或帧结构，采用块处理(帧处理)技术来实现 DSP 的算法将更有效。一般采用帧而不是逐样点的方式完成信号处理，这种处理方式的滤波称为块处理 FIR 滤波器。块处理模式在每次函数调用时处理一块数据样本，输入数据存储在数组 **x** 中，滤波器输出数据存储在数组 **y** 中，其中块的大小用变量 blkSize 来表示。程序代码如下：

```
void fixedPointBlockFir(Int16 * x, Int16 blkSize,
                        Int16 * h, Int16 order,
                        Int16 * y,
                        Int16 * w, Int16 * index)
{
    Int16 i,j,k;
    Int32 sum;
    Int16 * c;
    k =  * index;
    for (j = 0; j < blkSize; j++)           // Block processing
    {
        w[k] =  * x++;                      // Get the current data to delay line
        c = h;
        for (sum = 0, i = 0; i < order; i++)  // FIR filter processing
        {
            sum += * c++ * (Int32)w[k++];
            if (k == NUM_TAPS)              // Simulate circular buffer
            {
                k = 0;
            }
        }
        sum += 0x4000;                      // Rounding
        * y++ = (Int16)(sum >> 15);         // Save filter output
        if (k-- <= 0)                       // Update index for next time
```

```
        {
            k = NUM_TAPS - 1;
        }
    }
    * index = k;                                // Update circular buffer index
}
```

理解了基于块处理技术的 FIR 滤波器 C 语言定点实现过程后，就可以在 CCS 中建立工程来对输入数据进行滤波。本例程的开发环境为 CCS5.5，包含的文件见表 10.4.1。

表 10.4.1　FIR 滤波器 DSP 实现工程的文件

文　件	描　述
fixedPointBlockFirTest. c	定点块 FIR 滤波器的测试程序
fixedPointBlockFir. c	定点块 FIR 滤波器的 C 函数
fixedPointFir. h	C 头文件
BandPass_Coefs. h	FIR 滤波器系数文件
tistdtypes	标准类型定义文件
input. wav	输入数据的音频格式文件

首先可以利用音频处理软件工具打开输入信号数据 input. wav，显示数据序列的时域波形和频域波形，如图 10.4.5 和图 10.4.6 所示。从输入数据的时域图和频域图可以看出，它是一段包含 800Hz、1800Hz、3300Hz 三个频率的正弦波的信号。设计带通滤波器的目的就是滤除 800Hz、3300Hz 的信号成分，保留 1800Hz 信号。

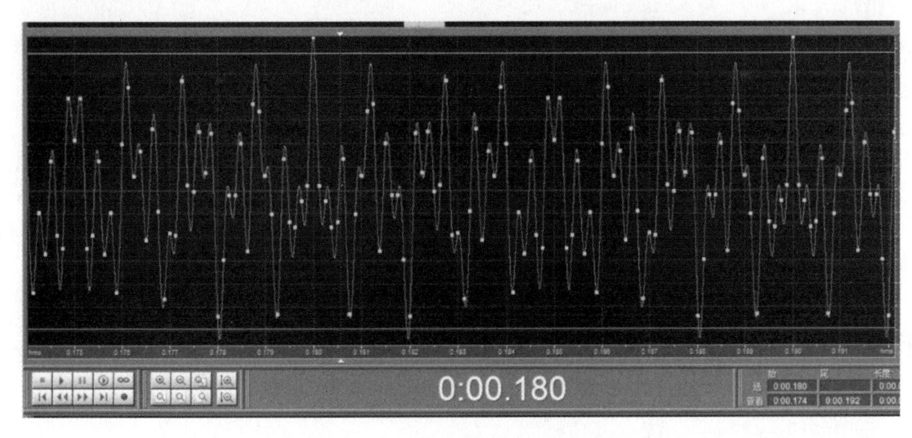

图 10.4.5　输入数据的时域波形

下面通过集成开发环境 CCS5.5 软件建立工程(图 10.4.7)，进行编程实现。利用 MATLAB 设计的滤波器系数，调用块 FIR 滤波器函数，实现对输入音频数据的滤波操作。滤波完成后，利用图形化方式比较滤波前后信号的时域和频域的差异。

具体程序如下：

```
# include < stdlib. h >
# include < stdio. h >
```

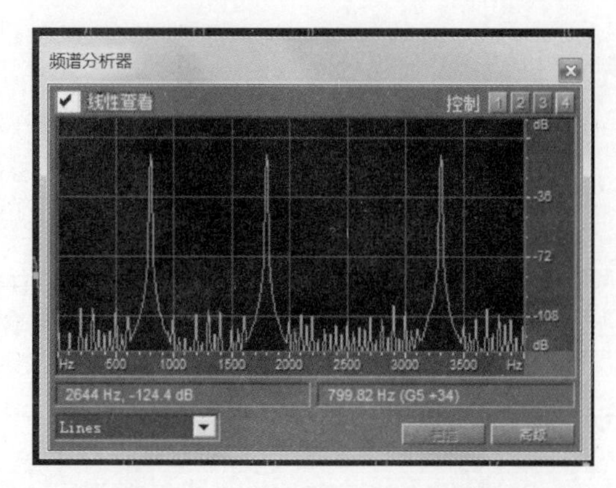

图 10.4.6　输入数据的频域波形

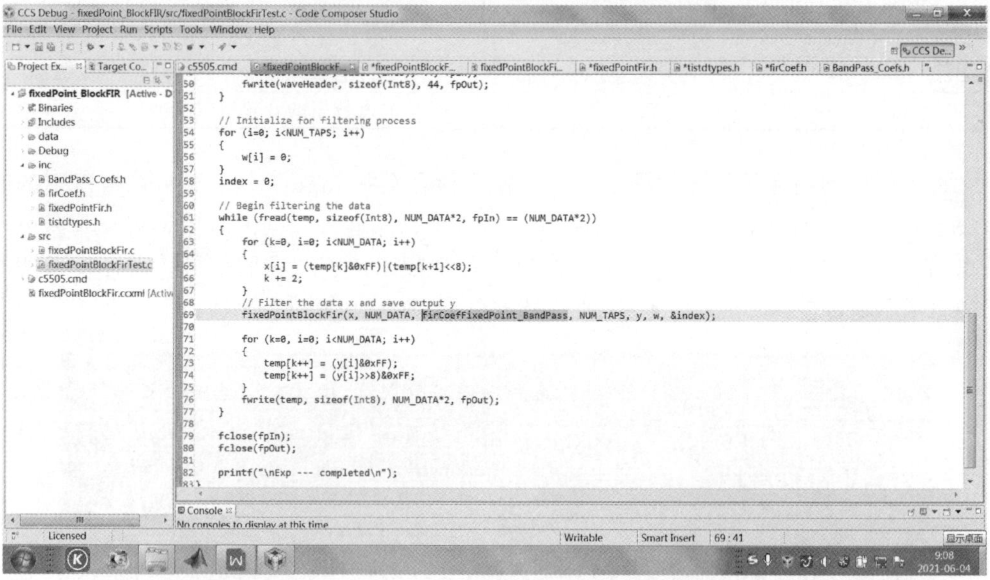

图 10.4.7　CCS5.5 下的 FIR 滤波器设计工程

```
#include "tistdtypes.h"
#include "fixedPointFir.h"

/* Define DSP system memory map */
#pragma DATA_SECTION(firCoefFixedPoint, ".data:fir");
#pragma DATA_SECTION(w, ".bss:fir");
#include "firCoef.h"
Int16 w[NUM_TAPS];
Int16 x[NUM_DATA],                          // Input data
      y[NUM_DATA];                          // Output data
void main()
{
    FILE *fpIn, *fpOut;
```

```
    Int16 i,k,c,
          index;                              // Delay line index
    Int8 temp[NUM_DATA * 2];
    Uint8 waveHeader[44];
    printf("Exp --- Fixed - point_Block FIR filter experiment\n");
    printf("Enter 1 for using PCM file, enter 2 for using WAV file\n");
    scanf (" % d", &c);

    if (c == 2)
    {
        fpIn = fopen("..\\data\\input.wav", "rb");
        fpOut = fopen("..\\data\\output.wav", "wb");
    }
    else
    {
        fpIn = fopen("..\\data\\input.pcm", "rb");
        fpOut = fopen("..\\data\\output.pcm", "wb");
    }
    if (fpIn == NULL)
    {
        printf("Can't open input file\n");
        exit(0);
    }
    if (c == 2)
    {
        fread(waveHeader, sizeof(Int8), 44, fpIn);
        fwrite(waveHeader, sizeof(Int8), 44, fpOut);
    }

    // Initialize for filtering process
    for (i = 0; i < NUM_TAPS; i++)
    {
        w[i] = 0;
    }
    index = 0;
    // Begin filtering the data
    while (fread(temp, sizeof(Int8), NUM_DATA * 2, fpIn) == (NUM_DATA * 2))
    {
        for (k = 0, i = 0; i < NUM_DATA; i++)
        {
            x[i] = (temp[k]&0xFF)|(temp[k + 1]<< 8);
            k += 2;
        }
        // Filter the data x and save output y
         fixedPointBlockFir(x, NUM_DATA, firCoefFixedPoint_BandPass, NUM_TAPS, y, w,
&index);

        for (k = 0, i = 0; i < NUM_DATA; i++)
```

```
        {
            temp[k++] = (y[i]&0xFF);
            temp[k++] = (y[i]>>8)&0xFF;
        }
        fwrite(temp, sizeof(Int8), NUM_DATA * 2, fpOut);
    }

    fclose(fpIn);
    fclose(fpOut);
    printf("\nExp --- completed\n");
}
```

程序运行完毕后，生成滤波输出文件 output. wav 文件，采用音频播放软件对比试听滤波输出的文件和输入音频文件，可以听出滤波前后音频信号的音色明显发生了变化。同时利用音频处理软件打开滤波器输出的文件 output. wav，查看时域图和频谱图，分别如图 10.4.8 和图 10.4.9 所示。从时域波形图可以看出，滤波输出信号已经变成一个纯净单一频率的正弦波。从频域波形图上也可以看出，在带通滤波器通带之外的 800Hz、3300Hz 两个正弦波信号，幅度衰减了 60dB，与滤波器的设计指标一致，也反映出此滤波器设计结果的正确性。

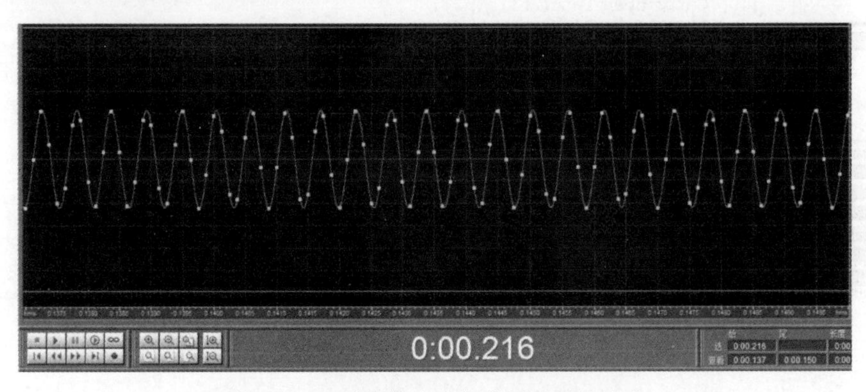

图 10.4.8　滤波输出音频数据的时域波形

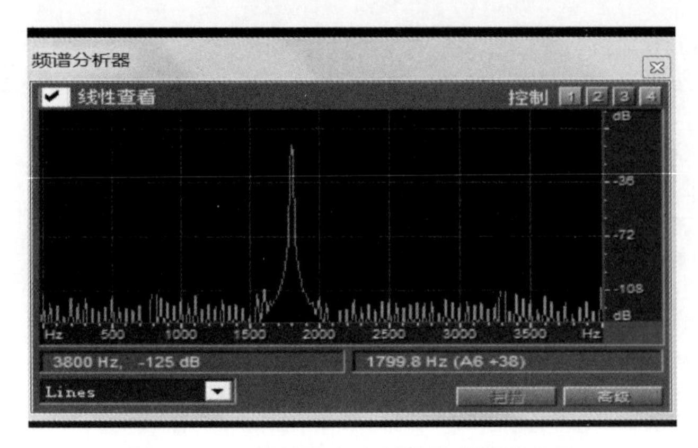

图 10.4.9　滤波输出音频数据的频域波形

10.4.2 FIR 滤波器的 FPGA 实现

由于 FPGA 内部嵌入了丰富的乘法器以及专用的乘累加器(如 DSP48)等资源,用 FPGA 实现数字信号处理系统时,除了可以采用类似于 DSP 的串行实现结构,更多是采取并行结构或分布式结构获得更快的速度。根据 FIR 滤波器的信号流图,用多个乘法器和加法器并行实现,其结构图如图 10.4.10 所示。

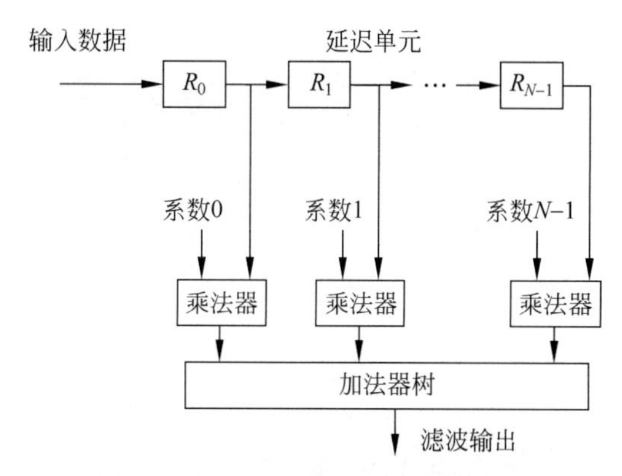

图 10.4.10 滤波器的并行实现结构

直接并行滤波器可以在一个时钟周期内完成一次滤波,但要占用大量的乘累加器,对器件资源要求较高,在实际应用时可根据处理速度与占用资源的需求进行折中处理。另外,为了进一步提高滤波器处理速度,可以在逻辑电路中间加上适当的寄存器,构成流水线结构,这样滤波器不仅可以工作在更高频率,对于速率固定的数据,还可以通过多次复用乘累加器来节省资源。

在采用 FPGA 实现数字滤波功能时,除了可使用 VHDL、Verilog 等语言进行直接设计外,ISE 开发工具还提供了丰富的 FIR 滤波器 IP Core,如 DA FIR filter、FIR Compiler、MAC FIR filter 等,供设计人员直接调用,可以完成多相抽取、多相插值、半带插值、半带抽取、希尔伯特变换和插值滤波器等,具有乘加模式和分布式模式两种,使用非常方便。本节以采用 FIR Compiler 为例进行介绍,其他两类的使用方法与此类似。Fir Compiler 所支持的抽头数为 2～1024,位宽为 1～32 位,并支持多通道,最多可以同时支持 256 个通道,能够利用系数的对称性进一步节省资源。其用户界面如图 10.4.11 所示。

FIR 滤波器的 IP Core 具有丰富的输入输出控制信号,详细说明如下:

(1) SCLR:输入信号,同步复位信号,高有效。可以重置滤波器内部的状态机,但并不清空数据寄存器的内容,是可选引脚。

(2) CLK:输入信号,模块的工作时钟。

(3) CE:输入信号,模块时钟使能信号,是可选引脚。

(4) DIN:输入信号,滤波器的输入数据,通过时分复用的方式来提供多通道的数据输入。

(5) ND:输入信号,新数据指示信号,高有效。只有当 ND 信号为高时,输入数据

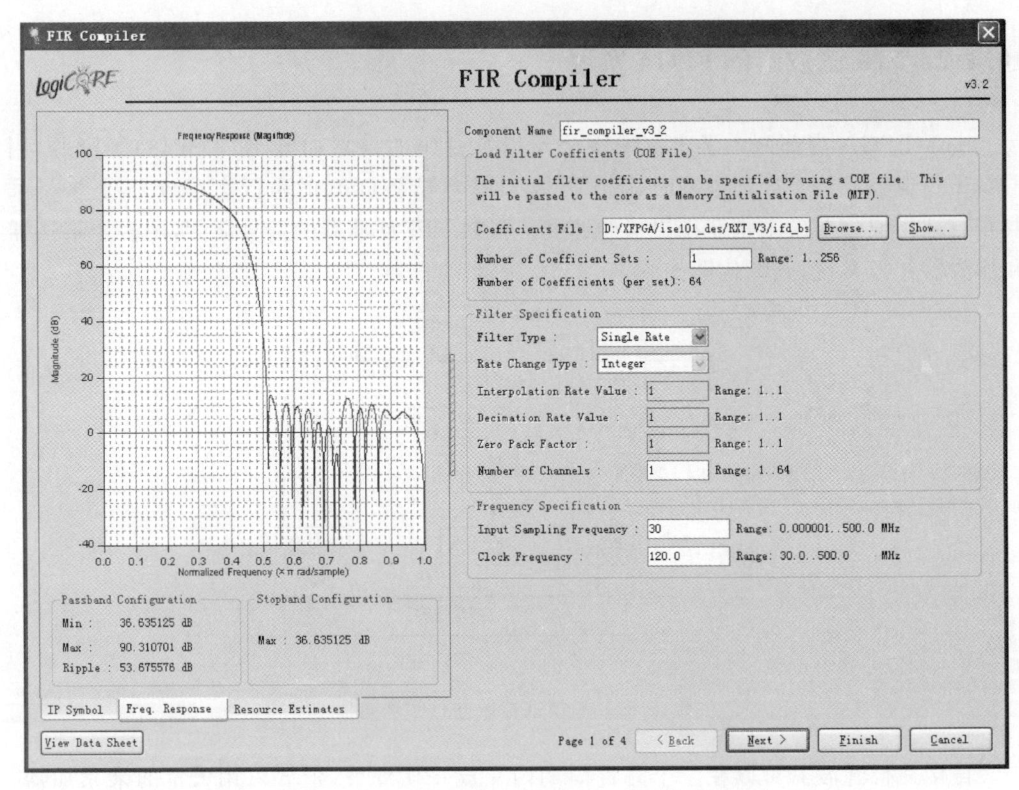

图 10.4.11 FIR 滤波器 IP Core 的用户界面

DIN 才会被送进 FIR 的计算内核；当 RFD 为低时，将忽略任何输入信号，ND 指示无效。

(6) FILT_SEL：输入信号，用于多通道滤波器的模式下片选滤波器。

(7) COEF_LD：输入信号，加载系数指示信号，表明开始更换一组新的滤波器系数。

(8) COEF_WE：输入信号，系数写有效信号。

(9) COEF_DIN：输入信号，系数输入通道。

(10) DOUT：输出信号，滤波器的输出，其位宽由滤波器的精度、抽头数和系数的位宽决定，在 IP Core 中总是被配置成全精度以免溢出。

(11) RDY：输出信号，滤波器输出有效指示信号。

(12) CHAN_IN：输出信号，用于指示当前输入数据的通道标号。

(13) CHAN_OUT：输出信号，用于指示当前输出数据的通道标号。

(14) DOUT_I：输出信号，仅在选择希尔伯特变换时有效，输出数据的同相分量。

(15) DOUT_Q：输出信号，仅在选择希尔伯特变换时有效，输出数据的正交分量。

例 10.4.2 用 IP Core 设计一个 64 阶 FIR 低通滤波器。

由于 IP Core 的步骤较多，下面对其使用进行简要说明。首先运行 Core Generator 工具，新建 IP Core，选择 Digital Signal Processing→Filter→FIR Compiler 命令，然后单击“确定”按钮，弹出如图 10.4.11 所示的界面。选择滤波器通道数为 1，类型为单速率，模块工作时钟为 120MHz，采样速率为 30MHz。在 Coefficients File 选项旁单击 Browse

按钮，从计算机硬盘上加装滤波器的初始系数配置文件（后缀为.coe）。这里的coe文件和DSP汇编语句中的数据格式略有不同，本例加载的coe文件如下：

```
radix = 16;
coefdata =
0000,fffe,fffd,0000,0002,0001,0000,0004,
0006,fffb,ffee,fff4,000a,0010,0002,0009,
0026,0012,ffb7,ff8c,fff2,006b,0047,0001,
00a1,0147,ff4e,fae9,fa74,0545,199b,2a61,
2a61,199b,0545,fa74,fae9,ff4e,0147,00a1,
0001,0047,006b,fff2,ff8c,ffb7,0012,0026,
0009,0002,0010,000a,fff4,ffee,fffb,0006,
0004,0000,0001,0002,0000,fffd,fffe,0000;
```

如果文件格式错误，Coefficients File后面文本框中的路径为红色，只有添加了正确的配置文件才会用正常的黑色显示。添加正确后，界面左侧图纸则会显示出所加载的滤波器的幅频响应，可以使设计人员直接判断所加载的滤波器是否满足要求。此外，设计人员还可以选择将滤波器配置成多速率的抽取或插值滤波器。

单击Next按钮，出现如图10.4.12所示界面，选择滤波器结构为乘加结构，输入数据和滤波器系数为有符号数，位宽为16位，输出数据配置成全精度模式，位宽为32位。如果选中“Use Reloadable Coefficients”选项，则该滤波器系数是可重配置的。

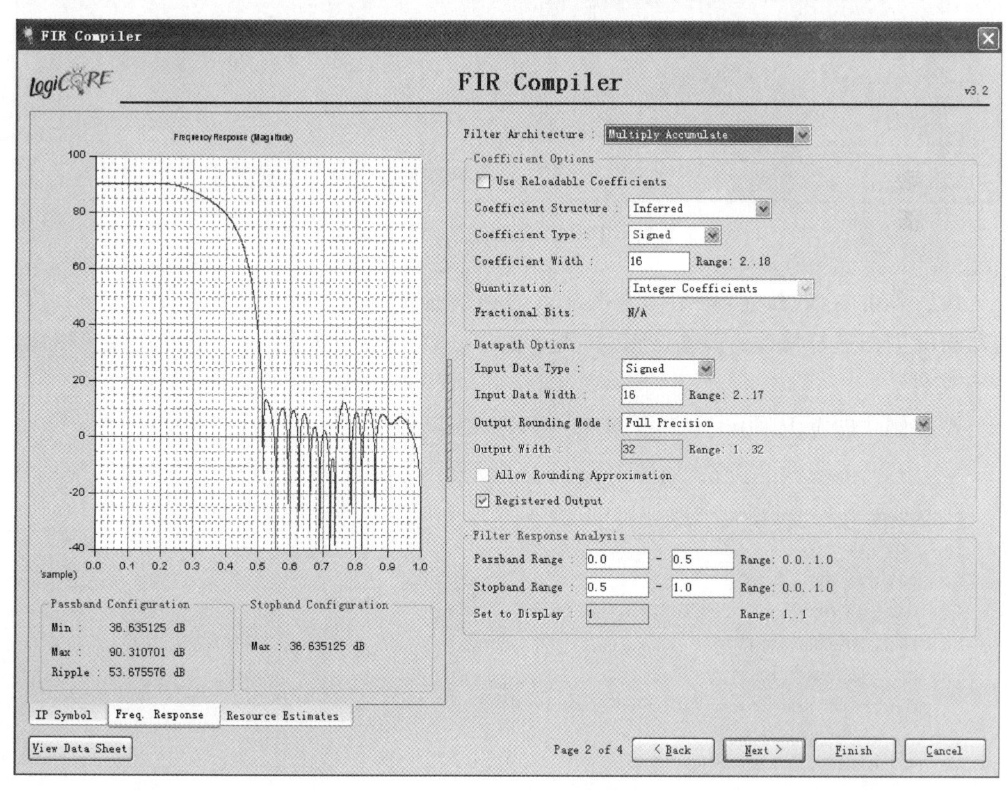

图10.4.12 FIR Compile数据格式配置界面

再次单击 Next 按钮,出现握手信号的选择及存储器类型选择的界面,如图 10.4.13 所示。若选择存储器类型为自动分配,则基本上就结束了本次配置;若选择手动分配,则需要分别为数据和系数指定利用分布式存储单元或块 RAM 资源。设计人员还可以根据系统需求选择按资源或速度进行优化设计。

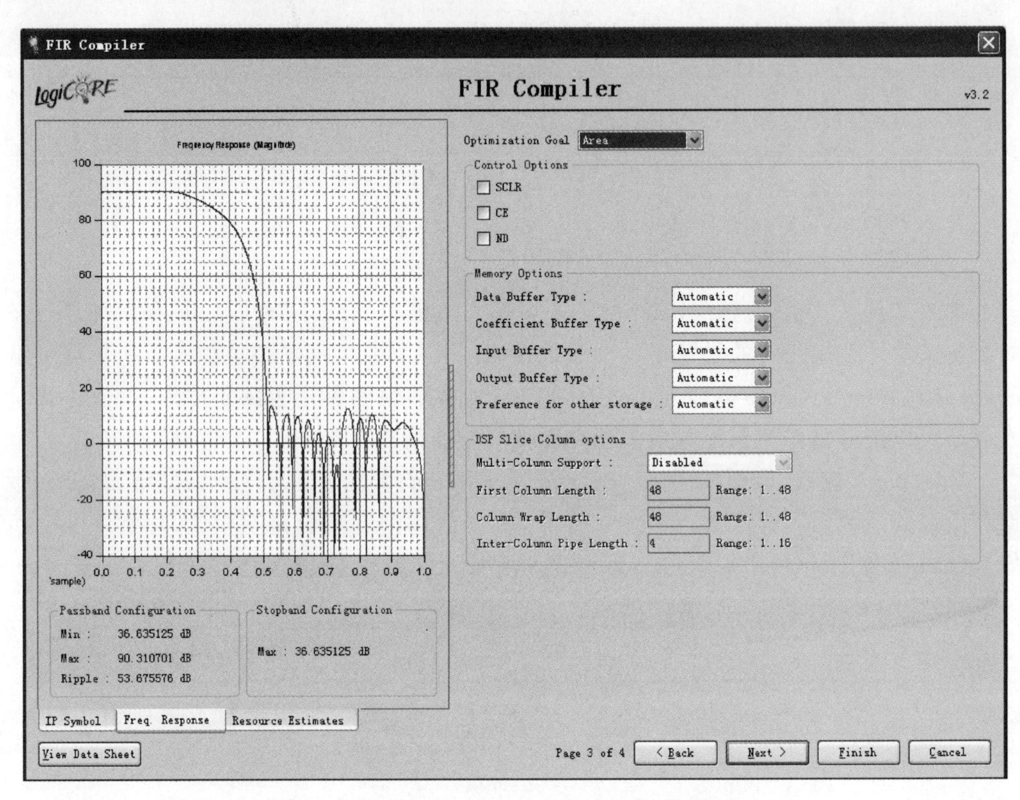

图 10.4.13　FIR Compiler 的存储器配置界面

最后单击 Next 按钮,将给出本次配置的参数列表,若有不对之处,则单击 Back 按钮返回相应页面进行修改;若确认无误,则单击 Finish 按钮开始例化 IP Core,生成相应的 .xco 文件。

经过例化的 FIR Compiler,生成的 VHDL 接口如下:

```
-------------------- COMP_TAG ---------------------------------------
component fir_compiler_v3_2
    port (
    clk: IN std_logic;
    din: IN std_logic_VECTOR(15 downto 0);
    rfd: OUT std_logic;
    rdy: OUT std_logic;
    dout: OUT std_logic_VECTOR(31 downto 0));
end component;
----------------- COMP_TAG_END ------------------------------------
```

使用时,在设计程序中加入如下例化语句,便可直接调用 fir_compiler_v3_2 模块。

```
---------------- INST_TAG ----------------------------------------
Fir_filter : fir_compiler_v3_2
          port map (
              clk  => clk,
              din  => din,
              rfd  => rfd,
              rdy  => rdy,
              dout  => dout);
---------------- INST_TAG_END --------------------------------------
```

附录A MATLAB使用简介

20 世纪 70 年代，美国新墨西哥大学计算机科学系主任 Cleve Moler 为了减轻学生编程的负担，用 FORTRAN 编写了最早的 MATLAB 软件，软件名 MATLAB 是 matrix 和 laboratory 两个单词的组合，意为矩阵实验室。1984 年由 Jack Little、Cleve Moler、Steve Bangert 合作创立的 MathWorks 公司正式把 MATLAB 软件（版本 1.0）推向市场，这个软件将数值分析、矩阵计算、科学数据可视化以及非线性动态系统的建模和仿真等诸多强大功能集成在一个易于使用的视窗环境中，为科学研究、工程设计记忆必须进行有效数值计算的众多科学领域提供了一种全面的解决方案，并在很大程度上摆脱了传统非交互式程序设计语言（如 C、FORTRAN）的编辑模式，因此该软件在推出之后得到了迅速更新和发展，到了 20 世纪 90 年代，MATLAB 和 Mathematica、Maple 并称为三大数学软件，被广泛运用于数据分析、无线通信、深度学习、图像处理与计算机视觉、信号处理、金融与风险管理、机器人和控制系统等领域。截至 2022 年 12 月，MathWorks 公司发布的 MATLAB 软件的最新版本为 R2022b。本附录对 MATLAB 软件的使用进行简要介绍，如需要深入掌握可参考相关专业书籍。

一、MATLAB 工作环境

在安装了 MATLAB 软件之后，双击 MATLAB 图标就可以进入 MATLAB 界面。MATLAB 提供了一个集成化的开发环境，通过这个集成环境用户可以方便地完成从编辑到执行，以及分析仿真结果的过程。图 A.1 是一个完整的 MATLAB 集成开发环境，其中包括 Command Window（命令窗口）、Workspace（工作区窗口）、Current Folder（当前目录窗口）以及 Command History（历史命令窗口）。

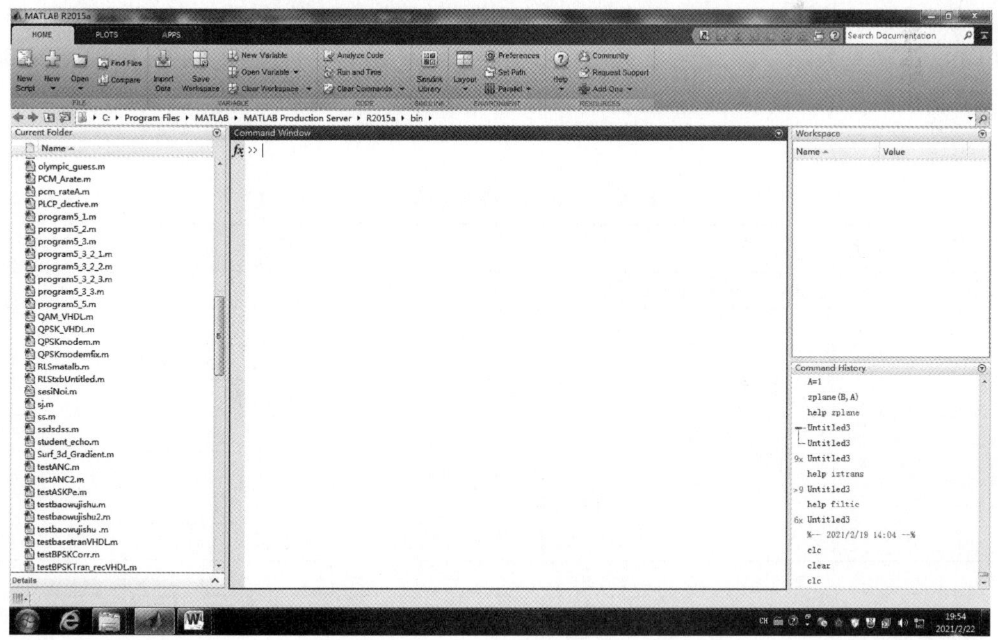

图 A.1　MATLAB 集成开发环境

Command Window(命令窗口)是 MATLAB 的主窗口，在出现命令提示符“＞＞”之后可以输入各种 MATLAB 命令或者语句，这些语句能够完成对 MATLAB 环境的设置，创建和设置仿真变量，并运行仿真程序。

二、变量、数值和表达式

和 C 语言类似，MATLAB 程序也是由语句构成的，而语句的编写则需要变量、运算符号和表达式等，下面重点介绍这几个内容。在 MATLAB 中变量不需要提前定义即可直接使用，变量名的第一个字符必须为英文字母，可以包含数字和下划线，但不能包括空格、标点符号，且在 MATLAB 中的变量名中字母是区分大小的。有些关键字不能作为变量名，如 break、case、catch、continue、else、end、for、function、global、if、otherwise、return、switch、try 和 while 等，可通过在命令窗口输入 iskeyword 得到。MATLAB 中还存在一些特殊的变量或者常数，如 ans、eps、pi、i、j 和 inf 等。

在 MATLAB 中，数值均采用习惯的十进制，可以带小数点和正、负号。如 108、−3.2、0.03 等。科学计数法采用字符 e 来表示 10 的幂，如 1.25e3、3e(−3)等。虚数的扩展名为 i 或者 j，如 2i、−3j。在采用 IEEE 浮点算法的计算机上，数值的相对精度为 eps，有效数字为 16 位，数值范围在 $10^{-308} \sim 10^{309}$ 之间。在 MATLAB 中输入同一数值时有时会发现，在命令窗口中显示数据的形式有所不同。例如，0.3 有时显示 0.3，有时会显示为 0.300，原因是数据显示格式不同。在一般情况下，MATLAB 内部每一个数据元素都是用双精度来表示和存储的，数据输出时用户可以用 format 命令进行相应的设置来改变数据输出格式。

在 MATLAB 中，数学表达式的运算操作尽量设计得符合人们的日常习惯，用 MATLAB 进行数学运算，就像在计算器上做算术一样简单方便，因此 MATLAB 被誉为“演算纸式的科学计算语言”。运算符号包括算术运算符、关系运算符和逻辑运算符三类，如表 A.1 所示。

表 A.1　MATLAB 的运算符号

运算符号的种类	符号	说　明
算术运算符	+	加法
	−	减法
	*	两个矩阵的乘法，前一个矩阵的列和后一个矩阵的行要相等
	.*	两个同维的向量或矩阵的对应元素相乘
	/	两个同维矩阵的除法
	./	两个同维向量或矩阵的对应元素相除
	^	矩阵的幂
	.^	两个同维向量或矩阵的对应元素求幂
关系运算符	==	等于
	~=	不等于
	＜	小于

续表

运算符号的种类	符号	说　明
关系运算符	>	大于
	<=	小于等于
	>=	大于等于
逻辑运算符	& 或者 and	与运算
	| 或者 or	或运算
	~或者 not	非运算

三、向量、矩阵的创建与计算

向量和矩阵是 MATLAB 中最重要的数据类型，下面重点介绍它们的创建方法和主要的计算方法。

1. 向量和矩阵的创建

向量和矩阵的创建包括直接输入法和函数法。

1）直接输入法

比如语句 signal=[5 12 31 24 55 46 37 18 29]，就创建了一个维度为 1*9 的向量。

A=[1 12 3；4 25 6；47 18 9]，就创建了一个维度为 3*3 的矩阵。

2）函数法

MATLAB 提供了许多函数，可以直接生成向量或矩阵。

比如 B=ones(1,10)；就可以生成一个维度为 1*10 的全 1 向量；

Sig=randn(1,100)；就可以生成一个维度为 1*100，服从正态分布的向量。

2. 向量和矩阵元素的寻址

在 MATLAB 中，矩阵寻址的主要方法有单元素寻址和多元素寻址。下面通过一个例子来介绍。

Signal=[1 2 3 4；5 6 7 8；9 10 11 12；13 14 15 16]；

这是一个 4*4 的矩阵，如果要得到第一行第三列的元素，则只需要输入 Signal(1,3) 即可，这就实现了单元素寻址，注意在 MATLAB 中第一行的元素下标是 1 不是 0，这和 C 语言中不一样。

多元素寻址是指利用冒号表达式访问矩阵的某一行、某一列或者某几行的若干元素。如：

Signal(2,：)表示取矩阵第二行的所有元素；

Signal(：,3)表示取矩阵第三列的所有元素；

Signal(2：2：10)表示取矩阵的第 2、4、6、8 和 10 个元素；

Signal(2：3,：)表示取矩阵第二行到第三行的所有元素；

Signa(2：4,2：3)表示取矩阵第二行到第四行中第二列到第三列的所有元素。

3. 向量和矩阵的运算

MATLAB中,矩阵的运算包括加、减、乘、点乘、右除、左除和乘方等运算。

```
A = [1 2 3; 4 5 6; 7 8 9];
B = [3 4 5; 6 7 8; 9 1 2];
Add = A + B;
Sub = A - B;
Mul = A * B;
DotMul = A. * B;                    %两个矩阵的对应元素对应相乘
LeftDiv = A\B;                      %矩阵A的逆左乘矩阵B
RightDiv = A/B;                     %矩阵B的逆右乘矩阵A
Power = A.^2;
```

运行的结果如下所示：

```
Add =
     4     6     8
    10     8    14
    16     9     3
Sub =
    -2    -2    -2
    -2    -6    -2
    -2     7    -1
Mul =
    42    21    27
    72    29    40
    78    85   101
DotMul =
     3     8    15
    24     7    48
    63     8     2
LeftDiv =
    0.6923   -0.2404   -0.3942
    0.4615    0.1731    0.4038
    0.4615    1.2981    1.5288
RightDiv =
    1.6667   -0.6667    0.0000
    9.5556   -5.4444    0.8889
  -17.2222   11.1111   -0.8889
Power =
     1     4     9
    16     1    36
    49    64     1
```

四、MATLAB 程序控制结构

在 MATLAB 中，程序流程控制包含控制程序的基本结构和语法，结构化的程序主要有三种基本的程序结构。MATLAB 语言的程序结构与其他高级语言是一致的，分为顺序结构、循环结构和选择结构。

1. 顺序结构

顺序结构最简单，就是从上到下依次执行各条语句。

2. 循环结构

循环结构是指按照给定的条件重复执行指定的语句，循环结构是一种十分重要的程序结构。MATLAB 提供了 for 语句和 while 语句两种实现循环结构的语句。

1）for-end 结构

for-end 结构用于循环次数事先确定的情况。其格式：

```
for i = StartNum: step: EndNum
       循环体语句
end
```

其中：i 为循环变量；StartNum 为循环变量的初值；EndNum 为循环变量的结束值；step 为步长。

2）while-end 结构

while-end 结构用于循环次数不能事先确定的情况。其格式：

```
while 表达式
  语句体
end
```

其执行过程：若表达式为真，就执行语句体；若表达式为假，则终止该循环，执行循环体后续的语句。

3. 选择结构(分支结构)

选择结构是根据给定的条件，执行不同的语句。MATLAB 用于实现选择结构的常用语句有 if 语句和 switch 语句。

1）if 语句

在 MATLAB 中，if 语句的格式有以下三种：

（1）单分支结构，其语句格式如下：

```
if 条件
  语句组;
end
```

当条件成立时，执行语句组，当条件不成立时，不执行语句组，直接执行 end 后面的语句。

(2) 双分支结构，其语句格式如下：

```
if 条件
  语句组 1
else
  语句组 2
end
```

当条件成立时，执行语句组 1；条件不成立时，执行语句组 2。

(3) 多分支结构，主要用于条件较多的情况，其语句格式如下：

```
if 条件 1
  语句组 1
else if 条件 2
  语句组 2
……
else if 条件 m
  语句组 m;
else
  语句组 m + 1
end
```

当条件 1 成立时，执行语句组 1；当条件 2 成立时，执行语句组 2；依次类推，当所有条件都不成立时，执行语句组 m+1。

2) switch 语句

switch 语句根据表达式的取值不同，分别执行不同的语句，其语句格式：

```
switch 表达式
     case 表达式 1
          语句组 1
     case 表达式 2
          语句组 2
     ……
     case 表达式 m
          语句组 m
     otherwise
          语句组 m + 1
end
```

执行 switch 语句时，首先计算表达式的值，然后根据表达式的值进行判断：如果表达式的值等于表达式 1，则执行语句组 1；如果表达式的值等于表达式 2 时，执行语句组 2；以此类推，当表达式的值和 m 个表达式都不同的话，则执行语句 m+1。

五、m 文件编辑与调试

一些简单的运算可以直接在命令窗口输入并立刻得到结果，但是当需要计算的步骤较多时，就需要单独编辑一个文件或者说程序来完成，这个文件或程序统称为m文件，类似于C语言中的*.c文件。m文件的类型是普通的文本文件，可以在MATLAB主菜单上通过单击选择菜单命令“新建-脚本”来新建一个m文件，也可以使用系统认可的文本文件编辑器来建立m文件。图A.2是典型m文件编辑窗口。

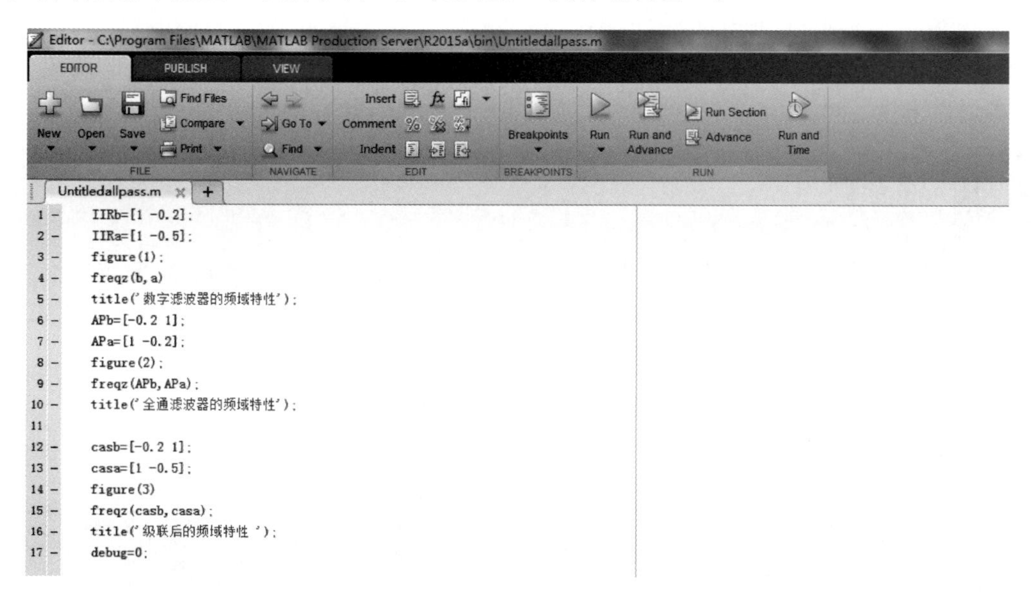

图A.2 m文件编辑窗口

m文件的调试功能：

在m文件编辑完成之后，单击保存菜单，将编写的m文件取一个合适的名字进行保存，后缀默认为.m。如果有些语法错误，则会通过一些红色的下画线进行提示。直到修改到没有语法错误之后，可以进行运行调试。最简单的运行就是全速执行，通过点击菜单栏中绿色的三角形，或者使用快捷键F5也可达到同样的效果。除了全速运行，还需要一些其他的调试技巧和窗口。主要如下：

(1) 设置或清除断点：在m文件某一行的序号后面单击，会出现一个红色的圆点，这就实现了断点的设置；如果再单击，红色的圆点就会消失，这就实现了断点的消除。断点的设置和消除也可以通过快捷键F12来实现。当设置了断点之后，如果执行全速运行，则会有一个绿色的箭头停留在第一个断点的位置，这表示程序已经执行完了断点前面的程序，且即将要执行这一行的内容。

(2) 单步执行：每次执行一个步骤，使用快捷键F10。

(3) Step in：属于单步执行的一种，当某一行语句是调用函数时，则进入函数内部，也可通过使用快捷键F11来实现。

(4) Step out：属于单步执行的一种，当某一行语句是调用函数时，不进入函数内部，直接返回函数的结果，相当于把这个函数的调用语句当作单步来实现，也可通过使用快捷键Shift+F11。

(5) 执行到光标所在位置：在菜单栏选择“run to cursor”命令，则可以让程序执行到光标所在的位置并停止。

(6) 观察变量或表达式的值：在调试状态下，将鼠标放在要观察的变量上停留片刻，就会显示出变量的值，当变量的值太多时，只显示变量的维数；也可在命令窗口中输入要观察的变量名并回车，就可以看到变量的值；也可以在 Workspace 窗口中，双击要观察的变量就可看到具体的值。

(7) 退出调试模式：在菜单栏中选择 quit debugging 命令，则可以从当前的调试模式中退出来。

六、图形的绘制

MATLAB不但具有强大的数值运算功能，还具有强大的图形表达功能，既可以绘制二维图形，又可以绘制三维图形，还可以通过标注、视点、颜色等操作对图形进行修饰。表 A.2～表 A.4 给出了与绘制二维图形相关的函数。

表 A.2 二维绘图函数

MATLAB绘图函数	说 明
plot	x 轴和 y 轴均为线性刻度
semilogx	x 轴是对数刻度，y 轴为线性刻度
semilogy	x 轴是线性刻度，y 轴为对数刻度
loglog	x 轴和 y 轴都是对数刻度
stem	画针状图
figure	新建一个画图窗口
subplot	将一个图形窗口进行分割

表 A.3 线型、记号和颜色选项

线型、记号选项	含 义	颜色选项	含 义
.	用点绘制数据点	b	蓝色
O	用圆圈绘制数据点	k	黑色
X	用叉号绘制数据点	g	绿色
+	用加号绘制数据点	y	黄色
*	用星号绘制数据点	m	洋红色
S	用方块绘制数据点	r	红色
D	用菱形绘制数据点	w	白色
V	用朝下的三角符号绘制数据点	c	蓝绿色
P	用五角星绘制数据点		
H	用六角星绘制数据点		
-	绘制实线		
--	绘制虚线		
:	绘制点线		
-.	绘制点画线		

表 A.4 图形修饰函数

函　　数	说　　明	命令格式
title	给图形加个标题	title('字符串')
xlabel	给 x 轴加个标记	xlabel('字符串')
ylabel	给 y 轴加个标记	ylabel('字符串')
text	在图形指定位置上加个文本字符串	text(x,y,'字符串')
gtext	用鼠标在图形上放置文本字符串	gtext('字符串')
grid	给图形添加网格线	grid
axis	用于指定 x 和 y 轴的最大最小值	axis([xmin xmax ymin ymax])
legend	自动给图形加上标注	legend('字符串')

附录B MATLAB中常用的数字信号处理类函数

表 B.1　波形产生函数

函数名	功能
sin	产生正弦波
cos	产生余弦波
sawtooth	产生三角波
square	产生方波
sinc	产生抽样函数的波形
diric	产生 Dirichlet 或周期 sinc 函数
rectpuls	产生非周期的矩形波
tripuls	产生非周期的三角波
chirp	产生线性调频余弦波

表 B.2　滤波器分析与实现函数

函数名	功能
abs	求绝对值(幅值)
angle	求相角
conv	求卷积
Deconv	去卷积
fftfilt	重叠相加法 FFT 滤波器实现
filter	直接滤波器实现
filtfilt	零相位数字滤波
filtic	Filter 函数初始化条件选择
freqs	模拟滤波器的频率响应
freqspace	频率响应中的频率间隔
freqz	数字滤波器的频率响应
grpdelay	平均滤波器延迟
impz	数字滤波器的冲激响应
zplane	离散系统零点和极点图

表 B.3　IIR 数字滤波器的设计函数

函数名	功能
buttord	巴特沃斯滤波器阶数的选择
butter	巴特沃斯数字滤波器的设计
cheb1ord	切比雪夫Ⅰ型滤波器阶数的选择
cheby1	切比雪夫Ⅰ型滤波器的设计
cheb2ord	切比雪夫Ⅱ型滤波器阶数的选择
cheby2	切比雪夫Ⅱ型滤波器的设计
ellipord	椭圆滤波器阶数的选择
ellip	椭圆数字滤波器的设计
yulewalk	递归数字滤波器设计
bilinear	双线性变换法设计数字滤波器
impinvar	冲激响应不变法设计数字滤波器

表 B.4　模拟滤波器和原型滤波器的设计

函数名	功能
besself	贝塞尔模拟滤波器的设计
butter	巴特沃斯模拟滤波器的设计
cheby1	切比雪夫Ⅰ型模拟滤波器的设计
cheby2	切比雪夫Ⅱ型模拟滤波器的设计
ellip	椭圆模拟滤波器的设计
besselap	贝塞尔模拟低通滤波器原型
buttap	巴特沃斯模拟低通滤波器原型
cheblap	切比雪夫Ⅰ型模拟低通滤波器原型
cheb2ap	切比雪夫Ⅱ型模拟低通滤波器原型
elliap	椭圆模拟低通滤波器原型

表 B.5　模拟滤波器频率变换函数

函数名	功能
lp2bp	低通到带通模拟滤波器变换
lp2hp	低通到高通模拟滤波器变换
lp2bs	低通到带阻模拟滤波器变换
lp2lp	低通到低通模拟滤波器变换

表 B.6　窗函数

函数名	功能
boxcar	矩形窗
triang	三角窗
bartlett	巴特利特窗
hamming	海明窗
hanning	汉宁窗
blackman	布莱克曼窗
chebwin	切比雪夫窗
kaiser	凯泽窗

表 B.7　FIR 数字滤波器的设计

函数名	功能
fir1	基于窗函数法设计 FIR 滤波器
fir2	基于频率采样法设计 FIR 滤波器
firls	最小二乘 FIR 滤波器设计
fircls	约束的最小二乘线性相位 FIR 滤波器设计
firrcos	升余弦滤波器设计
intfilt	内插 FIR 滤波器设计
fripm	Parks-mcCellan 最优等波纹 FIR 滤波器设计
firpmord	Parks-mcCellan 最优等波纹 FIR 滤波器阶数估计

表 B.8 频域变换的函数

函 数 名	功 能
czt	线性调频 Z 变换
dct	离散余弦变换
idct	离散余弦逆变换
dftmtx	离散傅里叶变换矩阵
fft	一维离散傅里叶变换
ifft	一维离散傅里叶逆变换
fft2	二维离散傅里叶变换
ifft2	二维离散傅里叶逆变换
fftshift	将零频分量移到频谱中心
ifftshift	fftshift 函数的逆操作
hilbert	希尔伯特变换

表 B.9 多抽样率数字信号处理

函 数 名	功 能
downsample	对输入信号进行整数倍的抽取
decimate	以更低的采样频率重新采样数据
upsample	对输入信号进行整数倍的内插
interp	以更高的采样频率重新采样数据
resample	以新的采样频率重新采样数据
spline	三次样条内插
upfirdn	对输入信号先内插再抽取

表 B.10 统计信号处理

函 数 名	功 能
cov	协方差矩阵
xcov	互协方差函数估计
corrcoef	相关系数矩阵
xcorr	互相关函数估计
mean	均值
var	方差
std	标准差
cohere	相关函数平方幅度估计
csd	互谱密度估计
psd	信号功率谱密度估计
tfe	从输入与输出中估计传递函数

附录C 缩略语

ADC	Analog to Digital Converter	模/数转换器
AF	Analog Filter	模拟滤波器
ANSI	American National Standards Institute	美国国家标准学会
ASIC	Application Specific Integrated Circuit	专用集成电路
BP	Band Pass	带通
BS	Band Stop	带阻
CCS	Code Composer Studio	集成开发环境
CP	Cyclic Prefix	循环前缀
CLB	Configurable Logic Block	可配置逻辑块
DAC	Digital to Analog Converter	数/模转换器
DCM	Digital Clock Manager	数字时钟管理器
DCT	Discrete Cosine Transform	离散余弦变换
DDS	Direct Digital Synthesizer	直接数字频率合成器
DF	Digital Filter	数字滤波器
DFS	Discrete Fourier Series	离散傅里叶级数
DFT	Discrete Fourier Transform	离散傅里叶变换
DIF	Decimation-In-Frequency	频率抽取法
DIT	Decimation-In-Time	时间抽取法
DMA	Direct Memory Access	直接存储器存取
DSK	DSP Starter Kit	数字信号处理启动套件
DSP	Digital Signal Processing	数字信号处理
DSP	Digital Signal Processor	数字信号处理器
DTFT	Discrete Time Fourier Transform	离散时间傅里叶变换
EDA	Electronics Design Automation	电子设计自动化
EDMA	Enhanced Direct Memory Access	增强型直接存储器存取
EVM	Evaluation Module	评估模块
FDM	Frequency Division Multiplexing	频分复用
FFT	Fast Fourier Transform	快速傅里叶变换
FIR	Finite Impulse Response	有限长脉冲响应
FPGA	Field Programmable Gate Array	现场可编程门阵列
FS	Fourier Series	傅里叶级数
FT	Fourier Transform	傅里叶变换
GI	Guard Interval	保护间隔
HB	Half Band	半带滤波器
HDL	Hardware Description Language	硬件描述语言
HDMI	High Definition Multimedia Interface	高清多媒体接口
HP	High Pass	高通

ICF	Integral Comb Filter	积分梳状滤波器
IDFS	Inverse Discrete Fourier Series	离散傅里叶级数逆变换
IDFT	Inverse Discrete Fourier Transform	离散傅里叶逆变换
IDTFT	Inverse Discrete Time Fourier Transform	离散时间傅里叶逆变换
IEEE	Institue of Electrical and Electronics Engineers	电气与电子工程师协会
IFFT	Inverse Fast Fourier Transform	快速傅里叶逆变换
IIC	Inter-Integrated Circuit	集成电路总线
IIR	Infinite Impulse Response	无限长脉冲响应
IOB	Input/Output Block	输入/输出块
IP	Intellectual Property	知识产权
ISE	Integrated Software Environment	集成软件环境
IZT	Inverse z-Transform	逆 Z 变换
JPEG	Joint Photographic Experts Group	联合图像专家组
JTAG	Joint Test Action Group	联合测试工作组
LP	Low Pass	低通
LT	Laplace Transform	拉普拉斯变换
LVDS	Low Voltage Differential Signaling	低电压差分信号
MAC	Multiply Accumulate	乘累加器
MATLAB	Matrix Laboratory	矩阵实验室
MIPS	Million Instructions Per Second	每秒百万条指令
MPU	Micro Processor Unit	微处理器
OFDM	Orthogonal Frequency Division Multiplexing	正交频分复用
PC	Personal Computer	个人计算机
PC	Program Counter	程序计数器
PLL	Phase Locked Loop	锁相环
RAM	Random-access Memory	随机存储器
RISC	Reduced Instruction Set Compute	精简指令集计算机
ROC	Region of Convergence	收敛域
ROM	Read-only Memory	只读存储器
RTL	Register Transfer Level	寄存器转换级
SC	Single Carrier	单载波
SDRAM	Synchronous Dynamic Random Access Memory	同步动态随机存取内存
SoC	System-on-a-Chip	片上系统
SOPC	System On a Programmable Chip	可编程片上系统
SRAM	Static Random-Access Memory	静态随机存取存储器
TCK	Test Clock	测试时钟输入
TDI	Test Data Input	测试数据输入

TDO	Test Data Output	测试数据输出
TI	Texas Instruments	德州仪器公司
TMS	Test Mode Select	测试模式选择
UART	Universal Asynchronous Receiver/Transmitter	通用异步收发传输器
VHDL	Very-High-Speed Integrated Circuit Hardware Description Language	超高速集成电路硬件描述语言
USB	Universal Serial Bus	通用串行总线
XDS	Extended Development System	扩展的开发系统
ZI	Zero Input	零输入
ZS	Zero State	零状态
ZT	z-Transform	Z 变换

参考文献

[1] 付华,李楠,高楠等.数字信号处理[M].北京:电子工业出版社,2008.

[2] 王洪雁,裴腾达等.现代数字信号处理关键技术研究[M].北京:中国水利水电出版社,2018.

[3] 杨毅明.数字信号处理[M].北京:机械工业出版社,2013.

[4] Oppenheim A V,Schafer R W.离散时间信号处理[M].3版.黄建国,等译.北京:电子工业出版社,2015.

[5] 桂志国,楼国红,等.数字信号处理[M].北京:科学出版社,2010.

[6] 卢光跃,黄庆东,包志强.数字信号处理及应用[M].北京:人民邮电出版社,2012.

[7] Manolakis D G,Ingle Vinay K.实用数字信号处理[M].艾渤,程翔,等译.北京:电子工业出版社,2018.

[8] Richard N.数字信号处理及应用[M].李玉柏,等译.北京:机械工业出版社,2015.

[9] 孙晓艳,王稚慧,要趁红,等.数字信号处理及其MATLAB实现——慕课版[M].北京:电子工业出版社,2018.

[10] 史林,赵树杰.数字信号处理[M].北京:科学出版社,2007.

[11] 宋知用.MATLAB数字信号处理85个实用案例精讲——入门到进阶[M].北京:北京航空航天大学出版社,2016.

[12] Mitra S K.数字信号处理——基于计算机的方法[M].3版.孙洪,等译.北京:电子工业出版社,2006.

[13] 万永革.数字信号处理的MATLAB实验[M].2版.北京:科学出版社,2012.

[14] 沈再阳.MATLAB信号处理[M].北京:清华大学出版社,2017.

[15] 胡广书.数字信号处理理论、算法与实现[M].3版.北京:清华大学出版社,2012.

[16] 王艳芬,王刚,张晓光,等.数字信号处理原理与实现[M].3版.北京:清华大学出版社,2007.

[17] 程佩青.数字信号处理教程[M].5版.北京:清华大学出版社,2017.

[18] 程佩青,李振松.数字信号处理教程习题分析与解答[M].5版.北京:清华大学出版社,2018.

[19] 刘明,徐洪波,宁国勤.数字信号处理——原理与算法实现[M].北京:清华大学出版社,2006.

[20] 高西全,丁玉美.数字信号处理[M].4版.西安:西安电子科技大学出版社,2018.

[21] 张小虹.数字信号处理[M].2版.北京:机械工业出版社,2008.

[22] 张小红.数字信号处理学习指导与习题解答[M].2版.北京:机械工业出版社,2010.

[23] 陶然,张惠云,王越.多速率数字信号处理理论及其应用[M].北京:清华大学出版社,2007

[24] 宗孔德.多抽样率信号处理[M].北京:清华大学出版社,1996.

[25] 王金龙,沈良,任国春,等.无线通信系统的DSP实现[M].北京:人民邮电出版社,2002.

[26] 杨小牛,楼才义,徐建良.软件无线电原理与应用[M].北京:电子工业出版社,2001.

[27] 潘松,黄继业,王国栋.现代DSP技术[M].西安:西安电子科技大学出版社,2003.

[28] 余成波,杨菁,杨如民,周登义.数字信号处理及MATLAB实现[M].北京:清华大学出版社,2005.

[29] 楼顺天,李博菡.基于MATLAB的系统分析与设计——信号处理[M].西安:西安电子科技大学出版社,1999.

[30] 楼顺天、刘小东、李博菡. 基于MATLAB7.x的系统分析与设计——信号处理[M]. 西安：西安电子科技大学出版社，2005.

[31] 张雄伟，杨吉斌，吴其前，等. DSP芯片的原理与开发应用[M]. 5版. 北京：电子工业出版社，2016.

[32] 田耘，徐文波，张延伟，等. 无线通信FPGA设计[M]. 北京：电子工业出版社，2008.

[33] 薛小刚，葛毅敏. Xilinx ISE9.x FPGA/CPLD设计指南[M]. 北京：人民邮电出版社，2007.